U0280983

土石坝坝料研究与工程实例

主 编 王 静
副主编 赵永川 许诗贵 梁为邦

中国水利水电出版社
www.waterpub.com.cn
·北京·

内 容 提 要

本书以云南省土石坝坝料为研究对象，对区域内500余座土石坝坝料的1万余组试验资料进行了统计分析，总结了不同区域坝料的物理力学参数，选取了12座土石坝工程案例对坝料应用进行了研究剖析。全书共分3篇20章，第1篇云南省地质概况，包括地貌、地质构造、岩石物理力学性质、土的物理力学性质；第2篇坝料应用分析与研究，包括土料、堆石料、风化料、反滤料；第3篇工程案例。

本书可供从事水利水电工程技术的教学科研、勘察、设计、试验及质量检测、施工等人员参考、类比使用。

图书在版编目（CIP）数据

土石坝坝料研究与工程实例 / 王静主编. -- 北京 : 中国水利水电出版社, 2021.3
ISBN 978-7-5170-9519-4

Ⅰ. ①土… Ⅱ. ①王… Ⅲ. ①土石坝－水工材料－研究②土石坝－水利工程－工程施工－案例 Ⅳ. ①TV641

中国版本图书馆CIP数据核字(2021)第058439号

书 名	土石坝坝料研究与工程实例 TUSHIBA BALIAO YANJIU YU GONGCHENG SHILI
作 者	主 编 王 静 副主编 赵永川 许诗贵 梁为邦
出版发行	中国水利水电出版社 （北京市海淀区玉渊潭南路1号D座 100038） 网址：www.waterpub.com.cn E-mail：sales@waterpub.com.cn 电话：（010）68367658（营销中心）
经 售	北京科水图书销售中心（零售） 电话：（010）88383994、63202643、68545874 全国各地新华书店和相关出版物销售网点
排 版	中国水利水电出版社微机排版中心
印 刷	北京市密东印刷有限公司
规 格	184mm×260mm 16开本 23.25印张 566千字
版 次	2021年3月第1版 2021年3月第1次印刷
印 数	001—800册
定 价	**180.00**元

凡购买我社图书，如有缺页、倒页、脱页的，本社营销中心负责调换

版权所有·侵权必究

《土石坝坝料研究与工程实例》
编 撰 人 员 名 单

主　　编　王　静

副 主 编　赵永川　许诗贵　梁为邦

参编人员　冯　萍　钱　云　吕　苑　杨　帆　黎亚生
符　锋　李跃鹏　张宝琼　米艳芳　庄华泽
梅　伟　苏卫强　田　辉　杨超林　林　红
李建国　米　健　陈兴聪　靳　文　张正平
谭志华　田　毅　张雄云　赵武林　吴志波
刘家伟　朱绍琪　黄燕林　李　青　杨卫红
张　途　崔　召　苏正猛　刘炳胜　黄建明

FOREWORD 前言

云南省国土面积为39.41万km^2，地处我国西南边陲，邻省（自治区）与西藏、四川、贵州、广西接壤，邻国与缅甸、老挝、越南接壤，北回归线从其南部穿过，东西最大横距865km，南北最大纵距990km。云南省地形地貌主要有高原、山地、坝子三种，并以山地为主，山地占全省面积的84%，高原占10%，坝子占6%。云南省下辖16个州（市），其中8个为少数民族自治州，州（市）以下设129个县（市、区），全省共有4700余万人口，其中25个少数民族占总人口的33%，人口主要分布在坝子里。

云南省有扬子准地台、华南褶皱系、松潘-甘孜褶皱系、唐古拉-昌都-兰坪-思茅褶皱系、冈底斯-念青唐古拉褶皱系5个一级大地构造单元，形成一系列南北向构造带、弧形构造带、弧形褶皱带、挤压构造带、断裂带等，地质构造极其复杂。复杂的地质构造及独特的地理位置形成了云南省特有的地形地貌、工程地质、水文地质和气候类型。

云南水资源丰富，主要受金沙江、澜沧江、怒江、珠江、红河、伊洛瓦底江六大流域控制。根据2016年水文气象资料统计，水资源总量为2788.7亿m^3，其中地表水资源量为2089亿m^3，地下水资源量为699.7亿m^3，由邻省和邻国流入省内的水量为1590亿m^3，流出省境水量为3505亿m^3。由于山多地少，山高谷深，河流深切，地形高差大，故水资源开发难度大，利用效率低。现有水利工程蓄水总量为87.63亿m^3，供水量为157.1亿m^3，水资源利用率仅为7.1%，水资源的开发利用仍有很大空间。

云南省水利工程应用坝型以土石坝为主，是云南省的优势坝型。根据云南省水利厅提供的资料统计，云南省已建成和正在建设的大型水库有13座，其中重力坝2座，土石坝11座；中型水库229座，近90%为土石坝；另有5000余座小型水库及坝塘也基本为土石坝。

1949—1978年30年间，云南省响应国家号召组织老百姓投工投劳修堤筑坝、建水库、造水渠，因便于就地取材，适合人海作业，堤坝多以土石坝为主，随着大批水利工程的建设，积累了丰富的筑坝工程经验。但受到技术、资源、设备、资金等条件限制，大部分工程为“三边”工程，对土石料从微观到宏观进行细致深入的研究几无可能，人挑马驮、人工填筑的大坝往往存在先天不足，大坝病险普遍存在。2000年前后，国家狠抓病害水库除险加固，使得一大批病险水库重新投入正常运行，一定程度上缓解了当时农业生产和城镇生活用水紧张问题。在对病险水库进行体检、除险加固设计和施工过程中，工程技术人员结合勘察、试验、检测、分析计算等手段对病害原因进行了分析，对填筑材料的认识和研究不断加深，为后续到来的水利建设高潮奠定了坚实基础。2005年后水利建设进入一个高潮期，新建了一大批水库大坝工程，无论从微观到宏观，还是从理论到实践均取得很多重要成果。经统计，云南省水利工程各类土石坝坝型中均质坝的应用主要集中在2000年以前，2000年以后则以分区材料坝为主，其中采用心墙防渗的分区材料坝比重超过50%，尤以土质心墙防渗最多，沥青和混凝土心墙的应用逐年增加，面板堆石坝的应用发展也非常快，可以说2000年是云南省土石坝发展应用的分水岭。

近20年来随着水利行业对土石坝筑坝材料的大量试验研究和实践，以及各种碾压施工机械设备的不断发展，人们对土石坝筑坝材料的认识不断加深，土石坝筑坝材料的应用范围也越来越广，除常规的土料外，曾经一些不主张或不常用或不敢用的特殊土料、砾质料、沥青料、塑性混凝土等都得以在土石坝中成功应用。尽管如此，云南省大量的土石坝试验和设计资料由于缺乏系统的整理和总结，一直处于零散状态，使得丰富的资料得不到有效利用，在承接新的土石坝设计任务时，设计人员没有系统的可借鉴资料，在碰到一些特殊性质的土料时，如红黏土、膨胀土、砾石土做防渗土料等情况，勘察、试验、设计只能从零开始研究，增加了许多人力、物力和时间成本，部分成果还有可能达不到理想的效果。

云南省海拔高差大，最大达6670m，地理气候垂直分带明显，拥有我国所有陆地气候类型。云南地理跨度近1000km，地形地貌形态多样，地质构造复杂，各种物理地质现象发育，地层出露齐全，地层从古元古界到新生界均有出露。仅就土类而言，除黄土、分散性土未见分布外，一般土中粗粒类土、细粒类土分布广泛，特殊土中红黏土在滇中、滇东地区分布较广，膨胀土呈零散分布。而各类土在土石坝填筑中均有应用，土石坝作为云南省的优势坝型，对筑坝材料进行系统整理和研究具有十分重要的意义。

本书统计了500余个工程的大坝坝料1万余组试验资料，工程项目基本涵盖了云南省16个州（市）129个县（市、区），坝高由10余米到140余米，分土料和石料分别进行统计分析，提出了不同地区有关坝料的物理力学参数的均值和范围值。选取了楚雄青山嘴水库、曲靖阿岗水库、文山德厚水库、云县刘家箐水库、宾川大银甸水库等12个典型项目，从设计角度对大坝的防渗心墙料、反滤料、坝壳料进行应用研究，基本囊括了砾石土心墙坝、风化土心墙坝、黏土心墙坝、沥青混凝土心墙坝、混凝土面板堆石坝、均质坝等各类土石坝坝型。防渗料既有常规土料，也有含水率及黏粒含量较高的红黏土，还有膨胀土、砾质土、风化土及沥青混凝土等。本书提出了反滤料级配设计的一些新思路，黏土料掺合全风化层、勤翻多晒降含水率的措施，以及全风化砂土、含砾石土筑坝的试验研究要点和沥青混凝土心墙试验的关键技术等。例如，青山嘴水库提出了反滤料设计级配与生产级配的概念，虽然某些指标已超出了现行规范要求，但仍取得了非常好的成效；阿岗水库提出在残坡积层土中掺混全风化玄武岩层，结合大量的试验研究，通过严格控制上坝含水率和压实度，较好地解决了黏粒含量和含水率过高的问题；利用灰岩地区的红黏土填筑防渗心墙的德厚水库，适当调宽反滤带宽，解决了反滤料加工困难的问题；刘家箐水库大坝防渗心墙采用了花岗岩残坡积层土与全风化花岗岩层混合，做到好料优用，差料不弃，减少了弃渣及土地征用；云龙水库对含砾石的风化泥岩料进行了大量研究，选用了风化泥岩料作为防渗心墙，提出了适宜的施工参数及设计指标控制；新近系含砾砂土、砾质砂土在麻栗坝水库大坝坝壳料中得到了较好的应用；大银甸水库、花山水库防渗心墙及均质坝体利用具有膨胀潜势的红黏土填筑，采用"穿靴戴帽"和掺合非膨胀性土、砾石的措施，很好地控制了膨胀变形对坝体稳定和防渗的影响；清水海水库应用黏土掺全风化玄武岩作为均质坝料，取得了较好的防渗效果；在高地震烈度区修建100m级的沥青心墙坝和混凝土面板堆石坝，通过对沥青材料的性能、堆石料的压实指标和大坝抗震措施的研究，为设计提供了试验基础资料及理论依据。

本书收集、统计、分析了大量的试验资料，在收集过程中得到了云南省水利厅、各州（市）水利设计院的支持和帮助。在本书启动编撰之初，云南省院唐祥正老先生提供了他收藏的若干份资料。在资料收集过程中最令我们感动的是云南省大理州宾川大银甸水库工程管理所，建成30余年来，由于条件限制，一直未配备齐全的电子设备，但在历届所长的传承与带领下，他们坚持不懈地进行手工记录，观测资料堆了几柜子；昆明市水利水电勘测设计研究院、曲靖能阳水利水电勘察设计有限公司、红河州水利水电勘测设计研究院、文山州水利电力勘察设计院提供了红黏土的试验资料，在此一并表示感谢！

2018年1月启动本书编撰，经大纲讨论、资料收集、编写、反复讨论、反复修改、定稿，历时两年半，凝结了大家的心血与汗水。本书作者均为生产一线勘察、设计人员，由于每个人的经验和认识存在局限性，部分坝料可能存在收集统计的试验样本组数有限、试验数据波动起伏大、变异系数大、代表性不强的情况，书中难免有不严谨及疏漏之处，希望大家不吝赐教，提出宝贵意见和建议。

作者

2020 年 5 月

CONTENTS 目录

第3篇 工 程 实 例

第 1 篇　云南省地质概况

第1章

地　　貌

地貌是地表外貌各种起伏形态的总称，是内外动力地质作用在地表的综合反映，地貌形态大小不等，千姿百态，成因复杂。

云南是青藏高原的南延部分，地形上一般以红河谷地和云岭山脉（兰坪县境内，主峰为老君山）南段的宽谷为界。东部为滇中、滇东高原，是云贵高原的组成部分，地形波状起伏，平均海拔在2000m左右，表现为起伏和缓的低山和丘陵。西部为横断山脉的纵谷区，高山深谷相间，相对高差较大，地势险峻；南部高程为1500～2200m，北部高程为3000～4000m，西南（西双版纳）高程一般为800～1000m，局部高程约为500m。

海拔最高点在德钦县怒山山脉梅里雪山的主峰——卡瓦格博峰，高程6740m；海拔最低点在河口县红河与南溪河的交汇口，高程76m；两者直线距离约900km，高差达6664m。云南省地貌有如下5个特征：

（1）高原呈波涛状。全省相对平缓的山区只占总面积的10%左右，山地高低参差不齐，纵横起伏，但在一定范围内又有起伏和缓的高原面。

（2）高山峡谷相间。滇西北是云南主要山脉的策源地，形成著名的滇西纵谷区；高黎贡山山脉为缅甸伊洛瓦底江的上游恩梅开江与缅甸萨尔温江（或称为丹伦江）的上游怒江的分水岭，怒山山脉为怒江与东南亚湄公河的上游澜沧江的分水岭，云岭山脉自德钦至大理为澜沧江与长江上游金沙江的分水岭，各江河强烈下切，形成了极其雄伟壮观的高山峡谷相间的地貌形态。其中怒江峡谷、澜沧江峡谷和金沙江峡谷，气势磅礴，山岭和峡谷的相对高差大，怒江峡谷是世界著名的峡谷之一；金沙江“虎跳涧”峡谷位于玉龙雪山与哈巴雪山之间，相对高差达3000余米，也是世界著名峡谷之一；横亘于澜沧江上的西当铁索桥（德钦县西当村）海拔高程约为1980m，从桥面至卡瓦格博峰顶端，直线距离大约只有12km，高差竟达4760m。在三大峡谷中，谷底气候干燥，酷热如蒸笼，山腰清爽宜人，山顶则终年冰雪覆盖。

（3）地势自西北向东南分三大阶梯递降。滇西北德钦、中甸一带是地势最高的一级阶梯，滇中高原为第二阶梯，南部、东南和西南部为第三阶梯，平均每千米递降6m，每一阶梯内的地形地貌十分复杂。高原面上不仅有丘状高原面、分割高原面，以及大小不等的山间盆地，而且还有巍然耸立的巨大山体和深切的河谷，这种分割层次与从西北到东南的三级阶梯相结合，纵横交织，把本来已经十分复杂的地貌，变得更加错综复杂。

（4）断陷盆地星罗棋布。盆地及高原台地在云南俗称“坝子”，山坝交错的情况随处可见，它们有的成群成带分布，有的孤立地镶嵌在重峦叠嶂的山地和高原之中，有的按一定方向排列，有的则无明显方向。“坝子”地势平坦，且常有河流蜿蜒其中，是城镇所在地及农业生产发达地区；全省面积在 $1km^2$ 以上的“坝子”1442个，面积在 $100km^2$ 以上的“坝子”有49个，最大的“坝子”在陆良县，面积为 $772km^2$。

（5）山川湖泊纵横。云南不仅山多，河流湖泊也多，构成了山岭纵横、水系交织、河谷渊深、湖泊棋布的特色。天然湖泊主要分布在滇中高原及滇西北横断山脉的纵谷区，属高海拔的淡水湖泊，像颗颗明珠点缀在高原上，显得格外瑰丽晶莹。

云南是一个多山的省份，盆地、河谷、丘陵、低山、中山、高山、高原相间分布，各种地貌形态之间相差较大，类型多样复杂。全省土地面积，山地约占84%，高原、丘陵约占10%，盆地、河谷仅占6%。全省129个县（市、区）中，除昆明市的五华区、盘龙区外，127个县（市、区）的山区面积大于70%；山区面积为70%～79.9%的有4个县（市、区），山区面积为80%～89.9%的有13个县（市、区），山区面积为90%～95%的有9个县（市、区），山区面积为95.1%～99%的有83个县（市、区），山区面积大于99%的有18个县（市、区）。

1.1 地貌单元分类

按地貌大小划分，云南境内有巨型地貌、大型地貌、中型地貌、小型地貌等四种类型，并以陆地大型地貌、中型地貌为主；按地貌形态划分，以山地、高原地貌为主；按地貌成因划分，有构造地貌（褶皱山、断陷盆地、断层谷、断层崖等）、火山地貌、河流侵蚀和堆积地貌、冰川地貌、重力地貌等。本篇主要以地貌成因进行阐述。

1.2 构造地貌

云南省广泛分布褶皱山、断块山、高原、断陷盆地、向斜盆地、地堑谷等地貌类型。

（1）断陷盆地指断块构造中的沉降地块，又称地堑盆地，它的外形受断层线控制，多呈狭长条状。盆地的边缘由断层崖组成，坡度陡峻，边界线一般为断层线，随着时间的推移，在断陷盆地中充填着从山地剥蚀下来的沉积物，时代为古近纪、新近纪、第四纪，积水形成湖泊，如滇池、洱海、程海、异龙湖、抚仙湖、阳宗海等。云南省一部分山间盆地是断陷盆地，如昆明盆地、玉溪盆地、文山盆地、蒙自盆地、石屏盆地、剑川盆地、中甸盆地、丽江盆地、永胜盆地、宾川盆地、弥渡盆地、芒市盆地等。

（2）向斜盆地是指沿着向斜轴部发育的盆地，向斜是褶皱构造中岩层向下凹曲的部分，经侵蚀后，核部出露岩层较新，两翼岩层较老，且对称分布，向斜形成之初是地形上的低地，例如，思茅（普洱）盆地等。

（3）地堑谷是地壳上广泛发育的一种构造地貌，两侧被高角度断层围限，中间下降的槽形断块构造；仅在一侧为断层所限的断陷，称为半地堑或箕状构造。大规模地堑发育的地方，预示着地壳拉伸变薄，地堑常呈长条形的断陷盆地，例如，澄江盆地、鹤庆盆地、洱海盆地、建水盆地、陇川盆地、凤仪盆地、文山盆地等。

1.3　斜坡重力堆积地貌

云南省广泛分布崩塌堆积、滑坡堆积、倒石堆堆积等地貌类型。崩塌即崩落、垮塌或塌方，是较陡斜坡上的岩土体在重力作用下突然脱离母体崩落、滚动、堆积在坡脚或沟谷的地质现象。斜坡稳定性的破坏过程，开始是岩石陡坎的边缘因临空释重而产生与陡坡平行的垂直张裂隙，随着物理风化作用和岩石原始节理的发育，张裂隙进一步扩大和发展，使陡岩边坡处于极不稳定的状态，一旦遇到地震、暴雨、地表水的冲击或人工的开挖及爆破等因素的触发，岩体即发生强烈的翻倒或崩落，在坡脚形成崩塌堆积地貌。滑坡是指斜坡上的土体或者岩体，受河流冲刷、地下水活动、雨水浸泡、地震及人工切坡等因素影响，在重力作用下，沿着一定的软弱面或者软弱带，整体或分散顺坡向下滑动的自然现象，运动的岩（土）体称为变位体或滑移体，未移动的下伏岩（土）体称为滑床，滑移体堆积形成滑坡堆积地貌。

1.4　河流地貌

云南省广泛分布有未成形河谷、成形河谷、河漫滩河谷、横向谷、斜向谷、纵向谷、断层谷、地堑谷、坡积裙、洪积扇、泥石流、河床及漫滩、堆积阶地、牛轭湖、冲积锥等地貌类型。

河流侵蚀地貌主要有未成形河谷和成形河谷。未成形河谷，如滇西北的怒江峡谷、澜沧江峡谷、金沙江峡谷等；成形河谷，如滇西的大盈江、瑞丽江、南宛河及滇西南的澜沧江等。河流堆积地貌中的河床及漫滩，发育在上述成形河谷；堆积阶地发育在断陷盆地的河流，如盘龙江、盘龙河、澜沧江、大盈江、瑞丽江、红河、怒江等；洪积扇及泥石流发育在岩体破碎、植被差、暴雨集中的沟谷及河流，如东川小江流域等。

1.5　湖泊、沼泽堆积地貌

湖泊、沼泽堆积地貌主要有湖泊平原地貌、沼泽地貌等，两种地貌形态云南省都有分布。由于地表水流将大量的风化碎屑物带到湖泊洼地，使湖岸堆积、湖边堆积、湖心堆积不断扩大和发展，形成大片向湖心倾斜的平原，称为湖泊平原。湖泊平原为静水环境，淤泥和泥炭总厚度较大，其中夹有数层较薄的细砂、黏土，颗粒由湖岸向湖心逐渐变细。湖泊洼地中水草茂盛，大量有机物在洼地聚集，久而久之产生湖泊沼泽化，当喜水植物渐渐长满了整个湖泊洼地时，便形成了沼泽；山区地形平缓地段，由于地表水排泄不畅或由于地下水出露，也可形成沼泽。例如滇池、洱海、星云湖、杞麓湖、异龙湖、拉市海、纳帕海等是湖泊平原及沼泽地貌。

1.6　喀斯特地貌

喀斯特是可溶性岩石长期被水溶蚀以及由此引起各种地质现象和形态的总称。中国是一个喀斯特大国，全国喀斯特区面积达 344 万 km^2，其中碳酸盐岩裸露面积 91 万 km^2，占陆地国土面积的 9.5%。云南省国土面积 39.4 万 km^2，其中碳酸盐岩裸露面积为 9.7 万 km^2，占云南省国土面积的 24.6%，是除西藏自治区外全国最大碳酸盐岩裸露省（自治区、直辖市），占全国裸露碳酸盐岩的 11%。

喀斯特地貌是具有溶蚀力的水对可溶性岩石进行溶蚀、流水的冲蚀及潜蚀、崩塌、塌陷等作用所形成的地表和地下形态的总称。喀斯特地貌分为喀斯特侵蚀地貌、喀斯特堆积地貌。云南省除喀斯特平原、喀斯特准平原地貌外，其余喀斯特地貌都有分布，有的地貌已成为风景区，例如，石林（昆明市石林风景区等）、暗河（开远市南洞风景区、建水县燕子洞风景区、宜良县九乡风景区、泸西县阿庐古洞风景区、沾益区珠江源风景区、丘北县普者黑风景区等）、伏流（广南县坝美风景区等）、喀斯特湖（香格里拉市纳帕海风景区、丘北县普者黑风景区、玉龙县拉市海风景区等）、溶洞（开远市南洞风景区、建水县燕子洞风景区、弥勒市白龙洞风景区、通海县里山风景区、宜良县九乡风景区、泸西县阿庐古洞风景区、沾益区珠江源风景区、丘北县普者黑风景区、广南县八宝风景区等）、喀斯特盆地（广南县坝美风景区、丘北普者黑风景区等）、峰丛及峰林（广南县八宝风景区等）。

喀斯特侵蚀地貌正地形主要有峰丛、峰林、石林、孤峰、残丘、石牙、喀斯特丘陵、喀斯特高原、天生桥等。喀斯特侵蚀地貌负地形主要有喀斯特裂隙、喀斯特沟、喀斯特槽、落水洞、天坑、喀斯特漏斗、喀斯特洼地、喀斯特槽谷、喀斯特盆地、喀斯特平原、喀斯特准平原、喀斯特夷平面、盲谷、干谷、喀斯特嶂谷、喀斯特湖、喀斯特天窗、岩洞、溶洞、暗河、伏流、溶孔等。

喀斯特堆积地貌主要有：地表钙华、地表溶蚀崩塌堆积体、石钟乳、石管、石枝、卷曲石、石笋、石柱、石幔、边堤石、洞穴崩塌堆积物、洞穴流水堆积物等。

第2章
地 质 构 造

地质构造是指在地壳运动中，受地球的内、外应力作用，地壳中的岩石发生连续或不连续永久变形的行迹，在层状岩石分布地区最为显著，在岩浆岩、变质岩地区也有存在。地质构造分为原生构造、次生构造两类。原生构造主要有：①沉积岩中的层理、斜层理、顺层劈理、波痕、砂岩枕等；②岩浆岩中的流面、流线及原生节理等。次生构造主要有：褶皱、断层、节理、劈理、片理等。云南省构造运动强烈，地质构造复杂、多样，不同类型的地质构造广泛分布。

2.1 大地构造单元划分

大地构造学是地质学的一个重要组成部分，研究地壳（包括上地幔顶部）大型构造乃至全球构造及其发生、发展规律、分布及组合关系、形成机制、地壳运动方式和动力来源的一门学科。大地构造学派的划分是由于对地壳运动形式上的认识不同而产生的，即分为“固定论”与“活动论”之争；“垂直运动”与“水平运动”之争；还有“收缩论”与“膨胀论”之争；以及“大陆漂移”与“深层分异”之争等。我国大地构造学影响较大的学派有：槽台学说（马杏垣和黄汲清等）、地质力学学说（李四光）、多旋回学说（黄汲清）、断块学说（张文佑）、地洼学说（陈国达）、波浪镶嵌学说（张伯声）以及板块学说（尹赞勋、李春昱等）。

按照槽台学说，云南省境内一级大地构造单元由1个准地台和4个褶皱系组成，分别为扬子准地台、华南褶皱系、松潘-甘孜褶皱系、唐古拉-昌都-兰坪-思茅褶皱系、冈底斯-念青唐古拉褶皱系，又划分出11个二级和31个三级大地构造单元，见表2.1-1。

表 2.1-1　　云南大地构造单元划分表

一级单元	二级单元	三级单元
扬子准地台 Ⅰ	丽江台缘褶皱带 I_1	鹤庆-洱源台褶束 I_1^1
		永宁-永胜台褶束 I_1^2
		点苍山-哀牢山断褶束 I_1^3
	川滇台背斜 I_2	滇中中台陷 I_2^1
		武定-石屏隆断束 I_2^2
	滇东台褶带 I_3	昆明台褶束 I_3^1
		滇东北台褶束 I_3^2

续表

一级单元	二级单元	三级单元
扬子准地台 Ⅰ	滇东台褶带Ⅰ$_{3}$	会泽台褶束Ⅰ$_{3}^{3}$
		曲靖台褶束Ⅰ$_{3}^{4}$
华南褶皱系 Ⅱ	滇东南褶皱带Ⅱ$_{1}$	罗平-师宗褶断束Ⅱ$_{1}^{1}$
		个旧褶断束Ⅱ$_{1}^{2}$
		文山-富宁褶断束Ⅱ$_{1}^{3}$
		丘北-广南褶断束Ⅱ$_{1}^{4}$
松潘-甘孜褶皱系 Ⅲ	中甸褶皱带Ⅲ$_{1}$	东旺-巨甸褶断束Ⅲ$_{1}^{1}$
		三坝褶皱束Ⅲ$_{1}^{2}$
唐古拉-昌都-兰坪-思茅褶皱系 Ⅳ	兰坪-思茅褶皱带Ⅳ$_{1}$	中排褶皱束Ⅳ$_{1}^{1}$
		云龙-江城褶皱束Ⅳ$_{1}^{2}$
		景谷-勐腊褶皱束Ⅳ$_{1}^{3}$
	云岭褶皱带Ⅳ$_{2}$	德钦-雪龙山断褶束Ⅳ$_{2}^{1}$
		白芒雪山褶皱束Ⅳ$_{2}^{2}$
		金沙江褶皱束Ⅳ$_{2}^{3}$
	墨江-绿春褶皱带Ⅳ$_{3}$	安定-平和褶皱束Ⅳ$_{3}^{1}$
冈底斯-念青唐古拉褶皱系 Ⅴ	伯舒拉岭-高黎贡山褶皱带Ⅴ$_{1}$	铜壁关褶皱束Ⅴ$_{1}^{1}$
		古永-盏西褶皱束Ⅴ$_{1}^{2}$
		泸水-陇川褶皱束Ⅴ$_{1}^{3}$
	福贡-镇康褶皱带Ⅴ$_{2}$	丙中洛褶皱束Ⅴ$_{2}^{1}$
		芒市褶皱束Ⅴ$_{2}^{2}$
		保山-永德褶皱束Ⅴ$_{2}^{3}$
	昌宁-孟连褶皱带Ⅴ$_{3}$	勐统-南腊-西盟褶皱束Ⅴ$_{3}^{1}$
		勐省-东回褶皱束Ⅴ$_{3}^{2}$
		临沧-勐海褶皱束Ⅴ$_{3}^{3}$

2.2 褶皱

2.2.1 褶皱基本特征

褶皱是岩层在构造应力作用下形成的连续弯曲现象，单个弯曲称为褶曲，是岩石中原来近于平直的面变成了曲面的表现，褶曲的基本要素包括：核部、翼部、顶、顶角、轴面、褶曲枢纽、褶曲轴等，褶曲表现为背斜和向斜两种基本形态，他们相间排列构成褶皱。形成褶皱的变形面绝大多数是层理面，变质岩的劈理、片理或片麻理，岩浆岩的原生流面等也可成为褶皱面，有时岩层和岩体中的节理面、断层面或不整合面，受力后也可能变形而形成褶皱。因此，褶皱是地壳上一种常见的地质构造，在层状岩石中表现得最明显。

2.2.2 褶皱分类

根据褶皱轴面和两翼岩层产状划分为直立褶皱、倾斜褶皱、倒转褶皱、平卧褶皱、翻卷褶皱5种类型。根据褶皱顶部和两翼的形态划分为扇形褶皱、箱形及屉形褶皱、锯齿状褶皱、膝状褶皱4种类型。根据褶皱纵剖面和褶皱枢纽产状划分为水平褶皱、倾伏褶皱、倾竖褶皱3种类型。根据褶皱长宽比划分为线状褶皱、短轴褶皱、穹隆、构造盆地等四种类型。

2.2.3 背斜及向斜

层状地层中向上凸、两侧岩层相向倾斜的褶曲，岩层层位正常时，核部地层较老，向两翼地层变新，称为背斜，如图2.2-1所示。层状地层中向下凹、两侧岩层相向倾斜的褶曲，岩层层位正常时，核部地层较新，向两翼地层变老，称为向斜，如图2.2-2所示。

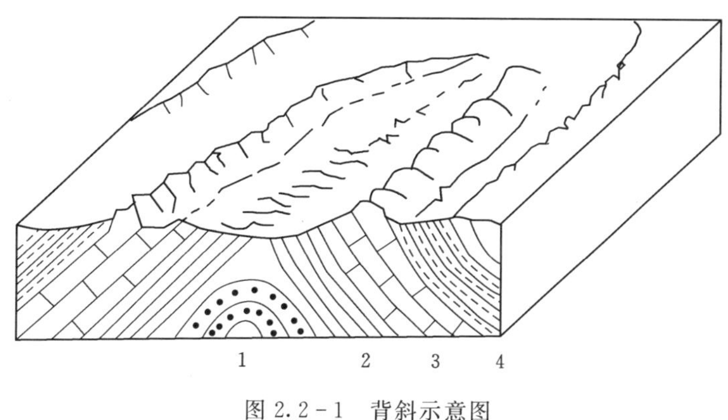

图2.2-1 背斜示意图
（1～4指地层由老到新）

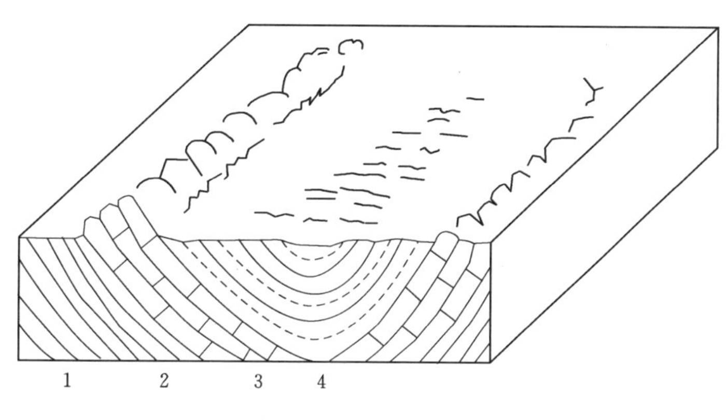

图2.2-2 向斜示意图
（1～4指地层由老到新）

2.3　断层

在构造应力作用下，当作用力超过岩石本身的抗压（拉）强度时就会在岩石的薄弱地带发生破裂，岩石产生的各种破裂称为断层构造。根据断层两侧岩石沿破裂面有无明显的相对位移，分为节理、劈理和断层 3 类。

在构造应力作用下，破裂面两侧无明显的相对位移，称为节理；在同一应力场内，节理呈规律性定向排列和一定形状的组合，按力学性质划分为张节理、剪切节理两类。裂隙是各种节理笼统的、非专业的称呼，有时与节理同义，有时仅指一些非构造节理，例如，风化裂隙、卸荷裂隙、爆破裂隙等。

在构造应力作用下，岩体沿一定方向分裂成大致平行排列的密集的细微破裂面，间距几厘米以下，称为劈理；按力学性质划分流劈理、破劈理、滑劈理 3 类。

在构造应力作用下，破裂面两侧岩体有明显相对位移的断裂构造，称为断层。按两盘岩体相对位移划分为正断层、逆断层、平移断层 3 种类型，如图 2.3－1 所示。按断层、

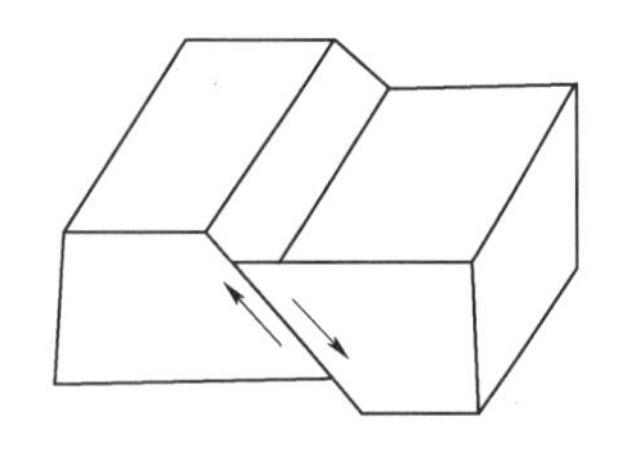

(a) 正断层

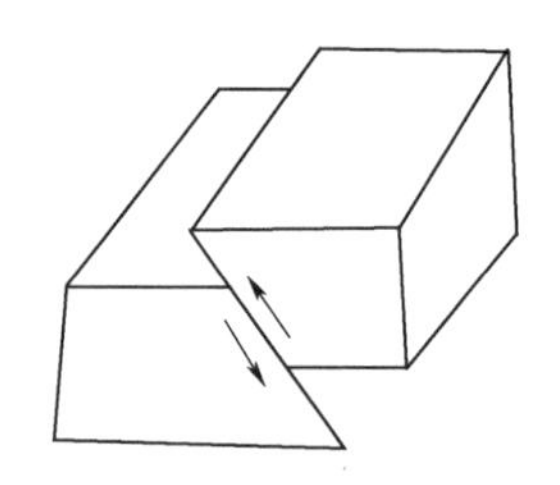

(b) 逆断层

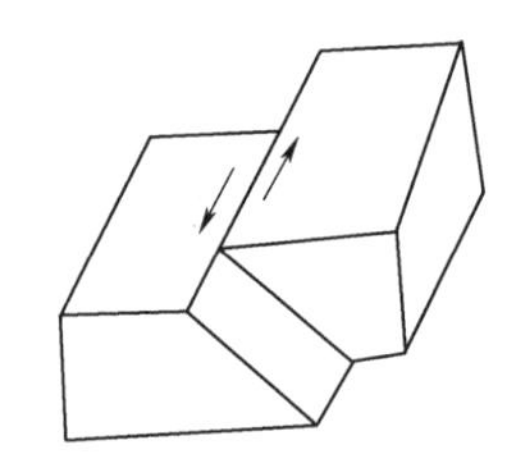

(c) 平移断层

图 2.3－1　断层类型

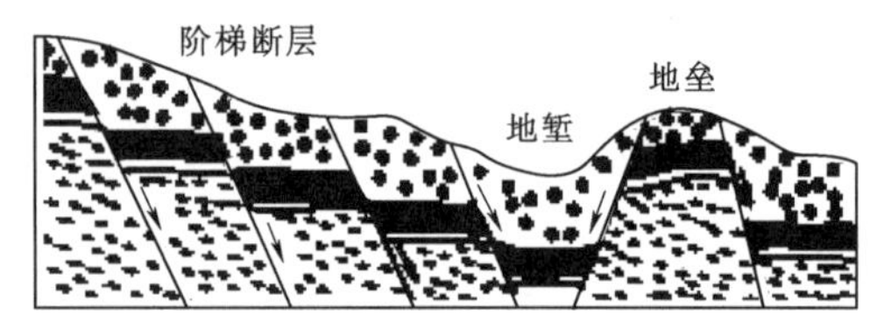

(a) 阶梯状断层、地堑、地垒组合

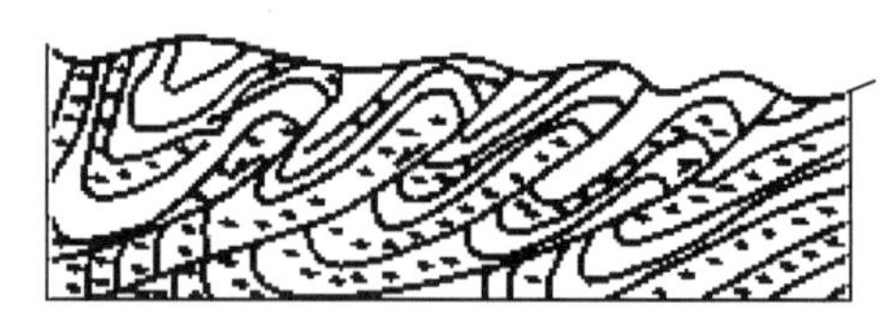

(b) 叠瓦式构造

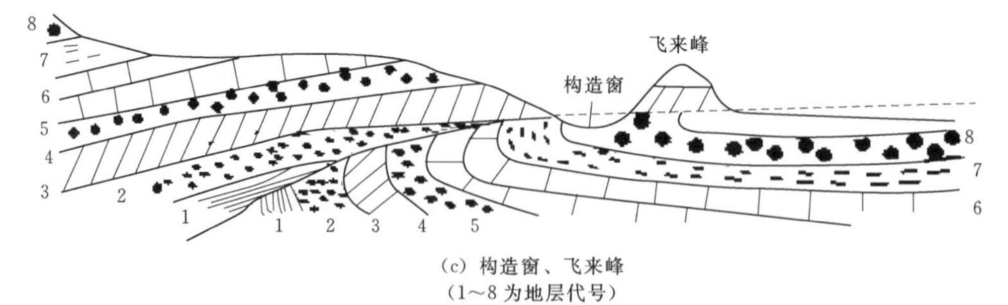

(c) 构造窗、飞来峰
(1～8 为地层代号)

图 2.3－2　断层组合类型

岩层走向关系划分为走向断层、倾向断层、斜向断层3种类型。按力学性质划分为张性断层、压性断层、扭性断层、张扭性断层、压扭性断层5种类型。断层组合类型有阶梯状断层、地堑、地垒、叠瓦式构造、构造窗和飞来峰等，如图2.3-2所示。

2.4 新构造运动特征

大致始于5000万年前的印度板块与欧亚板块会聚导致新特提斯洋的闭合及青藏高原快速隆升，对青藏高原东缘地区的地质地貌变革具有深刻的影响。一方面由于东喜马拉雅构造在向北推进的过程中，产生了强大的向东方向推挤力，形成了由西向东的推覆，现已确认的中咱、兰坪等推覆构造体，皆是由西向东逆冲，推覆距离达80～100km；另一方面由于高原的迅速崛起，高原地壳物质在重力势的作用下所产生的水平推挤力。在这两者的共同作用下，在东缘地区形成大型的弧形走滑断裂，并造成川青块体向南东东方向的逸出和川滇块体向南南东方向的侧向滑移，这一重要的运动转型期，不仅对东缘地区地质、地貌的表现，而且对地震发生均具有重要的制约作用。

新近纪末期，云南省尚处于准平原状态，高程仅1000m左右，第四纪以来与青藏高原同步快速抬升，为青藏高原的组成部分。现存高夷平面海拔为4200～4500m，第四纪以来的抬升幅度达3000～3500m。断裂带规模大，由于高原的差异抬升以及高原内部断块的水平移动，边界断裂表现出明显的活动性，是6级以上强震的分布区。新构造运动及地貌格局主要受喜马拉雅运动的影响，喜马拉雅运动可分为3期，即古近纪、新近纪和第四纪。古近纪的运动性质以褶皱造山运动为主；第四纪则表现为大面积的整体抬升，在区域整体快速抬升的同时，沿一些边界断裂发生了明显的差异运动，包括水平与垂直运动，这种运动的速度差异直接导致了不同的地貌格局；发生在新近纪上新世与早更新世之间的喜马拉雅运动第Ⅲ幕是对本区影响普遍的主要构造运动。区域新构造运动基本上奠定了区域现代山川地貌的雏形和构造的基本格局。

区域范围新构造运动的总体特征主要有4个特点：一是大面积整体间歇性掀斜抬升运动；二是断块之间的差异升降运动；三是活动块体的侧向滑移与旋转运动；四是断裂构造的新活动。

2.4.1 大面积整体间歇性掀斜抬升运动

从区域地形地貌来看，地势总体由西北向东南方向倾斜，形成三个明显的地形阶梯台面。第一级阶梯面为滇西北-川西南高原，由一系列高程为3000m以上的山脉组成，地形高差为1000～1500m；第二级阶梯面为滇中高原，高程为2000m左右，地形高差为900～1000m；第三级阶面为滇东、滇东南及桂西高原，高程多在2000m以下，发育低山、缓丘和岩溶地貌，地形高差一般为500～800m。表明区域范围的新构造运动具有从北往南大面积掀斜隆升的特点。

区域范围的新构造运动还具有间歇性抬升的特点，反映在层状地貌上，发育多级剥夷面、多级河流阶地和多层水平溶洞。例如，区域范围多为构造侵蚀高山、中山、低山地貌，顶部波状起伏，山坡上保留有3级剥夷面，其中Ⅰ级夷平面表现为零散的峰顶面，相当于青藏高原的山顶面。Ⅱ级夷平面是渐新世后至上新世初形成，相当于青藏高原的山原面，分布广，构成云贵高原面。该夷平面由西向东，由北向南，尤其自西向东明显呈两个梯阶下降，其西北部分海拔为4200～4400m，中部为2600～2800m，向东、东南海拔降为1600～1800m。澜沧江、金沙江发育有7级阶地，Ⅰ～Ⅶ级河流阶地高于河床分别为15～20m、40～65m、100～200m、250～280m、320～350m、400～480m和580～650m。云南东部的南盘江大致发育有5级河流阶地，Ⅰ～Ⅴ级河流阶地高于河床分别为5～15m、15～30m、30～40m、50～80m和80～100m。在喀斯特地区常可见3～5层水平溶洞，与河流阶地相对应。区域范围普遍分布的多级剥夷面与河流阶地，表明新构造运动的大面积抬升具有明显的间歇性运动特点。

2.4.2 断块之间的差异升降运动

区域范围具有较大规模和深度的活动断裂发育，且将本区切割成若干个活动块体。虽然伴随着喜马拉雅运动各块体不断地抬升，但抬升幅度不尽相同，从而形成了块体之间的差异运动，且运动趋势是西强东弱、北强南弱，呈现出明显的阶梯式下降，如小金河-丽江断裂西北侧的中甸-玉龙雪山块体平均海拔在4000m以上，而东南部的盐源-渡口（攀枝花）块体平均海拔在4000m以下，两块体高差大于500m，反映出两者之间的强烈差异活动。又如玉龙雪山和哈巴雪山都是比较典型的断块山，两山以金沙江相隔，上新世至更新世以来长期上升，最高峰分别达到海拔5596m和5396m，其间著名的虎跳峡海拔只有1800～2000m。

夷平面的解体也反映了这种运动情况，需要指出的是，区内一些高山，如梅里雪山、哈巴雪山、玉龙雪山和点苍山等，实际上也是夷平面解体后因断裂的差异活动形成的断块山，并高出附近的夷平面1500～3000m。此外，一些断裂带在地貌上形成较宽的断层谷或断陷盆地和湖泊，与两侧山地和高原面的高差可达千米以上，如沿红河断裂发育的洱海断陷盆地海拔为1970～2300m，而西侧点苍山海拔达4000m以上，两者相对高差较大，若考虑盆地中第四系的厚度，两者之间的高差将达5000m。

2.4.3 活动块体的侧向滑移与旋转运动

川滇菱形块体和巴迪-兰坪块体，受青藏高原强烈隆升和向南东方向的侧向推挤及壳幔物质流展的影响，除上述两种运动形式之外，还具有整体向南东或南南东方向的侧向滑移和挤出运动，如图2.4-1所示。川滇菱形块体滑移和挤出运动的东部边界是鲜水河-小江断裂，西南边界为红河断裂，前者为左旋走滑，后者是右旋走滑。巴迪-兰坪块体滑移和挤出运动的东部边界是维西-巍山断裂。两块体的这种运动方式得到了现代地壳运动观测网络观测结果的证实，即青藏高原东部现代地壳运动矢量场由北北东向逐渐指向北东东向，再转为南东向，呈顺时针方向运动，速率也逐渐变小。进入高原以东的贵州高原和四川盆地后，运动矢量明显变小，说明青藏高原东边缘有明显的应变积累或冲压位移。同时也说明，青藏高原东边界不是自由的，可能深部存在受阻的约束条件。

最近的研究结果表明，云南存在2个与地震活动相关的一级活动块体，即川滇菱形块体和巴迪-兰坪块体，并且前者可划分出2个次级块体，即川西北块体和滇中块体，其界线是

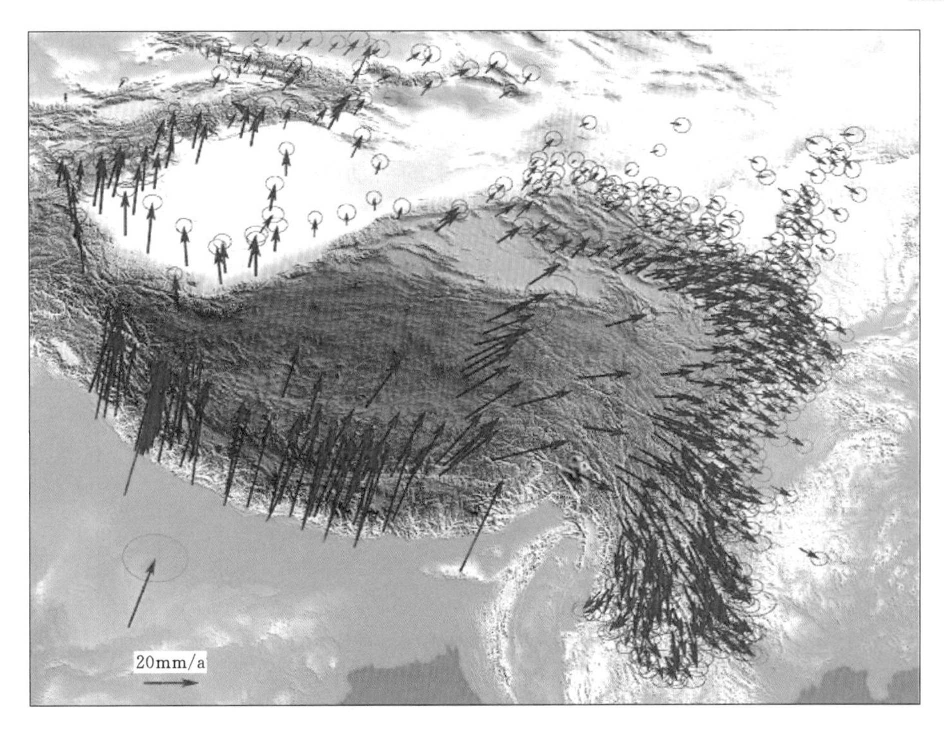

图 2.4-1 青藏高原及周边地区的 GPS 运动方向
（据张培震，2001）

小金河-丽江断裂。由于受青藏高原东南或南南东方向的侧向滑移、挤出及其块体边界断裂的相互制约，各级块体之间存在明显的绕垂直轴的转动运动，其中小金河-丽江断裂以北的川西块体顺时针旋转运动的角速度为 2.7°/Ma，滇中块体角速度为 2.9°/Ma。

2.4.4 断裂构造的新活动

新构造运动时期，断裂继承性活动频繁，已存在的主要断裂构造有明显的强烈活动表现，形成了一系列沿断裂带发育的新生代断陷盆地或拉分盆地。沿一些大断裂带分布的一系列断陷盆地、湖泊、断错地貌等，均是这些断裂新活动的产物。其活动方式多为断裂两侧相对的水平错动与垂直差异运动兼而有之，活动强度不一。断裂、断块活动还显示出新生性，据研究，早更新世晚期或中更新世初期，青藏高原由于印度板块不断向北推挤，导致向南东挤出和侧向滑移，作为块体的北西向边界断裂具明显的右旋走滑特征。而块体的近南北向、北东向边界断裂具左旋走滑特征。后者如丽江-剑川断裂、德钦-中甸-大具断裂、龙蟠-乔后断裂等，第四纪以来具左旋走滑性质；前者如维西-巍山断裂，早期以挤压为主，第四纪晚期以来为右旋走滑兼张性。

2.5 活动断裂

活动断裂又称活断层，是指新构造运动时期有过差异性活动的断层，分为古近纪及新近纪活动断层、第四纪活动断层、现代活动断层。对于水利工程，现代活动断层是指晚更新世以来活动、至今仍在活动的断层，是距今 10 万年以来有充分位移证据证明曾活动过，或现今正在活动，并在未来一定时期内仍有可能活动的断层；现代活动断裂分为全新世及晚更新世活动断裂两种类型。

全新世活动断裂（Q_4）是指距今 1 万年以来的活动断层，云南省共发育 28 条；晚更新世活动断裂（Q_3）是指距今 10 万年以来有充分证据证明活动的断层，云南省共发育 39 条。详见表 2.5－1 和表 2.5－2。

表 2.5－1　　全新世活动断裂一览表

断层编号	断层名称	断层组成	地理位置	长度/km	产状			断层性质
					走向	倾向	倾角/(°)	
F_1	小江断裂	北段（F_1）：巧家－蒙姑断裂、蒙姑－东川断裂，北接大凉山－越西断裂	北起巧家以北，向南经巧家盆地东缘、蒙姑，至东川达朵	＞400	近 SN 局部为 NE、SE	E 或 W	70～80	左旋走滑
		中段东支（F_{1-1}）：东川－田坝断裂、功山－寻甸盆地西缘断裂、塘子－小新街盆地西缘断裂、小新街盆地东缘－宜良断裂、马家－南羊街断裂、宜良盆地东缘断裂、宜良－徐家渡断裂	北起东川达朵，向南经东川、功山、寻甸、嵩明小新街、宜良南羊街，至宜良徐家渡					
		中段西支（F_{1-2}）：达朵－乌龙盆地西缘断裂、乌龙盆地东缘－沧溪盆地西缘断裂、沧溪东缘－清水海盆地西缘断裂、清水海盆地东缘－羊街盆地西缘断裂、陆良山断裂、杨村－前所断裂、阳宗海－澄江断裂、抚仙湖西岸断裂、抚仙湖东岸－星云湖断裂	北起东川达朵，向南经乌龙、寻甸沧溪、羊街、嵩明杨林、宜良汤池、澄江、抚仙湖、星云湖，至宜良大革勒					
		南段东支（F_{1-3}）：徐家渡－华溪断裂、建水盆地东缘断裂	北起宜良徐家渡，向南经华宁华溪、建水白云，止于建水山花					
		南段西支（F_{1-4}）大革勒－华宁断裂（Q_4）、与 F_{1-2} 呈雁行排列	北起宜良大革勒向南经华宁					
F_2	程海－宾川断裂	北段（F_{2-1}）：挖家坪断裂、金官－程海断裂、期纳断裂	北起永胜挖家坪，经金官、程海，止于金沙江南岸	约 75	近 SN	W	50～70	左旋走滑兼正断层
F_3	丽江－大具断裂	西支（F_{3-1}）：玉龙雪山西缘断裂	北起丽江大具，经丽江，止于丽江－小金河断裂	约 50	近 SN	E	60～80	正断层
		东支（F_{3-2}）：丽江盆地东缘断裂						

续表

断层编号	断层名称	断层组成	地理位置	长度/km	产状			断层性质
					走向	倾向	倾角/(°)	
F_4	腾冲火山断裂	东支（F_{4-1}）：固东-腾冲断裂、打鹰山-老龟坡断裂、屈家营-马鞍山断裂、来凤山-马鹿塘断裂、硫磺塘断裂	北起固东，经腾冲、平山东，止于腾冲木瓜园	约60	近SN	E	50～70	右旋走滑兼正断层
		西支（F_{4-2}）：猴桥-新街断裂	北起猴桥镇以北，经古永盆地东缘、中和、荷花，止于大盈江断裂	约80	近SN	W	60～70	右旋走滑兼正断层
F_5	永德断裂		北起湾甸，向南经新城、旧街坝、芒崩坝、永康盆地西缘，止于大山盆地	约80	近SN			右旋走滑
F_6	中甸-龙蟠-乔后断裂	北段中甸-龙蟠断裂（F_{6-1}）：由1～2条断裂组成（中甸断裂、小中甸断裂）	北起中甸以北，向南东经小中甸、至小中甸盆地南部	190	SE	W	60～70	右旋走滑
		南段龙蟠-乔后断裂（F_{6-3}）：由3条断裂组成（中和-白汉场断裂、剑川断裂、乔后断裂），宽度约2km	北起玉龙县三家村，向南经中和、雄古、白汉场、九河、剑川、沙溪，止于乔后		NNE	E	60～80	左旋走滑
F_7	大盈江断裂		西起缅甸八莫，向北东经盈江曼线街及拱布、梁河，至腾冲盆地西缘	180	NE	NW	70～80	左旋走滑
F_8	陇川断裂	北支（F_{8-1}），瓦德龙断裂（Q_3～Q_4）	西起缅甸，向北东经陇川北部的户岛、陇川西部的六昆、至梁河的芒东	>75	NE	SE	80～85	左旋走滑
		南支（F_{8-2}），由陇川盆地东缘断裂、小陇川断裂组成（Q_3～Q_4）	西起陇川河边街以北，向北东经章凤南，沿陇川盆地东缘，经勐养，至梁河东南	>150	NE			
F_9	龙陵-瑞丽断裂		西起恩梅开江断裂，向北东经瑞丽弄岛、瑞丽、遮放、芒市、龙陵，至镇安	约250	NE	NW或SE	60～70	左旋走滑
F_{10}	芒市-畹町断裂	为Q_3～Q_4活动断裂	西起畹町-安定断裂，向北东经畹町盆地北缘、遮放盆地东缘、芒市盆地东缘，至芒市东	约65	NE	NW		左旋走滑
F_{11}	畹町-安定断裂	西支（F_{11-1}）：Q_3～Q_4活动断裂	西起畹町的龙陵-瑞丽断裂，向东经弄弄、芒海、中山乡、李子坪、下芦水、至公养河与怒江交汇处	约80	近EW	N	60～70	左旋逆断层
		东支（F_{11-2}）：Q_3～Q_4活动断裂	南起西支（F_{11-1}）东端，向北东经公养河与潞江交汇处、田坡、穿怒江大转弯、施甸旧城，至昌宁湾甸农场	约65	NE			右旋走滑

续表

断层编号	断层名称	断层组成	地理位置	长度/km	产状			断层性质
					走向	倾向	倾角/(°)	
F_{12}	南汀河断裂	西支（F_{12-1}）	东起云县以北，向南西经云县盆地西缘、勐底、勐脂（大雪山乡）、沿南汀河河谷延伸（军赛、孟定北、芒卡北），延入缅甸	约500	NE	NW	60～90	左旋走滑
		东支（F_{12-2}）：由国内由四条断裂组成，呈雁行排列	东起云县以南，向南西经幸福、勐永、勐撒、回俄、班牙，延入缅甸	约210	NE	NW	60～90	左旋走滑
F_{13}	澜沧-孟连断裂	截断耿马-澜沧-勐遮断裂	东起澜沧盆地东，向南西经坡脚、热水塘、勐滨、孟连、勐马、勐阿，延入缅甸	约150	NE	NW或SE	70～80	左旋走滑
F_{14}	打洛-景洪断裂		东起景洪盆地西缘，向南西经格朗河、曼蚌、勐混盆地、打洛，延入缅甸	约180	NE	NW	70～80	左旋走滑
F_{15}	丽江-小金河断裂	由小金河断裂、卧龙河断裂、大坪子-金棉断裂、栗楚卫断裂、丽江-老白渣断裂、文治-剑川断裂组成	北起四川木里小金河，向南西响水河、宁蒗、丽江，止于剑川（中甸-龙蟠-乔后断裂）	>200	NE	SE或NW	70～85	左旋走滑
F_{16}	鹤庆-洱源断裂	由保吉村断裂、新民村断裂、三义村断裂、后本阱断裂组成	北起丽江-小金河断裂，向南西经鹤庆盆地东缘及西缘、穿越洱源盆地，止于凤羽断裂	约108	NE	SE或NW	50～70	左旋走滑兼正断层
F_{17}	德钦-中甸-大具断裂	中段（F_{17-2}）：由奔子栏-中甸断裂，南段（F_{17-3}）中甸-三坝断裂、大具断裂组成	北起奔子栏西北，向南东经奔子栏、尼西、中甸、三坝、大具，过暑考后消失	约145	SE	SW或NE	60～70	右旋走滑
F_{18}	凤羽断裂	Q_3～Q_4时期的断裂	位于凤羽镇，呈NW—SE向展布，经凤羽盆地西缘，交于维西-乔后断裂上	约30	SE			
F_{19}	红河断裂	北段西支（F_{19-1}）：苍山山前断裂	北起鹤庆-洱源断裂，向南经三营、洱源盆地东缘、右所盆地西缘、邓川盆地西缘、上关、蝴蝶泉、眼桥，消失于深长村，为苍山东麓与洱海盆地的分界	约85	近SN	E	50～80	右旋走滑
		北段东支（F_{19-2}）：由凤仪盆地西缘断裂、凤仪盆地东缘断裂、大赤佛-定西岭断裂、弥渡-苴力断裂组成	北起海印村南，向南西经海东、红山、凤仪、松毛坡、大赤佛、大草地、定西岭、弥渡盆地，至苴力盆地	约80	SE	NE	60～80	右旋走滑
		中段（F_{19-3}）：由苴力-德苴断裂（Q_4）、德苴-马街断裂（Q_4）、马街-庆丰断裂（Q_4）组成	北起弥渡苴力，向南西经德苴、南华马街、楚雄西舍路、双柏鳄嘉、新平庆丰（者竜），至新平春元村	约150	SE	NE	60～80	右旋走滑

续表

断层编号	断层名称	断层组成	地理位置	长度/km	产状			断层性质
					走向	倾向	倾角/(°)	
F_{20}	耿马-澜沧-勐遮断裂	北段（F_{20-1}）：耿马-汗母坝断裂	北起南汀河断裂东支，向南东经耿马盆地、汗母坝盆地西缘、穿越小黑江、小麻勐，至班驼	约 50	SE	NE 或 SW	70～80	右旋走滑
		中段（F_{20-2}）：竹塘-澜沧断裂	北起石张营（黑河断裂），向南东经张占坡、大塘子、竹塘、澜沧，止于澜沧-孟连断裂	约 50	SE	SW 或 NE	70～80	右旋走滑
		南段（F_{20-3}）：澜沧-勐遮断裂	北起澜沧（澜沧-孟连断裂），向南东经惠民、勐满、勐遮、勐混，止于打洛-景洪断裂	约 100	SE	SW 或 NE	70～80	右旋走滑
F_{21}	黑河断裂		北起沧源以南的公路寨，向南经缅甸、澜沧木戛、谦迈，止于发展河乡东	约 140	近 SEE 转 SE 转 SSE	SW 或 NE	60～80	右旋走滑
F_{22}	石屏-建水断裂	由化念-石屏断裂、宝秀-建水断裂组成	北起化念盆地南缘，向南东经大桥、亚花寨盆地、石屏盆地北缘、建水县城北部（盆地中部），至东山寨，止于小江断裂东支（建水盆地东缘断裂）	约 90	SE 转近 EW	SW 或 NE	70～80	右旋走滑
F_{23}	曲江断裂	西段由 1～2 条断裂组成	北起峨山县岔河乡西北的安居村，向南东经岔河乡、宝山、热水塘、峨山盆地北缘、小街盆地南缘、高大盆地北缘、曲江盆地北缘，在者冲南止于小江断裂西支（小关-李浩寨-利民断裂）	约 110	SE	SW	50～80	右旋走滑
F_{24}	包谷垴-小河断裂	南段（F_{24-1}）：龙头山断裂，由两条断裂组成，为 Q_3～Q_4 时期的活动断裂	位于龙头山镇附近	约 20	NW	NE	80～90	左旋走滑
F_{25}	金沙江断裂	北段（F_{25-1}）：里甫-日雨断裂	北起巴塘，向南经中咱、得荣的下绒、日堆，止于劳动桥断裂	>110	SN	E 或 W	50～70	右旋走滑兼逆断层
F_{26}	理塘-德巫断裂		北起理塘以北，向南东经德巫，至木里以北	>200	SE	NE	70～80	左旋走滑
F_{27}	奠边府断裂	北段	北起金平边境的五台山，向南西经封土、兴湖、莱州、奠边府、班冈、哈迪	>200	NE			
F_{28}	马边-绥江-盐津断裂	西支（F_{28-1}）：大毛滩断裂	北起绥江县城以西的大毛滩，经青胜、桧溪、团结，被 F_{38} 五莲峰断裂错断，经吉利以西，至天星以东	约 80	NNW	W	70～80	逆冲

表 2.5-2　　晚更新世活动断裂一览表

<table>
<tr><th rowspan="2">断层编号</th><th rowspan="2">断层名称</th><th rowspan="2">断 层 组 成</th><th rowspan="2">地 理 位 置</th><th rowspan="2">长度/km</th><th colspan="3">产 状</th><th rowspan="2">断层性质</th></tr>
<tr><th>走向</th><th>倾向</th><th>倾角/(°)</th></tr>
<tr><td>F_{30}</td><td>曲靖-陆良断裂</td><td>北段黎山断裂（F_{30-1}），由热水断裂、盘江-沾益断裂组成</td><td>北起海子头，向南经宣威热水乡、沾益盘江镇，至沾益县城西侧</td><td>约 60</td><td>近 SN</td><td>E</td><td>70～80</td><td>左旋走滑</td></tr>
<tr><td rowspan="2">F_{31}</td><td rowspan="2">个旧断裂</td><td>北段（F_{31-1}）：乍甸-个旧断裂</td><td>北起倘甸，向南经乍甸，至个旧</td><td rowspan="2">约 50</td><td rowspan="2">近 SN</td><td rowspan="2">W</td><td rowspan="2">60～80</td><td rowspan="2">右旋走滑</td></tr>
<tr><td>南段（F_{31-2}）：卡房断裂</td><td>北起个旧以南的乌谷哨，向南经卡房，至田心以南</td></tr>
<tr><td>F_1</td><td>小江断裂</td><td>西支南段（F_{1-4}）：小关-李浩寨-利民断裂</td><td>北起利民、者冲、李浩寨、小关寨，止于石屏-建水断裂 F_{22}</td><td>约 42</td><td>近 SN 转 NE</td><td></td><td>近 90</td><td>左旋走滑</td></tr>
<tr><td rowspan="2">F_{32}</td><td rowspan="2">普渡河断裂</td><td>中段（F_{32-2}）：西山断裂、海口-新城断裂</td><td>北起五华区的厂口村，向南经西翥街道办事处、马街、滇池西缘、海口，晋宁盆地西缘，至晋宁新街</td><td rowspan="2">约 120</td><td rowspan="2">近 SN</td><td rowspan="2">E 或 W</td><td rowspan="2">60～80</td><td rowspan="2">正左旋走滑</td></tr>
<tr><td>南段（F_{32-3}）：玉溪盆地西缘断裂、大营街-小街断裂</td><td>北起红塔区刺桐关以西，向南经玉溪盆地西缘的春和及大营街，研和盆地西缘，至峨山小街，止于曲江断裂</td></tr>
<tr><td>F_{33}</td><td>汤郎-易门断裂</td><td>由三段组成：汤郎段、罗茨段、易门段</td><td>北起禄劝汤郎以北，向南经武定法窝、插甸、仁兴、禄丰碧城、勤丰、安宁禄脿、易门六街，止于易门盆地南的浦坝</td><td>约 180</td><td>近 SN</td><td>E 或 W</td><td>40～80</td><td>正左旋走滑</td></tr>
<tr><td rowspan="2">F_{34}</td><td rowspan="2">元谋-绿汁江断裂</td><td>中段（F_{34-2}）：元谋—一平浪断裂</td><td rowspan="2">北起元谋姜驿以北，向南经江边、元谋盆地东缘、羊街、中兴井、禄丰-平浪、易门绿汁，至三家厂南</td><td rowspan="2">约 170</td><td rowspan="2">近 SN</td><td rowspan="2">E 或 W</td><td rowspan="2">70～80</td><td rowspan="2">正左旋走滑</td></tr>
<tr><td>南段（F_{34-3}）：一平浪-绿汁江断裂</td></tr>
<tr><td>F_{35}</td><td>宁蒗断裂</td><td></td><td>北起宁蒗以北，向南经宁蒗盆地东缘，至战河</td><td>约 60</td><td>近 SN</td><td>W</td><td>60～80</td><td>逆断层</td></tr>
<tr><td>F_2</td><td>程海-宾川断裂</td><td>南段（F_{2-2}）：宾川盆地东缘断裂、新庄-吉祥断裂</td><td>北起程海-宾川断裂北段，向南经宾川盆地东缘（小梭罗、片角及力角以东）、新庄村、祥云的孝秀庄村、弥渡的吉祥村，止于红河断裂北段东支</td><td>约 80</td><td>近 SN 转 NE</td><td>W 转 NW</td><td>60～70</td><td>正左旋走滑</td></tr>
<tr><td>F_6</td><td>中甸-龙蟠-乔后断裂</td><td>中段（F_{6-2}）：由冲江河断裂、西龙断裂组成</td><td>北起小中甸盆地以南，沿冲江河延伸，经虎跳峡镇、龙蟠，止于玉龙县三家村</td><td>约 50</td><td>SE 转 NNE</td><td>W</td><td>60～70</td><td>右旋走滑</td></tr>
<tr><td>F_{17}</td><td>德钦-中甸-大具断裂</td><td>北段（F_{17-1}）：德钦-奔子栏断裂</td><td>北起德钦西北，向南东经德钦、白马雪山，至奔子栏西北</td><td>约 55</td><td>SE</td><td>SW 或 NE</td><td>60～70</td><td>右旋走滑</td></tr>
</table>

续表

断层编号	断层名称	断层组成	地理位置	长度/km	产状			断层性质
					走向	倾向	倾角/(°)	
F_{25}	金沙江断裂	南段（F_{25-2}）：奔朱-奔子栏断裂	北起劳动桥断裂，向南经奔朱，止于德钦-中甸大具断裂北段	约20	SN	E或W	50～70	右旋走滑兼逆断层
F_{36}	怒江断裂	南段西支（F_{36-2-1}）	北起泸水片马以北，向南沿高黎贡山东麓延伸（片马、界头、腾冲曲石、芒棒以东）、龙江，至龙陵附近，止于龙陵-瑞丽断裂	约180	近SN	W	50～70	右旋走滑
		南段东支（F_{36-2-2}）	北起泸水西南，向南沿潞江河谷延伸（芒宽、隆阳潞江镇以西）、龙陵腊勐、勐糯，止于畹町-安定断裂					
F_{37}	苏典断裂	西支（F_{37-1}）：那邦断裂	位于盈江西部边境	约50	近SN	W	60～80	逆断层
		中支（F_{37-2}）：苏典-平原断裂	北起盈江苏典以北，向南经苏典，至平原					
		东支（F_{37-3}）：支那-新城断裂	北起盈江支那以北，向南经支那、芒章以东，至新城					
F_{38}	五莲峰断裂	由东坪断裂、大兴断裂、莲峰断裂、普洱断裂等组成	南起巧家大寨以南，向北东经东坪、鲁甸码头、大兴、大关高桥、盐津普洱以北，进入四川	约190	NE			
F_{39}	昭通-鲁甸断裂	西支（F_{39-1}）：龙树-龙头山断裂	北起昭阳洒渔镇以西，向南西经龙树、龙头山，止于东支（昭通-鲁甸）断裂	约160	NE	SE	50～60	右旋走滑
		中支（F_{39-2}）：洒渔盆地东缘断裂	北起昭阳洒渔镇以东，向南西沿洒渔盆地东缘延伸，止于东支（昭通-鲁甸）断裂					
		东支（F_{39-2}）：彝良-昭通-鲁甸断裂	北起彝良龙海以北，向南西经龙安、昭阳北闸、昭通、鲁甸、巧家包谷垴、老店，至崇溪南					
F_{40}	寻甸-来宾断裂	南段（F_{40-2}）：寻甸-海戛断裂	北起寻甸海戛村，向南西经河口，至寻甸盆地东部	约36	NE	SE或NW	50～85	右旋走滑
F_{41}	一朵云-龙潭山断裂		北起宜良火头村的小江断裂西支，向南西经一朵云、龙潭山，至呈贡的新册村	约26	NE	SE	50～84	正左旋走滑
F_{42}	耿马-沧源断裂	由耿马断裂、沧源断裂组成	南起沧源盆地西缘，向北东经勐来，被耿马-澜沧-勐遮断裂北段错断，沿耿马盆地东缘向北东方向延伸	约80	NE	NW	70～80	正断层

续表

断层编号	断层名称	断层组成	地理位置	长度/km	产状			断层性质
					走向	倾向	倾角/(°)	
F_{28}	马边-绥江-盐津断裂	东支（F_{28-2}）：绥江-盐津断裂	北起绥江南，向南东经盐津中和、构树坪、水田坝，至盐津南	约55	SE			
F_{44}	文山-麻栗坡断裂	中段（F_{44-2}）：文山盆地西缘断裂	北起文山马塘以北的热水，向南东经马塘盆地东缘、白沙坡、文山盆地西缘，至马关山车附近	约50	SE	NE或SW	60～80	逆断层
F_{45}	马王庄-雨过铺断裂	北支（F_{45-1}）：面甸盆地北缘断裂、鸡街-雨过铺断裂	西起建水盆地东缘断裂的马王庄，向南东经面甸盆地北缘、个旧倘甸盆地北缘、鸡街、蒙自雨过铺，至蒙自盆地东缘	约80	SE	NE或SW	50～80	右旋走滑
		南支（F_{45-2}）：面甸盆地南缘断裂	西起建水盆地东缘断裂的东山寨北部，向南东经面甸盆地南缘，至个旧倘甸盆地西缘，止于乍甸断裂					
F_{46}	乍甸断裂		北起个旧攀枝花盆地东缘，向南东经倘甸盆地西缘、乍甸、松树脚，止于麒麟山	约33	SE	NE	50～80	右旋走滑
F_{47}	玉江断裂		西起玉溪东风水库北缘，向南东经小矣资、江川马家庄、九溪盆地北缘、土官田，止于桐木得	约20	SE	NE或SW	60～80	正右旋走滑
F_{48}	挖色-宾居断裂		北起洱海东岸的大理挖色，向南东经宾川萂村、瓦溪、沙沟哨，至宾居	约33	SE	NE	60～80	拉张右旋走滑
F_{49}	三营-相国寺山断裂		北起洱海东岸的大理挖色，向南东经老太箐、龙头村、洗马塘，至祥云毛栗坡	约35	SE	NE	60～80	右旋走滑
F_{50}	田房断裂		位于姚安县田房、稗子沟一带	约20	SE	NE或SW	45～85	正右旋走滑
F_{51}	南华-楚雄断裂		北起南华盆地西缘，向南东经南华盆地南西缘、楚雄盆地西缘，至双柏的大庄	约80	SE	NE或SW	70～85	右旋走滑
F_{19}	红河断裂	南段（F_{19-4}）	北起新平的春元村，向南东经戛洒、元江漠沙、元江、红河、元阳、个旧蛮耗、河口连花滩，沿国境边界至河口，进入越南	>330	SE	NE	60～80	右旋走滑

续表

断层编号	断层名称	断层组成	地理位置	长度/km	产状			断层性质
					走向	倾向	倾角/(°)	
F_{52}	维西-乔后断裂	北段（F_{52-1}）	北起维西以北澜沧江边的黄草坝，向南东经维西盆地、兰坪通甸盆地东缘、马登盆地东缘、弥沙，至洱源的乔后盆地西缘	约310	SE	SW	50～70	右旋走滑
		南段（F_{52-2}）	北起洱源的乔后盆地东缘，向南东经炼铁盆地东缘、漾江、漾濞县城以东、大理平坡以东、巍山盆地西缘，至巍宝山附近					
F_{53}	施甸断裂		北起隆阳以西，向南西方向经一碗水后，向南东经蒲缥盆地西缘、由旺，转为南南东方向，经施甸盆地西缘，至姚关以西	约65	SE	NE	60～70	右旋走滑
F_{54}	南岭-小勐养断裂	北段（F_{54-1}）	北起澜沧南岭以西，向南东经小新寨，至勐往盆地	约120	SE	NE	60～80	逆、正断层
		南段（F_{54-2}）	北起景洪勐往盆地以北，向南东经莲花塘，至小勐养盆地					
F_{55}	无量山断裂	西支（F_{55-1}）：普文断裂	北起景谷永平盆地东缘，向南东经益智盆地西缘、云仙思茅盆地东缘、景洪普文盆地西缘，至普文镇以南	约230	SE	NE或SW	60～80	右旋走滑兼逆断层
		中支（F_{55-2}）：镇沅-宁洱断裂	北起镇沅的无量山主峰，向南经勐大、按板以西、正兴、宁洱盆地西缘、同兴盆地西缘、思茅半坡村及以南，被错断，至勐旺以东					
		东支（F_{55-3}）：磨黑断裂	北起镇沅西南的安龙桥，向南经德安以东、宁洱磨黑盆地缘，向南东经勐先盆地西缘、康平盆地东缘，至江城整董盆地北缘					
F_{56}	则邑断裂		南起寻甸的老李凹村，向北西经禄劝大法期、则邑，止于普渡河断裂	约30	NW	NE	80	右旋走滑
F_{57}	会泽-者海断裂		北起会泽牛栏江边，向南西经者海盆地北西缘、会泽盆地南东缘、阿那，于尾坪子止于小江断裂	约75	NE	NW	80～90	右旋走滑

续表

断层编号	断层名称	断层组成	地理位置	长度/km	产状			断层性质
					走向	倾向	倾角/(°)	
F_{58}	金沙江断裂	江达-施坝断裂（F_{58-1}）	北起江达、王大龙、芒康的穷得、得荣的曾大同、德钦的格亚顶、嘎希通、茨卡桶，至施坝	>160	SN	E或W	50～70	右旋走滑兼逆断层
F_{59}	德格-乡城断裂	南段（F_{59-1}）：乡城-普上断裂	北起地中以北，向南经乡城、香格里拉市的泽央仲，被北北东向断裂错断，向南东经普上，止于德钦-中甸-大具断裂	>160	SN	E或W	50～70	右旋走滑兼逆断层
F_{60}	独龙江断裂		北起贡山迪政当以北，向南经迪政当、独龙江乡以西，延伸入缅甸	约90	SN			
F_{61}	三岔河断裂		北起凤庆南的三岔河乡，向南西至乌木龙乡以东	约35	NE			
F_{62}	劳动桥断裂		北起金沙江以西，向南东经得荣的绒丁，至香格里拉的吴西龙	约50	SE			

第3章 岩石物理力学性质

云南地层出露齐全，自古元古界至新生界均有出露，沉积类型多样，岩浆活动强烈，且往往在同一地带持续活动，构成较大规模的构造岩浆带，变质岩广布，各类变质作用兼具，地壳活动性普遍较强，地质构造复杂。古元古代、中元古代，均为地槽型沉积；新元古代，扬子区为地台型沉积，滇西为活动型地槽夹稳定性地块沉积，变质作用强烈。古生代至中生代三叠纪沉积类型多样，地层分区极为复杂，地槽沉积在西部较为发育，但范围进一步缩小，滇东南和滇西北部分也发育地槽型沉积，扬子地区为地台型沉积。晚古生代至中生代三叠纪是云南省火山活动最强烈的时期，全省范围内火山岩都有分布，主要集中在深大断裂带及两侧，空间分布上具有从陆相向海相过渡。三叠纪后云南地槽型沉积全面结束，海相沉积基本消失。侏罗纪、白垩纪多以陆相红色碎屑沉积为主。古近纪古新世沉积范围缩小，有较好的膏盐沉积。古近纪始新世至渐新世，全省发育一套磨拉石沉积建造，并普遍不整合于下伏地层上。新近纪中新世至上新世，均为山间含煤建造。第四纪以来，腾冲地区出现了多期火山喷发活动，岩性为英安岩、安山质英安岩、橄榄玄武岩、安山玄武岩，安山玄武岩、安山岩。

3.1 岩石分类

岩石是由一种或多种矿物组成的集合体，是组成地壳的主要物质。岩石按成因可分为岩浆岩、沉积岩、变质岩三大类。按照岩石饱和单轴抗压强度进行分类，分为坚硬岩、中硬岩、较软岩、软岩、极软岩5类，见表3.1-1。

表3.1-1　　岩石分类表

饱和单轴抗压强度 R_b/MPa	$R_b>60$	$60\geqslant R_b>30$	$30\geqslant R_b>15$	$15\geqslant R_b>5$	$R_b\leqslant 5$
岩石类别	坚硬岩	中硬岩	较软岩	软岩	极软岩
岩浆岩	弱至微风化花岗岩、闪长岩、正长岩、二长岩、二长斑岩、闪长玢岩、流纹斑岩、花岗斑岩、辉长辉绿岩、花岗闪长岩、玄武岩、流纹岩、硅化流纹岩、细碧岩、安山岩		强风化的花岗岩、闪长岩、正长岩、二长岩、二长斑岩、闪长玢岩、流纹斑岩、花岗斑岩、辉长辉绿岩、花岗闪长岩、玄武岩、流纹岩、硅化流纹岩、细碧岩、安山岩		

续表

饱和单轴抗压强度 R_b/MPa	$R_b>60$	$60\geqslant R_b>30$	$30\geqslant R_b>15$	$15\geqslant R_b>5$	$R_b\leqslant 5$
沉积岩	弱至微风化长石石英砂岩、石英砂岩、灰岩、白云岩、白云质灰岩、灰质白云岩、集块岩、火山角砾岩		大部分强风化长石石英砂岩、石英砂岩、灰岩、白云岩、白云质灰岩、灰质白云岩、集块岩、火山角砾岩的坚硬至中硬岩，弱至微风化泥质粉砂岩、泥质灰岩、砂岩、砾岩、钙铁质胶结粉砂质泥岩、钙质页岩，微风化的凝灰质集块岩和凝灰质火山角砾岩	强风化泥质粉砂岩、泥质灰岩、砂岩、砾岩、钙铁质胶结粉砂质泥岩、钙质页岩，强至弱风化的凝灰质集块岩和凝灰质火山角砾岩，泥岩、粉砂质泥岩、页岩、砂岩，古、新近系的砂岩，凝灰岩	
变质岩	弱至微风化片麻岩、角闪岩、变粒岩、混合岩、角闪片岩、石英片岩、硅质板岩、石英岩、大理岩		大部分强风化片麻岩、角闪岩、变粒岩、混合岩、角闪片岩、石英片岩、硅质板岩、石英岩、大理岩的坚硬至中硬岩，弱至微风化弱风化千枚岩、板岩	强风化千枚岩、板岩，绢云母片岩、炭质云母片岩	

岩浆岩是上地幔或地壳深部产生的炽热黏稠的岩浆在向地表上升过程中，由于热量散失，冷凝固结形成的岩石，又称火成岩。最普遍和最主要的岩浆是硅酸盐岩浆，也有极少量以碳酸盐或金属氧化物、硫化物为主要成分的岩浆，岩浆岩分为侵入岩和喷出岩两类。侵入岩按深度分为深度大于 3km 的深成岩和深度小于 3km 的浅成岩，由于岩浆冷凝缓慢，结晶程度好，晶体较粗大，以全晶质、显晶质为主。喷出岩按喷出方式不同分为熔岩和火山碎屑岩，由于岩浆冷凝快，结晶程度差，多为隐晶质、玻璃质。其中火山碎屑岩按火山碎屑的粒度分为火山集块岩（粒度大于 64mm）、火山角砾岩（粒度为 64～2mm）、凝灰岩（粒度小于 2mm）。地球上岩浆岩的种类达 1600 余种，根据化学成分中 SiO_2 的含量分为超基性岩（小于 45%）、基性岩（45%～53%）、中性岩（53%～66%）、酸性岩（大于 66%）四类，每一类中根据碱度主要分为钙碱性、碱性、过碱性 3 个岩石系列，故岩浆岩共有 12 个岩石类型。大陆上分布的岩浆岩绝大部分（99%）为钙碱性岩类，详见表 3.1-2。

表 3.1-2　　钙碱性岩浆岩分类表

岩石大类	超基性岩	基性岩	中性岩			酸性岩
岩石类型	橄榄岩-科马提岩类	辉长岩-玄武岩类	闪长岩-安山岩类	二长岩-粗安岩类	正长岩-粗面岩类	花岗岩-流纹岩类
岩石色率/%	>90	90～40	40～15			<15
SiO_2 含量/%	<45	45～53	53～66			>66

续表

岩石大类			超基性岩	基性岩	中　性　岩			酸性岩
矿物成分	石英		无	很少	≤20%			>20%
	长石类：钾长石、斜长石 暗色矿物类：黑云母、角闪石、辉石、橄榄石		以橄榄石为主，其次为辉石，角闪石、黑云母、斜长石较少，无钾长石	以斜长石、辉石为主，其次为橄榄石、角闪石，黑云母、钾长石较少	以角闪石、斜长石为主，辉石、黑云母、钾长石较少，无橄榄石	以钾长石、斜长石为主，其次为黑云母，角闪石、辉石较少，无橄榄石	以钾长石为主，其次为黑云母，斜长石、角闪石、辉石较少，无橄榄石	以钾长石为主，其次为黑云母、斜长石，角闪石、辉石较少，无橄榄石
代表性岩石	熔岩	斑状、玻璃质、隐晶质结构	科马提岩	玄武岩	安山岩	粗安岩	粗面岩	流纹岩
	浅成岩	斑状、隐晶质、中细粒结构	苦橄玢岩、苦橄岩	辉长玢岩、细粒辉长岩、辉绿岩	闪长玢岩、细粒闪长岩	二长斑岩	正长斑岩、细粒正长岩	花岗斑岩、细粒花岗岩
	深成岩	显晶质、中粗粒结构	橄榄岩、二辉橄榄岩	辉长岩	闪长岩	二长岩	正长岩	花岗岩

注　1. 岩石色率是指岩石中暗色矿物的百分比。

2. 石英的含量为石英＋钾长石＋斜长石换算为100%后石英相对体积含量。

地壳表层，母岩在风化作用、生物作用、火山喷发作用而成的松散碎屑物及少量宇宙物质经过介质（水、风、冰川等）的搬运、沉积，胶结、压密等成岩作用而形成的岩石，称为沉积岩。沉积岩具有各种形态的层理构造（水平层理、波状层理、交错层理等）、层面构造（浪迹、泥裂、印膜等），以及特有的碎屑结构、生物结构。沉积岩按原始物质来源及风化产物划分为3大类13个基本类型，但是自然界中存在一些过渡岩石类型（生物化学岩、砂质灰岩）未在表中，火山碎屑岩可归入沉积岩中，生物岩中的可燃有机岩（煤、油页岩）归入矿床学范畴，非可燃有机岩（礁灰岩、硅藻岩）归入化学岩中，因此沉积岩分为碎屑岩、黏土岩、化学岩3大类，详见表3.1-3。

表3.1-3　　沉积岩分类表

岩　类		物质来源	沉积作用	结构特征	岩石分类名称
碎屑岩	沉积碎屑岩	母岩风化碎屑	机械沉积作用为主	沉积碎屑结构	1. 砾岩（d>2mm） 2. 砂岩（d=2～0.1mm） 3. 粉砂岩（d=0.1～0.01mm）
	火山碎屑岩	火山喷发碎屑		火山碎屑结构	4. 集块岩（d>64mm） 5. 火山角砾岩（d=64～2mm） 6. 凝灰岩（d<2mm）
黏土岩		母岩在化学分解过程中形成的新矿物：黏土矿物	机械沉积作用和胶体沉积作用	泥质结构	7. 黏土岩（d<0.005mm） 8. 泥岩（d<0.005mm） 9. 页岩（d<0.005mm）
化学岩		母岩在化学分解过程中形成的可溶物质和胶体物质，生物作用产生	化学沉积作用和生物沉积作用为主	结晶结构、生物结构	10. 碳酸盐岩 11. 硅质岩（硅藻岩） 12. 蒸发岩（盐岩） 13. 其他化学岩（铝质岩、铁质岩、锰质岩、磷质岩等）

由于地质环境和物理化学条件的改变（高温、高压、剪应力、特定化学环境），使原先已形成的岩石的矿物成分、结构、构造、化学成分发生改变而形成的岩石，称为变质岩。变质岩的结构分为变余结构、变晶结构、交代结构、碎裂结构4类；变质岩的构造分为变余构造（变余层理构造、变余杏仁构造等）、变成构造（板状构造、千枚状构造、片状构造、片麻状构造等）、混合岩构造（肠状构造、条带状构造等）3类。变质作用分为区域变质作用、接触变质作用、交代变质作用、动力变质作用、混合岩化变质作用5类，岩石也对应分为5大类，详见表3.1-4。

表3.1-4　变质岩分类表

大类	成因	主要岩石类型		代表性岩石
区域变质岩	区域性大范围的温度、压力升高的变质作用，岩石重结晶或变形，伴随有新化学成分加入，矿物成分、结构、构造完全改变	板状构造	板岩	粉砂质板岩、炭质板岩
		千枚状构造	千枚岩	绢云母千枚岩、绿泥绢云千枚岩
		片状构造	片岩	白云母片岩、黑云母片岩、角闪片岩
		片麻状构造	片麻岩	钾长片麻岩、斜长片麻岩、花岗片麻岩
		块状构造	石英岩、大理岩、麻粒岩、角闪岩	
接触变质岩	由于岩浆侵入，围岩接触带受热力作用，发生的变质重结晶作用	块状构造	斑点板岩	黑云母斑点板岩、红柱石斑点板岩
			角岩	黑云母角岩、堇青石角岩
交代变质岩	在气态或液态溶液影响下，由于交代作用使原岩发生蚀变	块状构造	云英岩	黑云母云英岩、电气石云英岩
			矽卡岩	辉石矽卡岩、石榴矽卡岩
动力变质岩	由于构造应力作用，岩石碎裂、磨碎的变质作用	碎裂结构	碎裂岩	花岗碎裂岩、石英碎裂岩
		碎斑结构	碎斑岩	
		糜棱结构	糜棱岩	
混合岩	在区域变质作用的基础上，深部热液和重熔岩浆，渗透、扩散、注入岩体中发生交代重结晶和流动变形等作用	块状构造	角砾状混合岩	
		条带状构造	条带状混合岩	
		肠状构造	肠状混合岩	
		眼球状构造	眼球状混合岩	

3.2 岩石（体）风化

岩石风化是指岩石在太阳辐射、大气、水和生物作用下出现破碎、疏松及矿物成分次生变化的现象。岩体风化考虑了风化岩石的类型及组合特征、岩体的宏观结构及完整性、物理力学性质、水文地质等因素。

岩石风化在工业与民用建筑、公路、铁路等行业广泛使用。岩体风化仅在水利水电行业使用，一般又称为均匀风化；灰岩没有典型意义的风化现象，溶蚀作用更加明显，将溶蚀与风化一起考虑，称为溶蚀风化；白云岩的风化一部分为均匀风化，另一部分为溶蚀风化；灰岩与泥岩之间的过渡岩石，有些以溶蚀风化为主，有些以均匀风化为主，均匀风化见表3.2-1，溶蚀风化见表3.2-2。

表3.2-1　岩体均匀风化分带表

<table>
<tr><th colspan="2">风化程度</th><th>主要地质特征</th><th>风化岩石与新鲜岩石纵波速之比</th></tr>
<tr><td colspan="2">新鲜</td><td>保持新鲜色泽，仅大的裂隙面偶见褪色；
裂隙面紧密、完整或焊接充填，仅个别裂隙面有锈膜浸染或轻微蚀变；
锤击发音清脆，开挖需用爆破</td><td>0.9～1.0</td></tr>
<tr><td colspan="2">微风化</td><td>岩石表面或裂隙面有轻微褪色；
岩石组织结构无变化，保持原始完整结构；
大部分裂隙闭合或钙质薄膜充填，沿大裂隙有风化蚀变现象，或有锈膜浸染；
锤击发音清脆，开挖需用爆破</td><td>0.8～0.9</td></tr>
<tr><td rowspan="2">弱（中等）风化</td><td>下带</td><td>岩石表面或裂隙面大部分变色，断口色泽新鲜；
岩石原始组织结构清楚完整；
沿部分裂隙风化，裂隙壁风化较剧烈，宽一般为1～3cm；
沿裂隙铁镁矿物氧化锈蚀，长石变浑浊、模糊不清；
锤击发音较清脆，开挖需用爆破</td><td rowspan="2">0.6～0.8</td></tr>
<tr><td>上带</td><td>岩石表面或裂隙面大部分变色，断口色泽较新鲜；
岩石原始组织结构清楚完整；
大多数裂隙已风化，裂隙壁风化剧烈，宽一般为5～10cm，大者可达数十厘米；
沿裂隙铁镁矿物氧化锈蚀，长石变浑浊、模糊不清；
锤击哑声，用镐难挖，需用爆破</td></tr>
<tr><td colspan="2">强风化</td><td>大部分变色，只有局部岩块保持原有颜色；
岩石结构大部分已破坏，小部分岩石已分解或崩解成土，大部分岩石呈不连续的骨架或心石；
风化裂隙发育，有时含大量次生泥；
除石英外，长石、云母、铁镁矿物已风化蚀变；
锤击哑声，岩石大部分变酥、易碎，用镐撬可以挖动，坚硬部分需爆破</td><td>0.4～0.6</td></tr>
<tr><td colspan="2">全风化</td><td>全部变色，光泽消失；
岩石结构完全破坏，已分解或崩解成土状或砂状，体积变化大，未移动，仍残留有原始结构痕迹；
除石英外，其余矿物大部分蚀变为次生矿物；
锤击有松软感，出现凹坑，矿物手可捏碎，用锹可以挖动</td><td><0.4</td></tr>
</table>

表3.2-2　碳酸盐岩岩体溶蚀风化分带表

<table>
<tr><th colspan="2">风化程度</th><th>主要地质特征</th></tr>
<tr><td colspan="2">微新风化</td><td>保持新鲜色泽，仅岩石表面或大裂隙面偶见褪色；
大部分裂隙紧密、闭合或钙质薄膜充填，仅个别裂隙面有锈膜浸染或轻微蚀变</td></tr>
<tr><td>裂隙性溶蚀风化</td><td>下带</td><td>沿部分断层、裂隙及层面等结构面有溶蚀风化现象，结构面上见有风化膜或锈膜浸染，但溶蚀充泥或夹泥现象少，宽带一般小于3mm；
岩石原始结构清楚，组织结构无变化，岩石表面或裂隙面有轻微褪色；
岩体完整性受结构面溶蚀风化影响轻微，岩体强度降低不明显</td></tr>
</table>

续表

风化程度		主要地质特征
裂隙性溶蚀风化	上带	沿断层、裂隙及层面等结构面溶蚀风化现象较普遍，风化裂隙较发育，结构面胶结物风化蚀变明显或溶蚀充泥现象普遍，溶蚀风化张开宽带一般 3～10mm 不等； 结构面之间的岩石组织结构无变化，保持原始完整结构，岩石表面或裂隙面风化蚀变或褪色明显； 岩体完整性受结构面溶蚀风化影响明显，岩体强度略有下降
表层强烈溶蚀风化		沿断层、裂隙及层面等结构面溶蚀风化强烈，风化裂隙发育；在地表往往形成上宽下窄的溶缝、溶沟、溶槽，宽（深）一般数厘米至数米不等，且多有黏土、碎石充填；在地下则多见溶蚀风化裂隙、宽缝（洞穴）等，规模一般数厘米至数十厘米不等，多有黏土、碎石等充填； 溶蚀风化结构面之间，岩石断口保持新鲜岩石色泽，岩石原始组织结构清楚完整； 岩体完整性一般较差，岩体强度低

3.3　影响岩石物理力学性质的主要因素

影响岩石物理力学性质的主要因素是组成岩石的矿物成分、岩石结构、岩石构造。矿物是地壳中天然生成的自然元素或化合物，具有一定的物理性质、化学成分和形态；具有稳定的相界面和结晶习性，由内部结晶习性决定了矿物的晶型和对称性；由化学键的性质决定了矿物的硬度、光泽和导电性质；由矿物的化学成分、结合的紧密度决定了矿物的颜色和相对密度等。最主要的造岩矿物只有 30 多种，如石英、长石、辉石、角闪石、云母、方解石、高岭石、绿泥石、石膏、赤铁矿、黄铁矿等。按照生成条件划分，矿物可分为原生矿物和次生矿物，原生矿物由岩浆岩冷凝生成，如石英、长石、辉石、角闪石、云母等。次生矿物由原生矿物经风化作用直接生成，如由长石风化而成的高岭石、由辉石或角闪石风化而成的绿泥石等；或在水溶液中析出生成，如石膏、方解石。矿物的外表形态有结晶体与非结晶体，结晶体大多呈现规则的几何形状，非结晶体呈现不规则的形状。岩浆岩中基性岩石和超基性岩石主要是由易于风化的矿物组成，非常容易风化；酸性岩石主要由较难风化的矿物组成，抗风化能力较强。沉积岩主要由风化产物组成，大多数为原来岩石中较难风化的碎屑物或是在风化和沉积过程中新生成的化学沉积物，长石、黏土矿物抗风化能力较差，石英、方解石、白云石等矿物抗风化能力较强。变质岩的抗风化能力与岩浆岩、沉积岩相似。

岩石结构指组成岩石的物质（矿物或玻璃质）的结晶程度、颗粒大小、形态、结构联结类型及岩石中的微结构面。岩石的构造是指组成岩石的各部分（矿物集合体或玻璃）的相互排列、配置与充填方式关系的特征。岩浆岩的构造主要有：块状构造、气孔构造、杏仁构造、多孔构造、流纹状构造、枕状构造、带状、杂斑构造等。沉积岩的构造主要有：层状构造（如厚层状构造、中厚层状构造、薄层状构造）、交错层理构造、块状构造等。变质岩的构造主要有：板状构造、千枚状构造、片状构造、片麻状构造、块状构造、条带状构造、肠状构造、眼球状构造等。

3.4　岩石物理力学性质

岩石的物理性质主要有容重、密度、相对密度、孔隙率、含水率、吸水率、饱水率、饱水系数等。岩石的力学性质主要有抗压强度、抗拉强度、抗剪强度及软化性、冻融性等。岩石的变形性质主要有弹性波速度、弹性模量、剪切弹性模量、变形模量、泊桑比等。岩石的水理性质包含渗透性、崩解性等，主要用渗透系数、耐崩解指数等表示。

岩石中亲水易膨胀的矿物（如蒙脱石、伊利石等）在水的作用下，吸收无定量的水分子，产生体积膨胀，主要有黏土岩、泥岩、泥质粉砂岩等岩石，主要指标有自由膨胀率、侧向约束膨胀力和体积不变条件下的膨胀力等。在实践中，笔者认为成岩较好的岩石的膨胀性强弱以亲水黏土矿物含量及膨胀力为主要判别依据，将岩石膨胀性分为 5 个等级，见表 3.4－1；满足表中条件之一，采用就高的原则。

表 3.4－1　　岩石膨胀性分级标准表

膨胀性分级	亲水性黏土矿物含量	干燥后饱和吸水率/%	自由膨胀率/%	膨胀力/kPa	极限膨胀率/%
弱膨胀性	纯蒙脱石含量 10%～20%，或伊利石/蒙脱石混层和高岭石/蒙脱石混层中蒙脱石含量 10%～25%	1～3	0.3～0.5	100～300	3～15
中等膨胀性	纯蒙脱石含量 20%～30%，或伊利石/蒙脱石混层和高岭石/蒙脱石混层中蒙脱石含量 20%～30%	3～5	0.5～0.7	300～500	15～30
强膨胀性	纯蒙脱石含量 30%～40%，或伊利石/蒙脱石混层和高岭石/蒙脱石混层中蒙脱石含量 25%～35%	5～9	0.7～0.9	500～800	>30
极强膨胀性	纯蒙脱石含量 40%～60%，或伊利石/蒙脱石混层和高岭石/蒙脱石混层中蒙脱石含量 35%～55%	9～13	0.9～1	800～1000	—
剧烈膨胀性	纯蒙脱石含量大于 60%，或伊利石/蒙脱石混层和高岭石/蒙脱石混层中蒙脱石含量大于 55%	>13	>1	>1000	—

注　1. 自由膨胀率是岩石试件在浸水后产生的径向和轴向变形分别与试件直径和高度之比的百分数。
　　2. 极限膨胀率是岩石样品在 105℃条件下烘干至恒重，制成厚度 1cm、直径 5.8cm 的样品，在瓦氏膨胀仪上测出无荷极限膨胀率。

岩石的流变性质是指岩石的应力和应变随时间的变化而变化的现象，包括岩石的蠕变和应力松弛。当温度、湿度等环境条件不变时，在恒定应力作用下，应变随时间增长而逐渐增大的现象称为蠕变；当温度、湿度等环境条件不变时，应变保持恒定时，应力随时间增长而逐渐减小的现象称为应力松弛。

第4章 土的物理力学性质

岩石在自然环境中经历物理、化学、生物风化作用以及剥蚀、搬运、沉积作用所生成的各类松散沉积物称为土。土是由固体、液体、气体多相组成的体系，土的固相主要是由大小不同、形状各异的多种矿物颗粒构成，有些土除矿物颗粒外还含有机质。

4.1 土的分类

自然界中土的种类繁多，而且任何一种土的工程性质又随它的存在状态和外界条件而有很大的变化。土的分类方法很多，不同领域由于研究问题的出发点不同而采用不同的分类方法。从分类体系来说，国际上存在着两种主要的分类体系，第一种分类体系的代表是苏联的土分类方法，第二种分类体系的代表是美国 ASTM 的统一分类法。这两种分类体系的共同点是：对粗粒土按粒度成分分类，对细粒土按土的塑性界限含水率来分类；其主要区别是：对粗粒土分类，第一种体系按大于某一粒径的百分含量超过某一界限值来定名，并按从粗到细的顺序以最先符合为准；第二种体系则按粒组相对含量的多少，以含量多的来定名。对细粒土分类，第一种体系按塑性指数分类；第二种体系按塑性图分类。

我国土的分类系统受不同行业的影响很大，各个行业系统都有自己的分类标准，种类繁多，特点各异，影响较大有两个分类体系。第一个是由《工业与民用建筑地基基础设计规范》（TJ 7—74）和《工业与民用建筑工程地质勘察规范》（TJ 21—77）的分类体系基础发展起来的代表性分类系统，在《岩土工程勘察规范》（GB 50021—2001）中得到发展和更完整的表达；第二个是由水利电力部《土工试验规程》（SDS 01—79）和国家标准《土工试验方法标准》（GBJ 123—88）中的分类与试验方法发展而成的《土的工程分类标准》（GB/T 50145—2007）。

岩土工程界土的分类采用国家标准《岩土工程勘察规范》（GB 50021—2001）进行分类。该标准采用的土分类体系源自苏联的土分类方法，经过我国数十年工程实践经验总结和科学研究，已有明显的发展。在建筑工程中，土是作为地基而承受建筑物荷载，因此着眼于土的强度与变形特性及其与地质成因的关系来进行划分，这一分类体系在我国建筑工程系统得到了广泛应用，积累了丰富的工程经验，适用于岩土工程的勘察与设计。

现行土的工程分类是按《土的工程分类标准》（GB/T 50145—2007）进行的，该标准采用的土分类体系源自美国 ASTM 土分类方法，经过引进研究积累经验，不断发展形成，该标准从整体上建立共同遵守的分类体系，属通用分类范畴，它从土的基本特性出发，以土的颗粒尺寸、水理性质等为界定指标的分类体系，是土的基本分类，对工程建设所涉及的土均是适用的。目前，水利、水电、公路、铁路等行业土的分类采用《土的工程分类标准》（GB/T 50145—2007）进行分类。

按照《土的工程分类标准》（GB/T 50145—2007），土的分类应根据土颗粒组成及其特征，土的塑性指标（液限 w_L、塑限 w_P 和塑性指数 I_P），土中有机质含量等，分为一般土和特殊土两大类。

云南省地理跨度近 1000km，海拔相差大，地理气候垂直分带明显，地形地貌形态多样，地质构造复杂，各种物理地质现象发育，形成各类土错综分布的格局。按地质成因，残积土、坡积土、洪积土、冲积土、湖积土、风积土、冰碛土、沼泽土等均有分布；按沉积时间，老沉积土（第四系晚更新世及以前沉积）以及新近沉积土均有出露。按土的工程分类标准划分的一般土中粗粒类土、细粒类土分布广泛，特殊土中红黏土在滇中、滇东地区分布较广，膨胀土呈零散分布，黄土、分散性土未见分布。

4.1.1　一般土

按其不同粒组的相对含量划分为巨粒类土、粗粒类土、细粒类土。并符合下列规定：巨粒类土按粒组划分；粗粒类土按粒组、级配、细粒土含量划分；细粒土按塑性图、所含粗粒类别以及有机质含量划分，如图 4.1-1 所示。

土的粒组根据表 4.1-1 规定的土颗粒粒径范围划分。

表 4.1-1　粒组划分

粒组	颗粒名称		粒径 d 的范围/mm
巨粒	漂石（块石）		$d>200$
	卵石（碎石）		$60<d\leqslant200$
粗粒	砾粒	粗砾	$20<d\leqslant60$
		中砾	$5<d\leqslant20$
		细砾	$2<d\leqslant5$
	砂粒	粗砂	$0.5<d\leqslant2$
		中砂	$0.25<d\leqslant0.5$
		细砂	$0.075<d\leqslant0.25$
细粒	粉粒		$0.005<d\leqslant0.075$
	黏粒		$d\leqslant0.005$

（1）巨粒类土。巨粒类土进一步细分为漂石（块石）、卵石（碎石）、混合土漂石（块石）、混合土卵石（碎石）、漂石（块石）混合土、卵石（碎石）混合土，具体见表 4.1-2。

（2）粗粒类土。粗粒组含量大于 50%的土称为粗粒类土。粗粒类土进一步细分为砾类土、砂类土，分类应符合下列规定：砾粒组含量大于砂粒组含量的土称砾类土；砾粒组含量不大于砂粒组含量的土称砂类土。

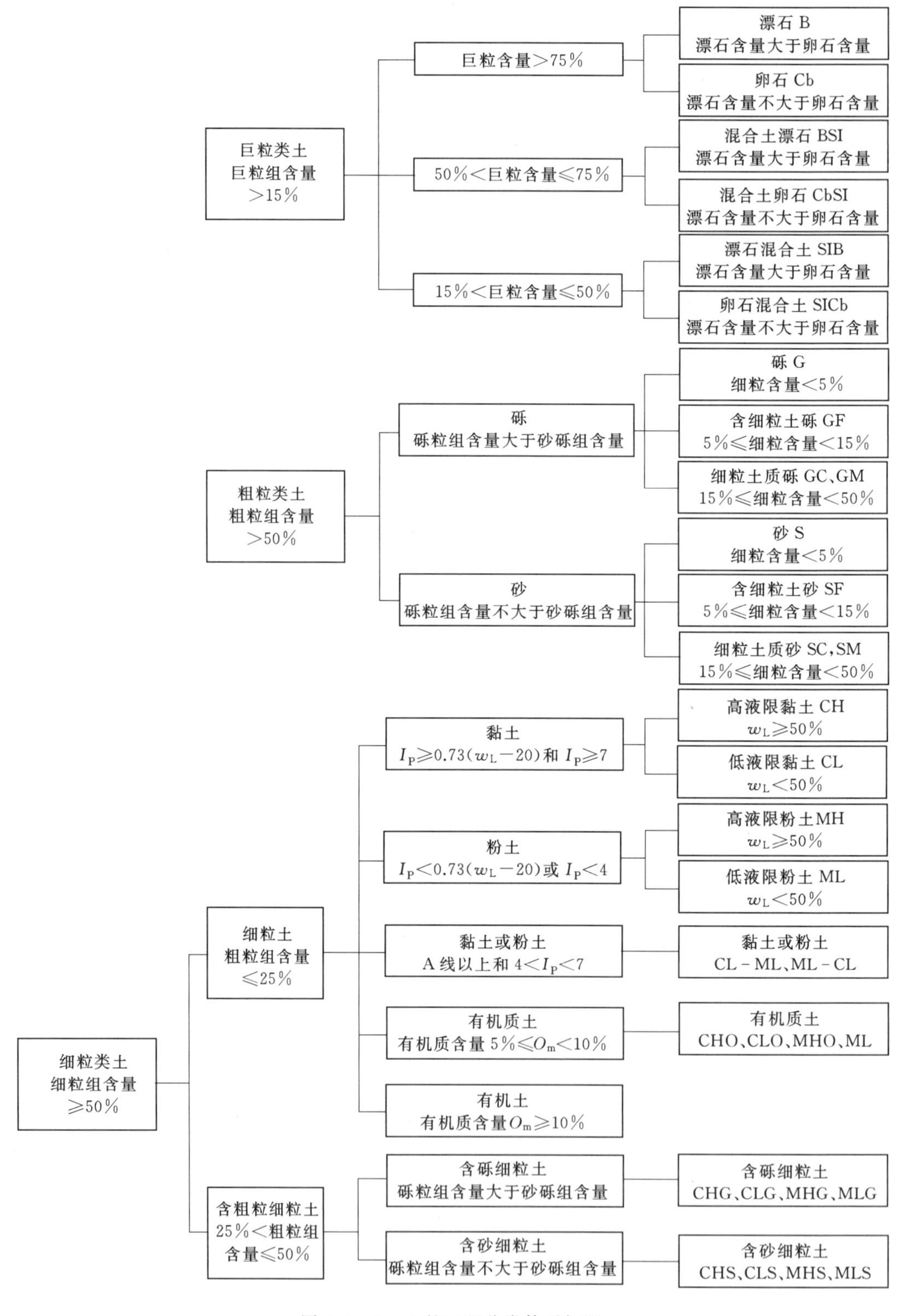

图 4.1-1 土的工程分类体系框图

表 4.1-2 巨粒类土的分类

土类	粒组含量		土类代号	土类名称
巨粒土	巨粒含量>75%	漂石含量大于卵石含量	B	漂石（块石）
		漂石含量不大于卵石含量	Cb	卵石（碎石）
混合巨粒土	50%<巨粒含量≤75%	漂石含量大于卵石含量	BSl	混合土漂石（块石）
		漂石含量不大于卵石含量	CbSl	混合土卵石（碎石）
巨粒混合土	15%<巨粒含量≤50%	漂石含量大于卵石含量	SlB	漂石（块石）混合土
		漂石含量不大于卵石含量	SlCb	卵石（碎石）混合土

1）砾类土可细分为砾、含细粒土砾、细粒土质砾，具体见表 4.1-3。

表 4.1-3 砾类土的分类

土类	粒组含量		土类代号	土类名称
砾	细粒含量<5%	级配 $C_u \geq 5$、$1 \leq C_c \leq 3$	GW	级配良好砾
		级配：不同时满足上述要求	GP	级配不良砾
含细粒土砾	5%≤细粒含量<15%		GF	含细粒土砾
细粒土质砾	15%≤细粒含量<50%	细粒组中粉粒含量不大于 50%	GC	黏土质砾
		细粒组中粉粒含量大于 50%	GM	粉土质砾

注 C_u 为土的不均匀系数，C_c 为土的曲率系数。

2）砂类土可细分为砂、含细粒土砂、细粒土质砾，具体见表 4.1-4。

表 4.1-4 砂类土的分类

土类	粒组含量		土类代号	土类名称
砂	细粒含量<5%	级配 $C_u \geq 5$、$1 \leq C_c \leq 3$	SW	级配良好砂
		级配：不同时满足上述要求	SP	级配不良砂
含细粒土砂	5%≤细粒含量<15%		SF	含细粒土砂
细粒土质砂	15%≤细粒含量<50%	细粒组中粉粒含量不大于 50%	SC	黏土质砂
		细粒组中粉粒含量大于 50%	SM	粉土质砂

注 C_u 为土的不均匀系数，C_c 为土的曲率系数。

（3）细粒类土。细粒组含量不小于 50%的土称为细粒类土。细类土进一步细分为细粒土、含粗粒的细粒土、有机质土，细粒类土划分应符合下列规定：粗粒组含量不大于 25%的土称细粒土；粗粒组含量大于 25%且不大于 50%的土称含粗粒的细粒土；有机质含量小于 10%且不小于 5%的土称有机质土。

细粒土应按图 4.1-2 分类，细分为高液限黏土、低液限黏土、高液限粉土、低液限粉土，具体见表 4.1-5。

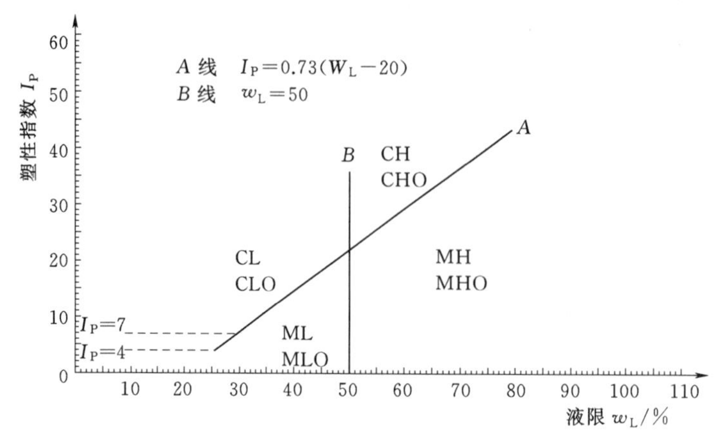

注：1. 图中横坐标为土的液限 w_L，纵坐标为塑性指数 I_P。
2. 图中的液限 w_L 为用碟式仪测定的液限含水率或用质量 76g、锥角为 30°的液限仪锥入土深度 17mm 对应的含水率。
3. 图中虚线之间区域为黏土-粉土过渡区。

图 4.1-2 塑性图

表 4.1-5 细粒土的分类

土的塑性指标在塑性图中的位置		土类代号	土类名称
$I_P \geq 0.73(w_L-20)$ 和 $I_P \geq 7$	$w_L \geq 50\%$	CH	高液限黏土
	$w_L < 50\%$	CL	低液限黏土
$I_P < 0.73(w_L-20)$ 或 $I_P < 4$	$w_L \geq 50\%$	MH	高液限粉土
	$w_L < 50\%$	ML	低液限粉土

注 黏土-粉土过渡区（CL-ML）的土可按相邻土层的类别细分。

4.1.2 特殊土

特殊土指黄土、红黏土、膨胀土、分散性土、盐渍土、冻土等，云南省主要发育红黏土、膨胀土，在滇西北还发育有冻土。

红黏土是红土的一种主要类型，是指碳酸盐类岩石经强烈化学风化后形成的高塑性黏土，一般呈褐色、棕红等颜色，液限大于45%的有残积土、坡积土、洪积黏土。

膨胀土也称“胀缩性土”，土中含有亲水性强的蒙脱石、伊利石等黏土矿物，浸水后体积剧烈膨胀，失水后体积显著收缩的黏性土。

冻土是指0℃以下，并含有冰的各种土层，根据时间长短一般可分为短时冻土（数小时、数日以至半月）、季节冻土（半月至数月）、多年冻土（持续两年或两年以上），冻土具有流变性，长期强度远低于瞬时强度。

4.2 土的结构与构造

土粒或土粒集合体的大小、形状、相互排列与联结等综合特征，称为土的结构。土的结构可分三种基本类型：单粒结构、蜂窝结构、絮状结构。土的构造是指同一土层中颗粒或颗粒集合体相互间的位置与充填空间的特点，土的构造大体分为层状构造、分散构造、裂隙状构造、结核状构造等4类。

黏性土的性质与其结构是否被扰动有密切关系。扰动土比具有相同密度与含水率的原状土，其力学性质往往变差。土的性质受结构扰动的影响而改变的特性，称为土的结构性。黏性土是具有结构性的土，而砂土和碎石土则一般不具有结构性。

4.3 影响土的物理力学性质的主要因素

土是固结的松、软堆积物，不具有刚性的联结，物理状态多变，力学强度低。土的性质由其地质成因、形成时间、地点、环境、方式，以及后生演化和现时产出的条件决定。如干旱地区形成的黄土，湿热地区形成的红土，静水环境形成的淤泥，它们在性质上截然有别。

由于成土过程环节的交错反复，成土的自然地理环境的复杂多样，因此，土的类型与性质是千差万别的。南京水利科学研究院土工研究所认为土是天然形成的复杂材料，其性质受到土的密度、含水率、颗粒大小以及孔隙水的化学成分等多种因素的影响。当土体与建筑物共同作用时，其力学性质又因受力状态、应力历史、加荷速率和排水条件的不同而变得更加复杂。

土是多矿物组合体，一种土含有5～10种或更多的矿物。土中的粗大颗粒其矿物成分与母岩相同，砂粒多由石英、长石、云母等原生矿物组成，粉粒则可由次生的石英、钙和镁的碳酸盐构成，黏粒则主要由黏土矿物、氧化物、氢氧化物和各种难溶盐组成。原生矿物经风化，可溶物被溶蚀后形成不溶于水的次生矿物，其颗粒很细小，小于0.001mm，是构成黏土的主要成分，主要代表性黏土矿物是高岭石、伊利石和蒙脱石。黏土矿物具有层状构造、含水多、膨胀性及收缩性、可塑性、离子交换吸附性等特性，黏土遇水产生胶体化学特性，土间形成受结合水控制的特殊联结，这是促使黏土产生复杂性质的根本原因。矿物成分对土的物理力学性质影响很大，石英、长石呈粒状，化学性质不活泼，堆积时形成的孔隙直径一般大于颗粒直径；云母则呈片状，可以形成很松的堆积物，当砂土中含云母较多时，孔隙体积增大，使土的压缩性增加。土中的盐类可增强土粒间的胶结，减少压缩性，但如果是易溶盐，则遇水后溶解，使土的力学性质变差。有机质往往使土的压缩性增加，不易压实。黏土矿物中以蒙脱石的亲水性最强，含量较高土具有高塑性以及很大的膨胀、收缩等性质，而高岭石的亲水性最弱，有较高的水稳定性。

土是分散体系，是不同粒组的颗粒组成的混合物，土的工程性质随着颗粒级配粒组的变化而改变。土是不均匀的物质，固相是土的主要成分，称为土的骨架；土颗粒间的孔隙可被液体或气体充填，完全被水充满时，形成二相体系的饱和土，性质软弱；完全被气体充满时，则形成二相体系的干土，其性质有的松散，有的坚硬。土的孔隙内有液体、气体共存时，则形成三相体系的湿土，其性质介于饱和土与干土之间。

4.4 土的一些物理力学特性

土的三相（固相、液相、气相）组成以及土的结构、构造等各种因素，决定土的性质，反映为土的轻重、松密、干湿、软硬等一系列物理性质和状态。土的物理性质又在一定程度上决定了土的力学性质，土的物理性质通过一些指标用数值表示出来，土的物理指标通常包括相对密度、密度、含水率、孔隙率、孔隙比、饱和度、（击实）最优含水率、（填土）压实度等，其中有的是由试验测定，有的由计算推导出来。土的水理性质是指土与水相互作用时所表现出来的一系列性质，主要有土的渗透系数、允许水力比降等指标。土的力学性质指在外力作用下所表现的性质，主要有土的压缩性和抗剪强度等指标。

在松散的土上用压实机具施加重复瞬时荷载，土的颗粒很快克服粒间阻力，产生位移，相互挤紧，使其孔隙减小，密度增加。松散土被压实后，其抗剪强度增大，压缩性减小，渗透性降低以及抗渗稳定性加强，大大改善了松散土的工程性质。

在荷载作用下，土的变形和稳定是时间的函数，土的抗剪强度与剪切作用的时间有关，作用时间越长，土的抗剪强度越低。有些人工填筑土坝、土堤、人工开挖边坡在施工后数年甚至数十年才发生坍滑，挡土墙后的土压力也会随时间而增大等，都与土的流变性质有关。土的流变特性主要表现为：①常荷载下变形随时间而逐渐增长的蠕变特性；②应变一定时，应力随时间而逐渐减小的应力松弛现象；③强度随时间而逐渐降低的现象，即长期强度问题，三者是互相联系的。作用在土体上的荷载超过某一限值时，土体的变形速率将从等速转变至加速而导致蠕变破坏，作用应力越大，变形速率越大，达到破坏的时间越短。影响土的长期强度的因素很多，土中的黏粒含量越多，塑性指数越大，土的天然含水率越高，则土的流变性越明显，长期强度比标准强度降低得越多。通过试验可确定变形速率与达到破坏的时间的经验关系，并用以预估滑动的破坏时间。产生蠕变破坏的限界荷载小于常规试验时土的破坏强度，从长期稳定性要求，采用的土体强度应小于室内试验值。土体强度随时间而降低的原因，当然不只限于蠕变的影响。土的蠕变变形因修建挡土墙或其他建筑物而被阻止时，作用在建筑物上的土压力就随时间逐渐增大。

土在动荷载作用下的变形和强度特性与在静荷载作用下有明显不同，土体更易发生破坏。在细粒土中，触变性黏土最敏感，因为动荷载能够更有效地破坏因胶体陈化而已经形成的粒间联结。砂土对动荷载的敏感性随密实程度的升高而明显降低。土在振动荷载作用下的破坏程度，除取决于土本身的地质特征以外，还与振动的振幅、频率和持续时间有关。饱和砂土和粉土受到震动时，会完全丧失抗剪强度和承载力，变成像液体一样的状态，即通常所说的砂土液化现象。常用的土动力特性指标有：动模量（引起单位动应变所需的动应力）、阻尼比（阻尼系数与临界阻尼系数之比）、动强度（经一定振动次数后土达到破坏的振动剪应力）等。

第2篇　坝料应用分析与研究

第5章 土　　料

按照用途不同土料划分为填筑土料、防渗土料、固壁土料、灌浆土料等四大类，本书的重点是对填筑土料及防渗土料进行应用研究。

填筑土料及防渗土料按照颗粒级配、成因不同划分为一般土料、碎（砾）石土料、风化土料、特殊土料（膨胀土土料、红黏土土料、分散性土土料、黄土土料等）四类。其中前三类土料在云南省内广泛分布，在水利工程中普遍用作填筑土料、防渗土料。红黏土主要分布于中国南方各省（自治区），云南省主要分布于滇中、滇东地区，应用广泛。膨胀土主要分布于安徽、河南、湖北、广西、四川、云南等地，云南省内分布相对较少，应用不多；分散性土主要分布于东北地区，黄土主要分布于陕西、甘肃、山西等地，这两类土在云南省内均未见分布。

云南地处亚热带地区，土料往往是在高温、多雨、潮湿的自然条件下由砂泥岩、碳酸盐岩、玄武岩、花岗岩及变质岩等岩石经过强烈的风化作用而成，具有较高的液限、塑限和低的压实干容重，优良的抗渗性能，中等压缩性和较高的强度。其矿物成分主要由高岭石和针铁矿等构成，由含量较多的三价铁、铝氧化物将胶粒黏结成集合体，集合体中含有较多的不参与力学作用的惰性水，从而反映出土料具有物理性质变化较大，而力学性能差异相对不大的特点。

20 世纪 50—90 年代填筑土料多采用第四系残坡积土，冲积土次之，局部地区采用湖积相土。自 20 世纪 80 年代鲁布革水电站采用碎砾石土、风化土做填筑材料以来，这两类土料因质量容易控制，环境影响相对较小，应用越来越广。

5.1　一般土料

5.1.1　一般土料的定义

一般土料是指坡积、残积、冲积等成因形成的颗粒细、抗渗性能好的土料，包括细粒土及粗粒土中的砂类土，细粒土主要为黏土、粉土及全风化的页岩、泥岩、黏土岩、玄武岩等，全风化层的扰动样性状与黏土、粉土无本质区别；粗粒土中的砂类土主要为中硬岩、坚硬岩中的全风化层、新近系的砂土等。

5.1.2　料场勘察

（1）勘察级别。料场勘察宜按普查、初查、详查分级进行，规划阶段料场勘察级别为普查；根据《水利水电工程项目建议书报告编制规程》（SL 617—2013）要求，大型、中型工程项目建议书阶段料场勘察级别为初查；根据《水利水电工程可行性研究报告编制规程》（SL 618—2013）要求，大型、中型工程可行性研究阶段料场勘察级别为详查。小型水利工程的料场勘察级别普查、初查可合并进行，在初步设计阶段达到详查。

（2）料场类型。根据料场的地形、地质条件将料场划分为3类。Ⅰ类：地形完整、平缓，土层岩性单一，厚度变化小，没有无用层或有害夹层。Ⅱ类：地形较完整、有起伏，土层岩性较复杂，相变较大，厚度变化较大，无用层或有害夹层较少。Ⅲ类：地形不完整、起伏大，土层岩性复杂，相变大，厚度变化大，无用层或有害夹层较多。

（3）地质测绘。地质测绘范围应包括料场及料场开采的影响区域，地质测绘比例尺详见表5.1-1。

表5.1-1　　一般土料地质测绘比例尺

<table>
<tr><th rowspan="2">勘察级别</th><th colspan="2">地质测绘比例尺</th></tr>
<tr><th>平　面</th><th>剖　面</th></tr>
<tr><td>普查</td><td>1∶10000～1∶5000</td><td>1∶5000～1∶2000</td></tr>
<tr><td>初查</td><td>1∶5000～1∶2000</td><td>1∶2000～1∶1000</td></tr>
<tr><td>详查</td><td>1∶2000～1∶1000</td><td>1∶1000～1∶500</td></tr>
</table>

（4）料场勘探。勘探方法宜采用坑探、槽探、井探、钻探等，每一个土料场初查不应少于1条剖面，每条剖面上不应少于2个勘探点；每条剖面上详查不应少于3个勘探点。填筑土料勘探间距见表5.1-2，防渗土料勘探间距见表5.1-3。

表5.1-2　　填筑土料勘探点间距　　单位：m

<table>
<tr><th rowspan="2">料场类型</th><th colspan="3">勘　察　级　别</th></tr>
<tr><th>普　查</th><th>初　查</th><th>详　查</th></tr>
<tr><td>Ⅰ类</td><td rowspan="3">对工程影响较大的重要料场可布置1～3个勘探点</td><td>300～500</td><td>200～300</td></tr>
<tr><td>Ⅱ类</td><td>200～300</td><td>100～200</td></tr>
<tr><td>Ⅲ类</td><td><200</td><td><100</td></tr>
</table>

表5.1-3　　防渗土料勘探点间距　　单位：m

<table>
<tr><th rowspan="2">料场类型</th><th colspan="3">勘　察　级　别</th></tr>
<tr><th>普　查</th><th>初　查</th><th>详　查</th></tr>
<tr><td>Ⅰ类</td><td rowspan="3">对工程影响较大的重要料场可布置1～3个勘探点</td><td>200～400</td><td>100～200</td></tr>
<tr><td>Ⅱ类</td><td>100～200</td><td>50～100</td></tr>
<tr><td>Ⅲ类</td><td><100</td><td><50</td></tr>
</table>

勘探深度应揭穿有用层，有用层厚度较大时，勘探深度应大于开采深度2.0m。勘探点所揭露的土层应分层描述，内容包括分类、颜色、结构、厚度、湿度、状态、夹层性质及厚度、碎（砾）石含量、植物根系、腐殖质等杂质含量及分布等，并记录地下水位、取样位置、深度（或高程）、编号等。

（5）现场取样。勘探点所揭露的土层均应分层取样，单层厚度较大时，每1～3m取1

组；每个勘探点所取样品均应进行简分析，多取原状样，也可取扰动样。每个料场根据分层、分区情况取样进行全分析，防渗土料每个料场（区）全分析取样组数不少于表 5.1-4 的规定，多取原状样，也可取扰动样。填筑土料全分析取样组数可适当减少。

表 5.1-4　防渗土料全分析取样组数

<table>
<tr><th rowspan="2">料场储量
/万 m³</th><th colspan="3">取样数量/组</th></tr>
<tr><th>普查</th><th>初查</th><th>详查</th></tr>
<tr><td><10</td><td rowspan="4">1～3</td><td>3</td><td>6</td></tr>
<tr><td>10～30</td><td>4</td><td>8</td></tr>
<tr><td>30～50</td><td>5</td><td>10</td></tr>
<tr><td>>50</td><td>7</td><td>12</td></tr>
</table>

扰动样采用刻槽法、全坑法分层采取，土层较薄时可混合取样；原状样形状可采用立方体或圆柱体，并进行包装和封蜡。每组样品的取样重量和规格应根据试验项目确定，简分析扰动样重量不小于 1kg，全分析扰动样不小于 40kg，全分析原状样规格为 10cm×10cm×10cm 的立方体或 10cm×20cm（直径×长度）的圆柱体。

5.1.3　室内试验

（1）试验项目。填筑土料、防渗土料的试验项目见表 5.1-5。土的抗剪强度指标的剪切试验方法、仪器和应用方法见表 5.1-6。

表 5.1-5　填筑土料、防渗土料试验项目

<table>
<tr><th rowspan="2">序号</th><th rowspan="2" colspan="2">试验项目</th><th rowspan="2">普查</th><th colspan="2">初查与详查</th></tr>
<tr><th>简分析</th><th>全分析</th></tr>
<tr><td>1</td><td colspan="2">土粒相对密度</td><td>√</td><td>√</td><td>√</td></tr>
<tr><td>2</td><td colspan="2">天然含水率</td><td>√</td><td>√</td><td>√</td></tr>
<tr><td>3</td><td colspan="2">天然密度</td><td>+</td><td>+</td><td>√</td></tr>
<tr><td>4</td><td colspan="2">颗粒分析</td><td>√</td><td>√</td><td>√</td></tr>
<tr><td>5</td><td colspan="2">液限</td><td>√</td><td>√</td><td>√</td></tr>
<tr><td>6</td><td colspan="2">塑限</td><td>√</td><td>√</td><td>√</td></tr>
<tr><td>7</td><td colspan="2">收缩</td><td>+</td><td>—</td><td>+</td></tr>
<tr><td>8</td><td colspan="2">膨胀</td><td>+</td><td>—</td><td>+</td></tr>
<tr><td>9</td><td colspan="2">崩解</td><td>+</td><td>—</td><td>+</td></tr>
<tr><td>10</td><td colspan="2">击实</td><td>√</td><td>+</td><td>√</td></tr>
<tr><td>11</td><td rowspan="4">击实土（按设计的压实度击实）</td><td>剪切</td><td>√</td><td>+</td><td>√</td></tr>
<tr><td>12</td><td>压缩</td><td>√</td><td>—</td><td>√</td></tr>
<tr><td>13</td><td>渗透系数</td><td>√</td><td>+</td><td>√</td></tr>
<tr><td>14</td><td>渗透变形</td><td>+</td><td>—</td><td>+</td></tr>
<tr><td>15</td><td colspan="2">有机质含量（按质量计）</td><td>+</td><td>—</td><td>√</td></tr>
</table>

续表

序号	试验项目	普查	初查与详查	
			简分析	全分析
16	水溶盐（易溶盐、中溶盐）含量（按质量计）	+	—	√
17	烧失量	+	—	+
18	SiO_2 与 Al_2O_3、Fe_2O_3 含量	+	—	+
19	pH 值	+	—	+
20	黏土矿物成分	+	—	+
21	分散性	+	—	+

注 1. “√”表示应做的试验项目；“+”表示视需要做的试验项目；“—”表示可不做的试验项目。
2. 剪切试验方法应满足建筑物稳定计算要求。

表 5.1-6　土的抗剪强度指标及剪切试验方法

控制稳定的时期	强度计算方法	土类		使用仪器	试验方法及代号	强度指标	试样起始状态
施工期	有效应力法	无黏性土		直剪仪	慢剪（S）	c'、φ'	用填筑含水率和填筑容重的土
				三轴仪	固结排水剪（CD）		
		黏性土	饱和度小于80%	直剪仪	慢剪（S）		
				三轴仪	不排水剪（测孔隙压力）（UU）		
			饱和度大于80%	直剪仪	慢剪（S）		
				三轴仪	固结不排水剪（测孔隙压力）（CU）		
	总应力法	黏性土	渗透系数小于 10^{-7}cm/s	直剪仪	快剪（Q）	c_u、φ_u	
			任何渗透系数	三轴仪	不排水剪（UU）		
稳定渗流期和水库水位降落期	有效应力法	无黏性土		直剪仪	慢剪（S）	c'、φ'	用填筑含水率和填筑容重的土，要预先饱和
				三轴仪	固结排水剪（CD）		
		黏性土		直剪仪	慢剪（S）		
				三轴仪	固结不排水剪测孔隙压力（CU）或固结排水剪（CD）		
水库水位降落期	总应力法	黏性土	渗透系数小于 10^{-7}cm/s	直剪仪	固结快剪（R）	c_{cu}、φ_{cu}	
			任何渗透系数	三轴仪	固结不排水剪（CU）		

（2）参数取值原则。

1）土的物理参数，包括天然干密度、击实干密度、天然含水率、最优含水率、天然孔隙比、击实孔隙比、天然饱和度、液限、塑限、塑性指数、黏粒含量等，以试验的算术平均值为标准值。

2）土的抗剪强度（黏聚力 c、内摩擦角 φ）、压缩模量以试验的小值平均值为标准值。

3）土的渗透系数、压缩系数以试验的大值平均值为标准值。

5.1.4 物理力学性质

（1）质量评价标准。填筑土料、防渗土料的质量根据工程规模、设计要求、土料性质、工程经验等综合分析评价，根据《水利水电工程天然建筑材料勘察规程》（SL 251—2015）、《碾压式土石坝设计规范》（SL 274—2001）的要求，主要质量技术标准见表5.1-7及表5.1-8。

表5.1-7 填筑土料（一般土料）的质量技术标准

序号	项　　目	评　价　指　标
1	黏粒含量	10%～30%
2	塑性指数	7～17
3	渗透系数（击实后）	$\leqslant 1\times10^{-4}$cm/s
4	有机质含量（按质量计）	≤5%
5	水溶盐（易溶盐、中溶盐）含量（按质量计）	≤3%
6	天然含水率	与最优含水率的允许偏差为±3%

注　塑性指数为 I_{P10}。

表5.1-8 防渗土料（一般土料）的质量技术标准

序号	项　　目	评　价　指　标
1	黏粒含量	15%～40%
2	塑性指数	10～20
3	渗透系数（击实后）	$\leqslant 1\times10^{-5}$cm/s
4	有机质含量（按质量计）	≤2%
5	水溶盐（易溶盐、中溶盐）含量（按质量计）	≤3%
6	天然含水率	与最优含水率的允许偏差为±3%

注　塑性指数为 I_{P10}。

（2）物理力学性质。填筑土料岩性有黏土及砂土两类，用于均质坝（堤）的填筑，在防洪堤中广泛使用，例如，昆明市清水海海尾坝、曲靖花山水库老副坝及新副坝等工程利用黏土筑坝，盈江县户宋河水电站大坝等工程利用全风化花岗岩（砂土）筑坝。由于受到水土保持、环境保护、征地移民及大坝枢纽布置的影响，采用均质坝的水利工程越来越少。

云南省已建和在建水利工程中，采用一般土料作为防渗土料的心墙坝案例较多，例如，阿岗水库、麻栗坝水库、大中河水库、南丙河水库、东密水库、永不落水库、五里河水库、刘家箐水库、桑那水库、务坪水库、乐秋河水库、南等水库、大沙坝水库、大成水库、段家坝水库、回龙河水库、清塘河水库、石门水库、真金万水库、黄木水库等工程分布于云南省16个州（市）。采用一般土料填筑的大坝总体运行正常，防渗性能好。

对云南省16个州（市）的防渗土料进行统计，以州（市）为统计单元，以土料物理力学性质为统计对象，以范围值、平均值为统计内容。勘察期统计456个工程4076组扰动样、1932组原状样，土料物理力学指标范围值见表5.1-9、平均值见表5.1-10；对

表5.1-9 勘察期防渗土料（一般土料）的物理力学指标统计表（范围值）

地区	天然含水率/%	最优含水率/%	天然干密度/(g/cm³)	击实干密度/(g/cm³)	孔隙比	饱和度/%	液限 w_{L17}/%	液限 w_{L10}/%	塑限 w_P/%	塑性指数 I_{P17}	塑性指数 I_{P10}	黏粒含量/%	压缩系数 $a_{0.1\sim0.2}$/MPa^{-1}	黏聚力/kPa	内摩擦角/(°)	渗透系数/(10^{-6}cm/s)	有机质含量/%	水溶盐含量/%
昆明市	17～58	15～51	0.92～1.61	1.07～1.79	0.49～1.49	69～99	33～105	28～92	15～62	11～48	6～36	12～69	0.10～0.45	1～62	16～28	0.03～7.50		
昭通市	6～75	10～51	0.83～1.66	1.04～2.05	0.33～1.45	77～99	25～90	22～80	15～58	11～47	8～32	15～54	0.12～0.48	1～55	17～26	0.01～9.20		0.01～0.11
曲靖市	10～66	12～58	0.95～1.80	1.01～1.95	0.43～1.50	64～97	24～96	20～82	12～65	11～51	8～34	11～60	0.10～0.49	1～58	16～32	0.03～8.00	0.01～2.09	0.04～0.06
楚雄州	16～67	15～47	0.79～1.67	1.12～1.80	0.48～1.46	72～99	29～84	25～67	16～55	7～50	8～33	10～66	0.09～0.39	2～48	17～32	0.01～3.40	0.13～0.70	0.01～0.36
玉溪市	17～47	11～47		1.15～2.03	0.37～1.46	50～99	23～97	20～83	13～58	10～53	7～35	10～72	0.06～0.44	2～63	10～30	0.02～9.90	0.05～0.66	
红河州	21～39	13～44		1.21～1.87	0.47～1.35	52～99	28～90	24～75	12～51	11～48	8～34	8～80	0.09～0.40	1～69	14～29	0.02～9.20	0.12～1.64	
文山州	10～76	18～48	0.90～1.62	1.09～1.69	0.62～1.41	62～99	33～105	29～90	19～67	12～73	9～46	10～65	0.11～0.49	1～62	11～28	0.04～9.00	0.06～1.30	0.02～0.11
普洱市	6～55	9～48	0.89～1.96	1.12～1.99	0.38～1.50	54～100	24～100	22～85	14～59	9～55	6～37	11～74	0.06～0.52	1～83	12～33	0.02～8.40	0.09～1.24	0.04～0.08
西双版纳州	9～41	15～40	1.02～1.62	1.24～1.82	0.48～1.26	68～100	34～96	29～77	18～51	12～56	8～37	12～70	0.08～0.48	2～75	13～29	0.05～8.20	0.26～1.45	0.02～0.15
临沧市	13～69	13～52	0.89～1.78	1.12～1.94	0.40～1.46	76～97	31～89	26～77	15～54	12～50	8～33	14～67	0.09～0.47	1～52	14～28	0.03～4.10	0.18～0.94	
保山市	13～67	14～47	0.85～1.85	1.05～1.77	0.51～1.43	64～97	35～86	28～75	15～53	15～49	10～33	16～68	0.08～0.38	1～77	19～29	0.04～8.50	0.06～1.36	0.01～0.16
德宏州	11～57	11～43	0.96～1.72	1.19～1.89	0.39～1.33	68～97	32～86	23～75	16～54	10～55	4～34	10～65	0.09～0.46	1～70	15～33	0.02～9.40	0.04～1.47	0.00～0.11
大理州	8～47	11～45	1.08～1.92	1.17～1.94	0.42～1.46	66～100	26～103	22～87	13～68	13～57	9～38	16～78	0.08～0.47	2～61	14～29	0.01～3.10	0.09～1.24	0.01～0.24
丽江市	14～54	13～51	0.99～1.56	1.04～1.88	0.48～1.50	72～98	29～104	25～85	14～52	11～58	8～39	13～71	0.09～0.38	1～146	16～30	0.04～3.90	0.01～2.61	
迪庆州	15～48	16～39		1.22～1.78	0.52～1.26	81～95	32～104	28～81	17～41	13～67	9～44	17～78	0.10～0.31	2～62	12～29	0.01～4.60	0.20～0.52	
怒江州	10～35	11～35	1.30～2.00	1.31～2.03	0.39～1.10	72～97	30～74	25～66	16～47	13～36	7～25	27～70	0.13～0.41	3～64	12～25	0.01～3.10		

注 一般土料的最优含水率、黏聚力、内摩擦角、压缩模量、压缩系数、击实干密度、渗透系数、饱和度、孔隙比等为击实后的试验成果，其余指标为天然状态的试验成果；c、φ 值为饱和固结快剪的试验成果。

表 5.1-10 勘察期防渗土料（一般土料）的物理力学指标统计表（平均值）

地区	天然含水率/%	最优含水率/%	天然干密度/(g/cm³)	击实干密度/(g/cm³)	孔隙比	饱和度/%	液限 w_{L17}/%	液限 w_{L10}/%	塑限 w_P/%	塑性指数 I_{P17}	塑性指数 I_{P10}	黏粒含量/%	压缩系数 $a_{0.1\sim0.2}$/MPa^{-1}	黏聚力/kPa	内摩擦角/(°)	渗透系数/(10^{-6}cm/s)	有机质含量/%	水溶盐含量/%
昆明市	32	31	1.30	1.44	0.98	88	61	53	34	28	19	41	0.21	22	22	1.00		
昭通市	38	29	1.22	1.51	0.92	89	54	47	31	23	16	34	0.22	16	22	0.98		0.06
曲靖市	38	34	1.30	1.40	1.03	86	67	59	39	29	20	41	0.24	19	23	1.20	0.51	0.05
楚雄州	27	24	1.35	1.58	0.76	87	52	44	28	24	17	33	0.20	20	24	0.58	0.33	0.08
玉溪市	27	25		1.54	0.81	84	55	47	29	26	18	37	0.21	22	23	1.30	0.17	
红河州	30	28		1.46	0.91	85	63	53	33	30	20	38	0.21	25	23	1.50	0.69	0.06
文山州	35	31	1.30	1.42	1.02	86	70	59	37	32	22	43	0.24	23	23	1.10	0.19	
普洱市	26	24	1.42	1.57	0.77	85	54	46	28	27	18	37	0.21	21	24	0.91	0.31	0.06
西双版纳州	27	24	1.33	1.56	0.76	86	59	50	31	28	19	38	0.22	24	24	0.95	0.88	0.07
临沧市	29	26	1.37	1.53	0.82	87	59	51	32	28	19	38	0.22	20	24	0.68	0.42	
保山市	29	26	1.34	1.49	0.84	84	60	51	32	28	19	36	0.21	21	24	1.50	0.34	0.07
德宏州	29	25	1.28	1.51	0.79	85	60	51	33	27	18	31	0.20	23	24	1.20	0.49	0.04
大理州	24	23	1.43	1.60	0.75	83	53	46	29	24	17	40	0.19	22	23	0.67	0.31	0.09
丽江市	31	27	1.34	1.50	0.88	86	57	49	31	26	18	37	0.18	22	24	0.87	0.30	
迪庆州	25	23	1.60	1.60	0.74	87	47	40	25	22	15	34	0.16	17	24	0.77	0.36	
怒江州	21	20		1.70	0.64	88	51	39	25	24	14	48	0.23	27	21	0.38		

注 一般土料的最优含水率、黏聚力、内摩擦角、压缩模量、压缩系数、击实干密度、渗透系数、饱和度、孔隙比等为击实后的试验成果，其余指标为天然状态的试验成果；c、φ 值为饱和固结快剪的试验成果。

土料黏聚力、内摩擦角进行小值均值统计，对土料压缩系数、渗透系数进行大值均值统计，见表5.1-11。施工期对9个州（市）统计46个工程278组原状样，土料物理力学指标范围值见表5.1-12、平均值见表5.1-13；对土料黏聚力、内摩擦角进行小值均值统计，对土料压缩系数、渗透系数进行大值均值统计，见表5.1-14。

表5.1-11　勘察期防渗土料（一般土料）的物理力学指标统计表

地　区	黏聚力小值均值 /kPa	内摩擦角小值均值 /(°)	压缩系数大值均值 $a_{0.1\sim0.2}$/MPa^{-1}	渗透系数大值均值 /(10^{-6}cm/s)
昆明市	14	20	0.28	2.60
昭通市	7	21	0.29	2.40
曲靖市	11	21	0.32	2.40
楚雄州	13	22	0.27	1.40
玉溪市	14	20	0.27	2.80
红河州	19	20	0.28	2.40
文山州	14	20	0.30	2.30
普洱市	14	22	0.28	1.80
西双版纳州	15	22	0.29	1.80
临沧市	12	22	0.26	1.40
保山市	13	23	0.28	1.50
德宏州	13	22	0.25	2.60
大理州	14	21	0.26	1.40
丽江市	15	22	0.22	1.90
迪庆州	9	22	0.19	1.60
怒江州	17	19	0.30	1.10

注　小值均值是指小于平均值的数据的平均值；大值均值是指大于平均值的数据的平均值。

表5.1-12　施工期防渗土料（一般土料）的物理力学指标统计表（范围值）

地区	天然含水率 /%	最优含水率 /%	干密度 /(g/cm^3)	塑性指数 I_{P10}	黏粒含量 /%	压缩系数 $a_{0.1\sim0.2}$ /MPa^{-1}	黏聚力 /kPa	内摩擦角 /(°)	渗透系数 /(10^{-6}cm/s)	备注
昆明市	26～33	20～26	1.49～1.64	15～24	27～46	0.13～0.28	13～36	25～29	0.05～1.60	筑坝扰动样
	25～36			12～32	24～68	0.11～0.35	10～83	20～27	0.07～0.50	坝体原状样
楚雄州		16～19	1.66～1.79	7～17	9～29	0.13～0.28	20～35	19～25	0.01～5.70	筑坝扰动样
				9～19	12～45	0.12～0.41	6～71	11～28	0.01～1.50	坝体原状样
玉溪市		24～38	1.26～1.56	17～29	18～44					筑坝扰动样
	8～29			6～18	20～49	0.06～0.40	8～55	10～30	0.04～9.00	坝体原状样
红河州		16～27	1.49～1.73	12～29	15～57	0.16～0.33	14～38	16～25	0.06～0.32	筑坝扰动样
				12～31	16～63	0.12～0.54	14～40	13～23	0.01～3.10	坝体原状样
文山州	20～41			16～30	24～72	0.16～0.55	5～68	10～25	0.03～6.30	坝体原状样

续表

地区	天然含水率/%	最优含水率/%	干密度/(g/cm³)	塑性指数 I_{P10}	黏粒含量/%	压缩系数 $a_{0.1\sim0.2}$/MPa^{-1}	黏聚力/kPa	内摩擦角/(°)	渗透系数/(10^{-6}cm/s)	备注
普洱市	34～41	25～38	1.26～1.56	16～26	29～43	0.15～0.21	17～34	23～27	0.17～1.20	筑坝扰动样
	12～49			6～28	23～61	0.12～0.53	9～46	13～26	0.01～9.80	坝体原状样
临沧市	27～67			17～43	24～57	0.28～0.56	4～36	10～25	0.03～3.90	坝体原状样
德宏州		18～29	1.43～1.71	15～23	20～53	0.09～0.19	14～42	21～27	0.15～1.50	筑坝扰动样
丽江市		28～34	1.38～1.50	16～26	34～49	0.16～0.34	11～34	20～22	0.16～2.40	筑坝扰动样
	30～89			10～35	29～59	0.14～0.54	6～18	21～23	0.02～1.80	坝体原状样

表 5.1-13 施工期防渗土料（一般土料）的物理力学指标统计表（平均值）

地区	天然含水率/%	最优含水率/%	干密度/(g/cm³)	塑性指数 I_{P10}	黏粒含量/%	压缩系数 $a_{0.1\sim0.2}$/MPa^{-1}	黏聚力/kPa	内摩擦角/(°)	渗透系数/(10^{-6}cm/s)	备注
昆明市	28	25	1.54	19	35	0.21	22	26	0.55	筑坝扰动样
	30			18	41	0.20	43	25	0.23	坝体原状样
楚雄州		18	1.74	12	19	0.19	25	22	1.40	筑坝扰动样
				14	34	0.21	21	20	0.25	坝体原状样
玉溪市		32	1.40	23	28					筑坝扰动样
	22			15	30	0.28	32	19	0.87	坝体原状样
红河州		19	1.66	17	40	0.27	23	21	0.18	筑坝扰动样
				17	35	0.29	26	19	0.47	坝体原状样
文山州	30			23	49	0.32	27	17	5.70	坝体原状样
普洱市	38	33	1.39	23	37	0.19	26	24	0.57	筑坝扰动样
	30			16	42	0.29	24	22	1.30	坝体原状样
临沧市	45			26	42	0.44	22	18	0.55	坝体原状样
德宏州		24	1.53	18	43	0.14	26	26	0.65	筑坝扰动样
丽江市		31	1.44	22	42	0.25	21	21	0.76	筑坝扰动样
	46			22	43	0.33	12	22	0.35	坝体原状样

表 5.1-14 施工期防渗土料（一般土料）的物理力学指标统计表

地区	黏聚力小值均值/kPa	内摩擦角小值均值/(°)	压缩系数大值均值 $a_{0.1\sim0.2}$/MPa^{-1}	渗透系数大值均值/(10^{-6}cm/s)	备注
昆明市	15	25	0.25	1.30	筑坝扰动样
	28	21	0.25	0.39	坝体原状样
楚雄州	21	20	0.22	4.10	筑坝扰动样
	17	18	0.26	0.73	坝体原状样
玉溪市	21	12	0.35	4.10	坝体原状样

续表

地区	黏聚力小值均值/kPa	内摩擦角小值均值/(°)	压缩系数大值均值 $a_{0.1\sim0.2}$/MPa^{-1}	渗透系数大值均值/(10^{-6}cm/s)	备注
红河州			0.29	0.27	筑坝扰动样
	17	18	0.36	1.60	坝体原状样
文山州	15	13	0.43	1.90	坝体原状样
普洱市	19	23	0.20	1.00	筑坝扰动样
	15	18	0.39	4.50	坝体原状样
临沧市	11	15	0.53	1.90	坝体原状样
德宏州	20	24	0.16	0.89	筑坝扰动样
丽江市	16	21	0.30	1.30	筑坝扰动样
	8	21	0.45	1.10	坝体原状样

另外，虽然统计数据有限，本书还列出了红谷田水库土料 $E-\mu$ 模型参数，见表5.1-15；对麻栗坝水库、南等水库及红谷田水库土料 $E-B$ 模型参数进行统计，统计结果见表5.1-16。

表5.1-15　一般土料 $E-\mu$ 模型参数统计表

序号	项目	范围值	序号	项目	范围值	序号	项目	范围值
1	K	173.3	4	c/kPa	52.5	7	D	5.4
2	n	0.43	5	φ/(°)	24.2	8	F	0.07
3	R_f	0.7	6	G	0.25			

表5.1-16　一般土料 $E-B$ 模型参数统计表

序号	项　目	范围值	序号	项　目	范围值
1	K	113.2～303.9	5	R_f	0.70～0.87
2	n	0.11～0.43	6	K_b	44.4～91.3
3	c/kPa	42.6～52.5	7	m	−0.141～0.22
4	φ/(°)	24.2～30.8			

1）黏粒含量。黏土的黏粒含量一般为25%～50%，少数小于25%，极少数小于15%；少数大于50%，极少数大于60%。黏粒含量的平均值多为30%～40%，其中昆明、文山、怒江、曲靖等地区土的黏粒含量平均值大于40%。

2）天然含水率。黏土的天然含水率一般为20%～40%，少数小于20%，极少数小于15%；少数大于40%，极少数大于50%。天然含水率的平均值多为25%～35%，其中昭通、曲靖等地区土的天然含水率平均值大于35%，大理、怒江等地区土的天然含水率平均值小于25%。

3）最优含水率。黏土的最优含水率一般为20%～35%，少数小于20%；少数大于35%，极少数大于40%。最优含水率的平均值多为23%～30%，其中昆明、曲靖、文山等地区土的最优含水率平均值大于30%，大理、怒江等地区土的最优含水率平均值小于23%。

天然含水率一般比最优含水率大1%～3%，少数大3%，雨季大5%～8%，个别大10%，因此在云南省雨季通常不进行黏土心墙填筑。

4）天然干密度。黏土的天然干密度一般为1.15～1.50g/cm³，少数小于1.15g/cm³，极少数小于1.00g/cm³；少数大于1.50g/cm³，极少数大于1.70g/cm³。天然干密度的平均值多为1.30～1.45g/cm³，其中玉溪、迪庆、怒江等地区土的天然干密度平均值大于1.45g/cm³，昭通、德宏等地区土的天然干密度平均值小于1.30g/cm³。

5）击实干密度。黏土的击实干密度一般为1.30～1.70g/cm³，少数小于1.30g/cm³，极少数小于1.10g/cm³；少数大于1.70g/cm³，极少数大于1.80g/cm³。击实干密度的平均值多为1.45～1.60g/cm³，其中怒江等地区土的击实干密度平均值大于1.60g/cm³，昆明、曲靖、文山等地区土的击实干密度平均值小于1.45g/cm³。

击实干密度平均值比天然干密度平均值大0.15～0.20g/cm³，表明一般黏土的压实性较好。

6）击实孔隙比。一般黏土的孔隙比一般为0.60～1.00，少数小于0.60，极少数小于0.50；少数大于1.00。孔隙比的平均值多为0.75～0.90，其中昆明、曲靖、昭通、文山、红河等地区土的孔隙比平均值大于0.90，迪庆、怒江等地区土的孔隙比平均值小于0.75。

7）击实饱和度。黏土的饱和度一般为75%～95%，少数小于75%，极少数小于55%；极少数大于95%。饱和度的平均值多为85%～90%，其中玉溪、大理等地区土的饱和度平均值小于85%。

8）液限。黏土的液限（w_{L17}）一般为40%～70%，少数小于40%，极少数小于30%；少数大于70%，极少数大于90%。液限的平均值多为50%～60%，其中昆明、曲靖、文山、红河等地区土的液限平均值大于60%，迪庆等地区土的液限平均值小于50%。

黏土的液限（w_{L10}）一般为35%～60%，少数小于35%，极少数小于25%；少数大于60%，极少数大于80%。液限的平均值多为43%～53%，其中临沧、曲靖、文山等地区土的液限平均值大于53%，迪庆、怒江等地区土的液限平均值小于43%。

液限（w_{L17}）平均值比液限（w_{L10}）平均值大7%～11%。

9）塑限。黏土的塑限（w_P）一般为20%～40%，少数小于20%，极少数小于15%；少数大于40%，极少数大于50%。塑限的平均值多为28%～33%，其中曲靖、文山等地区土的塑限平均值大于33%，迪庆、怒江等地区土的塑限平均值小于28%。

10）塑性指数。黏土的塑性指数（I_{P17}）一般为15～35，少数小于15，极少数小于10；少数大于35，极少数大于50。塑性指数的平均值多为24～30，其中文山、西双版纳等地区土的塑性指数平均值大于30，曲靖、迪庆等地区土的塑性指数平均值小于24。

黏土的塑性指数（I_{P10}）一般为10～25，少数小于10；少数大于25，极少数大于35。塑性指数的平均值多为15～20，其中文山、楚雄等地区土的塑性指数平均值大于20，怒江等地区土的塑性指数平均值小于15。塑性指数（I_{P17}）平均值比塑性指数（I_{P10}）平均值大7～11。

11）黏聚力。黏土的黏聚力一般为10～35kPa，少数小于10kPa，极少数小于5kPa；少数大于35kPa，极少数大于60kPa。黏聚力的平均值多为20～25kPa，其中怒江等地区土的黏聚力平均值大于25kPa，曲靖、昭通、怒江等地区土的黏聚力平均值小于20kPa。小值均值一般为10～15kPa，昭通、迪庆等地区小于10kPa，红河、怒江等地区大于15kPa。

12）内摩擦角。黏土的内摩擦角一般为18°～25°，少数小于18°，极少数小于10°；少数大于25°，极少数大于28°。内摩擦角的平均值多为22°～24°，其中怒江等地区土的内摩擦角平均值小于22°。小值均值一般为20°～22°，保山地区为23°，怒江地区为19°。

13）压缩系数。黏土的压缩系数（$a_{0.1 \sim 0.2}$）一般为$0.15 \sim 0.35 MPa^{-1}$，少数小于$0.15 MPa^{-1}$，极少数小于$0.10 MPa^{-1}$；少数大于$0.35 MPa^{-1}$，极少数大于$0.50 MPa^{-1}$。压缩系数的平均值为$0.20 \sim 0.23 MPa^{-1}$，其中曲靖、文山等地区土的压缩系数平均值大于$0.23 MPa^{-1}$，丽江、大理、迪庆等地区土的压缩系数平均值小于$0.20 MPa^{-1}$。大值均值一般为$0.25 \sim 0.30 MPa^{-1}$，丽江、迪庆等地区小于$0.25 MPa^{-1}$，曲靖地区大于$0.30 MPa^{-1}$。

14）渗透系数。黏土的渗透系数一般为$0.5 \times 10^{-6} \sim 5.0 \times 10^{-6}$ cm/s，少数小于0.5×10^{-6} cm/s，极少数小于0.01×10^{-6} cm/s；少数大于5.0×10^{-6} cm/s，极少数大于8.0×10^{-6} cm/s。渗透系数的平均值为$0.6 \times 10^{-6} \sim 3.0 \times 10^{-6}$ cm/s。大值均值一般为$1.10 \times 10^{-6} \sim 6.90 \times 10^{-6}$ cm/s。

15）有机质含量。黏土的有机质含量一般为0.10%～0.80%，少数小于0.10%；少数大于0.80%，极少数大于1%。有机质含量的平均值为0.30%～0.50%，其中玉溪、文山等地区黏土的有机质含量平均值小于0.30%，曲靖、红河、西双版纳等地区黏土的有机质含量平均值大于0.50%；丽江市极少量黏土的有机质含量大于2%，不满足规范的技术要求。

16）水溶盐含量。黏土的水溶盐含量一般为0.03%～0.10%，少数小于0.03%；少数大于0.10%，极少数大于0.30%。水溶盐含量的平均值为0.05%～0.07%，其中德宏等地区黏土的水溶盐含量平均值小于0.05%，大理、楚雄等地区黏土的水溶盐含量平均值大于0.07%。

5.1.5 小结

（1）防渗土料的物理力学性质特点。根据云南省已建水利工程统计分析，一般土料干密度多为$1.30 \sim 1.70 g/cm^3$，压缩系数$a_{0.1 \sim 0.2}$多为$0.10 \sim 0.35 MPa^{-1}$，饱和固结快剪的内摩擦角φ多为18°～25°，黏聚力c多为10～35kPa，渗透系数K多为$i \times 10^{-7} \sim i \times 10^{-6}$ cm/s，有机质含量、水溶盐含量较小，绝大多数一般土料没有膨胀性，是理想的大坝防渗心墙料源。

（2）塑性指数。按照《土工试验规程》（SL 237—1999），在圆锥（76g）下沉深度与含水率关系图上，查下沉深度17mm所对应的含水率为液限，查下沉深度2mm所对应的含水率为塑限，两者相减为塑性指数（I_{P17}）；《土工试验规程》（SD 128—84）是下沉深度10mm所对应的含水率为液限，下沉深度2mm所对应的含水率为塑限，二者相减为塑性指数（I_{P10}）。

根据云南省部分水利工程统计资料，统计22个工程608组样品，I_{P17}比I_{P10}大5～17，多数在7～11之间，因此在使用表5.1-7及表5.1-8时应考虑试验规程变化对塑性指数带来的影响。

(3) 渗透系数。施工过程中，防渗土料的主要控制指标为压实度和渗透系数，其中渗透系数的控制尤为重要，但根据验收规程，以室内试验成果作为验收依据，室内试验一般周期较长（至少7天），难以满足施工进度要求，因此需要进行现场注水试验（双环试验），施工现场应以注水试验资料作为检查施工是否合格的依据，才能保证施工进度，因此需要建立现场试验渗透系数与室内试验渗透系数的相关关系。对25个工程的防渗土料渗透系数平均值进行统计，见表5.1-17。

表5.1-17　防渗土料渗透系数平均值统计表

工程名称	施工期渗透系数 /(10^{-6}cm/s)		勘察期渗透系数 /(10^{-6}cm/s)	K_1/K_2 /倍	K_1/K_3 /倍	K_3/K_2 /倍
	现场试验 K_1	室内试验 K_2	室内试验 K_3			
江城县么等水库	0.67	0.034	0.42	19.7	1.6	12.4
西盟县永不落水库	5.80	0.24	0.83	24.2	7.0	3.5
孟连县东密水库	4.40	0.125	0.84	35.2	5.2	6.7
普洱市民乐河水库	0.28	0.038	0.78	7.4	0.4	20.5
普洱市五里河水库	7.21	0.19	0.97	37.9	7.4	5.1
澜沧县南丙河水库	76.5	0.086	0.46	889.5	166.3	5.3
陇川县南麻水库	6.80	0.31	1.20	21.9	5.7	3.9
芒市先午水库	5.60	0.14	1.50	40.0	3.7	10.7
盈江县长地方水库	2.90	0.17	0.64	17.1	4.5	3.8
芒市清塘河水库	8.20	0.28	0.37	29.3	1.3	22.2
红河县阿扎河水库	3.70	0.27	0.38	13.7	9.7	1.4
红河县勐甸水库	1.60	0.094	1.60	17.0	1.0	17.0
个旧市邦干水库	2.90	0.17	0.64	17.1	4.5	3.8
文山州德厚水库	1.60	0.14	1.60	11.4	1.0	11.4
丘北县清平水库	6.48	6.40	0.74	1.0	8.8	0.1
施甸县红谷田水库	2.80	0.44	0.51	6.4	5.5	1.2
隆阳区长岭岗水库	3.80	0.17	1.20	22.4	3.2	7.1
元江县鲁布水库	2.10	0.52	2.00	4.0	1.1	3.8
易门县苗茂水库	5.00	1.50		3.3		
华宁县核桃冲水库	2.00	1.50		1.3		
通海县木格水库	1.10	3.90		0.3		
寻甸县木戛利水库	3.80	0.15		25.3		
禄劝县关坝河水库	0.92	0.041		22.4		
禄劝县真金万水库	0.75	0.019		39.5		
禄劝县大河边水库	1.70	0.019		89.5		

从表 5.1－17 中可以看出，渗透系数平均值的特点：施工期现场试验值大于勘察期室内试验值大于施工期室内试验值。

施工期现场试验值一般是施工期室内试验值的 10～30 倍，部分工程小于 10 倍，极个别工程小于 1 倍，部分工程大于 30 倍，极个别工程大于 40 倍。施工期现场试验值一般是勘察期室内试验值的 3～7 倍，部分工程小于 3 倍，极个别工程小于 1 倍，部分工程大于 7 倍。现场试验值大于室内试验值的主要原因：①现场试验一般采用双环注水试验，既有垂直渗透，也有水平渗透，而室内试验为垂直渗透；②现场试验时土层难以完全饱和。表 5.1－17 中澜沧县南丙河水库施工期现场试验值与室内试验值偏离较大，最大达到 889.5 倍，分析认为现场试验采用的是单环注水试验，试验边界条件控制的不好，所以现场试验不具有代表性，在工程实践中出现类似问题时，应认真分析产生的原因并予以消除，避免质量失控。

勘察期室内试验值一般是施工期室内试验值的 3～12 倍，部分工程小于 3 倍，极个别工程小于 1 倍，部分工程大于 12 倍，极个别工程大于 20 倍。主要原因是两种试样的碾压（击实）功能不一致，勘察期室内试验采用的是标准击实功能，施工期室内试验的试样是碾压后的原状样，标准击实功能远小于现场碾压功能，后者土层更密实。

（4）力学指标。对比表 5.1－11 和表 5.1－14，昆明市、楚雄州、玉溪市等九个州（市）勘察期、施工期防渗土料抗剪强度、压缩系数情况如下。

1）抗剪强度（小值均值）。

a. 内摩擦角 φ：勘察期内摩擦角为 20°～22°，平均值为 21.1°；施工期扰动样内摩擦角为 21°～25°，平均值为 22.6°；施工期原状样内摩擦角为 12°～21°，平均值为 17°（见图 5.1－1）。

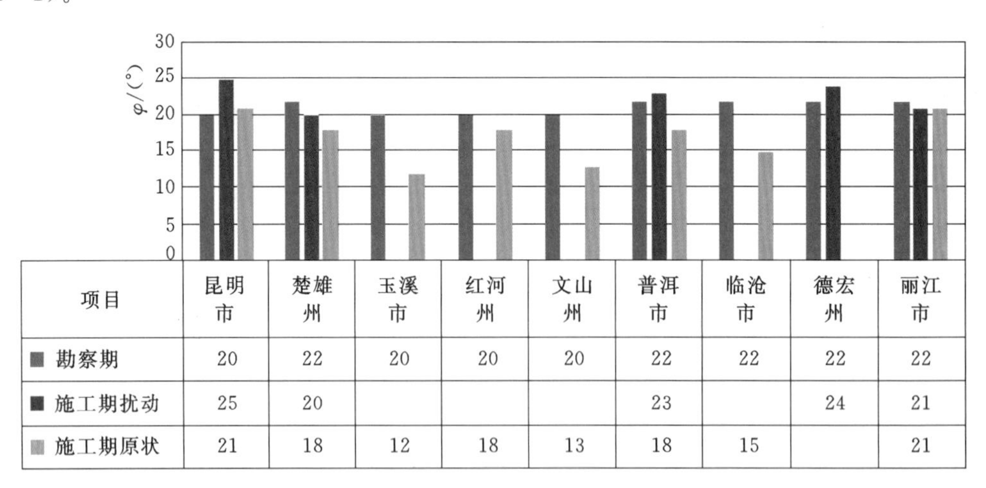

项目	昆明市	楚雄州	玉溪市	红河州	文山州	普洱市	临沧市	德宏州	丽江市
■ 勘察期	20	22	20	20	20	22	22	22	22
■ 施工期扰动	25	20				23		24	21
■ 施工期原状	21	18	12	18	13	18	15		21

图 5.1－1　内摩擦角 φ（小值均值）对比柱状图

图 5.1－1 显示：昆明市、普洱市（施工期扰动样）、德宏州的施工期试验值是勘察期试验值的 1.05～1.25 倍，施工期试验值大于勘察期试验值；其余州（市）施工期试验值是勘察期试验值的 0.60～0.95 倍，施工期试验值小于勘察期试验值。

b. 黏聚力 c：勘察期黏聚力为 12～19kPa，平均值为 14.2kPa；施工期扰动样黏聚力为 15～21kPa，平均值为 18.2kPa；施工期原状样黏聚力为 8～28kPa，平均值为 16.5kPa（见图 5.1-2）。

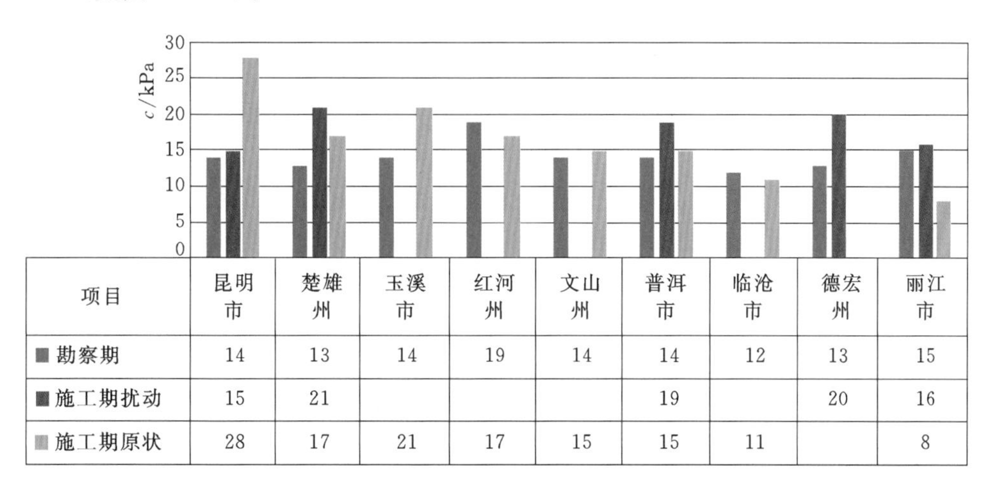

项目	昆明市	楚雄州	玉溪市	红河州	文山州	普洱市	临沧市	德宏州	丽江市
■ 勘察期	14	13	14	19	14	14	12	13	15
■ 施工期扰动	15	21				19		20	16
■ 施工期原状	28	17	21	17	15	15	11		8

图 5.1-2 黏聚力 c（小值均值）对比柱状图

图 5.1-2 显示：除红河州、临沧市、丽江市（施工原状样）施工期试验值是勘察期试验值的 0.53～0.92 倍，施工期试验值小于勘察期试验值，其余州市施工期试验值是勘察期试验值的 1.07～2.0 倍，施工期试验值大于勘察期试验值。

2）压缩系数（大值均值）。勘察期压缩系数（$a_{0.1\sim0.2}$）为 0.22～0.30MPa^{-1}，平均值为 0.24MPa^{-1}；施工期扰动样压缩系数为 0.16～0.30MPa^{-1}，平均值为 0.24MPa^{-1}；施工期原状样压缩系数为 0.25～0.53MPa^{-1}，平均值为 0.38MPa^{-1}（见图 5.1-3）。

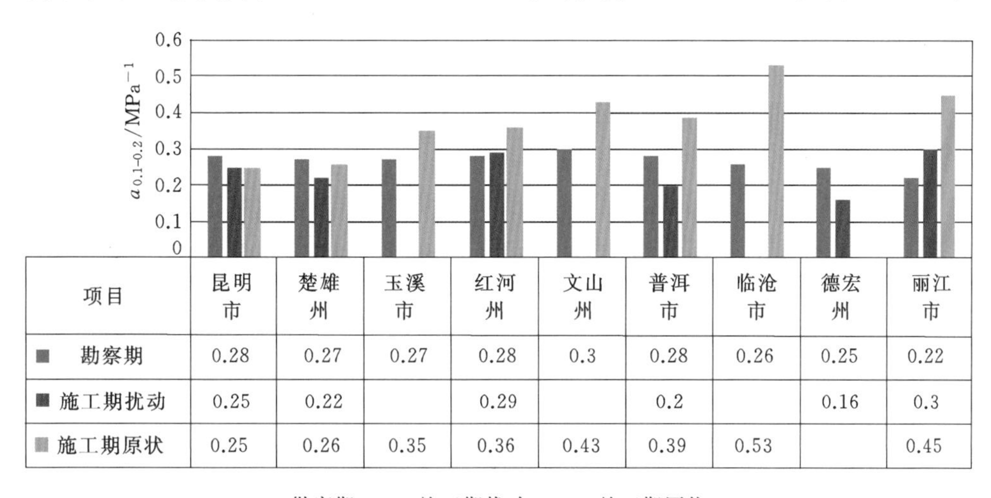

项目	昆明市	楚雄州	玉溪市	红河州	文山州	普洱市	临沧市	德宏州	丽江市
■ 勘察期	0.28	0.27	0.27	0.28	0.3	0.28	0.26	0.25	0.22
■ 施工期扰动	0.25	0.22		0.29		0.2		0.16	0.3
■ 施工期原状	0.25	0.26	0.35	0.36	0.43	0.39	0.53		0.45

■ 勘察期 ■ 施工期扰动 ■ 施工期原状

图 5.1-3 压缩系数 $a_{0.1\sim0.2}$（大值均值）对比柱状图

图 5.1-3 显示：玉溪市、红河州、文山州、普洱市（施工期原状样）、临沧市、丽江市施工期试验值是勘察期试验值的 1.04～2.05 倍，施工期试验值大于勘察期试验值；昆明市、楚雄州、普洱市（施工期扰动样）、德宏州施工期试验值是勘察期试验值的 0.64～

0.96倍，施工期试验值小于勘察期试验值。

施工期室内试验的试样采用碾压后的原状样，或采用扰动样按碾压现场干密度进行制样，而勘察期室内试验采用标准击实功能所获得最大干密度（按设计所要求的压实度）进行制样，室内标准击实功能远小于施工碾压功能，施工期经碾压后的土样应更为密实。因此工程界通常认为，土的抗剪强度是施工期试验值大于勘察期试验值；压缩系数是施工期试验值小于勘察期试验值。

通过对九个州市勘察期、施工期防渗土料抗剪强度、压缩系数对比分析可知，有些地区不符合通常认为的土强度的变化规律，原因可能是：所统计的样本数量不一致，勘察期可以纳入统计的土样来自数十项工程达数百组，土样种类繁多，涵盖面广，而施工期能够统计的土样仅为几项工程的十几组到几十组数据，土样种类较少，分布面较窄，有限的试验数据不具有代表性，导致对比结果的离散性大、规律性差。

5.2 碎（砾）石土料及风化土料

5.2.1 定义

（1）碎（砾）石土料。碎（砾）石土料是指粒径大于5mm颗粒的质量小于总质量的50%的土料，既可是粗粒类土，也可是细粒类土，既可用作填筑土料，也可用作防渗土料。

（2）风化土料。风化土料是指坚硬岩、中硬岩的全风化层及软岩的强风层上部岩石经施工碾压后形成宽级配的土石混合料，多为黏土质砾或碎（砾）石土。外貌上仍保留母岩的结构、构造特征，存在部分母岩碎块，岩石风化程度不均匀，有用层厚度变化大，岩性、结构均一性差。风化土料首先在鲁布革水电站大坝工程中运用，云南省水利工程中的昆明市云龙水库、楚雄州青山嘴水库、昆明市张家坝水库也采用了风化土料，是成功的范例。

风化土料分布广泛，一般在工程区附近可找到较为理想的风化土料场，有利于发挥土石坝就地取材的优势。风化土料与一般土料相比，具有天然含水率接近最优含水率和塑限含水率，级配良好，压实性好，力学强度高，抗渗性能好等优点，料场大多分布在山区，对居民、农田干扰小，对水土流失、环境影响小，是值得推广的填筑土料、防渗土料。

5.2.2 勘察、取样、试验

（1）碎（砾）石土料的料场勘察、土料室内试验与一般土料基本相同，主要区别是：①简分析每组取样重量应不小于300kg，全分析每组取样重量应不小于800kg；②必要时，进行碾压试验；③应进行渗透变形试验；④难以取原状土样。

（2）风化土料的料场勘察、土料室内试验与碎（砾）土料基本相同，主要区别是：①料场类型划分时，还应考虑土料母岩岩性、岩相特征、风化均匀程度等因素；②简分析每组取样重量应不小于150kg，全分析每组取样重量应不小于500kg。

5.2.3　物理力学性质

（1）质量评价标准。碎（砾）石土料及风化土料的质量根据工程规模、设计要求、土料性质、工程经验等综合分析评价，见表 5.2-1 及表 5.2-2。

表 5.2-1　　填筑土料［碎（砾）石土料、风化土料］的质量技术标准

序号	项　目	评　价　指　标
1	最大颗粒粒径	＜150mm 或碾压铺土厚度的 2/3
2	＞5mm 颗粒含量（击实后）	＜50%
3	黏粒含量	占小于 5mm 颗粒的 15%～40%
4	渗透系数（击实后）	≤1×10^{-4}cm/s
5	有机质含量（按质量计）	≤5%
6	水溶盐（易溶盐、中溶盐）含量（按质量计）	≤3%
7	天然含水率	与最优含水率的允许偏差为±3%

表 5.2-2　　防渗土料［碎（砾）石土料、风化土料］的质量技术标准

序号	项　目	评　价　指　标
1	最大颗粒粒径	＜150mm 或碾压铺土厚度的 2/3
2	＞5mm 颗粒含量（击实后）	20%～50%为宜
3	＜0.075mm 颗粒含量（击实后）	≥15%
4	黏粒含量	占小于 5mm 颗粒的 15%～40%
5	渗透系数（击实后）	≤1×10^{-5}cm/s
6	有机质含量（按质量计）	≤2%
7	水溶盐（易溶盐、中溶盐）含量（按质量计）	≤3%
8	天然含水率	与最优含水率的允许偏差为±3%

（2）物理力学性质。我国西南地区已建水利水电工程土石坝碎（砾）石土料特性见表 5.2-3。

表 5.2-3　　西南地区坝高 100m 以上土石坝碎（砾）石类防渗土料特征表

土石坝	坝高/m	不同粒径的含量/%			天然含水率/%	液限/%	塑性指数	击实功能/(kJ/m³)	最优含水率/%	最大干密度/(g/m³)	渗透系数/(10^{-6}cm/s)
		＞5mm	＜0.075mm	＜0.005mm							
瀑布沟	186	39～70	8～38	3～15	5～13	13～21	8～13	2740	5.5～6.3	2.19～2.20	2.9～11
水牛家	108	17～59	23～69	2～17	10～28	17～35	8～17	604	7.5～16.5	1.75～2.19	0.3～1.6
硗碛	143	18～56	12～37	5～17	8～18	17～22	13～19	862.5	8.9～14.2	1.85～2.10	0.02～3.8
狮子坪	136	49～61	18～25	4～12	4～9	13～19	8～15	2740	6.2～7.5	2.10～2.24	1.1～5.3
长河坝	240	20～63	19～45	4～18		28～47	10～24	1354	5.7～9.1	2.08～2.27	0.3～130
双江口	312	25～45	39～52	8～10		27～38	8～14	2740	6.2～7.4	2.17～2.22	0.8～9.2
两河口	293	15～40	35～60	13～19		27～40	10～21	2740	6.7～8.7	2.10～2.27	＜1.0
毛尔盖	147	0～24	56～94	20～32		26～36	10～15	604	7.5～18	1.72～2.18	＜1.0

云南省已建水利工程中，采用碎（砾）石土料及风化土料作为大坝防渗料的工程越来越多，例如，昆明市云龙水库、楚雄州青山嘴水库及九龙甸水库、安宁市张家坝水库、江城县么等水库、河口县旱塘水库、寻甸县龙泉水库、晋宁区芹菜沟水库、墨江县坝卡河水库、玉溪市南掌水库等，大坝运行正常，防渗性能好。

对云南省水利工程的碎（砾）石土及风化料防渗土料进行统计，以州（市）为统计单元，以土料物理力学性质为统计对象，以范围值、平均值为统计内容。勘察期统计10个州（市）19个工程282组扰动样、9个州（市）25个工程325组原状样，土料物理力学指标范围值见表5.2-4、平均值见表5.2-5。对土料黏聚力、内摩擦角进行小值均值统计，对土料压缩系数、渗透系数进行大值均值统计，见表5.2-6。

本书还列出了对桂花水库风化土料 $E-\mu$ 模型参数统计值，见表5.2-7；对云龙水库和青山嘴水库风化土料 $E-B$ 模型参数进行统计，统计结果见表5.2-8。

1）天然含水率。天然含水率一般为10%～30%，少数小于10%，少数大于30%。天然含水率的平均值多为20%～25%，其中普洱地区土的天然含水率平均值大于25%，大理、玉溪等地区土的天然含水率平均值小于20%。比一般土料天然含水率的平均值小5%～10%。

2）最优含水率。最优含水率一般为15%～25%，少数小于15%，少数大于25%，极少数大于35%。最优含水率的平均值多为17%～23%，其中迪庆地区土的最优含水率平均值小于17%。天然含水率一般比最优含水率大1%～3%，普洱地区大于3%，总体来讲，碎（砾）石土料及风化土料易于压实。比一般土料最优含水率的平均值小5%～8%。

3）击实干密度。击实干密度一般为1.40～1.85g/cm^3，少数小于1.40g/cm^3，少数大于1.85g/cm^3，极少数大于2.00g/cm^3。击实干密度的平均值多为1.60～1.75g/cm^3，其中楚雄、迪庆等地区土的击实干密度平均值大于1.75g/cm^3。比一般土料击实干密度的平均值大0.10～0.20g/cm^3。

4）击实孔隙比。击实孔隙比一般为0.50～0.90，少数小于0.50；少数大于0.90，极少数大于1.00。孔隙比的平均值多为0.50～0.75，其中丽江地区土的孔隙比平均值大于0.75，迪庆地区土的孔隙比平均值小于0.50。比一般土料击实孔隙比的平均值小0.15～0.25。

5）大于5mm颗粒含量。大于5mm颗粒含量一般为20%～60%，少数小于20%，极少数小于10%；少数大于50%，极少数大于70%。大于5mm颗粒含量的平均值多为30%～50%，其中楚雄等地区土的大于5mm颗粒含量平均值大于50%，红河、普洱、德宏等地区土的大于5mm颗粒含量平均值小于30%。

6）小于0.075mm颗粒含量。小于0.075mm颗粒含量一般为20%～70%，少数小于20%；少数大于70%，极少数大于90%。小于0.075mm颗粒含量的平均值多为30%～50%，其中普洱、大理等地区土的小于0.075mm颗粒含量平均值大于50%，楚雄、红河地区土的小于0.075mm颗粒含量平均值小于30%。

7）黏粒含量占小于0.075mm颗粒含量的百分数。一般为10%～40%，少数小于10%；少数大于50%，极少数大于60%。平均值多为15%～35%，其中玉溪等地区土的平均值大于35%，红河、临沧等地区土的平均值小于15%。

表 5.2-4　碎（砾）石土料及风化土料的物理力学指标统计表（范围值）

地区	天然含水率/%	最优含水率/%	击实干密度/(g/cm³)	>5mm颗粒含量/%	<5mm颗粒含量/%	<0.075mm颗粒含量/%	黏粒含量占<0.075mm颗粒含量的百分数/%	压缩系数 $a_{0.1\sim0.2}$ /MPa⁻¹	击实孔隙比	黏聚力/kPa	内摩擦角/(°)	渗透系数/(10⁻⁶cm/s)
楚雄州		13～19	1.70～1.88	61～74	26～39	17～62	13～34	0.11～0.23	0.45～0.61	12～35	20～27	0.11～1.60
玉溪市	18～20	13～31	1.42～1.93	2～75	25～98	20～94	2～60	0.07～0.38	0.41～0.98	2～76	16～28	0.02～0.80
红河州		14～21	1.52～1.80	2～21	79～98	11～40	3～10	0.13～0.19	0.46～0.77	7～55	26～33	0.45～0.69
普洱市	17～35	11～40	1.13～1.98	1～61	39～99	25～97	19～62	0.09～0.31	0.39～1.36	3～49	20～29	0.06～7.80
西双版纳州	10～45	14～32	1.40～1.83	4～74	26～96	18～96	5～39	0.10～0.37	0.46～0.96	1～26	23～30	0.20～7.90
临沧市	11～37	13～32	1.40～1.74			14～61	2～35	0.11～0.34	0.53～0.92	1～45	22～32	0.02～9.40
德宏州	15～40	12～40	1.21～1.91	1～31	69～99	17～83	2～39	0.09～0.39	0.39～1.21	2～41	18～34	0.04～7.60
大理州	7～23	12～20	1.66～1.87	12～61	39～88	18～94	18～46	0.10～0.26	0.49～0.68	22～37	23～28	0.17～1.00
丽江市		21～28	1.46～1.71	3～62	38～97	14～97	8～34	0.11～0.17	0.73～0.99	7～41	22～26	0.03～4.40

表 5.2-5　碎（砾）石土料及风化土料的物理力学指标统计表（平均值）

地区	天然含水率/%	最优含水率/%	击实干密度/(g/cm³)	>5mm颗粒含量/%	<5mm颗粒含量/%	<0.075mm颗粒含量/%	黏粒含量占<0.075mm颗粒含量的百分数/%	压缩系数 $a_{0.1\sim0.2}$ /MPa⁻¹	击实孔隙比	黏聚力/kPa	内摩擦角/(°)	渗透系数/(10⁻⁶cm/s)
楚雄州		16	1.79	68	32	29	24	0.16	0.52	22	22	0.59
玉溪市	19	21	1.67	39	61	43	36	0.23	0.67	24	22	0.29
红河州		17	1.68	14	86	24	6	0.16	0.58	29	28	3.90
普洱市	27	21	1.65	29	71	61	32	0.17	0.69	25	24	1.00
西双版纳州	22	22	1.61	39	61	55	21	0.21	0.68	9	25	1.90
临沧市	22	20	1.62			35	11	0.19	0.65	13	29	3.00
德宏州	23	20	1.66	7	93	46	19	0.18	0.63	18	25	1.70
大理州	17	17	1.76	46	54	51	32	0.18	0.60	28	24	0.64
丽江市		23	1.62	32	68	45	20	0.13	0.82	25	24	1.20

表 5.2-6　　碎（砾）石土料及风化土料的物理力学指标统计表

地　区	黏聚力小值均值/kPa	内摩擦角小值均值/(°)	压缩系数大值均值 $a_{0.1\sim0.2}$/MPa^{-1}	渗透系数大值均值/(10^{-6}cm/s)
楚雄州	15	22	0.19	1.40
玉溪市	13	20	0.37	0.48
红河州	16	27	0.18	6.90
普洱市	15	22	0.22	1.90
西双版纳州	5	24	0.28	4.00
临沧市	6	26	0.22	5.50
德宏州	10	22	0.24	3.70
大理州	24	23	0.21	0.83
丽江市	10	22	0.16	4.40

表 5.2-7　　风化土料 $E-\mu$ 模型参数统计表

序号	项　目	范围值	序号	项　目	范围值
1	K	278.6～310.4	5	φ/(°)	20.2～21.4
2	n	0.11～0.16	6	G	0.48～0.49
3	R_f	0.73～0.77	7	D	0.99～1.29
4	c/kPa	128.2～142.4	8	F	0.12～0.14

表 5.2-8　　风化土料 $E-B$ 模型参数统计表

序号	项　目	范围值	序号	项　目	范围值
1	K	49.3～364	5	R_f	0.57～0.88
2	n	0.11～0.84	6	K_b	21.3～331.8
3	c/kPa	11.8～46.6	7	m	0.08～0.64
4	φ/(°)	23.6～32.7			

8）黏聚力。黏聚力一般为10～35kPa，少数小于10kPa，极少数小于5kPa；少数大于35kPa，极少数大于60kPa。黏聚力的平均值多为15～25kPa，其中红河地区土的黏聚力平均值大于25kPa，西双版纳、迪庆、临沧等地区土的黏聚力平均值小于15kPa。小值平均值多为10～15kPa，红河、大理等地区黏聚力大于15kPa，西双版纳、临沧等地区黏聚力小于10kPa。与一般土料黏聚力的平均值差别不大。

9）内摩擦角。内摩擦角一般为20°～28°，少数小于20°；少数大于28°，极少数大于30°。内摩擦角的平均值多为24°～27°，其中楚雄、玉溪等地区土的内摩擦角平均值小于24°；红河、临沧等地区土的内摩擦角平均值大于27°。比一般土料内摩擦角的平均值大2°～4°。内摩擦角小值平均值多为22°～25°，玉溪地区小于22°，临沧、红河等地区大于25°。

10）压缩系数。压缩系数（$a_{0.1\sim0.2}$）一般为0.10～0.30MPa^{-1}，少数小于0.10MPa^{-1}；少数大于0.30MPa^{-1}。压缩系数的平均值为0.15～0.20MPa^{-1}，其中玉溪、

西双版纳等地区土的压缩系数平均值大于 0.20MPa^{-1}，丽江地区土的压缩系数平均值小于 0.15MPa^{-1}。比一般土料压缩系数的平均值小 $0.05\sim0.10\text{MPa}^{-1}$。压缩系数大值均值为 $0.2\sim0.25\text{MPa}^{-1}$，楚雄、红河、丽江等地区小于 0.2MPa^{-1}，玉溪、西双版纳等地区大于 0.25MPa^{-1}。

11）渗透系数。渗透系数一般为 $0.1\times10^{-6}\sim5.0\times10^{-6}$cm/s，少数小于 0.1×10^{-6}cm/s；少数大于 5.0×10^{-6}cm/s，极少数大于 8.0×10^{-6}cm/s。渗透系数的平均值为 $0.5\times10^{-6}\sim2.0\times10^{-6}$cm/s。其中玉溪、迪庆等地区土的渗透系数平均值小于 0.5×10^{-6}cm/s，红河地区土的渗透系数平均值大于 2.0×10^{-6}cm/s。与一般土料渗透系数的平均值差别不大。渗透系数大值均值为 $1.5\times10^{-6}\sim5.5\times10^{-6}$cm/s，楚雄、玉溪、大理等地区小于 1.5×10^{-6}cm/s，红河地区大于 5.5×10^{-6}cm/s。

从表 5.2-4 和表 5.2-5 中可以看出，碎（砾）石土料及风化土料与一般土料相比，主要特点是：①最优含水率与塑限接近，易于压实；②击实孔隙比小，沉降量小；③击实干密度大，抗剪强度高，大坝稳定性好；④渗透系数仍能满足防渗料的质量技术要求，抗渗性能好。

（3）楚雄州青山嘴水库。楚雄州青山嘴水库主坝防渗心墙采用一般土料、碎（砾）石土料、风化土料填筑，统计勘察期试验、施工前碾压试验、施工期质检试验、施工后复核试验的资料，碎（砾）石土料及风化土料与一般土料相比，主要特点是：①最优含水率小，易于压实；②击实孔隙比小，压缩系数小，沉降量小；③干密度大，抗剪强度高，大坝稳定性好；④渗透系数仍能满足防渗料的质量技术要求，抗渗性能好。统计成果见表 5.2-9～表 5.2-12。下面就击实功能与渗透系数、渗透系数、土料崩解性进行论述。

1）击实功能与渗透系数关系。勘察期土料渗透系数为 $2.54\times10^{-6}\sim35.10\times10^{-6}$cm/s，平均值为 13.03×10^{-6}cm/s，其中两组渗透系数大于 1.00×10^{-5}cm/s。DY2 样品的渗透系数为 1.89×10^{-5}cm/s，随着击实功能的增加，渗透系数变小，当击实功能为 2688.2kJ/m^3 时，渗透系数为 5.84×10^{-6}cm/s，主要原因是随着击实功能增加，土料颗粒级配更加均匀，小于 0.075mm 颗粒含量和黏粒含量增加，使得渗透系数变小，如图 5.2-1 所示。

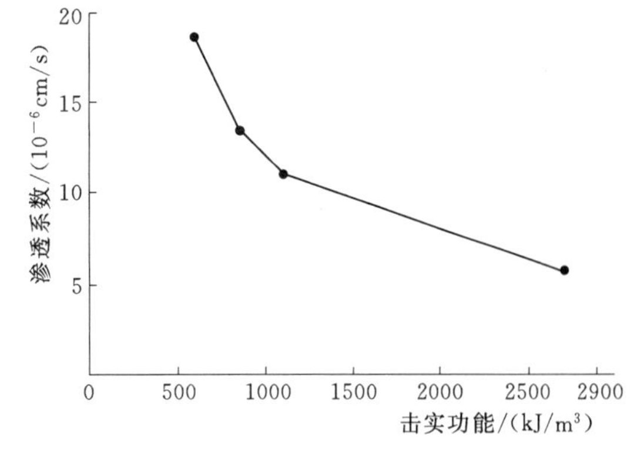

图 5.2-1　青山嘴水库风化土料击实功能与渗透系数关系图

2）渗透系数。碾压试验现场测试土料渗透系数为 $2.10\times10^{-6}\sim54.0\times10^{-6}$cm/s，平均值为 9.34×10^{-6}cm/s，其中一组渗透系数大于 1.00×10^{-5}cm/s。室内试验土料渗透系数为 $0.55\times10^{-6}\sim2.00\times10^{-6}$cm/s，平均值为 1.17×10^{-6}cm/s；现场试验平均值是室内试验的 7.98 倍。

施工期土料室内试验渗透系数为 $0.04\times10^{-6}\sim2.13\times10^{-6}$cm/s，平均值为 0.31×10^{-6}cm/s；施工期土料现场试验渗透系数为 $0.12\times10^{-6}\sim9.91\times10^{-6}$cm/s，平均值为

表 5.2-9　青山嘴水库风化土料的物理力学性质（勘察期）

指标	最优含水率/%	最大干密度/(g/cm³)	黏粒含量/%	黏粒含量占<5mm颗粒含量的百分数/%	<5mm颗粒含量/%	<0.075mm颗粒含量/%	压缩系数 $a_{0.1\sim0.2}$/MPa^{-1}	总应力强度		有效应力强度		渗透系数/(10^{-6}cm/s)
								黏聚力/kPa	内摩擦角/(°)	黏聚力/kPa	内摩擦角/(°)	
范围值	13～16	1.81～1.87	6～12	9～15	61～80	25～51	0.12～0.24	1～27	24～29	8～20	29～32	2.54～35.1
平均值	15	1.85	9	12	72	39	0.17	11	26	14	30	13.03

表 5.2-10　青山嘴水库风化土料的物理力学性质（碾压试验）

指标		最优含水率/%	最大干密度/(g/cm³)	黏粒含量/%	黏粒含量占<5mm颗粒含量的百分数/%	<5mm颗粒含量/%	<0.075mm颗粒含量/%	压缩系数 $a_{0.1\sim0.2}$/MPa^{-1}	总应力强度		有效应力强度		渗透系数/(10^{-6}cm/s)
									黏聚力/kPa	内摩擦角/(°)	黏聚力/kPa	内摩擦角/(°)	
现场试验	范围值	13～19	1.72～1.80										2.1～54.0
	平均值	17	1.75										9.34
室内试验	范围值	15～19	1.71～1.78	12～15	20～22	56～71	29～41	0.12～0.25	15～69	21～27	23～39	30～32	0.55～2.0
	平均值	18	1.73	13	21	61	38	0.17	41	24	30	31	1.17

表 5.2-11　青山嘴水库风化土料的物理力学性质（施工期检测）

指标	压实含水率/%	最优含水率/%	压实干密度/(g/cm³)	最大干密度/(g/cm³)	<5mm颗粒含量/%	>5mm颗粒含量/%	压实度	渗透系数/(10^{-6}cm/s)	
								室内试验	现场试验
范围值	12～21	14～20	1.70～1.93	1.65～1.87	83～99	1～17	98～106	0.04～2.13	0.12～9.91
平均值	16	17	1.82	1.78			102	0.31	2.95

表 5.2-12　青山嘴水库风化土料的物理力学性质（施工后复核）

指标	含水率/%	干密度/(g/cm³)	黏粒含量/%	压缩系数 $a_{0.1\sim0.2}$/MPa^{-1}		渗透系数/(10^{-6}cm/s)	
				原状	饱和	垂直	水平
范围值	15～19	1.64～1.77	17～30	0.08～0.18	0.11～0.23	1.0～5.7	1.0～7.8
平均值	17	1.73	23	0.14	0.14	3.3	4.5

2.92×10^{-6}cm/s；现场试验是室内试验的 9.5 倍。

施工后复核土料室内试验垂直渗透系数为 1.00×10^{-6}～5.70×10^{-6}cm/s，平均值为 3.30×10^{-6}cm/s；施工后土料室内试验水平渗透系数为 1.00×10^{-6}～7.80×10^{-6}cm/s，平均值为 4.50×10^{-6}cm/s；水平渗透系数与垂直渗透系数两者相差不大。

3）崩解性。对残坡积层、全强风化混合料进行崩解试验，共试验 6 组，除 1 组崩解时间为 45′20″外，其余 5 组的崩解时间为 2′44″～5′50″，崩解时间极短，崩解量达 100%。

5.3 膨胀土

膨胀土在世界分布广泛，据不完全统计，美国、澳大利亚、加拿大、印度、以色列、墨西哥、南非、苏丹、英国、西班牙以及俄罗斯等 40 多个国家和地区都发现有膨胀土造成的工程事故。

膨胀土在我国的 20 多个省（自治区）内有分布，以黄河流域及其以南地区分布较为广泛，主要分布于广西、云南、湖北、河南、安徽、四川、陕西、河北、江西、江苏、山东、山西、贵州、广东、黑龙江、新疆、海南等地，总面积约在 10 万 km^2 以上。南水北调中线、引江济汉、引江济淮、引额济乌、鄂北水资源、湖北漳河灌渠等众多水利工程受到膨胀土影响。

云南省膨胀土主要分布于红河断裂以东的红河、文山、玉溪、曲靖、昆明、昭通、楚雄、大理，红河断裂以西的保山、临沧、普洱等地区也有零散分布。

20 世纪 50—60 年代，中小型水利工程在修建土石坝时曾用过膨胀土作为防渗土料，1980 年在广西、湖北、河南、河北、山东、安徽、云南、贵州、四川等膨胀土代表性地区进行了 20 座膨胀土坝调查，设计坝型为均质土坝。按坝型划分：均质坝 15 座、心墙坝 4 座、斜墙坝 1 座。按坝高划分：低坝 15 座、中坝 5 座（最大坝高 67m 的 1 座）。坝料填筑：使用强膨胀土的 5 座、中等膨胀土的 10 座、弱膨胀土的 5 座；运行情况基本正常的 15 座，出现局部浅层滑坡情况的 5 座。云南省水利工程中的宾川县大银甸水库、曲靖市花山水库使用了膨胀土作为填筑料及防渗料。

5.3.1 膨胀土的定义

《膨胀土地区建筑技术规范》（GB 50112—2013）对膨胀土的定义为：土中黏粒成分主要由亲水性矿物组成，同时具有显著的吸水膨胀和失水收缩两种变形的黏性土。《云南省膨胀土地区建筑技术规程》（DBJ53/T-83—2017）对膨胀土定义为：土中黏粒成分主要由亲水性矿物组成，并且有显著吸水膨胀和失水收缩可逆性变形特性的黏性土。

膨胀土亦称“胀缩性土”，是浸水后体积剧烈膨胀、失水后体积显著收缩的黏性土。膨胀土是一种非饱和的，结构不稳定的黏性土，它的黏粒成分主要由亲水矿物组成，并具有显著的吸水膨胀和失水收缩变形特性，其体积变化可达原体积的 40%以上，并且其胀缩性是可逆的。

云南省膨胀土层主要为 Q_3 以前的湖相沉积物及新近系含煤段内的高塑性黏土，多具有较强的膨胀潜势，第四系（Q_4）残积、坡积、洪积及混合类型的膨胀土在部分地区也有分布。母岩多属泥灰岩、黏土岩、灰岩、白云质灰岩、页岩、铝土岩、玄武岩等。膨胀土多出露于盆地边缘低丘、山前缓坡、河流Ⅱ级阶地和喀斯特地区。

在喀斯特地区或相变较大地段，膨胀土常呈岛链状（俗称“鸡窝”状）分布。膨胀土分布地区一般地形平缓，无明显的自然陡坎和深沟幽谷，河流阶地常被淹埋或夷平，丘陵呈“馒头”状，丘顶浑圆，坡面舒缓。

膨胀土一般为黄色、褐红色、灰白色黏土，在自然状态下呈坚硬或硬塑状态，土颗粒细腻、有滑感、裂隙发育，裂隙面光滑并常具有油脂光泽及擦痕，裂隙间局部有灰白色黏土充填。

5.3.2 影响膨胀土胀缩的因素

影响膨胀土胀缩的因素有：①黏土矿物和化学成分，含蒙脱石越多，胀缩变形越显著，以钠蒙脱石胀缩性最为显著；膨胀土的化学成分以 SiO_2、Al_2O_3 和 Fe_2O_3 为主，可用硅铝分子比 $SiO_2/(Al_2O_3+Fe_2O_3)$ 来反映，这个比值越小，则土的胀缩变形越小，反之则大；②黏粒含量，当矿物成分相同时，土的黏粒含量越大，则吸水能力越强，胀缩变形越大；③孔隙比，在黏土矿物和天然含水率都相同的条件下，土的天然孔隙比越小，则浸水后膨胀量越大，收缩量越小，反之亦然；④含水率变化，土的含水率一有变化，就会导致土的胀缩变形，含水率越大，则膨胀越小，含水率越小，则膨胀越大，且当含水率等于缩限时，膨胀量最大；土的含水率对收缩的影响与上述情况相反，含水率越小，则收缩越小，而当含水率等于缩限时，则收缩为零；⑤土的结构强度，结构强度越大，其限制土的胀缩变形的能力也越强。当土的结构受到破坏后，土的胀缩性随之增强。此外，土的胀缩还受到气候条件、建筑物荷载、地形地貌、植被情况等因素影响。

5.3.3 膨胀土类别

膨胀土的主要工程特性指标有自由膨胀率、（有荷或无荷）膨胀率、收缩系数和膨胀力，膨胀土的膨胀潜势分类标准见表5.3-1。

表5.3-1　　膨胀土的膨胀潜势分类

自由膨胀率 δ_{ef}/%	$40\leqslant\delta_{ef}<65$	$65\leqslant\delta_{ef}<90$	$90\leqslant\delta_{ef}$
膨胀潜势分类	弱	中	强

5.3.4 物理力学性质

膨胀土的矿物成分主要为伊利石和蒙脱石，蒙脱石的亲水性强，遇水浸湿时，膨胀强烈，对工程危害较大。膨胀土主要有5个特征：①黏粒含量高，一般为35%～40%，胶粒含量一般在25%以上；②自由膨胀率一般为35%～40%；③天然含水率接近塑限，饱和度一般大于85%；④塑性指数 I_{P17} 大都大于17，多数为22～35；⑤液限指数小，缩限一般大于11%，压缩性小，土的抗剪强度浸水前后相差较大。

膨胀土天然状态渗透系数一般为 $i\times10^{-5}\sim i\times10^{-6}$ cm/s；击实后的膨胀土，渗透系数一般为 $i\times10^{-7}\sim i\times10^{-9}$ cm/s。

（1）新近系膨胀土。云南一些地区新近系膨胀土物理力学指标见表 5.3-2。

表 5.3-2　　新近系膨胀土物理力学性质指标表

云南地区	天然含水率/%	孔隙比	液限/%	塑性指数	液性指数	胶粒含量/%	自由膨胀率/%	膨胀率/%	膨胀力/kPa	线缩率/%
个旧	24	0.68	50	25	<0	48	79	5.0	103	3.0
蒙自	39	1.15	73	34	0.03	42	81	9.6	50	8.2
建水	33	0.99	59	29	0.06	50	52		40	7.0
开远		0.55	43				58		37	3.7
文山	37	1.13	57	27	0.29	45	52		62	9.5

从表 5.3-2 中可以看出，膨胀土塑性指数较高，胶粒含量高（大于 40%），自由膨胀率较高（50%～80%），膨胀力较高（40～100kPa）。

（2）第四系膨胀土。在水利工程实践过程中，第四系部分土料为膨胀土，例如，文山州的红黏土、曲靖市的红黏土、宾川县湖积黏土等，膨胀土对大坝施工质量和运行安全影响较大。

工程实践中应尽量避免采用膨胀土筑坝，回避不了时，应采取相应处理措施，并作专项研究。

1）对膨胀土料进行改性处理

a. 宾川县大银甸水库土料场。大银甸水库防渗料利用后坝田后山料场的砾质黏土，该料存在弱膨胀性，试验成果见表 5.3-3。

表 5.3-3　　大银甸水库砾质黏土料物理力学试验成果统计表

含砾量/%	黏粒含量/%	湿容重/(kN/m³)	最大干容重/(kN/m³)	最优含水量/%	孔隙比	抗剪强度		渗透系数
						φ/(°)	c/kPa	K/(10^{-6}cm/s)
36	6.1	20.6	17.6	16.8	0.65	18～30	11～44	0.2～1.34
自由膨胀率/%	液限/%	塑性指数	缩性指数	胶粒含量/%	体缩/%	活动性指数	膨胀量/%	
49～51	44～47	14～26	33～36	15.8～23.0	38～40	0.91～1.43	0.12～3.38	

为减小该砾质土料的膨胀性对大坝的不利影响，进行了不同碎砾石掺量的改性研究，重点对不同砾石含量下的黏粒含量、干容重、含水率、压缩率进行试验，结果见表5.3-4，从表中可以看出，随砾石含量增加，干容重增大，黏粒含量、含水率、压缩率减小。

实际施工过程中采用在黏土中掺加 30%～40%碎（砾）石进行改性后填筑，从收集到的 815 组施工质检资料分析，膨胀性得到有效抑制，该工程已安全运行 30 余年。

b. 曲靖市花山水库土料场。花山水库有新老两座副坝，均为均质坝，新副坝坝高 10.6m，老副坝坝高 17m，填筑坝料均用到了膨胀土。由于料场的膨胀土分带、分层规律不明显，采用了非膨胀土与弱至中等膨胀土进行混合填筑，取得较好效果，新老副坝均安全运行 24 年，无变形现象。

表 5.3-4 砾石含量、黏粒含量、干容重、含水率、压缩率关系

砾石含量/%		10～20	20～30	30～40	40～50	50～60	60～70
干容重	平均值/(kN/m³)	17.6	18.4	18.7	19.0	19.3	19.0
	小值均值～大值均值/(kN/m³)	16.5～18.0	17.9～18.9	18.3～19.1	18.6～19.3	18.9～19.8	18.7～19.7
	最大值～最小值/(kN/m³)	16.5～18.4	17.5～19.4	18.0～19.7	18.4～20.0	18.4～20.6	18.6～19.2
	频数(133组)	4	23	28	47	26	5
	频率/%	3	17.3	21.1	35.3	19.6	3.7
黏粒含量	平均值/%	22.7	22.4	19.7	15.6	12.0	7.4
	小值均值～大值均值/%	16～26	17.3～20.4	16.7～23.6	13.2～18.4	9.9～15.7	5.5～9.3
	最大值～最小值/%	16～28	5.5～30.8	13～27	10～22	7.5～22.5	5～9.5
	频数(133组)	3	23	25	36	22	4
	频率/%	2.7	20.4	22.1	31.9	19.5	3.5
含水率	平均值/%	17.6	14.4	13.3	13.1	12.5	12.7
	小值均值～大值均值/%	14.5～18.6	13.2～16.1	11.2～14.1	12.1～14.1	11.0～14.0	11.6～14.4
	最大值～最小值/%	14.5～19.7	12.4～18.4	9.4～16.8	9.5～16.3	8.8～16.0	11.4～14.4
	频数(133组)	4	23	28	47	26	5
压缩率	平均值/%		15.7	12.7	11.4	9.7	
	小值均值～大值均值/%		12.0～19.5	8.7～16.0	8.7～14.1	6.8～11.6	
	最大值～最小值/%		10.1～20.1	7.7～20.9	3.8～16.9	6.6～14.9	
	频数(30组)		4	11	10	5	
	频率/%		13.7	36.7	33.3	16.7	

花山水库新副坝使用1号土料场，母岩为石炭系灰岩，土层为红黏土，为残积、坡积成因。土料场的石牙发育，土料有黏粒含量高（绝大多数大于40%）、塑性指数高（绝大多数大于20）、天然含水率高（大于35%）、强度较低（φ 值为13°～21°）、压缩系数较高（0.25～0.78MPa^{-1}）、自由膨胀率大（40%～71%）、膨胀力大（40～385kPa）、体缩大（29%～44%）、缩限大（17%～23%）、膨胀量大（4.3%～17.0%）的特点。从25组样品来看，有10组的自由膨胀率小于40%，占样品总数的40%，无膨胀性；弱膨胀潜势有10组，占样品总数的40%；中等膨胀潜势有5组，占样品总数的20%。弱至中等膨胀潜势占样品总数的60%，膨胀力为40～385kPa，为典型的膨胀土。在15组具有膨胀潜势的样品中对10组样品进行膨胀力试验，其中膨胀力为40～100kPa的样品有3组，占30%，为弱膨胀土；膨胀力为101～200kPa的样品有4组，占40%，为中等膨胀土；膨胀力大于200kPa的样品有3组，占30%，为强膨胀土。1号土料场红黏土（膨胀土）主要物理力学指标见表5.3-5。

花山水库老副坝使用2号土料场，母岩为二叠系灰岩，土层为红黏土，为残积、坡积成因。从17组样品来看，有11组的自由膨胀率小于40%，占样品总数的64.7%，无膨胀性；弱膨胀潜势有6组，占样品总数的35.3%，膨胀力为68～135kPa。在6组具有膨胀潜势的样品中对4组样品进行膨胀力试验，另外对自由膨胀率小于40%的2组样品进行试验，其中膨胀力为68～100kPa的样品有5组，占83.3%，为弱膨胀土；膨胀

表 5.3-5 花山水库 1 号土料场红黏土（膨胀土）物理力学指标

指标	黏粒含量/%	天然含水率/%	最优含水率/%	孔隙比	饱和度	天然干密度/(g/cm³)	最大干密度/(g/cm³)	塑限/%
平均值	53	35	32	0.96	86	1.31	1.37	32
最大值	68	45	39	1.29	95	1.43	1.58	50
最小值	33	26	24	0.76	79	1.16	1.23	19
指标	塑性指数	渗透系数/(10^{-6}cm/s)	黏聚力/kPa	内摩擦角/(°)	压缩系数/MPa^{-1}	自由膨胀率/%	膨胀力/kPa	体缩率/%
平均值	25.8	1.56	26	17	0.43	56	149	36
最大值	39.6	4.62	34	21	0.78	71	385	44
最小值	18.9	0.11	14	13	0.25	40	40	29
指标	缩限/%	膨胀含水率/%	膨胀量/%					
平均值	20	34	8.8					
最大值	23	50	17.0					
最小值	17	31	4.3					

力101～135kPa 的样品有 1 组，占 16.7%，为中等膨胀土。土料有黏粒含量略高（多在 40%左右）、塑性指数略高（多大于 20）、天然含水率较高（18%～44%）、强度较高（φ 值 16°～26°）、压缩系数中等（0.23～0.47MPa^{-1}）、自由膨胀率较大（31%～59%）、膨胀力较大（68～135kPa）、体缩大（28%～43%）、缩限大（14%～18%）、膨胀量大（8.1%～15.2%）的特点。2 号土料场红黏土（膨胀土）主要物理力学指标见表 5.3-6。

表 5.3-6 花山水库 2 号土料场红黏土（膨胀土）物理力学指标

指标	黏粒含量/%	天然含水率/%	最优含水率/%	孔隙比	饱和度	天然干密度/(g/cm³)	最大干密度/(g/cm³)	塑限/%
平均值	36	29	27	0.90	86		1.49	30
最大值	44	44	35	1.15	87		1.73	50
最小值	20	18	18	0.59	80		1.30	23
指标	塑性指数	渗透系数/(10^{-6}cm/s)	黏聚力/kPa	内摩擦角/(°)	压缩系数/MPa^{-1}	自由膨胀率/%	膨胀力/kPa	体缩率/%
平均值	22.0	1.10	28	20	0.35	45	89	34
最大值	26.6	5.01	40	26	0.47	59	135	43
最小值	14.0	0.07	19	16	0.23	31	68	28
指标	缩限/%	膨胀含水率/%	膨胀量/%					
平均值	16	33	10.4					
最大值	18	40	15.2					
最小值	14	28	8.1					

2）回避使用的膨胀土料。德厚水库勘察期间共对3个土料场进行了详查，其中1号土料场黏粒及天然含水率高、土层薄，未采用；2号及3号土料场存在分层有膨胀性的问题，由于3号土料场非膨胀土厚度较薄，也未采用；2号土料场非膨胀土厚度相对较大，储量丰富，开采方便，是最终选定的土料场。通过对3个土料场的分析研究，德厚水库最终实现了回避使用膨胀土料筑坝。以下列出2号和3号土料场土料膨胀性的试验资料。

a. 德厚水库的2号土料场，母岩为石炭系灰岩。料场有两层土：上部红黏土，是良好的防渗土料；下部黄色黏土夹灰白色黏土，含少量铁锰质颗粒，冲沟边具坚硬或硬塑状态，具团粒结构或块状结构，裂隙发育，裂面光滑，具油脂光泽及擦痕，黏粒含量高，大多具有弱膨胀潜势，为残积成因。2号土料场黄色黏土（膨胀土）物理力学指标见表5.3-7。

表5.3-7　　德厚水库2号土料场黄色黏土（膨胀土）物理力学指标表

指标	黏粒含量/%	天然含水率/%	最优含水率/%	孔隙比	饱和度	天然干密度/(g/cm³)	最大干密度/(g/cm³)	塑限/%
平均值	57	38	34	1.22	83	1.22	1.38	45
最大值	62	40	38	1.36	86	1.30	1.52	54
最小值	51	34	27	1.02	80	1.17	1.30	30
标准差	3.5	2.3	4.0	0.1	2.1	0.05	0.07	7.7
变异系数	0.06	0.06	0.12	0.08	0.03	0.04	0.05	0.17
指标	塑性指数	渗透系数/(10^{-6}cm/s)	黏聚力/kPa	内摩擦角/(°)	压缩系数/MPa^{-1}	自由膨胀率/%	膨胀力/kPa	
平均值	23.5	1.63	25	24	0.26	25	82	
最大值	26.2	2.90	34	26	0.37	32	124	
最小值	17.6	0.33	14	18	0.15	13	56	
标准差	2.69	0.85	6.6	2.2	0.08	11.33	27	
变异系数	0.11	0.52	0.26	0.09	0.30	0.62	0.33	

从表5.3-7中可以看出，第四系黄色黏土的黏粒含量高（51%～62%）、塑性指数较高（18～26），虽然自由膨胀率不高，为13%～32%，但膨胀力较高，为56～124kPa，判定为弱膨胀土，黄色黏土（膨胀土）为无用层。

b. 德厚水库的3号土料场，母岩为三叠系个旧组灰岩，土层为残积、坡积成因，揭示土层按性状可分为三层：①最上部为第一层红黏土，自由膨胀率小于36%，膨胀力小于50kPa，不具膨胀性；②第二层为黄色含碎石黏土，自由膨胀率总体高，为28%～94%，其中5组试样自由膨胀率小于40%，12组大于40%；膨胀力高，为53～360kPa，其中膨胀力大于200kPa的有5组，最大膨胀力达360kPa；体缩率较高，为10%～15%，是典型的膨胀土；③第三层呈透镜状分布，为灰白色黏土，自由膨胀率总体高，为42%～95%，膨胀力高，为160～250kPa，体缩率高，为16%～20%，也是典型的膨胀土，为无用层。第二层黄色含碎石黏土（膨胀土）物理力学性质见表5.3-8。

表 5.3-8　德厚水库 3 号土料场第二层黄色含碎石黏土（膨胀土）物理力学指标表

指标	黏粒含量 /%	天然含水率 /%	最优含水率 /%	孔隙比	饱和度	天然干密度 /(g/cm³)	最大干密度 /(g/cm³)	塑限 /%
平均值	53	36	31	1.11	80	1.36	1.39	43
最大值	64	41	38	1.28	87	1.50	1.53	62
最小值	40	24	24	0.90	62	1.27	1.30	27
指标	塑性指数	渗透系数 /(10^{-6}cm/s)	黏聚力 /kPa	内摩擦角 /(°)	压缩系数 /MPa^{-1}	自由膨胀率 /%	膨胀力 /kPa	体缩率 /%
平均值	29.0	1.00	19	20	0.36	56	196	13.4
最大值	45.8	3.10	36	11	0.78	94	360	15.8
最小值	12.2	0.63	7	26	0.14	28	53	9.4

5.3.5　膨胀性土料利用原则

（1）加强勘察期间的试验研究。对可能有膨胀土的地区，加大勘察工作，选定的料场不同土层应取土样，除一般土料要求的试验外，还应进行化学成分、矿物成分、自由膨胀率、膨胀力、体缩率、缩限等试验，综合判别土料是否具有膨胀性。

（2）回避原则。膨胀土作为坝料，除失水会形成坚硬土块，开挖和施工均不方便外，对坝体的影响主要表现在遇水膨胀，强度降低；失水产生裂隙，增大渗透系数，降低渗透稳定性。因此膨胀土不是理想的筑坝材料，应尽量避免使用。

（3）改性和加强限制使用原则。当不得不采用膨胀土作为填筑材料时，应进行专门研究论证。采用膨胀土筑坝，应结合膨胀土特点，将膨胀料填筑在心墙部位较为合适，并采取如下措施抑制膨胀性：①掺碎（砾）石对膨胀土进行改性；②表层加盖重或换成非膨胀土；③控制填筑含水率与最优含水率基本一致。

5.4　红黏土

裸露碳酸盐岩区分布有红黏土，红黏土是一类特殊土，有高含水量、高孔隙比、高液限、低天然干密度等特点，与软黏土的物理性质指标相近；有较高承载力、较高的饱和固结快剪强度等特点，与密实黏土的力学性质指标相近；红黏土的胶结物质由极细的胶粒为骨架的水化物聚合而成，具有较大的表面积和吸附水的能力，不具明显的离子交换性能，凝胶状胶结物在土体中占一定的体积，这部分水不会流动，属惰性水，虽然红黏土含水量较高，但仍有较好的压实性和较小渗透性；作为大坝心墙防渗料，在水利工程中得到了广泛的应用，特别是云南应用得更加广泛。

5.4.1　红黏土的定义

红黏土是红土的一个亚类，母岩为碳酸盐岩。红土是指在热带或亚热带湿暖气候条件下，母岩经强烈风化淋滤形成富含铁、铝氢氧化物的红褐、棕红或黄褐色的黏性土，红土的母岩常是灰岩、白云岩等碳酸盐岩类及玄武岩、花岗岩、页岩等。

5.4.2　红黏土的工程分类

（1）按成因划分。红黏土按成因分为原生红黏土和次生红黏土。原生红黏土是指棕红或黄褐色，覆盖于碳酸盐岩之上，其液限大于或等于50%的高塑性黏土。次生红黏土是指原生红黏土经搬运、沉积后，仍保留其基本特征，其液限大于45%的黏土。

（2）按状态划分。依据液性指数（I_L）及含水比（α_w）划分红黏土的状态：坚硬、硬塑、可塑、软塑、流塑，见表5.4-1。

其中：

$$\alpha_w = w/w_L$$

$$\alpha_w = 0.45I_L + 0.55$$

式中　w——天然含水率，%；

w_L——液限，%。

表5.4-1　　红黏土的状态分类

状态	含水比 α_w	液性指数 I_L	状态	含水比 α_w	液性指数 I_L
坚硬	$\alpha_w \leqslant 0.55$	$I_L \leqslant 0$	软塑	$0.85 < \alpha_w \leqslant 1.00$	$0.67 < I_L \leqslant 1.00$
硬塑	$0.55 < \alpha_w \leqslant 0.70$	$0 < I_L \leqslant 0.33$	流塑	$\alpha_w > 1.00$	$I_L > 1.00$
可塑	$0.70 < \alpha_w \leqslant 0.85$	$0.33 < I_L \leqslant 0.67$			

（3）按结构划分。依据裂隙发育特征划分红黏土的结构：致密状、巨块状、碎块状，见表5.4-2。

表5.4-2　　红黏土的结构分类

土的结构	裂隙发育特征	土的结构	裂隙发育特征
致密状	偶见裂隙（<1条/m）	碎块状	裂隙发育（>5条/m）
巨块状	较多裂隙（1～5条/m）		

（4）按复浸水特性划分。依据缩后复浸水试验划分红黏土的复浸水特性分为Ⅰ类、Ⅱ类，见表5.4-3。

其中：

$$I_r = w_L/w_P$$

$$I_{r'} \approx 1.4 + 0.0066w_L$$

式中　I_r——液塑比；

w_P——塑限，%；

w_L——液限，%；

$I_{r'}$——界限液塑比。

表5.4-3　　红黏土的复浸水特性分类

类别	I_r 与 $I_{r'}$ 的关系	复浸水特性
Ⅰ	$I_r \geqslant I_{r'}$	收缩后复浸水膨胀，能恢复到原位
Ⅱ	$I_r < I_{r'}$	收缩后复浸水膨胀，不能恢复到原位

5.4.3 红黏土的矿物成分

红黏土的矿物成分包括碎屑矿物和黏土矿物两类，根据文山州暮底河水库大坝防渗料试验成果，碎屑矿物主要为石英（SiO_2）、针铁矿[FeO(OH)]、锐钛矿（TiO_2）、微斜长石（$KAlSi_3O_8$），含量为32.1%～45.7%，平均值为38.5%；其中针铁矿含量为16.4%～22.0%，平均值为18.6%，约占碎屑矿物的一半。

黏土矿物以高岭石[$Al_2Si_2O_5(OH)_4$]为主，含量为54.3%～67.9%，平均值为61.5%，试验成果见表5.4-4；有膨胀性的红黏土的黏土矿物主要为伊利石和蒙脱石。

表5.4-4　红黏土的矿物成分

序号	矿物名称	样品1	样品2	样品3	样品4	样品5	样品6	样品7
1	高岭土/%	54.3	65.5	57.1	64.0	60.7	61.4	67.9
2	石英/%	11.6	5.0	14.3	7.1	10.6	4.5	2.2
3	针铁矿/%	22.0	18.0	16.4	17.3	17.2	21.8	17.4
4	锐钛矿/%	2.2	2.6	2.6	2.4	2.4	2.4	1.8
5	微斜长石/%	5.0	4.0	4.7	4.3	4.1	4.8	5.7
6	其他/%	4.9	4.9	4.9	4.9	5.0	5.1	5.0

5.4.4 红黏土的颗粒微观结构

研究表明，红黏土中的游离氧化铁主要以针铁矿[FeO(OH)]的形式存在。碳酸盐岩风化形成片状高岭土等黏土矿物，颗粒通过边面接触形式形成絮凝结构，游离氧化铁颗粒极细，极易与水作用形成溶胶胶体，充填在絮凝结构孔隙中，溶胶中的水化胶粒相互吸引聚合在一起，使聚合体失水形成凝胶而吸附在片状黏土颗粒上，其中一部分则被吸附在黏土颗粒的边、面接触处形成胶结物，组成基本颗粒单元；基本颗粒单元通过胶结物形成较大粒团，粒团通过胶结物形成更大聚集体，土体由形态、大小各异的粒团、聚集体、胶结物堆积而成，红黏土具有团粒结构的特征，孔隙中充填溶胶性的水。

5.4.5 红黏土的物理力学性质

云南省的碳酸盐岩集中分布区主要为昆明、曲靖、文山、红河、昭通、丽江、迪庆等州（市），采用红黏土作为大坝防渗料的工程主要有：昆明市的车木河水库、鱼龙水库、小白龙潭水库、三角水库、团结水库、北大村水库、箐门口水库、大坝河水库、摆宰调水工程、八家村水库等10座水库；曲靖市的花山水库、小干河水库、龙潭河水库、新田河水库、摩邦水库等5座水库；文山州的德厚水库、暮底河水库、盘龙山水库、摆依寨水库、腻资水库、锁龙桥水库、扭倮水库、纳思水库、补佐水库、阿香水库、细水水库、马洒水库等12座水库；红河州的庄寨水库、大庄水库、阿得邑水库、大衣水库、平海子水库、云洞水库、杉老林水库等7座水库。

对云南省昆明、红河、文山、曲靖四个州（市）的34个工程394组扰动样、431组原状样的物理力学指标进行统计，与南方各省（自治区）碳酸盐岩裸露区红黏土物理力学性质进行对比，具体见表5.4-5。

表 5.4-5 南方部分地区红黏土的物理力学性质

地区	黏粒含量/%	天然含水率 w/%	最优含水率 w_y/%	孔隙比 e		天然饱和度 S_r/%	液限 w_L/%	塑限 w_P/%	含水比 α_w	黏聚力 c/kPa	内摩擦角 φ/(°)	压缩模量 E_S/MPa	压缩系数 $a_{0.1\sim0.2}$/MPa^{-1}	天然干密度 ρ_d/(g/cm³)	击实干密度 ρ_d'/(g/cm³)	渗透系数 K/(10^{-6}cm/s)
				天然	击实											
贵州六盘水		32~65		1.1~1.7		>97	36~85	28~63	0.7~0.9	19~68	10~17	2~11	0.2~1.0			
贵州贵阳		30~54		1.0~1.1		>96	39~97	21~37	0.5~0.8	18~90	4~20	4~21	0.1~0.4			
贵州遵义		31~58		0.9~1.4		>90	42~87	24~48		27~89	4~17	4~9	0.2~0.6			
湖南株洲		29~60		0.8~1.8		>99	47~62	22~30	0.5~1.2	2~14	8~15	2~9	0.2~1.1			
广西柳州		34~52		1.0~1.5		>97	54~95	27~53	0.5~0.7	14~90	10~26	7~17	0.1~0.4			
四川溪口		29~46		0.9~1.3		>39	39~70	22~36								
云南昆明	20~76	22~50	16~44		0.7~1.0		27~108	18~55	0.6~0.9	8~170	5~29	4~22	0.1~0.7		1.2~1.8	0.06~6.25
云南曲靖	17~68	18~48	15~42	0.6~1.5	0.5~1.2	87~100	29~83	15~50	0.6~0.7	6~58	13~29	7~25	0.1~0.8	1.1~1.7	1.2~1.8	0.07~5.05
云南文山	26~70	22~59	19~48	0.9~1.4	0.7~1.1	79~99	35~91	22~56	0.4~0.7	10~56	11~27	4~24	0.1~0.4	0.9~1.3	1.2~1.7	0.05~5.54
云南红河	24~98	25~52	17~43	1.0~1.8	0.6~1.2	53~86	25~82	18~57	0.5~0.8	6~65	11~30	5~25	0.1~0.4	1.0~1.4	1.3~1.8	0.04~9.07

注 云南省红黏土的最优含水率、黏聚力、内摩擦角、压缩模量、压缩系数、最大干密度、渗透系数、击实孔隙比为击实后的试验成果，其余指标为天然状态的试验成果；c、φ 值为饱和固结快剪的试验成果。

本书还列出德厚水库土料 $E-\mu$ 模型及 $E-B$ 模型参数统计表，见表 5.4-6 及表 5.4-7。

表 5.4-6　　红黏土 $E-\mu$ 模型参数统计表

序号	项　目	范　围　值	序号	项　目	范　围　值
1	K	210.9～227.1	5	$\varphi/(°)$	27.4～27.7
2	n	0.41～0.47	6	G	0.44～0.49
3	R_f	0.83～0.85	7	D	2.25～2.82
4	c/kPa	44.9～72.3	8	F	0.20～0.34

表 5.4-7　　红黏土 $E-B$ 模型参数统计表

序号	项　目	范　围　值	序号	项　目	范　围　值
1	K	210.9～227.1	5	R_f	0.83～0.85
2	n	0.41～0.47	6	K_b	115.2～135
3	c/kPa	44.9～72.3	7	m	0.23～0.27
4	$\varphi/(°)$	27.4～27.7			

(1) 黏粒含量。云南省昆明、红河、文山、曲靖四州（市）差别不大，土的黏粒含量为 40%～60%。例如，文山州德厚水库料场土的黏粒含量为 45%～62%，平均值为 53%；文山州阿香水库料场土的黏粒含量为 53%～61%；文山州纳思水库料场土的黏粒含量为 54%～70%。红河州阿得邑水库料场土的黏粒含量为 44%～78%，平均值为 65%；昆明市鱼龙水库料场土的黏粒含量为 42%～76%；曲靖市龙潭河水库料场土的黏粒含量为 37%～60%。红河州的个别工程差别较大，例如，红河州大衣水库料场有 4 组样品土的黏粒含量大于 80%，最大为 98%；红河州平海子水库料场有 13 组样品土的黏粒含量大于 60%，最大为 90%；红河州云洞水库料场土的黏粒含量为 15%～52%。昆明市的个别工程差别较大，例如，安宁市车木河水库料场土的黏粒含量为 16%～39%；石林县北大村水库土的黏粒含量为 24%～44%。曲靖市的个别工程差别较大，例如，曲靖市新田河水库料场土的黏粒含量为 18%～34%。表 5.1-8 中一般土料的黏粒含量指标为 15%～40%，红黏土的黏粒含量多数大于 40%。据云南省的统计分析，红黏土的黏粒含量较一般土料大 10%～20%。

(2) 天然含水率。云南省昆明、红河、文山、曲靖四州（市）差别不大，土的天然含水率为 30%～45%。例如，文山州德厚水库料场土的天然含水率为 32%～42%，平均值为 38%；文山州锁龙桥水库料场土的天然含水率为 35%～44%；文山州阿香水库料场土的天然含水率为 25%～40%。红河州阿得邑水库料场土的天然含水率为 25%～40%；红河州云洞水库料场土的天然含水率为 27%～41%；红河州平海子水库料场土的天然含水率为 28%～52%。昆明市鱼龙水库料场土的天然含水率为 25%～36%；昆明市摆宰调水工程料场土的天然含水率为 33%～50%。曲靖市龙潭河水库料场土的天然含水率为 29%～48%；曲靖市小干河水库料场的天然含水率为 24%～44%；曲靖市新田河水库料场的天然含水率为 37%～42%。文山州的个别工程差别较大，例如，文山州摆依寨水库料场土的天然含水率为41%～59%。

与贵州、湖南、广西、四川的红黏土的天然含水率相比无本质区别，其中贵州六盘水红黏土天然含水率最大为65%。据云南省的统计分析，红黏土的天然含水率较一般土料大10%～15%。

（3）最优含水率。云南省昆明、红河、文山、曲靖四州（市）差别不大，土的最优含水率为25%～40%。例如，文山州德厚水库料场最优含水率为27%～38%，平均值为33%；文山州锁龙桥水库料场最优含水率为29%～32%；文山州阿香水库料场最优含水率为23%～38%。红河州阿得邑水库料场最优含水率为29%～35%；红河州云洞水库料场最优含水率为17%～33%；红河州平海子水库料场最优含水率为28%～43%。昆明市鱼龙水库料场最优含水率为22%～34%；昆明市摆宰调水工程料场最优含水率为32%～40%；安宁市车木河水库料场最优含水率为20%～34%。曲靖市龙潭河水库料场最优含水率为27%～42%；曲靖市小干河水库料场最优含水率为18%～32%；曲靖市新田河水库料场最优含水率为30%～32%。文山州的个别工程差别较大，例如，文山州摆依寨水库料场最优含水率为35%～48%。据云南省的统计分析，红黏土的最优含水率较一般土料大5%～10%。

规范要求天然含水率与最优含水率允许偏差为±3%，大部分红黏土偏差超过3%。虽然红黏土含水量较高，但工程实践证明红黏土仍然具有较好的压实性和较小渗透性，能满足工程施工及运行要求。分析认为，这是由于红黏土凝胶状胶结物中部分水属惰性水，不易与外界产生交换作用。

（4）天然孔隙比。云南省昆明、红河、文山、曲靖四州（市）差别不大，土的天然孔隙比为1.0～1.5。例如，文山州德厚水库料场土的天然孔隙比为1.0～1.4，平均值为1.3。红河州阿得邑水库料场土的天然孔隙比为1.1～1.6；红河州云洞水库料场土的天然孔隙比为1.0～1.5；红河州杉老林水库料场土的天然孔隙比为1.1～1.6。昆明市车木河水库土的天然孔隙比为1.1～1.6。曲靖市龙潭河水库料场土的天然孔隙比为0.9～1.5；曲靖市摩邦水库料场土的天然孔隙比为0.9～1.4。红河州、曲靖市的个别工程差别较大，例如，红河州平海子水库料场土的天然孔隙比为1.0～1.8；曲靖市的小干河水库料场土的天然孔隙比为0.6～0.9。

与贵州、湖南、广西、四川的红黏土的天然孔隙比相比无本质区别。与云南省的一般土料相比，红黏土的天然孔隙比要大。

（5）击实孔隙比。云南省昆明、红河、文山、曲靖四州（市）差别不大，土的击实孔隙比为0.7～1.0。例如，文山州德厚水库料场土的击实孔隙比为0.7～1.1，平均值为1.0。红河州阿得邑水库料场土的击实孔隙比为0.9～1.0；红河州云洞水库料场土的击实孔隙比为0.7～1.0；红河州杉老林水库料场土的击实孔隙比为0.8～1.1。昆明市车木河水库料场土的击实孔隙比为0.7～1.0。曲靖市花山水库料场土的击实孔隙比为0.6～1.2。红河州的个别工程差别较大，例如红河州大衣水库料场为0.4～1.0。

据云南省的统计分析，大部分红黏土的击实孔隙比较一般土料大0.05～0.10。云南省红黏土击实孔隙比较天然孔隙比小0.3～0.5，显示红黏土有较好的压实性。

（6）天然饱和度。云南省昆明、红河、文山、曲靖四州（市）差别不大，土的天然饱和度为75%～95%。例如，文山州德厚水库料场土的天然饱和度为79%～87%，平均值为84%；文山州暮底河水库料场土的天然饱和度为85%～99%，平均值为92%。红河州云洞水库料场土的天然饱和度为64%～86%；红河州杉老林水库料场土的天然饱和度为63%～74%。昆明市车木河水库料场土的天然饱和度为82%～96%。曲靖市龙潭河水库料场土的天然饱和度为87%～96%；曲靖市摩邦水库料场土的天然饱和度为99%～100%；曲靖市新田河水库料场土的天然饱和度为98%～100%。红河州的个别工程差别较大，例如，红河州平海子水库料场土的天然饱和度为56%～83%；红河州的阿得邑水库料场土的天然饱和度为53%～61%。

与贵州、湖南、广西的红黏土相比，云南省的红黏土的天然饱和度明显偏低，特别是红河州的红黏土天然饱和度更低。与云南省的一般土料相比，红黏土的天然饱和度差别不大。

（7）液限。云南省昆明、红河、文山、曲靖四州（市）差别不大，土的液限（w_{L17}）为60%～80%。例如，文山州德厚水库料场土的液限为66%～89%，平均值为79%；文山州腻资水库料场土的液限为67%～91%；其他工程土的液限多为40%～60%。红河州云洞水库料场土的液限为39%～58%；红河州杉老林水库料场土的液限为59%～69%；红河州平海子水库料场土的液限为46%～82%。昆明市小白龙潭水库料场土的液限为56%～72%；昆明市摆宰调水工程料场土的液限为59%～71%；昆明市八家村水库料场土的液限为41%～81%。曲靖市龙潭河水库料场土的液限为62%～81%；曲靖市摩邦水库料场土的液限为63%～83%；曲靖市新田河水库料场土的液限为65%～73%。但昆明市鱼龙水库料场土的液限为63%～108%，是液限唯一超过100%的土料。

个别工程差别较大，主要原因是按照《土工试验规程》（SL 237—1999）要求，在圆锥（76g）下沉深度与含水率关系图上，查下沉深度17mm所对应的含水率为液限w_{L17}；《土工试验规程》（SD 128—84）是下沉深度10mm所对应的含水率为液限w_{L10}。根据文山州德厚水库料场土的液限w_{L17}比w_{L10}大5.2%～16.7%，多数大7%～11%。

与贵州、湖南、广西、四川的红黏土的液限相比，因规范差异，可比性差。据云南省的统计分析，红黏土的液限较一般土料大10%～20%。

（8）塑限。云南省昆明、红河、文山、曲靖四州（市）差别不大，土的塑限为25%～45%。例如，文山州德厚水库料场土的塑限为30%～57%，平均值为47%；文山州暮底河水库料场土的塑限为28%～54%，平均值为42%；文山州腻资水库料场土的塑限为49%～56%；其他工程多为25%～40%。红河州阿得邑水库料场土的塑限为30%～49%；红河州杉老林水库料场土的塑限为30%～44%；红河州平海子水库料场土的塑限为31%～57%。昆明市小白龙潭水库料场土的塑限为26%～39%；昆明市摆宰调水工程料场土的塑限为32%～48%；昆明市鱼龙水库料场土的塑限为31%～55%。安宁市车木河水库料场土的塑限为24%～47%。曲靖市龙潭河水库料场土的塑限为35%～40%；曲靖市摩邦水库料场土的塑限为37%～43%；曲靖市新田河水库料场土的塑限为36%～24%。

个别工程差别较大，曲靖市小干河水库料场土的塑限为15%～35%；昆明市团结水库料场土的塑限为18%～32%；文山州扭倮水库料场土的塑限为22%～27%。

与贵州、湖南、广西、四川的红黏土的塑限相比差别不大，但下限值更低。据云南省的统计分析，红黏土的塑限较一般土料大5%～10%。

(9) 含水比。云南省昆明、红河、文山、曲靖四州（市）差别不大，土的含水比为0.5～0.7。例如，文山州水库料场土的含水比为0.4～0.7。红河州阿得邑水库料场土的含水比为0.51～0.68；红河州云洞水库料场土的含水比为0.50～0.78；红河州平海子水库料场土的含水比为0.45～0.68。昆明市水库料场土的含水比为0.6～0.9。曲靖市水库料场土的含水比为0.6～0.7。与贵州、湖南、广西的红黏土的含水比相比差别不大。

(10) 黏聚力。云南省昆明、红河、文山、曲靖四州（市）差别不大，土的黏聚力约为10～40kPa。例如，文山州德厚水库料场土的黏聚力为10～41kPa，平均值为26kPa；文山州暮底河水库料场土的黏聚力为12～46kPa，平均值为33kPa；文山州摆依寨水库料场土的黏聚力为18～27kPa。红河州阿得邑水库料场土的黏聚力为28～59kPa，平均值41kPa；红河州平海子水库料场土的黏聚力为23～60kPa，平均值39kPa。昆明市小白龙潭水库料场土的黏聚力为19～29kPa；昆明市大坝河水库料场土的黏聚力为28～41kPa；昆明市箐门口水库料场土的黏聚力为14～32kPa。安宁市车木河水库料场土的黏聚力为7～45kPa，平均值为23kPa。曲靖市龙潭河水库料场土的黏聚力为18～38kPa；曲靖市花山水库料场土的黏聚力为10～40kPa，平均值25kPa；曲靖市新田河水库料场土的黏聚力为30～37kPa。

个别工程差别较大，文山州腻资水库料场土的黏聚力为45～56kPa；红河州大衣水库料场土的黏聚力为20～76kPa，平均值为51kPa；红河州杉老林水库料场土的黏聚力为3～31kPa，平均值为13kPa；昆明市团结水库料场土的黏聚力为48～170kPa；昆明市八家村水库料场土的黏聚力为10～117kPa；曲靖市摩邦水库料场土的黏聚力为33～52kPa。

与贵州、湖南、广西的红黏土相比差别不大，昆明个别工程红黏土的上限值更高。据云南省的统计分析，红黏土的黏聚力较一般土料大5～10kPa。

(11) 内摩擦角。云南省昆明、红河、文山、曲靖四州（市）差别不大，土的内摩擦角为20°～25°。例如，文山州德厚水库料场土的内摩擦角为22°～27°，平均值为25°；文山州暮底河水库料场土的内摩擦角为22°～26°，平均值为25°；文山州阿香水库料场土的内摩擦角为22°～27°。红河州阿得邑水库料场土的内摩擦角为16°～24°，平均值为21°；红河州平海子水库料场土的内摩擦角为17°～23°，平均值为20°；红河州杉老林水库料场土的内摩擦角为18°～25°，平均值为20°。昆明市鱼龙水库料场土的内摩擦角为18°～23°；昆明市箐门口水库料场土的内摩擦角为20°～23°；昆明市团结水库料场土的内摩擦角为18°～28°。安宁市车木河水库料场土的内摩擦角为21°～27°，平均值为25°。曲靖市小干河水库料场土的内摩擦角为20°～25°；曲靖市摩邦水库料场土的内摩擦角为20°～23°。

个别工程偏低或变幅大，文山州摆依寨水库料场土的内摩擦角为12°～18°；文山州扭倮水库料场土的内摩擦角为16°～21°；文山州锁龙桥水库料场土的内摩擦角为15°～17°。昆明市大坝河水库料场土的内摩擦角为15°～19°；昆明市八家村水库料场土的内摩擦角变幅大，为5°～29°，但黏聚力变幅也大，范围值为10～117kPa；昆明市北大村水库料场土的内摩擦角变幅大，为10°～24°。曲靖市龙潭河水库料场土的内摩擦角为13°～21°；曲靖市新田河水库料场土的内摩擦角为18°～20°；曲靖市花山水库料场变幅大，范围值土的内摩擦角为13°～29°，平均值为22°。

与贵州、湖南的红黏土相比差别较大，云南部分红黏土的内摩擦角要大，另一部分红黏土的内摩擦角差别不大；与广西的红黏土内摩擦角相比差别不大。与云南省的一般土料相比，红黏土的内摩擦角差别不大。

（12）压缩模量。云南省昆明、红河、文山、曲靖四州（市）差别不大，土的压缩模量为8～14MPa。例如，文山州德厚水库料场土的压缩模量为6.0～15.8MPa，平均值为9.8MPa；文山州暮底河水库料场土的压缩模量为8.6～17.5MPa，平均值为11.3MPa；文山州腻资水库料场土的压缩模量为7.1～22.8MPa。红河州阿得邑水库料场土的压缩模量为9.9～20.1MPa，平均值为13.3MPa；红河州平海子水库料场土的压缩模量为6.9～19.5MPa，平均值为12.5MPa；红河州大衣水库料场土的压缩模量为5.7～16.4MPa，平均值为11.3MPa。昆明市鱼龙水库料场土的压缩模量为7.6～21.5MPa；昆明市摆宰调水工程料场土的压缩模量为8.9～13.8MPa；昆明市团结水库料场土的压缩模量为9.2～14.0MPa。曲靖市小干河水库料场土的压缩模量为8.3～25.1MPa；曲靖市龙潭河水库料场土的压缩模量为7.2～18.1MPa。

个别工程偏低或偏高，文山州纳思水库料场土的压缩模量为4.8～7.4MPa；文山州细水水库料场土的压缩模量为2.8～5.5MPa；文山州马洒水库料场土的压缩模量为3.6～6.3MPa；文山州扭倮水库料场土的压缩模量为22.9～24.4MPa。红河州云洞水库料场土的压缩模量为9.7～29.0MPa，平均值为18.4MPa；红河州杉老林水库料场土的压缩模量为4.8～10.2MPa，平均值为7.4MPa。昆明市小白龙潭水库料场土的压缩模量为12.6～18.6MPa；昆明市北大村水库料场土的压缩模量为3.5～12.9MPa。曲靖市摩邦水库料场土的压缩模量偏大，为15.8～18.7MPa；曲靖市花山水库料场土的压缩模量变幅大，为3.7～20.2MPa；平均值偏小，为7.5MPa。

与贵州、湖南红黏土相比差别较大，云南多数红黏土的压缩模量要大，少数红黏土的压缩模量差别不大；与广西红黏土的压缩模量相比差别不大。与云南省的一般土料相比，红黏土的压缩模量差别不大。

（13）压缩系数。云南省昆明、红河、文山、曲靖四州（市）差别不大，土的压缩系数（$a_{0.1\sim0.2}$）为0.1～0.3MPa^{-1}。例如，文山州德厚水库料场土的压缩系数为0.14～0.37MPa^{-1}，平均值为0.26MPa^{-1}；文山州暮底河水库料场土的压缩系数为0.12～0.24MPa^{-1}，平均值为0.18MPa^{-1}；文山州腻资水库料场土的压缩系数为0.09～0.32MPa^{-1}。红河州阿得邑水库料场土的压缩系数为0.10～0.20MPa^{-1}，平均值为0.16MPa^{-1}；红河州平海子水库料场土的压缩系数为0.10～0.29MPa^{-1}，平均值为0.17MPa^{-1}；红河州大衣水库料场土的压缩系数为0.09～0.30MPa^{-1}，平均值为0.17MPa^{-1}。昆明市鱼龙水库料场土的压缩系数为0.09～0.27MPa^{-1}；昆明市摆宰调水工程料场土的压缩系数为0.15～0.24MPa^{-1}；昆明市团结水库料场土的压缩系数为0.13～0.21MPa^{-1}。安宁市车木河水库料场土的压缩系数为0.12～0.20MPa^{-1}，平均值为0.15MPa^{-1}。曲靖市小干河水库料场土的压缩系数为0.07～0.23MPa^{-1}，曲靖市龙潭河水库料场土的压缩系数为0.11～0.26MPa^{-1}，曲靖市摩邦水库料场土的压缩系数为0.10～0.20MPa^{-1}。

个别工程偏高或偏低，文山州摆纳思水库料场土的压缩系数为0.32～0.40MPa^{-1}，文山州细水水库料场土的压缩系数为0.33～0.62MPa^{-1}；文山州马洒水库料场土的压缩系数为0.29～0.46MPa^{-1}，文山州扭倮水库料场土的压缩系数偏低，仅为0.06～0.07MPa^{-1}。红河州云洞水库料场土的压缩系数为0.06～0.19MPa^{-1}，平均值为0.11MPa^{-1}；红河州杉老林水库料场土的压缩系数为0.20～0.44MPa^{-1}，平均值为0.30MPa^{-1}。昆明市八家村水库料场土的压缩系数偏小，为0.06～0.19MPa^{-1}；昆明市北大村水库料场土的压缩系数为0.14～0.72MPa^{-1}，部分样品值大于0.50MPa^{-1}。曲靖市花山水库料场土的压缩系数变幅大，为0.08～0.78MPa^{-1}，仅个别样品值大于0.50MPa^{-1}，平均值为0.34MPa^{-1}。

与贵州、湖南、广西的红黏土相比差别不大，与云南省的一般土料相比，红黏土的压缩系数差别不大。

（14）天然干密度。云南省昆明、红河、文山、曲靖四州（市）差别不大，土的天然干密度为1.15～1.35g/cm^3。例如，文山州德厚水库料场土的干密度为1.13～1.28g/cm^3，平均值为1.20g/cm^3；文山州暮底河水库料场土的干密度为0.94～1.32g/cm^3，平均值为1.13g/cm^3。红河州阿得邑水库料场土的干密度为1.10～1.33g/cm^3，平均值为1.22g/cm^3；红河州平海子水库料场土的干密度为0.99～1.40g/cm^3，平均值1.15g/cm^3；红河州云洞水库料场土的干密度为1.17～1.38g/cm^3，平均值为1.24g/cm^3。曲靖市小干河水库料场土的干密度为1.06～1.26g/cm^3；曲靖市摩邦水库料场土的干密度为1.09～1.24g/cm^3；曲靖市花山水库料场土的干密度为1.16～1.43g/cm^3，平均值为1.31g/cm^3。

据云南省的统计分析，红黏土的天然干密度较一般土料小0.1～0.2g/cm^3，个别样品的天然干密度小于1.0g/cm^3，例如文山州暮底河水库、红河州平海子水库等。

（15）击实干密度。云南省昆明、红河、文山、曲靖四州（市）差别不大，土的天然干密度为1.15～1.35g/cm^3，击实干密度为1.30～1.50g/cm^3，说明红黏土的压实性较好。例如，文山州德厚水库料场土的击实干密度为1.26～1.42g/cm^3，平均值为1.32g/cm^3；文山州暮底河水库料场土的击实干密度为1.27～1.57g/cm^3，平均值为1.39g/cm^3；文山州锁龙桥水库料场土的击实干密度为1.34～1.47g/cm^3。红河州阿得邑水库料场土的击实干密度为1.36～1.48g/cm^3，平均值1.41g/cm^3；红河州平海子水库料场土的击实干密度为1.25～1.48g/cm^3，平均值为1.36g/cm^3；红河州杉老林水库料场土的击实干密度为1.33～1.50g/cm^3，平均值为1.43g/cm^3。昆明市鱼龙水库料场土的击实干密度为1.37～1.58g/cm^3；昆明市小白龙潭水库料场土的击实干密度为1.33～1.51g/cm^3；昆明市摆宰调水工程料场土的击实干密度为1.22～1.40g/cm^3。曲靖市龙潭河水库料场土的击实干密度为1.28～1.50g/cm^3；曲靖市摩邦水库料场土的击实干密度为1.40～1.46g/cm^3；曲靖市花山水库料场土的击实干密度为1.23～1.76g/cm^3，平均值1.45g/cm^3。

部分工程土的击实干密度偏高，例如文山州扭倮水库料场土的击实干密度为1.65～1.71g/cm^3；文山州细水水库料场土的击实干密度为1.51～1.65g/cm^3。红河州大衣水库料场土的击实干密度为1.35～1.99g/cm^3，平均值为1.63g/cm^3。昆明市八家村水库料场土的击实干密度为1.53～1.74g/cm^3；昆明市北大村水库料场土的击实干密度为1.46～1.75g/cm^3；昆明市团结水库料场土的击实干密度为1.42～1.75g/cm^3。安宁市车木河水库料场土的击实干密度为1.42～1.71g/cm^3，平均值为1.57g/cm^3。曲靖市小干河水库料场土的击实干密度为 1.47～1.74g/cm^3 等。

据云南省的统计分析，红黏土的击实干密度较一般土料小 0.05～0.15g/cm^3。

(16) 渗透系数。云南省昆明、红河、文山、曲靖四州（市）差别不大，土的渗透系数为 $i\times10^{-7}$～$i\times10^{-6}$cm/s，具有较好的抗渗性。例如，文山州德厚水库料场土的渗透系数为 0.3×10^{-6}～3.3×10^{-6}cm/s，平均值为 1.6×10^{-6}cm/s；文山州暮底河水库料场土的渗透系数为 1.1×10^{-7}cm/s～8.9×10^{-7}cm/s，个别样品为 $i\times10^{-8}$cm/s；文山州补佐水库料场土的渗透系数为 0.5×10^{-6}～5.5×10^{-6}cm/s。红河州阿得邑水库料场土的渗透系数为 0.4×10^{-7}～6.5×10^{-7}cm/s，个别样品土的渗透系数为 $i\times10^{-6}$cm/s；红河州云洞水库料场土的渗透系数为 0.7×10^{-7}～9.9×10^{-7}cm/s，个别样品为 $i\times10^{-6}$cm/s、$i\times10^{-8}$cm/s；红河州杉老林水库料场土的渗透系数为 1.1×10^{-6}～4.6×10^{-6}cm/s。安宁市车木河水库料场土的渗透系数为 0.1×10^{-6}～2.4×10^{-6}cm/s，平均值为 8.1×10^{-7}cm/s。曲靖市花山水库料场土的渗透系数为 0.1×10^{-6}～4.6×10^{-6}cm/s，平均值为 1.5×10^{-6}cm/s。

部分工程土的渗透系数偏高或偏低，例如文山州扭倮水库料场土的渗透系数为 5.1×10^{-8}～7.5×10^{-8}cm/s；文山州盘龙山水库料场土的渗透系数为 2.5×10^{-6}～5.3×10^{-6}cm/s。红河州大衣水库料场土的渗透系数为 0.1×10^{-7}～4.4×10^{-7}cm/s，个别样品为 $i\times10^{-9}$cm/s。

与云南省的一般土料相比，红黏土的渗透系数差别不大。

(17) 有机质及水溶盐含量。红黏土的有机质及水溶盐含量测试少，文山州德厚水库土料有机质含量为 0.01%～0.05%，平均值为 0.03%；水溶盐含量为 0.09%～0.53%，平均值为 0.20%。

综上所述，根据云南省已建水利工程统计分析，红黏土击实干密度多为 1.30～1.50g/cm^3，压缩系数多为 0.10～0.30MPa^{-1}，饱和固结快剪的内摩擦角多为 20°～25°，黏聚力多为 10～40kPa，渗透系数多为 $i\times10^{-7}$～$i\times10^{-6}$cm/s。虽然红黏土有黏粒含量高、天然含水率高、塑性指数高、孔隙比大、天然密度低的特点，但红黏土也有压实性好、渗透系数低、抗剪强度较高的特点，是理想的大坝防渗土料。同时，勘察期间要高度重视红黏土是否存在膨胀性的问题。

第6章 堆石料

石料包括堆石料、人工反滤料、砌石料、人工骨料。岩石经过爆破后、无一定规格、无一定大小、能够满足设计粒径和级配要求的大坝填筑料称为堆石料。常规的堆石料为中硬岩、坚硬岩，例如，长石石英砂岩、石英砂岩、灰岩、白云岩、花岗岩、片麻岩、角闪岩、玄武岩等。

6.1 料场勘察

6.1.1 勘察级别

料场勘察宜按普查、初查、详查分级进行，规划阶段料场勘察级别为普查。根据《水利水电工程项目建议书报告编制规程》（SL 617—2013）要求，大型、中型工程项目建议书阶段料场勘察级别为初查。根据《水利水电工程可行性研究报告编制规程》（SL 618—2013）要求，大型、中型工程可行性研究阶段料场勘察级别为详查。小型水利工程的料场勘察级别可合并进行，在初步设计阶段达到详查。

6.1.2 料场类型

根据料场的地形、地质条件将料场划分为3类，①Ⅰ类：地形完整、平缓，料层岩性单一，厚度变化小，断裂、喀斯特不发育，没有无用层或有害夹层，无剥离层或剥离层薄；②Ⅱ类：地形较完整、有起伏，料层岩性较复杂，厚度变化较大，断裂、喀斯特较发育，无用层或有害夹层较少，剥离层较厚；③Ⅲ类：地形不完整、起伏大，料层岩性复杂，厚度变化大，断裂、喀斯特发育，无用层或有害夹层较多，剥离层厚。

6.1.3 地质测绘

地质测绘范围应包括料场分布范围及料场开采的可能影响区域，地质测绘内容应包括地层岩性、地质构造、喀斯特及水文地质、岩体风化及地表覆盖等。地质测绘比例尺详见表6.1-1。

表 6.1-1　　堆石料地质测绘比例尺

勘察级别	料场类型	地质测绘比例尺	
		平面	剖面
普查	Ⅰ类、Ⅱ类、Ⅲ类	1∶10000～1∶5000	1∶5000～1∶2000
初查	Ⅰ类、Ⅱ类	1∶5000～1∶2000	1∶2000～1∶1000
	Ⅲ类	1∶2000～1∶1000	1∶1000～1∶500
详查	Ⅰ类、Ⅱ类	1∶2000～1∶1000	1∶1000～1∶500
	Ⅲ类	1∶1000～1∶500	1∶500～1∶200

6.1.4　料场勘探

勘探方法可采用钻探、洞探、坑探、槽探、井探、物探等，喀斯特区料场宜采用平洞或竖井查明喀斯特发育情况。每一个料场初查不应少于1条剖面，每条剖面上不应少于2个勘探点；每条剖面上详查不应少于3个勘探点。控制性钻孔深度应揭穿有用层或进入开采深度以下5m。勘探点应描述地层岩性、岩层产状、裂隙、断裂、风化分带、岩芯采取率、RQD、喀斯特及充填情况、地下水位、取样编号及位置、取样高程等。开挖边坡勘察布置应满足开挖边坡稳定性评价的需要。堆石料勘探间距见表6.1-2。

表 6.1-2　　堆石料勘探点间距　　单位：m

料场类型	勘察级别		
	普查	初查	详查
Ⅰ类	利用天然露头，必要时布置少量勘探点	300～500	150～250
Ⅱ类		200～300	100～150
Ⅲ类		<200	<100

6.1.5　现场取样

取样应分层采取代表性岩样。普查可视需要取样；初查堆石料每一主要有用层岩样不少于3组、堆石料大样不少于2组；详查堆石料按不同岩性、不同风化分带分别取样，每一主要有用层岩样应不少于6组、堆石料大样不少于3组。样品的规格和数量应满足试验要求。

6.2　室内试验

6.2.1　试验项目

堆石料原岩试验项目见表6.2-1，堆石料大样试验项目见表6.2-2。

表 6.2-1　　堆石料原岩试验项目

序号	试　验　项　目		初查与详查
1	岩石矿物成分		√
2	岩石化学成分		+
3	硫酸盐及硫化物含量（换算成 SO_3）		+
4	颗粒密度		√
5	块体密度（天然、干、饱和）		√
6	吸水率		√
7	冻融损失率（质量）		+
8	单轴抗压强度	干、饱和	√
		冻融	+
9	弹性模量		+

注　"√"表示应做的试验项目；"+"表示视需要做的试验项目。

表 6.2-2　　堆石料大样试验项目

序号	试　验　项　目	初查与详查
1	颗粒级配（来样、试验、试验后）	√
2	相对密度试验（密度、孔隙比）	√
3	制样干密度	√
4	制样孔隙率	√
5	不同围压的线性强度（c、φ 值）	√
6	渗透系数	√
7	不同围压的非线性强度（φ_0、$\Delta\varphi$）	+
8	体积变形模量	+
9	弹性模量指数	+
10	剪切模量	+
11	参数 D	+
12	参数 F	+
13	破坏比 R_f	+
14	参数 K_b	+
15	参数 m	+

注　"√"表示应做的试验项目，"+"表示视需要做的试验项目，表中第7～15项是坝高不小于70m的堆石料试验项目。

6.2.2　参数取值原则

（1）原岩的块体密度、吸水率、单轴干燥抗压强度、单轴饱和抗压强度、单轴冻融抗压强度、软化系数、冻融损失率等指标以试验的算术平均值为标准值。

（2）堆石料大样的颗粒粒径含量、孔隙率、干密度、渗透系数等指标以试验的算术平均值为标准值；E、μ 模型参数中的体积变形模量、弹性模量指数、剪切模量、D、F、破坏比、非线性强度（φ_0、$\Delta\varphi$）等指标以试验的算术平均值为标准值；抗剪强度中 φ 值取试验成果平均值的90%～95%，根据云南省院多年工程实践经验，作者认为抗剪强度中 c 值取试验成果平均值的25%～30%较为合适。

6.3 物理力学性质

6.3.1 质量评价标准

堆石料原岩的质量根据质量技术指标、设计要求及工程经验等综合分析评价，见表6.3-1。《水利水电工程天然建筑材料勘察规程》（SL 251—2015）对饱和抗压强度的要求为大于30MPa。随坝高增加对堆石料原岩强度提出了新要求，可视地域、设计要求而调整，《水电水利工程天然建筑材料勘察规程》（DL/T 5388—2007）对不同坝高的堆石料原岩饱和抗压强度的要求见表6.3-1。一般来讲，绝大多数的强风化岩石难以满足规范的质量技术标准。

表6.3-1 堆石料原岩质量技术指标

序号	项目		指标	备注
1	饱和抗压强度	坝高≥70m	>40MPa	可视地域、设计要求调整
		坝高<70m	>30MPa	
2	软化系数		>0.75	
3	冻融损失率（质量）		<1%	
4	干密度		>2.4g/cm³	

6.3.2 物理力学性质

云南省已建和在建水利工程中，有混凝土面板堆石坝、黏土心墙堆石坝、沥青混凝土心墙堆石坝等坝型。例如，柴石滩水库、云龙水库、德泽水库、德厚水库、暮底河水库、车马碧水库、阿岗水库、东密水库、腊姑河水库、洞上水库、青龙水库、太华水库、红谷田水库、马鹿水库、帮东河水库、本业水库、南抗水库等工程。

堆石料的物理力学性质与以下的因素有关：①孔隙率，《碾压式土石坝设计规范》（SL 274—2001）要求土质防渗体分区坝和沥青混凝土心墙坝的堆石料孔隙率宜为20%～28%。《混凝土面板堆石坝设计规范》（SL 228—2013）要求坝高小于150m的主堆石区孔隙率不高于20%～25%，下游堆石区孔隙率不高于21%～26%；坝高在150～200m的主堆石区孔隙率不高于18%～21%，下游堆石区孔隙率不高于19%～22%。一般来讲，岩性、风化程度相同的堆石料孔隙率越小，干密度、强度（c、φ、φ_0、$\Delta\varphi$）越大，渗透系数越小；孔隙率越大，体积变形模量越小，弹性模量指数越小、参数 D 越小、参数 F 越小、φ_0 越大。②原岩强度，一般来讲，原岩强度越大，堆石料的干密度、强度（c、φ、φ_0、$\Delta\varphi$）越大。③围压，一般来讲，岩性、风化程度、孔隙率相同，围压越高，强度（c）越大，强度（φ）差别不大，非线性强度（φ_0、$\Delta\varphi$）无明显的变化规律。

对部分堆石料的原岩试验资料的范围值进行统计分析，见表6.3-2。对云南省16个州（市）的堆石料进行统计，以州（市）为统计单元，以堆石料物理力学性质为统计对象，以范围值、平均值为统计内容，统计55个工程173组大样，堆石料物理力学指标范围值见表6.3-3，平均值见表6.3-4。对堆石料黏聚力、内摩擦角进行小值均值统计，对堆石料压缩系数、渗透系数进行大值均值统计，见表6.3-5。坝高大于70m的堆石坝要进行应力、应变、沉降等有限元计算，对堆石料$E-\mu$模型及$E-B$模型参数进行统计，范围值见表6.3-6及表6.3-7。

表6.3-2　　堆石料原岩物理力学指标统计表

序号	项　目	指标	备　注
1	饱和抗压强度/MPa	32～131	只有极少数样品的强度为30～40MPa，绝大多数样品强度大于40MPa
2	软化系数	0.62～0.96	只有极少数样品的软化系数小于0.75，绝大多数样品软化系数大于0.75
3	干密度/(g/cm³)	2.53～2.90	

表6.3-3　　堆石料大样物理力学指标统计表（范围值）

地区	<0.075mm的颗粒含量/%	孔隙率/%	干密度/(g/cm³)	压缩系数 $a_{0.1\sim0.2}$/MPa^{-1}	黏聚力/kPa	内摩擦角/(°)	渗透系数/(10^{-2}cm/s)
昆明市	1～12	20～32	2.02～2.29	0.01～0.04	91～259	37～43	0.6～88
昭通市	2～12	17～27	1.96～2.37	0.01～0.07	103～213	36～44	2.8～80
曲靖市	1～12	19～27	1.92～2.24	0.01～0.09	105～344	35～44	0.2～79
楚雄州	4～5	21～22	2.03～2.07	0.03	238～245	39～40	14～42
玉溪市	4～8	19～21	2.15～2.17	0.02～0.03	104～197	39～41	8.1～14
红河州	2～5	22～32	2.01～2.20	0.02～0.05	43～279	34～42	2.1～78
文山州	2～11	16～27	2.03～2.26	0.01～0.05	99～332	38～44	0.2～79
普洱市	2	19～23	2.13～2.19	0.02～0.04	98～202	41～43	58～89
西双版纳州	8～11	23～24	1.97～1.98	0.02	70～89	37	2.6～3.8
临沧市	4～7	23～26	2.03～2.15	0.01～0.02	172～200	39～41	33～45
保山市	1～9	18～28	2.05～2.19	0.01～0.07	104～205	34～42	0.1～69
德宏州	2～10	19～26	2.07～2.30	0.01～0.05	71～171	39～43	0.1～78
大理州	3～5	22～24	2.07～2.11	0.01～0.04	100～177	38～41	11～21
丽江市	2～13	20～28	2.01～2.19	0.01～0.03	91～245	37～43	3.1～59
迪庆州	2	23～24	2.06～2.09	0.01～0.02	175～219	40～43	4.7～8.9
怒江州	4～8	25	2.01～2.03	0.02～0.04	51～74	42～45	61～62

表 6.3-4　　堆石料大样物理力学指标统计表（平均值）

地区	<0.075mm 的颗粒含量/%	孔隙率/%	干密度/(g/cm^3)	压缩系数 $a_{0.1\sim0.2}$/MPa^{-1}	黏聚力/kPa	内摩擦角/(°)	渗透系数/($10^{-2}cm/s$)
昆明市	5	25	2.14	0.02	159	41	39
昭通市	5	23	2.20	0.03	144	40	27
曲靖市	5	22	2.12	0.03	152	40	33
楚雄州	5	21	2.05	0.03	241	40	28
玉溪市	6	20	2.16	0.03	150	40	11
红河州	4	26	2.09	0.03	144	39	30
文山州	4	22	2.14	0.02	182	41	27
普洱市	2	22	2.15	0.03	155	42	74
西双版纳州	10	24	1.98	0.02	80	37	3.2
临沧市	6	25	2.10	0.02	187	40	39
保山市	2	23	2.04	0.04	154	39	2.5
德宏州	4	24	2.14	0.03	115	41	52
丽江市	4	24	2.10	0.04	162	40	28
迪庆州	3	24	2.08	0.01	192	42	7.4
怒江州	6	25	2.02	0.03	62	44	33

表 6.3-5　　各州（市）堆石料大样物理力学指标统计表

地区	黏聚力小值均值/kPa	内摩擦角小值均值/(°)	压缩系数大值均值 $a_{0.1\sim0.2}$/MPa^{-1}	渗透系数大值均值/($10^{-2}cm/s$)
昆明市	120	39	0.03	61
昭通市	128	38	0.04	51
曲靖市	125	38	0.05	53
红河州	108	35	0.04	74
文山州	135	40	0.03	53
普洱市	126	41	0.04	80
临沧市	174	39	0.02	42
保山市	137	36	0.06	4.8
德宏州	91	40	0.04	73
丽江市	123	39	0.04	39
迪庆州	178	40	0.02	8.8

全省 16 个州（市）都有堆石料筑坝的案例，岩性为弱至微风化的中硬岩、坚硬岩，小于 0.075mm 的颗粒含量为 1%～13%，平均值多为 4%～8%；孔隙率为 16%～32%，平均值多为 20%～25%；干密度为 1.92～2.37g/cm^3，平均值为 2.05～2.15g/cm^3；压缩系数 $a_{0.1\sim0.2}$ 为 0.01～0.09MPa^{-1}，平均值多为 0.02～0.04MPa^{-1}，大值均值多为 0.03～0.05MPa^{-1}；黏聚力为 43～344kPa，平均值多为 110～170kPa，小值均值多为

表 6.3-6　　堆石料大样 $E-\mu$ 模型参数统计表

序号	项　目	范围值	序号	项　目	范围值	序号	项　目	范围值
1	K	293.5～4396	5	φ/(°)	36.0～43.3	9	φ_0/(°)	48.1～59.73
2	n	0.055～1.28	6	G	0.11～0.91	10	$\Delta\varphi$/(°)	8.1～17.7
3	R_f	0.60～0.95	7	D	1.285～16.14			
4	c/kPa	34.1～262	8	F	0.11～0.73			

表 6.3-7　　堆石料大样 $E-B$ 模型参数统计表

序号	项　目	范围值	序号	项　目	范围值	序号	项　目	范围值
1	K	464.9～3015.1	4	φ/(°)	36～44.9	7	m	−0.74～0.938
2	n	0.149～0.99	5	R_f	0.43～0.91	8	φ_0/(°)	49.9～58
3	c/kPa	46～224.5	6	K_b	221.1～2308.4	9	$\Delta\varphi$/(°)	8.1～17

100～130kPa；内摩擦角为34°～45°，平均值多为40°～42°，小值均值多为38°～40°；渗透系数为$0.1\times10^{-2}\sim89\times10^{-2}$cm/s，平均值多为$10\times10^{-2}\sim40\times10^{-2}$cm/s，大值均值多为$40\times10^{-2}\sim70\times10^{-2}$cm/s。

第7章 风化料

风化料是指介于堆石料与土料之间的天然建筑材料，通常用于堤坝、路基等的填筑，料源丰富，近年来水利工程上通常俗称的石渣坝、风化料坝、部分分区坝等都是利用风化岩石筑坝，因此本书将这类风化岩石（建筑材料）统称为风化料。例如，强风化长石石英砂岩、石英砂岩、砂岩或弱风化长石石英砂岩、石英砂岩与泥岩、页岩互层；强风化花岗岩、片麻岩、角闪岩、玄武岩、细碧角斑岩；强—弱风化的片岩、石英片岩；强—弱风化的石英岩脉；强—弱风化的砂岩（变质砂岩）与板岩互层；强—弱风化的泥质粉砂岩夹泥岩；全风化岩石，砂土（全风化的花岗岩、片麻岩）及新近系砂土等都作为坝壳料的料源。

云南省由于构造运动强烈，一级大地构造单元多，地表抬升快，岩性复杂，使得岩体风化强烈，强风化岩体较厚，弱风化岩体埋深大，硬岩与软岩相间分布，开采堆石料的剥离量大，不但增加工程投资，需要设置弃渣场，同时占用耕地或林地，而且带来水土流失问题，因此风化料有广阔的应用前景。

7.1 料场勘察

料场勘察级别、料场类型、地质测绘、勘探手段、勘探间距等方面与堆石料相同，当岩性复杂、强风化层较厚时，勘探间距应加密。

由于强风化岩层取岩样困难，应尽量分层采取代表性岩样，主要以风化料大样为主。由于规范对取样组数及质量无明确规定，根据云南省院的工程实践经验，作者认为初查风化料大样应不少于2组，详查风化料按不同岩性、不同风化分带分别取样，每一主要有用层大样应不少于3组，取样质量不少于1500kg；坝高大于70m时，每一主要有用层大样应不少于6组，取样质量不少于2000kg。由于样品质量与试验设备的尺寸有关，在实际操作中样品质量可相应增减。

7.2 室内试验

风化料大样室内试验项目同表6.2-2，当有特殊要求时，应进行长期强度试验。风化料大样的颗粒级配、孔隙率、干密度、渗透系数等指标以试验的算术平均值为标准值；

E、μ 模型参数中的体积变形模量、弹性模量指数、剪切模量、D、F、破坏比、非线性强度（φ_0、$\Delta\varphi$）等指标以试验的算术平均值为标准值；根据云南省院工程实践经验，抗剪强度 φ 值取试验成果平均值的85%～90%，c 值取试验成果平均值的20%～30%较为合适。

7.3 物理力学性质

7.3.1 质量评价标准

风化料的质量评价目前基本无规程、规范等方面的质量技术要求，实践中由设计确定，规范中仅针对无黏性土的相对密度有具体要求，内容如下：

当风化料碾压后呈砂的级配、砂砾石的级配时，应按照《碾压式土石坝设计规范》（SL 274—2001）的要求以相对密度为设计控制指标，砂砾石的相对密度不应低于0.75，砂的相对密度不应低于0.70。

混凝土面板堆石坝应按照《混凝土面板堆石坝设计规范》（SL 228—2013）的要求以相对密度为设计控制指标，坝高小于150m的砂砾石料相对密度不应低于0.75～0.85；坝高在150～200m之间的砂砾石料相对密度不应低于0.85～0.90。

地震设计烈度不小于Ⅶ度的地震区相对密度设计标准应按《水工建筑物抗震设计标准》（GB 51247—2018）要求：对于无黏性土的压实，浸润线以上材料的相对密度不应低于0.75，浸润线以下材料的相对密度不应低于0.80；对于砂砾料，当大于5mm的粗粒料含量小于50%时，应保证细料的相对密度满足上述对无黏性土压实的要求，并应根据相对密度提出不同含砾量的砂砾料压实干密度作为填筑控制标准。

由上可看出，《混凝土面板堆石坝设计规范》（SL 228—2013）中对于无黏性土的相对密度的要求高于《碾压土石坝设计规范》（SL 274—2001）及《水工建筑物抗震设计标准》（GB 51247—2018）的要求，抗震设计应按就高不就低的原则执行。

7.3.2 物理力学性质

云南省已建及在建水利工程中，采用风化料筑坝的工程应用最广泛，16个州（市）都有工程案例，有黏土心墙风化料坝、黏土斜墙风化料坝、沥青混凝土心墙风化料坝等坝型。利用强风化长石石英砂岩、石英砂岩、砂岩或弱风化长石石英砂岩、石英砂岩与泥岩、页岩互层筑坝的工程，例如，青山嘴水库、么等水库、东风水库、曼桂水库、另仂水库、五里河水库、矣则河水库、红光水库、大寨水库、核桃箐水库、深沟河水库、民乐水库、南洋河水库、乐秋河水库、大银甸水库、轿子山水库等。利用强风化岩石花岗岩、片麻岩、角闪岩、玄武岩、细碧角斑岩、石英岩脉筑坝的工程，例如，刘家箐水库、回龙河水库、三岔河水库、段家坝水库、麻栗坝灌区工程、花桥水库、小坪水库、老里凹水库、里老水库、拉多阁水库、小坝子水库等。利用强—弱风化的片岩、石英片岩筑坝的工程，例如，南等水库、南丙河水库、小箐口水库等。利用强—弱风化的砂岩或变质砂岩与板岩互层筑坝的工程，例如，章巴水库、永不落水库等。利用强—弱风化的泥质粉砂岩夹泥岩筑坝的工程，例如，大中河水库、箐门口水库、桂花水库、车木河水库、帕色水库等。利用全风化的花岗岩、片麻岩筑坝的工程，例如，回龙河水库、刘家箐水库、麻栗坝灌区等。利用新近系砂土筑坝的工程，例如，麻栗坝水库、芒回水库等。

（1）强—弱风化坝壳料。硬岩为主的强风化岩石如长石石英砂岩、石英砂岩、花岗岩、片麻岩、石英片岩、角闪岩、玄武岩、细碧角斑岩、石英岩脉、白云岩等，及以软岩为主的弱风化岩石如片岩、板岩的物理力学性质的特点：小于0.075mm的颗粒含量较低、干密度较高、强度（c、φ）较高，渗透系数较大，通常为$i\times10^{-3}\sim i\times10^{-2}$cm/s。以软岩为主的强—弱风化岩石如泥质粉砂岩、泥岩、页岩等，及强风化岩石如片岩、板岩等的物理力学性质的特点：小于0.075mm的颗粒含量较高、干密度较低、强度（c、φ）较低，渗透系数较小，通常为$i\times10^{-4}\sim i\times10^{-3}$cm/s。

对云南省16个州（市）的风化料进行统计，以州（市）为统计单元，以风化料物理力学性质为统计对象，以范围值、平均值为统计内容。统计409个工程1016组大样，风化料物理力学指标范围值见表7.3-1、平均值见表7.3-2。对风化料黏聚力、内摩擦角进行小值均值统计，对风化料压缩系数、渗透系数进行大值均值统计，见表7.3-3。对坝壳料$E-\mu$模型及$E-B$模型参数进行统计，统计结果见表7.3-4及表7.3-5。

表7.3-1　　强—弱风化坝壳料的物理力学指标统计表（范围值）

地区	<0.075mm的颗粒含量/%	孔隙率/%	干密度/(g/cm³)	压缩系数 $a_{0.1\sim0.2}$/MPa^{-1}	黏聚力/kPa	内摩擦角/(°)	渗透系数/(10^{-2}cm/s)
昆明市	0.8～19.6	18～40	1.70～2.22	0.01～0.23	34～205	21～45	0.01～60
昭通市	1.8～9.9	22～32	2.01～2.25	0.02～0.10	63～247	32～43	0.1～62
曲靖市	1.6～27	21～30	1.94～2.17	0.01～0.11	35～201	31～43	0.02～62
楚雄州	2.2～27.2	15～36	1.76～2.29	0.01～0.11	31～251	22～43	0.01～93
玉溪市	2.1～26.2	17～36	1.65～2.30	0.02～0.15	19～160	20～43	0.01～46
红河州	0.1～27.0	19～35	1.69～2.30	0.01～0.19	26～217	26～43	0.01～43
文山州	1.6～27.6	20～38	1.75～2.20	0.01～0.08	62～234	30～44	0.01～44
普洱市	0.1～27.7	16～37	1.78～2.25	0.02～0.19	40～268	25～44	0.01～58
西双版纳州	0.9～27.7	17～36	1.71～2.22	0.02～0.15	38～218	23～44	0.03～68
临沧市	1.5～19.2	17～36	1.80～2.20	0.01～0.11	47～193	30～41	0.03～35
保山市	0.8～17.2	19～32	1.62～2.23	0.01～0.08	28～267	30～42	0.01～9.0
德宏州	1.8～23.5	16～30	1.92～2.21	0.02～0.09	54～250	29～43	0.03～74
大理州	1.8～22.0	17～27	2.01～2.22	0.02～0.10	63～221	27～42	0.02～90
丽江市	1.1～19.9	23～33	1.80～2.26	0.02～0.42	36～171	24～44	0.01～52
迪庆州	3.2～20.6	22～29	1.91～2.08	0.02～0.09	70～213	35～42	0.06～21
怒江州	4.9～13.7	22～26	2.01～2.06	0.03～0.05	71～191	35～38	0.02～44

表 7.3-2　　　强—弱风化坝壳料的物理力学指标统计表（平均值）

地区	<0.075mm的颗粒含量/%	孔隙率/%	干密度/(g/cm^3)	压缩系数 $a_{0.1\sim0.2}$/MPa^{-1}	黏聚力/kPa	内摩擦角/(°)	渗透系数/(10^{-2}cm/s)
昆明市	6	26	2.04	0.05	122	38	26
昭通市	5	24	2.10	0.04	139	39	31
曲靖市	6	25	2.09	0.04	127	40	33
楚雄州	7	24	2.05	0.04	122	38	23
玉溪市	9	24	2.06	0.05	91	36	10
红河州	9	25	2.04	0.05	107	37	5.4
文山州	6	25	2.02	0.05	120	38	20
普洱市	7	23	2.05	0.05	116	37	26
西双版纳州	8	25	2.01	0.05	105	37	15
临沧市	8	23	2.05	0.05	106	37	7.3
保山市	7	25	2.04	0.05	110	37	1.8
德宏州	8	24	2.05	0.04	128	38	16
大理州	5	24	2.07	0.04	121	38	27
丽江市	7	26	2.06	0.06	103	38	24
迪庆州	7	26	2.00	0.04	147	39	1.1
怒江州	10	24	2.03	0.04	120	36	15

表 7.3-3　　　强—弱风化坝壳料的物理力学指标统计表

地区	黏聚力小值均值/kPa	内摩擦角小值均值/(°)	压缩系数大值均值 $a_{0.1\sim0.2}$/MPa^{-1}	渗透系数大值均值/(10^{-2}cm/s)
昆明市	86	33	0.09	46
昭通市	93	37	0.06	56
曲靖市	89	37	0.07	47
楚雄州	86	35	0.06	45
玉溪市	91	36	0.08	29
红河州	79	34	0.08	28
文山州	91	35	0.07	37
普洱市	80	34	0.08	69
西双版纳州	77	33	0.08	33
临沧市	80	35	0.07	23
保山市	78	34	0.07	8.4
德宏州	100	35	0.06	31
大理州	93	36	0.06	45
丽江市	75	34	0.21	49
迪庆州	122	36	0.06	18
怒江州	85	35	0.05	44

表 7.3-4　坝壳料大样 $E-\mu$ 模型参数统计表

序号	项　目	范围值	序号	项　目	范围值	序号	项　目	范围值
1	K	230.7～836.4	5	$\varphi/(°)$	30.1～36.9	9	$\varphi_0/(°)$	41.6～47.7
2	n	0.17～0.71	6	G	0.15～0.66	10	$\Delta\varphi/(°)$	8.91～12.2
3	R_f	0.69～0.97	7	D	2.15～6.88			
4	c/kPa	70～194.7	8	F	0.12～0.40			

表 7.3-5　坝壳料大样 $E-B$ 模型参数统计表

序号	项　目	范围值	序号	项　目	范围值	序号	项　目	范围值
1	K	162.2～1041.2	4	$\varphi/(°)$	32.3～36.7	7	m	0.18～0.47
2	n	0.31～0.72	5	R_f	0.71～0.89	8	$\varphi_0/(°)$	37.3～46.7
3	c/kPa	8.4～123.6	6	K_b	40～673.9	9	$\Delta\varphi/(°)$	4.2～13.4

与堆石料相比，风化料有含泥量高、干密度小、压缩系数大、强度低、渗透系数小的特点。与土料相比，风化料有干密度大、压缩系数小、强度高、渗透系数大的特点。

（2）全风化坝壳料。对云南省 14 个州（市）的风化料进行统计，以州（市）为统计单元，以风化料物理力学性质为统计对象，以范围值、平均值为统计内容。统计 392 个工程 1021 组大样，风化料物理力学指标范围值见表 7.3-6、平均值见表 7.3-7。对风化料黏聚力、内摩擦角进行小值均值统计，对风化料压缩系数、渗透系数进行大值均值统计，见表 7.3-8。

表 7.3-6　全风化坝壳料的物理力学指标统计表（范围值）

地区	<0.075mm 的颗粒含量/%	孔隙率/%	干密度/(g/cm³)	压缩系数 $a_{0.1\sim0.2}$/MPa^{-1}	黏聚力/kPa	内摩擦角/(°)	渗透系数/(10^{-3}cm/s)
昆明市	7.6～29.6	20～45	1.50～2.16	0.02～0.39	21～136	18～35	0.1～98
昭通市	5.2～27.2	26～33	1.41～2.04	0.05～0.27	32～68	27～34	0.2～0.7
曲靖市	9.4～24.6	18～60	1.16～2.26	0.05～0.26	29～198	23～34	0.3～39
楚雄州	4.6～29.2	22～42	1.50～2.10	0.02～0.26	35～175	19～35	0.1～39
玉溪市	3.8～27.6	22～35	1.27～2.13	0.04～0.40	19～148	19～35	0.1～67
红河州	6.1～27.5	25～52	1.38～2.01	0.01～0.50	22～222	19～35	0.1～32
文山州	4.0～27.7	29～45	1.50～1.93	0.06～0.36	38～100	21～35	0.2～73
普洱市	11.4～30	22～59	1.15～2.10	0.03～0.98	35～172	17～34	0.1～61
西双版纳州	11.2～29.7	25～40	1.66～2.10	0.05～0.31	18～175	20～33	0.1～57
临沧市	8.6～28.1	21～56	1.24～2.07	0.01～0.42	32～190	24～35	0.1～22
保山市	2.2～30.1	27～48	1.40～1.99	0.03～0.41	20～166	14～35	0.1～94
德宏州	13.6～29	24～44	1.33～2.04	0.03～0.34	17～199	16～35	0.1～33
大理州	2.9～25.7	27～47	1.50～2.02	0.04～0.46	13～133	23～34	0.4～42
丽江市	9.4～30.2	25～52	1.36～2.01	0.06～0.70	74～160	19～31	0.002～0.07

表 7.3-7　　全风化坝壳料的物理力学指标统计表（平均值）

地区	<0.075mm 的颗粒含量/%	孔隙率/%	干密度/(g/cm³)	压缩系数 $a_{0.1\sim0.2}$/MPa⁻¹	黏聚力/kPa	内摩擦角/(°)	渗透系数/(10⁻³cm/s)
昆明市	20	36	1.77	0.19	47	30	20
昭通市	16	29	1.78	0.11	55	30	0.25
曲靖市	13	40	1.71	0.14	92	29	8.8
楚雄州	14	30	1.83	0.08	94	29	17
玉溪市	16	28	1.80	0.16	72	28	17
红河州	16	26	1.74	0.13	82	28	5.1
文山州	21	37	1.70	0.16	59	29	14
普洱市	18	34	1.80	0.22	60	27	3.2
西双版纳州	25	33	1.82	0.16	73	29	8.8
临沧市	14	34	1.79	0.15	68	31	4.8
保山市	12	34	1.77	0.15	88	28	7.4
德宏州	17	33	1.76	0.11	67	28	7.5
大理州	10	36	1.75	0.17	62	28	6.4
丽江市	19	42	1.62	0.17	109	24	0.01

表 7.3-8　　全风化坝壳料的物理力学指标统计表

地区	黏聚力小值均值/kPa	内摩擦角小值均值/(°)	压缩系数大值均值 $a_{0.1\sim0.2}$/MPa⁻¹	渗透系数大值均值/(10⁻³cm/s)
昆明市	21	24	0.30	85
昭通市	42	27	0.14	0.60
曲靖市	64	25	0.23	26
楚雄州	66	23	0.14	87
玉溪市	42	24	0.27	32
红河州	54	23	0.24	18
文山州	27	25	0.23	31
普洱市	30	23	0.38	5.8
西双版纳州	38	25	0.24	52
临沧市	34	26	0.29	22
保山市	41	21	0.24	36
德宏州	45	24	0.18	33
大理州	31	25	0.34	40
丽江市	82	22	0.21	0.03

从表中可以看出，小于0.075mm的颗粒含量、干密度、强度（c、φ）变化大，渗透系数通常为$i\times10^{-4}\sim i\times10^{-2}$cm/s，其中丽江市的全风化料的渗透系数较小，为$i\times10^{-6}\sim i\times10^{-5}$cm/s。

(3) 砂土坝壳料。砂土如全风化的花岗岩、片麻岩及新近系砂土也可以作为筑坝材料，其物理力学指标范围值见表7.3-9，从表中可以看出，黏粒含量、大于5mm的颗粒含量、干密度、强度（c、φ）较低，渗透系数较小，通常为$i\times10^{-6}\sim i\times10^{-5}$cm/s。

表7.3-9 砂土物理力学指标统计表

黏粒含量 /%	>5mm颗粒含量 /%	最优含水率 /%	击实孔隙率 /%	击实干密度 /(g/cm³)	黏聚力 /kPa	内摩擦角 /(°)	渗透系数 /(10^{-5}cm/s)
1.5～7.3	4.7～19.5	9.9～17.6	27～36	1.71～1.96	53～119	25～33	0.2～4.2

第8章 反滤料

反滤料是指在大坝土质防渗心墙料与坝壳料之间设置的级配料，使土中颗粒不被带走，同时可以顺利排出坝体渗水，从而可防止管涌和流土的发生。反滤料可以是天然砂砾石料筛分而成；也可以是中硬岩、坚硬岩加工形成，一般与堆石料、砌石料、人工骨料选择同一料场，例如，长石石英砂岩、石英砂岩、灰岩、白云岩、花岗岩、片麻岩、角闪岩、闪长岩、玄武岩等。

8.1 天然砂砾石料

天然砂砾石料一般分布在河床及阶地上，由冲积作用形成。

8.1.1 料场勘察

（1）勘察级别。料场勘察宜按普查、初查、详查分级进行，规划阶段料场勘察级别为普查，可行性研究阶段为初查，初步设计阶段为详查，视需要可合并进行勘察。

（2）料场类型。根据料场的地质条件将料场划分为3类，①Ⅰ类：料层厚度变化小，相变小，没有无用层或有害夹层；②Ⅱ类：料层厚度变化较大，相变较大，无用层或有害夹层较少；③Ⅲ类：料层厚度变化大，相变大，无用层或有害夹层较多，或料场受人工扰动较大。

（3）地质测绘。地质测绘范围应包括料场及料场开采可能影响区域，地质测绘比例尺详见表8.1-1。

表8.1-1　天然砂砾石料地质测绘比例尺

勘察级别	地质测绘比例尺	
	平面	剖面
普查	1∶10000～1∶5000	1∶5000～1∶2000
初查	1∶5000～1∶2000	1∶2000～1∶1000
详查	1∶2000～1∶1000	1∶1000～1∶500

（4）料场勘探。水上部分勘探方法宜采用物探、坑探、井探、钻探等，水下部分宜采用钻探、物探等。每一料场（区）初查不应少于1条剖面，每条剖面上不应少于2个勘探点；详查每条剖面上不应少于3个勘探点。天然砂砾石料勘探间距见表8.1-2。

表 8.1-2 天然砂砾石料勘探点间距 单位：m

料场类型	勘察级别及勘探点间距		
	普 查	初 查	详 查
Ⅰ类	对工程影响较大的重要料场可布置1～3个勘探点	300～500	200～300
Ⅱ类		200～300	100～200
Ⅲ类		<200	<100

勘探深度应揭穿有用层，有用层厚度较大时，勘探深度应大于开采深度2.0m。勘探点所揭露的土层应分层描述，内容包括：名称、颜色、厚度，砂的矿物成分，砾石的岩性、风化程度、磨圆度、分选性、密实度、胶结程度，夹层或透镜体特征，植物根系、腐殖质等杂质含量及分布等，并记录勘探时地下水位、河水位、取样位置、深度（或高程）、编号等。

（5）现场取样。勘探点应按水上、水下分层取样，每1～3m取1组，根据相变情况可适当增减；厚度大于0.5m的夹层应单独取样。

水上部分以探坑、探井取样为主，用刻槽法、全坑法采取，刻槽断面宜取40cm×30cm（深×宽），其中最小宽度和深度应大于最大粒径长轴的2倍；大蛮石就地测量，不予刻取。

水下部分采用钻孔、沉井、采砂船或挖掘机等取样，钻孔取样时，孔径应不小于168mm。

勘探点所取样品均应进行简分析，全分析试验组数在表8.1-3基础上可适当减少。

表 8.1-3 天然砂砾石料全分析取样组数

料场储量/万 m^3	取样数量/组	
	初 查	详 查
<10	2	4
10～50	4	7
50～100	6	10
>100	8	12

现场试验样品重量，全分析不少于1000kg，简分析不少于300kg。室内试验样品重量，砾石除去大于80mm的不少于30kg，砂不少于10kg。对超量样品，宜以四分法缩取。

8.1.2 室内试验

（1）试验项目。天然砂砾石料的试验项目见表8.1-4。

（2）参数取值原则。

1）天然砂砾石料的物理参数，如颗粒级配、天然密度、紧密密度、堆积密度、表观密度、含泥量、自然休止角等，以试验的算术平均值为标准值。

表 8.1-4　　天然砂砾石料试验项目

序号	试验项目		普查	初查与详查			
				简分析		全分析	
				砂料	砂砾料	砂料	砂砾料
1	颗粒分析		应做颗粒分析，其他项目视需要而定	√	√	√	√
2	密度	天然		—	—	√	√
		紧密		—	—	√	√
		堆积		—	—	√	√
		表观		—	—	√	√
3	含泥量（<0.075 颗粒含量）			√	√	√	√
4	自然休止角			—	—	√	√
5	剪切（击实后）			—	—	+	+
6	渗透系数（击实后）			—	—	√	√
7	渗透变形（击实后）			—	—	√	√

注　“√”表示应做的试验项目，“+”表示视需要做的试验项目，“—”表示可不做的试验项目。

2）击实后天然砂砾石的抗剪强度（c、φ 值）、渗透变形以试验的小值平均值为标准值。

3）击实后天然砂砾石的渗透系数以试验的大值平均值为标准值。

8.1.3　物理性质

（1）质量评价标准。天然砂砾石料用作反滤料的质量根据质量技术标准、设计要求、工程经验等综合分析评价，根据《水利水电工程天然建筑材料勘察规程》（SL 251—2015）、《水电水利工程天然建筑材料勘察规程》（DL/T 5388—2007）、《碾压式土石坝设计规范》（SL 274—2001）的要求，主要质量技术标准见表 8.1-5。

表 8.1-5　　天然砂砾石料用作反滤料的质量技术标准

序号	项目		评价指标
1	不均匀系数 C_u		≤8
2	颗粒形状		片状颗粒和针状颗粒少
3	含泥量（<0.075 颗粒含量/%）		≤5
4	渗透系数/(10^{-3}cm/s)		≥5
5	对于塑性指数大于 20 的黏土地基，第一层粒度 D_{50}/mm	$C_u \leqslant 2$	≤5
		$2 < C_u \leqslant 5$	≤5～8

（2）物理性质。云南省已建水利工程中，采用天然砂砾石料的工程较少，例如，暮底河水库大坝心墙的上游反滤层、南洋河水库反滤层、刘家箐水库反滤层、南丙河水库大坝的部分反滤层、龙陵三岔河水库Ⅰ反料、南等水库Ⅰ反料、小坝子水库Ⅰ反料、芒市清塘河水库Ⅰ反料、麻栗坝水库Ⅰ反料、回龙河水库Ⅰ反料等。Ⅰ反料主要物理指标见表 8.1-6，不均匀系数一般小于 5.0，针状、片状颗粒含量小于 3%，含泥量小于或等于

3.0%，渗透系数多为 $1.0\times10^{-3}\sim5.0\times10^{-3}$cm/s。暮底河水库大坝心墙的上游反滤层采用天然砂砾石经过筛分的混合反滤料，主要质量技术指标见表 8.1-7，干密度、相对密度较高，含泥量较小，渗透系数较大。

表 8.1-6　天然砂砾石料用作反滤料（Ⅰ反）的物理指标统计表

序号	项　目	指　标
1	不均匀系数 C_u	3.1～5.0
2	针状、片状颗粒含量/%	0.5～2.9
3	含泥量（<0.075 颗粒含量）/%	0.4～3.0
4	渗透系数/(10^{-3}cm/s)	1.2～5.9

表 8.1-7　上游混合反滤料的物理指标统计表

序号	项　目	指　标
1	干密度	1.97～2.23
2	相对密度	0.71～1.07
3	含泥量（<0.075 颗粒含量）/%	0.2～1.2
4	渗透系数/(10^{-3}cm/s)	13.6～115

全省多数州（市）河流较小，冲洪积层厚度小，软弱颗粒较多，质量较差，因此，仅有 7 个州（市）利用天然砂砾石料作为反滤料，以州（市）为统计单元，以天然砂砾石料物理性质为统计对象，以范围值、平均值为统计内容。统计 15 个工程 41 组样品，天然砂砾石料物理指标范围值、平均值见表 8.1-8。小于 0.075mm 的颗粒含量除怒江州样品严重超标外，其余州（市）样品略有超标，通过冲洗，可满足规范要求。不均匀系数多数不满足规范要求，需要筛分或破碎加工。Ⅰ反料的渗透系数大多数偏小，多为 $1.0\times10^{-3}\sim5.0\times10^{-3}$cm/s；Ⅱ反料的渗透系数满足规范要求。

表 8.1-8　天然砂砾石料用作反滤料的物理指标统计表

地区	<0.075mm 的颗粒含量/%	不均匀系数 C_u	相对密度	干密度/(g/cm^3)	渗透系数/(10^{-2}cm/s)
文山州	0.2～1.2		0.71～1.07	1.71～2.23	1.4～11.5
普洱市	0～8.6	2.0～110	0.70～0.80	1.63～1.98	0.1～50
	2.6	33	0.73	1.82	16
西双版纳州	0～2.6	3.9～55	0.75～0.85	1.73～2.01	0.3～4.9
	0.4	17	0.84	1.85	2.6
临沧市	0～3.0	2.3～21	0.75～0.80	1.77～1.92	0.2～4.5
	0.8	7	0.77	1.83	2.4
保山市	5.3～8.9	18.8～23.5	0.75～1.00	1.70～1.92	3.0～4.6
	7.1	21	0.90	1.81	3.8
德宏州	0～6.5	2.9～15.7	0.70～0.85	1.77～1.98	0.1～58
	1.7	7	0.74	1.87	17

续表

地区	<0.075mm 的颗粒含量/%	不均匀系数 C_u	相对密度	干密度/(g/cm³)	渗透系数/(10^{-2}cm/s)
大理州	0～31.6	2.3～112	0.70～0.80	1.62～2.07	0.45～33
	9.6	50	0.74	1.84	6.6
怒江州	17～18	46～125	0.75	1.83～1.94	0.6～8.0
	17	58	0.75	1.88	4.3

注 上栏为范围值，下栏为平均值。

8.2 人工反滤料

采用中硬岩、坚硬岩等岩石经过机械加工形成的级配满足设计要求的反滤料称为人工反滤料，与堆石料、砌石料、人工骨料为相同的料源。

8.2.1 料场勘察

料场勘察级别、料场类型、地质测绘、勘探手段、勘探间距等方面与堆石料相同。

岩石样品可结合堆石料、块石料、人工骨料的取样，不再单独取样。根据云南省院工程实践，作者认为人工轧制试验样品初查不少于1组；详查按不同岩性、不同风化分带分别取样，每一主要有用层大样应不少于2组，每组样品质量不少于300kg。

8.2.2 室内试验

人工反滤料原岩室内试验项目同表6.2-1，轧制试验项目同表8.1-4。

8.2.3 物理性质

(1) 质量评价标准。人工反滤料的质量根据质量技术标准、设计要求、工程经验等综合分析评价，根据《水利水电工程天然建筑材料勘察规程》(SL 251—2015)、《水电水利工程天然建筑材料勘察规程》(DL/T 5388—2007)、《碾压式土石坝设计规范》(SL 274—2001) 的要求，主要质量技术标准见表8.2-1。

表8.2-1 人工反滤料的质量技术标准

序号	项目		评价指标
1	岩石单轴饱和抗压强度/MPa		>30
2	软化系数		>0.75
3	不均匀系数 C_u		≤8
4	颗粒形状		片状颗粒和针状颗粒少
5	含泥量 (<0.075 颗粒含量)/%		≤5
6	渗透系数/(10^{-3}cm/s)		≥5
7	对于塑性指数大于20的黏土地基，第一层粒度 D_{50}/mm	$C_u \leq 2$	≤5
		$2 < C_u \leq 5$	≤5～8

(2) 物理性质。云南省已建和在建水利工程中，黏土心墙坝是最多的一种坝型，云南众多河流中，特别是中小河流的天然砂砾石料缺乏，因此人工反滤料得到广泛应用，全省16个州（市）都有工程案例。例如，德厚水库、阿岗水库、青山嘴水库、麻栗坝水库、麻栗坝灌区、回龙河水库、清塘河水库、暮底河水库、清平水库、洞上水库、龙潭河水库、阿得邑水库、大衣水库、云洞水库、车木河水库、关坝河水库、鱼龙水库、青龙水库、大中河水库、五里河水库、么等水库、东密水库、南丙河水库、永不落水库、红谷田水库、三岔河水库、帮东河水库、另仂水库、南等水库、乐秋河水库等、大沙坝水库、曼桂水库、桑纳水库等工程。

主要岩性有灰岩、白云岩、石英砂岩、长石石英砂岩、花岗岩、闪长岩、片麻岩、变质砂岩、石英岩等，为弱—微风化。以州（市）为统计单元，以人工反滤料物理性质为统计对象，以范围值、平均值为统计内容。统计67个工程312组样品，人工反滤料物理指标范围值、平均值见表8.2-2。岩石单轴饱和抗压强度均大于30MPa，无针状、片状颗粒；只有极少数样品的软化系数小于0.75，绝大多数样品软化系数大于0.75。除昭通市、曲靖市、丽江市的样品外，其余州（市）样品的不均匀系数大于8.0，从现场施工检测资料分析，不均匀系数都小于8.0。除昭通市、曲靖市、文山州、丽江市的样品外，其余州（市）样品的含泥量大于5.0%，Ⅰ反料的渗透系数大多小于5.0×10^{-3}cm/s；从现场施工检测资料分析，含泥量都小于5.0%，渗透系数大于5.0×10^{-3}cm/s。勘察期室内试验较现场施工检测Ⅰ反料的不均匀系数偏大、含泥量偏高、渗透系数偏小主要是因为制料设备不同造成的，施工中应重视设备的选型和施工工艺的控制。

表8.2-2　　人工反滤料的物理指标统计表

地区	<0.075mm的颗粒含量/%	不均匀系数C_u	相对密度	干密度/(g/cm³)	渗透系数/(10^{-2}cm/s)
昆明市	0~12.1	2.1~143	0.75~0.85	1.63~2.29	0.07~99
	3.1	21	0.83	2.02	40
昭通市	0	4.6~8.4	0.75	1.73~1.80	1.7~3.9
	0	7	0.75	1.77	2.8
玉溪市	0~20.4	1.5~285	0.70	1.68~2.17	0.1~70
	3.8	32	0.70	1.84	20
曲靖市	0.5~2.9	5.2~7.6	0.70~0.80	1.77~1.93	0.1~90
	1.6	7	0.73	1.86	17
红河州	0.5~24.8	6~147	0.70~1.00	1.88~2.01	0.02~14
	7.8	52	0.83	1.95	3.0
楚雄州	0.2~16.3	1.8~351	0.70~1.00	1.66~2.26	0.03~68
	7.0	64	0.87	1.82	15
文山州	0~4.3	4.3~13	0.75~1.00	1.76~2.00	0.7~74
	1.8	7	0.79	1.90	18

续表

地区	<0.075mm 的颗粒含量/%	不均匀系数 C_u	相对密度	干密度/(g/cm³)	渗透系数/(10^{-2}cm/s)
普洱市	0～24	2.9～91	0.70～1.00	1.69～2.07	0.02～95
	4.5	15	0.79	1.86	14
西双版纳州	0.4～6.0	3.2～25	0.75～0.80	1.85～1.96	0.7～74
	2.6	8	0.78	1.90	20
大理州	2.7～20	7.4～91	0.75～0.80	1.74～1.92	0.01～36
	7.5	32	0.78	1.84	9.0
临沧市	0～10.9	0.8～130	0.75～1.03	1.73～2.09	0.02～45
	4.5	22	0.85	1.90	6.0
保山市	0.7～19.6	2.5～250	0.75～0.81	1.68～1.95	0.02～61
	8.7	84	0.77	1.84	11
德宏州	0～9.6	2.5～73	0.63～0.96	1.72～1.98	0.02～66
	1.9	11	0.75	1.83	9.0
丽江市	0～4.6	4.8～9.1	0.75～0.86	1.76～2.07	0.4～2.8
	2.1	7	0.80	1.92	1.3
怒江州	0～3.2	16～21	0.85～1.00	1.73～1.81	1.0～3.8
	1.6	19	0.92	1.77	2.4

注　上栏为范围值，下栏为平均值。

第3篇　工　程　实　例

第9章 青山嘴水库大坝防渗心墙砾石土料及反滤料的应用研究

9.1 概要

云南省楚雄州青山嘴水库大坝砾石土心墙料及Ⅰ反滤料是质量控制的两个关键点，为确定料的适用性和适宜性，开展了大量试验研究。研究表明来自沙邑村的母岩以软岩为主的砾石土料，在碾压和击实过程中，砾石破碎率高，无明显砾石土的含砾量特征值（P_5Ⅰ和P_5Ⅱ），压实最大干密度及最优含水率不需做校正，可按压实度进行控制，但为保证防渗性能满足设计要求，需要严格控制上坝料砾石含量、细粒含量及砂岩含量；针对沙邑村砾石土料存在崩解速度快、崩解彻底的问题，需要严格控制反滤料的级配。针对Ⅰ反滤料过细难加工的问题，结合全料渗透变形破坏试验研究，对Ⅰ反料设计级配进行适当放宽和加粗，既充分保护了心墙的安全，又大大提高了施工工效。经复核试验验证及10余年的运行检验，证明软岩砾石土料在青山嘴水库工程的应用是成功的，Ⅰ反滤料级配的适当加粗修正是合理可行的。

9.2 工程概况

青山嘴水库位于金沙江一级支流龙川江干流上，坝址距云南省楚雄州楚雄市区约14.5km。水库控制径流面积为1228km^2，水库总库容为1.08亿m^3，是一座以防洪、灌溉为主，兼顾城市工业供水等综合利用的大（2）型水利工程。水库枢纽建筑物主要由主坝、副坝、溢洪道、泄洪隧洞、输水隧洞组成。工程于2006年11月开工，2009年8月1日实现下闸蓄水，2016年12月30日通过竣工验收。

青山嘴水库主坝为砾石土及黏土心墙防渗的分区材料坝，A区为心墙料，B区为强弱风化石渣料，C区为强风化料，D区为强风化石渣料，E区为弱风化堆石料。坝高41.50m，坝顶长449.30m，坝顶宽8.00m，坝顶高程1820.50m，坝顶上游侧设1.0m高的防浪墙。防渗心墙底宽为23.50m，底高程为1779.00m；心墙顶宽为3.00m，顶高程为1820.00m。为节约投资及用地，心墙防渗料采用了来自两个料场的土料，一种为沙邑村砾石土料，另一种为副坝区黏土料。由于黏土料场储量小，心墙防渗料以沙邑村砾石土料为主，副坝区黏土料主要用于心墙下部，高程在1791.00m以下，填筑层第1～41层，砾石土料用于高程1791.00～1820.00m，填筑层第42～156层。大坝剖面如图9.2-1所示。

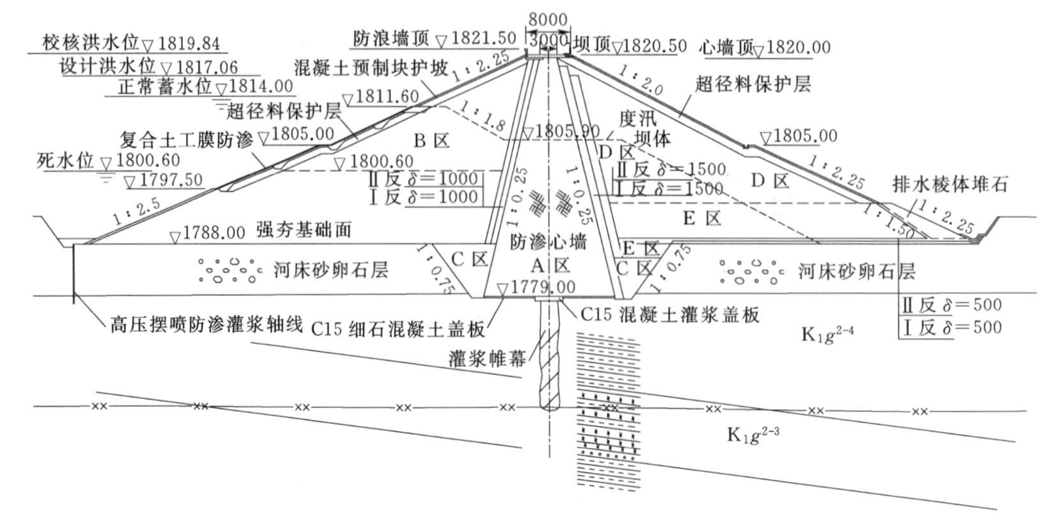

图 9.2-1　大坝剖面图

副坝区防渗土料为常规黏土料，除含水率稍有偏高外，其余指标较为正常，施工时只要控制好上坝含水率及压实度即能满足设计要求，所以本篇不做论述。坝壳料也较为常规，虽然不是本篇论述重点，但列出主要指标供参考。沙邑村砾石土料母岩为软岩，碾压前后及遇水后性状变化较大，是本篇研究重点。由于Ⅰ反滤料受加工和岩性影响与规范要求存在偏差，是本篇另一个研究重点。

9.3　沙邑村砾石土料应用研究

9.3.1　砾石土料基本情况

沙邑村料场出露地层为白垩系下统普昌河组（K_1p），属湖相沉积，岩石物质组成变化较大，岩性以紫红色泥岩、粉砂质泥岩、泥质粉-细砂岩为主，夹粉-细砂岩。岩石风化主要受岩性控制，风化很不均匀，全风化带下界深度为 1.0～5.5m，全风化层厚度为 0.5～4.35m，平均厚度为 1.89m，全风化岩石呈粉-细砂、砂壤土、粉质壤土夹粉质土。强风化带下界深度为 1.70～17.5m，强风化层厚度为 0.5～8.35m，平均厚度为 5.85m。上覆第四系残坡积层（Q^{edl}）零星分布，范围小，浅薄。岩性为红色及红、黄杂色壤土、粉质壤土、砂壤土夹砂土，一般厚度为 0.5～4.45m，局部最深处可达 4.85m，平均厚度为 1.05m，层厚差异大。料场分为 A、B、C 三个亚区。

该料场有用层为 Q^{edl} 残坡积层与 K_1p 全、强风化层，土质为壤土、粉质壤土、砂壤土与全风化、强风化泥岩、粉砂质泥岩、泥质粉-细砂岩夹粉-细砂岩岩体，属碎（砾）石土及风化土。

沙邑村砾石土料场料源因风化程度、风化深度、含水率、泥岩含量及砂岩含量等变化较大，勘察期间曾做过 5 组大型及大量的小型样击实试验，5 组大型样击实试验结果见表 9.3-1 和表 9.3-2。

表 9.3-1　沙邑村风化土料场-大型样三轴试验（CU）成果表

成分	土样编号	相对密度	颗分试验						三轴试验				压缩试验	
			颗粒组成/%						CU 剪				饱和状态	
			来样级配			试验水洗级配（击实水洗级配）			总应力强度		有效应力强度		压缩系数/MPa^{-1}	
			<5 /mm	<0.075 /mm	<0.005 /mm	<5 /mm	<0.075 /mm	<0.005 /mm	c_{cu} /kPa	φ_{cu} /(°)	c' /kPa	φ' /kPa	$a_{0.1\sim0.2}$	$a_{0.2\sim0.4}$
混合料（95%泥岩、5%砂岩）	DY1	2.76	30.5	15.3	4.4	78.0（72.9）	32.1（29.0）	9.3（8.3）	0.9	24.1	8.1	29.7	0.180	0.115
混合料（85%泥岩、15%砂岩）	DY2	2.68	29.6	8.6		61.9（55.4）	25.3（17.8）	5.8（4.1）	26.7	25.4	18.0	31.9	0.160	0.135
混合料（75%泥岩、25%砂岩）	DY3	2.66	36.7	18.7	4.4	79.5（72.2）	51.4（39.9）	12.2（9.4）	14.4	26.7	16.4	29.8	0.240	0.165
混合料（60%泥岩、40%砂岩）	DY4	2.58	19.0	8.8		60.7（49.5）	39.1（20.4）	7.4（4.6）	8.6	29.2	19.9	30.9	0.120	0.105
混合料（60%泥岩、40%砂岩）	3-35-8	2.63	46.2	18.1	2.2	79.0（63.9）	48.5（35.3）	9.5（4.1）	4.9	24.8	9.1	29.0	0.140	0.125

表 9.3-2　沙邑村风化土料场-大型样击实试验成果表

成分	土样编号	击实试验											
		总功能：591.9（kJ/m^3）			总功能：863（kJ/m^3）			总功能：1100（kJ/m^3）			总功能：2688.2（kJ/m^3）		
		最大干密度 /(g/cm^3)	最优含水率 /%	渗透系数 K_{20} /(cm/s)	最大干密度 /(g/cm^3)	最优含水率 /%	渗透系数 K_{20} /(cm/s)	最大干密度 /(g/cm^3)	最优含水率 /%	渗透系数 K_{20} /(cm/s)	最大干密度 /(g/cm^3)	最优含水率 /%	渗透系数 K_{20} /(cm/s)
混合料（95%泥岩、5%砂岩）	DY1	1.84	14.9	5.15×10^{-6}	1.85	15.3							
混合料（85%泥岩、15%砂岩）	DY2	1.86	13.5	1.89×10^{-5}	1.87	13.2	1.32×10^{-5}	1.88	13.2	1.08×10^{-5}	1.89	13.0	5.84×10^{-6}
混合料（75%泥岩、25%砂岩）	DY3	1.75	15.6	3.46×10^{-6}									
混合料（60%泥岩、40%砂岩）	DY4	1.84	14.7	3.51×10^{-5}	1.85	14.6							
混合料（60%泥岩、40%砂岩）	3-35-8	1.80	16.0	2.54×10^{-6}	1.81	16.0							

由表9.3-1可知，击实试验前，粒径大于5mm的颗粒含量为53.8%～81.0%，平均为67.6%，砾石含量较高；粒径小于0.075mm的颗粒含量为8.6%～18.7%，平均为13.9%，细粒含量偏低。击实试验后，粒径大于5mm的颗粒含量降低至20.5%～39.3%，平均为28.6%；粒径小于0.075mm的颗粒含量增加至25.3%～44.9%，平均为38.6%。

由表9.3-2可知，渗透性及最大干密度与砾石含量、细粒含量、砂岩含量、击实功能密切相关，所以使用该砾石土料，应从前述这几个方面提出相应的控制标准和要求。

根据表9.3-1和表9.3-2，对砂岩含量、砾石含量、击实后的砾石含量、渗透系数、最大干密度、应力强度指标进行比较分析，比较内容见表9.3-3。

表9.3-3 各项指标比较表

<table>
<tr><td colspan="3">砂岩含量比较</td><td>DY4=3-35-8>DY3>DY2>DY1</td></tr>
<tr><td colspan="3">击实前大于5mm砾石含量比较</td><td>DY4>DY2>DY1>DY3>3-35-8</td></tr>
<tr><td colspan="3">击实后大于5mm砾石含量比较</td><td>DY4>DY2>DY1>3-35-8>DY3</td></tr>
<tr><td colspan="3">击实后小于0.075mm颗料含量比较</td><td>DY3>3-35-8>DY4>DY1>DY2</td></tr>
<tr><td colspan="3">渗透系数比较</td><td>DY4>DY2>DY1>DY3>3-35-8</td></tr>
<tr><td colspan="3">最大干密度比较</td><td>DY2>DY1=DY4>3-35-8>DY3</td></tr>
<tr><td rowspan="4">强度指标</td><td rowspan="2">黏聚力</td><td>总应力</td><td>DY2>DY3>DY4>3-35-8>DY1</td></tr>
<tr><td>有效应力</td><td>DY4>DY2>DY3>3-35-8>DY1</td></tr>
<tr><td rowspan="2">内摩擦角</td><td>总应力</td><td>DY4>DY3>DY2>3-35-8>DY1</td></tr>
<tr><td>有效应力</td><td>DY2>DY4>DY3>DY1>3-35-8</td></tr>
</table>

从渗透系数受影响的角度看，很明显砾石含量和细粒含量是影响渗透系数的两个主要因素，砾石含量越高或细粒含量越低，渗透性越大，反之，砾石含量越低或细粒含量越高，渗透性越小；砂岩含量对渗透系数也有影响，但规律性不明显，分析原因应是与砂岩分布情况有关，当砂岩集中分布时，渗透系数大，分布均匀时，渗透系数小。从最大干密度受影响的角度看，最大干密度存在随砂岩含量增加而减小的趋势；结合砾石含量比较分析，DY2砾石含量处于DY4与DY1之间，而DY1与DY4的最大干密度正好相等，DY2的最大干密度大于DY1和DY4，在DY1与DY4两种含砾量之间可能存在最大干密度的大值峰值，对应存在最佳含砾量，但要得出准确结论，试验组数显然是不够的。从应力强度受影响的角度看，砂岩含量是主要影响因素，砂岩含量低，相应应力强度也低。

9.3.2 不同砾石含量的影响研究

为进一步了解沙邑村土料砾石含量和干密度的相关关系，分析压实干密度和最优含水率对砾石含量的敏感性，研究砾石土在青山嘴水库主坝防渗心墙上的适应性和适宜性，所以有必要对不同砾石含量土料做进一步的试验研究，以便为主坝心墙料施工提供压实度校正和评定的依据。

为保证试验取样的代表性，针对料场两个主要取料区A区和B区分别取样试验，取样方法是在立面刻槽并按全强风化比例1∶1.5进行料的掺混，取样深度为0.5～5.0m，砾石含量分别为0、10%、20%、30%、40%、100%。

试验在592kJ/m^{3}标准击实功能下击实，试验结果见表9.3-4和表9.3-5。

表9.3-4　　A区料击实试验结果表

击实前的砾石含量/%	0	10	20	30	40	100
击实后的砾石含量/%	0	6.4	11.4	16.3	21.9	41.2
砾石破碎率/%	—	36	43	46	45	59
最大干密度/(g/cm^3)	1.78	1.80	1.80	1.80	1.81	1.81
最优含水率/%	16.6	17.0	16.0	16.2	16.7	16.2
按规程做校正后的最大干密度/(g/cm^3)	—	1.82	1.85	1.88	1.92	—
(最大干密度校正值－试验值)/(g/cm^3)	—	0.02	0.05	0.08	0.11	—
按规程做校正后的最优含水率/%	—	16.4	16.2	16.0	15.8	—
(最优含水率校正值－试验值)/%	—	−0.6	0.2	−0.2	−0.9	—

表9.3-5　　B区料击实试验结果表

击实前的砾石含量/%	0	10	20	30	40	100
击实后的砾石含量/%	0	5.4	10.0	13.7	18.8	41.2
砾石破碎率/%	—	46	50	54	53	59
最大干密度/(g/cm^3)	1.76	1.76	1.76	1.79	1.79	1.83
最优含水率/%	18.7	18.4	19.1	16.3	18.6	16.1
按规程做校正后的最大干密度/(g/cm^3)	—	1.79	1.82	1.85	1.88	—
(最大干密度校正值－试验值)/(g/cm^3)	—	0.03	0.06	0.06	0.09	—
按规程做校正后的最优含水率/%	—	18.4	18.1	17.8	17.5	—
(最优含水率校正值－试验值)/%	—	0	−1	1.5	−1.1	—

由表9.3-4和表9.3-5可见，击实前后砾石含量差别较大，这与勘察期间试验结果相吻合，破碎率基本上超过40%，最大达59%，且破碎率随着砾石含量的增加而增大。经分析后认为，出现上述情况是因为砾石土料场的砾石土为强风化软岩，强度较低，其级配为不稳定级配，砾石在遇水或受压后极易软化破碎，变成较细小的颗粒。

从最大干密度来看，A区含砾石料击实后最大干密度仅比不含砾石料大0.02～0.03g/cm^3，B区料仅大0～0.07g/cm^3。从规律来看，击实后最大干密度有随着含砾量增加而增大的趋势，但增加值较小，并不存在明显的第一和第二特征含砾量（P_5Ⅰ、P_5Ⅱ）。而从最优含水率来看，含砾石料与不含砾石料相比，A区料波动值为－0.4%～

+0.6%，B区料波动值为−2.6%～+0.4%，含水率的最大、最小波动值的绝对值之和不超过3%，符合一般对黏土心墙料含水率的要求。

根据规程，砾石土料击实后，当粒径大于5mm的颗粒含量小于30%时，应对最大干密度和最优含水率进行校正，但由表9.3-4和表9.3-5中的校正结果可见，校正后的值可能带来失真问题，直接采用试验值更为合理。

由上述分析比较可知，仅从击实最大干密度和最优含水率的角度出发，青山嘴水库大坝采用的沙邑村砾石土料可不必按砾石含量对试验值进行校正，即砾石含量可不作为设计和施工的控制重点。

9.3.3 设计基本要求

结合表9.3-1～表9.3-5试验结果，同时考虑沙邑村砾石土料源的复杂性及心墙防渗要求，根据规范并结合已进行的现场碾压试验及渗透试验成果，设计对该料的开采及施工提出了以下几点基本要求。

（1）开采底界为强风化下界线，最小开采深度为1.0m，最大开采深度为13.0m，平均开采深度为4.25m，其中：剥离厚度为0.5m，有用层厚度为3.75m。下部K_1p强风化层控制使用厚度，开采厚度不宜超过2.5m。应进行立面开采和拌和。

（2）应对砂岩进行剥离，残留砂岩含量以不超过25%为宜，且砂岩不能集中。

（3）粒径大于5mm的砾石含量不宜超过50%，粒径小于0.075mm的细粒含量不应小于15%。

（4）碾压设备为YZTY22KA型全液压拖式振动凸块碾，行车速度为1.8km/h，激振力为550kN。

（5）碾压要求：铺土层厚35cm，碾压遍数8遍，压实度不小于98%，现场挖坑埋环试验的渗透系数不大于1.0×10^{-5}cm/s，含水率控制在最优含水率的±2%。

9.3.4 质量检测和复核试验

根据设计要求，大坝碾压施工于2008年年初开始，为准确和及时掌握心墙填筑质量，做出评价，从而进一步指导施工，在施工过程中由质量检测单位对每一填筑层取样2～3组进行跟踪检测，本书把每10层作为一个单元进行检测结果统计，统计结果见表9.3-6。统计结果表明，压实度、渗透性及砾石含量在整个施工过程中均得到了较好的控制，满足规范和设计要求。

为更客观和公正地评价该砾石土碾压施工质量，业主委托第三方进行了取样复核试验，共取样6组，复核试验结果见表9.3-7。根据试验结果，从压缩系数看，土料处于密实状态；从塑性指标、黏粒含量和渗透性分析，虽然有两组样塑性指数低于10，但黏粒含量均在15%～40%范围内，且无论是垂直方向还是水平方向的渗透系数均小于1.0×10^{-5}cm/s；压实度均大于98%，压实度平均值超过100%，且最大干密度和含水率也与质量检测单位所做的结果相吻合。通过复核试验进一步说明该料的施工质量是满足设计要求的。

表 9.3-6 沙邑村砾石土料填筑质量检测成果统计表

层数	检测数/组	压实干密度/(g/cm³)	压实含水率/%	击实试验				压实度	渗透系数/(cm/s)	
				最大干密度/(g/cm³)	最优含水率/%	>5mm 含量/%		设计要求≥98%	室内	室外设计要求 $\leqslant 1\times10^{-5}$
		最小值～最大值	最小值～最大值	最小～最大	最小～最大	碾前	碾后	最小值～最大值/均值	最大～最小/平均	最大～最小/平均
42～50	18	1.75～1.90	13.1～19.7	1.71～1.84	15.6～18.8			99～105	4.34×10^{-7}～2.01×10^{-7}	9.67×10^{-6}～5.52×10^{-7}
51～59	20	1.73～1.83	14.6～19.2	1.65～1.80	14.3～19.3			98～106	3.59×10^{-7}～2.04×10^{-7}	3.11×10^{-6}～3.06×10^{-7}
60～69	20	1.75～1.92	12.9～19.3	1.75～1.84	14.4～19.8	27～9.4		98～106/101	1.21×10^{-6}～5.92×10^{-8}/4.38×10^{-7}	1.19×10^{-5}～4.18×10^{-7}/5.46×10^{-6}
70～79	20	1.72～1.86	12.2～19.3	1.76～1.79	15.7～19.8	38.9～5.9		98～105/101	2.78×10^{-7}～8.74×10^{-8}/1.17×10^{-7}	9.20×10^{-6}～6.53×10^{-7}/3.79×10^{-6}
80～89	20	1.75～1.89	13.1～19.2	1.74～1.83	16.3～18.4	34.7～2.4	17.4～0.8	98～106/102	1.08×10^{-7}～9.28×10^{-8}/1.56×10^{-7}	8.32×10^{-6}～3.56×10^{-7}/2.73×10^{-6}
90～99	20	1.76～1.91	12.2～18.0	1.76～1.82	15～18.4	36.2～11.1	13.7～4.3	99～106/102	6.62×10^{-7}～6.66×10^{-8}/2.60×10^{-7}	4.64×10^{-6}～7.10×10^{-7}/2.76×10^{-6}
100～109	20	1.71～1.88	13.3～20.5	1.73～1.80	15.9～19.4	20.9～10.4	2.4～3.7	98～105/101	4.78×10^{-7}～1.61×10^{-7}/2.9×10^{-7}	1.98×10^{-6}～1.59×10^{-7}/9×10^{-7}
110～119	20	1.73～1.9	15.3～20.0	1.74～1.85	16.6～18.8	34.3～11.9	6.5～4.2	99～106/102	8.56×10^{-7}～8.26×10^{-8}/2.45×10^{-7}	3.32×10^{-6}～2.54×10^{-7}/1.88×10^{-6}
120～129	22	1.81～1.93	14.3～18.5	1.77～1.85	15.4～19.7	21.2～16.8	13.6～6.3	98～105	1.41×10^{-7}～4.16×10^{-8}/1.94×10^{-8}	9.91×10^{-6}～1.24×10^{-7}/3.72×10^{-6}
130～139	21	1.80～1.93	13.3～20.5	1.78～1.87	14.1～16.9	38.3～5.7	11.0～	98～106	1.24×10^{-6}～1.46×10^{-7}/7.27×10^{-7}	5.61×10^{-6}～5.98×10^{-7}/3.09×10^{-6}
140～149	24	1.70～1.90	13.5～19.8	1.74～1.80	16.0～19.0	22.2～11.4	10.4～4.1	98～106/102	3.13×10^{-7}～6.81×10^{-8}/1.25×10^{-7}	2.63×10^{-6}～1.07×10^{-6}/1.81×10^{-6}
150～156	16	1.77～1.93	13.0～19.0	1.76～1.83	15.1～18.2	12.1	5.9	101～105/103	2.13×10^{-6}～7.01×10^{-8}/8.65×10^{-7}	7.39×10^{-6}～8.40×10^{-7}/3.59×10^{-6}

表 9.3-7 砾石土心墙料复核试验结果表

项目		编号					
		1	2	3	4	5	6
取样时间		2008年4月	2008年4月	2009年1月	2009年1月	2009年1月	2009年1月
取样高程/m		1801.00	1801.00	1819.70	1819.70	1820.00	1820.00
取样组数/组		1	1	1	1	1	1
干密度/(g/cm^3)		1.74	1.74	1.76	1.64	1.70	1.77
含水率/%		19.0	18.4	14.5	16.1	18.1	16.5
塑性指数 I_{P10}		15.8	11.5	10.4	8.6	9.9	11.3
黏粒含量/%		30	20.5	23.0	24.5	18.5	17
压缩系数 $a_{0.1\sim0.2}$/MPa^{-1}	原状	0.16	0.18	0.16	0.08	0.13	0.10
	饱和状态	0.13	0.14	0.12	0.11	0.23	0.13
渗透系数 K_{20}/(cm/s)	垂直	1.5×10^{-6}	9.7×10^{-7}	5.0×10^{-6}	5.7×10^{-6}	3.7×10^{-6}	2.7×10^{-6}
	水平	7.5×10^{-6}	9.5×10^{-7}	7.2×10^{-6}	7.8×10^{-6}	1.0×10^{-6}	2.5×10^{-6}
土料定名		低液限黏土	含砂低液限黏土	低液限黏土	低液限粉土	含砾低液限粉土	含砾低液限黏土

9.3.5 砾石土存在的问题及处理措施

为了解沙邑村砾石土料的抗崩解性能，对各分区土料均取样进行了崩解试验，崩解试验成果见表9.3-8，沙邑村残坡积层、全风化层和混合料经扰动重塑后，崩解时间为2～45min，崩解时间短，崩解量达100%，存在崩解速度快和崩解彻底的问题，若保护不好，容易发生渗透变形破坏。

表 9.3-8 沙邑村风化土料场-小型样崩解试验成果表

层位成分	试样状态	料场分区	试样编号	崩解	
				崩解时间	崩解量/%
残坡积层 全、强风化层 混合料	扰动样	C1	TK2-1	4′00″	100
		B1	TK4-2	2′44″	100
		A1	TK9-5	5′05″	100
			TK11-2	45′20″	100
		A3	TK14-1	2′48″	100
		B2	TK15-4	5′50″	100

针对上述问题，设计对反滤料提出了严格的级配要求。考虑到心墙采用沙邑村砾石土料和副坝区黏土料两种料进行填筑，心墙反滤须按同时满足保护两种心墙料原则设计。对于砾石土，针对小于5mm的颗粒级配设计，对于副坝黏土料则按全料级配设计。按上述

原则分析心墙料渗透破坏型式以过渡-流土型为主，反滤类型为Ⅱ型，心墙上、下游侧均需设两层反滤，层厚结合心墙上、下游侧反滤同时兼顾过渡功能，心墙下游设置层厚均为1.5m的Ⅰ反及Ⅱ反两层反滤，心墙上游设置层厚均为1.0m的Ⅰ反及Ⅱ反两层反滤，控制不均匀系数不大于6，Ⅰ反粒径范围为0.12～10mm、Ⅱ反粒径范围为4.5～80mm。包络线如图9.3-1所示。

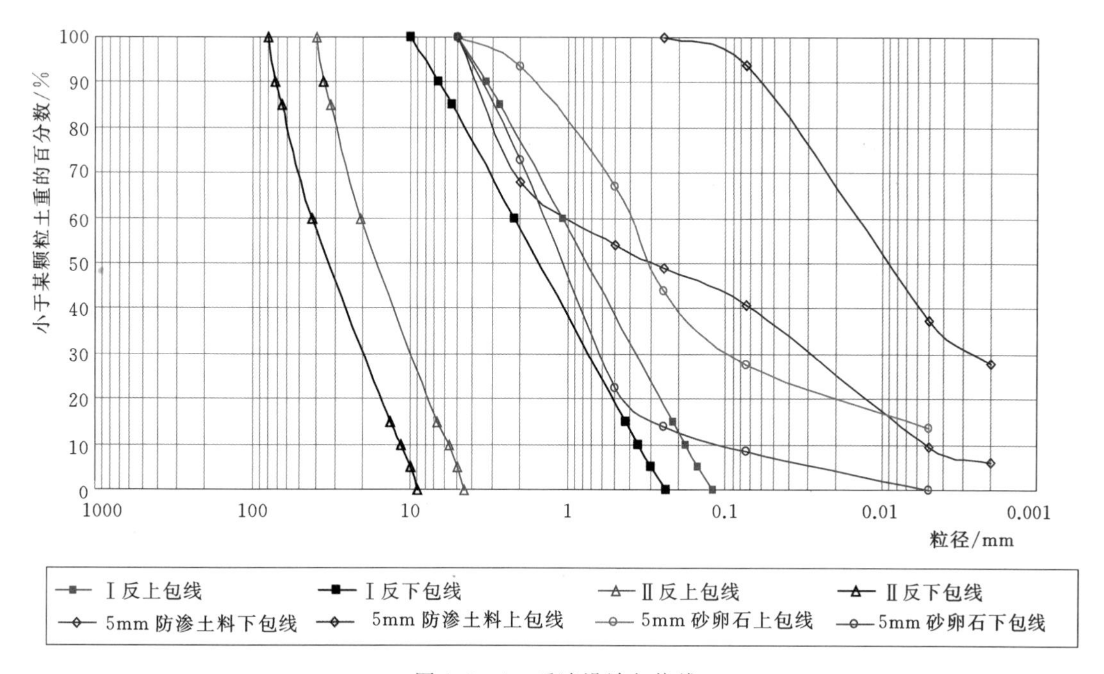

图9.3-1 反滤设计包络线

由图9.3-1可见，两层反滤料的包线较窄，且曲线较陡，说明粒径分布范围很小，对生产加工要求很高。

9.4 反滤料研究

9.4.1 Ⅰ反料加工特性及存在问题

青山嘴水库大坝反滤料原料是龙箐石料场的弱-微风化长石石英砂岩和岩屑砂岩，采用现场机械加工备料，分Ⅰ反和Ⅱ反两种限制级配料，其中Ⅰ反滤料由于粒径较细加工困难，现场虽经破碎机械和多级筛孔的反复调配仍难以完全满足设计要求，主要表现为：当含泥量满足时，超过90%的颗粒偏出下包线；当级配均进入设计包络线时，含泥量就超过5%，最大达10%。作者分析认为这主要是由砂岩本身特性决定的，新鲜岩块硬度高内摩擦角大，而微观结构为砂粒，破碎后粒间黏结性差易分散，0.1～10mm应是砂岩较难维持的粒径状态。难加工、工效低、粒径不容易控制，会带来质量问题，要超规范做级配调整必须通过试验验证其可靠性。

9.4.2 全料渗透破坏试验研究

结合施工设备及其生产能力，从提高施工工效考虑，选择对偏粗的Ⅰ反料进行适应性研究，含泥量仍按不大于5%控制。研究方法是开展全料渗透破坏试验，即把心墙料、Ⅰ反、Ⅱ反、坝壳料按坝体分区及层级关系进行组合成样，饱和后，通过不断提高作用水头找到心墙的临界渗透比降和破坏渗透比降，从而对层间关系及反滤料的作用和效果作出评价。

全料渗透破坏试验试样干密度、含水率等按设计指标要求制备，各种料级配组合见表9.4-1，在高压密闭渗变仪中由低到高依次铺15cm厚均匀堆石、15cm厚Ⅱ反、15cm厚Ⅰ反、20cm厚心墙料，先采用低水头自下而上加水进行排气饱和，然后自上而下逐级增加水头进行试验直到试样破坏。

试验过程显示，1号样（防渗料为副坝区料）在坡降达40后流速增大，坡降加至155时出水微浑；2号样（防渗料为沙邑村砾石土料）在坡降65后流速增大，坡降加至185时出水仍清。两组料的最大破坏坡降分别为40和65，鉴于试样尺寸远小于现场实际，考虑1.6的安全系数来确定临界坡降分别为25和40.5。试验变化过程如图9.4-1、图9.4-2所示，试验结果见表9.4-2。

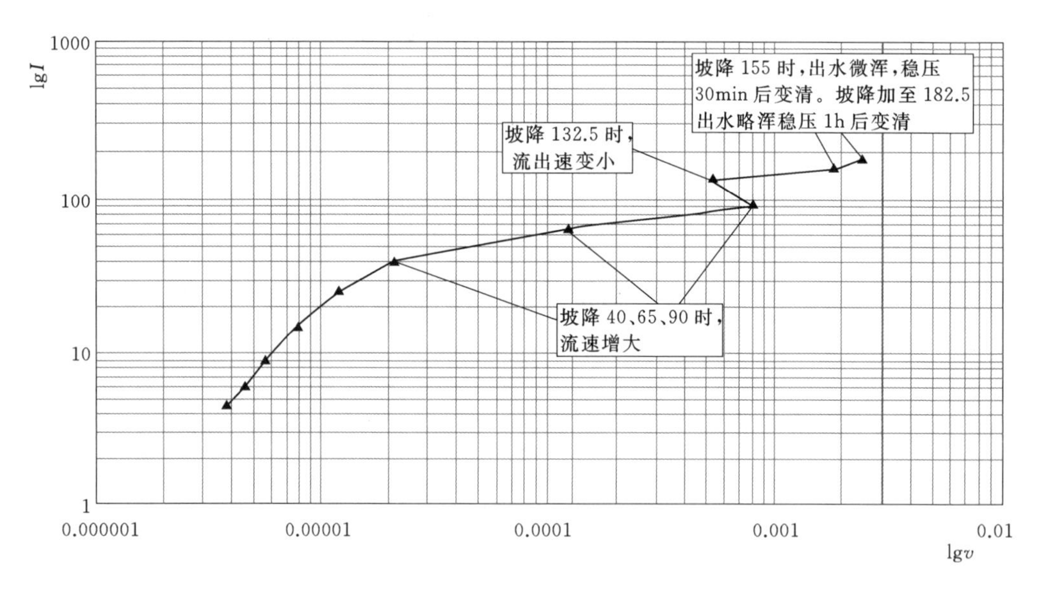

图9.4-1 1号样全料渗透变形试验 $\lg I-\lg v$ 关系曲线图

I—坡降；v—流速

青山嘴水库大坝心墙高41m，顶宽3m，底宽23.5m，如果心墙渗径按心墙平均厚度来推算可承受水头的话，可知心墙在反滤层的保护下最大可承受水头不小于330m，远大于41m的最大水头，安全系数超过8，安全裕度很大，说明心墙、Ⅰ反、Ⅱ反、坝壳料的层间关系极好。全料渗透破坏试验表明Ⅰ反粒径控制即使放宽后仍偏保守，由于规范没有考虑碾压的破碎效应，在实践中可留一定加粗放宽的余地，适当放宽Ⅰ反料下包线范围是合适的，因Ⅱ反料没有加工难度，故不做调整。

表 9.4-1 试验料级配组合表

编号	坝料	比重	界限含水量			颗粒组成/%																	土分类	
			液限/%	塑限/%	塑性指数	80～60mm	60～40mm	40～20mm	20～10mm	10～5mm	5～2mm	2～1mm	1～0.5mm	0.5～0.25mm	0.25～0.075mm	0.075～0.05mm	0.05～0.01mm	0.01～0.005mm	<0.005mm	<0.002mm	<0.075mm	>5mm	土名称	土代号
1	副坝心墙料	2.77	38.2	20.1	18				1	1.4	0.7	1	0.7	3.7	30.1	7.4	19	6.5	28.5	23	61.4	2.4	含砂低液限黏土	CLS
	Ⅰ层反滤料								14.1	31.4	22.6	5.9	7.6	8.5	8.3						1.6	45.5	级配良好砂	SW
	Ⅱ层反滤料					9.3	21.8	32.6	28	5.1	0.8	0.2	0.3	0.4	1						0.5	96.8	级配良好砂	SW
2	沙邑村心墙料	2.73	36.6	19.6	17		10.4	2.2	3.7	6.5	6.8	2.5	4.3	4.5	8.9	6.7	14.3	7.4	21.8	17	50.2	22.8	含砾低液限黏土	CLG
	Ⅰ层反滤料								14.1	31.4	22.6	5.9	7.6	8.5	8.3						1.6	45.5	级配良好砂	SW
	Ⅱ层反滤料					9.3	21.8	32.6	28	5.1	0.8	0.2	0.3	0.4	1						0.5	96.8	级配良好砂	SW

表 9.4-2 全料试验结果表

编号	被保护土粒径特征值/mm					Ⅰ反粒径特征值/mm				Ⅱ反粒径特征值/mm			水流方向	渗透系数/(cm/s)	临界坡降	破坏坡降	破坏形式
	被保护土	d_{max}	d_{85}	<0.075mm/%	<0.005mm/%	D_{max}	D_{15}	D_{15}/d_{85}	$D_{85(Ⅰ)}$	D_{max}	$D_{15(Ⅱ)}$	$D_{15(Ⅱ)}/D_{85(Ⅰ)}$					
1	副坝区黏土料	20.0	0.19	61.4	28.5	20	0.38	2.0	10	80	13	1.3	自上而下	7.33×10^{-7}	25	40	流土
2	沙邑村砾质土料	60.0	12.0	50.2	21.8	80	0.38	0.032	10	80	13	1.3	自上而下	2.51×10^{-7}	40.5	65	流土

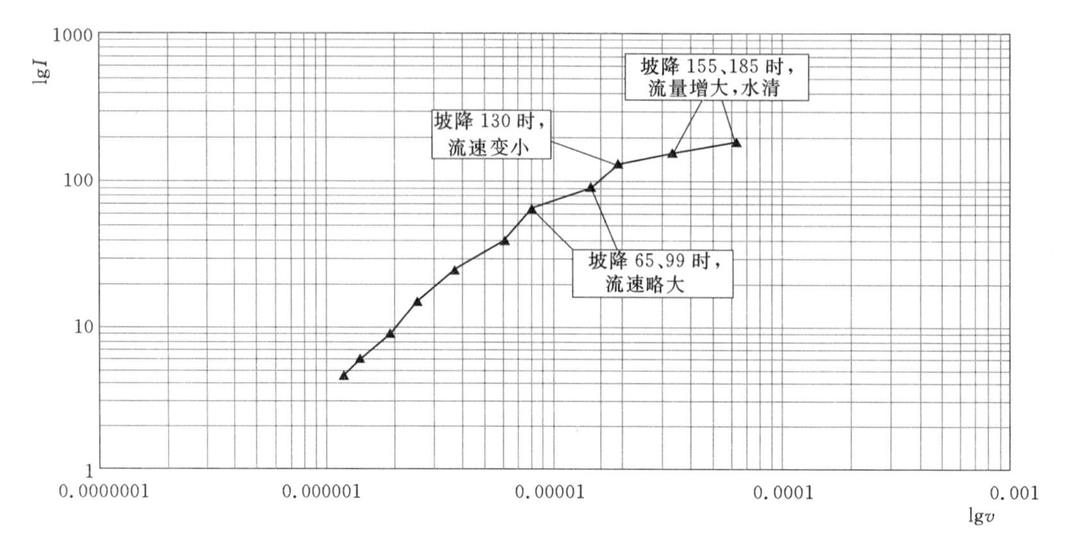

图9.4-2 2号样全料渗透变形试验lg$I$-lg$v$关系曲线图

I—坡降；v—流速

9.4.3 质量检测及控制

（1）Ⅰ反滤料碾前碾后级配跟踪检测。为确保Ⅰ反滤料的施工质量，在施工期间加强和加密对Ⅰ反滤料从堆料场到上坝碾压后颗粒级配的跟踪检测，检测结果如图9.4-3～图9.4-5所示。

从图9.4-3～图9.4-5可以看出，碾压前，有超过50%的取样组颗粒粒径偏出下包线，碾压破碎后，虽然仍有部分凸出于下包线外，但凸出部分已与下包线较为接近，且超过90%的取样组粒径均位于级配包线范围内，可见对Ⅰ反料适当加粗是合理可行的。

反滤层保护的本质是滤土和排水，从滤土的角度考虑，要满足层间特征粒径的相关关系，保证心墙土料细颗粒不被渗水带走。从排水的角度考虑，要让反滤层有较强的排水能力，能尽快把渗过心墙的水排走。虽然结合施工生产能力通过全料渗透破坏试验对Ⅰ反料级配进行适当加粗取得了很好的效果，但反滤料上坝机械碾压后必然发生破碎，碾压后是否会发生不利变化，如排水能力下降，需要进一步检测。

通过对青山嘴水库上坝碾压后各料层间关系检测显示，Ⅰ反与副坝区土料及沙邑村砾质土料层间关系良好，滤土及排水均能满足规范要求，Ⅱ反对Ⅰ反有很好的保护作用，检测结果详见表9.4-3。

由表9.4-3可知，虽然上坝Ⅰ反料级配偏粗，凸出于设计下包线，但在碾压过程中反滤料受心墙、坝壳的约束，颗粒一定程度破碎后反而非常好地满足了滤土、排水要求。

通过以上分析，作者认为反滤料质量控制最重要的指标是生产级配，即碾压前级配。在碾压过程中，反滤料存在一个破碎过程，碾压后产生新的级配，这才是真实客观存在级配，但并不是现行规范要求的设计控制级配，尤其心墙料黏粒甚至胶粒含量较高时，容易造成由于Ⅰ反设计级配过细难加工的问题，甚至由于Ⅰ反过细，经碾压破碎后，可能造成渗透系数过小及抗渗稳定性降低的问题。作者认为合理的做法是：将按规范计算确定的级

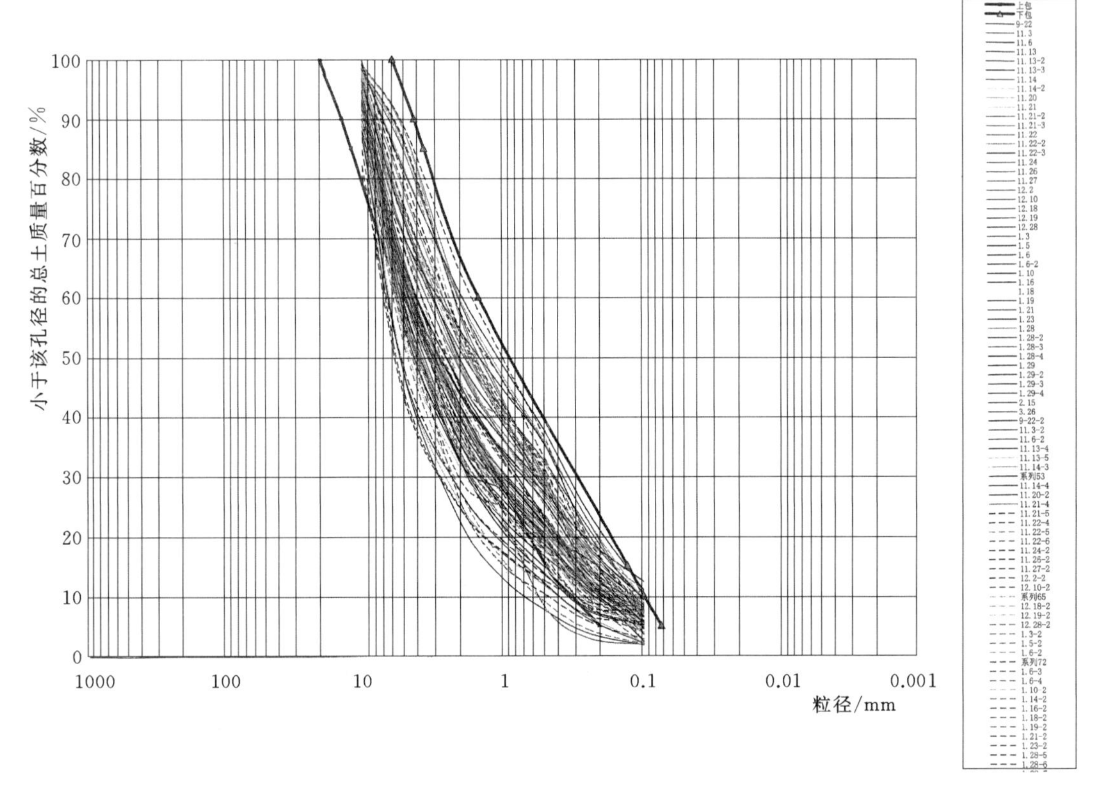

图 9.4-3　Ⅰ反料填筑前堆料区颗分曲线分布图

配视为碾压后级配，碾前级配适当加粗，可先按计算级配加粗下包线 1～2 倍，包线下半部分取大的倍数，包线上半部分取小的倍数，即通过调陡、调宽下包线来达到加宽上、下包线范围的目的，再通过碾压试验做碾压前后颗分级配对比分析，最终反配出生产级配，并将其作为上坝控制级配。

表 9.4-3　　碾压后层间关系检测结果表（2008 年 1 月）

取样名称	时间	反滤料特征粒径/mm		Ⅰ反与副坝区土料层间关系		Ⅰ反与沙邑村砾质土料层间关系		Ⅰ反与Ⅱ反层间关系 $D_{15}=18$mm	
		d_{85}	d_{15}	滤土 $d_{15}\leqslant 0.5$mm	排水 $d_{15}\geqslant 0.004$mm	滤土 $d_{15}\leqslant 0.5$mm	排水 $d_{15}\geqslant 0.004$mm	滤土 $D_{15}/d_{85}\leqslant 4$	排水 $D_{15}/d_{15}\geqslant 5$
Ⅰ反	8 日	7.3	0.26	满足	满足	满足	满足	2.46	69.2
	10 日	7.05	0.31	满足	满足	满足	满足	2.55	58
	13 日	7	0.25	满足	满足	满足	满足	2.57	72
	18 日	7.02	0.13	满足	满足	满足	满足	2.56	138.5
	23 日	7	0.15	满足	满足	满足	满足	2.57	120
	23 日	7	0.26	满足	满足	满足	满足	2.57	70.6
Ⅱ反	5 日		18	—	—	—	—		
	5 日		17.8	—	—	—	—		

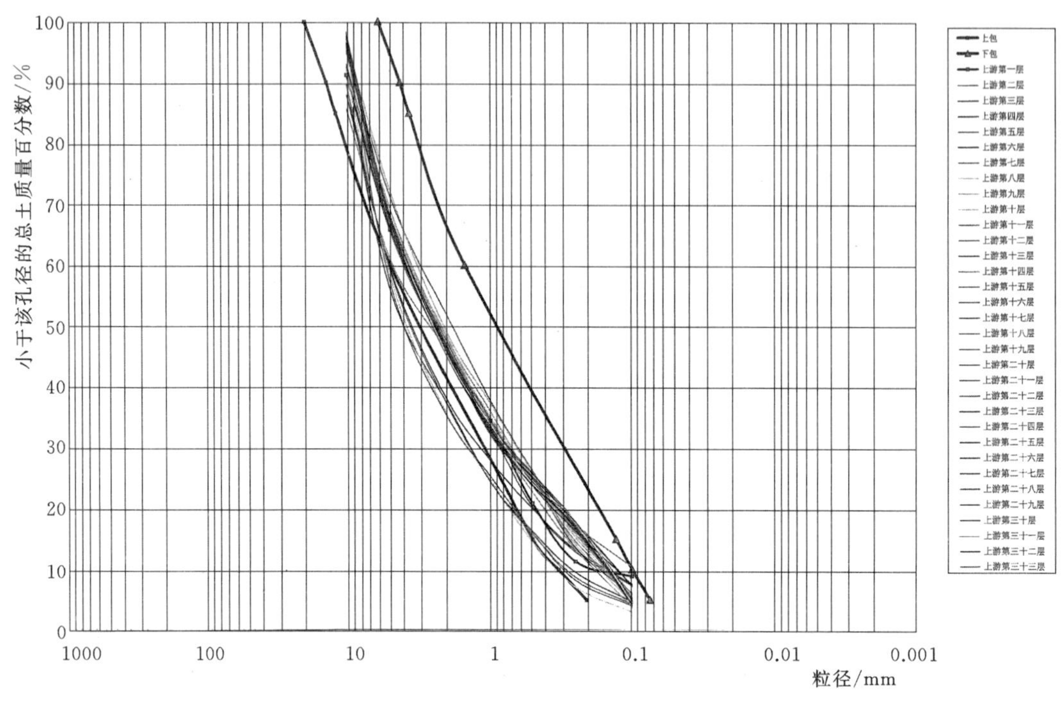

图 9.4-4 Ⅰ反料填筑后上游填筑区颗分曲线分布图

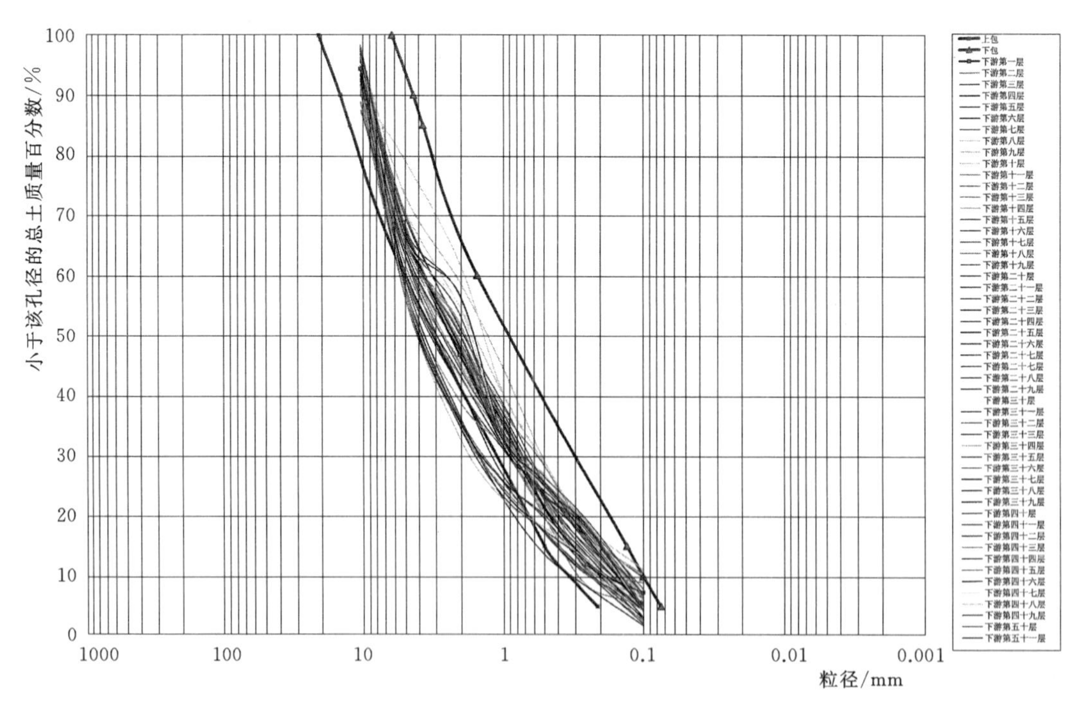

图 9.4-5 Ⅰ反料填筑后下游填筑区颗分曲线分布图

结合工程实践，反滤料破碎状况受诸多因素，如母岩性质、碾压设备功率、碾压遍数、含水率、铺层厚度等的影响，对于反滤料，尤其是Ⅰ反料应防止过度碾压。从便于加工的角度应充分考虑施工碾压破碎的作用，在设计过程中，反滤料级配适当放宽些，尤其是Ⅰ反的下包线适当放宽是可行的。

(2) 其他控制指标。除级配外，反滤料重要质量控制指标还有干密度、相对密度、渗透系数、含水率等，由于渗透系数及含水率相对容易满足，施工过程中一般主要按相对密度进行控制，用干密度进行复核检测。从表 9.4-4 可以看出，反滤料碾压后的相对密度及干密度均明显高于设计要求，现在设备功效高，各项指标均容易控制。

表 9.4-4　　反滤料碾压主要控制指标对比表

反滤名称		上坝碾压后指标					设计指标			
		干密度/(g/cm^3)	相对密度	含水率/%	渗透系数/(cm/s)	含泥量/%	干密度/(g/cm^3)	相对密度	渗透系数/(cm/s)	含泥量/%
Ⅰ反	均值	1.92	0.92	7.9	1.01×10^{-1}	6.6	≥1.81	≥0.75	$\geq5.8\times10^{-3}$	≤5%
	范围值	1.75～2.10	0.81～1.08	3.4～12.6	9.34×10^{-1}～8.22×10^{-3}	2.7～10.4				
Ⅱ反	均值	1.98	1.11	1.3	远大于 2.22×10^{-2}	1.1	≥1.71	≥0.75	$\geq1\times10^{-2}$	≤5%
	范围值	1.72～2.20	0.84～1.33	0.4～3.1	很大（测不着）至 2.22×10^{-2}	0.2～2.8				

注　铺层厚度≤60cm，采用 XG6203M 型振动平碾，工作重量 20t，行车速度 2.24km/h，静碾 4 遍，渗透系数均能满足设计要求。

9.5　坝壳料

青山嘴水库坝壳料采用的是龙箐石料场强、弱风化砂泥岩石渣料，有用层为 K_2m_1 强—微风化岩石，岩性为长石石英粉-细粒砂岩与岩屑细—中粒砂岩互层，夹砂砾岩、砾岩及粉砂质泥岩，岩屑细—中粒砂岩与粉砂质泥岩属软弱夹层，占比为 20%～50%，其中，岩屑细—中粒砂岩比例 10%～40%，粉砂质泥岩比例不大于 10%。坝壳石渣料物理力学指标统计见表 9.5-1。

表 9.5-1　　龙箐石料场坝壳石渣料物理力学指标统计表

项　目	单位	强风化		强弱风化混合		弱　风　化			
		夹层 30%	夹层 40%	夹层 30%	夹层 40%	夹层 20%	夹层 30%	夹层 40%	夹层 50%
		LDY1	LDY2	LDY3	LDY4	LDY5	LDY6	LDY7	LDY8
>5mm 颗粒含量	%	52.3	46.4	68.4	62.2	84.0	81.9	81.2	80.9
颗粒密度 ρ_P	g/cm^3	2.46	2.47	2.55	2.55	2.64	2.64	2.64	2.64
控制干容重	g/cm^3	1.87	1.88	2.00	1.98	2.01	2.01	2.01	2.01
控制孔隙率 n	%	24.0	23.9	21.6	22.4	23.9	23.9	23.9	23.9

续表

项目		单位	强风化		强弱风化混合		弱风化			
			夹层 30%	夹层 40%	夹层 30%	夹层 40%	夹层 20%	夹层 30%	夹层 40%	夹层 50%
			LDY1	LDY2	LDY3	LDY4	LDY5	LDY6	LDY7	LDY8
CD（饱和）	c	kPa	104.0	78.4	51.4	58.4	72.9	57.4	65.8	83.5
	φ	(°)	40.5	40.0	42.6	42.0	42.3	42.2	40.6	40.8
UU（非饱和）	c	kPa	99.4	104.7	137.5	83.2	60.0	127.3	115.1	126.1
	φ	(°)	39.4	38.6	38.8	39.7	40.9	36.2	36.6	34.9
渗透系数 K_{20}		cm/s	9.76×10^{-5}	7.36×10^{-5}	1.05×10^{-3}	1.09×10^{-3}	3.87×10^{-2}	3.84×10^{-2}	2.73×10^{-2}	3.88×10^{-2}
饱和	压缩系数	$a_{0.1\sim0.2}$ /MPa^{-1}	0.03	0.02	0.03	0.02	0.02	0.02	0.01	0.02
		$a_{0.2\sim04}$ /MPa^{-1}	0.015	0.015	0.005	0.02	0.01	0.01	0.01	0.01
非饱和		$a_{0.1\sim0.2}$ /MPa^{-1}	0.02	0.02	0.01	0.02	0.01	0.01	0.01	0.02
		$a_{0.2\sim04}$ /MPa^{-1}	0.01	0.01	0.01	0.01	0.01	0.005	0.01	0.01

大坝上、下游坝壳料均分上下两区填筑，上游基本以死水位为界，以上为 B 区、以下为 C 区，下游基本以下坝脚断面处校核洪水位为界，以上为 D 区，以下为 E 区，各区料的差异在于风化程度及砂泥岩含量的不同，B 区为强弱风化石渣料，C 区为强风化料，D 区为强风化石渣料，E 区为弱风化堆石料，分区布置如图 9.2-1 所示。主要控制指标有孔隙率、干密度、渗透系数，根据碾压试验确定铺料厚度及碾压遍数。由于坝壳料设计较为常规，故不作为本书研究重点，只把主要结果列出以供参照对比。

从表 9.5-1 可以看出，强弱风化比例及软弱夹层比例对力学指标的影响不明显，但风化程度对渗透系数有明显作用，强风化料渗透系数小于 1.0×10^{-4}cm/s。

坝壳石渣料耐崩解试验。坝壳强弱风化石渣料耐崩解试验结果见表 9.5-2。

表 9.5-2　　坝壳强弱风化石渣料耐崩解试验结果表

野外编号		LYK1	LYK2	BYK1	LDY-YX	LDY-C_r
野外定名		岩屑砂岩	粉砂质泥岩	长石石英砂岩	岩屑砂岩	泥岩
风化程度		弱风化	弱风化	强风化	强风化	强风化
耐崩解试验指数 I_d%	第 1 次循环	99.0	99.0	78.6	74.7	85.6
	第 2 次循环	98.4	97.9	61.6	62.6	68.9
	第 3 次循环	98.2	97.4	53.1	57.1	63.9
	第 4 次循环	97.8	96.6	46.5	52.5	56.9
	第 5 次循环	97.5	96.1	41.3	49.7	50.7
I_{d2}%（第 2 次耐崩解试验指数）		98.4	97.9	61.6	62.6	68.9

根据5组砂泥岩耐崩解性试验，弱风化与强风化岩块耐崩解性指数 $I_{d1} \sim I_{d5}$ 差异明显，说明强风化岩耐崩解性弱，在水的作用下耐崩解能力会急剧下降。

强风化、强弱风化石渣料级配曲线如图9.5-1所示。强风化石渣料小于5mm含量控制在30%以内，强弱风化石渣料小于5mm含量控制在25%以内，控制干容重强风化 $\gamma_{干}$ 不小于 $1.87g/cm^3$，强弱风化 $\gamma_{干}$ 不小于 $2.00g/cm^3$，控制孔隙率不大于25%。主要控制指标及检测成果见表9.5-3和表9.5-4。

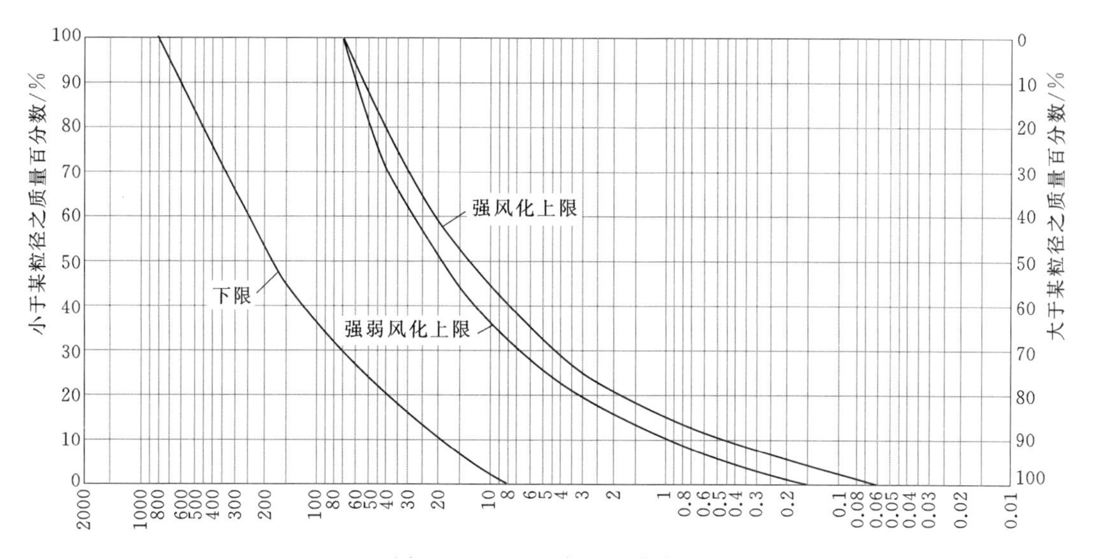

图9.5-1　石渣料级配曲线图

表9.5-3　碾压试验后坝壳料主要控制标准及施工参数表

坝壳分区	碾压设备参数	铺料厚度/cm	碾压遍数/单遍	控制干密度/(g/cm³)	孔隙率/%	渗透系数/(cm/s)
B	XG6203M型振动平碾，工作重量20t，行车速度2.24km/h	70	10	≥2.02	≤25	≥1×10⁻³
C		80	10	全泥岩料≥2.07，50%泥岩料≥1.99，全砂岩料≥1.92		≥1×10⁻³
D		70	10	≥1.87		≥1×10⁻³
E		80	10	≥2.02		≥1×10⁻²

表9.5-4　坝壳料填筑碾压后质量检测指标汇总表

坝壳分区	项　目	取样组数	最大值	最小值	平均值
上游坝壳区	干密度/(g/cm³)	49	2.22	2.02	2.12
	含水率/%	49	13.4	2.8	5.4
	孔隙率/%	49	25	18	22
	渗透系数/(cm/s)	46	9.91×10⁻¹	2.38×10⁻³	2.30×10⁻¹
	<5mm颗粒含量/%	45	30.7	10.5	17.9

续表

坝壳分区	项　　目	取样组数	最大值	最小值	平均值
下游坝壳区	干密度/(g/cm³)	84	2.23	1.95	2.13
	含水率/%	84	9.5	2.7	5.2
	孔隙率/%	84	27	16	22
	渗透系数/(cm/s)	76	1.21×10^{-1}	1.08×10^{-3}	2.58×10^{-1}
	<5mm 颗粒含量/%	83	31.0	4.1	15.8

9.6　主坝安全监测基本情况

工程于 2009 年 8 月 1 日下闸蓄水后一直安全运行，主坝渗流监测最大渗流量为 13.6L/s，远小于计算最大渗流量为 32L/s。

主坝计算最大沉降量为 125.7cm，施工期观测沉降量为 92.8cm，设计预留了 50cm 沉降超高值。2009 年 1 月主坝封顶后，同年 2 月 9 日—4 月 25 日连续观测，主坝累计沉降值仅 11mm，已基本稳定，工程投运多年来未发现新的沉降变形。

9.7　结语

青山嘴水库 2009 年 8 月 1 日下闸蓄水后一直正常运行，为云南省楚雄市用水安全提供了重要保障，工程建成后获得“鲁班奖”“大禹奖”、省“优质工程一等奖”“优秀设计二等奖”等奖项，还被评为“国家级水利风景区”。针对青山嘴水库大坝软岩砾石土心墙料及Ⅰ反滤料控制难的两大关键技术问题，设计与施工密切结合，开展了大量的试验研究，提出了更加切合施工实际的控制指标及施工参数，大坝各项指标均满足设计标准和要求，具有较强的实践意义和价值。

（1）软岩砾石土心墙料的控制。青山嘴水库大坝防渗心墙料以砾石土料为主，该料采自沙邑村砾石土料场，由于料场料源复杂，料性变化大，通过大量试验证明由于沙邑村料场料源的母岩以软岩为主，在碾压和击实过程中，砾石破碎率较高，无明显砾石土的含砾量特征值（P_5Ⅰ和 P_5Ⅱ），压实最大干密度及最优含水率均不需做校正，但为保证防渗效果，仍对上坝料砾石含量、细粒含量及砂岩含量提出了严格要求，并从料场的剥离、开采，到碾压层面的布料、碾压等各个环节进行控制，从而使大坝在整个施工过程中处于受控状态，施工质量满足设计要求。

针对沙邑村砾石土料存在崩解速度快、崩解彻底的问题，通过严格控制反滤料级配，使心墙具备了极高的抗渗稳定性能，实现了保护心墙的目的。

另外由于大坝心墙以软岩砾石土料为主，相比普通黏土料，料场有效开采厚度大，料场征占地范围小，在施工质量满足设计要求的情况下达到了节约投资及用地的目的。

（2）Ⅰ反滤料的控制。大坝反滤料原料是弱—微风化长石石英砂岩和岩屑砂岩，根据规范设计的Ⅰ反料存在粒径过细难加工的问题，施工期间结合全料渗透破坏试验进行了加粗Ⅰ反料粒径的可行性研究，研究表明Ⅰ反料加粗后全料渗透破坏安全系数大于8，说明在按规范计算的粒径基础上适当加粗Ⅰ反料是可行的，且总体偏安全和保守。

因现行规范未考虑反滤料上坝碾压后的粒径变化，结合本工程实践，作者认为：当Ⅰ反料确实存在级配过细难加工问题时，设计可提出两种级配工况：一为生产级配，即碾前级配；二为规范计算级配，即碾后级配。设计时可先按规范计算确定碾后级配，并将下包线粒径加粗1～2倍，包线下半部分取大的倍数，包线上半部分取小的倍数，即通过调陡、调宽下包线来达到加宽上、下包线范围，减小加工难度的目的，再通过碾压试验做碾压前后颗分级配对比分析。有条件的情况下最好做一个全料渗透破坏试验进行复核，最终反配出生产级配，并将其作为上坝控制级配。该方法设计人员容易掌握，逻辑上参建各方也更容易理解，一方面可减小施工加工难度，提高生产工效，另外一定程度上还可减少按规范计算级配上坝碾压后可能带来的反滤料渗透系数过小及抗渗稳定性降低的问题。

第10章 云龙水库泥岩风化料防渗心墙堆石坝坝料研究与应用

10.1 概要

云龙水库大坝为黏土心墙堆石坝，防渗心墙采用黏土、粉土、碎石土及紫红色泥岩风化料填筑。本案例主要针对泥岩风化料开展研究。由于风化料存在风化不均匀的问题，为确定土料的适用性、设计指标及施工控制参数，通过试验研究，针对风化料的特性采取适宜的施工参数及设计指标控制后，心墙防渗体的质量满足要求。坝壳堆石料及反滤料取自同一料场，料场岩性与坝基基本相同，为中生界白垩系上统马头山组砂岩、白云岩，同时夹有比例约为10%的页岩、泥岩等软弱夹层，针对料场情况，坝壳堆石料主要采用饱和抗压强度均大于30MPa的弱风化石英砂岩、角砾岩、白云岩填筑，大坝下游干燥区采用饱和抗压强度较低的强风化砂岩填筑。由于软弱夹层在上坝过程中难以剥离，可作为堆石料中的细粒料填充，通过坝料掺配软弱夹层试验，提出了控制小于5mm粒径的含量不超过弱风化堆石料的15%、强风化堆石料的30%，及适宜的施工控制参数。反滤料采用饱和抗压强度大于60MPa，软化系数大于0.65的弱风化白云质石英砂岩破碎而成。由于母岩制砂粉粒含量较多，Ⅰ反料小于0.075mm颗粒较难控制在5%以内，从技术经济合理角度出发，在调整加工工艺的同时，通过全料渗透破坏试验验证，对Ⅰ反上包线进行优化，控制小于0.075mm颗粒含量小于8%。云龙水库大坝已安全运行多年，坝料设计是成功的。

10.2 工程概况

云龙水库是昆明市掌鸠河引水供水工程的水源工程，位于昆明市西北部禄劝县的云龙乡，距昆明市区公路里程为157km，距禄劝县66km。掌鸠河引水供水工程是跨流域调水工程，由云龙水库、97km的引水管线，60万t自来水厂及城市管网组成，工程建成后每年向昆明市提供2.5亿m^3生活用水。大坝坝址选在金沙江水系二级支流掌鸠河上游峡谷河段内，控制径流面积为745km^2，占掌鸠河流域径流面积的38.5%。水库正常蓄水位为2089.67m，校核洪水位2093.58m，总库容4.84亿m^3。

工程为Ⅱ等，属大（2）型水库工程。水库枢纽建筑物由大坝、泄洪隧洞、溢洪道、引水隧洞等部分组成，均按2级建筑物设计。拦河坝为黏土心墙堆石坝，坝顶高程为

2095.00m，坝顶长为249.5m，最大坝高为77.0m。

大坝上游坝坡2057.00m高程以下坡比为1∶2.2，以上坡比为1∶1.8；下游坝坡设三级马道，马道宽3m，坝顶与二级马道间（高程2095.00～2063.00m）坝坡坡比为1∶1.75，以下坝坡为1∶1.85。坝顶宽10m，最大坝底宽313.98m。

上游坝壳采用弱风化堆石填筑，下游坝壳高程为2040.00～2061.00m，除靠近坝坡部位采用弱风化堆石料填筑，其他部位采用强风化堆石填筑。弱风化堆石料采用弱风化石英砂岩、角砾岩、白云岩，强度较高，饱和抗压强度均大于30MPa，在开采时岩体中夹有泥岩、页岩及泥质粉砂岩，难以剥离，可作为堆石料中的细料填充，小于5mm粒径含量不超过15%。强风化堆石料采用强风化砂岩以及粉砂岩、泥岩、页岩互层风化岩类。强风化的黄色砂岩与紫红色砂岩的饱和抗压强度分别为10MPa及20MPa，软化系数均接近于0.3，强度低。强风化堆石料小于5mm粒径的含量不超过30%。

心墙防渗体顶高程为2094.00m，顶宽为3m，上、下游坡比均为1∶0.25，最大断面心墙底高程为2018.00m，底部宽为41m。大坝防渗体采用泥岩全风化料，属含砾低液限黏土。开采过程中随开挖掌子面的位置与土层深度的变化，土料的风化程度与砾石含量在变化，从而导致土体击实的最大干密度与最优含水率也有相当幅度的差异。

在黏土心墙上、下游分别设置两层反滤，上游厚度为2m，下游厚度为3m。反滤料采用饱和抗压强度大于60MPa、软化系数大于0.65、强度较高的弱风化白云质石英砂岩加工。大坝最大横剖面如图10.2-1所示。

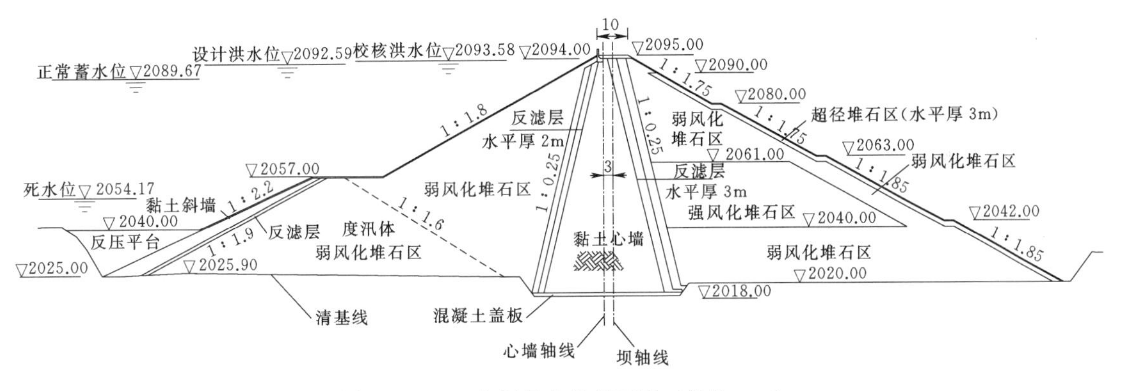

图10.2-1　大坝最大横剖面图（单位：m）

工程于1999年12月动工，2004年8月完工，2006年10月蓄水至正常蓄水位。

10.3　地质条件

云龙水库枢纽区位于鹧鸪河与云龙河交汇处下游约530m的掌鸠河由宽缓U形峡谷向陡峻V形峡谷渐变的河段上。处侵蚀构造成因的中低山-河谷地貌类型区，其间上部位置有构造剥蚀成因的夷平面地貌，谷底有侵蚀堆积成因的河流漫滩、阶地等地貌类型叠加。

枢纽区内出露中生界白垩系上统江底河组（K_2j）泥岩、粉细砂岩、马头山组

(K_2m)砂岩、白云岩、泥岩、页岩地层，其间有燕山期侵入岩脉穿插，表层零散分布有第四系松散堆积物。

枢纽区发育北东向和北西向两组结构面，规模较大的有 F_2 断层，从右岸斜穿坝址，断层破碎带宽 18～30m，上盘影响带宽 5～7m，对坝基和防渗均有不利影响。受构造运动影响，层间剪切带、泥化夹层比较发育，强度低。

工程区域构造相对稳定，地震基本烈度为Ⅶ度，地震动峰值加速度为 0.15g，地震动反应谱特征周期为 0.45s。

10.4 坝料研究

10.4.1 泥岩风化料防渗研究

10.4.1.1 土料场基本情况

防渗土料取自坝址上游 0.85km 处水库库盆内，产地地形较平缓，料源成分较复杂，料场区内只出露白垩系上统江底河组泥岩地层，表层有第四系松散堆积物覆盖，料场有用层分别为：Q^{pal}第四系冲洪积层，厚度 0.2～4.5m，组成物质上部为褐红色、褐黄色砂质黏土、粉土，底部为浅黄色粉细砂层、杂色砂卵砾石层，遍布在区内阶地上；Q^{edl}第四系残坡积层，厚度 0.1～2.0m，组成物质为红褐色、黄褐色含碎石、角砾黏土、壤土及碎石土，零散分布在区内北部山体山脊地带、凹谷内以及冲洪积层下伏的阶地基座面上；K_2j 白垩系上统江底河组，为红褐色、紫红色中厚层状钙质、粉砂质泥岩夹泥钙质粉细砂岩，遍布料场产地区内。

按料场开采区域有用层中不同厚度 Q^{pal} 冲洪积粉土、黏土层以及 Q^{pal} 冲洪积层的分布情况，将料场可用料划分为黏土粉土料、混合料、风化料。划分方法：Q^{pal} 冲洪积层厚度不小于 2.5m 的为黏土粉土料，Q^{pal} 冲洪积层厚度 1.0～2.5m 的为混合料，Q^{pal} 冲洪积层厚度不大于 1.0m 的为风化料。

10.4.1.2 防渗料选择

大坝填筑所需防渗土料 21.17 万 m^3，料场分布有 Q^{pal} 黏土粉土料、混合料、风化料三种防渗土料，可直接开采上坝的料源有：

(1) 风化料：K_2j 紫红色泥岩全风化岩体及部分强风化岩体，开采厚度为 5～10m，储量为 21.8 万 m^3。

(2) 粉土料：Q^{pal} 冲洪积褐红色粉土、黏土，开采厚度为 4～5m，储量 7.8 万 m^3。

(3) 混合料：$Q^{pal+edl}$ 褐红色碎石土、粉土下伏 K_2j 紫红色钙质、粉砂质泥岩的全—强风化岩体，开采厚度 5～10m，储量 17.6 万 m^3。

按风化料、黏土粉土料、混合料料源分类进行试验取样，试验成果统计见表 10.4-1～表 10.4-3。

试验成果表明三种料源质量均满足大坝心墙填筑施工用料需求，但存在不均匀性及天然含水率偏高的问题。

表 10.4-1 风化料料源控制性质量指标评价表

质量指标		防渗体土料质量要求	风化料料源 （范围值）均值
序号	项目		
1	黏粒含量	占小于 5mm 的 15%～40%为宜	（15.6%～47.9%） 30.0%
2	塑性指数	10～20	（10.3～38.4） 19.3
3	渗透系数	碾压后$<1\times10^{-5}$cm/s，并应小于坝壳透水料的 50 倍	（1.80×10^{-7}～6.30×10^{-6}cm/s） 1.21×10^{-6}cm/s
4	有机质含量	<2%	可满足
5	水溶盐含量	<3%	可满足
6	天然含水率	与最优含水率或塑限接近者为优	（−3.2%～+7.2%）+3.6%

表 10.4-2 Q^{pal}黏土、粉土料料源控制性质量指标评价表

质量指标		防渗体土料质量要求	Q^{pal}黏土粉土料料源 （范围值）均值
序号	项目		
1	黏粒含量	15%～40%为宜	（8.8%～44%） 21.8%
2	塑性指数	10～20	（8.6～36.4） 15.6
3	渗透系数	碾压后，小于 1×10^{-5}cm/s，并应小于坝壳料的 50 倍	（1.18×10^{-7}～1.40×10^{-5}cm/s） 1.83×10^{-6}cm/s
4	有机质含量	<2%	可满足
5	水溶盐含量	<3%	可满足
6	天然含水率	与最优含水率或塑限接近者为优	（−0.3%～+8.0%）+3.4%

表 10.4-3 混合料料源控制性质量指标评价表

质量指标		防渗体土料质量要求	混合料料源 （范围值）均值
序号	项目		
1	黏粒含量	占小于 5mm 的 15%～40%为宜	（23.7%～38.4%） 30.5%
2	塑性指数	10～20	（8.6～22.6） 15.0
3	渗透系数	碾压后$<1\times10^{-5}$cm/s，并应小于坝壳料的 50 倍	（1.20×10^{-7}～8.54×10^{-7}cm/s） 3.85×10^{-7}cm/s
4	有机质含量	<2%	可满足
5	水溶盐含量	<3%	可满足
6	天然含水率	与最优含水率或塑限接近者为优	（−0.4%～+6.7%）+3.4%

从以上土料的物理力学指标看，三种土料主要指标均符合防渗土料的质量指标基本要求，其中混合料质量相对较好，但储量上略有不足。考虑施工控制的连续性及料场土料均存在天然含水率不均匀的问题，特别是汛后局部地区高于最优含水率 4%～8%，而风化料对含水率则较不敏感，压缩变形相对较小，因此，云龙水库防渗土料主要采用泥岩风化料。

10.4.1.3 风化料的矿物成分分析

土的矿物组成特别是黏土矿物组成对其力学性质有明显影响，风化土料的矿物成分以

石英、伊利石为主，经膨胀性检测，自由膨胀率为 18%～24%，为非膨胀性土，性质与一般黏土类似。风化料矿化成分统计见表 10.4-4 和表 10.4-5。

表 10.4-4　风化土料化学成分及 pH 值统计表

土料类型	化学成分/%								烧失量/%	pH 值
	SiO_2	Al_2O_3	Fe_2O_3	TiO_2	K_2O	Na_2O	CaO	MgO		
风化料	57.69	18.22	7.38	0.82	3.70	0.39	0.16	2.80	8.84	5.80

表 10.4-5　风化土料矿物成分统计表

土料类型	矿物含量/%						
	石英 SiO_2	伊利石 $K_{0.5}(Al,Fe,Mg)_3(Si,Al)_4O_{10}(OH)_2$	高岭石 $Al_2Si_2O_5(OH)_4$	赤铁矿 Fe_2O_3	针铁矿 FeO(OH)	金红石 TiO_2	其他
风化料	32.65	47.02	5.52	1.24	7.57	≤1.00	5.00

10.4.1.4　不同泥岩岩块含量的影响研究

泥岩全强风化不均，含较多泥岩岩块，可能影响碾压质量和防渗效果，有必要开展不同岩块含量的击实试验对比研究。采用掺量分别为 0、10%、20%、30%、40%、50%、60%，得到的最大干密度与最优含水率的差别很小，最大干密度的差值不超过 0.01g/cm^3，最优含水率的差值不超过 1.5%，击实后的粒径主要是细粒土，即 0.075～0.005mm 的粉粒占 50%以上，小于 0.005mm 的黏粒占 20%～30%，按塑性指标定名属于低液限黏土 CL，试验成果表明风化料岩块含量不均对土料压实后的物理性质影响较小。

10.4.1.5　风化料的分散性研究

为对风化料的分散性做出判别，土的颗粒分析试验按加分散剂与不加分散剂（双重比重计试验）两种试验方法进行，试验成果见表 10.4-6。双重比重计试验结果表明，部分风化料初判为分散性土。

表 10.4-6　双重比重计试验成果表

土样编号	风化料		
	02Ⅱ206	02Ⅱ207	02Ⅱ208
加分散黏粒含量/%	20.6	26.4	37.2
不加分散剂黏粒含量/%	0	26.4	32.0
分散度 D	0	100	86.0
分散类别	非分散	分散	分散

为进一步对风化料的分散性作出判别，对三组风化料分别加做了土块试验、交换性钠百分比（ESP）试验、针孔试验进行判别。试验成果见表 10.4-7～表 10.4-9。

表 10.4-7　土块试验、交换性钠百分比（ESP）试验成果表

室内编号	土块试验	交换性钠百分比（ESP）试验
02Ⅱ206	Ⅱ-微有反应	ESP=0.583
02Ⅱ207	Ⅱ-微有反应	ESP=1.66
02Ⅱ208	Ⅱ-微有反应	ESP=1.46

表 10.4-8 针孔试验成果表

室内编号	最终水头/mm	最终流量/(mL/s)	最终孔径/mm	针孔渗水情况
02Ⅱ206	1020	2.1～2.5	1.0	水透明清亮，针孔无变化
02Ⅱ207	1020	2.09	1.0	水透明清亮，针孔无变化
02Ⅱ208	1020	2.36～2.43	1.0	水透明清亮，针孔无变化

表 10.4-9 风化料分散性土判别试验成果表

风化料室内编号	双重比重计试验	土块试验	针孔试验	交换性钠百分比（ESP）试验
02Ⅱ206	非分散性土	非分散性土	非分散性土（ND1）	非分散性土
02Ⅱ207	分散性土	微分散性土	非分散性土（ND1）	非分散性土
02Ⅱ208	分散性土	微分散性土	非分散性土（ND1）	非分散性土

综合以上各种试验结果判别云龙水库黏土心墙防渗体填筑所采用的风化料为非分散性土。

10.4.1.6 风化料脱水干燥对力学指标影响研究

由于风化料具有南方红土脱水干燥不可逆特征，即风化料持水能力差，容易风干，风干后易产生外干内湿现象，不易压实，填筑时的风化料含水率控制应宁稍湿而勿干，但是风化岩块在潮湿时强度低，极易破碎，因此分别按干样、湿样两种制样方法进行力学指标试验，试验成果显示湿法制备试件对力学指标有影响，但影响较小，成果见表 10.4-10。本工程土料物理力学指标试验均采用湿法制样。

表 10.4-10 干法、湿法制样试验成果表

制样方法	最大干密度/(g/cm³)	最优含水率/%	压缩系数/MPa⁻¹		渗透系数/(cm/s)	饱和固结快剪	
			100～200 kPa	200～300 kPa		φ/(°)	c/kPa
干法	1.52	26.56	0.22	0.16	3.9×10^{-7}	24.8	25.9
湿法	1.50	26.8	0.26	0.21	7.1×10^{-7}	24.3	20.7

10.4.1.7 风化料的填筑含水率研究

黏土料填筑含水率一般控制在最优含水率的－2%～＋3%的偏差范围内，由于选择风化料填筑大坝防渗体心墙，风化料持水能力差，为避免上坝过程中出现风化料表层风干，难以压实的情况，宜采用偏湿风化料填筑，通过控制填筑含水率在最优含水率基础上，逐次增加含水率 2%、4%进行试验，当含水率增大到 4%时，压实度达不到规范要求的 98%，因此，控制填筑含水率为偏湿但不超过最优含水率＋2%。试验成果见表 10.4-11。

表 10.4-11 不同含水率风化料力学试验成果对照表

制样方法	最大干密度/(g/cm³)	含水率/%	压实度/%	压缩系数/MPa⁻¹		渗透系数/(cm/s)	饱和固结快剪	
				100～200 kPa	200～300 kPa		φ/(°)	c/kPa
W_{OP}	1.59	24.68	100	0.21	0.15	1.4×10^{-7}	24.2	34.3
$W_{OP}+2\%$	1.58	26.68	99	0.22	0.15	2.1×10^{-7}	24.4	29.6
$W_{OP}+4\%$	1.54	28.68	97	0.24	0.19	7.2×10^{-7}	23.6	22.3

10.4.1.8 设计参数的选定

(1) 抗剪强度。根据湿法制样后的抗剪试验成果整理，采用小值均值 $\varphi=24°$，$c=20\text{kPa}$。

(2) 渗透系数。由于泥岩风化料风化不均，风化岩块含量及碾压后破碎率不尽相同，造成碾压后渗透系数差异较大，根据勘察试验成果风化料碾压后室内试验渗透系数范围值为 $1.80\times10^{-7}\sim6.30\times10^{-6}$cm/s，平均值为 1.21×10^{-6}cm/s。为保证水库防渗要求的同时便于现场施工控制，结合大坝渗流分析成果，大坝年渗漏量仅占水库总库容的 1.07‰，其中坝体渗漏量占总渗漏量（坝体渗漏量、坝基渗漏量、绕坝渗漏量）的 1.42%。从材料敏感性分析上，防渗土料渗透系数增大 10 倍，渗漏总量仅增加 1.27‰，说明防渗土料渗透系数的增大对工程影响甚微。综上原因，结合以往工程经验，土料渗透系数室外原位试验比室内大一个数量级，选定风化料室外控制渗透系数小于 1.0×10^{-5} cm/s。

10.4.2 坝壳料、反滤料研究

10.4.2.1 坝壳料、反滤料料场基本情况

坝壳料、反滤料取自掌鸠河下游距离坝址约为 1.2km 的右岸山体临河侧，此山体山脊总体走向近 N—S 向，山脊线向 S 倾斜。料场产地出露中生界白垩系上统马头山组（K_2m）之 $K_2m^{3-4}\sim K_2m^{1-4}$ 八个岩组的砂岩、白云岩、泥岩、页岩地层，其间有宽度为 1.4～5.4m 的燕山期基性玢岩侵入岩脉穿插，仅侵入在 K_2m^{2-3}、K_2m^{2-2} 岩层中，表层零散分布有厚 0.2～6.0m 的第四系崩塌、残坡积等成因的松散堆积物。料场有用层为 K_2m^{3-2}、K_2m^{2-3}、K_2m^{2-2}、K_2m^{2-1} 及 K_2m^{1-4} 岩组之强风化—新鲜岩体，岩性以砂岩为主，夹有白云岩、页岩。其中，页岩含量占 1/8。无用夹层为白云石化基性玢岩蚀变玢岩岩脉，厚度 2.0～4.0m。

有用层按其沉积规律、岩性特征分述如下，有用层岩石物理力学指标见表 10.4-12。

表 10.4-12　石料料源岩石主要物理力学指标表

岩组岩石类型	颗粒密度 ρ_P /(g/cm³)	天然密度 ρ /(g/cm³)	干密度 ρ_d /(g/cm³)	饱和抗压强度 R_b /MPa	软化系数 K_v
K_2m^{3-2}强风化砂岩	2.54～2.67	—	2.19～2.49	10.0～22.1	0.27～0.31
K_2m^{3-2}弱风化砂岩	2.67	2.61～2.62	2.61	39.1～48.5	0.76～0.82
K_2m^{3-1}弱风化角砾岩	2.77	2.70～2.71	2.68	31.6	0.58
K_2m^{2-3}弱风化砂岩	2.74	2.71	2.70	76.8	0.85
K_2m^{2-3}弱风化白云岩	2.83	2.81	2.81	56.9	0.80
K_2m^{2-2}弱风化粉砂质白云岩	—	2.73	—	68.1	—
K_2m^{2-1}弱风化砂岩	2.72	2.64	2.64	55.8	0.87
K_2m^{2-1}弱风化白云岩	2.78	2.76	2.76	109.9	0.82
K_2m^{1-4}弱风化粉砂岩	2.79	2.76	—	42.7	—

（1）上段（K_2m^3）。K_2m^{3-2}厚18.0～23.0m。灰白色、灰褐色、紫灰色厚层状硅钙质胶结细粒长石岩屑石英砂岩，中部为极薄层状泥钙质岩屑石英粉砂岩与页岩互层。此层砂岩属硬岩，砂岩、粉砂岩、页岩接触处发育泥化夹层。

（2）中段（K_2m^2）。

1）K_2m^{2-3}（厚25.0～28.5m）。上部为灰白色厚层状白云质胶结细粒长石石英砂岩，下部为褐红色厚层状泥质胶结长石石英杂砂岩及灰色中厚层状砂质粉—细晶白云岩。砂岩、白云岩属硬岩，杂砂岩属中硬岩。在白云岩与杂砂岩接触处发育泥化夹层。

2）K_2m^{2-2}（厚2.0～5.0m）。褐灰色、褐色极薄层状含砂质粉—细晶白云岩。

3）K_2m^{2-1}（厚33.0～43.0m）。灰色、灰白色厚层夹中厚层状白云质细粒石英砂岩、含砂质细—中晶白云岩。此层岩石属硬岩，岩层间发育泥化夹层。

（3）下段（K_2m^1），2组，厚12.0～18.5m。灰白色、灰黑色极薄层状含砂质细晶白云岩及含白云质泥质粉砂岩。此层白云岩属硬岩，粉砂岩属软岩，在白云岩与粉砂岩接触处发育泥化夹层。

由料场基本特征及主要物理力学指标可以看出，料场存在上部K_2m^{3-2}强风化砂岩饱和抗压强度、软化系数较低及有用料层间软弱夹层发育，开采过程中难以剔除的问题。为合理利用料源，确定坝料的设计参数，在坝料各项试验制样过程中根据软弱夹层的分布情况，加入相应比例的夹层料进行制样试验。

10.4.2.2 坝壳料研究

（1）坝壳料控制指标试验。坝壳堆石料分别对厚层状强弱风化石英细砂岩料、中—厚层状强—弱风化石英细砂岩夹页岩料、中—厚层状弱风化长石石英砂岩、白云岩夹软弱夹层料进行取样，试验成果统计见表10.4－13，表中强风化料专指K_2m^{3-2}强风化砂岩料，其他料指K_2m^{3-2}强—弱风化砂岩夹页岩之混合料或K_2m^{2-3}、K_2m^{2-1}弱风化砂岩、白云岩夹页岩等的混合料。

表10.4－13　坝壳料料料源控制性质量指标评价表

质量指标		坝壳堆石料质量要求	料场取样	评价
序号	项目			
1	砾石含量	5mm至相当于3/4填筑层厚度的颗粒在20%～80%范围内	强风化料68.2%～69.2%，其他料67.9%～78.8%	符合要求
2	紧密密度	＞2g/cm³	强风化料1.93～2.03g/cm³，其他料1.94～2.08g/cm³	基本符合要求
3	含泥量（黏、粉粒）	≤8%	强风化料5.5%～5.7%，其他料6.2%～11.6%	基本符合要求
4	内摩擦角	＞30°	强风化料37.70°～40.97°，其他料36.70°～44.90°	符合要求
5	渗透系数	碾压后＞1×10^{-3}cm/s，并应大于心墙防渗料的50倍	强风化料（2.6～2.8）$\times10^{-2}$cm/s，其他料（3.43～7.06）$\times10^{-2}$cm/s	符合要求

试验成果表明以上料源控制性指标满足坝壳堆石料的质量要求。

（2）坝壳料控制物理力学指标试验。

1）弱风化堆石料。根据料场有用层分布及地质构造情况，取K_2m^{3-2}石料，按弱风化岩石50%、强风化岩石35%、软岩夹层15%制备进行试验；取K_2m^{2-3}、K_2m^{2-1}弱风化岩石混合试样，按K_2m^{2-3}占45%、K_2m^{2-1}占50%、软岩夹层占5%制备。通过试验对比选择弱风化堆石料区填筑用料，试验结果见表10.4-14～表10.4-16。

表10.4-14　相对密度试验颗粒级配表

地层	颗粒含量/%					控制孔隙率/%	最大干密度/(g/cm³)	制样控制孔隙率/%	制样控制干密度/(g/cm³)
	60～40mm	40～20mm	20～10mm	10～5mm	<5mm				
K_2m^{3-2}	28.0	27.0	18.0	12.0	15.0	23.8	2.05	23.8	2.05
K_2m^{2-3} K_2m^{2-1}	22.5	25.0	16.0	11.5	25.0	24.1	2.08	24.1	2.08

表10.4-15　压缩系数及单位沉降量及渗透系数统计表

岩层	控制孔隙率/%	控制干密度/(g/cm³)	压缩系数/MPa⁻¹					单位沉降量/(mm/m)					垂直K_{20}/(cm/s)
			0～100	100～200	200～400	400～600	600～800	100	200	400	600	800	
K_2m^{3-2}	23.8	2.05	0.060	0.020	0.015	0.010	0.015	4.9	6.2	8.2	10.2	12.3	3.42×10^{-2}
K_2m^{2-3} K_2m^{2-1}	24.1	2.08	0.0290	0.0150	0.0055	0.0030	0.0025	1.7	2.5	3.6	4.3	5.0	4.97×10^{-2}

表10.4-16　饱和固结排水剪（CD）参数汇总表

岩层	控制孔隙率/%	围压σ_3/kPa	$(\sigma_1+\sigma_3)/2$/kPa	$(\sigma_1-\sigma_3)/2$/kPa	φ/(°)	c/kPa	φ_0/(°)	$\Delta\varphi$/(°)
K_2m^{3-2}	23.8	100	357.4	257.4	38.8	43.0	46.8	9.3
		200	705.2	505.2				
		300	892.8	592.8				
		400	1160.5	760.5				
K_2m^{2-3} K_2m^{2-1}	24.1	200	845.6	645.6	44.9	73.0	52.3	8.2
		300	1214.3	914.3				
		400	1438.8	1038.8				
		500	1871.6	1371.6				

试验结果表明，K_2m^{2-3}、K_2m^{2-1}岩层弱风化岩石混合试样对比K_2m^{3-2}岩层混合试样具有强度高、透水性好、压缩变形小等优点，因此弱风化坝壳料区采用K_2m^{2-3}、K_2m^{2-1}岩层弱风化岩石混合料填筑。

2）强风化堆石料。大坝下游坝坡干燥区采用强度相对较低的K_2m^{3-2}岩层强风化岩石料填筑，K_2m^{3-2}强风化砂岩块度较大、强度低，强风化岩石料岩石物理、力学试验成果见表10.4-17。

表 10.4-17　岩石物理、力学试验成果表

岩石名称			黄色砂岩	紫红色砂岩
岩块干密度/(g/cm³)			2.19	2.49
单轴抗压强度/MPa		干	36.8	72.1
		湿	10.0	22.1
			0.27	0.31
动力特性参数	干	纵波速/(m/s)	1945	2428
		动弹模/万 MPa	0.57	1.06
		动泊松比	0.33	0.32

试验成果看出：K_2m^{3-2} 强风化砂岩湿抗压强度低，软化系数、纵波速、动弹模均较低。

强风化岩石料干密度均按孔隙率24%控制，即紫红色砂岩控制干密度为2.03g/cm³、黄色砂岩控制干密度为1.93g/cm³。压缩、剪切、渗透试样的制备均按此干密度进行控制，其压缩试验成果见表10.4-18，剪切、渗透试验成果见表10.4-19。

表 10.4-18　压缩系数及单位沉降量表

指标	岩石名称	加荷荷级/kPa								
		0～100	100～200	200～400	400～600	600～800	800～1000	1000～1200	1200～1400	1400～1600
压缩系数/MPa^{-1}	紫红色砂岩	0.070	0.030	0.025	0.025	0.020	0.020	0.015	0.0125	0.0125
	黄色砂岩	0.060	0.030	0.015	0.015	0.015	0.015	0.015	0.015	0.015
单位沉降量/(mm/m)	紫红色砂岩	5.5	8.1	11.9	15.4	18.5	21.5	23.4	25.6	27.5
	黄色砂岩	4.6	6.6	8.9	11.2	13.4	15.7	18.6	20.6	22.8

表 10.4-19　饱和固结排水剪试验参数统计表

编号		σ_3/kPa	$(\sigma_1+\sigma_3)/2$/kPa	$(\sigma_1-\sigma_3)/2$/kPa	c/kPa	φ/(°)	垂直 K_{20}/(cm/s)
室内	描述						
D2001Ⅰ34	紫红色砂岩	100	382.3 (344.0)	282.3 (244.0)	55.3	40.97	2.6×10^{-2}
		200	730.6	530.6			
		300	1057.2	757.2			
		400	1218.2 (1303.6)	818.2 (903.6)			
D2001Ⅰ35	黄色砂岩	100	362.7	262.7	55.2	37.70	2.8×10^{-2}
		200	638.4	438.4			
		300	942.8 (955.1)	642.8 (655.1)			
		400	1138.2	738.2			

从强风化岩石料的以上试验成果可知，强风化堆石料压缩系数 $a_{0.1\sim0.2}=0.03\mathrm{MPa}^{-1}$，具有低压缩性；渗透系数大于 2×10^{-2}cm/s，透水性较好；内摩擦角 $\varphi>37°$，强度满足设计要求。因此，下游干燥区强风化坝壳料采用 $K_2m^{3\text{-}2}$ 岩层强风化岩石混合料填筑。

10.4.2.3　反滤料研究

反滤料采用 $K_2m^{2\text{-}3}$ 和 $K_2m^{2\text{-}1}$ 白云质石英砂岩弱风化岩石加工。岩石干密度为 2.65～2.75g/cm^3、饱和单轴抗压强度为 50～100MPa、软化系数为 0.78～0.87，其指标均符合用于加工反滤料的母岩岩石质量要求。但采用锤式打砂机加工后反滤料存在含泥量过大问题（淘洗前小于 0.075mm 的颗粒为 7.3%～17.6%；淘洗后小于 0.075mm 的颗粒为 4.3%～4.7%）。

反滤料的颗粒级配应满足规范要求，有足够的透水性，其渗透性大于被保护土，能通畅的排出渗透水流；反滤过渡料孔隙尺寸要足够小，使被保护土不发生渗透变形，同时不能被细粒土淤塞失效。

（1）第一层反滤料设计。心墙防渗料（被保护土）不含大于 5mm 的颗粒，小于 0.075mm 的颗粒含量为 40%～85%，反滤料按 $D_{15}\leqslant0.7$mm 确定。根据规范，反滤层有排水要求应符合 $D_{15}\geqslant4d_{15}$，查被保护土颗分曲线 d_{15} 为 0.0024mm，则 $D_{15}\geqslant4\times0.0025=0.01$(mm)。

参考鲁布革、小浪底等工程实例其第一层反滤的粒径范围为 0.1～20mm，本工程第一层反滤料取值范围 $0.15\text{mm}\leqslant D_{15}\leqslant0.5\text{mm}$，$2.8\text{mm}\leqslant D_{60}\leqslant6.8\text{mm}$，$9\text{mm}\leqslant D_{90}\leqslant20\text{mm}$。反滤的上、下包线见反滤料级配曲线图 10.4-1。

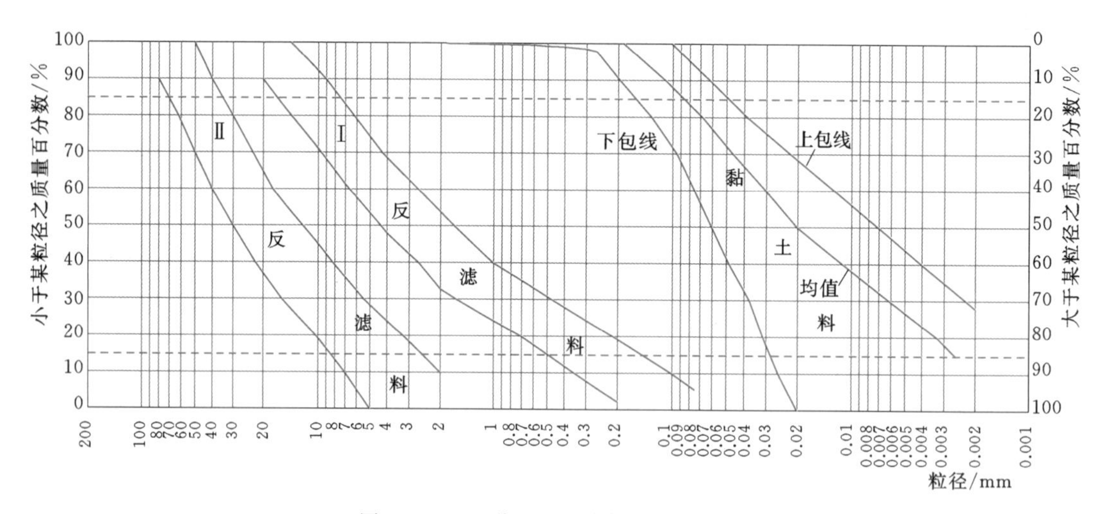

图 10.4-1　黏土、反滤料级配曲线图

（2）第二层反滤料设计。根据规范对于保护土为无黏性土，第一层反滤级配曲线如图 10.4-1 所示，不均匀系数 $C_u\leqslant5\sim8$，取 $C_u\leqslant5$ 的细粒部分的 d_{85}、d_{15} 作为计算粒径，复核 $D_{15}/d_{85}\leqslant4\sim5$、$D_{15}/d_{15}\geqslant5$ 的要求：

计算上包线 $d_{85}=1.5$mm，$D_{15}\leqslant(4\sim5)\times d_{85}\leqslant6\sim7.5$mm，$D_{15}\geqslant d_{15}\times5\geqslant1.15$mm；下包线 $d_{85}=4$mm，$D_{15}\leqslant(4\sim5)\times d_{85}\leqslant16\sim20$mm，$D_{15}\geqslant d_{15}\times5\geqslant2.5$mm。

本工程第二层反滤料设计取值范围：2.5mm≤D_{15}≤8.5mm，18mm≤D_{60}≤40mm，40mm≤D_{90}≤80mm。反滤的上、下包线见反滤料级配曲线如图10.4-1所示。

按保护无黏性土复核坝壳料与第二层反滤料层间关系满足D_{15}/d_{85}≤4～5、D_{15}/d_{15}≥5的要求。坝壳堆石料级配曲线如图10.4-2所示。

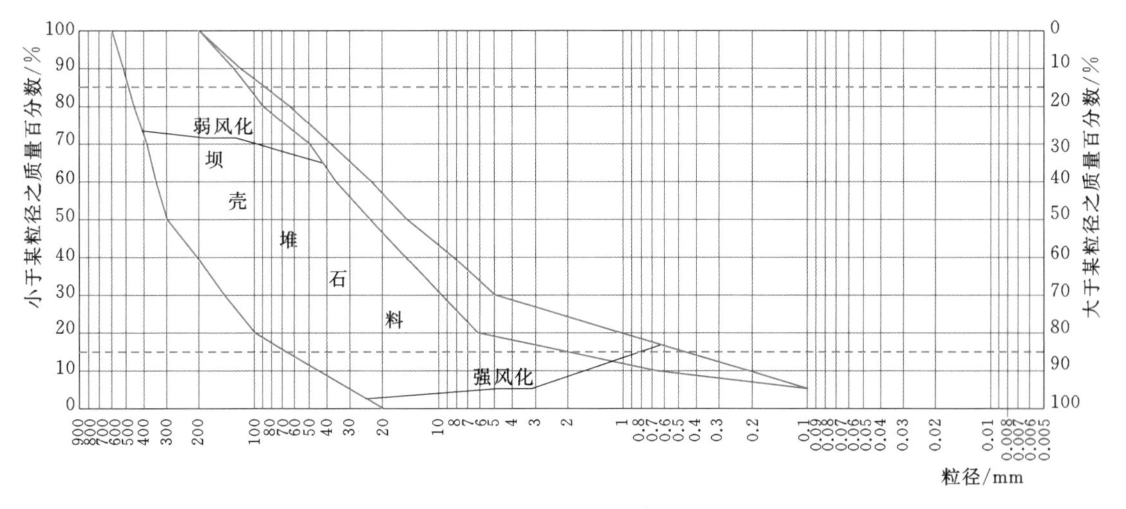

图10.4-2　坝壳堆石料（弱风化）、风化料（强风化）级配曲线图

第一层反滤料在加工过程中，控制粒径小于0.075mm的颗粒含量不大于5%非常困难，经全料渗透破坏试验验证调整小于0.075mm的颗粒含量不大于8%。

通过全料渗透破坏试验论证表明，堆石→Ⅱ反滤料→Ⅰ反滤料→黏土料之间满足太沙基准则，在水力比降小于100时，起到相互保护的作用，对77m高的大坝来讲，其比降完全能满足要求，Ⅰ反滤料、Ⅱ反滤料两种料的颗粒级配的设计是适宜的。

10.5　大坝施工质量控制

10.5.1　防渗土料

防渗土料采取多掌子面开采，立面开采翻挖拌和再装车上坝，以降低含水率，并使土料均匀。施工填筑为进占法卸料，铺土厚度25～30cm。用16t凸块振动碾进退错距法碾压8～10遍，行间搭接宽度不小于20cm，顺碾方向搭接长度不小于1m。压实度按不小于98%进行控制，要求合格率不小于95%，不合格压实度不得低于96%。与两岸坡相接的周边黏土料，上坝含水率比最优含水率高3%～4%，其余部位控制在最优含水率的+2%以内，铺土厚度15cm，平碾弱振幅碾压遍数6遍与振动夯板配合使用，压实标准选用湿密度比0.98进行控制。

10.5.2　坝壳料

弱风化堆石料用20t自卸汽车运输上坝，推土机平料。经碾压试验，对弱风化堆石料控制铺料厚度100～120cm，按堆积体积的5%洒水，用16t振动平碾碾压8遍，车速2～3km/h。要求干密度不小于2.06g/cm^3，孔隙率不大于23%，渗透系数不小于1.0×10^{-2}cm/s。

强风化堆石料，铺料厚度60～80cm，按堆积体积的5%洒水，16t振动平碾碾压8～10遍。要求干密度不小于2.05g/cm^3，孔隙率不大于24%。

由于坝壳料场有用料间夹有泥岩、页岩等软弱夹层，其占比10%左右，在上坝过程中难以剥离，控制弱风化坝壳料小于5mm粒径含量不超过15%，强风化坝壳料小于5mm粒径含量不超过30%。

10.5.3 反滤料

Ⅰ反滤料颗粒级配采用分级加工、筛选掺配，小石和砂按机制砂30%、淘洗砂30%、小石40%配制。通过碾压试验，反滤料铺土层厚按50cm控制；采用德国产振动平碾进行静碾，碾压遍数为4遍，行车速度3km/h，Ⅰ反滤料相对密度控制不小于0.70，干密度控制在2.05～2.15g/cm^3，渗透系数控制不小于1.0×10^{-3}cm/s。

Ⅱ反滤料采用砂石料加工系统一次加工，筛出小于2mm以下细砾含量。通过碾压试验，反滤料铺土层厚按50cm控制；采用德国产振动平碾进行静碾，碾压遍数为4遍，行车速度3km/h，Ⅱ反滤料相对密度控制不小于0.75，干密度控制2.00～2.10g/cm^3，渗透系数控制不小于1.0×10^{-2}cm/s。

反滤料在填筑过程中，保持含水率为3%～5%，使细料包裹在粗料上，防止粗细颗粒分离。填筑时与心墙黏土料及相邻堆石料平齐。

10.5.4 大坝坝料复核试验

为了控制大坝的填筑质量，大坝每填筑10m高度范围内，在施工现场对各种筑坝材料进行抽检，取样进行物理力学性能指标试验，能客观地反映坝体填筑质量，及时反馈可能出现的质量问题，便于纠正质量隐患，确保大坝的填筑质量。

10.5.5 心墙填筑质量检查

（1）心墙防渗土现场抽检取样室内试验。

1）ϕ6cm样10组，渗透系数K_{20}为$8.8\times10^{-8}\sim5.3\times10^{-6}$cm/s；

2）ϕ30cm样5组，垂直渗透系数K_{20}为$1.55\times10^{-6}\sim9.35\times10^{-6}$cm/s；

3）ϕ30cm样5组，层间结合水平渗透系数K_{20}为$9.87\times10^{-7}\sim9.54\times10^{-6}$cm/s。

（2）现场原位注水试验。2043.00m、2071.00m高程原位注水试验：内环径为ϕ30cm各高程两组，渗透系数K_{20}为$1.92\times10^{-6}\sim4.88\times10^{-6}$cm/s。

（3）物理力学指标。心墙防渗土现场抽检物理力学试验指标见表10.5-1～表10.5-5。

表 10.5-1 防渗土料复核试验物理性能统计表

高程编号	原状样干密度/(g/cm³)	原状样含水量/%	土粒比重	液限/%	塑限/%	塑性指数	0.075～0.005/%	<0.005/%	<0.002/%	垂直 K_{20}/(cm/s)
2027.1 复 1	1.50	26.5	2.77	45.1	25.2	21.25	67.5	30.9	18.1	7.7×10^{-7}
2037.2 复 2	1.47	30.2	2.78	57.2	30.0	27.2	59.0	38.8	23.6	2.2×10^{-7}
2047.0 复 3	1.49	28.4	2.79	42.5	23.4	23.4	64.8	33.8	20.8	3.6×10^{-7}
2057.1 复 4	1.46	28.6	2.80	47.3	25.5	27.8	47.2	32.8	19.5	4.4×10^{-6}
2067.0 复 5	1.48	26.7	2.78	49.2	24.0	25.2	50.5	31.1	18.3	1.3×10^{-6}

表 10.5-2 心墙防渗体复核试验单位沉降量统计表

高程编号	试样编号		单位沉降量/(mm/m)					
			0.05	0.1	0.2	0.4	0.8	1.2
2027.1	复 1	非饱和	9.6	16.8	31.8	57.3	88.9	110.2
		饱和	6.2	9.6	19.7	36.8	61.8	81.8
2037.2	复 2	非饱和	9.0	16.2	30.3	50.2	77.8	97.2
		饱和	9.2	18.4	33.6	52.6	78.0	95.9
2027.1	复 3	非饱和	6.0	12.3	20.6	37.0	62.0	78.8
		饱和	8.4	18.3	36.6	60.0	87.8	114.5
2057.0	复 4	非饱和	6.9	9.5	15.4	27.3	48.8	68.1
		饱和	10.2	15.6	25.5	40.6	69.0	91.0
2067.1	复 5	非饱和	6.0	13.0	26.2	47.4	76.6	100.8
		饱和	11.1	18.4	29.5	48.8	62.7	87.0

表 10.5-3 心墙防渗体复核试验压缩系数统计表

高程编号	试样编号		压缩系数/MPa^{-1}					
			0～0.05	0.05～0.1	0.1～0.2	0.2～0.4	0.4～0.8	0.8～1.2
2027.1	复 1	非饱和	0.360	0.280	0.280	0.240	0.150	0.100
		饱和	0.220	0.140	0.180	0.155	0.115	0.092
2037.2	复 2	非饱和	0.340	0.280	0.260	0.190	0.130	0.090
		饱和	0.360	0.340	0.300	0.180	0.122	0.085
2027.1	复 3	非饱和	0.220	0.240	0.160	0.155	0.118	0.078
		饱和	0.320	0.380	0.360	0.225	0.135	0.128
2057.0	复 4	非饱和	0.260	0.100	0.110	0.110	0.100	0.092
		饱和	0.400	0.200	0.190	0.145	0.138	0.105
2067.1	复 5	非饱和	0.220	0.280	0.240	0.200	0.138	0.112
		饱和	0.420	0.260	0.210	0.180	0.130	0.115

表 10.5-4　　心墙防渗体复核三轴试验成果表（1/2）

试样编号	原状样干密度 /(g/cm³)	原状样含水量 /%	UU		CU				
			c_u /kPa	φ_u /(°)	c_{cu} /kPa	φ_{cu} /(°)	c' /kPa	φ' /(°)	R_f
复核 1	1.50	26.5	64.0	12.4	5.9	21.8	25.0	25.7	0.19
复核 2	1.47	29.8	90.3	8.6	18.2	21.5	29.2	26.4	0.15
复核 3	1.53	26.6	45.7	13.8	6.5	21.8	13.2	29.0	0.20
复核 4	1.46	28.3	85.4	12.4	0.9	22.6	8.2	28.7	0.18
复核 5	1.50	25.9	101.2	11.6	2.4	19.6	1.5	29.6	0.22

表 10.5-5　　心墙防渗体复核三轴试验成果表（2/2）

试样编号	原状样干密度 /(g/cm³)	原状样含水量 /%	$E-B$ 模型七参数（DU）						
			c /kPa	φ /(°)	K	n	R_f	K_b	m
复核 1	1.50	26.5	34.8	25.2	68.5	0.680	0.65	34.0	0.263
复核 2	1.47	29.8	24.0	26.6	229.0	0.110	0.82	34.1	0.51
复核 3	1.53	26.6	12.7	26.0	91.2	0.24	0.68	37.0	0.24
复核 4	1.46	28.3	24.6	26.0	86.7	0.464	0.72	30.2	0.292
复核 5	1.50	25.9	11.8	27.6	134.9	0.167	0.80	28.8	0.339

复核试验成果表明：泥岩风化料碾压后颗粒破碎率较大，具有软岩风化料特征，土样分类以含砾低液限黏土（CLG）为主。土料压实度均满足设计要求，具有良好的压实性。在饱和与非饱和状态，垂直压力为 0.1～0.2MPa 压力下，其压缩系数均小于 0.5MPa^{-1}，属中等压缩性类土料，可满足心墙变形要求。室内大、小型渗透及现场注水垂直渗透试验成果表明其渗透系数 K_{20} 小于 1.0×10^{-5}cm/s，能满足坝体的防渗要求。不同方法下进行的三轴剪切试验成果表明心墙防渗体强度指标可满足设计要求。

10.5.6　反滤料填筑质量检查

反滤料抽检 5 组颗粒级配均在设计包络线内，相对密度及渗透系数均满足设计要求，可以起到滤土、排水及过渡料等作用。反滤料抽检相对密度、干密度和渗透系数成果统计见表 10.5-6。

表 10.5-6　　反滤料复核试验成果表

试样编号		复核 1		复核 2		复核 3		复核 4		复核 5	
		平行 1	平行 2	平行 1	平行 2	平行 1	平行 2	平行 1	平行 2	平行 1	平行 2
Ⅰ反滤	相对密度	0.75	0.74	0.77	0.77	0.77	0.75	0.75	0.73	0.74	0.75
	干密度/(g/cm³)	2.09	2.08	2.09	2.09	2.09	2.08	2.10	2.10	2.10	2.11
	渗透系数/(cm/s)	1.10×10^{-3}	1.55×10^{-3}	1.07×10^{-3}	8.04×10^{-4}	6.54×10^{-3}	4.49×10^{-3}	3.34×10^{-3}	2.95×10^{-3}	2.03×10^{-3}	1.26×10^{-3}

续表

试样编号		复核 1		复核 2		复核 3		复核 4		复核 5	
		平行 1	平行 2	平行 1	平行 2	平行 1	平行 2	平行 1	平行 2	平行 1	平行 2
Ⅱ反滤	相对密度	0.76	0.78	0.74	0.76	0.73	0.77	0.77	0.80	0.78	0.75
	干密度/(g/cm³)	2.07	2.08	2.08	2.09	2.08	2.10	2.05	2.07	2.07	2.6
	渗透系数/(cm/s)	2.05×10^{-2}	1.97×10^{-2}	1.91×10^{-2}	1.19×10^{-2}	4.92×10^{-2}	6.66×10^{-2}	3.67×10^{-2}	3.84×10^{-2}	4.03×10^{-2}	3.00×10^{-2}

10.5.7 坝壳料填筑质量检查

(1) 现场原位试验。现场原位试验成果见表 10.5-7。

表 10.5-7 坝壳料复核现场原位试验成果表

试样编号	DY1	复核 DY2	复核 DY3	复核 DY4	复核 DY5	风化料 1 号	风化料 2 号
最大干密度/(g/cm³)	2.04	2.03	2.05	2.05	2.08	2.05	2.18
最小孔隙率/%	23.6	23.7	25.4	25.2	24.9	22.0	21.6
渗透系数 K_{20}/(cm/s)	4.9×10^{-2}	2.96×10^{-2}	3.53×10^{-2}	4.16×10^{-2}	3.29×10^{-2}	3.03×10^{-2}	4.21×10^{-2}

(2) 室内物理力学试验。室内物理力学试验成果见表 10.5-8～表 10.5-10。5 组坝壳堆石料、2 组风化料颗粒级配均在设计包络线内。

表 10.5-8 坝壳堆石料复核试验压缩系数统计表

试样编号	干密度/(g/cm³)	压缩系数/MPa⁻¹					
		0～100	100～200	200～400	400～600	600～800	800～1600
复核 DY1	2.04	0.090	0.030	0.030	0.020	0.010	0.009
复核 DY2	2.03	0.0270	0.0080	0.0065	0.0045	0.0045	0.0042
复核 DY3	2.05	0.032	0.012	0.0075	0.0055	0.0045	0.0051
复核 DY4	2.05	0.040	0.015	0.0115	0.0070	0.0085	0.0075
复核 DY5	2.08	0.0190	0.0060	0.0045	0.0030	0.0025	0.0036
风化料 1 号	2.05	0.053	0.037	0.022	0.014	0.0125	0.0071
风化料 2 号	2.18	0.060	0.030	0.020	0.025	0.020	0.018

表 10.5-9 坝壳堆石料复核试验单位沉降量及渗透系数统计表

试样编号	干密度/(g/cm³)	单位沉降量/(mm/m)						垂直 K_{20}/(cm/s)
		100	200	400	600	800	1600	
复核 DY1	2.04	7.2	9.6	14.4	17.5	19.6	24.9	1.42×10^{-3}
复核 DY2	2.03	2.2	2.8	3.8	4.6	5.2	8.0	2.96×10^{-2}
复核 DY3	2.05	2.5	3.4	4.5	5.4	6.1	9.2	3.53×10^{-2}
复核 DY4	2.05	2.7	3.8	5.5	6.6	7.8	12.3	4.16×10^{-2}
复核 DY5	2.08	1.4	1.9	2.6	3.0	3.5	5.7	3.29×10^{-2}
风化料 1 号	2.05	4.2	7.2	10.5	12.7	14.7	19.2	3.03×10^{-2}
风化料 2 号	2.18	4.9	7.2	10.8	14.3	17.2	28.7	4.21×10^{-2}

表 10.5-10　坝壳堆石料复核三轴（CD）试验成果表

试样编号	干密度 /(g/cm³)	孔隙率 /%	小主应力 σ_3 /kPa	应力差 $(\sigma_1-\sigma_3)$ /kPa	大主应力 σ_1 /kPa	破坏轴应变 ε_1 /%	破坏体应变 ε_V /%	破坏应力比 σ_1/σ_3	E-B模型七参数								
									c /kPa	φ /(°)	K	n	R_f	K_b	m	φ_0 /(°)	$\Delta\varphi$ /(°)
复核 DY1	2.11	21.0	100	882.8	982.8	3.34	−0.83	9.828	109.2	40.8	791.1	1.2215	0.7586	933.4	−0.1166	54.6	15.4
			200	1170.6	1370.6	3.68	−0.05	6.853									
			300	1663.2	1963.2	6.03	−0.15	6.544									
			400	1968.4	2368.4	7.70	0.69	5.921									
复核 DY2	2.13	19.9	100	892.0	992.0	2.68	−1.23	9.920	114.5	41.1	709.7	1.3788	0.7796	1905.8	−0.5146	54.4	14.8
			200	1250.4	1450.4	2.68	−0.22	7.252									
			300	1681.4	1981.4	4.68	−0.23	6.605									
			400	2024.7	2424.7	5.70	0.23	6.062									
复核 DY3	2.11	23.3	100	771.9	871.9	2.67	−0.90	8.719	67.7	42.5	1804.2	0.2695	0.8030	1770.4	−0.8744	52.6	12.2
			200	1066.9	1266.9	3.68	−0.31	6.334									
			300	1584.6	1884.6	4.01	0.76	6.282									
			400	1980.7	2380.7	7.71	0.54	5.952									
复核 DY4	2.05	25.2	100	725.2	825.2	4.68	−1.42	8.252	61.4	43.2	2258.2	0.2218	0.9148	1515.4	−0.7676	51.7	9.9
			200	1110.8	1310.8	3.68	0.07	6.554									
			300	1662.7	1962.7	9.06	0.38	6.542									
			400	1978.8	2378.8	7.72	1.50	5.947									
复核 DY5	2.12	23.5	100	664.3	764.3	3.68	−0.80	7.643	46.0	43.6	1425.6	0.173	0.8609	1217.5	−0.8088	50.2	9.4
			200	1107.8	1307.8	4.69	0.07	6.539									
			300	1513.8	1813.8	7.72	0.70	6.046									
			400	2005.4	2405.4	10.08	1.32	6.014									
风化料-1	2.05	22.1	100	788.0	888.0	3.01	0.10	8.88	92.0	40.3	797.0	2.027	0.7526	749.8	0.6391	52.9	14.4
			e200	1081.0	1281.0	3.01	1.03	6.405									
			300	1520.3	1820.3	2.68	0.37	6.068									
			400	1856.1	2256.1	5.35	0.43	5.640									
风化料-2	2.18	21.6	100	516.0	616.0	7.36	1.30	6.160	34.5	38.9	301.5	0.9326	0.8083	92.4	0.6069	45.5	9.0
			200	795.7	995.7	8.72	1.72	4.978									
			300	1116.4	1416.4	8.42	2.48	4.721									
			400	1530.0	1930.0	14.09	3.06	4.825									

复核试验表明：每一复核高程内现场检测干密度平均为 2.11g/cm³，孔隙率平均为 22.4%，颗粒级配平均值均符合设计要求。坝壳堆石料均具有强度高及低压缩性特征，其渗透系数平均 $K_{20}>i\times10^{-2}$ cm/s，属透水性材料，试验指标满足坝体沉降、稳定设计要求。

10.6 大坝运行情况分析

大坝于 2004 年 2 月 5 日封顶，同年 3 月 1 日水库下闸蓄水，水库于 2006 年 9 月蓄水至正常蓄水位，投入正常运行，据此期间收集到的大坝安全监测资料对大坝运行情况进行分析。

10.6.1 坝体变形情况

内部检测，心墙 0+140、0+055 两桩号最大沉降值分别为 610mm 和 502mm，沉降量占相应坝高的 0.9%和 1.19%，发生在相应坝高的 65.20%和 50.36%处。心墙水平位移较小，最大值约 2mm。左、右两岸坡与心墙连接处土体位移最大值分别为 60.1mm 和 63.6mm。右岸 F_2 断层多点位移计最大值和平均值分别为 3.31mm 和 1.26mm。变形监测结果正常，符合一般规律。

10.6.2 坝体渗流情况

水库施工期心墙内曾有一定的超静孔隙水压力，但未对心墙下游坡的稳定产生影响，在水库蓄水后转化为渗流压力，根据坝体渗流观测成果，坝体渗流中下游坝壳浸润线很低，水头基本被心墙消减，心墙防渗效果良好，绕坝渗漏无异常，坝后量水堰观测到的最大渗漏量为 3.83L/s，长期稳定渗漏量为 2.0L/s，渗流状况稳定，坝体巡视检查也并未发现明显异常。

10.7 结语

云龙水库大坝防渗料为泥岩全风化料，开采时由于位置与土层深度的变化，土料的风化程度与砾石含量也在变化，致使土料最大干密度差异较大。施工中采用压实度控制，避免土料为了达到某一干密度而过压，导致剪切破坏；以及达到了某一干密度，而压实度未能满足要求的问题。

坝壳堆石料主要采用白垩系马头山组石英砂岩和白云岩，夹有泥岩、页岩等软弱夹层，软弱夹层比例占 10%左右，在上坝过程中难以剥离，控制小于 5mm 粒径的含量，弱风化堆石料不超过 15%，强风化堆石料不超过 30%，坝料试验通过掺配相应比例软弱夹层料制样以验证坝料设计的合理性及寻找适宜的施工控制参数。

反滤料采用弱风化白云质石英砂岩破碎而成，由于母岩制砂粉粒含量较多，Ⅰ反料小于 0.075mm 颗粒含量较难控制在 5%以内，从技术经济合理角度出发，在调整加工工艺的同时，通过全料渗透破坏试验验证，对反滤料Ⅰ反上包线进行优化，小于 0.075mm 颗粒含量控制在8%以内。

在大坝填筑中每填筑至一定高度，对各种筑坝材料随机抽检，进行物理力学性能指标复核试验，能客观地反映坝体填筑质量，及时反馈施工可能出现的问题，使设计动态掌握筑坝材料特性，及时纠正大坝填筑中存在问题，确保大坝安全运行。

第11章

德厚水库红黏土心墙堆石坝坝料研究与应用

11.1 概要

德厚水库是一座建设于喀斯特区的大型水利工程，大坝采用红黏土心墙堆石坝，土料防渗性能好，但黏粒含量及天然含水率高。除施工质量不易控制外，高黏粒含量带来反滤保护设计要求高、颗粒细、带宽较窄、加工难度大的问题。通过土料、Ⅰ反料的室内击实及渗透破坏试验，结合工程类比及现场碾压试验进行研究分析，对Ⅰ反料的上下包络线“带宽”适当放宽，加大了下包络线各特征点的颗粒粒径，合理优化调整了反滤料级配，同时对土料采取碾压遍数与铺层厚度相匹配的施工工艺，有效解决了施工难以碾压密实、质量不易控制的问题。

11.2 工程概况

德厚水库地处云南省东南部的文山市境内，坝址位于国际河流盘龙河一级支流德厚河中下游河段，距文山市31km，距昆明市317km。水库是一座以生活、工业供水和农业供水为主要任务的大（2）型综合利用水利工程，总库容为1.13亿m^3。

工程区位于云南高原南缘，区域范围内约60%～70%的地表碳酸盐岩出露。区域构造相对稳定，地震基本烈度为Ⅶ度，地震动峰值加速度为0.057g，动反应谱特征周期为0.40s。

工程由大坝枢纽、防渗工程及输水工程等三部分组成。大坝枢纽包括黏土心墙堆石坝、开敞式溢洪道、右岸团结大沟输水隧洞、引水隧洞、导流泄洪隧洞，坝后电站及泵站集中布置于一个厂房内。防渗工程由坝址区及咪哩河库区两部分组成，线路总长4697m，采用帷幕灌浆防渗。

拦河黏土心墙堆石坝设计最大坝高为70.90m，由上游到下游分为上游堆石料区、上游反滤层、黏土防渗心墙、下游反滤层、下游主堆石区（下游水平排水区）、下游利用料填筑区（下游干燥区）等6个区。坝壳采用石炭系灰岩料填筑，上下游坡比均为1∶1.8，其中上游坡在与上游围堰结合的度汛体顶部1342.50m高程设置一道宽12m的马道，下游坡结合右岸上坝中线公路在高程1345.00m处设置马道，宽度为3m。上下游坝坡面均采用干砌石防护，厚度30cm。大坝标准断面如图11.2-1所示。

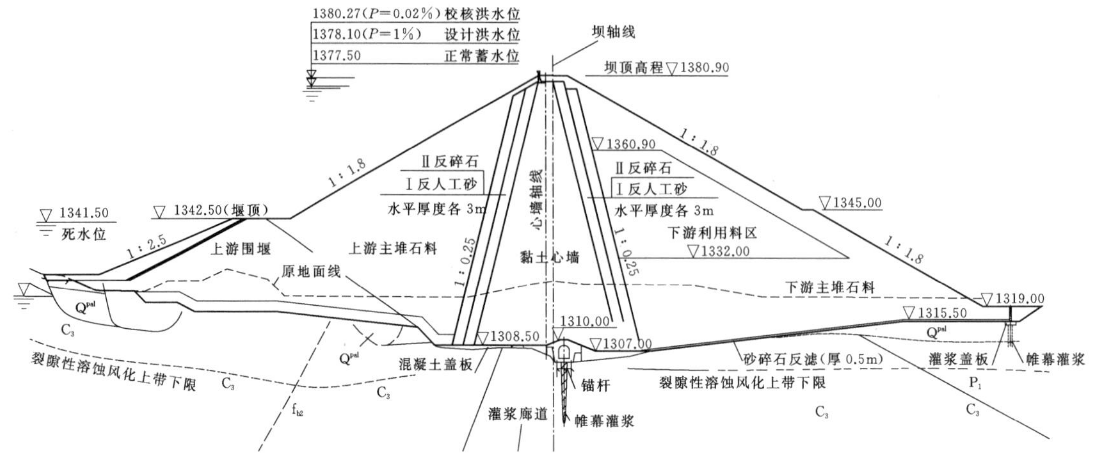

图 11.2-1　大坝标准断面图（单位：m）

11.3　红黏土防渗应用研究

11.3.1　土料物理力学特性及工程类比分析

防渗心墙土料场距离坝址 8～10km，料场分布高程为 1450.00～1475.00m，地形坡度为 0°～5°，无冲沟发育。料场上部为第四系残坡积棕红色黏土，下部为棕黄色黏土，下伏基岩为石炭系中统（C_2）细晶灰岩。料场有用层为棕红色黏土层，为典型的云南红黏土，除含水率及黏粒含量偏高外，其他指标满足防渗心墙土料质量要求，厚度为 2.9～6.5m，平均开采深度为 4.4m，储量为 27.81 万 m^3，剥采比为 0.11。有用层在地下水位以上开采，属Ⅱ类料场。

料场土料渗透系数低、黏粒含量及天然含水率高，其物理力学指标统计及质量技术评价见表 11.3-1 和表 11.3-2，德厚心墙土料与国内主要红黏土区红黏土物理力学参数对比见表 11.3-3。

以上各表反映出德厚大坝心墙土料具有典型南方红黏土特性：①渗透系数低；②黏粒含量及塑性指数高；③天然含水率高且变化范围大；④天然干密度及压实干密度低；⑤抗剪强度较同样密度的一般黏土高；⑥有中低压缩性。此类红黏土是湿热气候条件下的风化产物，因渗透系数较低而可作为较优质的天然防渗土料，但其高黏性、高含水率、低干密度、压实较普通黏土困难等特性，使其在以往高土石坝防渗体的应用中较为有限。

20 世纪 50—60 年代，云南省分别建成了曲靖花山、蒙自庄寨、会泽毛家村等土坝，为红黏土筑坝积累了成功经验。2008 年，文山暮底河水库成功建成，该工程距离德厚水库约 23km，为黏土心墙堆石坝，坝高为 67.6m，总库容为 5784.9 万 m^3，心墙土料采用石炭系上覆原生红黏土，与德厚土料具有相似的组成和性质，施工中采取了分区、立面开采、翻晒等措施，工程建成至今，大坝运行情况总体良好。

德厚水库防渗心墙红黏土与云南省部分已建工程红黏土物理力学参数见表 11.3-4。

表 11.3-1　　土料场防渗土料物理力学指标统计表

均值		黏粒含量/%	天然含水量/%	最优含水量/%	孔隙比	饱和度	土粒比重	天然干密度/(g/cm³)	最大干密度/(g/cm³)	塑限/%	塑性指数	垂直渗透系数/(cm/s)	直剪抗剪强度（饱和固结快剪）		压缩系数/MPa⁻¹(100～200)
													黏聚力/kPa	内摩擦角/(°)	
棕红色黏土	平均值	52.9	37.9	36.1	1.292	83.9	2.96	1.20	1.32	47.8	22.2	1.61×10^{-6}	25.5	25.2	0.255
	大值均值	56.4	39.8	37.2	1.327	86.0	3.02	1.25	1.36	50.0	24.3	2.64×10^{-6}	33.4	26.0	0.315
	小值均值	50.5	36.1	32.7	1.258	81.8	2.92	1.16	1.29	45.8	20.4	9.21×10^{-7}	19.3	24.0	0.195
	最大值	62.1	41.6	38.2	1.373	87.4	3.13	1.28	1.42	52.9	25.8	3.30×10^{-6}	41.0	27.4	0.370
	最小值	45.0	31.9	27.4	1.216	78.8	2.86	1.13	1.26	44.3	17.6	3.20×10^{-7}	10.3	21.7	0.140
	建议值	52.9	37.9	36.1	1.292	83.9	2.92	1.20	1.29	47.8	22.2	2.64×10^{-6}	19.3	24.0	0.315

注　1. 统计表中孔隙比及饱和度为按98%压实度控制备样的指标统计成果。
2. 指标统计建议值抗剪强度、土粒比重、最大干密度取小值均值，渗透系数、压缩系数取大值均值，其余指标取平均值。

表 11.3-2　　防渗土料质量技术评价表

指标名称	规范要求	试验指标	评　价
黏粒含量	15%～40%为宜	45.0%～62.1%	黏粒含量偏高（20组）
塑性指数 I_{P10}	10～20	17.6～25.8	塑性指数偏高（3组符合）
渗透系数	<1×10^{-5}cm/s	3.2×10^{-7}～3.3×10^{-6}cm/s	符合要求100%（20组）
有机质含量	<2%	0.09%～0.53%	符合要求100%（20组）
水溶盐含量	<3%	0.01%～0.05%	符合要求100%（20组）
天然含水率	与最优含水率或塑限含水率接近	31.9%～41.6%，不同深度含水率变化较大	

表 11.3－3　国内主要红黏土区红黏土物理力学参数表

地区	天然含水量/%	天然孔隙比	饱和度/%	塑限/%	黏粒含量/%	c/kPa	φ/(°)	压缩系数/MPa^{-1}
贵州	30～65	0.93～1.66	>90	21～63	—	18～90	4～20	0.10～1.01
湖南株洲	29～60	0.84～1.78	99	22～30	—	2～14	8～15	0.21～1.14
广西柳州	34～52	0.99～1.50	>97	27～53	—	14～90	10～26	0.10～0.37
四川溪口	29～46	0.85～1.29	>39	22～36	—	—	—	—
云南	27～55	0.90～1.60	>85	30～40	—	25～185	16～28	0.05～0.40
德厚水库（分母为平均值）	$\frac{31.9\sim41.6}{37.9}$	$\frac{1.22\sim1.37}{1.29}$	78.8～87.4	44.3～52.9	$\frac{45\sim62.1}{52.9}$	10.3～41	21.7～27.4	$\frac{0.14\sim0.37}{0.315}$

表 11.3－4　德厚水库与云南省部分已建工程红黏土物理力学参数表

工　程	最大坝高/m	黏粒含量/%	天然含水量/%	天然孔隙比	塑性指数	渗透系数/(cm/s)	c/kPa	φ/(°)	压缩系数/MPa^{-1}	击实干密度/(g/cm^3)
云南曲靖花山水库	33	$\frac{33.4\sim67.6}{41}$	$\frac{26.1\sim45.4}{35.4}$	$\frac{0.56\sim1.29}{0.94}$	$\frac{11.6\sim39.6}{22.9}$	$\frac{1.07\times10^{-9}\sim4.62\times10^{-6}}{1.5\times10^{-6}}$	—	$\frac{12.5\sim30.0}{20.7}$	$\frac{0.060\sim0.775}{0.317}$	$\frac{1.23\sim1.76}{1.45}$
云南文山暮底河水库	67.6	$\frac{26\sim45.5}{34.3}$	$\frac{21.8\sim43.7}{35.9}$	$\frac{0.80\sim1.24}{1.05}$	$\frac{11.6\sim31.6}{18.9}$	$\frac{5.85\times10^{-8}\sim8.86\times10^{-7}}{3.00\times10^{-7}}$	8	$\frac{22.3\sim26.4}{24.6}$	$\frac{0.12\sim0.24}{0.18}$	$\frac{1.27\sim1.57}{1.39}$
云南蒙自庄寨水库	27	—	—	—	—	—	12	21	—	0.94～1.30
德厚水库	70.9	$\frac{45\sim62.1}{52.9}$	$\frac{31.9\sim41.6}{37.9}$	$\frac{1.22\sim1.37}{1.29}$	$\frac{17.6\sim25.8}{22.2}$	$\frac{3.20\times10^{-7}\sim3.30\times10^{-6}}{2.64\times10^{-6}}$	10.3～41	21.7～27.4	$\frac{0.14\sim0.37}{0.315}$	$\frac{1.26\sim1.42}{1.29}$

注　表中分母为平均值。

11.3.2 施工参数及质量控制

11.3.2.1 现场碾压试验

大坝填筑前对心墙土料的施工参数和控制指标进行了现场碾压试验研究。在碾重22t的CLG6122振动凸块碾、行车速度2.5km/h的试验条件下，试验方法为双参数组合择优并最终验证法。首先以25cm、30cm及35cm三种不同铺土厚度，6遍、8遍及10遍三种碾压遍数分别组合，进行碾压试验，通过对结果的分析对比，选出其中较优的两种组合进行复核碾压及对比试验，最终推荐质量满足要求、经济合理的组合。试验成果汇总见表11.3-5。

表11.3-5　　德厚水库大坝心墙红黏土料现场碾压试验成果汇总表

铺土厚度/cm	碾压遍数	取样数量	平均含水率/%	干密度/(g/cm³)	压实度/%	最大干密度/(g/cm³)	室外渗透系数/(cm/s)	室内渗透系数/(cm/s)	备注
25	6	6	37.9	$\frac{1.28\sim1.33}{1.30}$	$\frac{97\sim97.8}{97.3}$	$\frac{1.32\sim1.36}{1.34}$	—	2.88×10^{-8}	组合试验
	8	8	36.2	$\frac{1.3\sim1.37}{1.33}$	$\frac{97\sim100}{98.2}$	$\frac{1.34\sim1.37}{1.36}$	—	7.28×10^{-8}	
	10	8	37.6	$\frac{1.29\sim1.35}{1.32}$	$\frac{96.3\sim99.3}{97.98}$	$\frac{1.34\sim1.36}{1.35}$	—	8.21×10^{-8}	
30	6	8	35.4	$\frac{1.29\sim1.35}{1.32}$	$\frac{96.3\sim98.5}{97.5}$	$\frac{1.34\sim1.37}{1.36}$	—	4.58×10^{-8}	
	8	8	38.2	$\frac{1.31\sim1.34}{1.33}$	$\frac{97.8\sim99.3}{98.6}$	$\frac{1.32\sim1.36}{1.35}$	—	2.11×10^{-7}	
	10	8	36.8	$\frac{1.31\sim1.36}{1.34}$	$\frac{97.8\sim100}{98.9}$	$\frac{1.34\sim1.36}{1.36}$	—	1.16×10^{-8}	
35	6	8	36.9	$\frac{1.31\sim1.34}{1.325}$	$\frac{96.3\sim98.5}{97.4}$	$\frac{1.36}{1.36}$	—	3.68×10^{-8}	
	8	8	36.9	$\frac{1.29\sim1.37}{1.32}$	$\frac{96.3\sim100}{97.7}$	$\frac{1.34\sim1.37}{1.35}$	—	2.72×10^{-8}	
	10	8	37.5	$\frac{1.3\sim1.33}{1.31}$	$\frac{97\sim98.5}{97.7}$	$\frac{1.34}{1.34}$	—	1.73×10^{-8}	
30	8	20	39.4	$\frac{1.29\sim1.33}{1.31}$	$\frac{97.7\sim99.3}{98.5}$	$\frac{1.32\sim1.34}{1.33}$	7.15×10^{-6}	7.95×10^{-9}	复核试验
35	8	28	37.9	$\frac{1.28\sim1.41}{1.34}$	$\frac{97.1\sim99.2}{98.2}$	$\frac{1.29\sim1.43}{1.37}$	7.15×10^{-6}	2.60×10^{-8}	

注　表中分母为平均值。

碾压试验表明，碾压遍数6遍时，三种铺厚土料的平均压实度均小于98%，提高至8遍后，压实度有所提高，继续增加遍数至10遍，压实度提高率降低。对30cm及35cm两种铺层厚度，按照8遍碾压复核后，渗透系数均能满足室外小于1×10^{-5}cm/s的要求，平均压实度均大于98%，其中采用30cm铺厚平均压实度为98.5%，采用35cm铺厚平均压实度为98.2%。

综合分析，6遍的碾压遍数不能满足压实度要求，碾压8遍时，平均压实度大于98%，铺土厚度30cm的压实度质量保证率明显优于35cm。考虑现场碾压试验与实际施工条件差别，确定施工铺土厚度为30cm±5cm，碾压8遍，压实度控制指标为不小于98%。心墙黏土料设计要求及施工参数见表11.3-6。

表 11.3-6 心墙黏土料设计要求及施工参数表

坝料指标	参数要求	坝料指标	参数要求
设计干密度/(g/cm³)	1.26～1.42	最大粒径控制/mm	≤20
渗透系数/(cm/s)	<5×10⁶	碾压设备	CLG6122 振动凸块碾
黏粒含量 (<0.005mm)/%	45.0～62.1	铺层厚度/cm	30±5
<0.075mm 含量/%	≥85	碾压遍数	8
最优含水率/%	27.4～38.2	行车速度/(km/h)	≤2.5
压实度	≥98%		

11.3.2.2 施工质量控制情况

坝体共填筑心墙黏土 292 层，填筑高度 72.61m，根据质量检测资料，德厚水库大坝心墙料渗透系数及压实度均满足设计要求，主要物理指标检测情况汇总见表 11.3-7。

表 11.3-7 填筑心墙料主要物理指标检测值汇总

项目	含水率/%	最优含水率/%	施工检测干密度/(g/cm³)	室内击实最大干密度/(g/cm³)	压实度/%	室内渗透系数/(cm/s)
平均值	38.1	38.1	1.33	1.33	100.0	2.2×10^{-7}
最大值	41.9	40.4	1.43	1.42	103.8	9.3×10^{-7}
最小值	33.3	34.2	1.27	1.29	98.4	9.2×10^{-9}
设计值	—	—	1.26～1.42	—	≥98	$<5\times10^{6}$

施工期质量检测表明，通过现场碾压试验研究，在合理的施工现场控制下，高含水率、高黏粒含量的红黏土仍是较为理想的防渗土料。

11.4 反滤料设计研究

11.4.1 Ⅰ反要求及加工中的问题

反滤层通过滤土及排水减压两个功能实现对心墙的保护作用。自 1922 年太沙基提出用反滤层防止土体渗透破坏理论起，坝工界越加认识到反滤层可以保护心墙渗流出逸点，防止心墙土颗粒流失，同时 100 倍级的心墙与反滤的渗透系数差使得反滤成为近似零势面，当渗流进入反滤后，渗透压力能够全部或大幅消失，因此反滤层是防止土体渗透破坏的最有效措施。此外，反滤料同时还一定程度地实现心墙料与坝壳料之间的颗粒级配过渡及变形协调，因此在满足“滤土、排水”准则的前提下合理设置反滤料是土质防渗体坝设计中的关键环节。

德厚水库工程区无天然反滤料源，反滤料采用石料场弱溶蚀风化灰岩料加工制备。由于心墙防渗土料黏粒含量平均高达 52.9%，小于 0.075mm 的粉粒及以下颗粒含量平均达 96.9%，所以德厚大坝反滤保护设计要求高，初步设计反滤料级配包络曲线特征值见表 11.4-1。

表 11.4-1 原设计反滤料级配包络曲线特征值表

粒径范围		反滤料粒径/mm							C_u
		D_5	D_{10}	D_{15}	D_{60}	D_{85}	D_{90}	D_{100}	D_{60}/D_{10}
Ⅰ反	最大（下包线）	0.15	0.17	0.2	1	1.8	2	5	5.88
	最小（上包线）	0.075	0.083	0.1	0.33	0.6	0.7	1.5	4
Ⅱ反	最大（下包线）	3	4	5	20	25	30	60	5
	最小（上包线）	0.8	1	1.2	5	6.5	7.5	15	5

施工备料中，施工单位按照表 11.4-1 对Ⅰ反料加工反复进行调试，由于颗粒较细，加工较为困难，日均产量不足 70m^3，并且级配控制也存在难度，备料能力不满足坝体填筑进度要求。

11.4.2 渗透破坏试验研究及包络线优化调整

为解决施工中质量与进度间的矛盾，施工期开展渗透破坏试验，采用 4 种级配方案的Ⅰ反料分别与心墙黏土料进行组合试验，研究Ⅰ反料优化调整的可能性，渗透破坏试验成果见表 11.4-2，渗透破坏试验 lg$I$-lg$v$ 关系曲线如图 11.4-1～图 11.4-4 所示。

表 11.4-2 德厚水库渗透破坏试验成果汇总表

试验编号	颗粒组成/%								反滤料特征粒径		（综合）渗透系数 K_{20} /(cm/s)	临界比降	破坏比降	破坏形式
	20～10mm	10～5mm	5～2mm	2～1mm	1～0.5mm	0.5～0.25mm	0.25～0.075mm	<0.075mm	D_{max} /mm	D_{15} /mm				
黏土								96.7			5.95×10^{-7}	24	47	流土
黏土+Ⅰ反1号	—	6.7	40.7	9.3	16.3	17.8	7.3	1.9	10	0.35	1.44×10^{-6}	15.5	34	流土
黏土+Ⅰ反2号	0.7	27.6	35.5	7.3	9.6	10.9	6.1	2.3	20	0.4	1.57×10^{-7}	34	67.5	流土
黏土+Ⅰ反3号	0.1	12.8	15.7	5.6	20	34	9.6	2.2	5	0.13	3.55×10^{-7}	24	55	流土
黏土+Ⅰ反4号	14	14	21.5	19	19	12.5	—	—	20	0.55	2.35×10^{-7}	20	41	流土

注 黏土料按 98%压实度制样，反滤料按相对密度 0.75 制样。

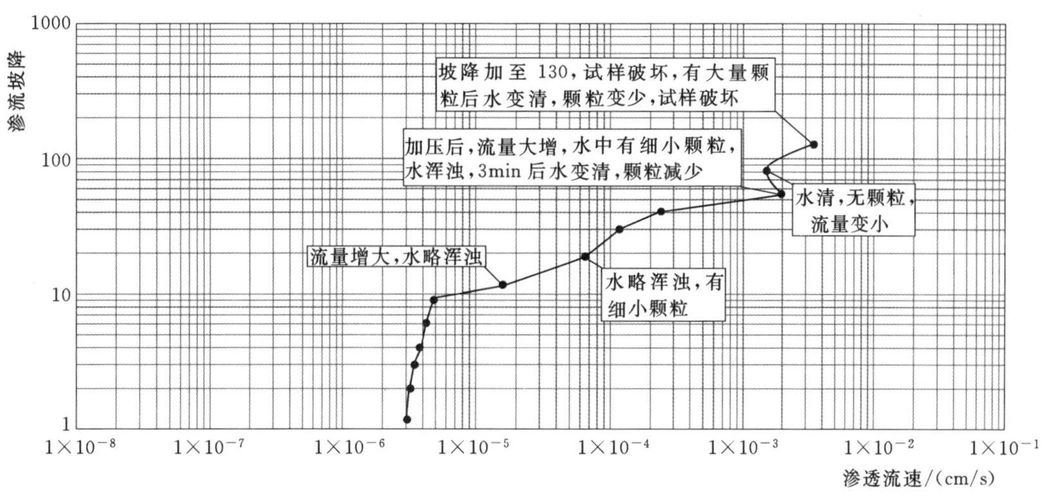

图 11.4-1 黏土+Ⅰ反 1 号渗透破坏试验 lg$I$-lg$v$ 关系曲线

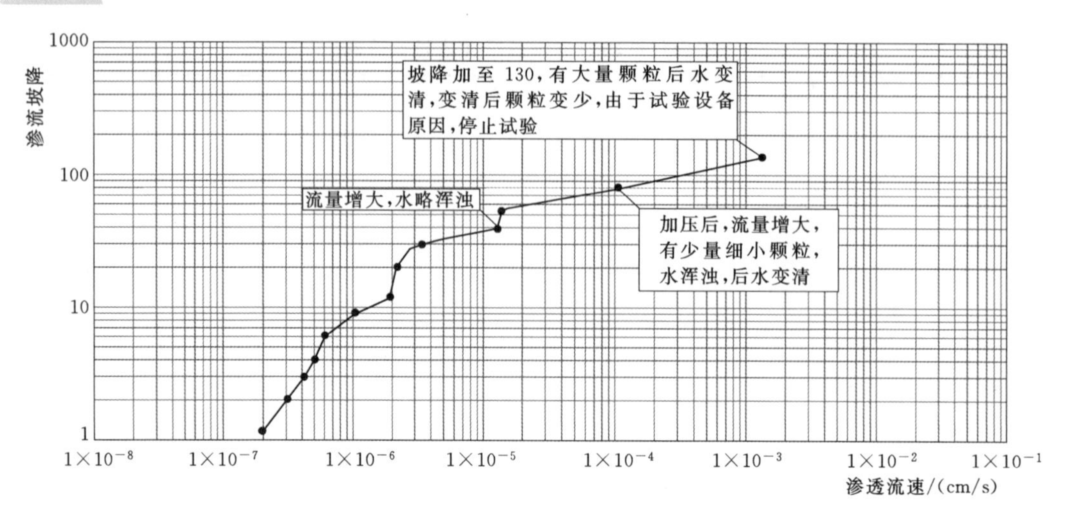

图 11.4-2 黏土+Ⅰ反 2 号渗透破坏试验 $\lg I-\lg v$ 关系曲线

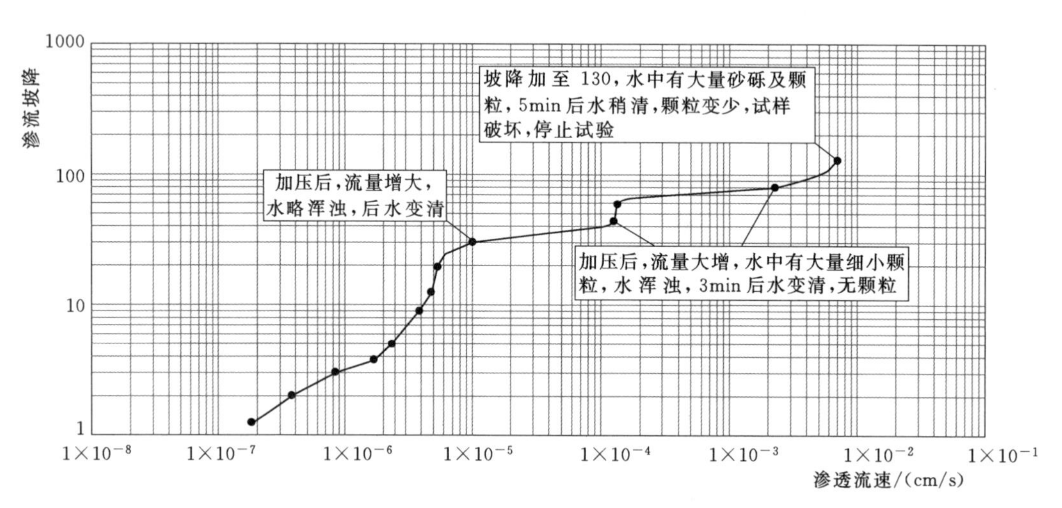

图 11.4-3 黏土+Ⅰ反 3 号渗透破坏试验 $\lg I-\lg v$ 关系曲线

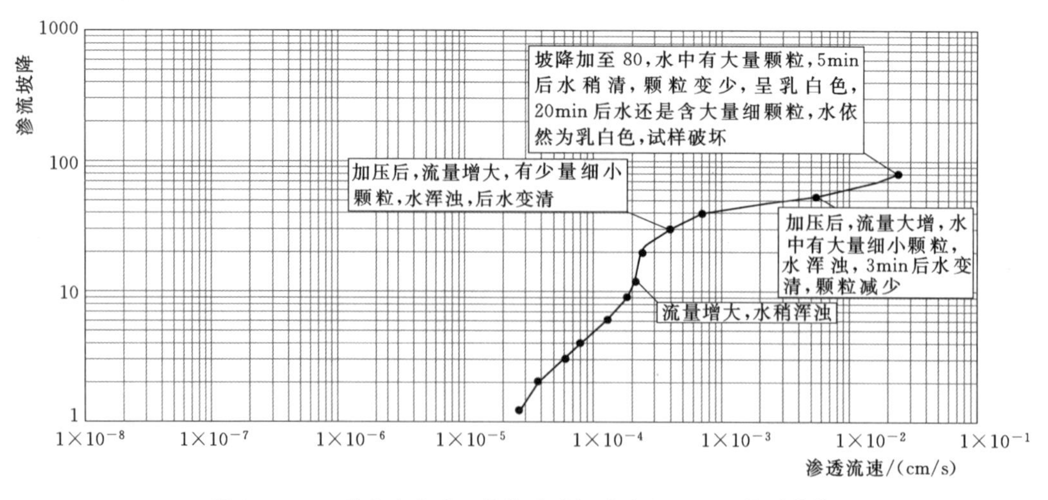

图 11.4-4 黏土+Ⅰ反 4 号渗透破坏试验 $\lg I-\lg v$ 关系曲线

试验显示，心墙在4组Ⅰ反料的保护下，均具有较高的抗渗变能力，其中心墙+2号Ⅰ反的整体抗渗临界比降为34，考虑施工条件与试验室内条件的差异，按照安全系数5计算得到的允许渗透比降为6.8，仍大幅高于心墙下游出逸比降1.28，满足渗透稳定要求并具有较大安全富余。

渗透破坏试验为设计对反滤料进行调整提供了支撑，考虑施工中不均匀系数大，可能造成的颗粒分离的不利因素，同时兼顾加工制备的便利，在满足最小有效粒径 D_{15min} 为规范允许最小值0.1mm的情况下，按照粗细带宽比约为3.5进行Ⅰ反料包络线调整。调整后反滤料包络特征值见表11.4-3，调整前后包络线如图11.4-5所示。

表11.4-3 调整反滤料级配包络曲线特征值表

粒径范围		反滤料粒径/mm							C_u	备注
		D_5	D_{10}	D_{15}	D_{60}	D_{85}	D_{90}	D_{100}	D_{60}/D_{10}	
Ⅰ反	最大（下包线）	0.2	0.3	0.35	1.8	3.5	4	6	6	调整
	最小（上包线）	0.075	0.083	0.1	0.5	1.1	1.3	2	6	
Ⅱ反	最大（下包线）	3	4	5	20	25	30	60	5	未调整
	最小（上包线）	0.8	1	1.2	5	6.5	7.5	15	5	

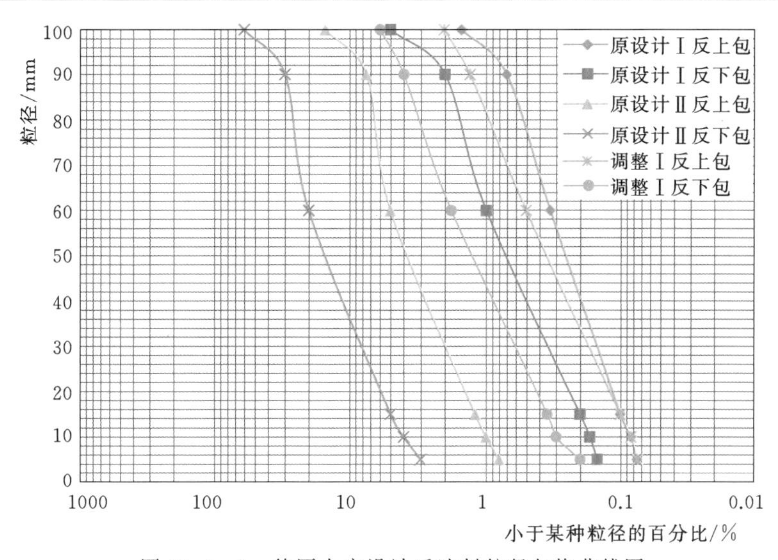

图11.4-5 德厚水库设计反滤料粒径包络曲线图

11.4.3 施工质量控制情况

德厚水库大坝填筑施工中，第三方质量检测单位每隔一层对反滤料进行随机抽样质量检测，主要检测指标包括干密度、相对密度、小于0.075mm颗粒含量及渗透系数，同时对抽样样本进行筛分，检测反滤料的颗粒级配特性。检测情况汇总见表11.4-4和表11.4-5，颗分曲线如图11.4-6所示。

检测显示，填筑反滤料的各项物理指标符合设计要求；颗粒均位于设计包络线内，级配连续，分布范围较为集中，无明显的离散现象，其中Ⅰ反料控制粒径 D_{15}=0.15～0.3mm，

表 11.4-4　反滤料主要物理及颗粒特性指标检测值汇总

坝料	部位	项目	干密度 /(g/cm³)	相对密度	<0.075mm 含量/%	D_{15} /mm	D_{60} /mm	D_{100} /mm	渗透系数 /(cm/s)
Ⅰ反	上游	平均值	1.95	0.85	4.2	0.25	1.2	5	8.1×10^{-3}
		范围值	1.91～2.01	0.77～0.94	3.4～4.9	0.18～0.3	0.8～1.6	5	$6.5\times10^{-3}\sim9.6\times10^{-3}$
	下游	平均值	1.96	0.86	4.1	0.25	1.2	5	8.3×10^{-3}
		范围值	1.92～2.0	0.77～0.96	3.4～4.9	0.16～0.3	0.9～1.7	5	$6.4\times10^{-3}\sim1.5\times10^{-2}$
	设计值		—	≥0.75	≤5%	0.1～0.35	0.5～1.8	2～6	$\geqslant5.8\times10^{-3}$
Ⅱ反	上游	平均值	1.94	0.88	1.9	2.7	11.3	40	1.6×10^{-1}
		范围值	1.91～1.97	0.75～0.97	1.0～2.8	1.8～3.7	8.5～12	40	$1.5\times10^{-2}\sim4.6\times10^{-1}$
	下游	平均值	1.94	0.88	1.9	2.75	11.5	40	1.4×10^{-1}
		范围值	1.91～1.97	0.75～0.97	1.1～2.8	1.8～3.5	8.5～12	40	$1.6\times10^{-2}\sim3.5\times10^{-1}$
	设计值		—	≥0.75	≤5	1.2～5	5～20	15～60	$\geqslant(1\sim3)\times10^{-2}$

注　本表照第三方检测资料统计。

表 11.4-5　反滤料检测颗粒分析汇总表

坝料	部位	项目	小于某粒径百分含量/%									
			40mm	20mm	10mm	5mm	2mm	1mm	0.5mm	0.25mm	0.1mm	0.075mm
Ⅰ反	上游	平均值			100	98.2	72.3	53.3	33.4	15.8	7.3	4.2
		范围值			100	97～99.2	65.3～81.7	45.1～64.4	27.3～40.8	12.6～19.6	5.7～9.4	3.4～4.9
	下游	平均值			100	98.2	72	54	33.6	15.8	7.4	4.1
		范围值			100	97～99.2	64.5～83.9	45.6～65.2	27.3～44.3	11.6～20.6	5.6～9.6	3.4～4.9
Ⅱ反	上游	平均值	100	83.7	57.1	30.2	10.5	6.8	4.8	3.4	2.5	1.9
		范围值	100	77.1～89.7	42.3～71.8	20.3～38.7	6.9～15.9	4.8～9.2	3.3～6.2	2.3～4.6	1.6～3.3	1～2.8
	下游	平均值	100	83.7	57.1	31.4	10.1	6.4	4.6	3.3	2.4	1.9
		范围值	100	77.2～89.4	44.3～70.2	21.9～40.1	7.2～15.6	4.8～8.4	3～6.7	2.2～4.8	1.5～3.6	1.1～2.8

注　本表照第三方检测资料统计。

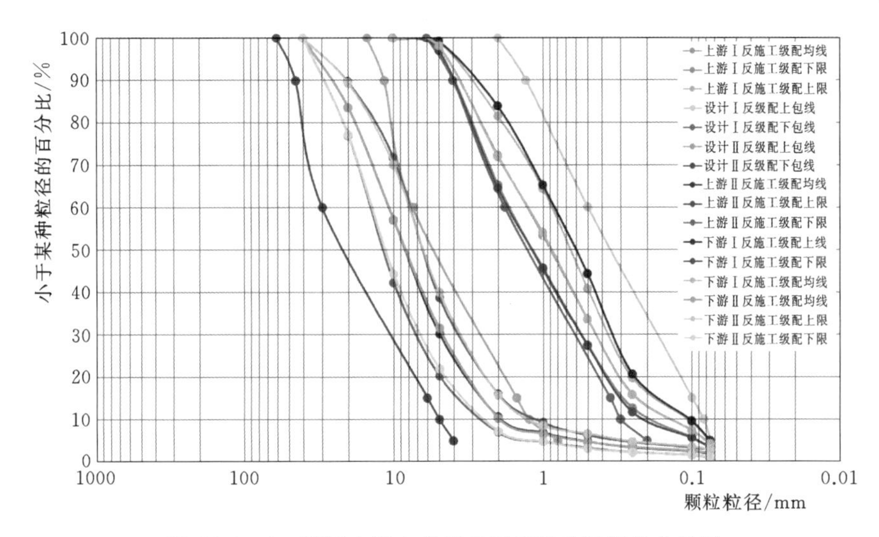

图 11.4-6 德厚水库大坝填筑反滤料检测颗分曲线图

平均为 0.25mm，D_{60}＝0.85～1.8mm，平均为 1.2mm，反滤料颗粒级配控制满足要求。

11.5 坝壳料设计

11.5.1 料源

11.5.1.1 石料场堆石料

坝壳堆石料场位于坝址上游咪哩河左岸山坡，距离坝址约 1.5km，料场分布高程为 1370.00～1490.00m，相对高差约 120m，地形坡度 15°～45°。料场大部基岩裸露，料场顶部有少量地表第四系覆盖层分布，厚度 3～6m，用料地层为石炭系下统（C_1）灰白、白色厚层、巨厚层状微晶、细晶灰岩，岩质中硬。料场区无大的断裂构造通过，结构面以节理及裂隙性溶隙为主。开采深度范围内岩溶发育程度为中等—强烈发育，喀斯特发育形式以溶洞和溶隙为主，表层强烈溶蚀带下限埋深约 4～8m。料场开挖不受地下水活动影响。受溶蚀的影响，岩体质量局部存在差异，属Ⅱ类料场。有用层储量为 241.91 万 m^3，剥离量为 54.50 万 m^3，剥采比 0.23。

料场灰岩饱和抗压强度 R_b＝35～40MPa，属中硬岩，满足大坝堆石料用料要求，但应尽量剔除溶蚀夹泥的黏土团块。堆石料试验成果汇总见表 11.5-1。

表 11.5-1 堆石料试验成果汇总表

项目	控制干密度 /(g/cm³)	控制孔隙率 /%	线性强度		非线性强度		垂直渗透系数 /(cm/s)
			c/kPa	φ/(°)	φ_0/(°)	Δ_m/(°)	
平均值	2.13	21.5	150.1	42.0	55.0	11.3	6.3×10^{-1}
小值平均	2.12	21.1	139.3	41.4	54.0	9.6	5.3×10^{-1}
建议值	2.10～2.15	20～22	40～45	39～40	53～54	9～10	$5\sim20\times10^{-2}$

11.5.1.2 大坝枢纽开挖料利用

除从选定石料场开采坝壳料外，结合大坝枢纽开挖量大、质优的特点，德厚水库在大坝下游干燥区采用开挖料进行填筑。

大坝枢纽建筑物土石方明挖总量为 65.97 万 m^3，由于坝址两岸地形陡峻、岸坡基岩出露，基础开挖料大部分为弱溶蚀风化灰岩，其中仅大坝及溢洪道基础石方开挖即为 38.5 万 m^3 和 11.24 万 m^3。结合土石坝各分区功能、应力及变形状态，合理将这部分优质材料用于大坝干燥区填筑，能够有效减少料场开采、减少弃渣、减少占地、降低水土保持投资。为此在分区设计中，德厚大坝在心墙下游坝体 1332.00～1360.90m 高程间设置利用料填筑区，共填筑坝基及溢洪道开挖灰岩石料 10.87 万 m^3。

11.5.2 施工参数及质量控制情况

11.5.2.1 施工参数研究

大坝填筑前，对坝壳堆石料和下游利用料的施工参数和控制指标分别进行了现场碾压试验研究。试验采取双参数组合试验后进行择优，在同一压实设备、相同行车速度下，首先以 80cm、90cm、100cm 三种不同铺土厚度与 6 遍、8 遍、10 遍三种碾压遍数分别进行组合碾压试验，每种组合取碾压后试样 3 组检测压实干密度、孔隙率和渗透系数，对其结果进行分析对比，选出其中较优的一种组合作为推荐施工组合。

坝壳堆石料设计参数及试验成果汇总见表 11.5-2。下游利用料设计参数及试验成果汇总见表 11.5-3。

表 11.5-2 坝壳堆石料设计参数及试验成果汇总

铺料厚/cm	碾压遍数	湿密度/(g/cm³)	含水率/%	干密度/(g/cm³)	颗粒密度/(g/cm³)	孔隙率/%	平均干密度/(g/cm³)	试坑渗透系数/(cm/s)
80	6	2.152	1.5	2.12	2.705	21.6	2.15	1.03×10^{-1}
		2.216	1.2	2.19	2.705	19		1.12×10^{-1}
		2.178	1.3	2.15	2.705	20.5		1.22×10^{-1}
	8	2.185	2.1	2.14	2.711	21.1	2.16	1.62×10^{-2}
		2.147	1.3	2.12	2.711	21.8		1.32×10^{-1}
		2.261	1.4	2.23	2.711	17.9		8.62×10^{-2}
	10	2.145	1.2	2.12	2.701	21.5	2.16	1.03×10^{-1}
		2.164	1.1	2.14	2.701	20.8		1.54×10^{-1}
		2.253	1.5	2.22	2.701	17.8		8.52×10^{-2}
90	6	2.154	1.6	2.12	2.699	21.5	2.12	1.22×10^{-1}
		2.135	1.2	2.11	2.699	21.8		9.31×10^{-2}
		2.143	1.1	2.12	2.699	21.5		1.77×10^{-1}
	8	2.237	1.2	2.21	2.705	18.3	2.16	7.80×10^{-2}
		2.141	1	2.12	2.705	21.6		9.80×10^{-2}
		2.172	1.5	2.14	2.705	20.9		1.28×10^{-1}
	10	2.226	1.2	2.2	2.698	18.5	2.16	9.01×10^{-2}
		2.178	1.3	2.15	2.698	20.3		9.82×10^{-2}
		2.15	1.4	2.12	2.698	21.1		1.35×10^{-1}

续表

铺料厚/cm	碾压遍数	湿密度/(g/cm³)	含水率/%	干密度/(g/cm³)	颗粒密度/(g/cm³)	孔隙率/%	平均干密度/(g/cm³)	试坑渗透系数/(cm/s)
100	6	2.105	1.2	2.08	2.714	23.4	2.08	1.71×10^{-1}
		2.148	1.3	2.12	2.714	21.9		8.30×10^{-2}
		2.077	1.3	2.05	2.714	24.4		2.98×10^{-1}
	8	2.2	1.4	2.17	2.708	19.9	2.13	7.39×10^{-2}
		2.156	1.2	2.13	2.708	21.3		8.34×10^{-2}
		2.145	1.2	2.12	2.708	21.7		8.50×10^{-2}
	10	2.168	1.3	2.14	2.716	21.2	2.16	8.05×10^{-2}
		2.16	1.4	2.13	2.716	21.6		9.64×10^{-2}
		2.239	1.3	2.21	2.716	18.6		7.75×10^{-2}
设计要求						≤22%	≥2.12	$>5.0\times10^{-2}$

表 11.5-3　　下游利用料设计参数及试验成果汇总

铺料厚/cm	碾压遍数	湿密度/(g/cm³)	含水率/%	干密度/(g/cm³)	颗粒密度/(g/cm³)	孔隙率/%	平均干密度/(g/cm³)	试坑渗透系数/(cm/s)
80	6	2.027	2.4	2.15	2.703	20.5	2.15	1.77×10^{-1}
		2.241	2.8	2.18	2.703	19.3		1.30×10^{-1}
		2.213	2	2.17	2.703	19.7		1.27×10^{-1}
80	8	2.231	2.5	2.18	2.712	19.6	2.17	9.39×10^{-2}
		2.267	1.6	2.23	2.712	17.8		7.58×10^{-2}
		2.204	1.4	2.17	2.712	20		1.06×10^{-1}
80	10	2.234	1.7	2.2	2.698	18.5	2.17	1.03×10^{-1}
		2.244	1.9	2.2	2.698	18.5		6.63×10^{-2}
		2.224	2	2.18	2.698	19.2		6.52×10^{-2}
90	6	2.222	2.3	2.17	2.719	20.2	2.17	1.42×10^{-1}
		2.223	1.5	2.19	2.719	19.5		1.41×10^{-1}
		2.158	1.5	2.13	2.719	21.7		2.77×10^{-1}
90	8	2.243	2	2.2	2.699	18.5	2.19	8.80×10^{-2}
		2.249	2.2	2.2	2.699	18.5		1.80×10^{-1}
		2.217	2.2	2.17	2.699	19.6		1.28×10^{-1}
90	10	2.214	2	2.17	2.699	19.6	2.19	1.01×10^{-1}
		2.235	1.9	2.19	2.699	18.9		8.00×10^{-2}
		2.269	2.3	2.22	2.699	17.7		1.95×10^{-1}
100	6	2.153	2.1	2.11	2.72	22.4	2.1	6.71×10^{-2}
		2.133	1.7	2.1	2.72	22.8		2.30×10^{-1}
		2.135	2.2	2.09	2.72	23.2		1.28×10^{-1}

续表

铺料厚/cm	碾压遍数	湿密度/(g/cm³)	含水率/%	干密度/(g/cm³)	颗粒密度/(g/cm³)	孔隙率/%	平均干密度/(g/cm³)	试坑渗透系数/(cm/s)
100	8	2.262	1.8	2.22	2.708	18	2.18	7.39×10^{-2}
		2.206	1.6	2.17	2.708	19.9		8.34×10^{-2}
		2.17	1.6	2.14	2.708	20.9		6.50×10^{-2}
100	10	2.202	2.1	2.16	2.7	20	2.19	8.05×10^{-2}
		2.233	2.4	2.18	2.7	19.3		5.64×10^{-2}
		2.276	2	2.23	2.7	17.4		5.75×10^{-2}
设计要求						≤22	≥2.12	$>5.0\times10^{-2}$

由堆石料碾压试验汇总表可见，各组合下压实坝料渗透系数均能满足设计大于 5.0×10^{-2}cm/s 的要求。各不同的铺料厚度下，干密度与碾压遍数相关性均较强，当碾压 10 遍时，三种铺厚坝壳料压后干密度基本趋于一致，达最大值 2.16g/cm³；铺厚 90cm、100cm 时，干密度随碾压遍数的增加而增大，在 8 遍的碾压遍数下，铺厚 90cm 可达最大干密度，铺厚 100cm 的压后干密度为 2.13g/cm³，大于设计要求的 2.12g/cm³；碾压 6 遍时，铺厚 100cm 不能达到设计干密度及孔隙率要求。

下游利用料的现场碾压试验表现出与堆石料相同的变化趋势。由于下游利用料采用的是大坝开挖料，基本为新鲜—弱微溶蚀风化灰岩，料质级配略优于石料场初期开采的堆石料，因此，试验所得最大干密度略有增大，为 2.19g/cm³。

考虑现场碾压试验与实际施工条件差别，确定坝壳料施工参数均采用铺土厚度（100±10)cm，振动平碾碾压 8 遍，行车速度不大于 3.0km/h。坝壳料设计要求及施工参数见表 11.5-4。

表 11.5-4　　德厚水库坝壳料设计及施工主要参数

坝料指标	主堆石料	下游利用料
设计干密度/(g/cm³)	≥2.12	≥2.12
渗透系数/(cm/s)	$>5.0\times10^{-2}$	$>5.0\times10^{-2}$
<0.075mm 含量/%	<5	<5
<5mm 含量/%	<20	<20
孔隙率/%	≤22	≤22
最大粒径控制/mm	≤600	≤600
碾压设备	YZ32Y2 振动平碾	
碾压遍数	8	
行车速度/(km/h)	≤3	
铺层厚度/cm	100±10	

11.5.2.2　施工质量控制情况

德厚水库大坝填筑施工中，第三方质量检测单位每隔一层对坝壳料进行随机抽样质量检测，主要检测指标包括干密度、孔隙率、小于 5mm 颗粒含量、小于 0.075mm 颗粒含量及渗透系数，同时对抽样样本进行筛分，检测反滤料的颗粒级配特性。检测情况汇总见表 11.5-5，颗粒分布如图 11.5-1 所示。

表 11.5-5　　坝壳堆石料主要物理指标检测值汇总

部位	项目	干密度 /(g/cm³)	孔隙率 /%	<0.075mm 含量 /%	<5mm 含量 /%	渗透系数 /(cm/s)
上游主堆料	平均值	2.16	20.5	0.6	8.2	2.1×10^{-1}
	最大值	2.19	21.7	1.2	13.7	4.2×10^{-1}
	最小值	2.12	19.3	0.2	5.7	6.4×10^{-2}
下游主堆料	平均值	2.17	20.3	0.6	7.7	2.4×10^{-1}
	最大值	2.19	21.8	1.4	14.6	4.5×10^{-1}
	最小值	2.13	19	0.2	4.4	6.1×10^{-2}
下游利用料	平均值	2.16	20.4	1.6	7.1	2.2×10^{-1}
	最大值	2.19	21.4	1.1	2.2	3.9×10^{-1}
	最小值	2.14	19.7	0.3	2.1	7.3×10^{-2}
设计值		≥2.12	≤22	≤5	<20	$>5\times10^{-2}$

注　本表照第三方检测资料统计。

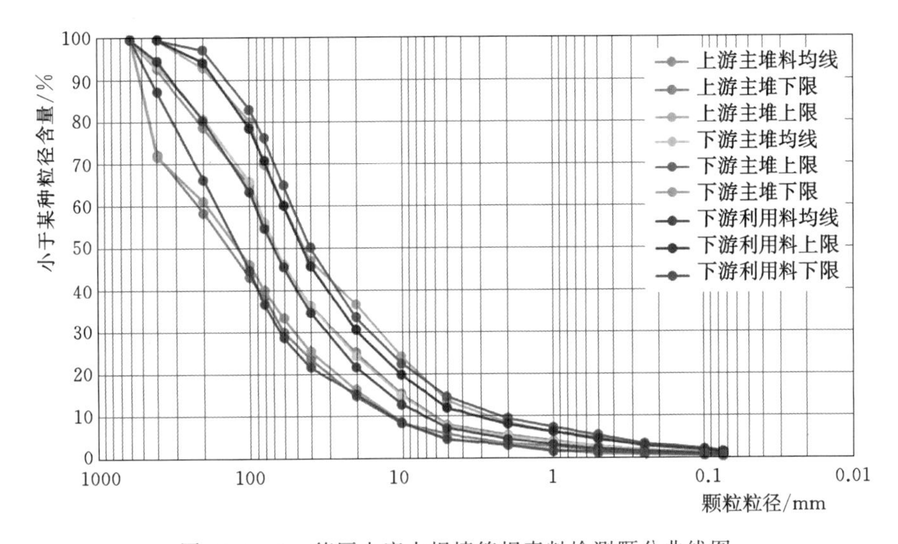

图 11.5-1　德厚水库大坝填筑坝壳料检测颗分曲线图

检测显示，填筑坝壳主堆料和利用料的各项物理指标符合设计要求；颗粒级配连续，分布合理，无明显的离散现象，颗粒级配控制满足要求。

11.6　结语

云南省文山州德厚水库地处边疆少数民族地区，是“十二五”期间开工建设的 172 项节水供水重大水利工程之一。工程的建设不仅为治理边疆少数民族地区的“石漠化”及地区农业灌溉、工业园区发展、城镇居民用水提供水源保障，还为喀斯特区红黏土防渗水利工程建设积累了技术经验。

（1）德厚水库大坝采用工程区地表广泛覆盖的红黏土进行防渗心墙填筑。自毛家村、庄寨、暮底河等水库成功建设运行后，逐渐积累了经验，经对以上工程的类比及对本区红黏土物理力学特性的研究，结合现场碾压试验，提出 98%的压实度控制指标。根据心墙施工质量检测资料，土料平均渗透系数为 2.2×10^{-7}cm/s，压实度最小为 98.4%，平均为 100.0%，两项主要控制指标均满足设计要求。

（2）红黏土作为防渗材料具有渗透系数低、自身抗渗透变形能力强的优势，同时存在黏粒、细粒含量高，其保护Ⅰ反料颗粒细、级配不易控制、加工成本高、效率低的特点。德厚水库土料场红黏土中小于 0.075mm 的颗粒含量平均大于 95%，给反滤料生产和级配控制带来困难。通过渗透破坏试验，验证了Ⅰ反料级配适当放宽、加粗其有效粒径 D_{15}的可行性。

本书编撰时工程已开始蓄水，但未达到正常蓄水位，本章所涉及的研究思路及研究数据仅供参考。

第12章 红黏土在暮底河水库大坝防渗心墙中的应用

12.1 概要

云南省文山县暮底河水库大坝为黏土心墙灰岩堆石坝，心墙采用灰岩风化的残坡积层红黏土料进行填筑。该黏土料为高塑性黏土，击实最大干密度偏低，天然含水率偏高，但在较低的填筑干密度和较高填筑含水率下，仍具有较高的抗剪强度、较低的压缩性和较小的渗透系数，可用于填筑分区坝的防渗体。水库蓄水运行10余年，在不同库水位情况下实测渗流量均小于设计计算值，大坝沉降及变形稳定，运行状态良好。说明采用灰岩风化的残坡积层红黏土料作为大坝心墙防渗料在暮底河水库工程中的应用是成功的。

12.2 工程概况

暮底河水库位于文山市西北方向，红河流域盘龙河一级支流暮底河下游河段，距文山市13km。水库控制径流面积307km^2，水库总库容为5784.9万m^3，是一座以灌溉为主，兼顾城镇供水、防洪等综合利用的中型水利工程。水库枢纽建筑物由大坝、溢洪道、导流放空隧洞和输水隧洞组成。工程于2001年12月开工，2006年11月30日实现下闸蓄水。

暮底河水库大坝为红黏土心墙灰岩堆石坝，最大坝高67.6m，坝顶宽8m，坝顶长320m，坝顶高程为1339.60m，坝顶上游侧设1.2m高的防浪墙，上游坝坡1：1.8、1：2.0；下游坝坡1：1.8。心墙顶部高程1339.20m，顶部宽度3m，上、下游坡比均为1：0.25，底宽为37.125m。大坝标准剖面如图12.2-1所示。

12.3 地质条件

12.3.1 工程区地质条件

工程区位于南岭构造体系的西端，青藏滇缅印尼“歹”字形构造体系中部东支的东侧，区域构造相对稳定。坝址区地貌为河谷冲洪积地貌及谷坡构造剥蚀地貌，物理地质现

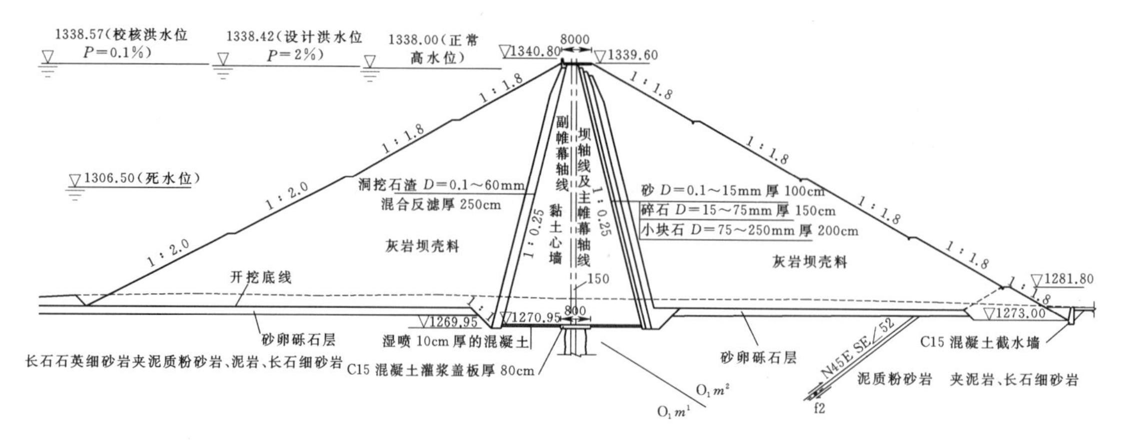

图 12.2-1　大坝标准剖面

象不发育，主要为滑坡、坍塌、冲沟及岩石风化。岩层为第四系（Q），中石炭统威宁组（C_2w）中厚层至厚层状弱风化灰岩，厚度大于 40m，及下伏奥陶统湄潭组（O_1m）弱风化长石石英细砂岩、泥质粉砂岩，厚度大于 300m，灰岩与砂岩呈断层接触。受区域构造 F_{18}、F_{11}、F_{12}、F_4 断裂切割影响，地质构造发育，岩层呈单斜产出，为斜向谷地质结构。

坝址区地下水主要为大气降水补给，地下水类型为孔隙水和基岩裂隙水。孔隙水主要分布在第四系冲洪积层和滑坡堆积层；基岩裂隙水主要分布在下奥陶统湄潭组（O_1m^1、O_1m^2）的强—弱风化长石石英细砂岩、泥质粉砂岩内。

工程区地震基本烈度为Ⅵ度，地震动峰值加速度 0.05g。

12.3.2　黏土料场基本情况

坝址区共有土料场 2 个，1 号防渗土料场和 2 号防渗土料场。1 号防渗土料场上部为第四系残坡积 Q^{edl}，残坡积上部为红黏土，残坡积下部为棕黄色、黄色夹灰白色黏土，含少量铁锰质颗粒。下伏基岩为石炭系中统威宁组（C_2w）的灰岩、含生物碎屑灰岩。料场有用层为残坡积第①层及第②层上部的红黏土，为灰岩（C_2w）的风化产物。料区多为耕地，少部分种植三七，石牙、峰林零星分布在场区内；料场平均剥离厚度 0.4m，有用层厚度变化大，最薄 1.1m，最厚达 7.3m，平均开采深度 4.24m，详查储量 40.8 万 m^3，设计用量 22.5 万 m^3。料场分为 A 区、B 区、C 区、D 区，其中：A 区、B 区、C 区为推荐开采场区；D 区土料质量变化较大，视为无用场区。

2 号防渗土料场被文山至喜古公路分为 A、B 两区。A 区上部为第四系残坡积层，下伏基岩为 P_2l 泥质粉砂岩，该区平均剥离厚度 0.8m，有用层厚度 2.5～4.0m。B 区上部为第四系残坡积层，下伏基岩为 C_2w 灰岩，有用层厚度 2.5～4.0m，详查储量 44.2 万 m^3。2 号防渗土料场取 6 组原状样，6 组扰动样进行试验，黏粒含量平均值为 38.9%，最大值为 45.5%，塑性指数平均值为 27.5，最优含水率平均值为 37.5%，垂直渗透系数平均值为 5.39×10^{-5}cm/s$>1\times10^{-5}$cm/s，不满足规范要求，不宜开采上坝。

12.4 红黏土特性研究

12.4.1 勘察阶段试验研究

前期勘察初步设计阶段，根据1号防渗土料场的地形、地貌及地质条件，分别对A区、B区、C区、D区分层取有代表性的试样共25组进行试验。试验结果见表12.4-1～表12.4-12。

(1) A区试验。分别对A区残坡积第①层和残坡积第②层取样4组进行试验。试验结果见表12.4-1～表12.4-4。

根据试验结果，A区土料的主要特性如下：

1) 黏粒含量：残坡积第①层平均值为31.93%，第②层平均值为38.60%，第①层优于第②层。

2) 塑性指数：残坡积第①层平均值17.93，第②层平均值为23.40；残坡积第②层的塑性指数偏高。

3) 击实最大干密度：残坡积第①层平均值为1.34g/cm^3；第②层平均值为1.28g/cm^3，总体上击实最大干密度偏小，第①层优于第②层。

4) 最优含水率：残坡积第①层平均值为37.4%，天然含水率平均值为35.68%；第②层平均值为40.75%，天然含水率平均值为35.4%。残坡积第①层的天然含水率与最优含水率较接近，第②层的天然含水率与最优含水率相差较大。

5) 垂直渗透系数：残坡积第①层为1.91×10^{-7}cm/s，第②层为1.53×10^{-7}cm/s，均小于1×10^{-5}cm/s，满足防渗土料质量要求。

6) 压缩系数：残坡积第①层$a_{0.1\sim0.2}$=0.19MPa^{-1}，第②层$a_{0.1\sim0.2}$=0.24MPa^{-1}，为中等压缩性土，第①层优于第②层。

(2) B区试验。分别对B区残坡积第①层和第②层取样2组进行试验。试验结果见表12.4-5～表12.4-8。

根据试验结果，B区土料的主要特性如下：

1) 黏粒含量：均小于40%。其中：残坡积第①层平均值为36.75%，第②层平均值为37%。

2) 塑性指数：残坡积第①层平均值为18.0，第②层平均值为18.7。

3) 击实最大干密度：残坡积第①层平均值为1.315g/cm^3，第②层平均值为1.32g/cm^3。

4) 最优含水率：残坡积第①层平均值为38.25%，天然含水率平均值为41.1%；第②层平均值为39.55%，天然含水率平均值为40.6%。天然含水率均大于最优含水率。

5) 垂直渗透系数：残坡积第①层为2.49×10^{-7}cm/s，第②层为2.45×10^{-7}cm/s，均小于1×10^{-5}cm/s，满足防渗土料的质量要求。

6) 压缩系数：残坡积第①层$a_{0.1\sim0.2}$=0.155MPa^{-1}，第②层$a_{0.1\sim0.2}$=0.135MPa^{-1}，为中等压缩性土。

表 12.4-1　　勘察阶段1号防渗土料场A区第①层物理性质试验成果表

土样编号		天然状态的物理指标					土粒比重	液限/%	塑限/%	塑性指数	颗粒组成/%								分类定名
室内	室外	含水率/%	密度/(g/cm³) 湿	密度/(g/cm³) 干	孔隙比(击实后)	击实后饱和度/%					砂 粗	砂 中	砂 细	砂 极细	粉粒 粗	粉粒 细	黏粒	胶粒	
											颗粒粒径/mm 2～0.5	0.5～0.25	0.25～0.1	0.1～0.05	0.05～0.005	0.01～0.005	<0.005	<0.002	
00Ⅱ052	RD3	39.9	1.4	1	1.158	92.2	2.87	67.3	49.7	17.6		1.4	9.5	17.5	36.9		34.7	24	高液限粉质土 MH
00Ⅱ054	RD5	30.8	1.73	1.32	1.12	98.7	2.82	73.8	54	19.8	1	2	15.8	18.8	32.9		29.5	21.3	高液限粉质土 MH
00Ⅱ061	RD12	40	1.42	1.01	1.119	92.9	2.84	69.3	52.1	17.2		0.8	7	20.6	36.1		35.5	23.1	高液限粉质土 MH
00Ⅱ068	RD19	32	1.64	1.24	1.104	93.9	2.84	69.2	52.1	17.1	1.2	1.3	11.4	24.1	34		28	18.9	高液限粉质土 MH
均值		35.68	1.55	1.14	1.13	94.43	2.84	69.90	51.98	17.93	0.55	1.38	10.93	20.25	34.98	0.00	31.93	21.83	

表 12.4-2　　勘察阶段1号防渗土料场A区第①层力学性质试验成果表

土样编号		直剪抗剪强度		压力/kPa														击实		垂直渗透系数/(cm/s)
				压缩系数/MPa⁻¹				单位沉降量/(mm/m)					孔隙比							
室内	室外	c/kPa	φ/(°)	100～200	200～300	300～400	400～600	100	200	300	400	600	100	200	300	400	600	最大干密度/(g/cm³)	最优含水率/%	
00Ⅱ052	RD3	45.8	24.7	0.21	0.15	0.15	0.165	15	24.6	31.4	38.6	53.5	1.126	1.105	1.09	1.075	1.042	1.33	37.3	1.16×10^{-7}
00Ⅱ054	RD5	38.4	22.77	0.22	0.15	0.16	0.15	12.6	23	30.2	37.6	52	1.093	1.071	1.056	1.04	1.01	1.33	39.2	5.85×10^{-8}
00Ⅱ061	RD12	46.2	25.82	0.12	0.11	0.12	0.125	7.1	12.7	17.8	23.5	35.5	1.104	1.092	1.081	1.069	1.044	1.34	36.6	2.68×10^{-7}
00Ⅱ068	RD19	40.8	25.52	0.21	0.16	0.16	0.175	12.8	22.8	30.3	38.2	54.5	1.077	1.056	1.04	1.024	0.989	1.35	36.5	3.23×10^{-7}
均值		42.8	24.70	0.19	0.14	0.15	0.15	11.88	20.78	27.43	34.48	48.88	1.10	1.08	1.07	1.05	1.02	1.34	37.40	1.91×10^{-7}

表 12.4-3 勘察阶段 1 号防渗土料场 A 区第②层物理性质试验成果表

土样编号		天然状态的物理指标					土粒比重	液限/%	塑限/%	塑性指数	颗粒组成/%								分类定名
			密度/(g/cm³)								砂				粉粒		黏粒	胶粒	
											粗	中	细	极细	粗	细			
											颗粒粒径/mm								
室内	室外	含水率/%	湿	干	孔隙比(击实后)	击实后饱和度/%					2～0.5	0.5～0.25	0.25～0.1	0.1～0.05	0.05～0.005	0.01～0.005	<0.005	<0.002	
00Ⅱ059	RD10	43.4	1.51	1.05	1.299	88.8	2.92	82.2	59.7	22.5		1.1	5.5	14.5	38.9		40.0	30.0	高液限粉质土 MH
00Ⅱ060	RD11	24.8	1.71	1.37	1.309	99.8	2.84	87.4	59.9	27.5		0.9	7.0	20.4	34.1		37.6	30.1	高液限粉质土 MH
00Ⅱ062	RD13	35.5	1.49	1.10	1.173	95.6	2.89	73.0	53.4	19.6	0.6	0.5	8.7	21.2	32.6		36.4	28.9	高液限粉质土 MH
00Ⅱ063	RD14	38.0	1.44	1.04	1.232	90.4	2.88	83.7	59.7	24.0	1.6	1.1	7.0	18.1	31.8		40.4	27.8	高液限粉质土 MH
均值		35.43	1.54	1.14	1.25	93.65	2.88	81.58	58.18	23.40	0.55	0.90	7.05	18.55	34.35	0.00	38.60	29.20	

表 12.4-4 勘察阶段 1 号防渗土料场 A 区第②层力学性质试验成果表

土样编号		直剪抗剪强度		压　力/kPa														击实		垂直渗透系数/(cm/s)
				压缩系数/MPa⁻¹				单位沉降量/(mm/m)					孔隙比							
室内	室外	c/kPa	φ/(°)	100～200	200～300	300～400	400～600	100	200	300	400	600	100	200	300	400	600	最大干密度/(g/cm³)	最优含水率/%	
00Ⅱ059	RD10	60.4	22.68	0.25	0.19	0.23	0.24	12.6	23.3	31.8	41.9	62.6	1.270	1.245	1.226	1.203	1.155	1.27	39.5	1.97×10^{-7}
00Ⅱ060	RD11	36.1	24.3	0.22	0.20	0.18	0.185	11.2	20.8	29.2	37.3	53.4	1.283	1.261	1.241	1.223	1.186	1.23	46.0	6.46×10^{-8}
00Ⅱ062	RD13	39.5	24.8	0.13	0.13	0.13	0.12	6.0	12.1	18.1	24.1	35.1	1.16	1.147	1.134	1.121	1.097	1.33	38.8	7.43×10^{-8}
00Ⅱ063	RD14	43.0	23.97	0.35	0.25	0.24	0.235	20.2	36.0	47.0	57.8	78.8	1.187	1.152	1.127	1.103	1.056	1.29	38.7	2.76×10^{-7}
均值		44.75	23.94	0.24	0.19	0.20	0.20	12.5	23.1	31.5	40.3	57.5	1.225	1.201	1.182	1.163	1.124	1.28	40.75	1.53×10^{-7}

表 12.4-5　勘察阶段 1 号防渗土料场 B 区第①层物理性质试验成果表

土样编号		天然状态的物理指标					土粒比重	液限/%	塑限/%	塑性指数	颗粒组成/%								分类定名
			密度/(g/cm³)								砂				粉粒		黏粒	胶粒	
											粗	中	细	极细	粗	细			
											颗粒粒径/mm								
室内	室外	含水率/%	湿	干	孔隙比(击实后)	击实后饱和度/%					2～0.5	0.5～0.25	0.25～0.1	0.1～0.05	0.05～0.005	0.01～0.005	<0.005	<0.002	
00Ⅱ072	RD23	39.3	1.28	0.92	1.215	93.9	2.88	72.3	54.3	18.0	0.8	1.3	8.2	19.2	33.0		37.5	24.9	高液限粉质土 MH
00Ⅱ074	RD25	42.9	1.53	1.07	1.143	92.2	2.85	68.1	50.1	18.0	1.2	1.2	9.8	18.3	33.5		36.0	23.5	高液限粉质土 MH
均值		41.10	1.41	1.00	1.18	93.05	2.87	70.20	52.20	18.00	1.00	1.25	9.00	18.75	33.25	0.00	36.75	24.20	

表 12.4-6　勘察阶段 1 号防渗土料场 B 区第①层力学性质试验成果表

土样编号		直剪抗剪强度		压力/kPa														击实		垂直渗透系数/(cm/s)
				压缩系数/MPa^{-1}				单位沉降量/(mm/m)					孔隙比							
室内	室外	c/kPa	φ/(°)	100～200	200～300	300～400	400～600	100	200	300	400	600	100	200	300	400	600	最大干密度/(g/cm³)	最优含水率/%	
00Ⅱ072	RD23	14.4	25.57	0.15	0.15	0.14	0.16	4.0	10.9	17.4	24.1	38.2	1.206	1.191	1.176	1.162	1.13	1.30	39.6	1.88×10^{-7}
00Ⅱ074	RD25	39.6	24.1	0.16	0.13	0.14	0.135	9.2	16.8	22.8	29.4	42.2	1.123	1.107	1.094	1.080	1.053	1.33	36.9	3.09×10^{-7}
均值		27.0	24.835	0.155	0.14	0.14	0.1475	6.6	13.85	20.1	26.75	40.2	1.1645	1.149	1.135	1.121	1.0915	1.315	38.25	2.49×10^{-7}

表 12.4-7　**勘察阶段1号防渗土料场B区第②层物理性质试验成果表**

土样编号		天然状态的物理指标					土粒比重	液限/%	塑限/%	塑性指数	颗粒组成/%								分类定名
			密度/(g/cm³)								砂				粉粒		黏粒	胶粒	
											粗	中	细	极细	粗	细			
											颗粒粒径/mm								
室内	室外	含水率/%	湿	干	孔隙比(击实后)	击实后饱和度/%					2～0.5	0.5～0.25	0.25～0.1	0.1～0.05	0.05～0.005	0.01～0.005	<0.005	<0.002	
00Ⅱ070	RD21	39.5	1.57	1.12	1.191	92.8	2.87	71.4	53.7	17.7	0.9	1.2	9.9	20.8	33.8		34.4	22.1	高液限粉质土 MH
00Ⅱ073	RD24	41.7	1.4	0.99	1.173	100.0	2.89	74.7	55.0	19.7	0.8	0.6	4.0	18.3	36.7		39.6	26.2	高液限粉质土 MH
均值		40.6	1.485	1.06	1.182	96.4	2.88	73.1	54.4	18.7	0.9	0.9	7.0	19.6	35.3		37.0	24.15	

表 12.4-8　**勘察阶段1号防渗土料场B区第②层力学性质试验成果表**

土样编号		直剪抗剪强度		压力/kPa														击实		垂直渗透系数/(cm/s)
				压缩系数/MPa⁻¹				单位沉降量/(mm/m)					孔隙比					最大干密度/(g/cm³)	最优含水率/%	
室内	室外	c/kPa	φ/(°)	100～200	200～300	300～400	400～600	100	200	300	400	600	100	200	300	400	600			
00Ⅱ070	RD21	33.4	25.10	0.15	0.13	0.14	0.145	8.2	15.2	21.0	27.5	40.7	1.173	1.158	1.145	1.131	1.102	1.31	38.5	3.41×10^{-7}
00Ⅱ073	RD24	69.8	21.45	0.12	0.08	0.1	0.1	7.8	13.2	17.2	21.8	30.6	1.156	1.144	1.136	1.126	1.106	1.33	40.6	1.49×10^{-7}
均值		51.6	23.275	0.135	0.105	0.12	0.1225	8	14.2	19.1	24.65	35.65	1.1645	1.151	1.1405	1.1285	1.104	1.32	39.55	2.45×10^{-7}

(3) C 区试验。由于 C 区残坡积第①层其各项物理力学指标与 B 区相近，未对 C 区残坡积第①层取样试验，仅对 C 区残坡积第②层取样 1 组进行试验。试验结果见表 12.4-9、表 12.4-10。

根据试验结果，C 区残坡积第②层黏粒含量为 43.8%、塑性指标为 26.2、天然含水率为 32.9%、最优含水率为 44.0%，均不能满足防渗土料的技术质量要求，击实最大干密度为 1.22g/cm^3，偏小，质量差，不考虑开采上坝。

(4) D 区试验。对 D 区残坡积第①层及第②层共取样 12 组进行试验。试验结果见表 12.4-11、表 12.4-12。

根据试验结果，D 区土料的主要特性如下：

1) 黏粒含量：平均为 42.82%，不小于 40%的占试样 75%，土料的黏粒含量高。

2) 塑性指数：平均值为 22.13，土料的塑性指数偏高。

3) 击实最大干密度：平均值为 1.35g/cm^3。

4) 最优含水率：平均为 36.45%，天然含水率平均值 37.34%，有 8 组试样的天然含水率高于最优含水率，占试样的 66.7%。

5) 垂直渗透系数 (K)：为 2.91×10^{-7}cm/s，均小于 1×10^{-5}cm/s，满足防渗土料的质量要求。

6) 压缩系数：$a_{0.1\sim0.2}=0.24\text{MPa}^{-1}$，为中等压缩性土。

(5) 土料质量评价。根据对 A 区、B 区、C 区、D 区共 25 组试验分析，整个 1 号土料场中，A 区、B 区及 C 区的残坡积第①层质量相对较好，各项物理力学指标也比较接近，适合作为黏土心墙料；C 区的残坡积第②层及 D 区质量相对较差，不考虑作为黏土心墙料使用。

12.4.2 施工阶段试验研究

根据初步设计阶段的试验成果分析，整个 1 号土料场中的 A 区、B 区及 C 区的残坡积第①层可作为黏土心墙料使用。A 区第①层详查储量 23.25 万 m^3，剥离量 2.49 万 m^3，剥采比 0.107；B 区第①层详查储量 14.88 万 m^3，剥离量 1.302 万 m^3，剥采比 0.088；C 区第①层详查储量为 2.65 万 m^3，剥离量为 0.45 万 m^3，剥采比为 0.171。由于 A 区及 B 区第①层的储量已满足勘探储量要求，施工阶段对 A 区及 B 区残坡积第①层分别取样 15 组进行物理、力学复核试验，同时对 A 区残坡积第①层在上坝前取样 9 组进行天然含水率复核。复核试验结果见表 12.4-13～表 12.4-17。

根据试验结果，1 号防渗土料场 A 区、B 区主要技术指标如下。

(1) 黏粒含量：A 区残坡积第①层平均值为 40.6%，大于 40%的占 53.3% (8 组)；B 区残坡积第①层平均值为 46%，大于 40%的占 86.7% (13 组)，两区残坡积第①层的黏粒含量偏高，相比较 A 区第①层的黏粒含量优于 B 区第①层。

(2) 塑性指数：A 区残坡积第①层平均值为 25.5，大于 20 的占 66.7% (10 组)；B 区残坡积第①层平均值为 22.6，大于 20 的占 66.7% (10 组)，两区残坡积第①层的塑性指数偏高。

(3) 击实最大干密度：A 区残坡积第①层平均值为 1.36g/cm^3，B 区残坡积第①层平

表 12.4-9　勘察阶段 1 号防渗土料场 C 区第②层物理性质试验成果表

土样编号		天然状态的物理指标					土粒比重	液限/%	塑限/%	塑性指数	颗粒组成/%								分类定名
室内	室外	含水率/%	密度/(g/cm³)		孔隙比(击实后)	击实后饱和度/%					砂				粉粒		黏粒	胶粒	
			湿密度	干密度							粗	中	细	极细	粗	细			
											颗粒粒径/mm								
											2～0.5	0.5～0.25	0.25～0.1	0.1～0.05	0.05～0.005	0.01～0.005	＜0.005	＜0.002	
00Ⅱ051	RD2	32.9	1.79	1.35	1.352	93.4	2.87	93.4	67.2	26.2		0.5	4.2	18.8	32.7		43.8	35.2	高液限粉质土 MH
均值		32.9	1.79	1.35	1.352	93.4	2.87	93.4	67.2	26.2		0.5	4.2	18.8	32.7		43.8	35.2	

表 12.4-10　勘察阶段 1 号防渗土料场 C 区第②层力学性质试验成果表

土样编号		直剪抗剪强度		压　力/kPa														击实		垂直渗透系数/(cm/s)
室内	室外	c/kPa	φ/(°)	压缩系数/MPa⁻¹				单位沉降量/(mm/m)					孔隙比					最大干密度/(g/cm³)	最优含水率/%	
				100～200	200～300	300～400	400～600	100	200	300	400	600	100	200	300	400	600			
00Ⅱ051	RD2	39.4	21.33	0.520	0.380	0.270	0.235	24.1	46.4	62.4	73.9	94.0	1.295	1.243	1.205	1.178	1.131	1.22	44.0	1.18×10^{-7}
均值		39.4	21.33	0.520	0.380	0.270	0.235	24.1	46.4	62.4	73.9	94.0	1.295	1.243	1.205	1.178	1.131	1.22	44.0	1.18×10^{-7}

表 12.4-11 勘察阶段1号防渗土料场D区物理性质试验成果表

土样编号		天然状态的物理指标					土粒比重	液限/%	塑限/%	塑性指数	颗粒组成/%								分类定名
室内	室外	含水率/%	密度/(g/cm^3)		孔隙比(击实后)	击实后饱和度/%					砂				粉粒		黏粒	胶粒	
											粗	中	细	极细	粗	细			
											颗粒粒径/mm								
			湿	干							2～0.5	0.5～0.25	0.25～0.1	0.1～0.05	0.05～0.005	0.01～0.005	<0.005	<0.002	
00Ⅱ050	RD1	37.7	1.35	0.98	1.158	94.7	2.87	70.2	51.6	18.6		0.9	5.8	13.8	35.6		43.9	32.1	高液限粉质土MH
00Ⅱ053	RD4	37.3	1.68	1.22	1.044	93.1	2.80	67.5	49.0	18.5		0.5	3.5	16.9	35.2		43.9	31.9	高液限粉质土MH
00Ⅱ055	RD6	28.1	1.70	1.33	0.867	89.8	2.80	58.7	37.3	21.4	3.6	2.0	14.8	20.5	24.1		35.0	30.2	
00Ⅱ056	RD7	43.4	1.67	1.16	1.158	96.4	2.87	70.1	52.3	17.8	0.7	0.5	5.2	17.6	36.2		39.8	27.8	
00Ⅱ057	RD8	34.0	1.72	1.28	1.159	93.4	2.85	69.0	50.2	18.8	1.0	1.6	9.8	17.6	29.0		41.0	29.1	
00Ⅱ058	RD9	30.2	1.46	1.12	1.198	96.2	2.88	76.0	54.1	21.9	0.7	0.6	6.3	19.1	32.9		40.4	30.9	
00Ⅱ064	RD15	30.5	1.42	1.09	1.036	96.6	2.85	63.8	46.6	17.2	0.9	1.5	17.1	24.6	28.3		27.6	17.1	
00Ⅱ065	RD16	41.3	1.61	1.14	1.256	85.0	2.91	78.9	61.1	17.8	1.0	1.1	4.7	16.7	34.6		41.9	28.6	
00Ⅱ066	RD17	38.0	1.73	1.25	1.179	88.7	2.92	75.0	42.8	32.2	1.2	0.8	3.6	14.9	27.3		52.2	42.7	
00Ⅱ067	RD18	37.2	1.68	1.22	1.035	94.2	2.87	62.2	40.5	21.7	1.0	1.1	7.3	19.8	28.6		42.2	35.0	
00Ⅱ069	RD20	45.8	1.63	1.12	1.294	89.8	2.89	79.5	54.8	24.7		0.7	2.2	17.1	34.3		45.7	34.6	
00Ⅱ071	RD22	44.6	1.51	1.04	1.183	91.9	2.86	78.6	43.6	35.0		0.8	2.4	14.8	21.8		60.2	51.3	
均值		37.34	1.60	1.16	1.13	92.48	2.86	70.79	48.66	22.13	0.84	1.01	6.89	17.78	30.66		42.82	32.61	

表 12.4-12　　勘察阶段 1 号防渗土料场 D 区力学性质试验成果表

土样编号		直剪抗剪强度		压力/kPa														击实		垂直渗透系数/(cm/s)
				压缩系数/MPa^{-1}				单位沉降量/(mm/m)					孔隙比							
室内	室外	c /kPa	φ /(°)	100～200	200～300	300～400	400～600	100	200	300	400	600	100	200	300	400	600	最大干密度/(g/cm^3)	最优含水率/%	
00Ⅱ050	RD1	48.1	24.6	0.170	0.150	0.130	0.125	10.6	18.7	25.3	31.5	43.2	1.135	1.118	1.103	1.010	1.065	1.33	38.2	8.69×10^{-8}
00Ⅱ053	RD4	34.1	25.2	0.160	0.150	0.130	0.145	8.9	16.6	24.0	30.6	44.4	1.026	1.010	0.995	0.982	0.953	1.37	34.7	1.61×10^{-7}
00Ⅱ055	RD6	19.7	24.55	0.310	0.230	0.210	0.195	25.1	41.6	53.8	65.2	86.1	0.820	0.789	0.766	0.745	0.706	1.50	27.8	8.48×10^{-7}
00Ⅱ056	RD7	39.8	23.35	0.190	0.170	0.170	0.170	13.0	22.0	29.6	37.6	53.2	1.130	1.111	1.094	1.077	1.043	1.33	38.9	7.20×10^{-8}
00Ⅱ057	RD8	48.4	22.58	0.200	0.150	0.150	0.150	12.4	22.0	28.6	35.7	49.7	1.132	1.112	1.097	1.082	1.052	1.32	38.0	2.54×10^{-7}
00Ⅱ058	RD9	69.1	21.39	0.200	0.150	0.140	0.150	10.6	19.7	26.5	33.0	46.5	1.175	1.155	1.140	1.120	1.096	1.31	40.0	1.19×10^{-7}
00Ⅱ064	RD15	35.7	25.37	0.160	0.120	0.130	0.120	7.6	15.6	21.8	27.8	39.8	1.020	1.004	0.992	0.979	0.955	1.4	35.1	9.42×10^{-8}
00Ⅱ065	RD16	24.8	24.58	0.250	0.200	0.190	0.205	11.6	22.8	31.3	40.0	58.2	1.230	1.205	1.185	1.166	1.125	1.29	36.7	3.91×10^{-7}
00Ⅱ066	RD17	22.9	20.11	0.690	0.400	0.310	0.235	51.2	83.0	101.6	115.8	137.0	1.067	0.998	0.958	0.927	0.880	1.34	35.8	1.25×10^{-7}
00Ⅱ067	RD18	23.6	25.6	0.190	0.150	0.150	0.160	10.7	20.2	27.3	35.0	50.5	1.013	0.994	0.979	0.964	0.932	1.41	34.0	4.95×10^{-8}
00Ⅱ069	RD20	40.8	21.11	0.190	0.160	0.160	0.180	9.8	18.2	25.3	32.3	48.0	1.271	1.252	1.236	1.220	1.184	1.26	40.2	5.17×10^{-7}
00Ⅱ071	RD22	22.0	19.38	0.210	0.210	0.240	0.215	16.1	25.8	35.2	46.1	65.8	1.148	1.127	1.106	1.082	1.039	1.31	38.0	7.76×10^{-7}
均值		35.75	23.15	0.24	0.19	0.18	0.17	15.63	27.18	35.86	44.22	60.20	1.10	1.07	1.05	1.03	1.00	1.35	36.45	2.91×10^{-7}

表 12.4-13 施工阶段 1 号防渗土料场 A 区第①层物理性质试验成果表

土样编号		击实		土粒比重	液限 w_{L17} /%	塑限 /%	塑性指数 I_{P17}	液限 w_{L10} /%	塑性指数 I_{P10}	颗粒组成/%						分类定名	自由膨胀率 /%	崩解率 /%	崩解经过时间 /h
										砂		粉粒		黏粒	胶粒				
室内	室外	孔隙比	饱和度 /%							2~0.5	0.5~0.25	0.25~0.075	0.075~0.005	<0.005	<0.002				
01Ⅱ106	RD31	1.094	98.8	2.89	85.8	44.9	40.9	73.1	28.2	1.7	0.9	8.9	45.2	43.3	37.9	高液限粉土 MH	25	28.9	24
01Ⅱ107	RD32	1.312	97.1	2.89	101.8	49.6	52.2	85.2	35.6	0.2	0.3	9.5	40	50	43.3	高液限粉土 MH	35		
01Ⅱ108	RD33	1.217	95.9	2.86	90.2	43.6	46.6	75.5	31.9	0.4	0.4	12.7	41.4	45.1	38	高液限粉土 MH	22		
01Ⅱ109	RD34	0.739	90.9	2.73	53.8	27.7	26.1	45.6	17.9	0.3	0.7	30	42	27	21	含砂高液限黏土 CHS	25	47.8	24
01Ⅱ110	RD35	1.296	96.6	2.87	104.7	47.4	57.3	86	38.6	0.2	0.3	6.7	45.8	47	41	高液限粉土 MH	25		
01Ⅱ111	RD36	1	96.3	2.8	74.2	36.3	37.9	62.2	25.9	0.5	0.6	16.2	37.9	44.8	38.3	高液限粉土 MH	20		
01Ⅱ112	RD37	1.022	93.9	2.79	67.7	39.2	28.5	59.1	19.9	0.4	0.7	14.1	31.5	53.3	46.1	高液限粉土 MH	28		
01Ⅱ113	RD38	1.215	83.9	2.88	82.2	45.3	36.9	70.9	25.6	0.3	0.4	7.2	47.9	44.2	38	高液限粉土 MH	33.5		
01Ⅱ114	RD39	1.096	90.8	2.85	79.6	43.7	35.9	68.6	24.9	0.3	0.5	15.7	45.3	38.2	32	高液限粉土 MH	19		
01Ⅱ115	RD40	1.036	96.9	2.79	75.3	41.7	33.6	65.1	23.4	0.3	1.1	17.8	46.3	34.5	28.9	高液限粉土 MH	23		
01Ⅱ116	RD41	1.014	90.8	2.8	65.5	38.7	26.3	57.2	18.5	0.4	0.7	18.9	45.3	34.7	27.6	高液限粉土 MH	20		
01Ⅱ117	RD42	1.059	93.6	2.8	64.9	40.1	24.8	57.6	17.5	0.4	0.6	16.5	47.8	34.7	27.5	高液限粉土 MH	18		
01Ⅱ118	RD43	1.029	87.3	2.8	64.9	37.6	27.3	56.7	19.1	0.4	0.7	20.5	46.4	32	24.7	高液限粉土 MH	20		
01Ⅱ119	RD44	1.204	97.2	2.91	89.6	43.1	46.5	74.7	31.6	0.3	0.5	8.9	44.8	45.5	37.5	高液限粉土 MH	23	0	24
01Ⅱ120	RD45	1.029	94.5	2.78	74.9	41.1	33.8	64.6	23.5	0.3	0.5	11.2	53.5	34.6	26.8	高液限粉土 MH	24.5	0	24
均值		1.091	93.6	2.83	78.3	41.3	37	66.8	25.5					40.6	33.9		24.1	19.2	

表 12.4-14　施工阶段 1 号防渗土料场 A 区第①层力学性质试验成果表

土样编号		直剪抗剪强度		压力/kPa														击实		垂直渗透系数/(cm/s)
				压缩系数/MPa^{-1}				单位沉降量/(mm/m)					孔隙比							
室内	室外	c/kPa	φ/(°)	100～200	200～300	300～400	400～600	100	200	300	400	600	100	200	300	400	600	最大干密度/(g/cm^3)	最优含水率/%	
01Ⅱ106	RD31	28.4	24.8	0.21	0.18	0.11	0.11	21.7	32.2	40.4	45.8	56.4	1.048	1.027	1.009	0.998	0.976	1.38	37.4	4.3×10^{-8}
01Ⅱ107	RD32	24.1	22.9	0.3	0.22	0.16	0.16	15.6	28.6	38	45	60.6	1.276	1.246	1.224	1.208	1.176	1.25	44.1	1.2×10^{-7}
01Ⅱ108	RD33	36	23.8	0.17	0.1	0.09	0.085	11.8	19.2	24.1	28	35.6	1.191	1.174	1.164	1.155	1.138	1.29	40.8	1.4×10^{-7}
01Ⅱ109	RD34	16.7	25.4	0.2	0.16	0.11	0.065	14.4	25.9	34.8	41.6	49.1	0.714	0.694	0.678	0.667	0.654	1.57	24.6	2.6×10^{-7}
01Ⅱ110	RD35	34.3	23.5	0.23	0.2	0.16	0.135	11.6	21.6	30.6	37.4	49.3	1.269	1.246	1.226	1.21	1.183	1.25	43.6	1.0×10^{-7}
01Ⅱ111	RD36	44	22.1	0.18	0.16	0.12	0.12	10.8	20.2	28.2	34.2	46	0.978	0.96	0.944	0.932	0.908	1.4	34.4	5.8×10^{-8}
01Ⅱ112	RD37	35.2	25.7	0.18	0.15	0.11	0.095	15.7	24.5	32.1	37.8	47	0.99	0.972	0.957	0.946	0.927	1.38	34.4	1.3×10^{-7}
01Ⅱ113	RD38	25.3	24.9	0.22	0.22	0.19	0.175	17.4	27.6	37.4	46	61.9	1.176	1.154	1.132	1.113	1.078	1.3	35.4	2.7×10^{-7}
01Ⅱ114	RD39	32.8	24.9	0.19	0.16	0.13	0.115	13.2	22.2	30	36.2	47.4	1.068	1.049	1.033	1.02	0.997	1.36	34.9	3.0×10^{-7}
01Ⅱ115	RD40	32.6	23.8	0.24	0.2	0.13	0.11	18	30	39.7	46.4	57	0.999	0.975	0.955	0.942	0.92	1.37	36	7.5×10^{-8}
01Ⅱ116	RD41	11.6	26.1	0.15	0.12	0.09	0.09	13	20.2	26.2	30.5	39.7	0.988	0.973	0.961	0.952	0.934	1.39	32.9	2.5×10^{-7}
01Ⅱ117	RD42	24.2	24.9	0.21	0.17	0.13	0.125	11.3	21.6	29.6	36.1	48.2	1.036	1.015	0.998	0.985	0.96	1.36	35.4	4.0×10^{-7}
01Ⅱ118	RD43	38.2	24.3	0.16	0.16	0.12	0.12	9.3	17.3	24.8	30.9	42.9	1.01	0.994	0.978	0.966	0.942	1.38	32.1	3.2×10^{-7}
01Ⅱ119	RD44	36.7	24.9	0.2	0.17	0.13	0.13	11.9	20.8	28.4	34.4	46.3	1.178	1.158	1.141	1.128	1.102	1.32	40.2	1.1×10^{-7}
01Ⅱ120	RD45	38.5	23.2	0.15	0.13	0.1	0.09	12.8	20.2	26.6	31.4	40.5	1.003	0.988	0.975	0.965	0.947	1.37	35	3.6×10^{-7}
均值		30.6	24.3	0.199	0.167	0.125	0.115	13.9	23.5	31.4	37.4	48.5	1.062	1.042	1.025	1.012	0.989	1.36	36.1	2.0×10^{-7}

表 12.4-15　施工阶段 1 号防渗土料场 A 区第①层天然含水率成果表

土样编号	TR1	TR2	TR3	TR4	TR5	TR6	TR7	TR8	TR9	均值
天然含水率/%	38.1	40.1	40.6	36.4	36.4	39.3	37.3	43.7	42.9	39.4

表 12.4－16　　施工阶段 1 号防渗土料场 B 区第①层物理性质试验成果表

土样编号		击实		土粒比重	液限 w_{L17} /%	塑限 /%	塑性指数 I_{P17}	液限 w_{L10} /%	塑性指数 I_{P10}	颗粒组成/%						分类定名	自由膨胀率 /%	崩解率 /%	崩解经过时间 /h
										砂		粉粒		黏粒	胶粒				
室内	室外	孔隙比	饱和度 /%							2～0.5	0.5～0.25	0.25～0.075	0.075～0.005	<0.005	<0.002				
01Ⅱ121	RD46	1.383	94.5	2.86	81.4	50.8	30.6	72.4	21.6	0.3	0.3	7.4	52.9	39.1	29.5	高液限粉土 MH	20		
01Ⅱ122	RD47	1.219	92.5	2.84	75.7	42.4	33.3	65.6	23.2	0.3	0.2	11	38.2	50.3	41.7	高液限粉土 MH	20.5		
01Ⅱ123	RD48	1.28	95.5	2.85	93.8	47.9	45.9	79.4	31.5	0.2	0.2	7.1	40.8	51.7	44	高液限粉土 MH	36.5		
01Ⅱ124	RD49	1.244	93.2	2.85	79.8	46.6	33.2	69.9	23.3	0.4	0.3	7.7	47	44.6	35	高液限粉土 MH	24.5		
01Ⅱ125	RD50	1.159	96.9	2.85	74.1	45	24.1	65.4	20.4	0.6	0.5	10.4	39.3	49.2	40	高液限粉土 MH	21	0	24
01Ⅱ126	RD51	1.191	90.1	2.87	77.6	43	34.6	67.1	24.1	0.5	0.7	11.6	38.1	49.1	41.9	高液限粉土 MH	21		
01Ⅱ127	RD52	1.18	97.3	2.9	84.6	45.5	39.1	72.5	27	0.3	0.6	9.1	38.5	51.5	44.9	高液限粉土 MH	28	0	20
01Ⅱ128	RD53	1.198	98.3	2.88	80.3	44.4	35.9	69.3	24.9	0.3	0.5	7.7	46.8	44.7	37.5	高液限粉土 MH	29.5	0	20
01Ⅱ129	RD54	1.244	92.1	2.85	78.8	45.7	33.1	68.8	23.1	0.3	0.3	10.4	46.5	42.5	34.4	高液限粉土 MH	18		
01Ⅱ130	RD55	1.159	86.6	2.85	70.3	41.8	28.5	61.8	20	0.7	0.6	10.3	48.6	39.8	32.1	高液限粉土 MH	27.5		
01Ⅱ131	RD56	1.236	92.8	2.84	70.9	43.2	27.7	62.7	19.5	0.2	0.2	6.7	48.3	44.6	34	高液限粉土 MH	25		
01Ⅱ132	RD57	1.144	92.3	2.83	67.7	39.5	28.2	59.2	19.7	0.3	0.2	7.1	46.8	45.6	37.5	高液限粉土 MH	22.5	0	20
01Ⅱ133	RD58	1.27	93.2	2.86	81.9	48.4	33.5	71.9	23.5	0.2	0.2	3.4	44.3	51.9	44.3	高液限粉土 MH	28		
01Ⅱ134	RD59	1.219	95.3	2.84	73.6	48.1	25.5	66.2	18.1	0.2	0.3	11.3	46.4	41.8	33	高液限粉土 MH	28		
01Ⅱ135	RD60	1.272	95.1	2.84	74.5	48.4	26.1	67	18.6	0.2	0.3	10.2	45.5	43.8	34	高液限粉土 MH	12.5		
均值		1.227	93.7	2.85	77.7	45.4	32	67.9	22.6					46	37.6		24.2	0	

表 12.4-17　　施工阶段 1 号防渗土料场 B 区第①层力学性质试验成果表

土样编号		直剪抗剪强度		压　力/kPa														击实		垂直渗透系数/(cm/s)
				压缩系数/MPa^{-1}				单位沉降量/(mm/m)					孔隙比							
室内	室外	c/kPa	φ/(°)	100～200	200～300	300～400	400～600	100	200	300	400	600	100	200	300	400	600	最大干密度/(g/cm³)	最优含水率/%	
01Ⅱ121	RD46	27.0	24.9	0.280	0.250	0.210	0.185	12.9	24.6	35.4	44.0	59.5	1.352	1.324	1.299	1.278	1.241	1.20	45.7	4.1×10^{-7}
01Ⅱ122	RD47	41.0	23.3	0.230	0.190	0.150	0.185	19.2	29.8	38.5	45.2	61.6	1.176	1.153	1.134	1.119	1.082	1.28	39.7	2.3×10^{-7}
01Ⅱ123	RD48	28.7	23.0	0.230	0.230	0.190	0.185	10.7	20.6	30.6	39.0	55.2	1.256	1.233	1.210	1.191	1.154	1.25	42.9	1.7×10^{-7}
01Ⅱ124	RD49	37.5	22.8	0.180	0.170	0.160	0.150	9.0	16.8	24.6	31.4	45.0	1.224	1.206	1.189	1.173	1.143	1.27	40.7	1.5×10^{-7}
01Ⅱ125	RD50	29.4	22.7	0.240	0.210	0.160	0.125	12.7	23.8	33.3	40.7	52.3	1.132	1.108	1.087	1.071	1.046	1.32	39.4	8.9×10^{-8}
01Ⅱ126	RD51	28.8	24.5	0.200	0.180	0.160	0.130	13.8	22.6	30.9	38.2	50.2	1.161	1.141	1.123	1.107	1.081	1.31	37.4	2.3×10^{-7}
01Ⅱ127	RD52	31.6	22.5	0.220	0.120	0.090	0.090	11.3	21.6	27.0	31.2	39.6	1.155	1.133	1.121	1.112	1.094	1.33	39.6	1.1×10^{-7}
01Ⅱ128	RD53	35.9	24.1	0.200	0.180	0.130	0.125	13.6	22.8	30.7	36.6	48.4	1.168	1.148	1.130	1.117	1.092	1.31	40.9	2.9×10^{-7}
01Ⅱ129	RD54	39.0	23.3	0.180	0.170	0.150	0.130	12.7	20.4	28.0	34.5	46.6	1.216	1.198	1.181	1.166	1.140	1.27	40.2	2.1×10^{-7}
01Ⅱ130	RD55	36.6	23.1	0.210	0.180	0.150	0.120	10.4	19.6	28.0	35.2	46.4	1.137	1.116	1.098	1.083	1.059	1.32	35.2	3.4×10^{-7}
01Ⅱ131	RD56	37.8	23.5	0.210	0.180	0.150	0.120	14.5	23.6	31.9	38.2	49.0	1.204	1.183	1.165	1.150	1.126	1.27	40.4	3.1×10^{-7}
01Ⅱ132	RD57	40.6	23.3	0.210	0.200	0.140	0.140	14.5	24.2	33.4	40.1	53.2	1.113	1.092	1.072	1.058	1.030	1.32	37.3	3.2×10^{-7}
01Ⅱ133	RD58	38.3	23.2	0.250	0.210	0.150	0.155	17.0	27.8	36.8	43.6	57.2	1.232	1.207	1.186	1.171	1.140	1.26	41.4	1.4×10^{-7}
01Ⅱ134	RD59	45.7	24.2	0.200	0.170	0.120	0.110	10.3	19.5	27.0	32.3	42.4	1.196	1.176	1.159	1.147	1.125	1.28	40.9	2.4×10^{-7}
01Ⅱ135	RD60	28.5	25.0	0.220	0.190	0.130	0.110	18.1	27.7	35.8	41.8	51.5	1.231	1.209	1.190	1.177	1.155	1.25	42.6	3.1×10^{-7}
均值		35.1	23.6	0.217	0.189	0.149	0.137	13.4	23.0	31.5	38.1	50.5	1.197	1.175	1.156	1.141	1.114	1.28	40.3	2.4×10^{-7}

均值为1.28g/cm^3，两区击实最大干密度偏小，A区第①层优于B区第①层。

（4）垂直渗透系数：A区残坡积第①层平均值为2.0×10^{-7}cm/s；B区残坡积第①层平均值为2.4×10^{-7}cm/s，均小于1×10^{-5}cm/s，满足防渗土料质量要求。

（5）压缩系数：A区残坡积第①层平均值$a_{0.1\sim0.2}=0.199\text{MPa}^{-1}$，B区残坡积第①层平均值$a_{0.1\sim0.2}=0.217\text{MPa}^{-1}$，均为中等压缩性土。

（6）内摩擦角：A区残坡积第①层平均值为24.3°，B区残坡积第①层平均值为23.6°，抗剪强度值均较好。

（7）自由膨胀率：A区残坡积第①层平均值为24.1%，B区残坡积第①层平均值为24.2%，均为非膨胀土。

（8）24小时的崩解率：A区残坡积第①层平均值为19.2%，B区残坡积第①层平均值0，均不易产生崩解。

根据试验结果分析，A区残坡积第①层和B区残坡积第①层的黏土均为高塑性黏土，其黏粒含量高，击实最大干密度低，但具有较高的强度，较低的压缩性和较小的渗透性，可用作心墙防渗料。由于A区残坡积第①层的各项指标普遍优于B区第①层，且A区第①层的储量已经满足设计用量要求，最终暮底河水库大坝的心墙防渗料以A区残坡积第①层的红黏土为主，经施工现场取样检测成果分析，心墙碾压施工质量满足设计及规范要求。

12.5 结语

暮底河水库大坝为黏土心墙灰岩堆石坝，心墙采用灰岩风化的残坡积层红黏土料进行填筑。该黏土料的黏粒含量为40.6%，为高塑性黏土；击实最大干密度为1.36g/cm^3；最优含水率为36.1%，天然含水率为39.4%，天然含水率高于最优含水率；但在较低的填筑干密度和较高填筑含水率下，仍具有较高的抗剪强度值$\varphi=24.3°$，较低的压缩性$a_{0.1\sim0.2}=0.199\text{MPa}^{-1}$和较小的渗透系数$2.0\times10^{-7}$cm/s，可用于填筑分区坝的防渗体。暮底河水库大坝于2006年11月30日蓄水，水库蓄水运行10余年，在不同库水位情况下实测渗流量均小于设计计算值，大坝沉降及变形稳定，运行状态良好。暮底河水库枢纽工程获“2010年中国水利工程优质大禹奖”。说明采用灰岩风化的残坡积层红黏土料作为大坝心墙防渗料在暮底河水库工程中的应用是成功的。

第13章 阿岗水库大坝心墙防渗土料的研究与应用

13.1 概要

阿岗水库工程区内玄武岩分布较广，表层第四系残坡积黏土作为大坝防渗心墙料时，存在黏粒含量、含水率及塑性指数偏高，施工不易碾压密实的问题，下伏全风化玄武岩层较厚，具有黏粒含量比残坡积层低、干密度大的特点。通过前期勘察、施工期取样复核及施工碾压试验等大量试验研究，采取了黏土掺混全风化玄武岩降低混合料的黏粒含量、提高干密度，勤翻多晒降低含水率，加强上坝时含水率控制等一系列措施，较好地控制了施工质量。通过心墙施工现场取样检测，各项指标满足设计要求。

13.2 工程概况

阿岗水库位于云南省曲靖市罗平县西北部的阿岗镇九龙河上游的篆长河上，距罗平县城79km。水库控制径流面积为1142km²，水库总库容为1.299亿m³，是一座以罗平县城乡生活及工业、农业灌溉用水为主，兼顾改善九龙瀑布景观用水条件、发电等综合利用的大（2）型水利工程。水库枢纽建筑物主要由主坝、左岸坝肩溢洪道、左岸导流泄洪隧洞、左岸输水发电隧洞、坝后电站、副坝及挖玉冲改河隧洞组成。大坝标准剖面如图13.2-1所示。

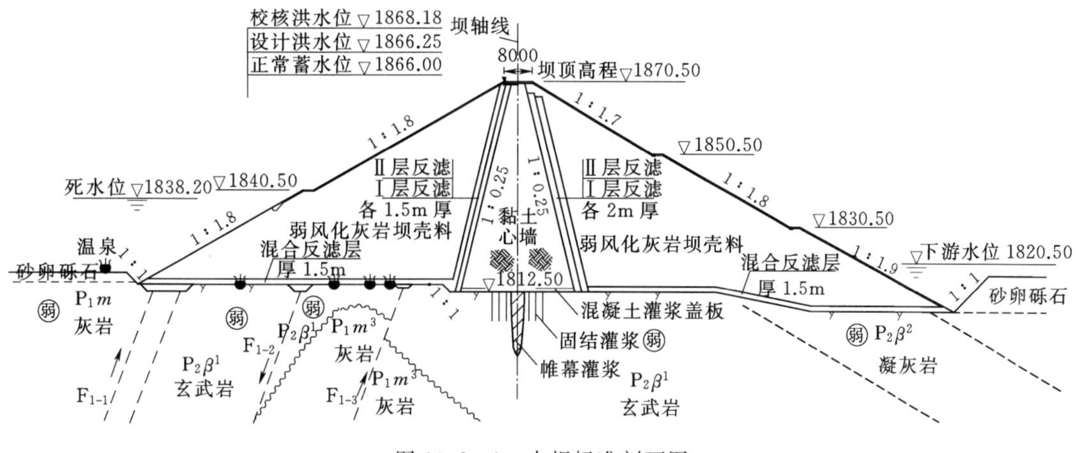

图13.2-1 大坝标准剖面图

主坝为黏土心墙堆石坝，最大坝高为 58m，坝顶长为 174m，坝顶宽为 8m，坝顶高程为 1870.5m。防渗心墙顶高程为 1870.00m，建基面高程为 1812.50m，顶宽 4m，上、下游坡比均为 1∶0.25，坝体内最大宽度为 32.00m。心墙上游侧设置了二层反滤过渡料，一层为砂反滤料，另一层为碎石，两层反滤的水平宽度均为 1.5m；下游侧设置了二层反滤过渡料，第一层为砂反滤，第二层为碎石，水平宽度为 2m；坝壳料为弱风化灰岩料，反滤料用灰岩料人工轧制。副坝为混凝土重力坝，最大坝高为 34.65m。工程于 2016 年 10 月开工建设，目前主坝填筑施工完成。

13.3　地质条件

13.3.1　坝址区基本地质条件

工程区地处云南“山”字形构造前弧东翼，地震基本烈度为Ⅶ度。坝址位于灰岩与玄武岩接触带上，断裂构造发育，总体走向为北东向，控制性断层 F_{1-1}、F_{1-2}、F_{1-3} 三条近似平行组成 F_1 断块，在坝基范围内横穿河床；同时，在灰岩与玄武岩接触带上温泉出露，泉点发育。坝址上游及库首基岩主要为二叠系下统茅口组灰岩 P_1m 灰岩和白云岩，下游区为二叠系上统峨眉山组 $P_2\beta$ 玄武岩和凝灰岩以及宣威组 P_2x 砂质页岩夹砂岩，表层由第四系（Q）地层覆盖。受断层构造影响，坝址区玄武岩层全强风化较深，岩体破碎，裂隙发育，承载力低，只适合修建土石坝。

13.3.2　料场基本情况

工程区有丰富的石料，坝壳料为坝址上游约 1km 处的弱风化灰岩堆石料，储量和质量满足设计要求。

防渗土料场位于主坝左岸山顶，料场距主坝运距约 4km，料场地形坡度 3°～8°，分布高程为 1990.00～2015.00m，高差约 25m，长约 460m，宽 185m，面积约 0.09km^2。料场地形较缓，均为耕地，为Ⅱ类土料场，开采底板高于地下水位。无用耕植土层厚 0.1～0.5m，颜色为灰黄、灰褐色，结构松散，含植物根系；有用层岩性为棕红色、灰黄色黏土及下伏二叠系上统峨眉山组全风化玄武岩，结构较紧密，厚薄不均，一般厚约1.5～6m，最厚可达 10m 以上。

黏土料场区呈四周高中间低地形展布，按含水率、黏土厚度及地形条件分为①区、②区和③区。①场区位于料场北部坡地，第四系黏土层可开采厚度为 2.19～5.28m，储量为 13.39 万 m^3，全风化玄武岩厚度为 0.27～3.3m，储量为 5.32 万 m^3，总储量为 18.71 万 m^3；②场区位于中间洼地，第四系黏土层可开采厚度为 3.85～5.5m，储量为 6.78 万 m^3，全风化玄武岩厚度为 0～0.12m，储量为 0.10 万 m^3，总储量为 6.88 万 m^3；③场区位于南边坡地，第四系黏土可开采厚度为 2.37～6.53m，储量为 7.72 万 m^3，全风化玄武岩厚度为 0.76～2.6m，储量为 5.61 万 m^3，总储量为 13.33 万 m^3。

设计黏土用量为 15.72 万 m^3，黏土勘探储量为 27.89 万 m^3，不满足 2 倍设计用量的要求，考虑研究掺入全风化玄武岩料的可行性。

13.4 防渗土料初步研究

大坝防渗土料场位于坝址区附近的玄武岩区，表层为玄武岩风化第四系残坡积层黏土，根据取样试验检测成果，黏土料的天然含水率、黏粒含量及塑性指数均偏高，如果直接上坝碾压，存在不易碾压密实，施工质量达不到设计要求的问题，同时，黏土料储量也不满足设计用量要求。因此，如何控制天然含水率，如何改善黏粒含量，全风化玄武岩料是否可用是需要重点研究的技术问题。

13.4.1 室内试验成果

在工程前期勘察阶段，设计单位在①、②、③区对黏土料、全风化料及黏土＋全风化混合料分别进行取样，进行了室内试验，取样时段在 3 月（旱季）、8 月（雨季），试验成果见表 13.4－1～表 13.4－7。

表 13.4－1 土料场①区黏土层取样试验结果表

土样编号	取样深度 /m	天然含水率 /%	最优含水率 /%	含水率与最优含水率偏差/%	塑性指数 I_{P10}	黏粒含量 /%	最大干密度 /(g/cm³)	渗透系数 /(cm/s)	c /kPa	φ /(°)	压缩系数 $a_{0.1\sim0.2}$ /MPa⁻¹
RDⅡ－32－1	0.2～1.3	46.1	30.8	15.3	31.0	52.0	1.49	3.4×10^{-7}	28.10	19.30	0.29
RDⅡ－40－1	0.5～4.0	39.3	32.9	6.4	19.2	55.0	1.45	9.7×10^{-7}	15.50	25.00	0.29
RDⅡ－41－1	0.5～6.0	49.1	34.5	14.6	28.1	53.0	1.40	7.3×10^{-7}	26.50	21.20	0.19
RDⅡ－47	0.5～5.5		29.7		24.8	37.5	1.50	9.6×10^{-7}	18.60	23.80	0.27
RDⅡ－39－1	0.5～4.5		34.6		12.1	43.5	1.39	2.5×10^{-7}	58.20	17.80	0.14
RDⅡ－49－1	0.9～3.0		29.1		20.5	38.0	1.50	8.4×10^{-7}	28.70	23.70	0.16
RDⅡ－38	0.5～3.6		25.4		16.7	23.0	1.59	1.4×10^{-6}	4.70	23.90	0.26
RDⅡ－30－1	0.5～3.0	39.9	33.0	6.9	26.7	57.5	1.43	3.8×10^{-7}	30.30	21.90	0.17
RDⅡ－15	0.5～4.0	36.8	26.4	10.4	19.9	46.5	1.60	7.8×10^{-7}	3.80	26.30	0.20
RDⅡ－13－1	0.4～2.0	40.2	32.1	8.1	31.8	57.5	1.46	4.7×10^{-7}	15.10	20.80	0.24
RDⅡ－10	0.5～5.5		33.3		22.7	47.5	1.44	5.3×10^{-7}	42.30	20.90	0.16
RDⅡ－9	0.5～2.2		43.1		14.3	37.5	1.11	1.2×10^{-6}	12.20	22.00	0.26
RDⅡ－33－1	0.2～4.0	46.0	36.8	9.2	19.6	47.5	1.36	3.7×10^{-7}	21.30	25.30	0.23
RD16	0.5～3.6	46.0	35.2	10.8	18.8	47.0	1.32	2.4×10^{-7}	45.4	22.3	0.17
平均值		42.9	32.6	10.2	21.9	45.9	1.43	6.8×10^{-7}	25.05	22.44	0.22
最小值		36.8	25.4	6.4	12.1	23.0	1.11	2.4×10^{-7}	3.80	17.80	0.14
最大值		49.1	43.1	15.3	31.8	57.5	1.60	1.4×10^{-6}	58.20	26.30	0.29
大值均值		46.8	35.4	12.8	27.5	51.5	1.50	9.8×10^{-7}	37.07	24.67	0.26
小值均值		39.1	28.9	7.7	17.6	35.9	1.34	3.7×10^{-7}	13.03	20.78	0.17
标准差		4.1	4.3	3.1	5.7	9.2	0.12	3.5×10^{-7}	14.98	2.29	0.05
变异系数		9.5	13.1	30.3	26.2	20.0	8.16	5.21×10^{-6}	59.78	10.22	23.34
按一般土防渗料的质量技术指标				±3	10～20	15～40		$\leqslant1\times10^{-5}$			

表 13.4-2　　土料场①区全风化层取样试验结果表

土样编号	取样深度/m	天然含水率/%	最优含水率/%	含水率与最优含水率偏差/%	塑性指数 I_{P10}	黏粒含量/%	黏粒占<5mm颗粒的百分含量/%	<0.075mm的颗粒含量/%	最大干密度/(g/cm³)	渗透系数/(cm/s)	c/kPa	φ/(°)	压缩系数 $a_{0.1\sim0.2}$/MPa⁻¹
RDⅡ-14-1	0.7~6.3		30.3		22.4	45.0	45.2	89.6	1.52	3.6×10^{-7}	15.2	22.0	0.220
RDⅡ-14-2	6.3~6.7		17.5		13.0	28.0	31.5	63.1	1.82	3.7×10^{-7}	18.6	25.0	0.200
RDⅡ-13	2.5~7.0		34.6		22.9	47.0	47.0	91.6	1.38	7.2×10^{-7}	29.4	20.3	0.360
RDⅡ-32-2	1.5~3.0		31.6		26.7	47.5	47.5	97.0	1.44	7.0×10^{-7}	31.0	20.8	0.320
RDⅡ-32-3	3.1~4.4		29.7		22.2	42.0	42.0	98.0	1.51	5.3×10^{-7}	10.2	23.6	0.300
RDⅡ-40-2	4.0~4.4		34.6		31.7	53.0	55.9	90.1	1.38	7.5×10^{-7}	22.2	23.0	0.300
RDⅡ-41-2	6.1~7.0		33.9		22.5	57.0	57.0	96.7	1.44	1.7×10^{-6}	18.5	20.7	0.270
RDⅡ-39-2	5.1~8.2	43.1	34.8	8.3	17.6	38.0	44.5	76.4	1.38	5.4×10^{-8}	37.1	24.5	0.110
RDⅡ-30-3	4.0~8.8	50.8	31.0	19.8	22.0	41.5	41.5	91.9	1.43	7.3×10^{-7}	20.8	20.2	0.390
RDⅡ-13-3	2.5~5.7	48.3	32.2	16.1	26.3	43.0	43.1	89.5	1.44	3.1×10^{-6}	20.1	20.0	0.350
RDⅡ-16-1	0.5~2.0		15.2		9.1	26.0	34.9	49.0	1.94	1.6×10^{-7}	13.0	23.3	0.180
RDⅡ-16-2	2.4~3.1		15.7		10.1	22.0	29.0	45.4	1.95	3.4×10^{-7}	24.0	23.9	0.190
RDⅡ-24-2	2.5~4.0	47.4	30.5	16.9	23.5	45.0	45.0	92.1	1.49	4.1×10^{-7}	11.2	21.5	0.380
RDⅡ-33-3	4.6~5.0		24.4		22.3	44.5	49.3	81.0	1.62	9.9×10^{-7}	21.6	20.9	0.320
RDⅡ-23	0.2~6.0	46.8	31.5	15.3	25.8	46.0	46.0	93.3	1.43	3.4×10^{-6}	12.8	21.2	0.380
RDⅡ-24-1	0.2~4.0		26.9		23.6	42.0	45.3	77.4	1.54	9.6×10^{-7}	5.1	25.8	0.380
RD17	3.6~6.0	40.8	25.9	14.9	17.1	39.5	39.5	96.5	1.54	1.3×10^{-6}	19.2	26.2	0.280
平均值		46.2	28.3	15.2	21.1	41.6	43.8	83.4	1.54	8.8×10^{-7}	19.41	22.52	0.29
最小值		40.8	15.2	8.3	9.1	22.0	29.0	45.4	1.38	5.4×10^{-8}	5.10	20.00	0.11
最大值		50.8	34.8	19.8	31.7	57.0	57.0	98.0	1.95	3.4×10^{-6}	37.10	26.20	0.39
大值均值		48.3	32.2	17.0	24.3	46.5	48.3	93.3	1.83	1.95×10^{-6}	25.78	24.41	0.35
小值均值		42.0	20.9	11.6	13.4	32.5	37.4	65.4	1.46	4.4×10^{-7}	13.76	20.84	0.21
标准差		3.3	6.3	3.5	5.8	8.8	7.1	15.9	0.18	9.2×10^{-7}	7.84	1.98	0.08
变异系数		7.2	22.3	22.9	27.5	21.1	16.3	19.1	11.62	1.04×10^{-5}	40.37	8.81	28.09
按风化土防渗料的质量技术指标				±3			15~40	≥15		$\leqslant1\times10^{-5}$			

表 13.4-3 土料场①区黏土与全风化层混合料试验结果统计

土样编号	取样深度/m	土层：全风化层	天然含水率/%	最优含水率/%	含水率与最优含水率偏差/%	塑性指数 I_{P10}	黏粒含量/%	黏粒占<5mm颗粒的百分含量/%	<0.075mm的颗粒含量/%	最大干密度/(g/cm³)	渗透系数/(cm/s)	c/kPa	φ/(°)	压缩系数 $a_{0.1\sim0.2}$/MPa⁻¹
RDⅡ-30-2	1.5～7.8	3：7		29.6		21.4	41.0	41.0	94.7	1.40	6.4×10^{-7}	28.4	22.3	0.320
RDⅡ-13-2	0.4～5.7	3：7		25.5		22.9	48.0	48.0	93.6	1.44	1.4×10^{-6}	24.1	20.7	0.290
RDⅡ-33-2	3.0～4.8	8：2		32.8		19.1	47.0	51.0	88.6	1.42	1.7×10^{-7}	29.0	20.4	0.270
RD18	0.5～6	6：4	21.9	30.4	−8.5	15.5	49.5	49.5	97.7	1.42	9.5×10^{-7}	17.7	27.7	0.210
平均值			—	29.6	—	19.7	46.4	47.4	93.7	1.4	7.9×10^{-7}	24.80	22.78	0.27
最小值			—	25.5	—	15.5	41.0	41.0	88.6	1.4	1.7×10^{-7}	17.70	20.40	0.21
最大值			—	32.8	—	22.9	49.5	51.0	97.7	1.4	1.4×10^{-6}	29.00	27.70	0.32
大值均值			—	30.9	—	22.2	48.2	49.5	96.2	1.4	1.18×10^{-6}	28.70	27.70	0.31
小值均值			—	25.5	—	17.3	41.0	41.0	91.1	1.4	4.1×10^{-7}	20.90	21.13	0.24
标准差			—	2.6	—	2.8	3.2	3.8	3.3	0.0	4.5×10^{-7}	4.51	2.93	0.04
变异系数			—	8.9	—	14.1	7.0	8.1	3.5	1.0	5.68×10^{-6}	18.20	12.88	14.76
按一般土防渗料的质量技术指标					±3	10～20	15～40				$\leqslant1\times10^{-5}$			

表 13.4-4 土料场②区黏土层取样试验结果统计

土样编号	取样深度/m	天然含水率/%	最优含水率/%	含水率与最优含水率偏差/%	塑性指数 I_{P10}	黏粒含量/%	最大干密度/(g/cm³)	渗透系数/(cm/s)	c/kPa	φ/(°)	压缩系数 $a_{0.1\sim0.2}$/MPa⁻¹
RDⅡ-37-1	0.5～1.0		27.3		16.0	30.0	1.62	2.2×10^{-7}	27.2	24.7	0.150
RDⅡ-37-2	1.5～3.0	75.1	57.6	17.5	17.0	34.0	0.95	3.2×10^{-6}	3.2	23.4	0.380
RDⅡ-37-3	3.0～5.0	66.5	60.9	5.6	13.9	32.5	0.98	1.9×10^{-6}	39.7	21.8	0.280
RDⅡ-37-4	0.5～5.0	66.5	48.6	17.9	13.6	28.5	1.16	6.8×10^{-7}	50.3	21.7	0.240
RDⅡ-29	2.0～8.0	57.03	35.3	21.7	15.7	42.5	1.37	9.1×10^{-7}	26.3	22.2	0.220
RDⅡ-20-1	0.5～2.5		40.1		14.5	40.0	1.26	2.2×10^{-6}	36.5	20.8	0.220
RDⅡ-20-2	4.0～6.0	46.2	30.3	15.9	18.8	51.0	1.50	1.1×10^{-6}	38.5	22.2	0.210
RDⅡ-20-3	0.5～6.0	46.2	37.1	9.1	13.8	49.0	1.27	2.0×10^{-6}	34.9	17.7	0.260
RDⅡ-19	0.4～4.0	81.3	53.9	27.4	14.2	40.5	1.01	2.1×10^{-6}	12.0	21.8	0.380
RDⅡ-36	0.8～8.0	41.3	30.5	10.8	25.1	48.5	1.49	9.2×10^{-7}	28.0	23.4	0.270
平均值		60.0	42.2	15.7	16.3	39.7	1.26	1.52×10^{-6}	29.7	22.0	0.3
最小值		41.3	27.3	5.6	13.6	28.5	0.95	2.2×10^{-7}	3.2	17.7	0.2
最大值		81.3	60.9	27.4	25.1	51.0	1.62	3.2×10^{-6}	50.3	24.7	0.4
大值均值		72.4	55.3	20.1	20.3	45.3	1.45	2.28×10^{-6}	40.0	23.2	0.3
小值均值		47.7	33.4	8.5	14.5	31.3	1.07	7.7×10^{-7}	19.3	20.8	0.2

续表

土样编号	取样深度/m	天然含水率/%	最优含水率/%	含水率与最优含水率偏差/%	塑性指数 I_{P10}	黏粒含量/%	最大干密度/(g/cm³)	渗透系数/(cm/s)	c/kPa	φ/(°)	压缩系数 $a_{0.1\sim0.2}$/MPa⁻¹
标准差		13.7	11.6	6.6	3.3	7.8	0.22	8.5×10^{-7}	13.1	1.8	0.1
变异系数		22.9	27.5	42.1	20.5	19.6	17.72	5.61×10^{-6}	44.1	8.1	26.4
按一般土防渗料的质量技术指标				±3	10～20	15～40		$\leqslant1\times10^{-5}$			

表 13.4-5　　土料场③区黏土层试验结果统计

土样编号	取样深度/m	天然含水率/%	最优含水率/%	含水率与最优含水率偏差/%	塑性指数 I_{P10}	黏粒含量/%	最大干密度/(g/cm³)	渗透系数/(cm/s)	c/kPa	φ/(°)	压缩系数 $a_{0.1\sim0.2}$/MPa⁻¹
RDⅡ-6-1	0.5～1.0		28.2		18.2	42.5	1.44	2.7×10^{-6}	20.9	23.4	0.240
RDⅡ-34	1.0～6.0	42.0	35.3	6.7	29.4	46.5	1.39	2.2×10^{-7}	23.6	21.1	0.150
RDⅡ-18	0.5～3.5	38.9	25.7	13.2	29.2	40.0	1.60	1.8×10^{-6}	7.3	24.7	0.190
RDⅡ-35-1	0.5～5.0		35.7		27.9	52.0	1.40	2.2×10^{-7}	32.4	23.3	0.150
RD10	0.5～6.0	42.3	34.3	8.0	21.9	43.0	1.32	3.0×10^{-6}	15.2	24.8	0.310
RD13	0.5～2.7	37.3	32.2	5.1	30.2	57.5	1.42	2.5×10^{-7}	36.5	22.8	0.310
RD19	0.5～2.5	44.1	29.2	14.9	25.4	47.0	1.47	1.4×10^{-6}	13.8	24.2	0.270
RD22	0.5～2.5	32.6	29.9	2.7	26.0	50.0	1.48	1.5×10^{-7}	36.6	24.2	0.160
RD25	0.5～3.0	40.3	35.3	5.0	27.8	48.5	1.34	7.8×10^{-7}	49.3	24.6	0.200
平均值		39.6	31.8	7.9	26.2	47.4	1.43	1.17×10^{-6}	26.18	23.68	0.22
最小值		32.6	25.7	2.7	18.2	40.0	1.32	1.5×10^{-7}	7.30	21.10	0.15
最大值		44.1	35.7	14.9	30.2	57.5	1.60	3.0×10^{-6}	49.30	24.80	0.31
大值均值		42.2	34.6	12.0	28.9	52.0	1.50	2.23×10^{-6}	38.70	24.50	0.28
小值均值		36.3	28.3	4.9	22.9	43.8	1.37	3.2×10^{-7}	16.16	22.65	0.17
标准差		3.6	3.4	4.2	3.7	5.1	0.08	1.05×10^{-6}	12.71	1.12	0.06
变异系数		9.0	10.8	52.5	14.1	10.7	5.51	9.01×10^{-6}	48.54	4.74	27.86
按一般土防渗料的质量技术指标				±3	10～20	15～40		$\leqslant1\times10^{-5}$			

表 13.4-6　　土料场③区全风化层取样试验结果统计

土样编号	取样深度/m	天然含水率/%	最优含水率/%	含水率与最优含水率偏差/%	塑性指数 I_{P10}	黏粒含量/%	黏粒占<5mm颗粒的百分含量/%	<0.075mm的颗粒含量/%	最大干密度/(g/cm³)	渗透系数/(cm/s)	c/kPa	φ/(°)	压缩系数 $a_{0.1\sim0.2}$/MPa⁻¹
RDⅡ-6-2	2.0～5.5	44.5	36.2	8.3	14.7	39.5	39.5	97.3	1.38	1.6×10^{-6}	41.1	20.0	0.370
RDⅡ-26	0.5～5.8	53.0	38.9	14.1	15.7	32.0	35.7	84.0	1.20	1.8×10^{-6}	37.8	27.7	0.170

续表

土样编号	取样深度/m	天然含水率/%	最优含水率/%	含水率与最优含水率偏差/%	塑性指数 I_{P10}	黏粒含量/%	黏粒占<5mm颗粒的百分含量/%	<0.075mm的颗粒含量/%	最大干密度/(g/cm³)	渗透系数/(cm/s)	c/kPa	φ/(°)	压缩系数 $a_{0.1\sim0.2}$/MPa⁻¹
RDⅡ-35-2	6.0~7.0	53.8	41.0	12.8	22.5	31.5	40.9	72.6	1.25	7.4×10^{-7}	37.8	20.2	0.260
RDⅡ-27	1.5~4.0	47.2	35.7	11.5	19.7	35.5	41.0	80.0	1.32	1.7×10^{-6}	26.1	23.4	0.290
RD11	6.0~9.0	50.9	36.5	14.4	18.0	30.5	30.7	94.8	1.31	2.5×10^{-6}	24.4	26.0	0.330
RD14	2.7~9.0	45.2	36.7	8.5	21.9	32.0	32.0	86.0	1.31	2.6×10^{-6}	14.0	27.8	0.430
RD20	2.5~12.5	45.2	39.1	6.1	19.8	26.5	35.7	68.7	1.20	1.4×10^{-6}	16.1	27.7	0.330
RD23	2.5~12.5	52.6	42.2	10.4	18.5	24.5	36.6	62.5	1.20	1.7×10^{-6}	3.8	26.7	0.210
RD26	3.0~8.0	48.2	36.3	11.9	17.2	32.0	32.0	97.8	1.21	6.5×10^{-6}	20.7	26.4	0.220
平均值		49.0	38.1	10.9	18.7	31.6	36.0	82.6	1.26	2.28×10^{-6}	24.64	25.10	0.29
最小值		44.5	35.7	6.1	14.7	24.5	30.7	62.5	1.20	7.4×10^{-7}	3.80	20.00	0.17
最大值		53.8	42.2	14.4	22.5	39.5	41.0	97.8	1.38	6.5×10^{-6}	41.10	27.80	0.43
大值均值		52.6	40.3	12.9	21.0	34.2	39.5	92.0	1.33	3.87×10^{-6}	35.70	27.05	0.37
小值均值		46.1	36.3	8.3	16.8	28.3	33.2	71.0	1.21	1.49×10^{-6}	15.80	21.20	0.22
标准差		3.5	2.2	2.7	2.5	4.2	3.7	12.1	0.06	1.58×10^{-6}	11.81	2.96	0.08
变异系数		7.1	5.8	24.3	13.2	13.2	10.2	14.6	5.02	6.92×10^{-6}	47.92	11.79	27.15
按风化土防渗料的质量技术指标				±3			15~40	≥15		$\leqslant1\times10^{-5}$			

表 13.4-7　土料场③区黏土与全风化层混合试验结果统计

土样编号	取样深度/m	土层:全风化层	天然含水率/%	最优含水率/%	含水率与最优含水率偏差/%	塑性指数 I_{P10}	黏粒含量/%	黏粒占<5mm颗粒的百分含量/%	<0.075mm的颗粒含量/%	最大干密度/(g/cm³)	渗透系数/(cm/s)	c/kPa	φ/(°)	压缩系数 $a_{0.1\sim0.2}$/MPa⁻¹
RDⅡ-6-3	0.5~5.5	1:9		29.8		16.7	37.0	37.0	97.7	1.41	1.9×10^{-6}	23.2	22.8	0.260
RDⅡ-35-3	0.5~7.0	8:2		38.5		18.9	43.5	52.6	78.7	1.27	1.5×10^{-6}	16.2	21.8	0.220
RD12	0.5~9	6:4	47.7	30.4	17.3	19.5	39.0	43.9	85.0	1.42	1.8×10^{-6}	21.5	28.2	0.220
RD15	0.5~9	3:7	42.4	35.9	6.5	23.5	44.5	44.5	91.3	1.35	8.7×10^{-7}	31.6	24.6	0.350
RD21	0.5~12.5	2:8	46.0	31.7	14.3	21.4	30.0	38.2	71.9	1.36	1.8×10^{-6}	41.2	25.4	0.230
RD24	0.5~12.5	2:8	48.9	33.4	15.5	26.6	36.0	45.2	74.0	1.37	1.2×10^{-7}	21.8	28.4	0.220
RD27	0.5~8	3:7	37.0	34.5	2.5	17.9	29.0	36.9	73.1	1.31	2.8×10^{-6}	30.0	27.0	0.170
平均值			44.4	33.5	11.2	20.6	37.0	42.6	81.7	1.36	1.54×10^{-6}	26.50	25.46	0.24
最小值			37.0	29.8	2.5	16.7	29.0	36.9	71.9	1.27	1.2×10^{-7}	16.20	21.80	0.17
最大值			48.9	38.5	17.3	26.6	44.5	52.6	97.7	1.42	2.8×10^{-6}	41.20	28.40	0.35

续表

土样编号	取样深度/m	土层：全风化层	天然含水率/%	最优含水率/%	含水率与最优含水率偏差/%	塑性指数 I_{P10}	黏粒含量/%	黏粒占<5mm颗粒的百分含量/%	<0.075mm的颗粒含量/%	最大干密度/(g/cm³)	渗透系数/(cm/s)	c/kPa	φ/(°)	压缩系数 $a_{0.1\sim0.2}$/MPa^{-1}
大值均值			47.5	36.3	15.7	23.8	42.3	46.6	91.3	1.39	2.08×10^{-6}	34.27	27.87	0.31
小值均值			39.7	31.3	4.5	18.3	31.7	37.4	74.4	1.31	8.3×10^{-7}	20.68	23.65	0.21
标准差			4.3	2.9	5.7	3.2	5.6	5.3	9.2	0.05	7.9×10^{-7}	7.73	2.38	0.05
变异系数			9.7	8.6	50.9	15.5	15.0	12.4	11.3	3.61	5.1×10^{-6}	29.18	9.36	21.66
按一般土防渗料的质量技术指标					±3	10～20	15～40				$\leqslant1\times10^{-5}$			

从表 13.4－1 可以看出，①区黏土料黏粒含量为 23%～57.5%，平均为 45.9%；天然含水率为 36.8%～49.1%，平均为 42.9%；最优含水率为 25.4%～43.1%，平均为 32.6%；塑性指数为 12.1～31.8，平均为 21.9；黏粒含量、塑性指数、天然含水率均偏高，天然含水率比最优含水率高 6.4%～15.3%，天然含水率、最优含水率变化范围大，施工质量控制难度较大。

从表 13.4－2 可以看出，①区全风化土料黏粒含量为 22%～57%，平均为 41.6%，黏粒占小于 5mm 颗粒的 29%～57%，平均为 43.8%；天然含水率为40.8%～50.8%，平均为 46.2%；最优含水率为 15.2%～34.8%，平均为 28.3%；黏粒含量、天然含水率均偏高，天然含水率比最优含水率高 8.3%～19.8%，天然含水率、最优含水率变化范围大，施工质量控制难度较大；全风化玄武岩层物理力学性质与黏土层基本相同。

从表 13.4－3 可以看出，①区黏土＋全风化土掺混后，不同掺配比例的混合土料黏粒占小于 5mm 颗粒的 41%～51%，随着全风化土掺入量的增加而逐渐减小；天然含水率在掺配比例 3：2 时为 21.9%，其他配比因原样扰动，没有检测天然含水率；最优含水率为 25.5%～32.8%，平均为 29.6%，比黏土及全风化料的变幅小。

从表 13.4－4 可以看出，②区黏土料黏粒含量为 28.5%～51%，平均为 39.7%；由于②区地势低洼，天然含水率比①区、③区高出很多，为 41.3%～81.3%，平均为 60%，最优含水率为 27.3%～60.9%，平均为 42.2%；塑性指数为 13.6～25.1，平均为 16.3；黏粒含量、塑性指数、天然含水率均偏高，天然含水率比最优含水率高 5.6%～27.4%，天然含水率、最优含水率变化范围大，如直接采用②区的黏土料上坝，施工质量控制难度较大。

从表 13.4－5 可以看出，③区黏土料黏粒含量为 40%～57.5%，平均为 47.4%；天然含水率为 32.6%～44.1%，平均为 39.6%，最优含水率为 25.7%～35.7%，平均为 31.8%，天然含水率与取样深度有关；塑性指数为 18.2～30.2，平均为 26.2；黏粒含量、塑性指数、天然含水率均偏高，天然含水率比最优含水率高 2.7%～14.9%，天然含水率、最优含水率变化范围大，施工质量控制难度较大。

从表 13.4－6 可以看出，③区全风化土料黏粒含量为 24.5%～39.5%，平均 31.6%；

黏粒占小于5mm颗粒的30.7%～41%，平均为36%；天然含水率为44.5%～53.8%，平均为49%；最优含水率为35.7%～42.2%，平均为38.1%；天然含水率均偏高，比最优含水率高6.1%～14.4%，最优含水率变化范围大，施工质量控制难度较大；全风化层的天然含水率、黏粒含量比黏土层要低，其余指标基本相当。

从表13.4－7可以看出，③区黏土＋全风化土掺混后，不同比例的混合土料黏粒含量为29%～44.5%，平均为37%，黏粒占小于5mm颗粒的36.9%～52.5%，平均为42.6%，随着全风化土掺入量的增加而逐渐减小，其中掺配比例为1∶9、6∶4、3∶7、2∶8的混合土料黏粒含量及占小于5mm的百分含量指标接近规范要求的值；天然含水率为37%～48.9%，最优含水率为29.8%～38.5%，平均为33.5%，天然含水率主要与取样深度有关。

13.4.2 成果分析及质量评价

（1）土料场①区。①区取黏土层样14组，全风化样17组，混合样4组。所检样品天然含水率一般在40%～50%之间，仅1组全风化样大于50%，为50.8%，与最优含水率偏差均大于±3%，黏土层平均偏差在10.8%，全风化层平均偏差15.2%，混合样检测天然含水率1组，偏差为－8.5%；所检样品塑性指数、黏粒含量和天然含水率普遍偏高，渗透系数满足规范要求，其质量技术评价见表13.4－8。

表13.4－8 土料场①区试验防渗土料质量技术评价表

指标名称	规范要求	岩性	组数	试验指标	评价
黏粒含量/%	15～40	黏土	14	均值45.9 范围值23.0～57.5	4组符合要求，占比为29%
		全风化玄武岩	17	均值41.6 范围值22.0～57.0	5组符合要求，占比为29%
		混合料	4	均值46.4 范围值41.0～49.5	不满足要求，但明显降低
塑性指数 I_{P10}	10～20	黏土	14	均值21.9 范围值12.1～31.8	7组符合要求，占50%
		全风化玄武岩	17	均值21.1 范围值9.1～31.7	5组符合要求，占29%
		混合料	4	均值19.7 范围值15.5～22.9	2组符合要求，占50%
渗透系数/(cm/s)	碾压后 $\leqslant 1\times10^{-5}$	黏土	14	均值 6.8×10^{-7} 范围值 $2.4\times10^{-7}\sim1.4\times10^{-6}$	100%符合要求
		全风化玄武岩	17	均值 8.8×10^{-7} 范围值 $5.4\times10^{-8}\sim3.4\times10^{-6}$	100%符合要求
		混合料	4	均值 7.9×10^{-7} 范围值 $1.7\times10^{-7}\sim1.4\times10^{-6}$	100%符合要求

续表

指标名称	规范要求	岩性	组数	试验指标	评　价
天然含水率/%	与最优含水率的允许偏差为±3	黏土	8	均值42.9 范围值36.8～49.1	不满足规范要求
				与最优含水率偏差，均值10.2，范围值6.4～15.3	
		全风化玄武岩	6	均值46.2 范围值40.8～50.8	不满足规范要求
				与最优含水率偏差，均值15.2，范围值8.3～19.8	
		混合料	1	天然含水率：21.9	不满足规范要求
				与最优含水率偏差：－8.5	

（2）土料场②区。②区所检样品均为黏土层，共取扰动样10组，检测天然含水率7组，其中5组天然含水率高于50%，天然含水率与最优含水率平均偏差为15.7%；所检10组样品中，黏粒含量大于40%的有5组，平均黏粒含量为39.7%，基本满足规范要求，黏土层最大干密度较低，小值均值为1.07g/cm^3，最小值为0.95g/cm^3，渗透系数满足规范要求，其质量技术评价见表13.4-9。

表13.4-9　　　　　　土料场②区试验防渗土料质量技术评价表

指标名称	规范要求	岩性	组数	试验指标	评　价
黏粒含量/%	15～40	黏土	10	均值39.7，范围值28.5～51.0	5组符合要求，占比为50%
塑性指数 I_{P10}	10～20	黏土	10	均值16.3，范围值，13.6～25.1	9组符合要求，占90%
渗透系数/(cm/s)	碾压后≤1×10^{-5}	黏土	10	均值1.52×10^{-6} 范围值2.2×10^{-7}～3.2×10^{-6}	100%符合要求
天然含水率/%	与最优含水率的允许偏差为±3	黏土	8	均值60.0，范围值41.3～81.3	不满足规范要求，且天然含水率绝对值偏高
				与最优含水率偏差：均值15.7，范围值5.6～27.4	

（3）土料场③区。③区取黏土层样9组，全风化样9组，混合样7组。所检样品中天然含水率一般在40%～50%，与最优含水率偏差有2组满足规范要求，黏土层样与混合样各一组，其余均大于3%，其中土层平均偏差为7.9%，全风化层平均偏差为10.9%，混合样平均偏差为11.2%。黏土层样塑性指数普遍偏高，仅1组小于20；全风化样塑性指数仅2组大于20，分别为22.5和21.9，其余7组均在10～20，表明全风化层塑性指数基本满足规范要求；混合样塑性指数满足规范要求的有4组，平均值为20.6。黏土层黏粒含量偏高，最小值为40%，而全风化样黏粒含量均在15%～40%，混合样仅2组大于40%，表明黏土层和全风化层混合开采可有效降低黏粒含量，渗透系数满足规范要求，其质量技术评价见表13.4-10。

表 13.4-10 土料场③区试验防渗土料质量技术评价表

指标名称	规范要求	岩性	组数	试验指标	评价
黏粒含量/%	15～40	黏土	9	均值 47.4，范围值 40.0～57.5	1 组符合要求，占比为 11%
		全风化玄武岩	9	均值 31.6 范围值 24.5～39.5	100%符合要求
		混合料	7	均值 37.0 范围值 29.0～44.5	5 组符合要求，占比为 71%
塑性指数 I_{P10}	10～20	黏土	9	均值 26.2 范围值 18.2～30.2	8 组符合要求，占 89%
		全风化玄武岩	9	均值 18.7 范围值 14.7～22.5	7 组符合要求，占比为 78%
		混合料	7	均值 20.6 范围值 16.7～26.6	4 组符合要求，占比为 57%
渗透系数/(cm/s)	碾压后 $<1\times10^{-5}$	黏土	9	均值 1.17×10^{-6} 范围值 1.5×10^{-7}～3.0×10^{-6}	100%符合要求
		全风化玄武岩	9	均值 2.28×10^{-6} 范围值 7.4×10^{-7}～6.5×10^{-6}	100%符合要求
		混合料	7	均值 1.54×10^{-6} 范围值 1.2×10^{-7}～2.8×10^{-6}	100%符合要求
天然含水率/%	与最优含水率的允许偏差为±3	黏土	7	均值 39.6 范围值 32.6～44.1	1 组符合要求，占比为 14%
				与最优含水率偏差：均值 7.9，范围值 2.7～14.9	
		全风化玄武岩	9	均值 49.0 范围值 44.5～53.8	不满足规范要求
				与最优含水率偏差：均值 10.9，范围值 6.1～14.4	
		混合料	5	均值 44.4 范围值 37.0～48.9	1 组符合要求，占比为 20%
				与最优含水率偏差：均值 11.2，范围值 2.5～17.3	

13.4.3 防渗土料的应用方案

根据前期勘察成果分析，料场①区和③区天然含水率偏高，但大部分小于 50%，塑性指数和黏粒含量普遍偏高，渗透系数满足规范要求。料场②区检测天然含水率共 8 组，其中 5 组大于 55%，平均值为 60%，表明该区天然含水率偏高较多。从前期勘察取样进行室内试验的成果分析，优先开采①区和③区，两区黏土和全风化层总储量为 32.04 万 m^3，为设计用量的 2.04 倍，可满足设计用量的要求。采用黏土层和全风化层混合开采，降低混合料的黏粒含量，选用合适的掺配比例，使混合料的黏粒含量满足规范要求是可行的。

13.5　施工阶段取样复核试验

13.5.1　复核试验成果

施工阶段考虑到施工实际开采方便，分别在 2018 年 3 月、4 月两次现场取黏土与全风化玄武岩任意混合样，由施工方进行复核试验，其相关成果见表 13.5-1～表 13.5-3。

表 13.5-1　　土料场①区黏土与全风化玄武岩混合料复核试验结果统计

土样编号	取样深度 /m	黏土：全风化	天然含水率 /%	最优含水率 /%	含水率与最优含水率偏差/%	塑性指数 I_{P10}	黏粒含量 /%	最大干密度 /(g/cm³)	渗透系数 /(cm/s)	c /kPa	φ /(°)	压缩系数 $a_{0.1\sim0.2}$ /MPa^{-1}
3-1	0～1.5	1：0	42.7	32.5	10.2	40.4	21.1	1.41	2.27×10^{-7}	70.5	18.5	0.33
3-2	1.5～2.4	1：0	38.8	33.8	5.0	33.2	16.8	1.34	5.14×10^{-8}	75.9	19.9	0.33
4-1	0～2.0	1：0	41.3	33.0	8.3	39.3	17.9	1.38	3.27×10^{-8}	69.9	18.6	0.32
4-2	2.0～4.3	1：0	46.5	31.3	15.2	39.0	20.2	1.43	3.11×10^{-8}	70.0	23.3	0.28
5	0～4.4	1：0	40.5	29.5	11.0	39.0	23.9	1.43	5.27×10^{-7}	67.8	20.6	0.27
13-1	0～2.0	1：0	46.3	34.0	12.3	42.3	19.1	1.33	3.32×10^{-8}	64.1	22.1	0.25
13-2	3.0～4.2	1：0	57.6	37.4	20.2	37.1	17.0	1.27	5.28×10^{-8}	58.8	34.6	0.32
TK1-1	0.5～9.5	1：2	35.5	31.9	3.6	38.0	26.9	1.45	1.84×10^{-7}	42.8	24.8	0.27
TK2-1	0～7.5	0：1	21.7	30.5	-8.8	36.0	24.9	1.47	2.32×10^{-7}	40.5	21.4	0.27
TK3-1	0～8.9	0：1	41.6	29.5	12.1	32.7	22.3	1.45	4.70×10^{-7}	35.8	23.5	0.30
TK11	2.0～8.0	0：1	30.3	22.1	8.2	28.7	21.8	1.73	1.57×10^{-7}	40.2	20.1	0.27
TK12	1.6～10.0	1：0	38.2	20.3	17.9	35.7	26.9	1.64	2.23×10^{-8}	47.4	25.8	0.25
TK13	0.5～9.0	1：0.8	30.2	21.9	8.3	33.0	28.8	1.69	6.35×10^{-8}	46.2	24.2	0.31
TK14	0.5～10.5	3：1	39.8	26.1	13.7	31.7	25.4	1.56	7.38×10^{-8}	45.1	22.7	0.34
平均值			39.4	29.6	9.8	36.2	22.4	1.47	1.54×10^{-7}	55.4	22.9	0.29
最小值			21.7	20.3	3.6	31.7	16.8	1.27	2.23×10^{-8}	35.8	18.5	0.25
最大值			57.6	37.4	20.2	42.3	28.8	1.69	5.27×10^{-7}	75.9	34.6	0.34
大值均值			44.5	33.1	14.1	39.3	26.1	1.62	2.99×10^{-7}	68.1	26.1	0.32
小值均值			32.5	24.9	7.0	33.0	19.5	1.39	4.51×10^{-8}	42.6	20.5	0.27
标准差			8.2	4.9	6.8	3.7	3.8	0.13	1.58×10^{-7}	13.5	3.9	0.03
变异系数			0.2	0.2	0.7	0.1	0.2	0.09	1.02	0.2	0.2	0.1
按一般土防渗料的质量技术指标					±3	10～20	15～40		$\leqslant1\times10^{-5}$			

表 13.5-2　　土料场②区黏土与全风化玄武岩混合料复核试验结果统计

土样编号	取样深度 /m	天然含水率 /%	最优含水率 /%	含水率与最优含水率偏差/%	塑性指数 I_{P10}	黏粒含量 /%	最大干密度 /(g/cm³)	渗透系数 /(cm/s)	c /kPa	φ /(°)	压缩系数 $a_{0.1\sim0.2}$ /MPa⁻¹
19	0～4.4	49.1	33.3	15.80	40.9	16.4	1.35	2.68×10^{-8}	77.6	19.7	0.30
20	0～3.0	51.4	31.4	20.00	34.7	19.0	1.39	4.41×10^{-8}	62.4	23.5	0.29
平均值		50.25	32.35	17.90	37.8	17.7	1.37	3.55×10^{-8}	70	21.6	0.295
按一般土防渗料的质量技术指标				±3	10～20	15～40		$\leqslant1\times10^{-5}$			

表 13.5-3　　土料场③区黏土与全风化玄武岩混合料复核试验结果统计

土样编号	取样深度 /m	黏土：全风化	天然含水率 /%	最优含水率 /%	含水率与最优含水率偏差/%	塑性指数 I_{P10}	黏粒含量 /%	最大干密度 /(g/cm³)	渗透系数 /(cm/s)	c /kPa	φ /(°)	压缩系数 $a_{0.1\sim0.2}$ /MPa⁻¹
23	0～2.8	1：0	42.0	30.7	11.3	34.5	20.9	1.38	2.68×10^{-8}	59.2	19.7	0.28
25	0～3.1	1：0	36.1	30.7	5.4	38.9	18.9	1.39	1.77×10^{-8}	81.8	21.1	0.37
26	0～3.6	1：0	44.8	27.9	16.9	31.1	28.5	1.48	3.31×10^{-8}	69.3	25.0	0.29
29	0～2.6	1：0	40.6	28.8	11.8	40.4	33.1	1.43	5.20×10^{-8}	67.7	24.5	0.37
30	0～2.9	1：0	43.6	29.5	14.1	37.4	34.5	1.49	3.27×10^{-7}	72.1	21.6	0.28
TK4－1	0～7.6	0：1	39.8	27.1	12.7	25.7	17.9	1.47	8.32×10^{-6}	23.1	20.7	0.32
TK5－1	1.4～3.8	1：2.7	47.5	30.5	17.0	35.0	25.1	1.44	3.41×10^{-7}	38.0	23.1	0.27
TK6－1	3.8～2.3	1：0.6	40.4	33.7	6.7	39.8	28.8	1.43	1.35×10^{-7}	44.0	25.2	0.29
TK10	0.5～6.0	1：2.7	37.2	23.5	13.7	31.0	28.9	1.64	7.35×10^{-8}	44.5	23.4	0.27
TK7	0.5～8.0	1：3.0	35.5	22.3	13.2	33.3	28.8	1.65	1.47×10^{-7}	42.8	21.8	0.28
TK9	0.5～7.0	1：2.7	31.8	21.4	10.4	30.7	27.6	1.67	8.68×10^{-8}	45.8	24.5	0.31
平均值			39.9	27.8	12.1	34.3	26.6	1.50	8.69×10^{-7}	53.5	22.8	0.30
最小值			31.8	21.4	5.4	25.7	17.9	1.38	1.47×10^{-8}	23.1	19.7	0.27
最大值			47.5	33.7	17.0	40.4	34.5	1.67	8.32×10^{-6}	81.8	25.2	0.37
大值均值			43.2	30.3	14.6	37.7	30	1.65	5.60×10^{-7}	70.0	24.3	0.34
小值均值			36.1	23.6	9.1	30.4	20.7	1.44	4.83×10^{-8}	39.7	21.0	0.28
标准差			4.3	3.7	3.5	4.4	5.2	0.10	2.36×10^{-6}	16.9	1.8	0.04
变异系数			0.1	0.1	0.3	0.1	0.2	0.07	0.00	0.32	0.1	0.13
按一般土防渗料的质量技术指标					±3	10～20	15～40		$\leqslant1\times10^{-5}$			

13.5.2　成果分析及质量评价

施工复核现场取样时，没有区分黏土和全风化层玄武岩，采用了立面任意混合开采的方法，以便于简化实际上坝时的开采工艺。从试验成果来看，三个分区的混合料黏粒含量、渗透系数均满足规范要求，塑性指数、天然含水率偏高，说明通过立面混采，使黏土掺入全风化料混合，可有效降低混合料的黏粒含量，成果见表13.5-4。

表13.5-4 土料场黏土与全风化玄武岩立面开采混合料试验质量技术评价表

指标名称	规范要求	料场分区	组数	试验指标	评价
黏粒含量/%	15～40	①区	10	均值21.0，范围值16.8～26.9	100%符合要求
		②区	2	均值17.7，范围值16.4～19.0	100%符合要求
		③区	8	均值25.6，范围值17.9～34.5	100%符合要求
塑性指数 I_{P10}	10～20	①区	10	均值37.7，范围值32.7～42.3	不符合要求
		②区	2	均值37.8，范围值34.7～40.9	不符合要求
		③区	8	均值35.3，范围值25.7～40.4	不符合要求
渗透系数/(cm/s)	碾压后 $\leqslant 1\times10^{-5}$	①区	10	均值 1.84×10^{-7} 范围值 $3.11\times10^{-8}\sim5.27\times10^{-7}$	100%符合要求
		②区	2	均值 3.55×10^{-8} 范围值 $2.68\times10^{-8}\sim4.41\times10^{-8}$	100%符合要求
		③区	8	均值 7.9×10^{-7} 范围值 $1.7\times10^{-7}\sim1.4\times10^{-6}$	100%符合要求
天然含水率/%	与最优含水率的允许偏差为±3	①区	10	均值41.25，范围值21.70～57.60	不符合要求
				与最优含水率偏差： 均值10.88，范围值3.60～20.20	
		②区	2	均值50.25，范围值49.10～51.40	不符合要求
				与最优含水率偏差： 均值17.90，范围值15.80～20.00	
		③区	8	均值41.85，范围值36.10～47.50	不符合要求
				与最优含水率偏差： 均值11.99，范围值5.40～17.00	

注 施工单位取样复核的黏粒含量、塑性指数指标值均比前期勘察阶段试验值要小很多，有关对比及合理性分析见13.7节。

13.6 第一次现场碾压试验研究

13.6.1 碾压试验方案

（1）料场分区选择。由于②区位于低洼处，黏土料及全风化层含水率比较高，平均值达60%，最大值达81.3%。①区、③区位于料场北部及南部的坡地，地势高，含水量比②区要低很多，平均含水率小于50%，最大值53.8%。①区、③区的黏土和全风化层的各项指标都比较接近，同时，①区的黏土及全风化层储量比③区大，作为优先开采区。因此，选择①区的土料进行碾压试验具有一定的代表性。

（2）防渗料组合方案。碾压试验时，根据前期试验成果，黏土+全风化玄武岩的掺配比例初步拟定了体积比分别为1∶1和2∶1的两组，现场分别对表层黏土料、下层全风化玄武岩料、黏土+全风化玄武岩1∶1混合料、黏土+全风化玄武岩2∶1混合料四种组合方案进行土料碾压试验。

（3）降水措施。鉴于天然含水率与最优含水率差别较大，从前期勘察取样试验成果来看，①区的黏土料天然含水率比最优含水率高6.4%～15.3%，平均高10.2%。全风化料天然含水率比最优含水率高8.3%～19.8%，平均高15.2%。因此，必须采取降水措施，降低含水率。

根据工程区的气候特点，在旱季11月至次年4月、5月降雨量少，仅占全年降雨量的10%～15%，晴天多，日照充分，风速大，多年平均最大风速为17.3m/s。大坝黏土心墙填筑时间安排在旱季施工，为土料的翻晒提供了非常好的气象条件，且土料场地形开阔，坡度较缓，易于土料翻晒，可有效降低天然含水率。翻晒时将土料取出，堆放在附近已剥离的料场中，堆厚1～2m，约24h后运至碾压场进行碾压试验。

（4）设计控制指标。根据前期试验成果，拟定碾压试验各项设计指标为：渗透系数小于2.5×10^{-6}cm/s，压实度不小于98%，干密度不小于1.4g/cm^3。

13.6.2 碾压试验参数

（1）机械设备。平碾振动压路机1台，工作质量23t，振动频率为28Hz/32Hz，现场碾压时采用低频28Hz。激振力为376kN/296kN，现场碾压时采用高档376kN。行走速度一档为2.1km/h、二档为4.1km/h、三档为8.8km/h，现场碾压时采用一档行走速度2.1km/h。

凸块振动压路机1台，工作质量23t，振动频率为28Hz/32Hz，现场碾压时采用低频28Hz。激振力为405kN/240kN，现场碾压时采用高档405kN。行走速度一档为3km/h、二档为4.1km/h、三档为8.8km/h，现场碾压时采用一档行走速度3km/h。

（2）碾压试验参数。采用自卸汽车运输，进占法卸料、推土机平料后开始碾压、碾压前进速度小于3km/h、振动碾压时用最大激振力。

心墙料碾压试验前取样送室内做颗粒分析、击实试验、液塑限、三轴压缩等试验，碾压后现场检测干密度、渗透系数、沉降量等指标。

4组防渗土料均按30cm、35cm、40cm厚度铺设，碾压遍数均为6遍、8遍、10遍，共36个试验组合。

铺土完成后，先平碾静碾两遍，再平碾振动碾2遍、4遍、6遍，最后两遍为凸块振动碾两遍。

13.6.3 碾压试验成果

（1）黏土料碾压试验成果。纯黏土料碾压试验成果见表13.6-1。

从表13.6-1可以看出：

1）铺料厚度30cm碾压6遍时，渗透系数、压实度不满足设计要求；铺料厚度35cm碾压6遍时，干密度、渗透系数、压实度不满足设计要求；铺料厚度为40cm，碾压6遍、8遍、10遍时，渗透系数、压实度不满足设计要求，且6遍时，干密度也不满足设计要求。

2）随着铺土厚度的增加沉降量逐渐增大，其中铺土厚度为40cm时碾压至10遍仍然未见沉降量稳定，而铺土厚度为 30cm 和 35cm 的在碾压遍数为 8 遍时沉降量趋于稳定。

表 13.6－1　　黏土料碾压试验成果表

铺料厚度/cm	碾压遍数	湿密度/(g/cm³)	含水率/%	黏粒含量/%	干密度/(g/cm³)	原位渗透系数/(cm/s)	沉降量/mm	最大干密度/(g/cm³)	最优含水率/%	压实度/%	是否满足设计要求
30	6	1.89	33.2	26.7	1.41	2.58×10^{-6}	83	1.44	31.6	97.9	不满足
	8	1.91	34.2		1.42	1.99×10^{-6}	89	1.44	31.6	98.6	满足
	10	1.92	34.5		1.43	1.61×10^{-6}	90	1.44	31.6	99.3	满足
35	6	1.89	36.8		1.38	2.58×10^{-6}	93	1.44	31.6	95.8	不满足
	8	1.91	34.9		1.42	2.03×10^{-6}	104	1.44	31.6	98.6	满足
	10	1.92	35.3		1.42	2.22×10^{-6}	104	1.44	31.6	98.6	满足
40	6	1.87	36.2		1.37	3.50×10^{-6}	104	1.44	31.6	95.1	不满足
	8	1.88	34.9		1.4	3.61×10^{-6}	114	1.44	31.6	97.2	不满足
	10	1.89	34.3		1.41	3.50×10^{-6}	117	1.44	31.6	97.6	不满足

注　不同铺料厚度的各遍数分别取 1 组样检测。

3）铺土厚度为 30cm 的 3 个碾压遍数（6 遍、8 遍、10 遍）下的干密度差值较小为 0.01g/cm³；铺土厚度为 35cm 的 3 个碾压遍数下的干密度在 6 遍增加至 8 遍时有较大增幅，8 遍时达到峰值；铺土厚度为 40cm 的 3 个碾压遍数下的干密度，均比其余两个铺土厚度的相应碾压遍数下的干密度值小，6 遍增加至 8 遍时增幅较大，8 遍增加至 10 遍有略微增加；碾压遍数 8 遍时干密度平均值趋于稳定。

4）铺土厚度为 40cm 的 3 个碾压遍数压实度均不满足设计要求，其余 2 个铺土厚度碾压 8 遍和 10 遍时压实度满足设计要求。

综合考虑，确定黏土料的最优铺土厚度为 35cm，碾压遍数为 8 遍，各项指标均满足设计要求。

（2）全风化玄武岩碾压试验成果。全风化玄武岩碾压试验成果见表 13.6－2。

表 13.6－2　　全风化玄武岩碾压试验成果

铺料厚度/cm	碾压遍数	湿密度/(g/cm³)	含水率/%	黏粒含量/%	干密度/(g/cm³)	原位渗透系数/(cm/s)	沉降量/mm	最大干密度/(g/cm³)	最优含水率/%	压实度/%	是否满足设计要求
30	6	1.90	36.9	18.6	1.39	7.02×10^{-5}	80	1.55	27.4	89.7	不满足
	8	1.96	38.6		1.42	5.13×10^{-5}	87	1.55	27.4	91.6	不满足
	10	1.97	38.0		1.42	3.75×10^{-5}	87	1.55	27.4	91.6	不满足
35	6	1.90	38.1		1.38	7.38×10^{-5}	88	1.55	27.4	89.0	不满足
	8	1.94	38.3		1.41	6.05×10^{-5}	97	1.55	27.4	91.0	不满足
	10	1.93	38.5		1.40	5.42×10^{-5}	97	1.55	27.4	90.3	不满足
40	6	1.89	38.0		1.37	8.67×10^{-5}	98	1.55	27.4	88.4	不满足
	8	1.94	38.0		1.40	7.17×10^{-5}	108	1.55	27.4	90.3	不满足
	10	1.95	37.7		1.41	4.41×10^{-5}	110	1.55	27.4	91.0	不满足

注　不同铺料厚度的各遍数分别取 1 组样检测。

从表 13.6-2 中可以看出全风化玄武岩料 9 个试验组合含水率偏高，压实度、渗透系数及部分组的干密度不满足设计要求，不推荐全风化料直接上坝作为防渗土料。

(3) 黏土+全风化玄武岩料（1∶1）现场碾压试验成果。黏土+全风化玄武岩料（1∶1）现场碾压试验成果见表 13.6-3。

表 13.6-3 黏土+全风化玄武岩料（1∶1）现场碾压试验成果表

铺料厚度/cm	碾压遍数	湿密度/(g/cm³)	含水率/%	黏粒含量/%	干密度/(g/cm³)	原位渗透系数/(cm/s)	沉降量/mm	最大干密度/(g/cm³)	最优含水率/%	压实度/%	是否满足设计要求
30	6	1.90	33.5	22.9	1.42	4.24×10^{-6}	1.90	1.48	28.2	95.9	不满足
	8	1.95	33.7		1.46	3.60×10^{-6}	1.95	1.48	28.2	98.6	不满足
	10	1.95	33.7		1.46	2.28×10^{-6}	1.95	1.48	28.2	98.6	满足
35	6	1.89	34.7		1.40	4.94×10^{-6}	1.89	1.48	28.2	94.6	不满足
	8	1.92	33.0		1.45	4.07×10^{-6}	1.92	1.48	28.2	98.0	不满足
	10	1.96	34.7		1.46	4.03×10^{-6}	1.96	1.48	28.2	98.6	不满足
40	6	1.85	31.8		1.40	7.25×10^{-6}	1.85	1.48	28.2	94.6	不满足
	8	1.89	32.9		1.43	5.86×10^{-6}	1.89	1.48	28.2	96.6	不满足
	10	1.91	32.3		1.45	3.10×10^{-6}	1.91	1.48	28.2	98.0	不满足

注 不同铺料厚度的各遍数分别取 1 组样检测。

从表 13.6-3 中可以看出：

1）铺料厚度 30cm 碾压 6 遍时，渗透系数、压实度不满足设计要求；碾压 8 遍时，渗透系数不满足设计要求；铺料厚度 35cm 碾压 6 遍时，渗透系数、压实度不满足设计要求，碾压 8 遍、10 遍时，渗透系数不满足要求；铺料厚度为 40cm，碾压 6 遍、8 遍时，渗透系数、压实度不满足设计要求，碾压 10 遍时，渗透系数不满足设计要求。

2）随着铺土厚度的增加沉降量逐渐增大，碾压遍数 8 遍时沉降量平均值趋于稳定。

3）铺土厚度为 30cm 的 3 个碾压遍数下的干密度在碾压 6 增加至 8 遍时有较大增幅，碾压 8 遍时达到峰值；铺土厚度为 35cm 的 3 个碾压遍数下的干密度在碾压 6 增加至 8 遍时有较大增幅，碾压 8～10 遍时有略微增加；铺土厚度为 40cm 的 3 个碾压遍数下的干密度碾压 10 遍时仍未达到峰值，碾压遍数为 6 增加至 8 遍时有较大增幅，碾压 8 增加至 10 遍时有略微增加。

4）现场原位渗透检测，仅有铺土厚度为 30cm，碾压遍数为 10 遍的组合渗透系数满足设计要求，其余均大于设计指标。

5）铺土厚度为 30cm 和 35cm 的压实度只有碾压 8 遍和 10 遍时满足设计要求；铺土厚度为 40cm 的压实度只有碾压 10 遍时满足设计要求。压实度峰值出现在铺土厚度为 30cm 碾压 8 遍和 35cm 碾压 10 遍。

因此，黏土+全风化玄武岩料掺混比为 1∶1 时，最优铺土厚度为 30cm，碾压遍数为 10 遍，各项指标均满足设计要求。

(4) 黏土+全风化玄武岩料（2∶1）现场碾压试验成果。黏土+全风化玄武岩料（2∶1）现场碾压试验成果见表 13.6-4。

表 13.6-4　　黏土+全风化玄武岩料（2∶1）现场碾压试验成果表

铺料厚度/cm	碾压遍数	湿密度/(g/cm³)	含水率/%	黏粒含量/%	干密度/(g/cm³)	原位渗透系数/(cm/s)	沉降量/mm	最大干密度/(g/cm³)	最优含水率/%	压实度/%	是否满足设计要求
30	6	1.82	30.5	24.8	1.41	3.84×10^{-6}	85	1.45	28.5	97.2	不满足
	8	1.87	31.0		1.43	1.64×10^{-6}	91	1.45	28.5	98.6	满足
	10	1.87	30.4		1.43	1.10×10^{-6}	91	1.45	28.5	98.6	满足
35	6	1.81	29.2		1.40	4.94×10^{-6}	87	1.45	28.5	96.6	不满足
	8	1.84	29.2		1.43	2.13×10^{-6}	94	1.45	28.5	98.6	满足
	10	1.85	29.6		1.43	1.94×10^{-6}	94	1.45	28.5	98.6	满足
40	6	1.80	28.7		1.39	5.90×10^{-6}	105	1.45	28.5	95.9	不满足
	8	1.83	29.1		1.42	3.12×10^{-6}	114	1.45	28.5	97.9	不满足
	10	1.84	28.9		1.43	3.04×10^{-6}	116	1.45	28.5	98.6	不满足

从表 13.6-4 可以看出：

1）铺料厚度 30cm、35cm，碾压 6 遍时，渗透系数、压实度不满足设计要求；铺料厚度为 40cm，碾压 6 遍、8 遍时，渗透系数、压实度不满足设计要求，且碾压 6 遍时的碾压后干密度、碾压 10 遍时渗透系数不满足设计要求。

2）随着铺土厚度的增加沉降量逐渐增大，碾压遍数 8 遍时沉降量平均值趋于稳定。

3）铺土厚度为 30cm 和 35cm 的 3 个碾压遍数下的干密度在碾压 6 遍增加至 8 遍时有较大增幅，均在碾压 8 遍时达到峰值；铺土厚度为 40cm 的 3 个碾压遍数下的干密度在碾压 6 遍增加至 8 遍时有较大增幅，碾压 8～10 遍时有略微增加。

4）现场原位渗透检测，铺土厚度为 30cm 和 35cm、碾压遍数为 8 遍和 10 遍的组合渗透系数满足设计要求，其余均大于设计指标。

5）铺土厚度为 30cm 和 35cm 的压实度只有碾压 8 遍和 10 遍时满足设计要求，铺土厚度为 40cm 的压实度只有碾压 10 遍时满足设计要求。压实度峰值出现在 30cm 碾压 8 遍和 35cm 碾压 8 遍。

因此，黏土+全风化玄武岩料掺混比为 2∶1 时，最优铺土厚度为 35cm，碾压遍数为 8 遍，各项指标均满足设计要求。

13.7　试验指标对比分析

13.7.1　试验指标对比

为了更好地确定碾压参数及施工质量控制指标，便于现场施工及质量控制，将设计前期勘察成果、施工单位取样复核成果及第一次碾压试验取样检测成果进行了对比分析，以纯黏土的试验及检测成果为代表，见表 13.7-1。

表 13.7-1　　黏土试验指标对比分析表

指标名称	规范要求	料场分区	前期勘察成果	施工阶段取样复核	第一次碾压试验成果
黏粒含量（范围/平均）/%	15～40	①区	23.0～57.5/45.9	16.8～26.9/20.4	26.7
		②区	28.5～51.0/39.7	16.4～19.0/17.7	
		③区	40.0～57.5/47.4	18.9～34.5/27.2	
塑性指数 I_{P10}（范围/平均）	10～20	①区	12.1～31.8/21.9	33.2～42.3/38.3	
		②区	13.6～25.1/16.3	34.7～40.9/37.8	
		③区	18.2～30.2/26.2	31.1～40.4/36.5	
渗透系数（范围/平均）/(10^{-7}cm/s)	碾压后 $\leqslant 1\times10^{-5}$cm/s	①区	2.4～14/6.8	0.2～5.3/1.2	16.1～36.1/26.2（原位）
		②区	2.2～32/15	0.3～0.4/0.4	
		③区	1.5～30/11.7	0.2～2.3/9.1	
天然含水率（范围/平均）/%	与最优含水率的允许偏差为±3	①区	36.86～49.1/42.9	38.2～57.60/44.0	33.2～36.8/34.9
		②区	41.3～81.3/60.0	49.1～51.4/50.3	
		③区	32.6～53.8/39.6	36.1～44.8/41.4	
最优含水率（范围/平均）/%		①区	25.4～43.1/32.6	20.3～37.4/31.5	31.6
		②区	27.3～60.9/42.2	31.4～33.3/32.4	
		③区	25.7～35.7/31.8	27.9～30.7/29.5	

从表 13.7-1 中看出：

（1）黏粒含量，前期勘察成果与施工阶段取样复核及第一次碾压试验成果相差较大，前期勘察成果黏粒含量高了近 1 倍，而施工阶段取样复核与第一次碾压试验成果比较接近。

（2）塑性指数，前期勘察成果比施工阶段取样复核低很多。

（3）渗透系数，各检测成果有差异，但均满足规范要求，部分组不满足设计要求。

（4）天然含水率，前期勘察成果与施工阶段取样复核基本相当，但比碾压试验的含水率高，主要是碾压试验所用土料，先进行了降水处理。

（5）最优含水率，各检测成果基本相当。

13.7.2　工程类比

查阅类似工程资料，昆明市清水海供水工程海尾大坝为黏土+全风化玄武岩混合料均质坝，玄武岩为二叠系上统峨眉山组灰黄色玄武岩。黏土为玄武岩风化残坡积土，黏粒含量为 21.5%～58.0%，平均为 43.1%；塑性指数为 14.6～25.3，平均为 20.5；含水率为 38.9%～53.2%，平均为 43.4%。

曲靖市富源县洞上水库大坝为黏土心墙土石坝，土料场为阿石营和长坡梁子，其中阿石营土料场为二叠系上统峨眉山组玄武岩风化残坡积土，黏粒含量为 20%～50%，塑性指数为 10～23，天然含水率为 38.2%～41.5%，均值为 39.65%。

因此，从类似工程资料看，与阿岗水库前期勘察成果非常接近，说明黏粒含量高、含水率高、塑性指数大符合玄武岩残坡积风化土的物理特性。

13.8 再次取样及碾压试验研究

13.8.1 现场取样复核

在大坝填筑前，为进一步查清土料场的物理特性，设计、施工及业主专门委托的第四方到现场再次取土样，分别同时进行检测，共取样 14 组，其中黏土 6 组，黏土+全风化玄武岩（2∶1）4 组，黏土+全风化玄武岩（1∶1）4 组，进行常规的物理性质及力学特性检测。为进一步对比分析含水率的情况，在①区、③区分别挖 1 个深坑，按深度每 1.5m 取 1 组样，共取 12 组，检测黏土及全风化层的天然含水率。试验成果见表13.8－1、表 13.8－2。

表 13.8－1 土料场现场取样复核成果表

指标名称	质量技术要求	黏土：全风化	设计检测成果	施工检测成果	第四方检测成果
黏粒含量（范围/平均）/%	15～40	1∶0	53.5～61.0/57.5	25.3～27.9/26.9	65.2～77.2/71.0
		2∶1	38.0～58.5/49.7	22.1～24.4/23.0	61.0～69.8/65.0
		1∶1	51.0～58.0/54.6	19.1～22.4/20.7	55.3～69.0/63.0
塑性指数 I_{P10}（范围/平均）	10～20	1∶0	22.3～37.2/31.3	31.1～39.0/34.2	11.4～28.0/18.4
		2∶1	25.8～30.9/27.9	27.7～33.7/30.8	18.2～22.4/20.6
		1∶1	27.3～31.0/28.9	26.7～37.7/34.2	14.2～28.4/24.2
渗透系数（范围/平均）/(10^{-7}cm/s)	碾压后 $\leqslant 1\times10^{-5}$	1∶0	7.6～62/27.9	1.38～94.7/33.1	13.5～21.5/16.3
		2∶1	6.9～12/9.4	2.3～74.7/38.2	15.4～16.1/15.8
		1∶1	2.5～24/12.6	5.3～6.4/5.9	13.4～19.4/16.1
天然含水率（范围/平均）/%		1∶0		37.9～42.7/40.5	
		2∶1		35.2～38.4/36.8	
		1∶1		32.5～34.3/33.4	
最优含水率（范围/平均）/%		1∶0	34.5～39.9/37.8	28.0～31.9/30.4	33.6～38.5/36.3
		2∶1	32.1～35.9/33.9	27.0～30.4/28.7	32.0～36.5/34.3
		1∶1	29.9～36.9/32.8	27.9～30.1/29.0	31.2～34.8/32.9
最大干密度/(g/cm^3)		1∶0	1.24～1.34/1.30	1.39～1.44/1.43	1.33～1.39/1.36
		2∶1	1.31～1.41/1.37	1.47～1.50/1.48	1.37～1.45/1.41
		1∶1	1.31～1.42/1.37	1.45～1.53/1.49	1.41～1.49/1.45

表 13.8－2 土料场含水率检测成果表

野外编号	取样位置	取样深度/m	天然含水率/%		
			设计检测	施工检测	第四方检测
TY5	TKF2	1.5	39.4	37.2	39.1
TY6	TKF2	3.0	43.2	41.2	42.4

续表

野外编号	取样位置	取样深度/m	天然含水率/%		
			设计检测	施工检测	第四方检测
TY7	TKF2	4.5	48.5	43.1	48.3
TY8	TKF2	6.0	50.1	46.9	45.8
TY9	TKF2	7.5	48.9	47.7	49.5
TY10	TKF2	9.0	45.2	44.9	48.0
TY11	TKF4	9.0	40.8	39.8	38.6
TY12	TKF4	7.5	45.6	42.2	49.5
TY13	TKF4	6.0	46.3	46.1	41.9
TY14	TKF4	4.5	43.1	42.2	41.8
TY15	TKF4	3.0	46.4	43.1	36.0
TY16	TKF4	1.5	42.4	39.9	
范围值			39.4～50.1	37.2～47.7	36.0～49.5
平均值			45.0	42.9	43.7

从表13.8-1、表13.8-2看出：

（1）黏粒含量，设计与第四方检测成果均较高，施工检测指标偏低，通过分析颗分曲线发现，主要是粉粒即0.075～0.005mm含量差别较大，设计检测0.075～0.005mm含量平均为38.9%，第四方检测为31.5%，施工检测高达70.8%，笔者认为与检测单位的试验方法有关。

（2）纯黏土掺入全风化玄武岩后，黏粒含量呈下降趋势，但由于全风化本身的黏粒含量也较高，掺配后总体黏粒含量仍然较高，高于规范规定值。

（3）天然含水率，各单位的检测值基本相当，且高于最优含水率较多。

（4）最优含水率，设计与第四方试验成果较一致，施工单位的试验值偏低。

（5）最大干密度，纯黏土的较小，随着掺入全风化量的增加，最大干密度呈增大趋势，说明掺入全风化后，有利于提高防渗土料的最大干密度。

因此，总体来看，玄武岩残坡积风化黏土及全风化玄武岩的黏粒含量和天然含水率都偏高，在上坝填筑前，应采取有效的降含水率的措施，确保防渗心墙填筑质量。

13.8.2　碾压试验复核

大坝防渗心墙主要采用黏土及掺入适量全风化的混合料，为简化碾压试验，仅对纯黏土的碾压参数进行第二次碾压试验复核。结合第一次碾压试验成果，选取铺土厚度为35cm，碾压6遍、8遍、10遍，每个遍数取14～15组样，其他要求与13.6.2节相同。本次试验中，施工、设计与第四方在现场共同完成现场含水率、实测干密度、原位渗透系数及室内渗透系数的检测，试验数据统一采用施工检测的数据。碾压试验成果见表13.8-3。

从表13.8-3可以看出：

（1）最优含水率，各检测单位的成果差异较大，最大干密度与最优含水率有关，最优含水率越小，最大干密度越大。

表 13.8-3　　黏土碾压试验成果表

检测单位	碾压遍数	现场含水率/%	最优含水率/%	与最优含水率的差/%	实测干密度/(g/cm³)	最大干密度/(g/cm³)	压实度/%	原位渗透系数/(cm/s)	室内渗透系数/(cm/s)	是否满足设计要求
施工检测	6	32.8～36.7/36.3	29.4	3.4～7.3/6.9	1.33～1.39/1.37	1.5	88.7～92.7/91.3	1.86×10^{-6}	4.68×10^{-7}	不满足
	8	33.0～36.1/34.8	29.7	3.3～6.4/5.1	1.36～1.43/1.39	1.51	90.1～94.7/92.1	2.95×10^{-6}	4.57×10^{-7}	不满足
	10	34.2～37.9/35.4	29.5	4.7～8.4/5.9	1.35～1.41/1.39	1.51	89.4～93.4/92.1	3.36×10^{-6}	5.35×10^{-7}	不满足
设计检测	6	32.8～36.7/36.3	34.4	−1.6～2.3/1.9	1.33～1.39/1.37	1.38	96.4～100.7/99.3	1.86×10^{-6}	4.68×10^{-7}	满足
	8	33.0～36.1/34.8	33.4	−0.4～2.7/1.4	1.36～1.43/1.39	1.39	97.8～102.9/100.0	2.95×10^{-6}	4.57×10^{-7}	满足
	10	34.2～37.9/35.4	34.3	−0.1～3.6/1.1	1.35～1.41/1.39	1.38	97.8～102.2/100.7	3.36×10^{-6}	5.35×10^{-7}	满足
第四方检测	6	32.8～36.7/36.3	32.4	0.4～4.3/3.9	1.33～1.39/1.37	1.45	91.7～95.8/94.5	1.86×10^{-6}	4.68×10^{-7}	不满足
	8	33.0～36.1/34.8	32.4	0.6～3.7/2.4	1.36～1.43/1.39	1.46	93.2～97.9/95.2	2.95×10^{-6}	4.57×10^{-7}	不满足
	10	34.2～37.9/35.4	32.4	1.8～5.5/3.0	1.35～1.41/1.39	1.46	92.5～96.6/95.2	3.36×10^{-6}	5.35×10^{-7}	不满足

注　表中数据 34.2～37.9/35.4 表示范围值/均值。

（2）现场含水率与施工检测的最优含水率偏差较大，压实度均不满足要求；与第四方检测的最优含水率差稍大，压实度不满足要求；与设计检测的最优含水率相差不大，压实度均满足要求。

（3）室内渗透系数均小于 2.5×10^{-6} cm/s，满足设计要求，原位渗透系数满足规范要求。

（4）碾压 6 遍实测干密度比碾压 8 遍、10 遍低，8 遍与 10 遍无明显变化，设计检测 8 遍最大干密度高于 10 遍。

（5）从压实度检测成果看，为确保碾压施工质量，铺土厚度应减薄，天然含水率应进一步降低以接近最优含水率。

13.9　碾压施工参数及质量控制指标的确定

13.9.1　黏土与全风化料掺配比例确定

通过对土料场的前期勘察、施工取样复核及两次碾压试验成果综合分析，土料场的黏土料及与全风化的混合料具有如下特点：

（1）土料性质在空间上呈现出不均一的特性，总体具有天然含水率高、黏粒含量高的特点。

（2）不同检测单位的检测成果也存在差异，总体趋势基本一致。

（3）除全风化玄武岩料以外，纯黏土、黏土＋全风化玄武岩2：1及1：1的3种填筑材料均可用做心墙的防渗土料。

因此，考虑黏土及全风化料的储量、含水率、开采时便于控制掺配比例、施工进度等因素，确定黏土＋全风化的掺配比例为2：1～1：1。

13.9.2　降水措施

根据黏土料场的再次取样复核检测的含水率，结合第一次碾压试验的降水方案，在上坝前对防渗土料采取如下降水措施：

（1）规划开采范围内的土料场全部剥离。

（2）做好规划分区开采方案，采用农耕用的机械化犁翻松土层，翻松厚度约60cm，晾晒约2d，每天用犁翻1～2次。

（3）开采方式为立面开采，将开采的土料再次堆放在料场约24h，堆土厚度0.8～1m。

（4）将开采堆放过的土料再与翻晒过的土料混合运输上坝。

13.9.3　碾压施工参数及质量控制指标确定

（1）填料种类为：土料场①区，纯黏土及体积比为2：1～1：1的黏土＋全风化。

（2）铺土厚度为30cm。

（3）碾压遍数为8遍，即平碾静压2遍＋振动碾压4遍＋凸块碾振动碾压2遍，碾压机械行走速度不大于3km/h。

（4）在上层料覆盖前，采用推土机履带对已碾压的层面刨毛，局部采用人工钉耙刨毛，并洒水湿润。

（5）含水率为－2.0％～最优含水率～＋3％，渗透系数 K 不大于 2.5×10^{-6}cm/s。

（6）压实度不小于98％，纯黏土最大干密度不小于1.35g/cm^3，黏土＋全风化比例为2：1的最大干密度不小于1.38g/cm^3，黏土＋全风化比例为1：1的最大干密度不小于1.4g/cm^3。由于现场土料压实干密度差异较大，施工时采用压实度控制，干密度仅作为参考。

（7）施工时勤翻多晒土料，勤测土料的含水率、黏粒含量，当发生明显变化时，再试验做分析，便于控制压实指标。

13.10　现场施工质量检测成果

施工每层取样6组自检，质检每3层取样6组检测，压实度采用三点击实法，渗透系数为原位试验，成果见表13.10－1。

从施工质量检测成果看，土料经翻晒后，平均含水率由42.9％～45％降至34.5％～35.3％，接近表13.8－3中设计及第四方检测的最优含水率，降水效果显著，干密度值为

1.32～1.40g/cm³，压实度为 98%～99.9%，原位渗透系数为 1.02×10^{-6}～2.3×10^{-6} cm/s，各项指标均满足设计及规范要求。

表 13.10-1　　施工质量检测成果表

项　目	干密度/(g/cm³)			含水率/%			压实度/%			原位渗透系数/(10^{-6}cm/s)		
	平均	最大	最小	平均	最大	最小	平均	最大	最小	平均	最大	最小
施工自检	1.35	1.40	1.32	35.3	37.6	31.5	98.6	99.9	98.0	1.45	1.97	1.02
质检检测	1.34	1.39	1.30	34.5	38.3	31.6	99.2	99.4	98.9	1.87	2.3	1.4

13.11　结语

阿岗水库大坝心墙防渗土料为含水量、黏粒含量、塑性指数均偏高的玄武岩第四系残坡积层黏土及全风化玄武岩，黏粒含量、塑性指数高于规范要求较多，质量不太理想，施工质量控制困难。通过前期勘察取样室内试验、施工期取样复核试验、现场碾压试验及施工检测资料分析研究，获得了如下工程经验：

（1）降低土料含水率。玄武岩第四系残坡积层黏土及全风化料，具有黏粒含量、含水率及塑性指数高的特点，工程实践中应重视料场或堆料区的降水措施，采取勤翻多晒等措施降低含水率后，选择合适的碾压施工参数，心墙碾压密实，各项检测指标均能达到设计要求，可作为大坝防渗土料。

（2）降低黏粒含量。全风化料黏粒含量比黏土料稍低，干密度比黏土料高，在黏土中掺入全风化料后可降低黏粒含量，提高干密度；确定合适的黏土与全风化层的比例，有利于施工质量控制，就本工程来看，掺配比例为黏土：全风化体积比为 2：1～1：1 是合适的。

（3）选择合适的碾压设备和参数。在确保施工质量前提下，综合考虑施工速度及效率，合理选择施工参数。本工程碾压设备为平碾振动、凸块振动碾，工作质量 23t，振动频率为 28Hz/32Hz，铺土厚度 30cm，碾压遍数为 8 遍，平碾静压 2 遍＋振动碾压 4 遍＋凸块碾振动碾压 2 遍，行走速度不大于 3km/h。从现场施工情况来看，平均每天可碾 2～3 层，上升 50～75cm。

（4）加强动态施工控制。鉴于不同时段气象特性及土料的含水率存在差异，在上坝填筑前应进行取样复核含水率，施工过程中要做到勤检测料场及仓面铺土的含水率，动态跟踪，如发现含水率偏高应及时采取措施，使仓面土料的含水率与最优含水率的差值在规范规定的范围内。

（5）控制上坝土料含水率，是碾压施工质量控制的关键技术。本工程施工均在旱季，料场地势高，风速大，日照充足，采取机械化犁翻松土层翻晒，立面开采掺入全风化层，摊铺堆放，再掺入翻松翻晒后的土层，可有效降低含水率。具体参数为：翻松土层厚约 0.6m，翻晒 2 天，每天翻土 1～2 次，摊铺堆放土层厚度 0.8～1m，堆放约 24 小时，再掺混后，含水率由 42.9%～45%可降至 34.5%～35.3%，与最优含水率接近。

本书编撰时工程仍在施工，未经蓄水运行检验，书中所提供的研究思路及研究数据供参考。

第14章

麻栗坝水库黏土心墙砂壳坝坝料研究与应用

14.1 概要

麻栗坝水库大坝由黏土心墙砂壳坝段和均质坝段组成，本书针对黏土心墙砂壳坝的坝料开展研究。心墙料为Ⅲ级阶地残坡积 Q^{edl} 红色砂质黏土，最大干密度指标变化范围较大，塑限与最优含水率较接近，施工时按压实度控制，复核试验表明心墙压实性能良好、防渗性满足设计要求；含砾砂土坝壳料不均匀、差异性大，除抗剪强度基本满足要求外，其含泥量偏高、击实最大干密度偏低、渗透系数偏小，设计从坝体结构上采取措施，改善其渗透系数偏小造成的问题，施工时按压实度控制，复核试验表明填筑的含砾砂土坝壳料满足强度及变形要求。

14.2 工程概况

麻栗坝水库位于云南省德宏傣族景颇族自治州陇川县境内城子镇以北5km的南宛河上游干流上，距陇川县城33km。水库控制径流面积为294km²，水库总库容为1.067亿m³，是一座以灌溉、防洪为主，兼顾发电、养殖、旅游为一体的综合利用大（2）型水利工程。水库枢纽建筑物主要由大坝、溢洪道、西低隧洞、西高涵和坝后电站组成。工程于2004年9月25日开工，2009年12月28日下闸蓄水。

麻栗坝水库大坝由黏土心墙砂壳坝和均质坝组成，坝顶长1172m，溢洪道左岸坝段为均质坝，溢洪道右岸坝段为黏土心墙砂壳坝。砂壳坝最大坝高为37.6m，坝顶宽为6m，坝基防渗采用塑性混凝土防渗墙。砂壳坝断面如图14.2-1所示。

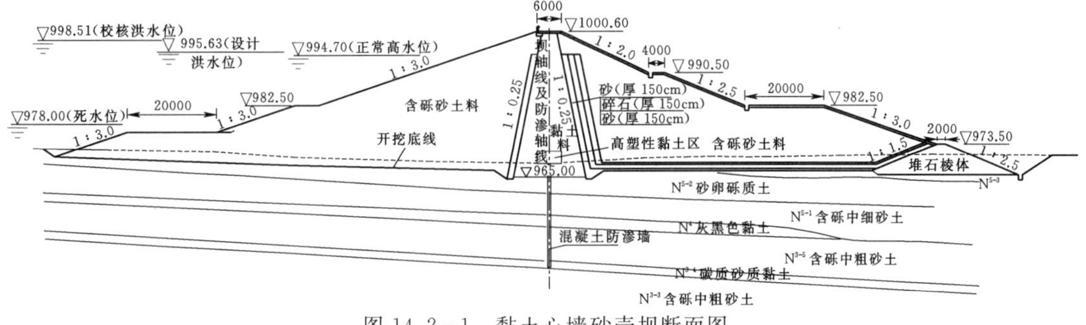

图14.2-1 黏土心墙砂壳坝断面图

14.3　地质条件

麻栗坝水库坝址所处河段为侵蚀堆积型河谷地貌，河床两岸地势平缓，分布有Ⅰ、Ⅱ、Ⅲ级阶地。坝址处无大的地质构造，地层均为新近系，岩性为砂性土与黏性土相间分布，按岩性及工程地质特征共分为 15 个岩组，其中含砾砂性土有 8 层，即 N1、N3、N5、N7、、N9、N11、N13、N15，总厚度约为 205m；黏土有 7 层即 N2、N4、N6、N8、N10、N12、N14，总厚度 59m；新近系地层走向大致与河床平行，总体产状为 N10°E，SE∠10°～15°，呈平缓的单斜状，无褶皱和断层发育。

河床两岸Ⅰ、Ⅱ级阶地前缘斜坡表层砂壤土及阶地表层砂壤土、红土，抗滑、抗剪强度低。坝基第四系与新近系均为中压缩性土，仅有Ⅱ级阶地表层的红壤土属高压缩性土。右岸Ⅱ级阶地平台沉陷量小，河谷沉陷量大，会造成坝体的不均匀沉陷。

工程区地震基本烈度为Ⅶ度，地震动峰值加速度为 0.15g。

14.4　黏土料研究

14.4.1　黏土料基本情况

坝址区黏土料选定土Ⅰ、土Ⅲ两个料场为主要防渗土料场。土Ⅰ料场位于右坝肩Ⅲ级阶地斜坡，土料为Ⅲ级阶地残坡积 Q^{edl} 红色砂质黏土层，厚为 2～3m，取土层高于地下水位，剥离土层平均厚为 0.5m，详查储量为 12.6 万 m^3。土Ⅲ料场位于左岸Ⅲ级阶地上巴达村附近，土料为Ⅲ级阶地残坡积 Q^{edl} 红色砂质黏土层，厚 3.5～4.5m，取土层高于地下水位，剥离土层厚 0.5m，详查储量 116.48 万 m^3。

14.4.2　黏土料试验成果分析

黏土料主要用于心墙砂壳坝的防渗，在初步设计阶段对土Ⅰ料场共取样 16 组，土Ⅲ料场共取样 20 组，取样时间为 12 月。试验成果表明：平均黏粒含量为 32.1%～33.28%，塑性指数为 13.87～14.69，击实最大干密度为 1.403～1.453g/cm^3，天然含水率大值均值为 30.67%～31.25%，最优含水率为 27.42%～29.88%，渗透系数 $K=2.80\times10^{-6}$～4.14×10^{-6}cm/s，压缩系数 $a_{0.1\sim0.2}=0.216$～$0.24MPa^{-1}$，内摩擦角小值均值为 24.3°～25.2°，黏聚力 $c=0.017$～0.021MPa，自由膨胀率均小于 35%，为非膨胀性土，是质量良好的防渗土料。

技施设计阶段，对土Ⅲ料场的红色砂质黏土料取 8 组扰动样，对其进行物理、力学常规试验、三轴压缩试验（固结不排水剪）及孔隙水压力消散试验。试验成果见表 14.4-1～表 14.4-5。

表 14.4-1　物理性质试验成果统计表

土样编号		取样深度 /m	制样后		土粒比重	液限 w_{L17} /%	塑限 /%	塑性指数 I_{P17}	液限 w_{L10} /%	塑性指数 I_{P10}	颗粒组成/%						分类定名
											砂			粉粒	黏粒	胶粒	
											粗	中	细				
											颗粒粒径/mm						按统一分类
室内	室外		孔隙比	饱和度 /%							2～0.5	0.5～0.25	0.25～0.075	0.075～0.005	<0.005	<0.002	
04II403	MTY04-1	0.5～5.0	1.062	85.1	2.68	60.9	36.4	24.5	53.6	17.2	3.5	5.4	8.0	49.5	33.6	22.1	高液限粉土 MH
04II404	MTY04-2	0.5～5.0	0.964	89.6	2.69	59.1	33.0	26.1	51.1	18.1	2.5	4.7	5.5	53.8	33.5	22.0	高液限粉土 MH
04II405	MTY04-3	0.5～5.0	0.901	85.7	2.68	55.5	29.1	26.4	47.3	18.2	3.0	7.7	12.7	43.9	32.7	23.9	高液限黏土 CH
04II406	MTY04-4	0.5～5.0	0.985	82.5	2.70	59.2	32.4	26.8	51.0	18.6	2.9	6.9	12.0	45.3	32.9	24.6	高液限粉土 MH
04II407	MTY04-5	0.5～5.0	1.000	86.8	2.72	62.8	32.5	30.3	53.4	20.9	3.1	6.2	10.6	49.4	30.7	22.0	高液限粉土 MH
04II408	MTY04-6	0.5～5.0	0.929	88.4	2.72	66.5	34.9	31.6	56.7	21.8	4.0	6.6	11.5	44.9	33.0	24.9	高液限粉土 MH
04II409	MTY04-7	0.5～5.0	0.957	89.3	2.72	59.0	33.8	25.2	51.4	17.6	1.6	5.4	10.7	47.9	34.4	24.8	高液限粉土 MH
04II410	MTY04-8	0.5～5.0	1.172	85.5	2.65	56.7	38.0	18.7	51.3	13.3	2.1	5.8	10.2	53.2	28.7	17.8	高液限粉土 MH
均值			0.996	86.6	2.70	60.0	33.8	26.2	52.0	18.2					32.4	22.8	
范围值			0.901～1.172	82.5～89.6	2.65～2.72	55.5～66.5	29.1～38.0	18.7～31.6	47.3～56.7	13.3～21.8					28.7～34.4	17.8～24.9	

表 14.4-2　　　　力学性质试验成果统计表

土样编号		直剪抗剪强度（饱和固结快剪）/kPa						垂直渗透系数/(cm/s)	击实 功能：592.2kJ/cm^3		控制压实度/%	控制干密度/(g/cm^3)
室内	室外	τ 100	τ 200	τ 300	τ 400	c /kPa	φ /(°)		最大干密度/(g/cm^3)	最优含水率/%		
04II403	MTY04-1	42.7	84.3	128.2	163.5	3.1	22.1	1.7×10^{-6}	1.33	33.7	98.0	1.30
04II404	MTY04-2	49.2	99.5	137.7	194.1	1.9	25.3	1.9×10^{-6}	1.40	32.1	98.0	1.37
04II405	MTY04-3	51.2	92.7	144.8	170.0	12.6	22.2	1.3×10^{-6}	1.44	28.8	98.0	1.41
04II406	MTY04-4	51.5	97.5	141.6	181.1	9.7	23.4	1.8×10^{-6}	1.39	30.1	98.0	1.36
04II407	MTY04-5	59.8	102.8	132.8	182.3	20.0	21.7	7.4×10^{-7}	1.39	31.9	98.0	1.36
04II408	MTY04-6	53.4	99.1	145.9	192.7	6.6	24.9	1.0×10^{-6}	1.44	30.2	98.0	1.41
04II409	MTY04-7	46.6	85.0	123.4	161.7	8.2	21.0	9.0×10^{-7}	1.42	31.4	98.0	1.39
04II410	MTY04-8	44.9	87.2	129.4	171.7	2.7	22.9	2.4×10^{-6}	1.24	37.8	98.0	1.22
均值		49.9	93.5	135.5	177.1	8.1	22.9	1.5×10^{-6}	1.38	32.0		1.35
范围值		42.7～59.8	84.3～102.8	123.4～145.9	161.7～194.1	1.9～20.0	21.0～25.3	7.4×10^{-7}～2.4×10^{-6}	1.24～1.44	28.8～37.8		1.22～1.41

表 14.4-3　　　　饱和固结不排水剪（CU）试验成果表

土样编号	野外编号	制样标准		围压/kPa	$\frac{\sigma_1+\sigma_3}{2}$	$\frac{\sigma_1-\sigma_3}{2}$	总应力强度		$\frac{\sigma_1'+\sigma_3'}{2}$	$\frac{\sigma_1'-\sigma_3'}{2}$	有效应力强度		孔隙压力系数	
		干密度/(g/cm^3)	压实度/%				c_{cu} /kPa	φ_{cu} /(°)			c' /kPa	φ' /(°)	B_f	B_f
04II403	MTY04-1	1.30	0.98	100	174.6	74.6	22.8	18.2	106.6	74.6	32.4	25.9	0.273	0.25
				200	323.7	123.7			210.7	123.7			0.257	
				300	471.0	171.0			331.0	171.0			0.218	
				400	609.8	209.8			411.8	209.8			0.242	
04II404	MTY04-2	1.37	0.98	100	162.0	62.0	3.7	21.2	102.0	62.0	2.0	34.4	0.268	0.26
				200	318.8	118.8			218.8	118.8			0.229	
				300	475.3	175.3			300.3	175.3			0.269	
				400	637.6	237.6			402.6	237.6			0.268	
04II405	MTY04-3	1.41	0.98	100	161.4	61.4	13.6	18.1	84.4	61.4	18.5	32.0	0.345	0.32
				200	314.4	114.4			200.4	114.4			0.266	
				300	451.0	151.0			241.0	151.0			0.349	
				400	599.4	199.4			349.4	199.4			0.313	
04II406	MTY04-4	1.36	0.98	100	179.0	79.0	29.7	17.3	133.0	79.0	14.1	31.9	0.178	0.23
				200	333.6	133.6			217.6	133.6			0.248	
				300	463.2	163.2			293.2	163.2			0.271	
				400	558.4	158.4			398.0	158.4			0.240	

续表

土样编号	野外编号	制样标准		围压/kPa	$\frac{\sigma_1+\sigma_3}{2}$	$\frac{\sigma_1-\sigma_3}{2}$	总应力强度		$\frac{\sigma_1'+\sigma_3'}{2}$	$\frac{\sigma_1'-\sigma_3'}{2}$	有效应力强度		孔隙压力系数	
		干密度/(g/cm³)	压实度/%				c_{cu}/kPa	φ_{cu}/(°)			c'/kPa	φ'/(°)	B_f	B_f
04II407	MTY04-5	1.36	0.98	100	179.3	79.3	24.7	17.9	102.3	79.3	23.3	34.9	0.298	0.33
				200	319.0	119.0			180.0	119.0			0.317	
				300	470.2	170.2			261.2	170.2			0.326	
				400	609.6	209.6			314.6	209.6			0.360	
04II408	MTY04-6	1.41	0.98	100	198.0	98.0	38.0	18.2	152.0	98.0	19.3	32.6	0.155	0.22
				200	343.2	143.2			242.2	143.2			0.208	
				300	488.5	188.5			308.5	188.5			0.266	
				400	634.2	234.2			409.2	234.2			0.259	
04II409	MTY04-7	1.39	0.98	100	198.6	98.6	33.2	19.7	143.6	98.6	31.5	30.2	0.185	0.22
				200	347.8	147.8			237.8	147.8			0.222	
				300	498.5	198.5			340.5	198.5			0.227	
				400	650.8	250.8			445.8	250.8			0.227	
04II410	MTY04-8	1.22	0.98	100	191.9	91.9	19.2	22.0	145.9	91.9	4.8	35.6	0.162	0.21
				200	343.9	143.9			257.9	143.9			0.176	
				300	474.6	174.6			304.6	174.6			0.262	
				400	670.4	270.4			452.4	270.4			0.232	
均值			0.98				23.1	19.1			18.2	32.2		0.26

表 14.4-4　　压缩试验成果表

土样编号	压力/kPa 非饱和状态																			
	压缩系数/MPa⁻¹					单位沉降量/(mm/m)					孔隙比					固结系数/10⁻³ (cm²/s)				
室内	50~100	100~200	200~300	300~400	400~800	100	200	300	400	800	100	200	300	400	800	50~100	100~200	200~300	300~400	400~800
04Ⅱ403	0.28	0.32	0.22	0.29	0.278	19.3	35	45.6	59.4	113.4	1.022	0.99	0.968	0.939	0.828	4.081	14.62	2.599	/	3.641
04Ⅱ404	0.36	0.36	0.22	0.3	0.245	24.2	42.6	54	69	119.1	0.916	0.88	0.858	0.828	0.73	3.336	3.09	2.17	8.186	3.788
04Ⅱ405	0.24	0.28	0.19	0.26	0.255	23.8	38.5	48.4	62.2	115.6	0.856	0.828	0.809	0.783	0.681	3.255	14.51	2.689	13.8	3.832
04Ⅱ406	0.26	0.25	0.16	0.2	0.24	16.2	28.6	36.8	46.8	95.2	0.953	0.928	0.912	0.892	0.796	4.386	1.32	3	/	/
04Ⅱ407	0.12	0.17	0.13	0.14	0.22	5.8	14.7	20.8	28	72	0.988	0.971	0.958	0.944	0.856	3.156	5.691	/	4.007	/
04Ⅱ408	0.2	0.28	0.18	0.19	0.21	14.2	28.7	37.6	47.6	91.4	0.902	0.874	0.856	0.837	0.753	4.122	/	14.5	4.537	/
04Ⅱ409	0.18	0.23	0.14	0.19	0.228	22	33.6	40.6	50.4	96.9	0.914	0.891	0.877	0.858	0.767	0.829	4.775	1.598	/	3.821
04Ⅱ410	0.5	0.42	0.32	0.37	0.298	28.4	48	62.4	79.4	134.3	1.11	1.068	1.036	0.999	0.88	3.234	3.057	2.686	5.52	3.429
均值	0.27	0.29	0.195	0.242	0.247	19.2	33.7	43.3	55.4	104.7	0.958	0.929	0.909	0.885	0.786	3.3	6.723	4.177	7.21	3.702

续表

土样编号	压力/kPa 非饱和状态																			
	压缩系数/MPa^{-1}					单位沉降量/(mm/m)					孔隙比					固结系数/10^{-3} (cm^2/s)				
室内	50~100	100~200	200~300	300~400	400~800	100	200	300	400	800	100	200	300	400	800	50~100	100~200	200~300	300~400	400~800
04Ⅱ403	0.4	0.3	0.27	0.26	0.3	20.4	35	48.2	60.5	119	1.02	0.99	0.963	0.937	0.817	4.474	4.049	2.564	14.05	4.575
04Ⅱ404	0.2	0.17	0.25	0.28	0.27	11.3	19.9	32.8	47	102	0.942	0.925	0.9	0.872	0.764	5.425	3.919	4.135	4.29	4.189
04Ⅱ405	0.14	0.14	0.14	0.14	0.232	26.6	33.6	41.1	48.6	97.2	0.851	0.837	0.823	0.809	0.716	4.393	3.409	4.277	1.252	3.967
04Ⅱ406	0.14	0.13	0.18	0.21	0.275	11	17.7	26.6	37.2	92.6	0.963	0.95	0.932	0.911	0.801	3.468	3.925	4.414	2.071	4.421
04Ⅱ407	0.1	0.11	0.15	0.21	0.285	5.9	11.7	19.1	29.4	86.3	0.988	0.977	0.962	0.941	0.827	4.322	4.081	3.795	3.202	4.892
04Ⅱ408	0.44	0.33	0.27	0.22	0.232	28.9	46.2	59.9	71.4	119.6	0.873	0.84	0.813	0.791	0.698	4.409	4.236	4.139	3.183	4.001
04Ⅱ409	0.44	0.28	0.24	0.17	0.215	30	44.5	56.7	65.4	109.6	0.898	0.87	0.846	0.829	0.743	4.151	3.749	3.932	0.899	3.844
04Ⅱ410	0.2	0.21	0.3	0.31	0.305	10.7	20.1	33.9	48.4	104.4	1.149	1.128	1.098	1.067	0.945	3.475	3.807	3.345	/	3.937
均值	0.26	0.21	0.225	0.225	0.264	18.1	28.6	39.8	51	103.8	0.96	0.94	0.917	0.895	0.789	4.265	3.897	3.825	4.135	4.228

表 14.4-5　孔隙压力消散试验成果表

室内编号	野外编号	测试方法	试件高度/cm	围压 σ_3 或轴压 σ_1/kPa	孔隙压力系数 B	孔隙压力系数 $\bar{B}$	消散 50% 所需时间 t_{50}/min	消散系数 c'_V
04II403	MTY04-1	各向等压消散	6	σ_3 100	1.00		7.83	2.87×10^{-2}
				σ_3 200	1.00		5.85	3.76×10^{-2}
				σ_3 400	0.95		5.40	4.00×10^{-2}
		K_0 消散	3.8	σ_1 100		1.00	1.47	6.09×10^{-2}
				σ_1 200		0.65	1.63	5.38×10^{-2}
				σ_1 400		0.30	1.16	7.27×10^{-2}
04II404	MTY04-2	各向等压消散	6	σ_3 100	1.00		27.5	8.13×10^{-3}
				σ_3 200	1.00		12.0	1.86×10^{-2}
				σ_3 400	0.87		18.6	1.17×10^{-2}
		K_0 消散	3.8	σ_1 100		0.90	1.54	5.88×10^{-2}
				σ_1 200		0.24	2.00	4.43×10^{-2}
				σ_1 400		0.23	3.00	2.86×10^{-2}
04II405	MTY04-3	各向等压消散	6	σ_3 100	0.90		10.8	2.08×10^{-2}
				σ_3 200	0.50		4.0	5.53×10^{-2}
				σ_3 400	0.53		37.0	5.92×10^{-3}
		K_0 消散	3.8	σ_1 100		1.00	0.52	1.71×10^{-1}
				σ_1 200		0.62	0.50	1.73×10^{-1}
				σ_1 400		0.32	0.54	1.54×10^{-1}

续表

室内编号	野外编号	测试方法	试件高度/cm	围压 σ_3 或轴压 σ_1 /kPa	孔隙压力系数		消散50%所需时间 t_{50}/min	消散系数 c'_V
					B	B		
04II406	MTY04-4	各向等压消散	6	σ_3 100	0.96		0.57	3.99×10^{-1}
				σ_3 200	0.52		0.84	2.69×10^{-1}
				σ_3 400	0.53		2.80	7.95×10^{-2}
		K_0 消散	3.8	σ_1 100		1.00	0.75	1.21×10^{-1}
				σ_1 200		0.31	0.17	5.27×10^{-1}
				σ_1 400		0.51	0.36	2.33×10^{-1}
04II407	MTY04-5	各向等压消散	6	σ_3 100	1.00		47.0	4.79×10^{-3}
				σ_3 200	0.80		17.8	1.24×10^{-2}
				σ_3 400	0.88		34.0	6.37×10^{-3}
		K_0 消散	3.8	σ_1 100		1.00	2.06	4.35×10^{-2}
				σ_1 200		0.40	0.86	1.01×10^{-1}
				σ_1 400		0.47	0.72	1.18×10^{-1}
04II408	MTY04-6	各向等压消散	6	σ_3 100	0.90		45.7	4.96×10^{-3}
				σ_3 200	0.90		48.0	4.69×10^{-3}
				σ_3 400	0.90		85.0	2.62×10^{-3}
		K_0 消散	3.8	σ_1 100		0.91	0.84	1.07×10^{-1}
				σ_1 200		0.17	0.21	4.26×10^{-1}
				σ_1 400		0.24	0.18	4.95×10^{-1}
04II409	MTY04-7	各向等压消散	6	σ_3 100	1.00		10.3	2.19×10^{-2}
				σ_3 200	0.99		8.6	2.58×10^{-2}
				σ_3 400	0.95		14.2	1.54×10^{-2}
		K_0 消散	3.8	σ_1 100		1.00	5.00	1.77×10^{-2}
				σ_1 200		0.96	0.58	1.46×10^{-1}
				σ_1 400		1.00	0.48	1.72×10^{-1}
04II410	MTY04-8	各向等压消散	6	σ_3 100	1.00		22.0	1.03×10^{-2}
				σ_3 200	0.85		48.0	4.69×10^{-3}
				σ_3 400	1.00		360.0	6.14×10^{-4}
		K_0 消散	3.8	σ_1 100		0.96	0.26	3.36×10^{-1}
				σ_1 200		0.14	0.36	2.42×10^{-1}
				σ_1 400		0.16	0.33	2.60×10^{-1}

注　该试验根据《土工试验规程》(SL 237—1999) 开展，目前该规程已废止。

根据试验成果，8组样最大干密度为1.24～1.44g/cm³，最优含水率为28.8%～37.8%，指标变化范围较大；黏粒含量为28.7%～34.4%，在15%～40%范围的有8组，占100%；塑性指数为13.3～21.8，在10～20范围的有6组，占75.0%；8组样中高液限粉土 MH 有 7 组，占 87.5%；高液限黏土 CH 有 1 组，占 12.5%；颗分包线条带窄，土质较均匀。该黏土料最大干密度指标变化范围较大，塑限含水率与最优含水率较接近，现场施工时，按压实度控制，并严格控制含水率，均未出现橡皮土现象。

压缩系数 $a_{0.1\sim0.2}$（非饱和）为 0.170～0.420MPa^{-1}、（饱和）0.110～0.330MPa^{-1}，均属于中压缩性土；抗剪强度 ϕ 为 21.0°～25.3°，均大于 20°；渗透系数 7.4×10^{-7}～2.4×10^{-6}cm/s，均小于 1×10^{-5}cm/s；有效应力强度 ϕ 为 25.9°～35.6°，c 为 2.0～32.4kPa，总应力强度为 ϕ_{CU} 为 17.3°～22.0°，CCU 为 3.7～38.0kPa，其压缩及沉陷指标均能满足设计要求。

根据孔隙压力消散试验，设计采用 K_0 消散系数进行分析计算。

14.4.3 黏土料填筑施工参数及控制指标

根据碾压试验，心墙土料施工填筑采用的碾压机械为牵引式 YZT16T 振动凸块碾，用进占法铺料，铺土层厚按 35cm 控制，碾压遍数为 6 单遍，慢速，振幅中等。

碾压控制指标按最大干密度 1.4g/cm³，最优含水率 29.2%，压实度大于 98%，渗透系数不大于 3×10^{-6}cm/s 控制。

14.4.4 黏土料填筑复核试验成果

施工时对心墙防渗黏土料分别在里程 0+826.70 填筑高程 968.12m 处取 1 组，里程 0+875.00～0+900.00 填筑高程 976.00m 处取两组平行开展试验；里程 0+900.00 填筑高程 982.00m 处取 1 组，里程 0+900.00 填筑高程 990.00m 处取 1 组，共取样 5 组进行复核试验。试验成果见表 14.4-6～表 14.4-9。

表 14.4-6　心墙防渗料填筑复核试验物理性成果表

试样编号		取样位置		相对密度	界限含水率				塑性指数 I_{p10}	颗粒组成/%						土样分类	
		高程/m	里程		液限 w_{L17}/%	塑限/%	塑性指数 I_{p17}	液限 w_{L10}/%		颗粒直径/mm 2～0.5	0.5～0.25	0.25～0.075	0.075～0.005	<0.005	<0.002	土名称	土代号
复核1		968.12	里程：0+826.71～0+837.36 轴距：0+1.63～0−1.46	2.71	56.3	36.5	19.8	50.6	14.1	4.4	6.7	10.7	44.5	33.7	25.4	高液限粉土	MHR
复核2	平行1	976.00	里程：0+900～0+875 轴距：0+4.5～0−5.0	2.73	73.6	37.6	36	62.3	24.7	4.7	5.1	8.2	43.3	38.7	30	高液限粉土	MHR
	平行2			2.73	69.4	38.1	31.3	59.8	21.7	4.8	5.2	8.8	42.2	39	29.7	高液限粉土	MHR
复核3		982.00	里程：0+900	2.7	55.3	31.7	23.6	48.2	16.5	13.5	5.1	8.6	42.8	30	24	含砂高液限粉土	MHS
复核4		990.00	里程：0+900	2.71	70.5	32.4	38.1	58.1	25.7	7.2	6.8	7.8	38.5	39.7	28.5	高液限黏土	CH

表 14.4-7　心墙防渗料复核试验物理力学性质成果表

土样编号		取样层数	击实试验			室内原状样（制样）			室内原状样	
			功能/(kJ/m³)	最大干密度/(g/cm³)	最优含水率/%	含水率/%	干密度/(g/cm³)	平均干密度/(g/cm³)	平均压实度/%	渗透系数 K_{20}/(cm/s)
复核 1		20		/	/	28.5	1.47	1.47		不透水
复核 2	平行 1	48	592.2	1.37	34.6	32.2	1.41	1.38	100.7	1.3×10^{-7}
	平行 2					32.8	1.36			1.3×10^{-7}
复核 3			592.2	1.47	28.3	27.4	1.51	1.5	102	5.6×10^{-8}
							1.49			
复核 4			592.2	1.43	29.8	32.6	1.42	1.41	98.6	3.6×10^{-6}

根据复核试验成果，心墙黏土料土样分类以高液限粉土为主；通过击实试验与试验检测干密度值，确定压后土料总平均压实度为 $P=100.4\%>98\%$，说明坝料压实性能良好；在饱和与非饱和状态，垂直压力在 0.1～0.2MPa 下，其压缩系数 $a_{0.1\sim0.2}$ 均小于 0.5MPa^{-1}，属中等压缩性土。室内小型渗透试验成果表明，除复核 4（高程 990.00m）的渗透系数为 3.6×10^{-6}cm/s 略高于设计要求 $K_{20}\leqslant3\times10^{-6}$cm/s 外，其余满足设计要求。按 CD、CU 两种不同方法进行的三轴剪切试验成果，心墙防渗体的强度指标可满足设计要求。

14.5　坝壳料研究

14.5.1　料场基本情况

坝址区附近石料缺乏，右岸坝段黏土心墙砂壳坝的坝壳料采用离坝址较近的Ⅵ号料场的含砾砂土料填筑。Ⅵ料场位于右坝肩下游低山残丘地带，距右坝肩 500m，料场岩性为新近系含砾砂土、砾质砂土，间夹 1～2 层粉土及黏土透镜体，单层厚为 1～3m，属无用夹层。岩层倾向河谷，倾角 10°～14°，开采层一般高于地下水位，场内冲沟较发育，低洼处沼泽化。料场有用层厚 12～20m，表层分布 1～5m 厚第四系残坡积红壤土层，属无用层。料场林木茂密，根系较深，剥离量较大，详查储量为 261.27 万 m³，剥采比为 0.21。

14.5.2　试验成果分析

Ⅵ号料场为含砾粗中砂土、砾质砂土等地层，自上而下含砾量增加，平均卵砾含量 27.08%，砂粒含量 59.62%，粉粒、黏粒含量为 13.3%。前期勘察初步设计阶段共取样 62 组（原状样及扰动样配对），其中大型直剪试验样 26 组。部分试验成果见表 14.5-1～表 14.5-3。

表 14.4-8　心墙防渗料填筑复核试验力学性成果表

试样编号	直接剪力								压缩试验									
	试样指标				饱和固结快剪		非饱和快剪		试验状态	压缩指标	垂直压力/MPa						
	干密度/(g/cm³)	含水率/%	饱和度/%	孔隙比/%	内摩擦角 φ/(°)	黏聚力 c/kPa	内摩擦角 φ/(°)	黏聚力 c/kPa			0	0.05	0.1	0.2	0.3	0.4	0.6
复核1	1.47	28.5	91.7	0.843	22.4	29.6	21.9	105.8	非饱和	单位沉降量/(mm/m)	0	5.9	13.4	20.1	24.2	27	35.8
										孔隙比	0.843	0.832	0.818	0.806	0.798	0.793	0.777
										压缩系数/MPa^{-1}	0.22	0.28	0.24	0.08	0.05	0.08	
										压缩模量/MPa	8.4	6.6	7.7	23	36.9	23	
									饱和	单位沉降量/(mm/m)	0	4	8.9	17.4	25.8	31.2	44.8
										孔隙比	0.843	0.836	0.827	0.811	0.796	0.786	0.76
										压缩系数/MPa^{-1}	0.14	0.18	0.16	0.15	0.1	0.13	
										压缩模量/MPa	13.2	10.2	11.5	12.3	18.4	14.2	
复核2 平行1	1.41	32.2	93.5	0.94	24.8	15.9	22.1	68.4	非饱和	单位沉降量/(mm/m)	0	7	13.9	27.8	39.8	48	65.8
										孔隙比	0.94	0.926	0.913	0.886	0.863	0.847	0.812
										压缩系数/MPa^{-1}	0.28	0.26	0.27	0.23	0.16	0.175	
										压缩模量/MPa	6.9	7.5	7.2	8.4	12.1	11.1	
									饱和	单位沉降量/(mm/m)	0	5.8	11	21.8	32.6	40.4	57.7
										孔隙比	0.94	0.929	0.919	0.898	0.877	0.862	0.828
										压缩系数/MPa^{-1}	0.22	0.2	0.21	0.21	0.15	0.17	
										压缩模量/MPa	8.8	9.7	9.2	9.2	12.9	11.4	
复核2 平行2	1.36	32.8	88.3	1.014	21.5	26.2	21.4	62.2	非饱和	单位沉降量/(mm/m)	0	4.2	11.7	23.6	33.6	42	61.8
										孔隙比	1.014	1.005	0.99	0.967	0.946	0.93	0.889
										压缩系数/MPa^{-1}	0.18	0.3	0.23	0.21	0.16	0.205	
										压缩模量/MPa	11.2	6.7	8.8	9.6	12.6	9.8	

续表

试样编号	直接剪力								压缩试验								
	试样指标				饱和固结快剪		非饱和快剪		试验状态	压缩指标	垂直压力/MPa						
	干密度/(g/cm³)	含水率/%	饱和度/%	孔隙比/%	内摩擦角 φ/(°)	黏聚力 c/kPa	内摩擦角 φ/(°)	黏聚力 c/kPa			0	0.05	0.1	0.2	0.3	0.4	0.6
复核2 平行2	1.36	32.8	88.3	1.014	21.5	26.2	21.4	62.2	饱和	单位沉降量/(mm/m)	0	6.6	13.5	33.2	51.8	65.1	93.2
										孔隙比	1.014	1.001	0.987	0.947	0.91	0.883	0.826
										压缩系数/MPa⁻¹	0.26	0.28	0.4	0.37	0.27	0.285	
										压缩模量/MPa	7.7	7.2	5	5.4	7.5	7.1	
复核3	1.51	27.4	93.5	0.792	—	—	20.7	68.3	非饱和	单位沉降量/(mm/m)	0	14.9	22.4	29.4	37	41	59
										孔隙比	0.792	0.765	0.752	0.739	0.726	0.718	0.686
										压缩系数/MPa⁻¹	0.54	0.26	0.13	0.13	0.08	0.16	
										压缩模量/MPa	3.3	6.9	13.8	13.8	22.4	11.2	
	1.49		91.3	0.81	24.2	52.4	—	—	饱和	单位沉降量/(mm/m)	0	2.8	7.4	16	24.2	29.8	46.1
										孔隙比	0.81	0.805	0.797	0.781	0.766	0.756	0.727
										压缩系数/MPa⁻¹	0.1	0.16	0.16	0.15	0.1	0.145	
										压缩模量/MPa	18.1	11.3	11.3	12.1	18.1	12.5	
复核4	1.42	32.6	96.9	0.911	—	—	20.2	42	非饱和	单位沉降量/(mm/m)	0	11.6	21.2	38.2	51.4	60.5	81.4
										孔隙比	0.911	0.889	0.87	0.838	0.813	0.795	0.755
										压缩系数/MPa⁻¹	0.44	0.38	0.32	0.25	0.18	0.2	
										压缩模量/MPa	4.3	5	6	7.6	10.6	9.6	
	1.4		94.8	0.932	22.2	39.6	—	—	饱和	单位沉降量/(mm/m)	0	11.8	18.9	33.5	43.2	51.9	67.8
										孔隙比	0.932	0.909	0.895	0.867	0.849	0.832	0.801
										压缩系数/MPa⁻¹	0.46	0.28	0.28	0.18	0.17	0.155	
										压缩模量/MPa	4.2	6.9	6.9	10.7	11.4	12.5	

表 14.4-9 心墙防渗料复核三轴试验成果表

试样编号	制样干密度/(g/cm³)	制样含水率/%	试验状态	小主应力 σ_3/kPa	应力差 $\sigma_1-\sigma_3$/kPa	大主应力 σ_1/kPa	破坏时轴应变 ε_1/%	破坏时体应变 ε_v/%	破坏应力比 σ_1/σ_3/kPa	c_{cu}/kPa	φ_{cu}/(°)	c'/kPa	φ'/(°)	B_f	E-B模型七参数 c/kPa	φ/(°)	K	n	R_f	K_b	m
复核1	1.47	28.5	CU	100	264.6	364.6	2.02		3.65	61.3	18.7	39.5	29.8	0.16							
				200	362.8	562.8	3.74		2.81												
				300	445.9	745.9	6.21		2.49												
				400	550.5	950.5	7.3		2.38												
复核2 平行1	1.41	32.2	CD	100	331	431	9.6	0.97	4.31						51.4	26.7	132.6	0.391	0.75	78.7	0.198
				200	492	692	15.2	3.12	3.46												
				300	749	1049	14.8	1.89	3.5												
				350	648	998	10.8	12.2	2.85												
				400	701	1101	11.6	15.1	2.75												
			CU	100	193.7	293.7	3.03		2.94	33.4	20	29.8	27.6	0.16							
				200	310.2	510.2	4.78		2.55												
				300	415	715	6.57		2.38												
				400	506.1	906.1	8.4		2.27												
复核2 平行2	1.36	32.8	CD	100	305	405	13.2	1.6	4.05						46.1	27.4	113.2	0.284	0.72	44.4	0.088
				200	531	731	15.6	2.64	3.66												
				300	637	937	13.2	3.03	3.12												
				400	833	1233	15.2	4.85	3.08												
			CU	100	112.5	212.5	1.34		2.13	14.9	15.4	12	26.9	0.3							
复核3	1.45	30.4	CU	100	115.9	215.9	0.67		2.16	15.7	16.2	24.4	23.3	0.29							
				200	201.5	401.5	1.36		2.01												
				300	180	480	2.06		1.6												
				400	349.5	749.5	2.78		1.87												
复核4	1.41	32.6	CU	100	205.7	305.7	2.69		3.06	46.8	17.4	52.2	22.2	0.14							
				200	321.6	521.6	5.12		2.61												
				300	362	662	7.34		2.21												
				400	474.2	874.2	9.62		2.19												

表 14.5-1　　初设坝壳料试验成果表（一）

室内编号		D2002Ⅰ15					D2002Ⅰ16					D2002Ⅰ17					D2002Ⅰ18				
野外编号		MDy-1					MDy-2					MDy-3					MDy-4				
取样地点		BTK1					BTK2					BTK3					BTK5				
取样深度/m		2.60～3.00					2.50～3.00					9.80～4.20					2.80～3.20				
试样描述		含砾砂土					含砾砂土					含砾砂土					含砾砂土				
颗粒组成/%	粒径/mm	来样干筛	试验级配	试验洗筛	试后干筛	试后洗筛	来样干筛	试验级配	试验洗筛	试后干筛	试后洗筛	来样干筛	试验级配	试验洗筛	试后干筛	试后洗筛	来样干筛	试验级配	试验洗筛	试后干筛	试后洗筛
	＞60	0.3					0.2					2.2					2.4				
	60～40	0.3	0.3		0.4		0.3	0.3	0.8			1	1.1				2.9	3.2	3.9	0.7	2.1
	40～20	1.6	1.7	0.6	0.5		1	1	0.9			3.2	3.6	1.4	1	0.3	7.8	8.4	7.1	2.9	4.1
	20～10	2.5	2.6	0.3	1.2	3	1.3	1.4	0.1	0.3	0.2	4.9	5.6	3.6	3	3.2	9.8	10.6	4.8	5	3
	10～5	3.6	3.7	1.3	1.9	0.9	2.1	2.2	0.2	1.3	0.6	7.3	8.3	4.5	5.8	4.9	8.7	9.4	4.2	9.7	2.8
	5～2（＜5）	12.4	(91.7)	12.9	13	10.5	11.2	(95.1)	11.1	9.1	10.8	18.3	(81.4)	20.2	19.1	19.2	8.7	(68.4)	9.8	7.1	10.5
	2～0.5	25.8		26	24.2	25.1	25.6		25.7	26.1	26.3	18.9		22.9	22.9	25.2	11.1		11.7	11.9	12.4
	0.5～0.075	32.1		35.4	31.6	26.4	28.2		33.1	31.2	31.3	26.8		33.6	28.9	32.6	21.7		30.5	30.4	32.6
	0.075～0.005	17.6		19.4	22.2	28.2	24.2		22	25.8	23.9	14.4		10.8	15.6	10.7	22		22.8	26.4	26.6
	＜0.005	3.8		4.1	5	5.9	5.9		6.1	6.2	6.9	3		3	3.7	3.9	4.9		5.2	5.9	5.9
	＜0.002	2		2.3	2.5	3.1	3.3		3.4	3.5	4.2	2		2.1	3	3.2	3.1		3.2	3.2	3.9
D_{60}		0.65	0.65	0.54	0.52	0.485	0.55	0.55	0.475	0.45	0.465	1.6	1.6	0.98	0.96	0.93	2.05	2.05	0.58	0.43	0.385
D_{30}		0.178	0.178	0.137	0.096	0.062	0.074	0.074	0.088	0.066	0.07	0.225	0.225	0.227	0.193	0.25	0.109	0.109	0.086	0.07	0.068
D_{10}		0.026	0.026	0.021	0.016	0.011	0.009	0.009	0.009	0.008	0.008	0.045	0.045	0.058	0.035	0.05	0.017	0.017	0.017	0.01	0.012
不均匀系数 C_u		25	25	26.3	33.5	45.3	64	64	52.8	59.2	61.2	35.6	35.6	16.9	27.4	18.6	120	120	35.2	34.7	31
曲率系数 C_c		1.87	1.87	1.7	1.14	0.74	1.16	1.16	1.81	1.27	1.39	0.703	0.703	0.906	1.109	1.34	0.341	0.341	0.773	0.87	0.968
分类定名		SM	SM	SM	SM	SM	SM	SM	SM	SM	SM	SM	SM	SF	SM	SF	SM	SM	SM	SM	SM

表 14.5-2　初设坝壳料试验成果表（二）

室内编号		D2002Ⅰ19					D2002Ⅰ20					D2002Ⅰ21					D2002Ⅰ22				
野外编号		MDy-5					MDy-6					MDy-7					MDy-8				
取样地点		BTK6					BTK7					料场北部公路边					BTK8				
取样深度/m																					
试样描述		含砾砂土					含砾砂土					含砾砂土					含砾砂土				
颗粒组成/%	粒径/mm	来样干筛	试验级配	试验洗筛	试后干筛	试后洗筛	来样干筛	试验级配	试验洗筛	试后干筛	试后洗筛	来样干筛	试验级配	试验洗筛	试后干筛	试后洗筛	来样干筛	试验级配	试验洗筛	试后干筛	试后洗筛
	>60	14.9					7.6					4.6					4				
	60～40	5.5	7.6		0.1		3.9	4.9	3	0.2		3.4	4.1	1.4	0.5		2.8	3.4	1.2		
	40～20	12.3	17	0.3	0.4	0.6	11	13.8	8	2.3	1.5	6	7.2	4.4	3.2	3.6	4.3	5.2	3.2	1.3	2
	20～10	12	16.6	1.1	3.3	0.9	8.4	10.6	5.9	2.5	1.2	6.4	7.6	6.3	4.6	3.6	4.8	5.8	3.2	2.9	1.6
	10～5	9.3	12.8	1.5	9.6	2.4	6.3	7.9	3.9	4.4	1.1	8.1	9.6	7.5	6.3	5	6.7	8.2	4.9	4.7	3.4
	5～2（<5）	3.6	(46)	7.5	4.5	6.8	4.7	(62.8)	11.7	6.9	8.7	23.8	(71.5)	20.7	15.5	17.8	12.8	(77.4)	19.6	16.6	15.8
	2～0.5	7.4		20.5	11.9	13.7	13.3		17.1	15.2	16.2	22.3		24.5	25.2	24.9	25.9		29.6	32.9	30.1
	0.5～0.075	17.8		43.8	38.3	37.5	24.8		31.6	32.7	34.5	16.3		23.6	27.1	27.6	25.5		25.5	28	31.1
	0.075～0.005	12.4		18.3	22.8	27.4	17		15.8	30.2	30.8	-9.1		9.6	14.8	14.7	11.3		10.9	11.7	14
	<0.005	4.8		7	9.1	10.7	3		3	5.6	6			2	2.8	2.8	1.9		1.9	1.9	2
	<0.002	3.8		5.3	6.8	9	1.3		1.3	2.9	3.1			1.2	1.9	1.9	1		1	1	1
D_{60}		13.8	11.2	0.385	0.31	0.255	3.4	3.4	0.93	0.355	0.308	3.1	3.1	2.1	1.1	1.05	1.43	1.43	1.29	0.96	0.82
D_{30}		0.325	0.325	0.109	0.066	0.055	0.22	0.22	0.194	0.058	0.057	0.68	0.68	0.405	0.255	0.255	0.358	0.358	0.35	0.33	0.27
D_{10}		0.033	0.033	0.013	0.006	0.004	0.03	0.03	0.035	0.011	0.011	0.097	0.097	0.064	0.039	0.039	0.053	0.053	0.052	0.05	0.048
不均匀系数 C_u		418	339	29.6	49.2	67.1	113	113	26.6	32.3	29.3	32	32	32.8	28.2	26.9	27	27	24.8	18.8	17.3
曲率系数 C_c		0.232	0.286	2.37	2.23	3.12	0.474	0.474	1.16	0.861	1.005	1.54	1.54	1.22	1.52	1.59	1.69	1.69	1.83	2.22	1.87
分类定名		SM	SM	SM	SM	SM	SM	SM	SM	SM	SM	SF	SF	SF	SM	SM	SF	SF	SF	SF	SM

表 14.5-3 初设坝壳料试验成果表（三）

项目			D2002 I15	D2002 I16	D2002 I17	D2002 I18	D2002 I19	D2002 I20	D2002 I21	D2002 I22
室内编号			D2002 I15	D2002 I16	D2002 I17	D2002 I18	D2002 I19	D2002 I20	D2002 I21	D2002 I22
野外编号			MDy-1	MDy-2	MDy-3	MDy-4	MDy-5	MDy-6	MDy-7	MDy-8
风干含水量/%			2.4	1.1	0.9	1.8	1.4	1.3	1.6	1.1
颗粒密度 ρ_p/(g/cm³)			2.65	2.65	2.65	2.66	2.65	2.64	2.65	2.65
击实功能	层数×击数		2×50	2×50	2×50	2×50	2×50	2×50	2×50	2×50
	总功能/(kJ/m³)		592.2	592.2	592.2	592.2	592.2	592.2	592.2	592.2
	最大干密度/(g/cm³)		1.83	1.8	1.94	1.66	1.67	1.62	1.86	1.88
	最优含水率/%		14.1	14.5	10.4	17.9	18.8	18.8	12.7	12.4
	孔隙比		0.448	0.472	0.366	0.602	0.587	0.63	0.425	0.41
控制干密度/(g/cm³)			1.79	1.76	1.9	1.63	1.64	1.59	1.82	1.84
控制孔隙率/%			32.4	33.6	28.3	38.7	38.1	39.8	31.3	30.6
粗粒土	试验方法		三轴饱和固结排水剪	三轴饱和固结排水剪	三轴饱和固结排水剪	三轴饱和固结排水剪	三轴饱和固结排水剪	三轴饱和固结排水剪	三轴饱和固结排水剪	三轴饱和固结排水剪
	φ/(°)		29.2	22.1	33.5	20.3	16.3	27.1	32.5	33.5
	c/kPa		66	52.3	64.9	48.8	74.3	39.9	64	76.4
细粒土	试验方法		饱和固结快剪（直剪）	饱和固结快剪（直剪）	饱和固结快剪（直剪）	饱和固结快剪（直剪）	饱和固结快剪（直剪）	饱和固结快剪（直剪）	饱和固结快剪（直剪）	饱和固结快剪（直剪）
	φ/(°)		31.6	27.1	29.2	27.9	25.8	26.3	29.4	30.9
	c/kPa		10.4	17.5	21.3	13	25.1	28	11.6	17.8
饱和状态	压缩系数	$a_{0.1\sim0.2}$/MPa^{-1}	0.03	0.08	0.03	0.17	0.13	0.13	0.03	0.03
		$a_{0.2\sim0.4}$/MPa^{-1}	0.02	0.075	0.02	0.155	0.13	0.11	0.025	0.03
渗透系数 K_{20}/(cm/s)			2.80×10^{-5}	8.21×10^{-6}	1.63×10^{-5}	7.44×10^{-6}	1.91×10^{-6}	7.03×10^{-6}	1.02×10^{-4}	3.32×10^{-5}

根据试验成果，该含砾砂土坝料渗透系数偏小，为了保证水库蓄水后黏土区不出现渗透变形，有效降低下游含砾砂土料区的浸润线，采用在心墙黏土料下游侧设置反滤层＋水平褥垫层＋坝脚堆石棱体的混合式排水，以改善其渗透系数偏小对大坝稳定的影响。

14.5.3　施工参数及控制指标

根据碾压试验，含砾砂土料施工填筑采用的碾压机械为 YZTY22 型全液压拖式振动压路机，铺土层厚 60cm，碾压遍数为 6 单遍，慢速，振动频率中等。

碾压控制指标按最大干密度不小于 1.73g/cm^3，压实度大于 98%，渗透系数不小于 1×10^{-5}cm/s 控制。

14.5.4　坝壳料填筑取样复核试验成果

施工阶段，对分区坝含砾砂土坝壳料共取样 11 组进行复核试验。在里程 0＋852.00、填筑高程 968.4m 处取样 1 组；里程 0＋980.00 和里程 0＋820.00、填筑高程 976.00m 的上、下游处分别取样 1 组，共 4 组；里程 0＋980.00 和里程 0＋820.00、填筑高程 982.00m 上、下游处分别取样 1 组，共 4 组；里程 0＋820.00、填筑高程 990.00m 上、下游处分别取样 1 组，共 2 组。试验成果见表 14.5-4～表 14.5-10。

根据复核试验成果可知：

(1) 复核 Y1（高程 968.39m）的粒径大于 5mm 颗粒含量为 7.5%，黏粒含量为 7.1%，塑性指数 I_{P10} 为 8.0，分类为黏土质砂（SC）。击实最大干密度为 1.91g/cm^3，最优含水率为 14.1%，渗透系数 $K_{20}=3.3\times10^{-6}$cm/s，压缩系数 $a_{0.1\sim0.2}=0.1\text{MPa}^{-1}$，为中等压缩性土。直剪抗剪强度值 $\phi=27.2°$，$c=28.1$kPa；固结不排水剪的总应力强度 $c_{cu}=30.1$kPa，$\phi_{cu}=32.5°$，有效应力强度 $c'=30.1$kPa，$\phi'=34.7°$。该组试样的抗剪强度指标较高，但渗透系数较小。

(2) 复核 DY1～DY10 的相对密度试验，最大干密度为 1.62～1.85g/cm^3，平均为 1.78g/cm^3；最小干密度为 1.32～1.47g/cm^3，平均为 1.40g/cm^3，干密度值相差较大，与现场实测干密度平均值（1.83g/cm^3）比较，室内试验所得最大干密度值平均比现场实测值偏小 0.06g/cm^3，相对密度试验时料的平均含水率为 1.7%，而现场实测含水率平均值为 14.1%。按规程规定，相对密度试验适用于粗颗粒土中细粒土（小于 0.075mm）含量不得大于 12%的情况，10 组料中小于 0.075mm 颗粒含量为 14.1%～32.1%，不适宜采用相对密度试验确定其最大干密度，应采用击实试验确定其最大干密度及最优含水率。

(3) 复核 DY1～DY10 的击实试验，击实的最大干密度为 1.68～1.91g/cm^3，差值为 0.23g/cm^3，平均值为 1.85g/cm^3，最优含水率为 11.4%～17.6%，差值为 6.2%，平均值为 13.6%。试验成果反映出土料场土质的不均匀性，其最大干密度、最优含水率变化范围较大。

(4) 复核 DY1～DY10 的固结试验，在 0.8MPa 压力下，最终单位沉降量范围值为 18.4～58.6mm/m，平均为 40.9mm/m，沉降量范围变化较大，土料差异大。压缩系数 $a_{0.1\sim0.2}=0.14\sim0.04\text{MPa}^{-1}$，平均为 0.086MPa^{-1}，其中 5 组属中压缩性土，5 组属低压缩性土，可满足坝壳料变形要求。

表 14.5-4　含砾砂土坝壳料（复核）物理性质试验成果表（一）

土样编号		取样高程/m	天然状态含水率/%	密度/(g/cm³)		空隙比	饱和度/%	土粒	液限 w_{L17}/%	塑限/%	塑性指数 I_{P17}	液限 w_{L10}/%	塑性指数 I_{P10}	颗粒组成/%									按统一定名
														圆砾及角砾			砂			粉粒	黏粒	胶粒	
														大	中	小	粗	中	细				
														颗粒粒径/mm									
室内	室外			湿	干									60～20	20～5	5～2	2～0.5	0.5～0.25	0.25～0.075	0.075～0.005	<0.005	<0.002	
			制样标准			制样后																	
05II027	复核 Y1	968.39	15.5	/	1.85	0.422	96.7	2.63	30.7	19.3	11.4	27.3	8	0.9	6.6	14	17	19.9	19.1	15.4	7.1	4	黏土质砂 SC

表 14.5-5　含砾砂土坝壳料（复核）物理性质试验成果表（二）

试验编号	取样高程/m	颗粒密度 ρ_p/(g/cm³)			砾石吸水率	级配	颗粒组成/%												曲率系数 C_c	不均匀系数 C_u	行标分类土名称	土代号
							颗粒直径/mm															
		>5mm	<5mm	混合颗粒			100～80	80～60	60～40	40～20	20～10	10～5	5～2	2～0.5	0.5～0.25	0.25～0.075	<0.075	<0.005				
复核 DY1	976	2.63	2.64	2.64	7.99	来样干筛	0.6	1.8	1.2	5.8	7.2	9.1	7.1	26.7	15.6	10.8	14.1	1.2	1.84	24.2	含细粒土砾	GF
						试验洗筛			1.2	6.2	6.6	9.2	6.8	24.6	14.8	11.2	19.4	1.5	1.67	29.8	黏土质砂	SC
						试后洗筛			1.2	3.2	4	5.4	5.8	23.4	16	14.6	26.4	2	0.725	24.3	黏土质砂	SC
复核 DY2	976	2.64	2.64	2.64	6.34	来样干筛	0.7	0.5	1.2	1.8	3.8	5	10.1	34.6	14.6	10	17.7	1.5	2.49	27.1	黏土质砂	SC
						试验洗筛			2	1.8	3.6	4.2	11	33	15.2	9.6	19.6	1.8	2.36	29.8	黏土质砂	SC
						试后洗筛			1	2	2	3.6	8.2	30.2	17.6	11.8	23.6	2.1	1.4	25.9	黏土质砂	SC
复核 DY3	976	2.64	2.64	2.64	6.14	来样干筛		0.7	1	2.6	4.7	7.2	9.4	29.7	14	10.3	20.4	1.7	1.39	23.7	黏土质砂	SC
						试验洗筛			1	2	5.6	7	8.8	28.4	13	11	23.2	1.9	0.694	27.1	黏土质砂	SC
						试后洗筛				1.6	3.8	4.8	9	28.2	14.2	12	26.4	2.1	0.462	24.3	黏土质砂	SC
复核 DY4	976	2.64	2.64	2.64	6.46	来样干筛	0.3	0.7	1.1	1.5	2.9	5.1	10.3	29	13.3	11	24.8	2.2	0.818	34.8	黏土质砂	SC
						试验洗筛			1.2	1.4	2.2	5.8	8	29.8	15.2	11	25.4	2.2	1.06	28.8	黏土质砂	SC
						试后洗筛			0.8	0.8	1.4	3.2	7	30.8	17.6	12.4	26	2.4	0.862	25.1	黏土质砂	SC

续表

试验编号	取样高程/m	颗粒密度 ρ_p/(g/cm³)			砾石吸水率	级配	颗粒组成/%												曲率系数 C_c	不均匀系数 C_u	行标分类土名称	土代号
							颗粒直径/mm															
		>5mm	<5mm	混合颗粒			100~80	80~60	60~40	40~20	20~10	10~5	5~2	2~0.5	0.5~0.25	0.25~0.075	<0.075	<0.005				
复核 DY5	982	2.56	2.63	2.61	7.16	来样干筛		1	5.2	6.5	6.5	10	6	17.5	13.7	14.3	19.3	2.7	0.98	32.4	黏土质砂	SC
						试验洗筛					1.3	2.5	6.1	22.4	18.4	20.3	29	3.9	0.72	15.9	黏土质砂	SC
						试后洗筛					1	1.8	6.8	22.1	16.7	21.5	30.1	4.2	0.68	15.4	黏土质砂	SC
复核 DY6	982	2.58	2.64	2.62	7.42	来样干筛		1.5	7	10.3	6.7	9.8	7.3	18.9	10.4	10	18.1	3.1	0.7	66	黏土质砂	SC
						试验洗筛				0.3	1.7	1.9	8.2	24.8	15.2	17	30.9	5.2	0.47	17.3	黏土质砂	SC
						试后洗筛					1.8	2	5.8	24.8	15	16.9	33.7	5.6	0.48	17.1	黏土质砂	SC
复核 DY7	982	2.59	2.64	2.63	6.4	来样干筛		0.5	2.1	4.7	6.1	8.6	7.6	25.9	15.8	11.7	17	2.8	1.93	24	黏土质砂	SC
						试验洗筛			1.6	3.4	3.8	5	7	28.6	18.4	14.2	18	3.1	1.81	18.6	黏土质砂	SC
						试后洗筛				3.5	3.7	4.9	6.6	27.9	19.7	13.4	20.3	3.4	1.85	19.4	黏土质砂	SC
复核 DY8	982	2.59	2.65	2.63	6.62	来样干筛	0.4	0.7	2.4	5	6.9	10	6	25.8	16.4	11.3	15.1	2.5	2.19	24.6	黏土质砂	SC
						试验洗筛			2.3	3.6	3.9	5.1	6.1	27.2	17.8	13.4	20.6	3.5	1.87	23.8	黏土质砂	SC
						试后洗筛			1.1	3.9	3.5	4.8	6.1	28	17.2	13.4	22	3.7	1.6	25.3	黏土质砂	SC
复核 DY9	990	2.64	2.65	2.65	7.04	来样干筛			0.7	2	4.2	6.2	7.8	18.5	14.2	14.3	32.1		0.602	34.4	黏土质砂	SC
						试验洗筛				1.9	3.7	4.4	5.7	14.6	15.2	17.5	37		0.523	25.3	黏土质砂	SC
						试后洗筛				1.3	1.3	1.3	5.1	15.5	14.5	16.5	44.5		0.348	20.2	黏土质砂	SC
复核 DY10	990	2.66	2.65	2.65	10.28	来样干筛	4	1.5	3.7	5.6	6.9	7.8	7.1	13.9	10.9	12.2	26.4	4.3	0.422	67.6	黏土质砂	SC
						试验洗筛				4.1	3.1	2.9	6.6	15.7	14.4	14.5	38.7	1.8	0.849	32.2	黏土质砂	SC
						试后洗筛				2.3	2.3	2.3	7.2	16.3	13.1	14.7	41.8	1.9	0.85	31.3	黏土质砂	SC

表 14.5-6　　含砾砂土坝壳料（复核）力学性质试验成果表（三）

土样编号		直剪抗剪强度（饱和固结快剪）/kPa						压力/kPa（饱和状态）															垂直渗透系数/(cm/s)	击实功能：592.2（kJ/m³）	
								压缩系数/MPa^{-1}					单位沉降量/(mm/m)					孔隙比						最大干密度/(g/cm³)	最优含水率/%
室内	室外	τ 100	τ 200	τ 300	τ 400	ϕ/(°)	c/kPa	50～100	100～200	200～300	300～400	400～600	100	200	300	400	600	100	200	300	400	600			
05II027	复核 Y1	80.8	131	179	236	27.2	28.1	0.14	0.1	0.07	0.03	0.035	11.4	18.4	22.9	25.6	30.2	0.41	0.4	0.39	0.39	0.38	3.3×10^{-6}	1.91	14.1

表 14.5-7　　含砾砂土坝壳料（复核）力学性质试验成果表（四）

试样编号	相对密度试验				击实试验				现场指标		制样状态		压缩试验								水性
	最大干密度 ρ_{max}/(g/cm³)	最小孔隙比	最小干密度 ρ_{min}/(g/cm³)	最大孔隙比	击实功能/(kJ/m³)	最大干密度 ρ_a/(g/cm³)	最优含水率/%	破碎率/%	干密度 ρ_a/(g/cm)	含水率/%	干密度 ρ_a/(g/cm³)	孔隙率 n/%	试验状态	压缩指标	垂直压力/MPa 0	0.1	0.2	0.4	0.6	0.8	渗透系数 K_{20}/(cm/s)
复核 DY1	1.78	0.483	1.41	0.872	592.2	1.88	12.7	40.5	1.86	12	1.86	29.5	饱和	单位沉降量 S_i/(mm/m)	0	11.5	15.7	21.9	26.6	31.2	1.2×10^{-5}
														孔隙比 e_i	0.419	0.403	0.397	0.388	0.382	0.375	
														压缩系数 a_v/MPa^{-1}		0.16	0.06	0.045	0.03	0.035	
														压缩模量 E_i/MPa		8.9	23.6	31.5	47.3	40.5	
复核 DY2	1.77	0.492	1.38	0.913	592.2	1.9	11.4	25.9	1.88	13	1.88	28.8	饱和	单位沉降量 S_i/(mm/m)	0	6.1	8.7	12.7	16.5	19.8	3.4×10^{-5}
														孔隙比 e_i	0.404	0.396	0.392	0.386	0.381	0.376	
														压缩系数 a_v/MPa^{-1}		0.08	0.04	0.03	0.025	0.025	
														压缩模量 E_i/MPa		17.6	35.1	46.8	56.2	56.2	

续表

试样编号	相对密度试验				击实试验				现场指标		制样状态		压缩试验								水性
	最大干密度 ρ_{max} /(g/cm³)	最小孔隙比	最小干密度 ρ_{min} /(g/cm³)	最大孔隙比	击实功能 /(kJ/m³)	最大干密度 ρ_a /(g/cm³)	最优含水率 /%	破碎率 /%	干密度 ρ_a /(g/cm)	含水率 /%	干密度 ρ_a /(g/cm³)	孔隙率 n /%	试验状态	垂直压力/MPa							渗透系数 K_{20} /(cm/s)
														压缩指标	0	0.1	0.2	0.4	0.6	0.8	
复核 DY3	1.81	0.458	1.38	0.913	592.2	1.91	12.4	34.6	1.76	17	1.76	33.3	饱和	单位沉降量 S_i/(mm/m)	0	16	24.4	39.6	50.4	58.6	5.4×10^{-5}
														孔隙比 e_i	0.5	0.476	0.463	0.441	0.424	0.412	
														压缩系数 a_v/MPa^{-1}	0.24	0.13	0.11	0.085	0.06		
														压缩模量 E_i/MPa	6.2	11.5	13.6	17.6	25		
复核 DY4	1.78	0.483	1.32	1	592.2	1.9	12.2	41.5	1.83	11	1.83	30.7	饱和	单位沉降量 S_i/(mm/m)	0	15.9	22.4	34.4	42.2	48.8	2.7×10^{-5}
														孔隙比 e_i	0.443	0.42	0.41	0.393	0.382	0.372	
														压缩系数 a_v/MPa^{-1}	0.23	0.1	0.085	0.055	0.05		
														压缩模量 E_i/MPa	6.3	14.4	17	26.2	28.9		
复核 DY5	1.76	0.483	1.41	0.851	592.2	1.82	14.9	26.3	1.89	12	1.78	31.8	饱和	单位沉降量 S_i/(mm/m)	0	7.1	13.8	26.4	36.3	46.6	5.8×10^{-6}
														孔隙比 e_i	0.466	0.456	0.446	0.428	0.413	0.398	
														压缩系数 a_v/MPa^{-1}	0.1	0.1	0.09	0.075	0.075		
														压缩模量 E_i/MPa	14.7	14.7	16.3	19.5	19.5		

续表

试样编号	相对密度试验				击实试验				现场指标		制样状态		压缩试验								水性
	最大干密度 ρ_{max} /(g/cm³)	最小孔隙比	最小干密度 ρ_{min} /(g/cm³)	最大孔隙比	击实功能 /(kJ/m³)	最大干密度 ρ_a /(g/cm³)	最优含水率 /%	破碎率 /%	干密度 ρ_a /(g/cm)	含水率 /%	干密度 ρ_a /(g/cm³)	孔隙率 n /%	试验状态	垂直压力/MPa							渗透系数 K_{20} /(cm/s)
														压缩指标	0	0.1	0.2	0.4	0.6	0.8	
复核 DY6	1.78	0.472	1.47	0.782	592.2	1.83	14.5	2.6	1.84	14	1.79	31.7	饱和	单位沉降量 S_i/(mm/m)	0	10.7	20	35.9	48	58.2	6.0×10^{-6}
														孔隙比 e_i	0.464	0.448	0.434	0.411	0.393	0.378	
														压缩系数 a_v/MPa^{-1}	0.16	0.14	0.115	0.09	0.075		
														压缩模量 E_i/MPa	9.2	10.5	12.7	16.3	19.5		
复核 DY7	1.84	0.429	1.45	0.814	592.2	1.87	13	12.3	1.81	16	1.83	30.4	饱和	单位沉降量 S_i/(mm/m)	0	5	7.6	12.4	17	18.4	6.3×10^{-5}
														孔隙比 e_i	0.437	0.43	0.426	0.419	0.413	0.411	
														压缩系数 a_v/MPa^{-1}	0.07	0.04	0.035	0.03	0.01		
														压缩模量 E_i/MPa	20.5	35.9	41.1	47.9	143.7		
复核 DY8	1.85	0.422	1.47	0.789	592.2	1.89	12.9	10.7	1.79	16	1.85	29.6	饱和	单位沉降量 S_i/(mm/m)	0	5.5	10.3	16.6	21.9	28.1	1.3×10^{-4}
														孔隙比 e_i	0.422	0.414	0.407	0.398	0.39	0.382	
														压缩系数 a_v/MPa^{-1}	0.08	0.07	0.045	0.04	0.04		
														压缩模量 E_i/MPa	17.8	20.3	31.6	35.6	35.6		

续表

试样编号	相对密度试验				击实试验				现场指标		制样状态		压缩试验								水性
	最大干密度 ρ_{max} /(g/cm³)	最小孔隙比	最小干密度 ρ_{min} /(g/cm³)	最大孔隙比	击实功能 /(kJ/m³)	最大干密度 ρ_a /(g/cm³)	最优含水率 /%	破碎率 /%	干密度 ρ_a /(g/cm)	含水率 /%	干密度 ρ_a /(g/cm³)	孔隙率 n /%	试验状态	压缩指标	垂直压力/MPa 0	0.1	0.2	0.4	0.6	0.8	渗透系数 K_{20} /(cm/s)
复核 DY9	1.62	0.636	1.32	1.008	592.2	1.68	17.6	61	1.75	17	1.68	36.6	饱和	单位沉降量 S_i/(mm/m)	0	12.7	19.4	31.3	43.4	54.5	1.1×10^{-6}
														孔隙比 e_i	0.577	0.557	0.547	0.528	0.509	0.491	
														压缩系数 a_v/MPa^{-1}	0.2	0.1	0.095	0.095	0.09		
														压缩模量 E_i/MPa	7.9	15.8	16.6	16.6	17.5		
复核 DY10	1.79	0.48	1.37	0.934	592.2	1.85	14	31.7	1.92	13	1.85	30.2	饱和	单位沉降量 S_i/(mm/m)	0	8.7	14.6	24.6	35.1	44.9	2.4×10^{-7}
														孔隙比 e_i	0.432	0.42	0.412	0.397	0.382	0.368	
														压缩系数 a_v/MPa^{-1}	0.12	0.08	0.075	0.075	0.07		
														压缩模量 E_i/MPa	11.9	17.9	19.1	19.1	20.5		

表 14.5-8　含砾砂土坝壳料（复核）三轴试验 $E-B$ 模型七参数成果表

试样编号	制样干密度 /(g/cm³)	孔隙率 n/%	试验方法	小主应力 σ_3/kPa	应力差 $\sigma_1-\sigma_3$ /kPa	大主应力 σ_1/kPa	破坏时轴应变 ε_1/%	破坏时体应变 ε_V/%	破坏应力比 σ_1/σ_3	$E-B$ 模型七参数 c /kPa	φ /(°)	K	n	R_f	K_b	m	ϕ_0 /(°)	$\Delta\phi$ /(°)
复核 DY1	1.86	29.5	CD	100	315	415	12	0.27	4.15	26.3	32.4	431.1	0.31	0.89	490	0.262	37.9	6.9
				200	579	779	12.8	0.37	3.9									
				300	775	1075	11.6	0.91	3.58									
				400	—	—	—	—	—									

续表

试样编号	制样干密度/(g/cm³)	孔隙率 n/%	试验方法	小主应力 σ_3/kPa	应力差 $\sigma_1-\sigma_3$/kPa	大主应力 σ_1/kPa	破坏时轴应变 ε_1/%	破坏时体应变 ε_v/%	破坏应力比 σ_1/σ_3	E-B模型七参数								
										c/kPa	φ/(°)	K	n	R_f	K_b	m	ϕ_0/(°)	$\Delta\phi$/(°)
复核DY2	1.88	28.8	CD	100	345	445	8.8	0.1	4.45	26.1	32.3	266.4	0.44	0.78	187	0.47	38.6	8.9
复核DY3	1.76	33.3	CD	100	361	461	10.8	0.57	4.61	25.2	34.3	178.7	0.716	0.78	158.9	0.197	39.9	13.4
				150	465	615	11.2	0.59	4.1									
				200	617	817	11.2	2.42	4.08									
				300	744	1044	11.2	1.75	3.48									
复核DY4	1.83	30.7	CD	100	310	410	14.8	0.36	4.1	8.4	35	162.2	0.605	0.78	359.5	−0.332	37.3	4.2
				150	421	571	13.6	0.41	3.81									
				200	567	767	13.6	0.95	3.84									
				250	708	958	15.6	1.17	3.83									

表 14.5-9　含砾砂土坝壳料（复核）三轴试验成果表（一）

土样编号		取样高程/m	控制干密度/(g/cm³)	控制含水率/%	饱和固结不排水剪（cu）									
					围压/kPa	$\frac{\sigma_1+\sigma_3}{2}$/kPa	$\frac{\sigma_1-\sigma_3}{2}$/kPa	总应力强度		$\frac{\sigma_1'+\sigma_3'}{2}$/kPa	$\frac{\sigma_1'-\sigma_3'}{2}$/kPa	有效应力强度		孔隙压力系数
								c_{cu}/kPa	ϕ_{cu}/(°)			c'/kPa	ϕ'	B_f
05Ⅱ027	复核Y1	上游面968.39	1.85	15.5	100	344	244	30.1	32.5	392	244	30.1	34.7	0.04
					200	501	301			490	301			
					300	681	381			605	381			
					400	930	530			894	530			

表 14.5-10　含砾砂土坝壳料（复核）三轴试验成果表（二）

编号	饱和固结不排水剪										制样标准	
	围压/kPa	$\frac{\sigma_1+\sigma_3}{2}$/kPa	$\frac{\sigma_1-\sigma_3}{2}$/kPa	c_{cu}/kPa	φ_{cu}/(°)	$\frac{\sigma_1'+\sigma_3'}{2}$/kPa	$\frac{\sigma_1'-\sigma_3'}{2}$/kPa	c'/kPa	φ'/(°)	孔隙压力系数 B_f	干密度/(g/cm³)	含水率/%
复核 DY1	100	288.4	188.4	33.6	33.6	275.4	188.4	23.7	35.5	0.03	1.86	12
	200	442.6	242.6			409.6	242.6					
	300	731.2	431.2			697.2	431.2					
	400	962.4	562.4			937.4	562.4					
复核 DY2	100	288.4	188.4	36.4	32.9	293.4	188.4	25.2	34.9	0.01	1.88	13.3
	200	505	305			496	305					
	300	718.2	418.2			693.2	418.2					
	400	947.6	547.6			920.6	547.6					
复核 DY3	100	204.6	104.6	1.3	30.4	187.6	104.6	9.7	35	0.08	1.76	16.8
	200	407	207			347.1	207					
	300	621.4	321.4			545.4	321.4					
	400	838.6	438.6			750.6	438.6					
复核 DY4	100	256.8	156.8	29.4	30.2	251.8	156.8	22.5	32.8	0.03	1.83	11.1
	200	454	254			435	254					
	300	644.6	344.6			609.6	344.6					
	400	864.3	464.3			818.3	464.3					
复核 DY5	100	233.4	133.4	8.8	32.2	225.4	133.4	4.9	34.8	0.03	1.78	14.9
	200	439.4	239.4			415.4	239.4					
	300	658.4	358.4			618.4	358.4					
	400	874.2	474.2			824.2	474.2					

续表

编号	饱和固结不排水剪										制样标准	
	围压 /kPa	$\frac{\sigma_1+\sigma_3}{2}$ /kPa	$\frac{\sigma_1-\sigma_3}{2}$ /kPa	c_{cu} /kPa	φ_{cu} /(°)	$\frac{\sigma_1'+\sigma_3'}{2}$ /kPa	$\frac{\sigma_1'-\sigma_3'}{2}$ /kPa	c' /kPa	φ' /(°)	孔隙压力系数 B_f	干密度 /(g/cm³)	含水率 /%
复核 DY6	100	229.6	129.6	9.2	30.9	225.6	129.6	0.6	35	0.07	1.79	14.5
	200	416.1	216.1			390.1	216.1					
	300	631.6	331.6			576.6	331.6					
	400	842	442			771	442					
复核 DY7	100	228.2	128.2	1.4	33.8	218.2	128.2	3.9	35.2	0.03	1.83	13
	200	443.2	243.2			416.2	243.2					
	300	680.1	380.1			641.9	380.1					
	400	905.2	505.2			873.2	505.2					
复核 DY8	100	260	160	26.5	31.5	257	160	25.4	32.4	0.01	1.85	12.9
	200	467.5	267.5			456.5	267.5					
	300	662.8	362.8			646.8	362.8					
	400	891.8	491.8			872.8	491.8					
复核 DY9	100	258.4	158.4	27.5	29.9	236.4	158.4	31.1	33.1	0.06	1.68	17.8
	200	430.9	230.9			386.9	230.9					
	300	645.8	345.8			580.8	345.8					
	400	850.6	450.6			778.6	450.6					
复核 DY10	100	256	156	32.6	29.5	206	156	49.6	33.3	0.1	1.81	15.6
	200	444.9	244.9			375.9	244.9					
	300	650.6	350.6			559.6	350.6					
	400	844.9	444.9			734.9	444.9					

(5) 复核 DY1～DY10 的渗透试验，渗透系数 $K_{20}=1.3\times10^{-4}\sim2.4\times10^{-7}$cm/s，平均为 3.3×10^{-5}cm/s。高程 976.00m 的 4 组料均符合 $K_{20}>1\times10^{-5}$cm/s 设计要求；高程 982.00m 的 4 组料中 DY5 和 DY6 不符合要求，DY7 和 DY8 符合要求；高程 990.00m 的 2 组料均不符合要求。从渗透试验成果看 54.5%的透水性满足设计要求，45.5%的不满足要求，不满足要求的主要集中在坝体的中上部位。

(6) 复核 DY1～DY10 的三轴试验，饱和固结不排水剪总应力强度 $\phi_{cu}=29.5°\sim33.8°$，平均值为 31.5°，$c_{cu}=1.3\sim36.4$kPa，平均为 20.7kPa，有效应力强度 $\phi'=32.4°\sim35.5°$，平均值为 34.2°，$c'=0.6\sim49.6$kPa，平均值为 19.7kPa，10 组土样的有效强度值均大于 30°，可以满足坝体的稳定要求。

14.6 反滤料研究

黏土心墙砂壳坝黏土料的渗透系数不大于 3×10^{-6}cm/s，含砾砂土坝壳料渗透系数平均值为 $K=1.88\times10^{-5}$cm/s，为了改善渗透系数偏小对大坝稳定的影响，保证大坝蓄水后坝体排水通畅，有效降低坝体浸润线，在心墙的下游侧设置厚度均为 1.5m 的三层反滤（Ⅰ反、Ⅱ反及Ⅰ反），下游坝壳基础铺设厚分别为 0.5m、0.8m 和 0.5m 的三层褥垫式排水层，褥垫式排水层上游与心墙下游侧反滤排水层对应衔接，下游与坝脚堆石棱体相连接，形成完整的排水系统。

14.6.1 反滤料基本情况

Ⅰ反砂料沿河床开采，主要开采点为坝址下游河床及河漫滩，长约 2km，河砂组成一般上部为含砾粗、中、细砂，厚度一般为 0.5～1.0m，最厚为 2.75m，下部为砂卵砾石层，厚为 1～3.4m。

Ⅱ反料采用Ⅶ石料场的新鲜花岗岩加工。Ⅶ石料场位于坝址右岸上游冲沟，距坝址 1.5km，料场分布高程为 1080.00～1125.00m，地形坡度为 20°～35°，局部陡崖，石料分布为燕山期（γ_5）花岗岩，因冲沟深切割而出露。冲沟两侧岩体全强风化带厚 10～40m，靠山顶山脊全风化厚度大，冲沟底部及两边岸坡出露弱风化至新鲜花岗岩，料场植被发育，地形狭窄。弱—新鲜花岗岩岩块湿抗压强度为 49.9～148MPa，软化系数 0.94，天然容重为 25.9～27.4kN/m^3，为质量好的块石料。石料详查储量为 42.55 万 m^3，剥离量为 15.66 万 m^3，剥采比为 0.368。

14.6.2 反滤料设计

(1) Ⅰ反滤料。被保护土（黏土料）不含大于 5mm 的颗粒，小于 0.075mm 的颗粒含量为 81.9%，按反滤料 $D_{15}\leqslant0.7$mm 确定。由于反滤层有排水要求，应符合 $D_{15}\geqslant4d_{15}$，被保护土的 $d_{15}=0.002$mm，则 $D_{15}\geqslant4\times0.002=0.008$(mm)，$D_{15}$需$>0.1$mm，按带宽为 5，取 $D_{15}=0.14$mm。根据规范，设计得到Ⅰ反滤料的包络线为：$0.075\text{mm}\leqslant D_5\leqslant0.375\text{mm}$，$0.12\text{mm}\leqslant D_{10}\leqslant0.6\text{mm}$，$0.14\text{mm}\leqslant D_{15}\leqslant0.7\text{mm}$，$0.7\text{mm}\leqslant D_{60}\leqslant3.5\text{mm}$，$2.0\text{mm}\leqslant D_{90}\leqslant8.0\text{mm}$。

（2）Ⅱ反滤料。被保护土（Ⅰ反滤料）为无黏性土，不均匀系数 $C_u=5.83\leqslant5\sim8$，取被保护土的 d_{85}、d_{15} 作为计算粒径。按 $D_{15}/d_{85}\leqslant4\sim5$，$D_{15}/d_{15}\geqslant5$ 的要求，计算上包线 $d_{85}=1.6\text{mm}$，$d_{15}=0.14\text{mm}$，$D_{15}\leqslant(4\sim5)\times d_{85}\leqslant6.4\sim8\text{mm}$，$D_{15}\geqslant d_{15}\times5\geqslant0.7\text{mm}$；下包线 $d_{85}=7\text{mm}$，$d_{15}=0.7\text{mm}$，$D_{15}\leqslant(4\sim5)\times d_{85}\leqslant28\sim35\text{mm}$，$D_{15}\geqslant d_{15}\times5\geqslant3.5\text{mm}$。根据规范，设计得到Ⅱ反滤料的包络线为：$3\text{mm}\leqslant D_{10}\leqslant14\text{mm}$，$3.5\text{mm}\leqslant D_{15}\leqslant17\text{mm}$，$6\text{mm}\leqslant D_{60}\leqslant30\text{mm}$，$8\text{mm}\leqslant D_{90}\leqslant40\text{mm}$。反滤料设计包络线如图 14.6-1 所示。

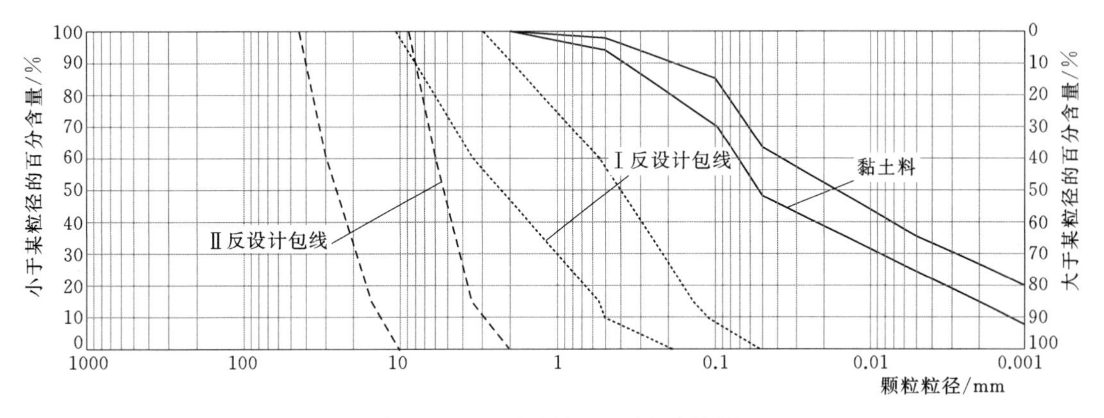

图 14.6-1 反滤料上、下包络线图

14.6.3 反滤料试验成果分析

前期勘察初步设计阶段，取河床砂砾料共 5 组进行Ⅰ反滤料、Ⅱ反滤料试验。

（1）Ⅰ反滤料试验。Ⅰ反滤料试验成果见表 14.6-1 和表 14.6-2。

表 14.6-1　Ⅰ反滤料物理性试验成果表（一）

试验编号		2003F004			2003F006			2003F008			2003F010			2003F012		
野外编号		南-1			南-2			南-3			南-4			南-5		
反滤料		Ⅰ反			Ⅰ反			Ⅰ反			Ⅰ反			Ⅰ反		
试样描述		河床砂卵砾石			河床砂卵砾石			河床砂卵砾石			河床砂卵砾石			河床砂卵砾石		
颗粒组成/%	粒径/mm	<5mm	试验	试验后	<5mm	试验	试验后	<5mm	试验	试验后	<5mm	试验	试验后	<5mm	试验	试验后
	5～2（<5）	17.3	17.3	17	19	19	19	16.4	16.4	10.4	15	15	14.5	22.5	22.5	20.5
	2～1	19.2	19.2	19.1	21.6	21.6	21.2	18.5	18.5	13.7	15.5	15.5	15.7	18.5	18.5	16.5
	1～0.5	33.5	33.5	28.9	30.2	30.2	30.3	28.7	28.7	29.1	23.6	23.6	22.2	23	23	24.3
	0.5～0.25	23.2	23.2	25.5	20.1	20.1	19.6	27	27	34.7	26.6	26.6	25	25.1	25.1	25.7
	0.25～0.1	5	5	6.8	6.5	6.5	6.6	6.9	6.9	8.9	13.2	13.2	15.8	7.6	7.6	9
	0.1～0.075	0.7	0.7	0.7	0.9	0.9	1.1	0.7	0.7	1.1	2.1	2.1	2.6	0.5	0.5	1
	<0.075	1.1	1.1	2	1.7	1.7	2.2	1.8	1.8	2.1	4	4	4.2	2.8	2.8	3
D_{60}		0.93	0.93	0.9	1.03	1.03	0.98	0.86	0.86	0.65	0.73	0.73	0.71	1.05	1.05	0.93

续表

D_{30}	0.5	0.5	0.46	0.51	0.51	0.5	0.47	0.47	0.41	0.345	0.345	0.33	0.57	0.57	0.4
D_{10}	0.278	0.278	0.256	0.26	0.26	0.246	0.256	0.256	0.21	0.15	0.15	0.135	0.23	0.23	0.205
不均匀系数 C_u	3.35	3.35	3.52	3.96	3.96	3.98	3.36	3.36	3.1	4.87	4.87	5.26	4.57	4.57	4.54
曲率系数 C_c	0.97	0.97	0.92	0.97	0.97	1.04	1	1	1.23	1.09	1.09	1.14	1.35	1.35	0.84
分类定名	SP	SP	SP	SP	SP	SP	SP	SP	SP	SP	SP	SW	SP	SP	SP

表 14.6-2　　Ⅰ反滤料物理性试验成果表（二）

试验编号		2003F004	2003F006	2003F008	2003F010	2003F012
野外编号		南-1	南-2	南-3	南-4	南-5
反滤料类型		Ⅰ反	Ⅰ反	Ⅰ反	Ⅰ反	Ⅰ反
试验含水量/%		0.2	0.15	0.2	0.2	0.2
颗粒密度 ρ_p/(g/cm³)		2.63	2.64	2.64	2.64	2.63
相对密度试验	最小干密度/(g/cm³)	1.48	1.51	1.47	1.54	1.5
	最大干密度/(g/cm³)	1.77	1.78	1.76	1.83	1.78
	最大孔隙率/%	43.7	42.8	44.3	41.7	43
	最小孔隙率/%	32.7	32.6	33.3	30.7	32.3
渗透试验	试件控制相对密度 D_r	0.75	0.75	0.75	0.75	0.75
	试件控制干密度/(g/cm³)	1.69	1.7	1.68	1.75	1.7
	试件控制孔隙率/%	35.7	35.6	36.4	33.7	35.4
	渗透系数 K_{20}/(cm/s)	4.22×10^{-3}	6.64×10^{-3}	2.02×10^{-3}	2.04×10^{-3}	6.12×10^{-3}

根据试验，5 组样的 $D_{10}=0.15\sim0.278$mm，$D_{15}=0.20\sim0.335$mm，$D_{60}=0.73\sim1.05$mm，$D_{90}=2.65\sim3.44$mm，5 组样的颗粒级配均落在设计包络线内。

黏土料小于 0.075mm 颗粒含量为 81.9%，Ⅰ反 $D_{15}=0.20\sim0.335$mm，满足 $D_{15}\leqslant0.7$mm 的滤土要求。黏土料的 $d_{15}=0.002$mm，Ⅰ反 $D_{15}\geqslant4\ d_{15}=4\times0.002=0.008$(mm)，满足排水要求。

5 组样的渗透系数 $K_{20}=2.02\times10^{-3}\sim6.64\times10^{-3}$cm/s，满足渗透系数 $K_{20}>1\times10^{-3}$cm/s 的设计要求。小于 0.075mm 的颗粒含量最大为 4.2%<5%，满足设计要求。不均匀系数 C_u 最大为 5.26，满足 $C_u\leqslant6$ 的设计要求。

（2）Ⅱ反试验。Ⅱ反滤料试验成果见表 14.6-3。

根据试验成果，5 组样的 $D_{10}=6.4\sim8.3$mm；$D_{15}=7.1\sim10.4$mm；$D_{60}=18.7\sim34.8$mm；$D_{90}=58.8\sim86.0$mm。5 组样的 D_{10}、D_{15} 均落在设计包络线内；D_{60} 两组落在设计包络线内，3 组落在设计包络线外；D_{90} 五组均落在设计包络线外，5 组样的级配均靠近设计下限，所含粗粒较多。为满足设计要求，分别对来样剔除大于 80.0mm、大于 60mm 和大于 40mm 的颗粒部分进行试验、只有剔除 5 组料中大于 40.0mm 的颗粒部分后方能满足设计要求，由此造成弃料量较大。

因此，Ⅱ反滤料采用Ⅶ石料场的新鲜花岗岩，砂石料加工系统一次加工而成。

表 14.6-3 Ⅱ反滤料物理性试验成果表

试验编号		2003F005				2003F007				2003F009				2003F011				2003F013			
野外编号		南-1				南-2				南-3				南-4				南-5			
反滤料		Ⅱ反				Ⅱ反				Ⅱ反				Ⅱ反				Ⅱ反			
取样位置		CJ2				CJ4				CJ6				CJ9				CJ12			
取样深度/m		0.3～3.1				0.3～2.8				0.3～2.1				1.0～4.05				0.5～3.68			
试样描述		河床砂卵砾石				河床砂卵砾石				河床砂卵砾石				河床砂卵砾石				河床砂卵砾石			
颗粒组成/%	粒径/mm	＞5mm	剔除＞80mm后	剔除＞60mm后	剔除＞40mm后	＞5mm	剔除＞80mm后	剔除＞60mm后	剔除＞40mm后	＞5mm	剔除＞80mm后	剔除＞60mm后	剔除＞40mm后	＞5mm	剔除＞80mm后	剔除＞60mm后	剔除＞40mm后	＞5mm	剔除＞80mm后	剔除＞60mm后	剔除＞40mm后
	＞100	1.3				3.9				3.5				0.6				4			
	100～80	2.7	0			9.1	0			7.5	0			3.6	0			6.7	0		
	80～60	10	10.4	0		12	13.8	0		11.5	12.9	0		4.9	5.1	0		12.8	14.4	0	
	60～40	19.7	20.5	22.9	0	19.8	22.8	26.4	0	15.7	17.7	20.3	0	13.1	13.7	14.4	0	18.5	20.7	24.2	0
	40～20	25.5	26.6	29.6	36.5	24.3	27.9	32.4	38.6	22.9	25.7	29.5	32.3	25.5	26.6	28.1	28.3	25.8	28.9	33.7	41.7
	20～10	19.5	20.3	22.7	28.5	16.5	19	22	29.9	19.1	21.5	24.6	30.9	23.1	24.1	25.4	29.2	17.8	19.9	23.3	29.8
	10～5	21.3	22.2	24.8	30.1	14.4	16.5	19.2	25	19.8	22.2	25.6	29.5	29.2	30.5	32.1	33.4	14.4	16.1	18.8	22.2
	5～2(＜5)				4.9				6.5				7.3				9.1				6.3
D_{60}		33	32.4	28.2	18.4	44	38	31.5	19.7	37	31.8	25.8	18.2	25.2	23.5	27	14.9	42	35.5	29.2	20.5
D_{30}		14.2	13.5	12	9	19.5	17.6	14.4	9.6	14.8	13.4	12.7	8.9	10.3	9.9	9.4	7.9	18.2	16.5	14.6	10.7
D_{10}		6.7	6.85	6.6	5.65	8.1	8	7.3	5.7	7.1	6.9	6.4	5.4	6.4	6.3	6.05	5.1	8.3	8.1	7.4	5.7
不均匀系数 C_u		4.93	4.73	4.27	3.26	5.43	4.75	4.32	3.46	5.21	4.61	4.03	3.37	3.9	3.73	4.46	2.92	5.06	4.38	3.95	3.6
曲率系数 C_c		0.91	0.82	0.77	0.78	1.07	1.01	0.9	0.82	0.83	0.82	0.98	0.81	0.66	0.66	0.54	0.82	0.95	0.95	0.99	0.98
分类定名		GP	GP	GP	GP	SIC_b	GP	GP	GP	SIC_b	GP	GP	GP	GP	GP	GP	GP	SIC_b	GP	GP	GP

14.6.4 反滤料碾压试验

Ⅰ反滤料为天然河砂料，Ⅱ反滤料为Ⅶ石料场的新鲜花岗岩人工加工的碎石料。Ⅰ反滤料在碾压试验场地共取样 2 组进行试验、Ⅱ反滤料在碾压试验场地取样 1 组进行试验。碾压试验成果见表 14.6-4、表 14.6-5 及图 14.6-2。

表 14.6-4　　反滤料碾压试验颗粒组成汇总表

试验编号		2005F04			2005F05			2005F06		
野外编号		Ⅰ反-1			Ⅰ反-2			Ⅱ反		
颗粒组成/%	粒径/mm	来样	试验	试验后	来样	试验	试验后	来样	试验	试验后
	>200									
	200~100									
	100~80	1.2			0.4					
	80~60	1.3			0.3			4.3		
	60~40	2.4	2.7	2.3	1.9	2.0	2.0	24.0	25.2	23.0
	40~20	6.0	6.7	6.5	4.6	4.8	4.5	37.7	39.6	38.5
	20~10	6.4	7.2	8.4	4.7	4.9	4.8	14.4	15.2	16.0
	10~5	6.9	7.6	6.4	5.0	5.2	5.7	7.5	7.9	7.4
	5~2	8.5	8.5	8.6	6.0	6.0	6.1	3.7	3.7	4.9
	2~1	9.9	9.9	9.9	7.6	7.6	7.5	1.1	1.1	2.4
	1~0.5	19.6	19.6	19.8	20.1	20.1	20.3	1.8	1.8	2.3
	0.5~0.25	24.0	24.0	24.3	34.0	34.0	33.9	1.6	1.6	2.0
	0.25~0.1	9.0	9.0	9.2	10.6	10.6	10.4	1.7	1.7	1.6
	0.1~0.075	1.6	1.6	1.8	1.5	1.5	1.7			0.8
	<0.075	3.2	3.2	2.8	3.3	3.3	3.2	2.2	2.2	1.1
D_{60}		1.16	1.10	1.08	0.63	0.65	0.64	33.0	30.2	30.0
D_{30}		0.41	0.41	0.41	0.36	0.38	0.37	16.0	16.5	15.1
D_{10}		0.19	0.19	0.18	0.17	0.18	0.18	3.00	3.03	2.00
不均匀系数 C_u		6.10	5.79	6.00	3.71	3.61	3.56	11.0	9.95	15.0
曲率系数 C_c		0.76	0.78	0.84	1.21	1.23	1.19	2.59	2.98	3.75
分类定名		SP	SP	SP	SP	SP	SP	GW	GW	GP

注　Ⅱ反来样筛分结果为现场全料级配，试验没有进行 0.1mm 一级的筛分。

表 14.6-5　　反滤料碾压试验物理力学性质成果表

试验编号	2005F04	2005F05	2005F06
反滤料类型	Ⅰ反-1	Ⅰ反-2	Ⅱ反
试验含水量/%	0.08	0.04	0.20
颗粒密度 ρ_p/(g/cm^3)	2.63	2.61	2.65

续表

相对密度试验		最小干密度/(g/cm³)	1.68	1.59	1.47
		最大干密度/(g/cm³)	1.93	1.84	1.94
		最大孔隙比	0.565	0.642	0.803
		最小孔隙比	0.363	0.418	0.366
渗透试验	相对密度 0.7	制样干密度/(g/cm³)	1.85	1.76	1.77
		试样孔隙比	0.422	0.483	0.497
		渗透系数 K_{20}/(cm/s)	1.83×10^{-3}	1.66×10^{-3}	3.60×10^{-2}
	相对密度 1.0	制样干密度/(g/cm³)	1.93	1.84	1.94
		试样孔隙比	0.363	0.418	0.366
		渗透系数 K_{20}/(cm/s)	6.58×10^{-4}	1.09×10^{-3}	4.35×10^{-2}

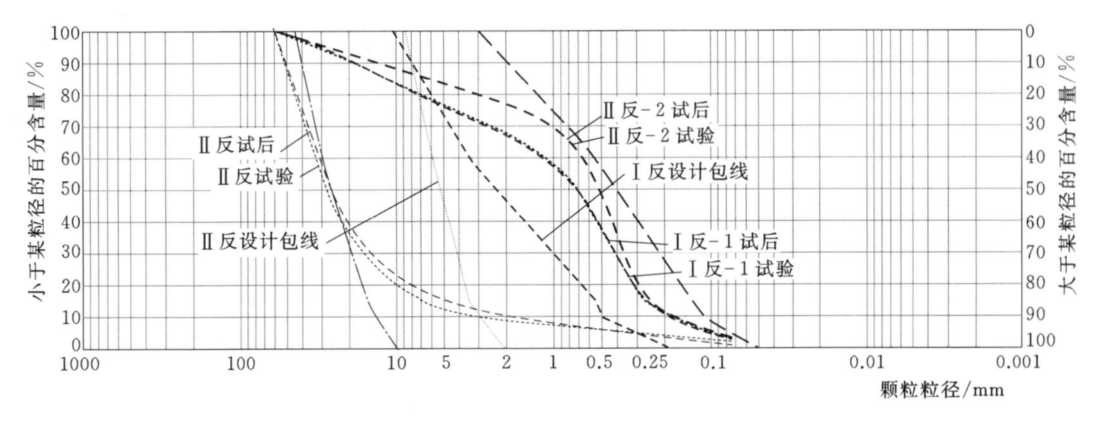

图 14.6-2 反滤料碾压试验颗粒级配图

通过碾压试验，确定Ⅰ反滤料采用 YZ14JA 振动压路机静碾，铺料厚度 60cm，碾压遍数 2 遍，行车速度 2.37km/h，按相对密度大于 0.75，渗透系数大于 1×10^{-3}cm/s 控制；Ⅱ反滤料采用 YZ14JA 振动压路机静碾，铺料厚度 55cm，碾压遍数 2 遍，行车速度为 2.37km/h，按相对密度大于 0.75，渗透系数大于 1×10^{-2}cm/s 控制。

14.6.5 反滤料填筑取样复核试验

施工时，分别在大坝高程 976.00m、982.00m、990.00m 处取 3 组Ⅰ反滤料和 3 组Ⅱ反滤料进行复核试验。试验成果见表 14.6-6、表 14.6-7 及图 14.6-3。

表 14.6-6　反滤料复核试验颗粒组成成果表

粒径/mm		>60	60～40	40～20	20～10	10～5	5～2	2～1	1～0.5	0.5～0.25	0.25～0.1	0.1～0.075	<0.075	d_{60}	d_{30}	d_{10}	C_u	C_c	分类定名
高程 976.00m	Ⅰ反来样	1	2.5	6.2	6.1	6.1	9	9.9	19.4	26.6	8.6	1.5	3.1	1.1	0.41	0.2	5.5	0.76	SP
	Ⅰ反试验		2.6	6.5	6.4	6.4	9	9.9	19.4	26.6	8.6	1.5	3.1	1.05	0.41	0.2	5.25	0.8	SP
	Ⅰ反试后		2.2	6.3	6.7	6.6	8.5	8.8	18.2	25.6	10.2	1.4	5.5	0.96	0.38	0.16	6	0.92	SP
	Ⅱ反来样	1.6	17.1	51	16.7	5.7	2	1.1	1.2	1	1.1	0.3	1.2	32.5	19.8	7	4.64	1.72	GP

续表

粒径/mm		>60	60~40	40~20	20~10	10~5	5~2	2~1	1~0.5	0.5~0.25	0.25~0.1	0.1~0.075	<0.075	d_{60}	d_{30}	d_{10}	C_u	C_c	分类定名
高程 976.00m	Ⅱ反试验		17.4	51.9	17	5.8	2	1.1	1.2	1	1.1	0.3	1.2	30.2	19.2	7	4.31	1.74	GP
	Ⅱ反试后		8.4	49.5	20.4	9.4	3.8	1.9	1.8	1	0.5	1.8	1.5	24.5	15	3.05	8	3.01	GP
高程 982.00m	Ⅰ反来样		0.1	0.4	3	7.7	10.5	14.8	29.9	27.6	4.9	0.4	0.7	0.9	0.48	0.3	3	0.85	SP
	Ⅰ反试验		0.1	0.4	3	7.7	10.5	14.8	29.9	27.6	4.9	0.4	0.7	0.9	0.48	0.3	3	0.85	SP
	Ⅰ反试后			0.4	2.9	7.7	9.6	14.2	30.9	25.6	6	0.9	1.8	0.85	0.46	0.28	3.04	0.89	SP
	Ⅱ反来样		3.2	58.9	23.5	6.6	2.2	1.3	1.1	1	1	0.2	1	22	18	7	3.14	2.1	GP
	Ⅱ反试验		3.2	58.9	23.5	6.6	2.2	1.3	1.1	1	1	0.2	1	22	18	7	3.14	2.1	GP
	Ⅱ反试后		1.8	48	26.9	10.7	3.8	1.9	1.8	1.7	1.5	0.5	1.4	21	14.5	3	7	3.34	GP
高程 990.00m	Ⅰ反来样			0.4	2.7	7.3	24.5	12.5	26.3	21.1	4.6	0.2	0.4	1.5	0.54	0.32	4.69	0.61	SP
	Ⅰ反试验			0.4	2.7	7.3	24.5	12.5	26.3	21.1	4.6	0.2	0.4	1.5	0.54	0.32	4.69	0.61	SP
	Ⅰ反试后			0.4	2	7.2	20.9	11.1	27	23.8	6	0.4	1.2	1.1	0.48	0.28	3.93	0.76	SP
	Ⅱ反来样	9.4	68.5	21.1	0.3	0.2	<5mm 0.5							46.1	43	31.5	1.46	1.27	GP
	Ⅱ反试验		75.6	23.4	0.3	0.2	<5mm 0.5							55	43	30.8	1.79	1.09	GP
	Ⅱ反试后		62.3	30.3	3.4	1.6	<5mm 2.4							48	37	23.5	2.04	1.21	GP

表 14.6-7　　反滤料复核物理指标成果表

样品编号		现场干密度/(g/cm³)	现场含水率/%	室内相对密度试验					室内渗透系数试验/(cm/s)	不均匀系数	天然砂中<0.075mm含量
				最小干密度/(g/cm³)	最大干密度/(g/cm³)	控制干密度/(g/cm³)	相对密度设计要求 D_r>0.75	天然含水率/%	设计要求：Ⅰ反 K>1×10⁻³ Ⅱ反 K>1×10⁻²	设计要求：C_u≤6	设计要求：<0.075mm含量≤5%
高程 976.00m	Ⅰ反来样	1.89	4.2	1.64	1.9	1.89	0.97	0.05	1.16×10^{-3}	5.50	4.6
	Ⅱ反来样	1.93	0.8	1.41	1.98	1.93	0.94	0.02	4.67×10^{-2}	4.64	1.5
高程 982.00m	Ⅰ反来样	1.86	3.2	1.49	1.82	1.82	1.0	1.01	3.96×10^{-3}	3.00	1.1
	Ⅱ反来样	2.3	0.9	1.39	1.94	1.94	1.0	0.3	4.30×10^{-2}	3.14	1.2
高程 990.00m	Ⅰ反来样	1.78	5.7	1.56	1.82	1.78	0.87	0.2	2.05×10^{-2}	4.69	0.6
	Ⅱ反来样	2.1	3.4	1.25	1.74	1.74	1.0	1.1	4.02×10^{-2}	1.46	<0.5

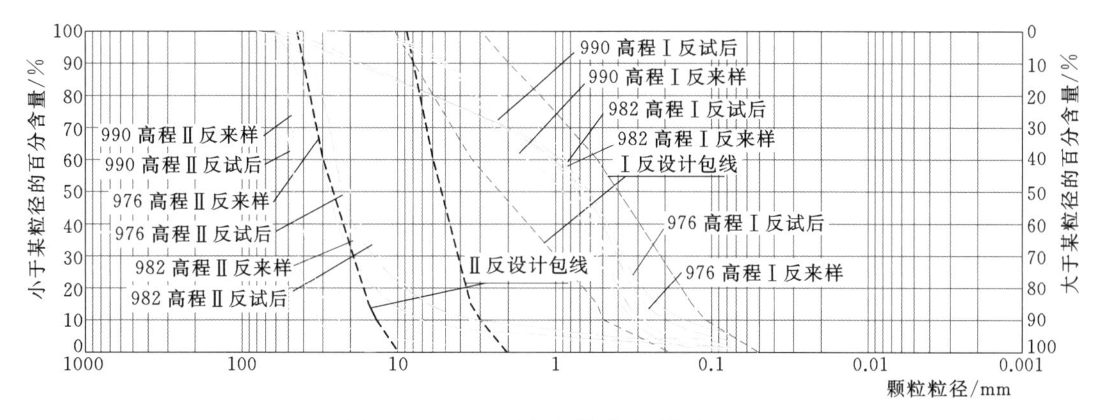

图 14.6-3　反滤料复核试验颗粒级配图

（1）Ⅰ反滤料复核试验。根据试验成果，Ⅰ反滤料抽检的3组颗粒级配均落在设计包络线内；高程976.00m、982.00m及990.00mⅠ反滤料的D_{15}分别为0.27mm、0.36mm、0.38mm，3组反滤料均满足$D_{15} \leqslant 0.7$mm的滤土要求和$D_{15} \geqslant 4d_{15}$的排水要求；小于0.075mm的颗粒含量均满足小于5%的设计要求；不均匀系数C_u分别为5.3、3、4.69，满足$C_u \leqslant 6$的设计要求。

高程976.00m现场实测干密度1.89g/cm^3，相对密度$D_r=0.97>0.75$；按相对密度$D_r=0.97$制样的渗透系数$K_{20}=1.16\times10^{-3}$cm/s，满足$K>1\times10^{-3}$cm/s要求。高程982.00m现场实测干密度为1.86g/cm^3，相对密度$D_r=1.10>0.75$；按相对密度$D_r=1.0$制样的渗透系数$K_{20}=3.96\times10^{-3}$cm/s，满足$K>1\times10^{-3}$cm/s要求。高程990.00m现场实测干密度1.78g/cm^3，相对密度$D_r=0.87>0.75$；按相对密度$D_r=0.87$制样的渗透系数$K_{20}=2.05\times10^{-2}$cm/s，满足$K>1\times10^{-3}$cm/s要求。Ⅰ反滤料与防渗料滤土及排水要求复核成果见表14.6-8。

表 14.6-8　Ⅰ反料与防渗料滤土及排水要求复核成果表

高程/m	心墙土小于0.075mm颗粒含量/%	心墙土 d_{15}/mm	心墙土 $4d_{15}$/mm	Ⅰ反料 D_{15}	复核结果
976.00	82.0	<0.001	<0.004	0.27	同时满足滤土及排水要求
	81.2	<0.001	<0.004		
982.00	72.8	<0.001	<0.004	0.36	同时满足滤土及排水要求
990.00	78.2	<0.001	<0.004	0.38	同时满足滤土及排水要求

（2）Ⅱ反滤料复核试验。根据试验成果，Ⅱ反滤料抽检的3组颗粒级配，2组落在设计包络线内，1组落在设计包络线外；高程976.00m、982.00m及990.00mⅡ反滤料的D_{15}分别为11mm、10mm、35.5mm，3组料均满足$D_{15} \geqslant 4d_{15}$的排水要求；小于0.075mm的颗粒含量均满足小于5%的设计要求；不均匀系数C_u分别为4.64、3.14、1.46，满足$C_u \leqslant 6$的设计要求。

高程976.00m现场实测干密度为1.93g/cm^3，相对密度$D_r=0.94$，满足$D_r>0.75$

要求；按相对密度 $D_r=0.94$ 制样的渗透系数 $K_{20}=4.67\times10^{-2}$ cm/s，满足 $K>1\times10^{-2}$ cm/s 要求；$D_{15}/d_{85}=1.00\leqslant4\sim5$，$D_{15}/d_{15}=40.7\geqslant5$，满足层间关系要求。

高程 982.00m 现场实测干密度为 2.30g/cm³，相对密度 $D_r=1.40$，满足 $D_r>0.75$ 要求；按相对密度 $D_r=1.00$ 制样的渗透系数 $K_{20}=4.30\times10^{-2}$ cm/s，满足 $K\geqslant1\times10^{-2}$ cm/s 要求；$D_{15}/d_{85}=2.86\leqslant4\sim5$，$D_{15}/d_{15}=27.8\geqslant5$，满足层间关系要求。

高程 990.00m 现场实测干密度为 2.10g/cm³，相对密度 $D_r=1.44$，满足 $D_r>0.75$ 要求；按相对密度 $D_r=1.00$ 制样的渗透系数 $K_{20}=4.02\times10^{-2}$ cm/s，满足 $K\geqslant1\times10^{-2}$ cm/s 要求；$D_{15}/d_{85}=8.77\geqslant5$，$D_{15}/d_{15}=93.4\geqslant5$，料的粒径过粗，不能满足层间关系。Ⅰ反滤料与Ⅱ反滤料层间关系复核成果见表 14.6-9。

表 14.6-9　反滤料层间关系复核成果表

高程 /m	反滤料类型	D_{15} /mm	d_{15} /mm	d_{85} /mm	C_u	D_{15}/d_{85}	D_{15}/d_{15}	复核结果
976	Ⅰ反		0.27	11.0	5.50	1.00	40.7	满足层间关系
	Ⅱ反	11.0			4.64			
982	Ⅰ反		0.36	3.50	3.00	2.86	27.8	满足层间关系
	Ⅱ反	10.0			3.14			
990	Ⅰ反		0.38	4.05	4.69	8.77	93.4	不满足层间关系
	Ⅱ反	35.5			1.46			

14.7　结语

麻栗坝水库大坝心墙黏土料为红色砂质黏土，坝壳料为含砾砂土，Ⅰ反滤料为天然河砂，Ⅱ反滤料为新鲜花岗岩人工加工的碎石料。大坝设计计算最大渗流量为 10.4L/s，自 2009 年 12 月下闸蓄水 10 年来，量水堰渗流量在 4.6～8.7L/s 之间，运行期观测到的坝体最大沉降量为 57mm，集中于蓄水第一年内。说明采用红色砂质黏土防渗、含砾砂土作为坝壳料和天然河砂作为反滤料在麻栗坝水库工程中的应用是成功的。

（1）心墙黏土料为红色砂质黏土，最大干密度指标变化范围较大（1.24～1.44g/cm³）；塑限（29.1%～38%）与最优含水率（28.8%～37.8%）较接近；黏粒含量为 28.7%～34.4%；渗透系数为 $7.4\times10^{-7}\sim2.4\times10^{-6}$ cm/s。施工时按压实度控制，复核试验表明心墙压实性能良好，防渗性满足设计要求。

（2）含砾砂土坝壳料，含泥量（黏、粉粒）13.3%偏高；击实最大干密度为 1.68～1.91g/cm³ 偏低；最优含水率为 11.4%～17.6%变化范围较大；渗透系数 $K_{20}=1.3\times10^{-4}\sim2.4\times10^{-7}$ cm/s 较小。针对坝壳料渗透性较小的问题，采用心墙下游反滤过渡排水＋褥垫式排水＋堆石棱体的系统排水方式，有效地降低了坝体浸润线，确保了大坝安全。

第15章 膨胀性砾质黏土在大银甸水库大坝防渗心墙中的应用

15.1 概述

大银甸水库大坝为膨胀性砾质黏土心墙石渣坝，为减少砾质黏土的膨胀性对大坝的影响，设计采取了两类措施：一是改性措施，通过掺加砾石改善其膨胀性；二是“穿靴戴帽”措施，通过在心墙底部及顶部正常水位以上回填非膨胀性红色黏土，起到加压盖重、减少膨胀量、协调基础变形、减少心墙“拱效应”产生水平裂缝等作用。同时，通过料场洒水、用料开采比例控制、合理选择碾压施工方式和物理力学参数指标控制，提高砾质黏土的抗剪强度、防渗性能，减少其沉陷量，降低其透水性。水库自竣工验收至今已运行30余年，工程运行现状及监测资料数据表明，具有膨胀性的砾质黏土作为大坝心墙防渗土料在大银甸水库工程中的应用是成功的。

15.2 工程概况

大银甸水库位于云南省宾川县城西7km，距昆明市330km，坝址以上控制径流面积126.7km^2。水库位于滇西金沙江河谷区，桑园河支流大营河干流上，水库总库容4085.22万m^3，是一座以灌溉为主，兼顾防洪、城镇供水等综合利用的中型水利工程，灌溉面积4万亩。枢纽建筑物主要由主坝、副坝、输水隧洞、泄洪隧洞和非常溢洪道组成。工程始建于1978年3月，1986年5月竣工验收。

大银甸水库主坝为砾质黏土心墙石渣坝，采用具有一定膨胀性砾质黏土作为心墙防渗土料，风化砂岩、泥岩石渣作为坝壳料，最大坝高为58.4m，坝顶高程为1546.40m，心墙底高程为1488.00m，坝顶宽为6m，坝顶长147.5m；心墙顶高程为1544.00m，顶宽为4m，两侧坡比为1∶0.4，底宽为42.4m，心墙两侧设混合砂砾反滤过渡层，厚2.4m。上游坝坡坡比自上而下分别为1∶2.75、1∶3.25、1∶3.75，下游坝坡坡比自上而下分别为1∶2.5、1∶2.75、1∶3.0，1500m高程以下为褥垫式排水体，外坡为1∶2，长85m。上、下游均采用干砌块石护坡。

坝基进行帷幕灌浆处理，基槽底部设150号混凝土盖重板，板厚0.5m，宽度在河槽段为6.0m，两岸顺山坡宽度减至3.0m。由于心墙土料砾质黏土带有膨胀性，设计采用“穿靴戴帽”的措施，即心墙1495.6m基槽以下、顶部1542～1544m之间、心墙与两岸结合槽部位（1.5m宽）部位回填非膨胀性的红色黏土，以约束或适应心墙的膨胀变形。大坝典型横剖面如图15.2-1所示。

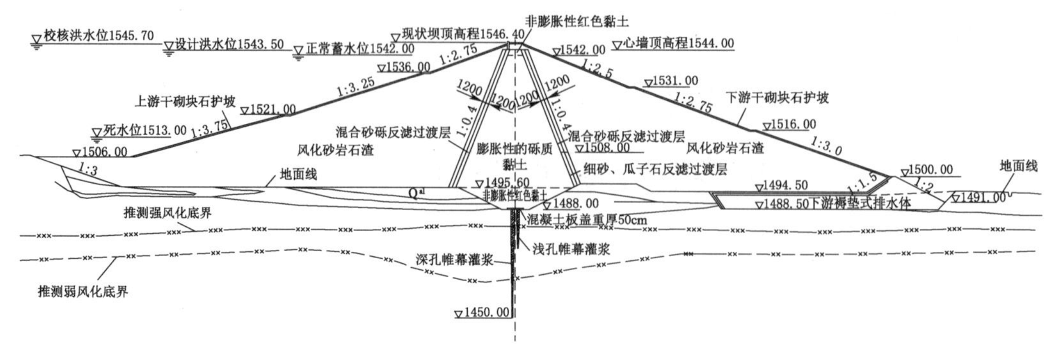

图15.2-1 大坝标准断面图

15.3 工程地质

工程区位于青藏断块东南部“川滇菱形地块”构造部位，鲜水河-滇东地震带西南端，构造稳定性较差，地震烈度为Ⅷ度，地震动峰值加速度值为0.20g。

坝址区河流在坝前呈蛇曲状，在坝段内较平直，总体流向近东，河床高程1495.00m。主要出露第四系及上三叠系地层，坝基坐落在三叠系白土田组砂岩上。坝址区大的构造不发育，褶皱是坝基主要的构造行迹，大坝轴线位于背斜上。受地形、岩性、地质构造影响，岩体破碎，风化强烈。强风化带右岸深8～13m，左岸深15～17m，河床部位深11～13m；弱风化带右岸深11～27m，左岸深21～32m，河床部位深24～27m。河床部位有挤压破碎夹泥，两岸裂隙多见夹泥；不良地质现象不发育，两岸自然山坡总体稳定性良好。地下水主要为基岩裂隙水，地下水补给河水。河床下部砂岩为强透水层，两岸砂岩属中—强透水层，泥岩为相对隔水层。

15.4 大坝心墙防渗土料的研究与应用

主坝工程于1978年完成初设，结合当时的工程经验及施工能力，从节约投资和方便施工的角度出发，采用以弱膨胀性的湖积层砾质黏土为主，分区设置少量的非膨胀性红色黏土作为心墙防渗土料，风化砂岩石渣作为坝壳料的砾质黏土心墙石渣坝，这也是国内有记载的较早采用砾质黏土作为防渗料的大坝。

15.4.1 心墙防渗土料的基本情况

15.4.1.1 砾质黏土的物理力学特性

大银甸水库大坝砾质黏土料场分布在1570～1590m高程，为第四纪湖相沉积，土层呈互相混合或交叉相层理，层位变化急骤；表层为黏土卵砾石混合体，中下层的黏土层中夹有卵砾石薄层及透镜体，卵砾石直径为2～5cm和10～20cm，母岩主要为玄武岩。

大银甸水库的砾质黏土防渗料试验成果见表15.4-1～表15.4-4。

表15.4-1 防渗土料（砾质黏土）压实功试验统计表

60击			45击			30击		
>2mm的占比/%	最大干容重/(kN/m^3)	最优含水率/%	>2mm的占比/%	最大干容重/(kN/m^3)	最优含水率/%	>2mm的占比/%	最大干容重/(kN/m^3)	最优含水率/%
51.8	18.2	17.4	50.1	18.5	17.6	39.4	18.2	18.8
41.8	17.8	20.4	43.5	17.7	19.0	35.5	16.3	23.0
39.5	18.5	17.0	35.8	17.4	19.6	42.0	16.6	21.3
38.9	17.4	20.4						
41.7	16.9	21.3						
40.9	17.7	20.0						
平均	17.8	19.4						
1980年平均	16.7	20.0						

表15.4-2 防渗土料（砾质黏土）抗剪强度试验统计表

项目	细度小型直剪		全料负压三轴剪		全料中三轴剪		全料大型直剪	
	c/kPa	φ/(°)	c/kPa	φ/(°)	c/kPa	φ/(°)	c/kPa	φ/(°)
最大值	65.9	18.96	44	30.68	32	15.56	110	14.43
最小值	19.2	11.78	11.2	18.16	21.2	15.36	78.1	13.90
算术平均值	45.3	13.60	25.5	25.33	24.8	10.55	94.1	14.17
小值均值	25.8	12.0	16.1	21.33				

表15.4-3 防渗土料（砾质黏土）渗透试验统计表

项目	细度小型直剪/(cm/s)	79年全料大型试验/(cm/s)	80年全料大型试验/(cm/s)	现场注水试验/(cm/s)
最大值	1.33×10^{-6}	4.44×10^{-5}	6.00×10^{-7}	
最小值	2.43×10^{-8}	6.87×10^{-8}	5组16天不透水	
算术平均值	1.85×10^{-7}	9.81×10^{-6}	4.87×10^{-7}	3.56×10^{-5}
小值均值	1.33×10^{-6}	2.33×10^{-5}	4.87×10^{-7}	
加权平均值				9.26×10^{-4}

表15.4-4 防渗土料（砾质黏土）膨胀性试验统计表

膨胀判别指标	临界值	80Ⅱ031	80Ⅱ032	80Ⅱ033	砾土10	砾土12	平均值	判别
自由膨胀率/%	>40				48.5	50.9	49.3	弱
液限/%	>40	56.7	55.9	51.6	47.3	44.2	51.2	严重（高）
缩限/%	>12				11.5	11.4	11.5	一般（低）
缩性指数/%	>20				35.8	32.8	34.3	高
膨胀量/%	>10	全料 0.12	全料 0.35	全料 0.9	全料 1.6	全料 3.38	全料 1.27	中等

续表

膨胀判别指标	临界值	80Ⅱ031	80Ⅱ032	80Ⅱ033	砾土 10	砾土 12	平均值	判别
线收缩/%	>50							
塑性指数/%	>18	26.4	24.3	20.0	15.7	14.4	20.2	中等
胶粒含量/%	>15	23.0	20.0	18.6	16.7	15.8	18.8	中等
活动性指数	>0.75	1.14	1.43	1.08	0.94	0.91	1.1	
体缩量/%	>10				39.5	37.5	38.5	高

15.4.1.2　红色黏土的物理力学特性

大银甸水库红色黏土填筑料来源于副坝南侧和库内右岸的料场，为上三叠系石英长石砂岩风化残积土，具有土质均匀、细腻、黏性强的特征，其黏粒组分含量相当高，一般可达 55%～70%，粒度较均匀。经检测，红色黏土自由膨胀率平均值为 15.8%～35.0%，具有容重大、防渗性能好等优点，但储量不足，仅够用于心墙的“穿靴戴帽”部分填筑。

大银甸水库的红色黏土防渗料试验成果见表 15.4-5、表 15.4-6。

表 15.4-5　红色黏土物理指标统计表

土样编号	土粒比重	液限/%	塑限/%	塑指	孔隙比	饱和度	颗粒组成/%					定名	K/(cm/s)	说明
							0.5～0.1	0.1～0.05	0.05～0.005	<0.005	<0.002			
1	2.732	29.66	18.44	11.22	0.538	90.72	53	0.4	13.92	26.7	24.48	重壤土	4.62×10^{-7}～1.93×10^{-8}	按平均值统计
2	2.726	29.10	17.26	11.84	0.532	88.56	26	18.04	15.2	34.44	27.30	砂质黏土	1.5×10^{-2}～$<1\times10^{-7}$	

表 15.4-6　红色黏土力学指标统计表

土样编号	压缩系数 $a_{1\sim2}$ /MPa^{-1}	击实方法	最大干容重 /(kN/m^3)	最优含水率/%	φ/(°)	c/kPa	体缩/%	缩限/%	膨胀含水率/%	膨胀量	膨胀力/kPa	自由膨胀率	线缩率	说明
1	0.124	1层/30击	17.9	17.85	22.66°	22	5.9	13.12	20.42	2.27	48	15.8	1.9	按平均值统计
2	0.268	1层/30击	17.8	17.26	17.07°	17	5.72	11.74	21.08	5.14	31.6	35	1.72	

15.4.2　砾质黏土的膨胀特性

根据《膨胀土地区建筑技术规范》(GB 50112—2013) 中对于膨胀土膨胀潜势的分类界定，即表 15.4-7，大银甸水库大坝心墙防渗体采用的砾质黏土料具有弱膨胀性，见表 15.4-8。

由于膨胀土具有吸水膨胀软化、失水收缩干裂和反复胀缩变形、多裂隙等特性，性质极不稳定。具体表现为：土体湿度增高时，体积膨胀并形成膨胀压力，土体干燥失水时，体积收缩并形成收缩裂缝，膨胀、收缩变形可随环境变化往复发生，导致土的强度及抗渗能力降低，可能造成坝体安全隐患。因此，如何确保心墙防渗体的质量是整个坝体施工及安全运行的关键。

表 15.4-7 膨胀土的膨胀潜势分类界定

自由膨胀率 δ_{ef}/%	膨胀潜势	自由膨胀率 δ_{ef}/%	膨胀潜势
$40 \leqslant \delta_{ef} < 65$	弱	$\delta_{ef} \geqslant 90$	强
$65 \leqslant \delta_{ef} < 90$	中		

表 15.4-8 砾质黏土料的膨胀性指标

黏土成分	自由膨胀率	膨胀力	线膨胀量均值
伊利石、水云母	42%	93kPa	2.2%

15.4.3 砾质黏土的相关影响分析

15.4.3.1 砾质黏土的干密度与含水率影响分析

砾质黏土的干密度与含水率有着密切的关系，但亲水性不及红色黏土强和敏感，砾质黏土因含 5mm 左右的粗颗粒，可在较宽的含水率范围下压实，因而施工易于控制。本工程在施工过程中对砾质黏土共做了 789 组现场干密度、含水率试验，试验成果见表 15.4-9。由含水率试验成果可知，筑坝心墙砾质黏土含水率最大值为 28.74%，最小值为 4.53%，均方差为 2.64，比红色黏土宽 60%左右，平均值 13.7%，比设计最优含水率下限值 16% 低 2.3%，主要是因为大坝施工中采用振动碾压实，按照水膜理论，最优含水率随压实功能增加而降低，振动碾压功能较大，使用振动碾压实的土体含水率较静压小。由干密度试验成果可知，砾质黏土的干密度均值为 1.88g/cm^3，合格率高达 97.46%，这也证明施工中所选用的振动碾压实工艺是合理可行的。

表 15.4-9 砾质黏土干密度与含水率试验成果

试验组数	干密度/(g/cm^3)					小于设计值组数/组	合格率/%	含水率/%				
	平均值	均方差	最大值	最小值	设计值			平均值	均方差	最大值	最小值	设计值
789	1.88	0.096	2.15	1.61	1.75	21	97.46	13.7	2.64	28.74	4.53	16～20

15.4.3.2 砾质黏土的干密度与砾石含量影响分析

砾质黏土的干密度与砾石含量有着密切的关系，设计要求 P_5 的范围为 30%～60%，砾质黏土的干密度在很大程度上由大于 5mm 的砾石含量 P_5 起主导作用，小于 5mm 的细粒充填粗颗粒骨架孔隙包裹砾石形成密实结构，这时干密度最大。通过对主坝心墙砾质黏土 133 层颗粒分析成果统计，干密度 ρ_d 与 P_5 关系曲线见图 15.4-1。由图可以看出 ρ_d 与 P_5 关系规律性较强，干密度随着砾石含量的增加而上升，砾石含量从 20%～30%开始，砾石每增加 10%，砾质黏土的干密度递增 0.03g/cm^3，当砾石含量超过 60%时，砾质黏土的干密度开始趋于下降，砾石形成的骨架已不能为粒径在 5mm 以下的细粒土所充满而出现架空现象，规律符合国内外砾质黏土土料 P_5 含量规律。

15.4.3.3 砾质黏土的含水率与砾石含量影响分析

根据砾质黏土的含水率与砾石含量关系试验成果分析可知，砾质黏土的含水量随着砾石含量的增加而递减（见图 15.4-2）。因为砾石是刚性的，含水率对砾石不发生作用。由表 15.4-10 可知，小于 0.005mm 的黏粒含量同样随着砾石含量增加而减少，P_5 大于 50%后其黏粒含量就不能保证设计含量指标 0.005mm 含量应大于 15%的要求，因此，根据施工修改砾石含量 P_5 上限值为 50%。施工实践也揭示只要 P_5>50%，就不能保证良好的质量指标，坝面料堆上将有明显反映砾石堆积的直观感觉。

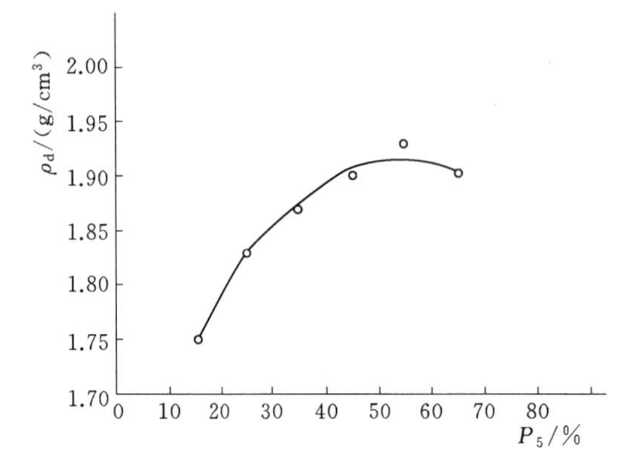

图 15.4-1 干密度与大于 5mm 砾石含量关系曲线

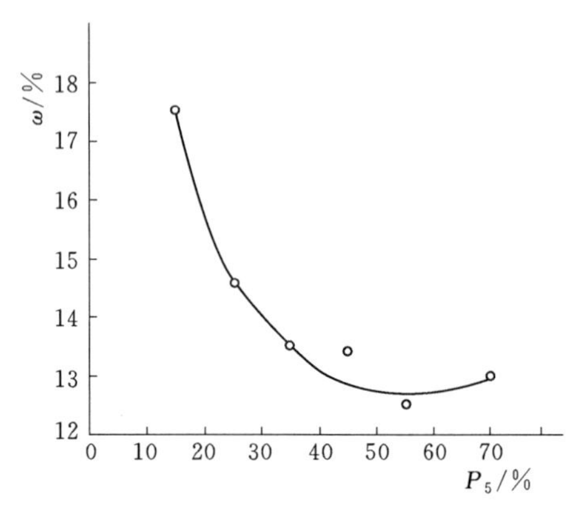

图 15.4-2 P_5 与 ω 关系曲线

表 15.4-10 砾质黏土大于 5mm 砾石含量、小于 0.005mm 黏粒含量与干容重、含水率关系表

大于 5mm 砾石含量分组/%		10～20	20～30	30～40	40～50	50～60	60～70
干密度/(g/cm³)	平均值	1.761	1.844	1.867	1.896	1.931	1.900
	小值平均值	1.65	1.794	1.833	1.859	1.890	1.866
	大值平均值	1.798	1.89	1.906	1.935	1.981	1.906
	最小值	1.65	1.75	1.80	1.839	1.840	1.855
	最大值	1.835	1.937	1.968	2.00	2.057	1.917
	频数	4	23	28	47	26	5
	频率/%	3	17.29	21.05	35.33	19.55	3.759
含水率/%	平均值	17.596	14.394	13.252	13.140	12.45	12.706
	小值平均值	14.543	13.21	11.244	12.086	11.01	11.604
	大值平均值	18.613	16.12	14.123	14.10	14.031	14.36
	最小值	14.543	12.41	9.4	9.54	8.798	11.428
	最大值	19.69	18.43	16.84	16.33	16.031	14.36
	频数	4	23	28	47	26	5
	频率/%	3	17.29	21.05	35.33	19.55	3.759
小于 0.005mm 黏粒含量	平均值	22.67	22.439	19.744	15.622	12.027	7.375
	小值平均值	16	17.28	16.686	13.168	9.943	5.5
	大值平均值	26	26.41	23.64	18.365	15.675	9.25

续表

大于 5mm 砾石含量分组/%		10～20	20～30	30～40	40～50	50～60	60～70
小于 0.005mm 黏粒含量	最小值	16	5.5	13	10	7.5	5
	最大值	28	30.8	27	22	22.5	9.5
	频数	3	23	25	36	22	4
	频率/%	2.65	20.35	22.123	31.85	19.469	3.54

15.4.3.4 砾质黏土大于 P_5 砾石含量与压缩率的影响分析

砾质黏土大于 P_5 砾石含量与压缩率的关系曲线如图 15.4-3 所示。由图 15.4-3 可以看出，压缩率随砾石含量的增多而减少，砾石含量与压缩率几乎呈线性变化，砾石含量增多压缩率减小，砾质黏土的压缩过程实际上也是土体密实缩小充填土颗粒重新排列的过程。为了减少心墙沉降量，可在一定范围内适当增加砾石含量改善沉陷关系，结合前述分析 P_5 砾石含量的设计合理范围为 30%～50%，对应砾质黏土平均压缩率在 13%左右。国内外一些水利工程实践经验也证实，在土料中掺入一定数量的瓜子石、砾石，既可减少心墙坝体沉降量，又便于施工控制，砾石黏土是一种物理力学指标好、经济价值较高的土料。

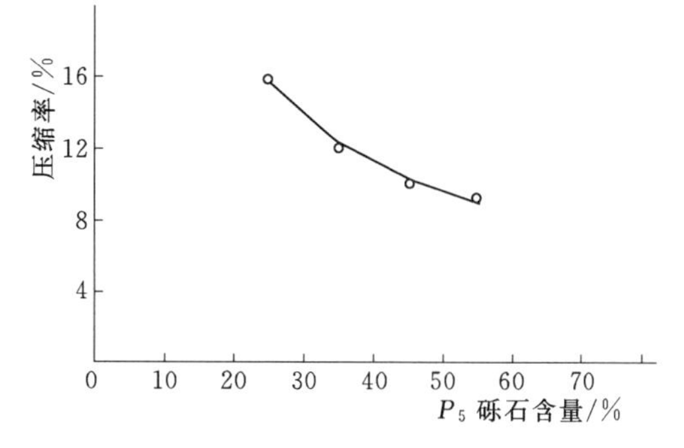

图 15.4-3 P_5 砾石含量与压缩率关系曲线

15.4.3.5 砾质黏土渗透性影响分析

根据坝料的试验成果，坝体各分区砾质黏土、红色黏土、反滤过渡带混合砂砾层、坝壳石渣的渗透系数关系见表 15.4-11。

表 15.4-11 各分区土料渗透系数表 单位：cm/s

部位	心墙砾质黏土			红色黏土			反滤过渡带混合砂			坝壳石渣		
	$\overline{k}$	k_{max}	k_{min}	$\overline{k}$	k_{max}	k_{min}	$\overline{k}$	k_{max}	k_{min}	$\overline{k}$	k_{max}	k_{min}
主坝上游	2.1×10^{-5}	4.7×10^{-5}	2.5×10^{-6}	1.0×10^{-5}	1.6×10^{-5}	2.9×10^{-6}	6.7×10^{-3}	1.3×10^{-2}	1.5×10^{-3}	1.8×10^{-2}	3.8×10^{-2}	2.9×10^{-4}
主坝下游							1.2×10^{-2}	1.8×10^{-2}	1.6×10^{-3}	4.0×10^{-2}	1.5×10^{-1}	1.2×10^{-4}

从表中各分区渗透系数相关关系可以看出，砾质黏土心墙 $\overline{k}=2.1\times10^{-5}$ cm/s，约为反滤过渡带砂砾层、坝壳石渣层渗透系数 $\overline{k}$ （$i\times10^{-2}\sim i\times10^{-3}$ cm/s）的 1/100，符合层间渗透系数规律，有利于渗流的排泄及浸润线的降低。

15.4.4 抑制砾质黏土膨胀性措施

15.4.4.1 对砾质黏土进行改性

结合前述砾石含量相关影响分析研究，考虑在砾质黏土中掺加一定量大于 5mm 粒径的砾石，由于大直径砾石的骨架作用，使得膨胀土颗粒间的空间结构得以重新排列，随着砾石骨架关联度的增强，砾质黏土的膨胀力被砾石骨架的支撑作用力弱化甚至抵消，达到了抑制砾质黏土膨胀性的目的。本工程最终确定大坝砾质黏土中大于 5mm 砾石含量为 30%～50%，黏粒含量大于 15%。施工控制指标及碾压施工参数见表 15.4-12 及表 15.4-13。

表 15.4-12　　砾质黏土施工控制指标

最优含水率 ω/%	摩擦角 φ/(°)	凝聚力 c /(kg/cm³)	干密度 ρ_d /(g/cm³)	渗透系数 k /(cm/s)	P_5 含量 /%	≤0.005mm 颗粒含量/%
16～20	≥18	≥0.16	≥1.75	≤2.3×10^{-5}	30～50	>15

表 15.4-13　　砾质黏土碾压施工参数

土料名称	压实工具			激振力 /t	铺土厚度 /cm	压实遍数 /遍
	名称	自重/t	振动频率/(r/min)			
砾质黏土	振动碾	13.5	1200	12	40	10

除上述的控制要求外，在施工过程当中还同时加强了对料场开采、含水率以及碾压过程的控制。具体如下：

（1）砾质黏土的开采方式。在料场施工开采工作面采用正向立面开挖，控制黏土层与砾石层比例为 3∶1～3∶2；现场拌和均匀再装车运至坝面。

（2）含水率的控制。由于宾川地区干旱少雨，土料自然含水率不能满足设计要求，施工中通过开挖鱼鳞坑，在坑中提前注水增加土料含水率，并采取防止运输途中水分散失等措施，保证上坝土料的含水率。

（3）砾质黏土的碾压方式。通过碾压试验，确定采用振动平碾碾压，铺土厚度按 40cm 控制，铺土时采用进占倒退铺料法。砾质黏土因含有砾石，碾压层面不宜刨毛，通过在下层面洒水使下层面出现 1～2cm 的泥浆层，再摊铺上层土料，虽然出现一层含水率稍高的层面，但随着时间的推移，心墙内部土料含水率通过相互渗透能很快实现均衡，填筑质量得到有效控制。

15.4.4.2　对心墙采取“穿靴戴帽”措施

所谓“穿靴戴帽”是指在膨胀性砾质黏土心墙的顶部及底部设置非膨胀性防渗料心墙的方法。针对大银甸水库大坝心墙土料砾质黏土的弱膨胀性，设计上采用了“穿靴戴帽”的措施，即在主坝心墙 1495.6m 基槽以下、心墙顶部 1542m 至 1544m 之间、心墙与两岸结合槽部位回填非膨胀性的红色黏土。顶部红色黏土有协调变形、稳定砾质心墙土料含水率、减少“拱效应”的作用，底部红色黏土主要起协调基础变形的作用，同时在上下游坝壳料的夹持作用下，实现抑制心墙胀缩变形的目的。

红色黏土心墙土料采用蛙式打夯机进行碾压，施工参数及控制指标见表 15.4-14。

表 15.4-14　　心墙部分土料施工参数及填筑控制指标

土料名称	铺土厚度/cm	压实遍数	干密度/(g/cm³)	含水率/%
红色黏土	20	16	>1.8	13.4

15.4.5 防渗土料的质量评价

15.4.5.1 砾质黏土

主坝心墙高程1495.60～1542.00m采用砾质黏土填筑。施工质检资料分析，分层检验共取样815组，合格率98%，有4组干密度小值均值与最小值为1.65g/cm^3，未达到设计要求，其余组干密度均为1.75～2.44g/cm^3。砾质黏土施工填筑干密度基本达到设计干密度1.75g/cm^{3}的要求。

颗分试验黏粒含量小于15%的有40组，总共133组，占总数的30%。黏粒含量在砾石含量50%～60%情况下平均值未达到15%的要求，小值均值在砾石含量超过50%时也达不到黏粒含量15%的要求，其余部分情况较好，满足设计要求，由此控制P_5含量上限值为50%。

现场原位渗透性检测试验共8组，$K_{平均}=2.1\times10^{-5}$cm/s，$K_{max}=4.7\times10^{-5}$cm/s，$K_{min}=2.5\times10^{-6}$cm/s。渗透系数达到原初步设计要求的$K_{心墙}=2.32\times10^{-5}$cm/s的标准，但不满足现行规范不大于1×10^{-5}cm/s的要求。而1980年砾质土全料大型室内试验，其小值均值为4.87×10^{-7}cm/s，与初设试验值1.336×10^{-6}～1.60×10^{-8}cm/s基本一致，室内试验值满足相关规范要求。

15.4.5.2 红色黏土

根据施工阶段分层检验结果，截水槽以上红色黏土取样1783组，干密度合格率96%。截水槽处红色黏土取样259组，干密度合格率83%。截水槽底部基础岸坡结合部位施工场地狭小，只能用人工和打夯机压实，压实质量稍低于砾质黏土，但基本满足了设计要求。

渗透性现场原位试验$K_{平均}=1.0\times10^{-5}$cm/s，$K_{max}=1.6\times10^{-5}$cm/s，$K_{min}=3.0\times10^{-6}$cm/s，室内试验成果$K=4.62\times10^{-7}$～1.93×10^{-8}cm/s，渗透系数满足设计要求。

15.5 大坝运行状态

根据大坝建成后至今的安全监测资料分析，大坝处于安全运行状态，主要监测成果如下：

15.5.1 垂直位移

坝顶及下游坝坡上布置的各测点的垂直位移均为铅直向下，水库刚竣工起至1991年11月，累计垂直位移最大值为0.123m，相当于最大坝高的0.21%，至2011年12月，累计垂直位移最大值为0.183m，相当于最大坝高的0.32%，至2017年11月，累计垂直位移最大值为0.191m，相当于最大坝高的0.33%。可见随着运行时间的推移，大坝累计垂直位移逐渐增大，但垂直位移值增加值逐年减小，累计位移值逐步趋于稳定。

15.5.2 水平位移

各测点水平位移的变化与库水位变化关系明显，总体是向下游变位，库水位较低时上游水压力较小，水平位移向上游变位，如 1989 年 7 月 15 日库内水位为 1514.620m，接近死水位时，坝下游 1516m 高程布设的两个测点的水平位移实测值分别为－0.028m 和－0.034m，表现为向上游侧变位；最大水平位移值均发生在坝顶高程测点，最小水平位移值均发生在坝下游 1516m 高程布设的两个测点，布置于同一轴线上的各测点水平位移值变化值不大，变化趋势相对一致；水库刚竣工起测的三年即 1988 年 12 月—1991 年 11 月内水平位移最大值为 0.110m，2009 年 1 月—2011 年 12 月内水平位移最大值为 0.113m，2015 年 1 月—2017 年 11 月内水平位移最大值为 0.112m，可见随着运行时间的推移，大坝水平位移变化不大，在刚竣工蓄水的三年内，水平位移已基本达到最大值，后期水平位移基本稳定。

15.5.3 渗漏监测

1983 年 11 月—1993 年 9 月，渗漏量监测结果为：最大渗流量为 18L/s，出现在 1986 年的 2 月、3 月；年最小渗流量为 0.8L/s，出现在 1993 年的 7 月；年总渗漏量最大为 56.76 万 m^3。通过对年渗漏量特征分析，并依据规范《水利水电工程水文地质勘察规范》(SL 373—2007) 中对库区渗漏严重程度的定量评价“当渗漏量小于河流多年平均流量的 3%时为轻微渗漏，渗漏量在 3%～10%时为中等渗漏，渗漏量大于 10%时为严重渗漏”的规定，大银甸水库大坝坝址渗漏量在进行监测的十几年内，除个别最大值为多年平均来水量 1617 万 m^3 的 3.08%以外，其余均小于多年平均来水量的 3.0%，因此为轻微渗漏。

15.6 结语

大银甸水库大坝所采用的砾质黏土具有弱膨胀性，通过采取在砾质黏土中掺加 30%～50%大于 5mm 的砾石，以及在心墙“穿靴戴帽”两项措施，并加强施工料场开采、上坝含水率及碾压过程控制，使砾质黏土的膨胀潜势得到有效抑制，心墙质量得到保证，工程已安全运行 30 余年。

第16章 膨胀性红黏土在花山水库大坝中的应用

16.1 概要

花山水库大坝填筑所用的红黏土是由碳酸盐岩经过风化淋滤作用形成的呈棕红、褐黄等颜色的高塑性黏土，其工程特性与一般黏性土不同，孔隙大，密度低，黏粒含量高且变化范围大、含水率高且变化范围大、液塑限高，塑性指数较大，它同时又具有优良的抗渗性和较高的抗剪强度与承载力，是较好的大坝防渗土料。但在工程应用中，必须根据工程特性及红黏土性质选择合适的设计参数，尤其是碾压设计参数，施工时须严格控制好填筑参数。花山水库主坝斜墙防渗料和副坝均质坝的坝料采用的红黏土还具有一定的膨胀性，在施工过程中采用了膨胀土与非膨胀土混合开采，掺合填筑，取得了较好的防渗和控制膨胀变形的效果。

16.2 工程概况

花山水库位于曲靖市东北30km的沾益区花山镇，是南盘江源头上一座中型水利工程，水库建设任务为灌溉、防洪、发电和城市供水。花山水库始建于1958年，由于大坝建于石灰岩地区且未做帷幕防渗处理，蓄水后坝体开裂、沉陷，坝脚出现管涌危及大坝安全，1962年以后主坝经过多次勘探加固处理，1990年对花山水库工程进行了再次加固扩建设计。

花山水库控制径流面积225km^2，多年平均来水量为9971万m^3。水库在1958年初期建设时按不完全年调节特性，设计库容为3760万m^3，最大库容为4260万m^3。1990年加固扩建水库规模按多年调节确定，总库容为8233万m^3，水库死水位为1975.00m，正常蓄水位为1995.00m。

水库扩建前枢纽建筑物有主坝、副坝、溢洪道、高涵、低涵各一座。主坝为黏土均质坝，最大坝高26.5m，坝顶高程1990.00m；副坝位于主坝左侧，也为黏土均质坝，最大坝高9.7m。扩建后，除主副坝加高外，还需新建一座副坝。

扩建时，主坝采用从下游坝坡培厚加高的型式，主坝加高7.0m，坝顶高程为1997.00m，最大坝高为33.5m，坝顶宽为6m，防浪墙高为1.2m，坝顶长为175m。扩建后新坝轴线位于老坝轴线下游17m，用黏土斜墙与原坝体相接，形成上游防渗体，下游培厚部分用砂泥岩风化料填筑。上游黏土斜墙坝坡坡比为1∶2，以下均质坝坝坡不变，下游坝坡坡比为1∶2.5、1∶3.0、1∶3.5。上游采用块石护坡，下游采用草皮护坡。主坝的红黏土防渗料取自Ⅱ号土料场。主坝加高扩建标准断面图如图 16.2-1 所示。

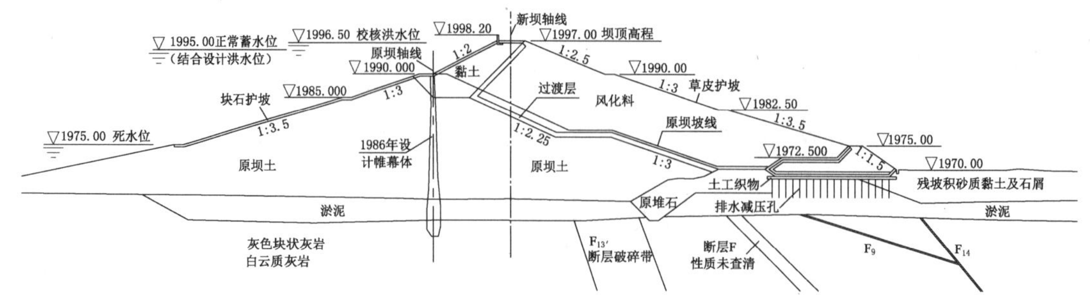

图 16.2-1　主坝加固扩建标准断面图

老副坝为均质土坝，从原有坝体的上、下游回填黏土加高扩建，坝高 17m，下游设水平排水。老副坝的红黏土坝料取自Ⅱ号土料场。老副坝加固扩建的标准断面如图 16.2-2 所示。

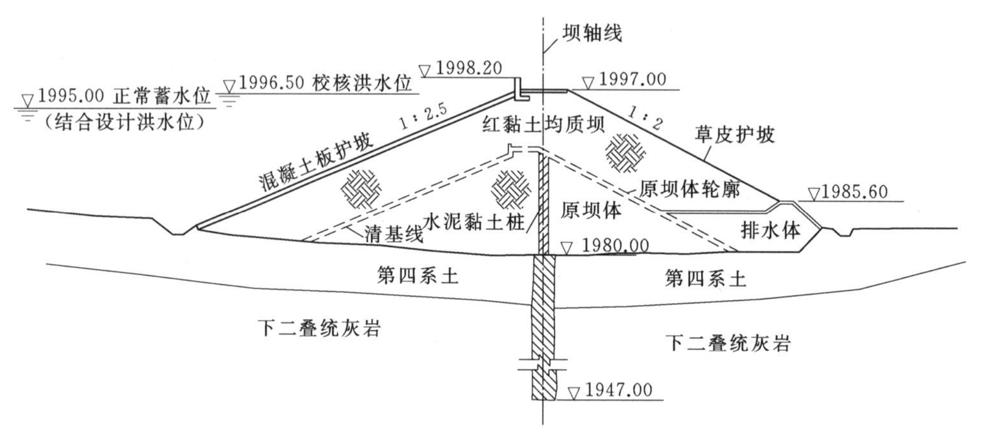

图 16.2-2　老副坝加固扩建标准断面图

新副坝采用黏土均质坝坝型，坝高 10m，红黏土坝料取自Ⅰ号土料场。新副坝的标准断面如图 16.2-3 所示。

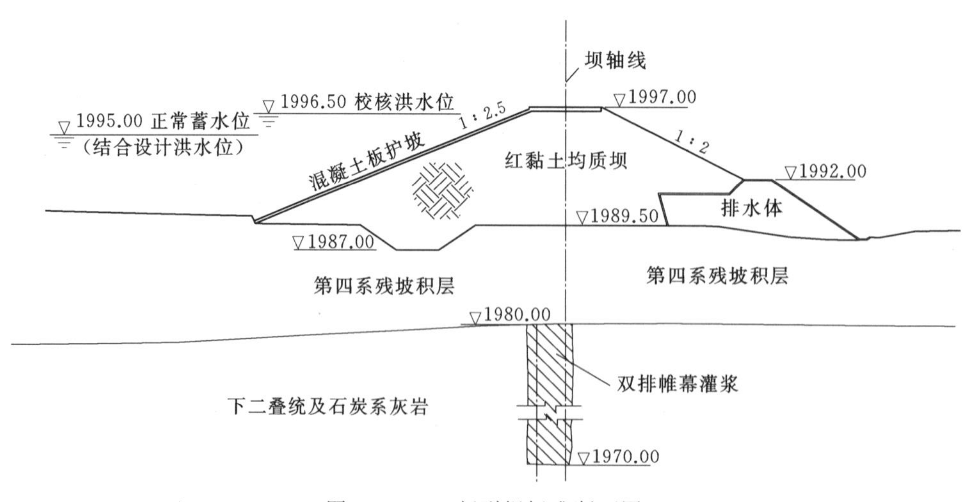

图 16.2-3　新副坝标准断面图

16.3 工程地质条件

三个坝基基岩均为灰岩，主坝坝基为上石炭统 C_3 灰岩，坝下游及两肩有 P_1l 砂、页岩，左坝肩砂、页岩延伸至老副坝右坝肩。扩建后，主坝后坝坡有一部分坐落在该层砂、页岩上，老副坝自右坝肩起至左岸为 P_1m 灰岩，新副坝坝基为 P_1m 灰岩。

坝区位于遵化铺向斜北西翼的南端，地质构造较为复杂。F_8 断层为区内主要控制性断层，断层为平推断层，通过老副坝右坝肩至新副坝左坝肩，伸长大于13km，倾向北东，倾角约70°，水平错距大于800m。断层带厚约5m，物质成分主要为断层泥，少量断层角砾，角砾直径数毫米，断层具有一定阻水性。断层上、下盘破碎带各厚约5m，次一级构造走向为NE—SW向，如 F_6～F_{36} 等断层；走向NW—SE向断层，为 F_9、F_{10} 地层为一单斜，走向北西—南东向，倾向SW（下游），倾角一般为15°～25°。工程区地震基本烈度为Ⅶ度，地震动峰值加速度为0.10g，地震反应谱特征周期为0.45s。

16.4 红黏土料试验研究

16.4.1 红黏土料基本情况

Ⅰ号土料场位于新副坝南西1.1km处，在沾益铁合金厂与黑老湾火车站间。料场地形平缓，交通运输方便，土料主要为灰岩经强烈风化后形成的第四系残坡积土，夹少量灰岩碎屑，母岩为石炭系灰岩，地表有零星冒顶石牙。

Ⅱ号土料场位于老副坝南、下游约0.5km维尼纶厂北面小山丘一带，运距不足1km。土料系第四系残坡积黏土夹少量碎石，母岩为二叠系灰岩、古、新近等砾状灰岩及砂页岩。

16.4.2 红黏土料试验

1990年设计单位对两个土料场的红黏土料进行了土工试验，Ⅰ料场取扰动土样26组，另取4组原状土样测天然密度、天然含水率；Ⅱ料场取扰动土样17组，另取4组原状土样测天然密度、天然含水率。由于在常规项目测试中发现14组土料浸水后有膨胀现象，对这14组土样做膨胀全项目试验，并对黏粒含量（大于0.005mm）大于30%的土料进行不加分散剂的级配测定。

（1）物理性试验。Ⅰ料场土料有三类：按数量排列为高液限黏质土（CH）10组，高液限粉质土（MH）8组，中液限黏质土（CI）7组，另有一组细砂（SM）。Ⅱ料场土料有三类：高液限粉质土（MH）6组，中液限黏质土（CI）6组，高液限黏质土（CH）5组。相关试验成果见表16.4-1、表16.4-2及图16.4-1、图16.4-2。

表 16.4-1　红黏土料物理性质试验成果表

料场	土样编号	取样深度/m	土粒相对密度	液限/%	塑限/%	塑性指数	颗粒组成/%																
							未加分散剂							砂				粉粒		黏粒	胶体颗粒	分类名称
														粗	中	细	极细	粗	细			
							颗粒粒径/mm															
							2～0.5	0.5～0.25	0.25～0.1	0.1～0.05	0.05～0.01	0.01～0.005	<0.005	2～0.5	0.5～0.25	0.25～0.1	0.1～0.05	0.05～0.01	0.01～0.005	<0.005	<0.002	
Ⅰ料场	RD-Ⅰ-44	0.5～6.0	2.82	39.1	18.5	20.6	1.1	2.8	12.3	15.0	57.8	11.0		0.9	3.0	15.1	20.0	14.6	46.4	42.5	CI	
	RD-Ⅰ-56	0.3～1.5	2.73	38.9	24.8	14.1								3.0	7.9	24.8	23.3	17.1	23.9	21.3	CI	
	RD-Ⅰ-59	2.5～5.0	2.77	42.2	21	21.2	0.8	3.4	11.8	10.0	63.0	11.0		1.9	6.8	21.8	21.3	8.5	39.7	37.0	CH	
	RD-Ⅰ-26	0.3～1.2	2.81	62.9	37.8	25.1		1.8	5.6	5.2	38.4	41.5	7.5	0.6	1.4	6.4	19.6	21.5	50.5	46.8	MH	
	RD-Ⅰ-48	2.5～4.0	2.78	47.9	23.8	24.1	0.8	2.6	10.6	15.5	58.5	12.0		1.1	2.7	11.7	18.5	9.1	56.9	53.6	CH	
	RD-Ⅰ-46	0.3～1.0	2.78	45	29.6	15.4	1.2	4.4	14.4	19.4	52.6	8.0		1.7	5.1	16.8	24.1	18.5	33.8	29.6	MH	
	RD-Ⅰ-65	0.5～4.0	2.73	37.9	23.2	14.7								4.0	8.1	19.1	32.8	15.3	20.7	16.0	CI	
	RD-Ⅰ-62	3.0～5.0	2.78	44.4	25.5	18.9	7.2	10.0	17.1	20.2	43.5	2.0		6.9	10.5	17.6	23.7	7.9	33.4	29.1	CH	
	RD-Ⅰ-53	0.3～4.0	2.67												8.3	76.1	8.4	2.2	5.0	4.5	SM	
	RD-Ⅰ-41	0.3～1.1	2.75	47.1	25	22.1	1.4	3.4	12.4	14.4	40.9	23.0	4.5	1.1	3.3	15.2	22.9	10.5	47.0	41.2	CH	
	RD-Ⅰ-9	0.2～1.5	2.8	75.7	36.1	39.6		1.0	3.7	6.9	40.8	39.3	8.3		0.9	4.1	12.1	23.9	59.0	56.3	CH	
	RD-Ⅰ-51	0.3～3.5	2.74	37.8	22.5	15.3								1.6	5.2	23.2	30.5	20.5	19.0	16.0	CI	
	RD-Ⅰ-21	0.3～2.5	2.75	37.8	24	13.7								1.3	3.2	20.0	26.0	22.0	27.5	24.0	CI	
	RD-Ⅰ-4	2.5～4.0	2.8	73.8	47.3	26.5		0.9	4.1	7.0	74.5	10.9	2.6			6.1	20.9	20.1	52.9	48.0	MH	
	RD-Ⅰ-29	3.5～5.5	2.74	28.8	17.2	11.6								2.2	7.4	29.0	21.9	16.5	23.0	21.0	CI	
	RD-Ⅰ-21	6.0～7.0	2.83	50.2	27.1	23.1	1.0	4.3	9.8	13.5	21.2	40.7	9.5	0.7	4.0	10.7	17.8	10.0	56.8	52.5	CH	
	RD-Ⅰ-17	2.5～4.5	2.81	70.3	45.8	24.5		1.6	3.1	10.9	70.4	14.0			1.6	4.0	17.4	23.8	53.2	50.2	MH	
	RD-Ⅰ-11	0.2～3.5	2.8	60.4	39.3	21.1	1.1	2.4	6.5	10.3	64.2	15.5			2.0	8.6	22.6	20.2	46.6	40.0	MH	
	RD-Ⅰ-15	0.3～2.0	2.8	81.1	49.5	31.6			3.0	9.5	41.0	41.7	4.8			4.0	16.8	25.9	53.3	51.4	MH	
	RD-Ⅰ-13	0.2～4.4	2.82	73.6	37.2	36.4			2.0	4.0	23.2	47.4	23.4			2.5	13.0	16.9	67.6	65.3	CH	
	RD-Ⅰ-33	3.0～7.0	2.82	61.7	31.5	30.2	0.8	2.3	4.9	8.8	71.2	10.0	2.0		2.2	3.3	22.5	12.2	59.8	54.6	CH	

续表

料场	土样编号	取样深度/m	土粒相对密度	液限/%	塑限/%	塑性指数	颗粒组成/%															分类名称
							未加分散剂							砂				粉粒		黏粒	胶体颗粒	
														粗	中	细	极细	粗	细			
							颗粒粒径/mm															
							2～0.5	0.5～0.25	0.25～0.1	0.1～0.05	0.05～0.01	0.01～0.005	<0.005	2～0.5	0.5～0.25	0.25～0.1	0.1～0.05	0.05～0.01	0.01～0.005	<0.005	<0.002	
Ⅰ料场	RD-Ⅰ-49	0.5～2.0	2.78	38.8	24.1	14.7	5.4	5.5	14.0	16.1	49.5	9.5		2.8	6.5	24.7	20.5	14.8	30.7	25.7	CI	
	RD-Ⅰ-39	4.0～6.5	2.77	47.5	25.1	22.4	0.6	2.7	11.2	16.5	56.9	10.0	2.1	0.7	2.5	9.8	21.5	9.5	56.0	52.5	CH	
	RD-Ⅰ-36	0.3～1.0	2.81	68.1	43.1	25	1.1	2.8	5.3	9.1	65.7	12.4	3.6	1.4	2.4	4.7	17.0	20.9	53.6	49.0	MH	
	RD-Ⅰ-7	0.3～4.6	2.8	65.7	42.1	23.6		1.3	5.5	9.5	57.2	23.5	3.0		1.1	8.4	19.1	18.9	52.5	47.0	MH	
	RD-Ⅰ-24	0.5～3.0	2.78	52.3	30.7	21.6	0.5	2.2	9.9	12.8	18.1	51.5	5.0		2.7	9.9	20.7	10.3	56.4	53.1	CH	
Ⅱ料场	RD-Ⅱ-19	2.8～4.2	2.8	44.5	24.3	20.2		0.8	3.6	25.1	52.7	9.8	8.0		0.8	4.2	35.4	28.3	31.3	23.8	CH	
	RD-Ⅱ-17	0.5～5.5	2.8	43.9	2.7	16.7			3.5	20.5	70.2	4.0	1.8			3.5	29.0	37.2	30.3	22.8	CH	
	RD-Ⅱ-12	0.3～6.3	2.8	52.8	33.6	19.2			3.5	26.5	51.0	19.0			0.4	3.2	31.6	26.3	38.5	33.0	MH	
	RD-Ⅱ-1	1.5～5.9	2.8	55.9	32.4	23.4			3.7	19.5	66.8	10.0				7.0	27.0	25.5	40.5	37.0	MH	
	RD-Ⅱ-8	2.5～5.31	2.8	47.4	29.4	18.0			3.0	16.5	72.9	7.6				5.0	34.0	29.0	32.0	27.8	MH	
	RD-Ⅱ-23	0.2～3.0	2.8	54.1	28.0	26.1			2.4	12.6	43.0	35.6	6.4			2.4	18.6	35.4	43.6	33.2	CH	
	RD-Ⅱ-14	0.9～5.1	2.8	40.2	25.2	15.0										3.5	30.1	47.9	18.5	9.5	CI	
	RD-Ⅱ-16	0.8～2.2	2.8	46.8	27.5	19.3			2.0	12.7	60.6	5.8	18.9			2.0	21.6	44.2	32.2	22.8	CH	
	RD-Ⅱ-21	0.3～1.4	2.8	33.4	21.3	12.1									0.7	2.8	28.8	50.7	17.0	9.8	CI	
	RD-Ⅱ-27	0.1～5.8	2.7	33.6	19.6	14.0										7.7	30.8	37.0	24.5	15.2	CI	
	RD-Ⅱ-36	0.1～2.0	2.8	37.0	23.0	14.0										4.6	26.4	49.2	19.8	12.7	CI	
	RD-Ⅱ-39	0.3～6.0	2.8	34.6	18.9	15.7										3.5	28.0	43.7	24.8	14.9	CI	
	RD-Ⅱ-34	2.55～4.3	2.8	44.9	30.0	14.9			2.0	8.6	84.7	4.7			0.8	2.9	27.1	36.7	32.5	25.2	MH	
	RD-Ⅱ-25	0.3～5.0	2.8	56.4	29.8	26.6			4.5	19.5	59.0	17.0				3.2	30.2	26.2	40.4	34.2	CH	
	RD-Ⅱ-32	0.3～6.2	2.8	61.3	39.5	21.8			2.8	9.3	77.4	10.5			0.4	3.7	24.5	31.3	40.1	34.3	MH	
	RD-Ⅱ-30	0.2～2.1	2.8	49.1	32.5	16.6		0.8	3.3	18.9	69.0	8.0			0.6	3.6	35.3	28.3	32.2	27.8	MH	
	RD-Ⅱ-29	0.3～1.3	2.8	34.1	18.5	15.6										5.0	31.5	44.8	18.7	10.0	CI	

表 16.4-2 红黏土料物理性质指标统计表

<table>
<tr><td rowspan="2">项目</td><td rowspan="2" colspan="2">指标值</td><td colspan="3">Ⅰ料场</td><td colspan="3">Ⅱ料场</td></tr>
<tr><td>CH</td><td>MH</td><td>CI</td><td>MH</td><td>CI</td><td>CH</td></tr>
<tr><td rowspan="2">土粒比重</td><td colspan="2">范围值</td><td>2.75～2.83</td><td>2.78～2.81</td><td>2.73～2.82</td><td>2.75～2.80</td><td>2.73～2.75</td><td>2.75～2.81</td></tr>
<tr><td colspan="2">均值</td><td>2.79</td><td>2.8</td><td>2.76</td><td>2.77</td><td>2.75</td><td>2.78</td></tr>
<tr><td rowspan="2">液限/%</td><td colspan="2">范围值</td><td>42.2～75.7</td><td>45.0～81.1</td><td>28.8～39.1</td><td>44.9～61.3</td><td>33.4～40.2</td><td>43.9～56.4</td></tr>
<tr><td colspan="2">均值</td><td>54.3</td><td>65.9</td><td>37</td><td>51.9</td><td>35.5</td><td>49.1</td></tr>
<tr><td rowspan="2">塑限/%</td><td colspan="2">范围值</td><td>21.0～37.2</td><td>29.6～49.5</td><td>17.2～24.8</td><td>29.4～39.5</td><td>18.5～25.2</td><td>24.3～29.8</td></tr>
<tr><td colspan="2">均值</td><td>28.3</td><td>41.8</td><td>22</td><td>32.9</td><td>21.1</td><td>27.4</td></tr>
<tr><td rowspan="2">塑性指数</td><td colspan="2">范围值</td><td>18.9～39.6</td><td>15.4～31.6</td><td>11.6～20.6</td><td>14.9～23.4</td><td>12.1～15.7</td><td>16.7～26.6</td></tr>
<tr><td colspan="2">均值</td><td>26</td><td>24.1</td><td>15</td><td>19</td><td>14.4</td><td>21.8</td></tr>
<tr><td rowspan="2"><0.005mm 颗粒含量/%</td><td colspan="2">范围值</td><td>33.4～67.6</td><td>33.8～53.6</td><td>19.0～46.4</td><td>32.0～40.5</td><td>17.0～24.8</td><td>30.3～43.6</td></tr>
<tr><td colspan="2">均值</td><td>53.3</td><td>50</td><td>27.8</td><td>36</td><td>20.6</td><td>35.6</td></tr>
<tr><td rowspan="6">天然状态</td><td rowspan="2">含水率/%</td><td>范围值</td><td colspan="3">26.1～45.4</td><td colspan="3">17.8～43.7</td></tr>
<tr><td>均值</td><td colspan="3">35.4</td><td colspan="3">28.5</td></tr>
<tr><td rowspan="2">湿密度/(g/cm³)</td><td>范围值</td><td colspan="3">1.69～1.82</td><td colspan="3">1.68～1.98</td></tr>
<tr><td>均值</td><td colspan="3">1.77</td><td colspan="3">1.89</td></tr>
<tr><td rowspan="2">干密度/(g/cm³)</td><td>范围值</td><td colspan="3">1.16～1.43</td><td colspan="3">1.17～1.68</td></tr>
<tr><td>均值</td><td colspan="3">1.31</td><td colspan="3">1.49</td></tr>
</table>

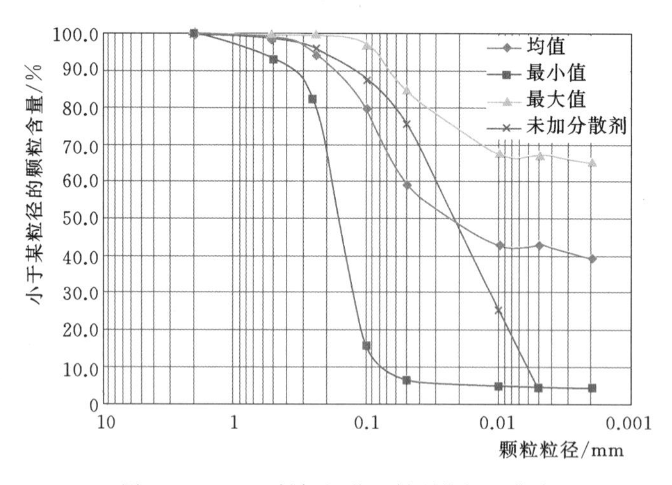

图 16.4-1 Ⅰ料场红黏土料颗粒级配曲线

从试验成果表中可以看出，Ⅰ料场的高液限黏质土（CH）液限范围值为 42.2%～75.7%，均值为 54.3%，黏粒含量范围值为 33.4%～67.6%，均值为 53.3%；高液限粉质土（MH）液限范围值为 45.0%～81.1%，均值达到了 65.9%，黏粒含量范围值为 33.8%～53.6%，均值为 50%；中液限黏质土（CI）液限范围值为 28.8%～39.1%，均值为 37%，黏粒含量范围值为 19.0%～46.4%，均值为 27.8%。Ⅱ料场的高液限黏质

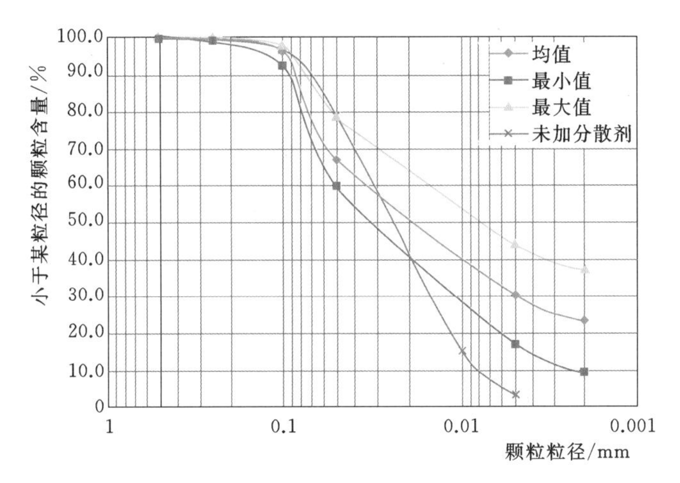

图 16.4-2 Ⅱ料场红黏土料颗粒级配曲线

土（CH）液限范围值为43.9%～56.4%，均值为49.1%，黏粒含量范围值为30.3%～43.6%，均值为35.6%；高液限粉质土（MH）液限范围值为44.9%～61.3%，均值为51.9%，黏粒含量范围值为32.0%～40.5%，均值为36%；中液限黏质土（CI）液限范围值为33.4%～40.2%，均值为35.5%，黏粒含量范围值为17.0%～24.8%，均值为20.6%。

Ⅰ料场的天然含水率范围值为26.1%～45.4%，均值为35.4%，Ⅱ料场的天然含水率范围值为17.8%～43.7%，均值为28.5%。可见两个料场黏土料的液限值、黏粒含量及天然含水率均较高且变化范围大，这是红黏土料的一大特点。

（2）击实试验。击实试验成果统计表见表16.4-3、表16.4-4。

表16.4-3　击实试验成果表

料场	土样编号	渗透系数 K_{20}	击实				击实后	
			击实方法		最大干容重 /(g/cm³)	最优含水率 /%	孔隙比	饱和度 /%
		垂直/(cm/s)	层数	击数				
Ⅰ料场	RD-Ⅰ-44	3.12×10^{-7}	3	27	1.57	24	0.796	85
	RD-Ⅰ-56	4.04×10^{-7}	3		1.68	20.2	0.625	88.2
	RD-Ⅰ-59	3.48×10^{-6}	1		1.5	25.6	0.847	83.7
	RD-Ⅰ-26	7.53×10^{-7}	3		1.31	37.8	1.145	92.8
	RD-Ⅰ-48	2.69×10^{-7}	3		1.43	30	0.944	88.3
	RD-Ⅰ-46	6.82×10^{-7}	3		1.55	24.8	0.794	86.8
	RD-Ⅰ-65	1.46×10^{-6}	3		1.67	20.1	0.635	86.4
	RD-Ⅰ-62	1.07×10^{-7}	3		1.58	25.9	0.759	94.9
	RD-Ⅰ-53	2.17×10^{-3}	3		1.57	11.1	0.701	42.3
	RD-Ⅰ-41	1.50×10^{-6}	3		1.33	30.9	1.068	79.6
	RD-Ⅰ-9	1.79×10^{-6}	3		1.29	34.7	1.17	83
	RD-Ⅰ-51	3.34×10^{-6}	3		1.67	18.5	0.641	79.1

续表

料场	土样编号	渗透系数 K_{20}	击实				击实后	
		垂直/(cm/s)	击实方法		最大干容重/(g/cm³)	最优含水率/%	孔隙比	饱和度/%
			层数	击数				
Ⅰ料场	RD-Ⅰ-21	1.39×10^{-6}	3	27	1.65	19.7	0.667	81.2
	RD-Ⅰ-4	5.90×10^{-7}	1		1.26	36.3	1.222	83.2
	RD-Ⅰ-29	1.24×10^{-6}	3		1.76	16.2	0.557	79.7
	RD-Ⅰ-21	1.14×10^{-6}	3		1.4	30.7	1.021	85.1
	RD-Ⅰ-17	4.62×10^{-6}	1		1.26	37.3	1.23	85.2
	RD-Ⅰ-11	3.68×10^{-7}	3		1.38	32.7	1.029	89
	RD-Ⅰ-15	1.95×10^{-6}	3		1.24	39.3	1.258	87.5
	RD-Ⅰ-13	1.44×10^{-6}	3		1.23	36.2	1.293	79
	RD-Ⅰ-33	2.92×10^{-6}	3		1.38	32.2	1.043	87.1
	RD-Ⅰ-49	1.22×10^{-6}	3		1.65	20.9	0.685	84.8
	RD-Ⅰ-39	4.24×10^{-7}	1		1.45	27.2	0.91	82.8
	RD-Ⅰ-36	2.86×10^{-6}	3		1.3	35.6	1.162	86.1
	RD-Ⅰ-7	1.18×10^{-6}	3		1.3	37	1.154	89.8
	RD-Ⅰ-24	2.05×10^{-6}	3		1.39	30.4	1	84.5
Ⅱ料场	RD-Ⅱ-19	7.28×10^{-8}	3	27	1.59	22.7	0.730	85.5
	RD-Ⅱ-17	7.86×10^{-7}	3		1.52	26.0	0.822	87.6
	RD-Ⅱ-12	3.70×10^{-7}	1		1.49	28.2	0.859	90.9
	RD-Ⅱ-1	9.24×10^{-8}	3		1.41	30.6	0.986	86.9
	RD-Ⅱ-8	4.82×10^{-7}	3		1.51	25.8	0.828	86.0
	RD-Ⅱ-23	5.81×10^{-7}	3		1.39	30.2	1.022	83.0
	RD-Ⅱ-14	2.27×10^{-7}	3		1.66	18.5	0.657	77.4
	RD-Ⅱ-16	3.00×10^{-6}	1		1.57	25.1	0.771	90.5
	RD-Ⅱ-21	7.30×10^{-7}	3		1.81	14.5	0.519	76.8
	RD-Ⅱ-27	2.30×10^{-7}	3		1.73	18.2	0.578	86.0
	RD-Ⅱ-36	6.97×10^{-8}	3		1.73	17.8	0.590	83.0
	RD-Ⅱ-39	2.49×10^{-6}	3		1.70	18.6	0.618	82.8
	RD-Ⅱ-34	6.15×10^{-7}	3		1.56	24.3	0.763	87.6
	RD-Ⅱ-25	2.83×10^{-6}	3		1.45	26.5	0.917	80.3
	RD-Ⅱ-32	5.05×10^{-6}	1		1.30	35.4	1.154	85.9
	RD-Ⅱ-30	7.01×10^{-7}	3		1.47	28.8	0.871	90.9
	RD-Ⅱ-29	4.14×10^{-7}	3		1.74	15.5	0.580	73.5

表 16.4-4 击实试验成果统计表

料场	最大干密度/(g/cm³)		最优含水率/%		渗透系数/(cm/s)	
	范围值	均值	范围值	均值	范围值	均值
Ⅰ料场	1.23～1.76	1.45	11.1～39.3	28.3	$1.07\times10^{-7}\sim4.62\times10^{-6}$	1.5×10^{-6}
Ⅱ料场	1.30～1.81	1.57	15.5～35.4	23.9	$6.97\times10^{-8}\sim5.05\times10^{-6}$	1.1×10^{-6}

从击实试验结果可知，两个料场的红黏土料最大干密度均值在 1.5g/cm³ 左右，最优含水率分别为 28.3%和 23.9%。由于Ⅰ料场土样中有一组细砂 RD－Ⅰ－53，渗透系数为 2.17×10^{-3}cm/s，与其他组黏土的渗透系数差异太大，为不影响土料渗透系数的总体评价，将其剔除，因此，Ⅰ料场的渗透系数均值为 1.5×10^{-6}cm/s，Ⅱ料场的渗透系数均值为 1.1×10^{-6}cm/s，均满足规范要求的均质坝料渗透系数不大于 1×10^{-4}cm/s，斜墙防渗土料渗透系数不大于 1×10^{-5}cm/s，体现了红黏土良好的抗渗性能。

(3) 力学性质试验。抗剪强度用应变式电动直剪仪测试，压缩用杠杆式三联固结仪，渗透系数用南 55 型渗透仪测定。所有试件均按击实所得最大干密度，最优含水率控制制备。剪切、压缩试件先经抽气饱和、抗剪强度作固结快剪。力学试验成果见表 16.4-5～表 16.4-7。

根据压缩系数评价土的压缩性，Ⅰ料场有 2 组低压缩性土（$a_{100\sim200}<0.1\text{MPa}^{-1}$），21 组中压缩性土（$0.1\text{MPa}^{-1}\leqslant a_{100\sim200}\leqslant0.5\text{MPa}^{-1}$），3 组高压缩性土（$a_{100\sim200}>0.5\text{MPa}^{-1}$）；Ⅱ料场全部 17 组均为中压缩性土（$0.1\text{MPa}^{-1}\leqslant a_{100\sim200}\leqslant0.5\text{MPa}^{-1}$）。因为土料有膨胀性，土样在进行抽气饱和时浸水膨胀，以致压缩试验时出现压缩变形量大的现象。红黏土料在各级荷载下的单位沉降量较为接近，抗剪强度指标在正常范围内。

(4) 膨胀试验。Ⅰ料场做原状土膨胀全项试验 2 组，扰动土膨胀全项试验 11 组，除细砂外其余全部进行了自由膨胀率测定。Ⅱ料场作原状土膨胀全项试验 2 组，扰动土膨胀全项试验 7 组，其余全部进行了自由膨胀率测定，成果见表 16.4-8、表 16.4-9。

根据《膨胀土地区建筑技术规范》(GB 50112—2013) 对膨胀土的膨胀潜势的分类，从表 16.4-9 可以看出，Ⅰ料场不属于膨胀土的占 40%，具有弱膨胀潜势的土占 40%，具有中等膨胀潜势的土占 20%；Ⅱ料场不属于膨胀土的占 65%，具有弱膨胀潜势的土占 35%。在膨胀土中，部分高液限黏质土和中液限黏质土还具有较强的膨胀力。从表 16.4-8 可知，Ⅰ料场弱膨胀潜势土膨胀力范围值为 40.2～385.4kPa，中等膨胀潜势土膨胀力范围值为 63～123.2kPa；Ⅱ料场弱膨胀潜势土膨胀力范围值为 75～135.3kPa。

表 16.4-5 **Ⅰ料场土料力学性质试验成果表**

土样编号	直接剪力抗剪强度（饱和固结快剪）/kPa						压力/kPa															
							压缩系数/MPa^{-1}					单位沉降量/(mm/m)					孔隙比				
	τ_{100}	τ_{200}	τ_{300}	τ_{400}	c /kPa	φ /(°)	50～100	100～200	200～300	300～400	400～600	100	200	300	400	600	100	200	300	400	600
RD-Ⅰ-44	49.0	88.7	116.7	141.2	22.8	16°56′	0.530	0.428	0.265	0.204	0.184	34.2	57.8	72.4	83.6	103.4	0.734	0.692	0.666	0.646	0.610
RD-Ⅰ-56	71.2	119.0	173.9	230.6	15.4	28°4′	0.224	0.163	0.112	0.092	0.102	24.5	34.2	41.4	46.5	58.8	0.585	0.569	0.558	0.549	0.529
RD-Ⅰ-59	53.7	94.3	113.2	149.4	21.2	17°32′	0.380	0.39	0.34	0.290	0.235	34.2	55.4	73.7	89.2	114.8	0.784	0.745	0.711	0.682	0.635
RD-Ⅰ-26	62.4	102.5	131.1	163.2	32.0	18°19′	0.326	0.296	0.214	0.204	0.184	22.5	36.0	45.5	54.8	71.8	1.097	1.068	1.047	1.027	0.991
RD-Ⅰ-48	50.0	78.6	98.9	134.6	22.0	15°20′	0.400	0.41	0.3	0.240	0.215	29.4	50.3	66.1	78.1	100.4	0.887	0.846	0.816	0.792	0.749
RD-Ⅰ-46	70.0	110.2	156.4	202.4	23.9	23°55′	0.184	0.194	0.153	0.132	0.184	10.8	21.0	29.7	37.0	57.6	0.775	0.756	0.741	0.728	0.691
RD-Ⅰ-65	71.6	119.0	180.9	232.2	15.0	28°32′	0.224	0.153	0.112	0.092	0.132	21.4	30.8	37.6	43.0	58.4	0.600	0.585	0.574	0.565	0.539
RD-Ⅰ-62	65.4	102.7	142.4	179.2	27.2	20°52′	0.326	0.245	0.204	0.194	0.184	19.8	33.7	44.7	55.8	76.3	0.724	0.700	0.680	0.661	0.625
RD-Ⅰ-53	63.0	114.4	178.7	239.5	3.0	30°3′	0.080	0.06	0.05	0.030	0.020	9.0	12.6	15.0	16.8	19.6	0.686	0.680	0.675	0.672	0.668
RD-Ⅰ-41	53.7	101.5	122.8	169.7	13.8	20°51′	0.380	0.48	0.45	0.370	0.275	35.8	59.0	81.0	98.8	125.4	0.994	0.946	0.901	0.864	0.809
RD-Ⅰ-9	57.7	96.5	114.6	138.2	31.3	15°9′	0.551	0.51	0.306	0.286	0.265	32.4	55.4	69.4	82.2	105.9	1.100	1.050	1.020	0.992	0.940
RD-Ⅰ-51	87.0	134.6	190.6	254.5	27.0	29°11′	0.220	0.11	0.07	0.060	0.055	18.9	25.7	30.0	33.7	40.4	0.610	0.599	0.592	0.586	0.575
RD-Ⅰ-21	81.0	131.8	181.1	146.9	31.2	26°35′	0.102	0.082	0.071	0.051	0.082	7.2	11.8	16.0	19.4	28.9	0.655	0.647	0.640	0.635	0.619
RD-Ⅰ-4	63.0	109.2	140.0	172.7	27.0	20°14′	0.347	0.357	0.296	0.296	0.275	22.0	37.6	50.8	63.8	88.4	1.173	1.138	1.109	1.080	1.026
RD-Ⅰ-29	61.8	112.0	145.9	191.4	18.3	23°17′	0.387	0.234	0.132	0.112	0.112	32.4	47.2	56.1	62.8	77.0	0.506	0.483	0.470	0.459	0.437
RD-Ⅰ-21	50.6	77.0	91.0	119.6	29.3	12°28′	0.714	0.5	0.326	0.234	0.209	50.6	74.8	90.8	101.8	122.0	0.919	0.870	0.838	0.815	0.774
RD-Ⅰ-17	67.9	115.6	161.3	182.3	21.5	25°2′	0.320	0.34	0.31	0.260	0.275	14.4	29.4	43.3	55.2	79.8	1.198	1.164	1.133	1.107	1.052
RD-Ⅰ-11	78.0	122.5	165.7	208.9	34.8	23°33′	0.163	0.173	0.132	0.143	0.107	9.9	18.4	24.6	31.6	41.8	1.009	0.992	0.979	0.965	0.944
RD-Ⅰ-15	65.5	103.7	138.2	169.2	32.8	19°4′	0.340	0.32	0.27	0.200	0.210	18.3	32.4	44.2	53.4	72.0	1.217	1.185	1.158	1.138	1.096
RD-Ⅰ-13	46.7	68.2	112.5	120.3	20.6	13°54′	0.775	0.775	0.469	0.367	0.270	37.1	70.4	90.2	105.8	129.2	1.208	1.132	1.086	1.050	0.997
RD-Ⅰ-33	51.7	90.6	101.5	131.1	24.8	14°42′	0.591	0.53	0.387	0.296	0.255	35.8	61.2	79.8	93.8	118.2	0.970	0.918	0.880	0.851	0.801
RD-Ⅰ-49	61.2	114.4	157.3	216.8	10.0	27°	0.286	0.184	0.122	0.102	0.107	16.2	26.4	34.1	39.9	52.0	0.658	0.640	0.628	0.618	0.597
RD-Ⅰ-39	51.5	84.6	107.2	138.4	24.6	15°49′	0.380	0.37	0.27	0.230	0.210	33.0	52.3	66.6	78.4	100.3	0.847	0.810	0.783	0.760	0.718
RD-Ⅰ-36	63.0	109.7	149.4	184.4	35.8	20°29′	0.280	0.26	0.24	0.230	0.240	21.0	33.4	44.1	54.9	77.4	1.116	1.090	1.066	1.043	0.995
RD-Ⅰ-7	73.6	109.6	143.0	177.5	39.6	19°2′	0.224	0.234	0.214	0.234	0.240	11.4	21.9	31.4	42.2	64.3	1.130	1.107	1.086	1.063	1.016
RD-Ⅰ-24	58.3	92.6	115.5	133.0	34.4	14°16′	0.530	0.438	0.286	0.265	0.209	34.2	55.4	69.4	82.6	103.3	0.932	0.889	0.861	0.835	0.794
平均值	62.6	104.0	140.3	178.0	25.6	20°56′	0.356	0.317	0.235	0.201	0.186	24.5	40.2	51.8	61.7	80.3	0.889	0.858	0.835	0.815	0.778
大值均值							0.511	0.45	0.303	0.267	0.247	34.5	58.1	74.1	85.1	110.1	1.082	1.042	1.013	0.987	0.955
小值均值	54.5	90.9	115.6	147.0	26.5	16°49′															

表 16.4-6 Ⅱ料场土料力学性质试验成果表

土样编号	直接剪力抗剪强度（饱和固结快剪）/kPa						压力/kPa															
							压缩系数/MPa^{-1}					单位沉降量/(mm/m)					孔隙比				
	τ_{100}	τ_{200}	τ_{300}	τ_{400}	c /kPa	φ /(°)	50～100	100～200	200～300	300～400	400～600	100	200	300	400	600	100	200	300	400	600
RD-Ⅱ-19	65.8	102.5	118.3	161	36.5	17°26′	0.469	0.316	0.234	0.173	0.184	37	55	68	77.8	98.4	0.666	0.635	0.612	0.595	0.56
RD-Ⅱ-17	57.2	109.6	166.1	211.4	6.3	27°10′	0.326	0.245	0.184	0.184	0.199	23.2	36	46.2	56.1	77.2	0.78	0.756	0.738	0.72	0.681
RD-Ⅱ-12	72.4	113.2	156.4	195.1	31.4	22°21′	0.245	0.194	0.184	0.132	0.163	17.2	27.5	36.9	44.4	62	0.827	0.808	0.79	0.777	0.744
RD-Ⅱ-1	62	104.8	143	176.8	29.0	20°56′	0.265	0.234	0.214	0.194	0.224	17.5	29.1	39.7	49.1	71	0.951	0.928	0.907	0.888	0.845
RD-Ⅱ-8	60	107.2	147.7	191.8	17.7	23°33′	0.18	0.230	0.220	0.22	0.25	17	29.6	41.7	53.8	80.8	0.797	0.774	0.752	0.73	0.68
RD-Ⅱ-23	47.7	71	106.5	128.7	18.8	15°34′	0.551	0.469	0.367	0.255	0.234	28.8	51.2	69.1	81.7	104.3	0.964	0.918	0.882	0.857	0.811
RD-Ⅱ-14	55.3	95.3	134.6	165.6	20.2	20°19′	0.46	0.320	0.210	0.16	0.165	42.4	61.6	74.1	83.8	103.8	0.587	0.555	0.534	0.518	0.485
RD-Ⅱ-16	68.8	100.4	128.4	154	41.0	15°50′	0.408	0.214	0.245	0.112	0.184	18.6	30.5	44.4	50	70.2	0.738	0.717	0.693	0.682	0.646
RD-Ⅱ-21	65.5	109.6	162	217.3	11.6	26°55′	0.449	0.275	0.153	0.132	0.112	49.6	67.2	77.2	85.3	100	0.444	0.417	0.402	0.389	0.367
RD-Ⅱ-27	67.7	102.7	137.7	180	29.0	20°24′	0.32	0.220	0.160	0.13	0.14	31.2	45.3	50.3	63.6	81.1	0.529	0.507	0.491	0.478	0.45
RD-Ⅱ-36	70	101.1	150.4	194.6	23.2	22°56′	0.38	0.290	0.190	0.15	0.14	44.6	62.6	74.9	84	101.8	0.519	0.49	0.471	0.567	0.428
RD-Ⅱ-39	54.8	94.5	130.6	149.4	17.5	20°45′	0.36	0.250	0.160	0.13	0.15	34.9	49.8	59.9	67.8	86.2	0.562	0.537	0.521	0.508	0.478
RD-Ⅱ-34	77	116	183.7	221.3	24.4	25°59′	0.1	0.120	0.110	0.09	0.115	8.9	15.9	22.2	27	40.2	0.747	0.735	0.724	0.715	0.692
RD-Ⅱ-25	63.1	103.7	126.3	149.2	40.4	15°41′	0.38	0.410	0.350	0.29	0.265	26.8	47.8	66	81.2	109	0.866	0.825	0.79	0.761	0.708
RD-Ⅱ-32	63	110.9	149.4	201.4	17.8	24°24′	0.34	0.350	0.470	0.4	0.345	19	35.4	57	75.5	107.6	1.113	1.078	1.031	0.991	0.922
RD-Ⅱ-30	62	115.3	160.8	214	12.6	26°38′	0.224	0.224	0.163	0.173	0.189	13.6	25	33.5	42.6	62.8	0.846	0.824	0.808	0.791	0.754
RD-Ⅱ-29	57	105.3	144.9	177	15.0	23°38′	0.26	0.240	0.180	0.15	0.15	31	46.2	57.6	66.8	86.1	0.531	0.507	0.489	0.474	0.444
平均值	62.9	103.7	143.9	181.7	23.9	21°38′	0.336	0.271	0.223	0.181	0.189	27.1	42.1	54.0	64.1	84.9	0.733	0.707	0.684	0.673	0.629
大值均值							0.422	0.347	0.333	0.257	0.244	37.4	54.1	67.1	78.2	99.7	0.863	0.836	0.812	0.791	0.748
小值均值	27	95.4	128.2	160.2	24.6	18°54′															

表 16.4－7　力学试验成果统计表

项目		Ⅰ料场		Ⅱ料场	
		范围值	均值	范围值	均值
抗剪强度	c/kPa	3.0～39.6	25.6	11.6～58.2	23.9
	φ	12°28′～30°3′	20°56′	12°49′～27°10′	21°38′
压缩系数 /MPa^{-1}	$a_{100\sim200}$	0.060～0.775	0.317	0.12～0.469	0.397
	$a_{200\sim300}$	0.050～0.469	0.235	0.110～0.47	0.333
单位沉降量 /(mm/m)	100kPa	7.2～50.6	24.5	8.9～49.6	27.1
	200kPa	11.8～74.8	40.2	15.0～67.2	42.1
	300kPa	15.0～90.8	51.8	22.2～77.2	54
	400kPa	16.8～105.8	61.7	27.0～85.3	64.1
	500kPa	19.6～129.2	80.3	40.2～109.0	84.9
渗透系数 K_{20}/(cm/s)		$4.62\times10^{-6}\sim1.07\times10^{-7}$	1.5×10^{-6}	$5.05\times10^{-6}\sim6.97\times10^{-8}$	1.10×10^{-6}

表 16.4－8　膨胀试验成果表

料场	土样编号	液限状态下收缩		膨胀			自由膨胀率 /%
				无荷载条件下		膨胀力 /kPa	
		体缩 /%	缩限 /%	膨胀含水率 /%	膨胀量 /%		
Ⅰ料场	RD－Ⅰ－44	28.6	16.7	32.6	11.4	202.7	54
	RD－Ⅰ－56						25.5
	RD－Ⅰ－59	32.4	16.9	31.2	4.9	63	66
	RD－Ⅰ－26						47
	RD－Ⅰ－48	34.3	19.1	34.8	5.8	78.8	70.5
	RD－Ⅰ－46						20
	RD－Ⅰ－65						19
	RD－Ⅰ－62						40.5
	RD－Ⅰ－53						
	RD－Ⅰ－41	31.9	18.9	36.8	4.3	40.2	49.5
	RD－Ⅰ－9	42.4	23.4	44.8	7.5	196.1	55.5
	RD－Ⅰ－51						13
	RD－Ⅰ－21	27.9	16.3	22	0.6	28	11
	RD－Ⅰ－4						49
	RD－Ⅰ－29						30
	RD－Ⅰ－21	36.4	19	38.7	7.5	78.6	68
	RD－Ⅰ－17						40
	RD－Ⅰ－11						30
	RD－Ⅰ－15						50

续表

料场	土样编号	液限状态下		膨胀			自由膨胀率/%
		收缩		无荷载条件下		膨胀力/kPa	
		体缩/%	缩限/%	膨胀含水率/%	膨胀量/%		
Ⅰ料场	RD-Ⅰ-13	43.5	25	50	17	385.4	60.5
	RD-Ⅰ-33	40.8	20	39	7.3	123.2	69.5
	RD-Ⅰ-49						19
	RD-Ⅰ-39	34.6	18	36.1	10.8	118.8	66.5
	RD-Ⅰ-36						35.5
	RD-Ⅰ-7						31
	RD-Ⅰ-24	37.7	20.8	42	11.5	201	49.5
Ⅱ料场	RD-Ⅱ-19	3.6	15.8	33.7	15.2	96.2	48.5
	RD-Ⅱ-17						20.0
	RD-Ⅱ-12						28.5
	RD-Ⅱ-1						48.5
	RD-Ⅱ-8						30.0
	RD-Ⅱ-23	39.2	18.2	39.7	9.6	75.1	58.5
	RD-Ⅱ-14	29.6	16.9	33.3	8.1	85.0	30.5
	RD-Ⅱ-16						29.5
	RD-Ⅱ-21	27.6	14.0	23.6	9.6	68.4	36.5
	RD-Ⅱ-27						16.5
	RD-Ⅱ-36	28.4	15.9	27.8	11.2	75.0	47.2
	RD-Ⅱ-39						20.0
	RD-Ⅱ-34	32.3	17.7	26.8	0.6	32.2	7.5
	RD-Ⅱ-25	43.4	14.6	37.4	8.8	135.3	42.0
	RD-Ⅱ-32						41.5
	RD-Ⅱ-30						21.5
	RD-Ⅱ-29						27.5

表 16.4-9　　Ⅰ料场与Ⅱ料场膨胀潜势统计表

自由膨胀率 δ_{ef} /%		Ⅰ料场		Ⅱ料场	
		组数/组	占总数百分比/%	组数/组	占总数百分比/%
不属于膨胀土	$\delta_{ef}<40$	10	40	11	65
弱膨胀潜势	$40\leqslant\delta_{ef}<65$	10	40	6	35
中等膨胀潜势	$65\leqslant\delta_{ef}<90$	5	20	0	0

16.5 坝料应用

根据花山水库土料试验成果，均质坝和斜墙防渗土料质量评价见表16.5-1。

表16.5-1　　红黏土料质量评价表

<table>
<tr><th>序号</th><th>项　目</th><th colspan="2">均质土坝坝料质量要求</th><th colspan="2">斜墙防渗土料坝料质量要求</th><th>Ⅰ料场</th><th>Ⅱ料场</th></tr>
<tr><td>1</td><td>黏粒含量/%</td><td colspan="2">10～30</td><td colspan="2">15～40</td><td>44.80</td><td>30.40</td></tr>
<tr><td>2</td><td>塑性指数</td><td colspan="2">7～17</td><td colspan="2">10～20</td><td>22.30</td><td>18.20</td></tr>
<tr><td>3</td><td>渗透系数/(cm/s)</td><td colspan="2">击实后小于1×10^{-4}</td><td colspan="2">击实后小于1×10^{-5}</td><td>1.50×10^{-6}</td><td>1.10×10^{-6}</td></tr>
<tr><td rowspan="3">4</td><td rowspan="3">天然含水率/%</td><td colspan="3" rowspan="3">与最优含水率或塑限接近者为优</td><td>天然含水率</td><td>35.40</td><td>28.50</td></tr>
<tr><td>最优含水率</td><td>28.30</td><td>23.90</td></tr>
<tr><td>塑限</td><td>30.90</td><td>27.10</td></tr>
<tr><td rowspan="2">5</td><td rowspan="2">紧密密度/(g/cm³)</td><td colspan="3" rowspan="2">宜大于天然密度</td><td>天然密度</td><td>1.31</td><td>1.49</td></tr>
<tr><td>最大干密度</td><td>1.45</td><td>1.57</td></tr>
</table>

Ⅰ料场土料用于填筑新副坝坝体，Ⅱ料场土料用于填筑主坝加高部分的黏土防渗斜墙以及老副坝坝体培厚。根据试验成果，Ⅰ料场土料黏粒含量平均值为44.80%，塑性指数平均值为22.30，超过规范对均质土坝坝料的质量要求；Ⅱ料场土料黏粒含量平均值为30.40%，塑性指数平均值为18.20，基本满足规范对斜墙防渗土料的要求，稍不满足规范对均质土坝坝料的质量要求，而黏粒含量高、塑性指数大是云南红黏土的共性。Ⅰ料场土料渗透系数为1.50×10^{-6}cm/s，Ⅱ料场为1.10×10^{-6}cm/s，均满足规范规定的均质坝不大于1×10^{-4}cm/s和斜墙坝不大于1×10^{-5}cm/s的要求，体现了红黏土良好的防渗性能。红黏土料的最优含水率稍低于塑限，易于施工碾压，但天然含水率高于最优含水率，施工时要严格控制土料的含水率，必要时进行翻晒。

两个料场的红黏土料基本能满足防渗土料的要求，但针对土料有一定潜势膨胀性的问题，应根据膨胀性土料填筑位置采取相应的工程措施。由于该工程修建和加固处理时间久远，设计资料保存不完整，现场施工记录资料也无从可查，从现有的资料分析，该工程坝高较低，并未对如何减少膨胀土的影响进行专题研究。据1990年加固扩建处理的参建人员讲述，主要是根据膨胀性试验成果，统计具有膨胀性的试样的分布区域，对土料场划分为膨胀土料区和非膨胀土料区，现场采取混合开采、掺合填筑的方法，但掺合比例等无资料记载。

16.6 结语

自1994年花山水库扩建工程竣工以来，花山水库大坝至今运行良好，未出现明显的渗漏及稳定问题。

(1) 红黏土在花山水库中的成功应用说明了红黏土筑坝是可行的。多年来，红黏土土料已广泛用于工程建设中，特别是在云南各地，红黏土分布极其广泛，应用较多，如芒市的芒别水库、蚌相水库，瑞丽的猛卯水库，陇川的章凤水库、红卫水库、西湖水库等均采用了红黏土料筑坝。

（2）红黏土筑坝时应充分掌握当地红黏土的各项特性，在施工中采取相应的处理措施，以发挥其最佳性能。

（3）鉴于本工程坝不高，未针对红黏土的膨胀性对大坝的稳定、渗漏等影响做专项研究，主要采用现场混合开采、掺和填筑的措施，也取得了较好效果，但未获得掺配比例数据。

第17章 黏土及全风化玄武岩混合料在清水海均质坝中的应用

17.1 概要

昆明市清水海为一天然湖泊，作为向昆明市供水的调蓄水库。因引调水调蓄需要抬高运行水位增加湖容，在海尾新建一座大坝。海尾大坝为均质坝，采用黏土与下部全风化玄武岩的混合料作为大坝填筑料。全风化料与黏土料按重量比为0.4～0.7进行掺配，使黏粒含量减低至30%左右，各项指标满足设计要求。

17.2 工程概况

昆明市清水海又名车湖，为一高原断陷天然湖泊，位于昆明市寻甸县金所镇的西北部，清水海的湖水通过海尾村的摆宰河向大白河排泄，是小江上游大白河的发源地。因引调水调蓄需要抬高湖泊运行水位，增加湖容，因此在海尾新建海尾大坝拦挡湖水，扩容后总库容为1.54亿m^3，增加库容3652万m^3，工程等别为Ⅲ等，大坝、溢洪道、输水隧洞为3级建筑物。大坝标准断面如图17.2-1所示。

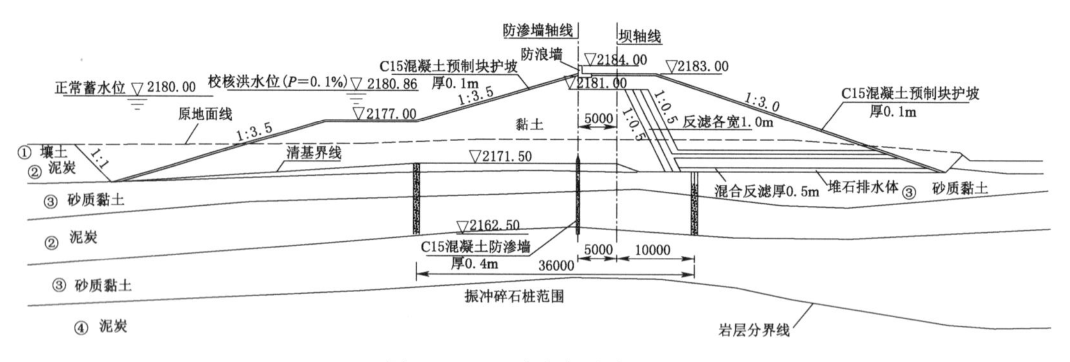

图17.2-1 大坝标准断面图

海尾大坝坝型为均质坝，大坝坝顶高程为2183.00m，设高1.0m的防浪墙，防浪墙高程为2184.00m。坝顶宽10m，坝轴线长229.10m，最大坝高12.50m，线下游侧设有三层反滤、水平厚度均为1.0m，在高程2173.00m以下坝体底部采用堆石。

工程于2008年3月10日开工，2011年10月20日单位工程验收，2012年4月1日向昆明市供水。

17.3 地质条件

坝基土层属滨湖相沉积，存在软基问题，同时，小江断裂由坝下穿过，断裂地震灾害及断裂位移对工程有直接影响，坝线左岸上覆 2～5m 第四系残坡积层，主要为砂壤土夹碎石，结构松散。坝基部分主要为湖积灰色、灰黑色、黑色砂质黏土、泥炭、砾质黏土。据钻孔查明，坝基湖积土层最厚约 33.3m，按沉积韵律分为四层：第①层厚 2～4m，根植土夹少量淤泥，力学性质软弱；第②层埋深为 2～4m，厚 3～5m，炭质黏土，湿，可塑，具中等压缩性；第③层埋深 4～8m，厚 2～9m，砂质、粉砂质黏土含砾，其间夹少量炭质黏土透镜体，湿，可塑，具中等压缩性；第④层埋深为 11～13m，厚 5～18m，炭质黏土夹少量砂质黏土透镜体，胶结稍紧密，中等压缩性，透水性微弱。第②层、第④层属黏土层，不具备发生液化条件；第③层砂质黏土颗粒分析结果，黏粒含量 13.4%～58%，不属无黏性土或少黏性土，也不具备地震液化条件，不会发生地震液化。

湖积土层以下为小江断裂破碎带，断层两侧产状为 N14°E，SE∠70°～80°及 N6°E，NW∠70°～80°，岩性主要为断层角砾，胶结紧密。下伏基岩为下寒武统沧浪铺组乌龙箐段灰黄、灰白色细粒石英砂岩、粉砂岩与灰绿色、灰黄色页岩互层，局部见泥灰岩及白云岩、钙质砂岩。岩石呈全强风化状态，风化破碎，完整性差，全风化厚度为 5～16m，地下水位埋深为 2～7m，节理裂隙较发育。

工程枢纽区地震动峰值加速度为 0.30g，地震特征周期为 0.4s，地震基本烈度为Ⅷ度，枢纽工程建筑物按Ⅷ度设防。

17.4 筑坝材料应用

海尾大坝为均质坝，采用海尾土料场的黏土与下部全风化玄武岩的混合料作为大坝填筑料。

17.4.1 黏土料与风化料掺配研究

海尾土料场位于坝址区右岸公路上部海尾村西南山坡上，运距为 0.6～1.3km，分布高程 2191.00～2260.00m。料场范围长 360m，宽 224m，覆盖层为第四系残坡积（Q^{edl}）褐红色砂壤土，厚度变化小，一般为 1.0～2.5m，下伏二叠系上统峨眉山组（$P_2\beta$）灰黄色玄武岩，为全强风化。料场上部剥离层厚 0.1～0.5m，平均 0.3m，有用层平均厚 3.8m，厚度基本稳定、均匀，地下水位低于开采底界。

海尾土料场取黏土料扰动样 11 组作为一单元，全风化料扰动样 4 组作为二单元，掺合料 5 组作为三单元，掺合料的掺配比例按全风化料与黏土料的重量比 0.3、0.4、0.5、0.6、0.7 进行掺配。

（1）土料质量分析。土料物理试验指标统计见表 17.4-1、表 17.4-2。

表 17.4-1 土料物理试验指标统计表

试验指标		一单元		二单元		三单元	
		均值	范围值	均值	范围值	均值	范围值
土粒相对密度		2.94	2.89～2.99	2.95	2.91～2.98	2.93	2.91～2.95
液限/%	w_{L17}	72.6	60.8～81.9	74.2	69.4～82.7	72.1	71.1～73.9
	w_{L10}	63.9	54.9～70.8	66.8	62.2～74.8	63.9	63.1～64.7
塑限/%	w_P	43.3	39.1～51.8	48.5	44.5～55.2	44.3	43.2～46.0
塑性指数	I_{P17}	29.3	20.5～36.5	25.8	22.6～28.1	27.8	25.1～30.7
	I_{P10}	20.5	14.6～25.3	18.3	16.2～19.8	19.6	17.8～21.5
黏粒含量/%		43.1	21.5～58.0	34.4	32.5～38.0	34.5	30.0～37.5

表 17.4-2 土料力学试验指标统计表

试验指标		一单元		二单元		三单元	
		均值	范围值	均值	范围值	均值	范围值
天然含水率/%		43.4	38.9～53.2	39.8	36.1～48.0	41.4	38.9～43.2
最优含水率/%		38.0	36.0～45.2	44.2	42.9～46.3	40.7	39.2～42.8
最大干密度/(g/cm^3)		1.31	1.21～1.37	1.32	1.23～1.43	1.38	1.29～1.45
渗透系数 K_{20}/(cm/s)		9.7×10^{-7}	4.1×10^{-7}～2.8×10^{-6}	7.9×10^{-7}	7.1×10^{-7}～9.5×10^{-7}	1.7×10^{-6}	8.1×10^{-7}～1.0×10^{-6}
压缩系数/MPa^{-1}	100～200kPa	0.250	0.170～0.360	0.255	0.200～0.320	0.206	0.170～0.250
	200～300kPa	0.205	0.140～0.300	0.213	0.140～0.260	0.182	0.160～0.200
内摩擦角 φ/(°)		21.9	19.3～25.1	21.9	20.4～22.9	21.5	20.1～22.5
黏聚力 c/kPa		11.4	1.1～22.1	23.0	8.4～46.1	21.7	13.6～43.4
校正后最优含水率/%		36.1	36.1～36.1	—	—	40.2	38.9～41.9
校正后最大干密度/(g/cm^3)		1.55	1.55～1.55	—	—	1.38	1.34～1.40

试验结果表明：

1）一单元，11 组土料黏粒含量为 21.5%～58.0%，超过 40%的有 7 组，占 63.6%；塑性指数 I_{P10} 为 14.6～25.3，超过 20 的有 6 组，占 54.5%；11 组中有 9 组为高液限粉土（MHR）；2 组为含砾高液限粉土（MHG），条带较宽，黏粒含量变化较大。11 组土样的最大干密度变化较大，范围值为 1.21～1.37g/cm^3；压缩系数 $a_{0.1\sim0.2}$ 范围值 0.170～0.360MPa^{-1}，均为中压缩性土；直剪抗剪强度 φ 值范围值 19.3°～25.1°，低于 20°的有 3 组占 27.3%，其余都大于 20°；渗透系数为 4.1×10^{-7}～2.8×10^{-6}cm/s，均小于 1×10^{-5} cm/s，土料防渗性能良好。

2）二单元，4 组土料黏粒含量为 32.5%～38.0%，均不超过 40%；塑性指数 I_{P10} 为 16.2～19.8，均没有超过 20；均为高液限粉土（MHR），条带很窄，黏粒含量变化不大，土质均匀。4 组土样的最大干密度变化不大，范围值为 1.17～1.23g/cm^3；压缩系数 $a_{0.1\sim0.2}$ 范围值 0.200～0.320MPa^{-1}，均为中压缩性土；直剪抗剪强度 ϕ 值范围值 20.4°～22.9°，均大于 20°；渗透系数为 7.1×10^{-7}～9.5×10^{-7}cm/s，都小于 1×10^{-5}cm/s，土

料防渗性能良好。

3）三单元，按5个比例掺配的黏粒含量在30.0%～37.5%之间；塑性指数 I_{P10} 为17.8～21.5，只有黏土料掺量为70%时塑性指数超过20，条带前宽后窄，黏粒含量略有变化。5个掺配比例的土样的最大干密度变化不大，范围值为1.26～1.29g/cm³；压缩系数 $a_{0.1\sim0.2}$ 范围值0.170～0.250MPa⁻¹，均为中压缩性土；直剪抗剪强度 ϕ 值范围值为20.1°～22.5°，均大于20°；渗透系数为 $8.1\times10^{-7}\sim1.0\times10^{-6}$ cm/s，都小于 1×10^{-5} cm/s，土料防渗性能良好。按比例掺配的掺合料不论比例多少，其力学指标均较好，且具良好的防渗性能；当黏土料掺量为70%的混合料其塑性指数 I_{P10} 为21.5，黏粒含量偏高，大于防渗土料的质量技术要求。

（2）土料质量评价。土料按均质坝标准进行评价，参照《水利水电工程天然建筑材料勘察规程》（SL 251—2015）对均质坝的质量指标要求，评价结论见表17.4－3。

表17.4－3　土料质量技术评价表

指标名称	规范要求	单元	组数	试验指标	评价
黏粒含量	15%～40%	一	11	21.5%～58.0%	36.4%符合要求（4组）
		二	4	32.5%～38.0%	100%符合要求（4组）
		三	5个掺配比例	30.0%～37.5%	符合要求
塑性指数 I_{P10}	10～20	一	11	14.6～25.3	36.4%符合要求（4组）
		二	4	16.2～19.8	100%符合要求（4组）
		三	5个掺配比例	17.8～21.5	除黏土料掺量70%的略大外，其余掺配比例的符合要求
渗透系数/(cm/s)	碾压后 $<1\times10^{-4}$	一	11	$4.1\times10^{-7}\sim2.8\times10^{-6}$	100%符合要求（11组）
		二	4	$7.1\times10^{-7}\sim9.5\times10^{-7}$	100%符合要求（4组）
		三	5个掺配比例	$8.1\times10^{-7}\sim1.0\times10^{-6}$	符合要求

掺配比例为全风化料与黏土料的重量比为0.3～0.7时，各种指标均满足规范要求。

海尾均质土坝实际施工碾压上坝时，全风化玄武岩风化料掺配比例按全风化料与黏土料的重量比为0.4～0.7，通过第三方质量检测，坝体各项质量指标均满足设计规范要求，得出以下结论：

1）设计坝型为均质土坝，当天然土料场的黏粒含量较高时，掺配全风化玄武岩风化料可有效解决土料黏粒含量偏高问题。

2）掺配全风化玄武岩料的比例通过室内试验研究，全风化料与黏土料重量比在0.4～0.7时各项指标较优，混合土料黏粒含量为14.1%～21.0%，塑性指数为15.7～17.6，为粉土质砾（GM）。最大干密度为1.25～1.29g/cm³；压缩系数 $a_{0.1\sim0.2}$ 范围值为0.19～0.34MPa⁻¹，均为中等压缩性土；抗剪强度 φ 值为19.1°～28.3°；渗透系数为 $1.0\times10^{-6}\sim3.0\times10^{-6}$ cm/s，均小于 1×10^{-5} cm/s，满足规范要求。

17.4.2　反滤料

反滤料采用塌鼻子龙潭石料场二叠系阳新组灰岩料，反滤料设计成果见表17.4－4。

表 17.4-4 反滤料设计成果

项目	D_5/mm	D_{10}/mm	D_{15}/mm	D_{60}/mm	D_{85}/mm	D_{90}/mm	D_{100}/mm
Ⅰ反	0.1～0.225	0.25～0.45	0.35～0.55	1.45～2.5	0.43～9.0	5.5～13	8～20
Ⅱ反	1～2.5	1.5～3.2	2.0～4.5	9.0～17	12～22	15～28	20～40
混合反滤	0.5～1.5	0.6～1.8	0.8～2.5	2.5～6	6.5～16.5	9～20	12～30

17.4.3 坝料碾压试验研究

黏土铺土厚度取 25cm、30cm、35cm 三组，碾压遍数取 4 遍、6 遍、8 遍、10 遍；小型碾压机械铺土厚度取 20cm、25cm 两组，碾压遍数取 4 遍、6 遍、8 遍、10 遍，反滤料碾压试验铺土厚度取 60cm、80cm 两组，碾压遍数取 4 遍、6 遍、8 遍。

通过碾压试验确定的施工参数见表 17.4-5。

表 17.4-5 坝料填筑施工参数表

坝体分区部位	控制干容重 /(g/cm³)	相对密度	含水率 /%	渗透系数 /(cm/s)	孔隙率 /%	铺土厚度 /cm	碾压遍数	压实度 /%
全风化+黏土	≥1.25		34.8±3	5.0×10^{-6}		30+2	8	97
反滤料Ⅰ	1.95	0.75		5×10^{-3}	<25	≤60	6	
反滤料Ⅱ	1.95	0.75		3×10^{-3}	<25	≤60	6	
混合料反滤	1.95	0.75		1×10^{-3}	<25	≤60	6	

17.4.4 填筑质量控制

(1) 控制指标。根据坝料前期勘探及大坝碾压试验成果确定坝料填筑要求：

1) 全风化+黏土料。根据碾压试验，土料施工填筑控制参数：用进占法铺料，铺土层厚按 30cm 控制。黏土+全风化玄武岩设计干容重不小于 1.25g/cm³，掺配全风化玄武岩风化料的比例为 40%～70%，最优含水率 34.8%。20t 重凸块碾碾压 8 遍，填筑质量按压实度不小于 97%控制。

2) 堆石排水体。设计干容重 $\gamma_d\geqslant2.05$g/cm³，孔隙率不大于 25%，要求干容重的施工合格率不小于 90%，最低干容重不低于设计干容重的 98%。大坝施工过程中应控制颗粒级配及超径颗粒，最大粒径 $D_{max}\leqslant60$cm，严格控制铺土厚度及坝面平整度，保证碾压遍数为 8 遍。

3) 反滤过渡料。砂反滤料铺土厚度应不大于 60cm，干密度 $\gamma_d>1.95$g/cm³，渗透系数 $K>5\times10^{-3}$cm/s，含水率 $w>8.5\%$，填筑质量按相对密度不小于 0.75 控制；大坝施工过程中应严格控制反滤料颗粒级配，碾压遍数为 6 遍。

碎石反滤料铺土厚度应不大于 60cm，干密度 $\gamma_d>1.95$ g/cm³，渗透系数 $K>3\times10^{-3}$ cm/s，含水率 $w>2.0\%$，填筑质量按相对密度不小于 0.75 控制；大坝施工过程中应严格控制反滤料颗粒级配，碾压遍数为 6 遍。

坝料级配包络曲线如图 17.4-1 和图 17.4-2 所示。

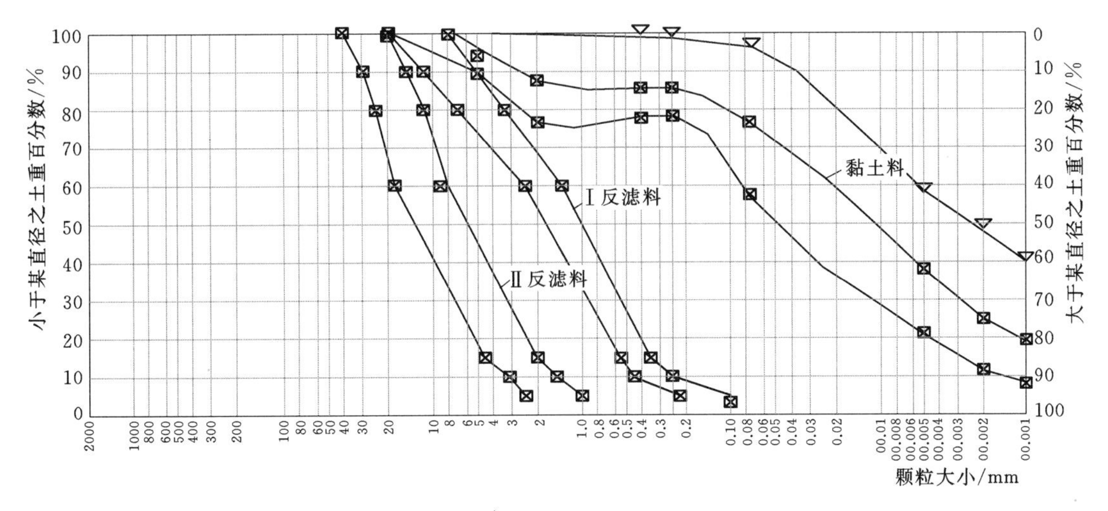

图 17.4-1　清水海大坝Ⅰ、Ⅱ反滤料级配包络曲线

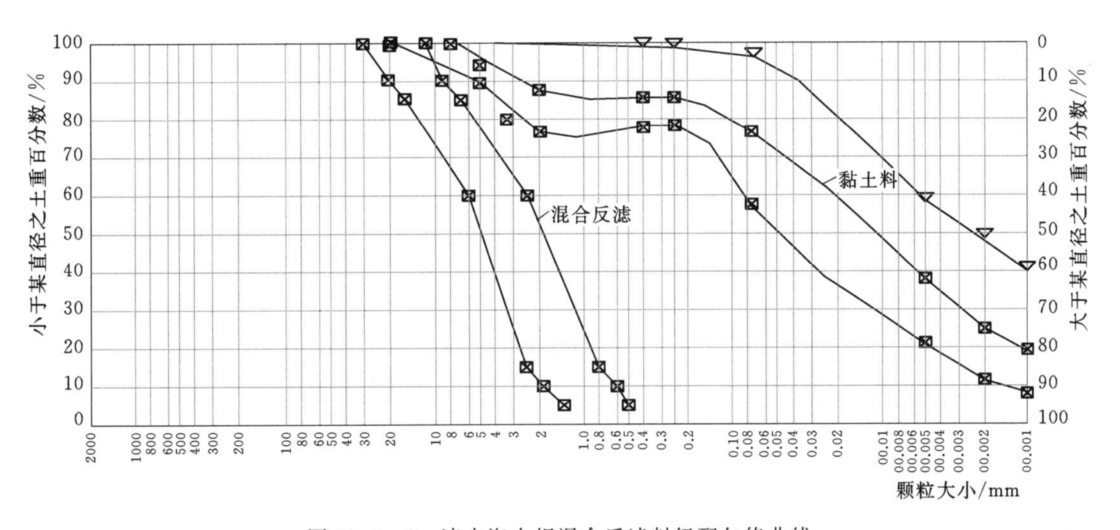

图 17.4-2　清水海大坝混合反滤料级配包络曲线

（2）坝体填筑料复核。第三方检测单位对清水海调蓄水工程大坝施工过程中填筑材料进行复核试验。其成果如下：

1）大坝黏土与全风化玄武岩填筑干密度共检测 876 组，最大值为 1.41 g/cm^3，最小值为 1.22 g/cm^3，平均值为 1.30 g/cm^3，合格率为 99.5%，不合格的 4 组干密度均大于设计干密度的 98%，且不集中、连片。

2）大坝黏土与全风化玄武岩填筑压实度共检测 876 组，最大值 109.0%，最小值 97.0%，平均 100.3%，均符合设计要求。

3）大坝黏土与全风化玄武岩填筑渗透系数共检测 46 组，其中室外检测 19 组，最大值为 4.6×10^{-5} cm/s，最小值为 1.1×10^{-6} cm/s；室内检测 27 组，最大值为 8.4×10^{-7} cm/s，最小值为 1.4×10^{-7} cm/s；均符合设计渗透系数 $K\leqslant1\times10^{-5}$ cm/s 的要求。

17.5　结语

清水海海尾大坝为均质坝，通过试验研究，在黏土中掺配全风化玄武岩，可有效解决黏土黏粒含量及含水率偏高的问题，提高了施工效率，确保了填筑质量。

第18章 刘家箐水库黏土风化料心墙分区坝坝料及抗震动液化研究

18.1 概要

刘家箐水库工程区主要地层岩性为印支期花岗岩、燕山期花岗岩、变质岩和沉积岩。坝基全风化花岗岩深厚，一般为10～50m；坝体心墙料采用全风化花岗岩料与残坡积料混合填筑。由于工程地处Ⅷ度地震区，坝基、坝体全风化花岗岩均存在地震液化的可能，最大坝高超过70m。在保证工程安全的前提下，如何合理利用全风化花岗岩料以及坝基的处理，是本工程设计研究的重点。

18.2 工程概况

刘家箐水库位于云南省临沧市云县爱华镇头道水乡刘家箐村刘家箐河上，是以农田灌溉为主，兼顾人畜饮水的中型水利工程，灌溉面积3.46万亩。水库为完全年调节、跨流域引蓄水工程。水库校核洪水位为1757.96m，总库容为1213.2万m^3，调洪库容为64万m^3；正常蓄水位为1756.65m，相应库容为1149.2万m^3，兴利库容为1083.4万m^3；死水位为1712.00m，死库容为65.8万m^3。枢纽工程由大坝、溢洪道、输水隧洞组成。大坝为2级建筑物，溢洪道、导流输水隧洞为3级建筑物。溢洪道布置在左岸，为开敞式宽顶堰无闸控制，两级底流消能；输水隧洞布置在右岸，为圆形压力洞，出口水流经消力池消能后进入总干渠。

拦河大坝为黏土心墙分区土石坝，最大坝高78.8m，坝顶高程为1759.00m，坝顶长468m，坝顶宽8m。防渗心墙顶高程1757.96m，建基面高程1680.20m，顶宽4.0m，上、下游坡比均为1∶0.5，最大底宽81.76m。防渗心墙料采用全风化花岗岩和残坡积土混合料填筑。心墙上游侧设置一层反滤过渡料，下游侧设置两层反滤过渡料，水平宽度均为2m，下游坝基与坝壳间设置1m厚水平反滤层。反滤过渡料均采用南桥河天然砂石料。坝壳料上游为弱风化花岗岩堆石料，下游为强弱风化花岗岩石渣料。大坝标准断面如图18.2-1所示。工程于1999年12月28日开工，2010年3月26日竣工验收。

刘家箐水库在勘察设计过程中，根据工程区花岗岩风化强烈、全风化层较厚的特点，主要研究了以下几项关键技术问题：①全风化花岗岩砂土作为防渗料的利用；②坝壳料场剥离全风化花岗岩弃料的利用；③全风化花岗岩坝基地震液化问题及处理措施。

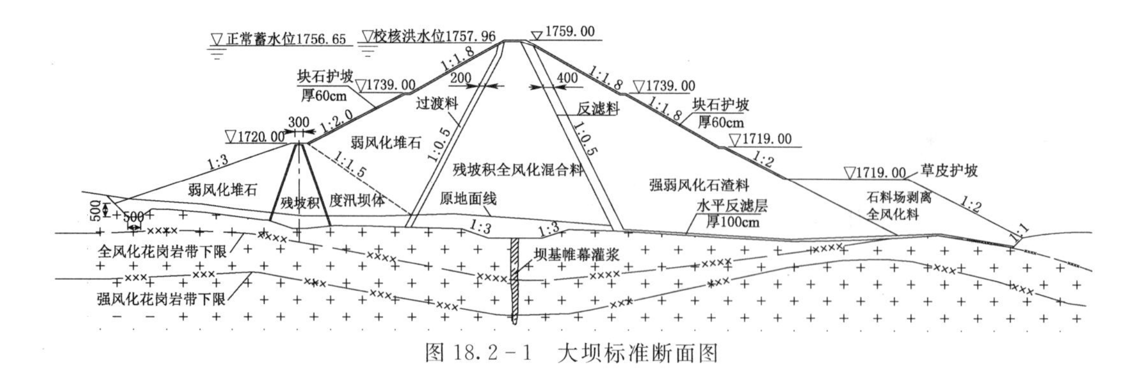

图 18.2-1　大坝标准断面图

18.3　工程地质条件

18.3.1　枢纽区工程地质

工程区位于横断山脉中段，区内多属云县花岗岩体分布区，为浅切割中山地形，相对切割深度 200～500m，谷地较浅，山峰高度齐一，山顶浑圆，脊宽坡缓，山坡坡度一般 30°左右，是典型的南方花岗岩地貌区。库区及枢纽出露印支期花岗岩（γ_5^1），是著名的“临沧花岗岩”北延部分，为一受经向构造体系控制的南北向巨大岩基。该岩基岩石以中粗粒似斑状黑云母二长花岗岩为主，等粒、不等粒状结构。坝址区内无较大规模的断层发育，仅见有挤压破碎带 F_1、断层 F_2，挤压破碎带 F_1 位于坝址河床及右岸深部 40～65m 处，受断层影响，坝址区第四系及全强风化较厚，弱风化基岩埋深较大。坝基地表 5m 内全风化岩体或砂土结构松散，黏粒含量为 4%～11.8%，塑性指数平均值为 9.0<10，中值粒径（D_{50}）为 0.076～0.22mm，存在震动液化的可能性；坝基 5m 以下岩体，经现场标贯试验分析，为不易液化砂土。枢纽区地震基本烈度为Ⅷ度，地震动峰加速度 0.2g。

18.3.2　土料场

坝址区有土Ⅰ～土Ⅴ共 5 个土料场，料场残坡积层 Q^{el+dl} 厚度一般为 2m，储量为 80.4 万 m^3；γ_5^1 全风化花岗岩厚度大于 4m，勘探有用层储量 158.4 万 m^3，剥采比 0.05，料场面积共 39.6 万 m^2。大丫口土料场位于头道水乡西南小米村大丫口，距坝址 7～8km，有用层厚度 0.5～5.1m，平均 1.5m 左右，储量 23.5 万 m^3，平均剥采比 0.27。

18.3.3　石料场

石料场共 3 个，即石Ⅰ～石Ⅲ。大虎山河石料场为石Ⅰ料场，位于坝址上游支流大虎山河两岸，距坝址 3km，地层岩性为印支期中粒黑云母二长花岗岩，强—弱风化花岗岩为有用层，全风化花岗岩地表残坡积及全风化为剥离层，勘探有用储量强风化为 70 万 m^3，弱风化为 212.8 万 m^3，剥离量为 95.9 万 m^3，平均剥采比为 0.34；若扩大料场范围，可获得大量的有用石料，但剥离量亦随之增大。羊头岩石料场为石Ⅱ料场，位于头道水以南的羊头岩，距坝址约 22km，岩性为燕山期灰—灰白色中粒花岗岩，强—弱风化石渣料可满足坝壳料的要求；有用储量为100万m^3，剥采比为0.3。豹子洞箐石料场为石Ⅲ料场，位于刘家箐水库北面豹子洞箐，距坝址区约3km，岩性为印支期花岗岩，估算有用储量为10万m^3，剥采比为0.4。

18.3.4 砂料场

砂料场位于云县西南面，南桥河两岸河漫滩，料场距坝址约25km，为混凝土细骨料料源，人工筛分后作为反滤料，料场有用层储量为67.34万m^3。

18.4 坝料研究

鉴于土料场及石料场第四系及全—强风化层较厚，如按常规设计思路，弃渣量大。本工程通过对天然建筑材料勘探及试验成果分析，充分利用不同风化层料的物理力学特性，做到好料优用，差料不弃，减少弃渣，并综合考虑运距、储量、质量等因素，进行安全、经济的合理性分析研究，最终选定合适的坝型。

18.4.1 心墙防渗料

对坝址区5个土料场先后取样39组细粒土进行物理力学指标试验，其中表层残坡积0.3～2m深17组，全风化料2～6m深17组，残坡积与全风化料混合料，混合比例残坡积：全风化砂土为0.43：1～3.3：1共5组。

有关试验成果见表18.4-1，从表中可以看出，坝址区土料场残坡积砂质黏土黏粒含量为15.1%～35.4%，均值为24.3%，黏粒含量比较适中；渗透系数为1.8×10^{-8}～5.1×10^{-7}cm/s，均值为2.9×10^{-7}cm/s，抗渗性和可塑性较好；天然含水率为21.4%～37.1%，均值为28.9%，最优含水率为21.2%～32.3%，均值为24.6%，天然含水量接近最优含水量；残坡积层满足防渗料用料要求。全风化花岗岩砂土黏粒含量、塑性指数较低，不宜单独作为防渗料使用，但其力学指标及抗渗指标较好，可与表层残坡积砂质黏土混合后使用。根据试验情况，混合比例为0.43：1～3.3：1，黏粒含量11%～28.5%、渗透系数为1.5×10^{-7}～9.8×10^{-6}cm/s。经分析，混合比例不小于1：2时，混合料各项指标基本能满足规范要求，因此，设计采用残坡积与全风化料混合比例1：1进行控制。从粒径分析，全风化花岗岩砂土宜用于坝体干燥区；若用于浸水饱和区时，应采取必要的工程措施，以满足渗透稳定和抗震要求。

18.4.2 坝壳料

对大虎山河石料场先后取样6组粗粒土大样进行物理力学指标试验，成果见表18.4-1，从表中可以看出，大虎山河石料场强风化、弱风化花岗岩及其混合料，黏聚力分别为62.6kPa、45.5kPa、59.8kPa，内摩擦角分别为38.35°、40.90°、39.52°，强度指标较高。渗透系数分别为4.8×10^{-2}cm/s、4.8×10^{-2}cm/s、3.34×10^{-2}cm/s，细粒含量及渗透性均满足坝壳料质量要求。鉴于强风化花岗岩软化系数较低，仅为0.3，宜用于坝体干燥区。

表 18.4-1　　　　筑坝材料及坝基物理力学指标统计表

材料	统计值	天然含水率/%	天然 $\gamma_{湿}$ /(g/cm³)	天然 $\gamma_{干}$ /(g/cm³)	最大 $\gamma_{干}$ /(g/cm³)	最优含水率/%	黏粒含量/%	K /(cm/s)	c /kPa	φ /(°)	D_r	C_u	d_{50}
全风化花岗岩砂土料	最大值	26.4	1.7	1.44	1.74	25.9	11.8	4.9×10^{-5}	44.8	31.90	1.94	29.5	0.16
	最小值	12.2	1.3	1.15	1.49	12.8	2.2	1.4×10^{-6}	0.5	27.06	0.93	14.0	0.06
	均值	21.0	1.58	1.31	1.61	19.2	6.9	6.8×10^{-6}	13.7	29.63	1.35	19.2	0.10
	大值均值	23.9	1.65	1.37	1.65	21.6	9.0	2.4×10^{-5}	28.7	31.02		24.0	0.14
	小值均值	17.6	1.45	1.20	1.52	16.7	5.1	2.6×10^{-6}	6.2	28.42		17.1	0.08
残坡积土料	最大值	37.1	1.75	1.41	1.66	32.3	35.4	5.1×10^{-7}	45.2	29.12			
	最小值	21.4	1.37	1.03	1.39	21.2	15.1	1.8×10^{-8}	2.7	21.65			
	均值	28.9	1.60	1.25	1.54	24.6	24.3	2.9×10^{-7}	19.6	26.85			
	大值均值	33.2	1.69	1.33	1.60	29.1	33.5	4.5×10^{-7}	31.4	28.13			
	小值均值	23.2	1.48	1.14	1.44	21.6	18.2	1.4×10^{-7}	14.4	23.83			
坝基原状样	最大值	27.2	1.99	1.73			27.6	6.2×10^{-4}	44.0	34.60	1.0	37.5	0.16
	最小值	12.3	1.56	1.32			4.1	5.0×10^{-6}	1.1	25.52	0.38	10.1	0.08
	均值	18.7	1.68	1.42			9.5	1.8×10^{-4}	16.9	30.05	0.59	24.6	0.12
	大值均值	22.1	1.81	1.53			22.4	3.2×10^{-4}	24.8	32.00	0.75	31.4	0.14
	小值均值	16.2	1.62	1.36			7.3	8.1×10^{-5}	7.7	27.77	0.45	17.8	0.10
剥离弃料	最大值	24.4	1.72	1.48	1.74	20.3	8.3	6.6×10^{-5}	26.4	31.98	1.80	49.2	0.30
	最小值	10.6	1.49	1.25	1.56	12.8	3.1	2.1×10^{-6}	1.1	26.47	0.75	12.4	0.10
	均值	17.2	1.59	1.36	1.67	18.1	5.3	1.5×10^{-5}	10.5	29.68	1.22	24.1	0.19
	大值均值	23.0	1.71	1.42	1.72	19.6	7.0	4.7×10^{-5}	19.9	30.87	1.47	33.6	0.24
	小值均值	14.7	1.54	1.29	1.63	16.3	4.1	6.7×10^{-6}	4.3	27.93	1.03	17.7	0.14
混合黏质土砂	最大值				1.73	26.7	28.5	9.8×10^{-6}	45.5	30.88			
	最小值				1.49	17.0	11.0	1.5×10^{-7}	19.3	26.40			
	均值				1.62	24.8	16.0	3.2×10^{-6}	30.8	28.73			
	大值均值						28.5	7.2×10^{-6}	41.3	30.25			
	小值均值						11.8	9.9×10^{-7}	23.8	27.72			
全强风化混合料					1.94	12.3		5.39×10^{3}	61.4	39.52			
强弱风化混合石渣料					1.98			3.34×10^{-2}	59.8	39.82			
强风化石渣料					1.98			4.8×10^{-2}	62.6	38.35			
弱风化堆石料					2.01			4.8×10^{-2}	45.5	40.90			

注　混合黏质土砂混合比例为 0.43∶1～3.3∶1（残坡积∶全风化砂土）；全强风化混合料混合比例为 1∶8（全∶强）；强弱风化混合料混合比例为 1∶6.6（强∶弱）。

18.4.3 剥离弃料

大虎山河石料场开采规划分为A、B两区，A区有用储量为142万m^3，剥离弃料为35.9万m^3，其中全风化花岗岩弃料为22.8万m^3，剥采比为0.25；B区有用储量为140.8万m^3，剥离弃料为60万m^3，其中全风化花岗岩弃料为51.5万m^3，剥采比0.43。剥离弃料共95.9万m^3，数量较大，其中全风化花岗岩弃料为74.3万m^3，应考虑合理利用。

对大虎山河石料场剥离弃料先后取样6组粗粒土大样进行物理力学指标试验，经统计分析，其黏粒含量较土料场全风化花岗岩砂土料黏粒含量更低，为3.1%～8.3%，平均5.3%，塑性指数也较低，为2.4～5.1，介于少黏性土和无黏性土之间，初步判定存在液化的可能。因此，对剥离弃料的利用考虑用于下游坝壳干燥区。

18.4.4 坝料及坝基地震液化分析

（1）全风化花岗岩砂土料。全风化花岗岩砂土料粒径小于0.05mm的细粒含量较多，范围值为22.4%～43.2%，平均33.6%。黏粒含量偏低，最小仅2.2%，平均为6.9%。塑性指数为1.8～17.8，平均7.6>3，属少黏性土。以黏粒含量、塑性指数和平均粒径等3个指标判别，为易液化土料。以不均匀系数、相对密度、饱和含水量和液性指数等4个指标进行判别，为不易液化土料。总体判断，全风化花岗岩砂土料存在地震液化的可能性。有关试验成果及评价见表18.4-2。

表18.4-2 全风化花岗岩砂土料液化判别表

判别标准		Ⅷ地震区易液化界线值	试验值	评价
全风化花岗岩筑坝料	黏粒含量（<0.005mm）	<15%	2.2%～11.8%，平均6.9%	易液化
	塑性指数 I_c	<10	1.8～17.8平均7.6	易液化
	平均粒径 d_{50}/mm	<0.2	0.062～0.16，平均0.1	易液化
	不均匀系数 C_u	<10	14.0～73.3，平均24.8	不易液化
	相对密度 D_r	≤0.75	0.93～1.94，平均1.35	不易液化
	相对含水量 w_u	≥0.9	<0.9	不易液化
	液性指数 I_c	≥0.75～1.0	<0	不易液化

全风化花岗岩砂土料相对密度试验值为0.93～1.94，平均1.35，试验值偏高且不合理。分析其偏高原因为：相对密度试验方法适用于测定最大粒径为60mm能自由排水的无凝聚性粗粒土。从颗粒组成看，小于0.05mm的细粒含量较多，范围值为22.4%～43.2%，平均值为33.6%；试验采用振动台方法获取的最大干容重偏小，与细粒含量较多有直接关系，故造成相对密度D_r值偏大。

根据振动三轴试验成果，当轴向动应变为ε=2.5%、Ⅷ度地震时强度指标衰减较大，衰减幅度为27%～13%，土料性质类似于较紧密的砂。因此，对全风化花岗岩砂土料的液化判别不能单纯以某项指标来判别其液化可能性。液化与否还应取决于填筑土体的密实度、上覆盖重、地震烈度等因素。

经采用西特简化法分析计算，全风化花岗岩砂土填筑料上无盖重时，液化深度 14m，见表 18.4-3。当全风化花岗岩砂土料填筑干容重达 1.58g/cm^3，上覆非液化土层，$\gamma_{干}$ = 2.04g/cm^3，厚度大于 8.0m，抗液化安全系数大于 1，见表 18.4-4。可认为当上覆非液化土层厚度大于 8m，全风化花岗岩砂土料填筑干容重达到设计要求，砂土填筑体即处于不易液化状态。

表 18.4-3　Ⅷ度地震时全风化花岗岩筑坝料液化深度估算表

深度/m	地震剪应力/10^5Pa	抗液化剪应力/10^5Pa	抗液化安全系数 K	液化可能性
2	0.05	0.04	0.8	可能
4	0.10	0.09	0.87	可能
6	0.15	0.13	0.87	可能
8	0.19	0.17	0.89	可能
10	0.23	0.22	0.96	可能
12	0.27	0.26	0.98	可能
14	0.28	0.30	1.07	不可能

表 18.4-4　Ⅷ度地震时全风化花岗岩筑坝料上覆非液化土料厚度估算表

厚度/m	地震剪应力/10^5Pa	抗液化剪应力/10^5Pa	抗液化安全系数 K	液化可能性
2	0.058	0.056	0.97	可能
4	0.115	0.111	0.97	可能
6	0.170	0.167	0.98	可能
8	0.220	0.222	1.01	不可能
10	0.267	0.278	1.04	不可能

（2）石料场剥离弃料。石料场剥离弃料为全风化花岗岩，从剥离弃料试验指标统计分析可以看出，其黏粒含量较土料场全风化花岗岩砂土料黏粒含量更低，范围值为 3.1%～8.3%，平均值为 5.3%。塑性指数也较低，为 2.4～5.1，介于少黏性土和无黏性土之间。其相对密度 D_r 由于与土料场全风化花岗岩砂土料同样的原因而偏大，试验成果见表 18.4-5。剥离弃料的液化性判别与全风化花岗岩砂土料一致，但鉴于其平均黏粒含量较低为 5.3%，小于 0.05mm 的细粒含量为 14.2%～29.8%，平均为 22.5%，较全风化花岗岩砂土料小于 0.05mm 的细粒含量（22.4%～43.2%，平均为 33.6%）低得多。根据全风化花岗岩《砂土动力特性试验报告》，粉粒含量对提高抗液化能力较明显。因此，可认为剥离弃料的抗地震液化能力不如全风化花岗岩砂土料，对剥离弃料的利用，为安全计宜用于下游干燥区。

（3）坝基全风化花岗岩。坝基全风化砂土料原状样试验结果见表 18.4-6，塑性指数均大于 3，黏粒含量为 4.1%～27.6%，平均为 9.5%，小于 0.05mm 的细粒含量为 26.4%～55%，平均为 33.0%，同样为少黏性土。以黏粒含量、塑性指数和平均粒径等 3 个指标判别，为易液化坝基；以不均匀系数、相对密度、饱和含水量和液性指数等 4 个指标进行判别，为不易液化坝基；总体判断，坝基全风化花岗岩存在地震液化的可能。

表 18.4-5　　全风化花岗岩砂土剥离弃料液化判别表

判别标准		Ⅷ地震区易液化界线值	试验值	评价
剥离弃料	黏粒含量（＜0.005mm）	＜15％	3.1％～8.3％，平均 5.3％	易液化
	塑性指数 I_c	＜10	2.4～5.1，平均 3.6	易液化
	平均粒径 d_{50}/mm	＜0.2	0.1～0.3，平均 0.19	易液化
	不均匀系数 C_u	＜10	12.4～49.2，平均 24.1	不易液化
	相对含水量 w_u	≥0.9	＜0.9	不易液化
	液性指数 I_c	≥0.75～1.0	＜0	不易液化

表 18.4-6　　全风化花岗岩坝基液化判别表

判别标准	Ⅷ地震区易液化界线值	试验指标		评价
		第一次	第二次	
黏粒含量（＜0.005mm）	＜15％	5.8％～27.6％，平均 15.4％	4.1％～9.3％，平均 7.1％	易液化
塑性指数 I_c	＜10	1.8～17，平均 9.0	4.4～8.1，平均 6.4	易液化
平均粒径 d_{50}/mm	＜0.2	0.076～0.22，平均 0.1	0.08～0.16，平均 0.12	易液化
不均匀系数 C_u	＜10	25.5～73.3，平均 28.8	10.1～37.5，平均 24.6	不易液化
相对密度 D_r	＞0.75	0.54～1.0	0.38～1.0	局部易液化
标贯击数	＜7～12	16～56（5m 以下）	2～20（5m 以上）	5m 以上局部易液化
饱和含水量 w_u	≥0.9	＜0.9	5 组：≥0.9 5 组：＜0.9	局部易液化
液性指数 I_c	≥0.75～1.0	＜0	＜0	不易液化

进行现场钻孔标准贯入锤击试验，坝基标准贯入锤击数 5m 以上为 2～20 击，5m 以下为 16～56 击，按坝基土不同的黏粒含量 4.1％～11％计算Ⅷ度地震时的液化临界贯入击数为 7～12 击，5m 以上全风化花岗岩坝基存在液化的可能。

根据有关资料，土的结构对液化的可能性也有影响。原状砂的抗液化能力是扰动砂的 1.5～2.0 倍。尽管 5m 以下坝基原状土与全风化花岗岩砂土料的黏粒含量、塑性指数、平均粒径、不均匀系数、饱和含水率和液性指数等指标相差不大，但因土的结构不同，标贯击数大于液化临界击数，5m 以下坝基仍判别为不易液化地基。实际工程中液化与否取决于现场土层厚度、埋深、密实度、应力状态、饱和状态、地震烈度和震级、土层排水及边界条件等。

采用西特简化法，利用坝基原状样振动液化 $\varepsilon_d=2.5\%$ 时的动应力比及相对密度，经分析计算，当全风化花岗岩砂土地基埋深为 11m，或上覆非液化土层（$\gamma \geq 1.68g/cm^3$）厚度等于 11m 时，地震液化安全系数为 1.18，见表 18.4-7。可认为当上覆非液化土层（$\gamma \geq 1.68g/cm^3$）厚度大于 11m，全风化花岗岩砂土地基即处于不易液化状态。计算中采用的 5m 以上相对密度值试验值因偏大而未采用，而是利用全风化扰动样的击实最大干容重及坝基原状样试验的天然干密度、最小干密度换算而得，5m 以下 D_r 为标贯换算值。

表 18.4-7 Ⅷ度地震时地基液化深度估算表

深度/m	地震剪应力/10^5Pa	抗液化剪应力/10^5Pa	抗液化安全系数 K	液化可能性
5	0.117	0.084	0.72	可能
10	0.219	0.216	0.99	可能
11	0.225	0.265	1.18	不可能
15	0.231	0.394	1.71	不可能
20	0.211	0.650	3.08	不可能
25	0.209	0.676	3.23	不可能

以黏粒含量、塑性指数、平均粒径、饱和含水率、液性指数和现场标贯击数等指标综合判断，全风化花岗岩坝基 5m 以上存在局部液化的可能。从地基条件看，最理想的清基方案是将坝基 5m 以上可能液化土层全部清除。尽管 5m 以上基础存在液化的可能，但通过采取周边围封和增加上覆非液化层盖重等处理措施，可以满足地震条件下抗液化要求。对于地震条件下基础动强度指标降低，在设计计算中加以考虑。

设计从工程投资、基础强度指标的利用、最不利滑动面的位置、地震液化、动力分析成果等综合分析后，采用的清基方案为：岸坡段平均清基深 1.5m；上游坡脚处采用开挖 5m 深、底宽 10m 齿槽，齿槽回填弱风化花岗岩坝壳料进行围封处理，以满足抗液化要求。

18.4.5 坝型选择

从刘家箐水库天然建筑材料的勘探情况看，有以下特点：

（1）坝址区 5 个土料场运距近、土料丰富，但满足防渗土料要求的残坡积土料因厚度薄，一般不超过 2m，勘探储量仅为 80.4 万 m^3；而全风化花岗岩砂土料厚度大于 4m，勘探储量为 158.4 万 m^3，但经地震液化分析，全风化花岗岩砂土料存在地震液化的可能。

（2）大虎山河石Ⅰ料场强—弱风化花岗岩坝壳料运距稍远，约 3km，储量丰富，强风化花岗岩为 70 万 m^3，弱风化花岗岩为 212.8 万 m^3，质量满足要求，但剥离量为 95.9 万 m^3 较大，其中全风化花岗岩剥离量为 74.3 万 m^3，经地震液化分析，同样存在地震液化的可能。

土料场、石料场都存在大量的全风化花岗岩砂土料，如何利用全风化花岗岩砂土料是做好刘家箐水库大坝设计的关键。为此，我们需对全风化花岗岩砂土料不同程度的利用进行分析。

1）坝体填筑以全风化花岗岩砂土料为主。按均质坝考虑，坝料采用全风化花岗岩砂土料填筑，进行坝体稳定分析计算。根据《水工建筑物抗震设计规范》（GB 51247—2018），全风化花岗岩砂土料的抗剪强度指标，在采用固结快剪强度指标时，应按 0.7～0.8 进行折减。按折减后强度指标进行坝体抗滑稳定分析计算，平均稳定坝坡为 1∶3.2。受地形限制，在选定的坝轴线位置，按 1∶3.2 平均坡所放坝脚线，下游坡脚距坝轴线 241m，将影响溢洪道出口，上游坡脚距坝轴线 217m，将影响输水隧洞进水通道。左右坝肩深切冲沟贴坡填筑不可避免。均质坝填筑方量将突破 300 万 m^3。

另一方面，全风化花岗岩砂土填筑相对密度 D_r 为 0.75，上覆土层厚小于 5m 时，按西特简化法计算的抗液化安全系数仍小于 1。采用全风化花岗岩料作均质坝，上游坝坡存在地震液化的可能，不能保证设计地震烈度下大坝的抗震安全。

因此，坝体填筑不宜以全风化花岗岩砂土料为主。

2）在保证大坝的抗震安全及上、下游坝坡满足地形要求的前提下，充分考虑全风化花岗岩砂土料的利用。经前述分析，全风化花岗岩砂土与残坡积土料混合后各项指标可满足防渗土料的要求，防渗心墙采用 1∶0.5～1∶1 边坡的厚心墙；上游坝体在满足防止液化和控制边坡的前提下，填筑部分全风化花岗岩砂土料；下游坝体在控制边坡的前提下，尽可能利用全风化花岗岩砂土料填筑。

因此，刘家箐水库大坝采用了土质防渗体心墙分区坝，在满足抗震安全、地形限制、坝坡稳定的情况下，充分利用了全风化花岗岩砂土料，合理进行了分区设计。

18.4.6 坝料分区研究

分区原则：

（1）消除填筑坝体地震液化隐患，满足抗震稳定要求；同时，大坝边坡满足地形要求。

（2）充分利用残坡积土料，尽量利用全风化花岗岩砂土，混合料混合比例合适，方便施工。

（3）合理利用石料场剥离全风化花岗岩砂土料。

根据料源情况，在满足大坝稳定、保证抗震安全的前提下，尽量采用坝址区土料场的残坡积土、全风化花岗岩砂土，但在坝体饱水区不应单独使用全风化花岗岩砂土，可采用残∶全=1∶1 混合料；尽可能减少强风化花岗岩石渣、弱风化花岗岩石渣的开采及填筑量，合理利用石料场剥离全风化花岗岩弃料。土料场及石料场基本情况见表 18.4-8、表 18.4-9。

表 18.4-8　坝址区土料场基本情况统计表

土料名称	残坡积砂质黏土						全风化砂土					
料场	Ⅰ	Ⅱ	Ⅲ	Ⅳ	Ⅴ	合计	Ⅰ	Ⅱ	Ⅲ	Ⅳ	Ⅴ	合计
有用储量/万 m^3	39.8	7.3	9.6	13.1	10.6	80.4	76.9	16.6	19.8	28	17.2	158.4
剥离量/万 m^3	5.8	1.3	1.5	2.1	1.3	11.9	剥采比 0.05					

表 18.4-9　大虎山河石Ⅰ料场基本情况统计表

料区	A 区		B 区		合　计		
料名	强风化	弱风化	强风化	弱风化	强风化	弱风化	总量
有用储量/万 m^3	34.9	107.1	35.1	105.7	70	212.8	282.8
剥离量/万 m^3	35.9 （其中全风化 22.8）		60 （其中全风化 51.5）		95.9 （其中全风化 74.3）		
剥采比	0.25		0.43		0.34		

根据分区原则，初拟两种分区型式。

型式一：度汛坝防渗心墙或斜墙和大坝心墙顶部 10m 采用残坡积土料，大坝心墙顶 10m 以下采用残坡积土和全风化花岗岩砂土混合土料，边坡坡度为 1：0.5～1：1；上游坝壳采用强弱风化料，下游坝壳采用土料场全风化料和石料场剥离的全风化料。

该分区型式可以避免全风化砂土料的液化问题，最大限度利用了坝址区残坡积和全风化料，总填筑量约 190 万 m^3，但存在与均质坝坝型相同的问题，下游平均坝坡缓于 1：3，影响溢洪道出口布置。同时，左右坝肩下游均有深切冲沟，贴坡填筑将带来新的边坡稳定问题。

型式二：在型式一的基础上，度汛坝防渗心墙或斜墙和大坝心墙布置不变；上游坝壳改用弱风化堆石料，下游坝壳以强弱风化料为主，尽量增加全风化花岗岩料的分区使用。分区断面尺寸需通过稳定分析计算最终确定。

18.4.7 大坝稳定分析

（1）拟静力法抗震分析。

1）物理力学指标设计采用值。根据坝基土原状样、扰动样动三轴试验成果，见表 18.4-10，在地震情况下，力学指标 c、ϕ 值衰减较大，衰减幅度为 27%～13%，因此，对于水下部分地震工况设计指标取值为：全风化花岗岩坝基用设计指标按 0.80 折减；坝体全风化花岗岩填筑料用设计指标按 0.75 折减；其余指标取值同非地震工况。

表 18.4-10　坝基全风化花岗岩砂土料动强度指标试验值

轴向动应变	土样编号	各周次动应力比 τ_d/σ_{3c}				各震级 $\varphi_d/(°)$　$c_d=0$				备注
		8	12	20	30	6.5	7.0	7.5	8.0	
$\varepsilon=2.5\%$	Byz－5 扰	0.331	0.318	0.302	0.293	22.0	21.8	21.8	21.2	各周次 8、12、20、30 所对应的震级分别为 6.5、7.0、7.5、8.0 级
	Byz－9 扰	0.455	0.426	0.385	0.364	23.2	22.7	22.2	21.4	
	Byz－5 原	0.336	0.318	0.301	0.288	22.2	21.8	21.8	21.1	
	Byz－9 原	0.478	0.461	0.445	0.433	25.0	22.8	22.8	22.3	
$\varepsilon=5.0\%$	Byz－5 扰	0.361	0.339	0.321	0.305					
	Byz－9 扰	0.515	0.482	0.451	0.436					
	Byz－5 原	0.379	0.357	0.338	0.326					
	Byz－9 原	0.503	0.485	0.466	0.453					

坝料及坝基物理力学指标设计采用值见表 18.4-11。

表 18.4-11　坝体材料及坝基物理力学指标设计采用值

部位		干容重 /(g/cm³)	浮容重 /(g/cm³)	湿容重 /(g/cm³)	c /kPa	φ /(°)	备注
筑坝材料	残坡积砂质黏土及混合料	1.51	0.96	1.88	20.4	25°19′	压实度 98%
	全风化花岗岩砂土 1	1.58	1.00	1.88	6.2	28°25′	压实度 98%
	全风化花岗岩砂土 2	1.59	0.99	1.85	4.3	27°56′	料场剥离弃料压实度 98%

续表

部位		干容重/(g/cm³)	浮容重/(g/cm³)	湿容重/(g/cm³)	c/kPa	φ/(°)	备注
筑坝材料	强风化花岗岩石渣	2.04	1.28	2.2	39.2	34°00′	孔隙率 24%
	强弱风化花岗岩石渣	2.04	1.28	2.2	39.2	36°00′	孔隙率 24%
	弱风化花岗岩堆石	2.04	1.28	2.2	39.2	38°00′	孔隙率 24%
	弃渣反压平台	1.40	0.9	1.67	4.0	20°00′	清基任意料
坝基全风化	5m 以上	1.42	0.88	1.68	7.7	27°46′	
	5m 以下	1.42	0.88	1.72	25.0	31°00′	
坝基强风化		2.20	1.38	2.4	50.0	36°00′	

2）稳定计算。按规范要求，大坝稳定计算以瑞典圆弧法为主、简化毕肖普法复核。

为选择合适的分区，进行了上百组稳定分析后发现，对坝体稳定的两个制约因素：心墙边坡和大坝基础指标。

心墙边坡坡度在 1：0.2～1：1 范围选择，当心墙边坡缓于 1：0.5 时，对大坝稳定产生影响，上下游坝坡需放缓以维持稳定，鉴于地形条件限制，下游平均边坡不应缓于 1：1.92。因此，选择心墙边坡为 1：0.5。

坝基全风化花岗岩在地震工况时，力学指标 c、φ 值衰减较大，衰减幅度为 27%～13%，取值为静力指标乘以 0.80 折减系数。该工况上下游最不利断面最不利滑弧都有较大范围穿过基础，从上下游接近坝脚处溢出，最不利滑弧稳定主要受基础强度控制。为此，心墙上游坝体结合度汛体布置，度汛坝顶高程 1720.00m 以下上游边坡采用了 1：3.0 坝坡，除度汛体心墙防渗体以外采用弱风化堆石填筑，满足稳定要求和抗液化要求。心墙下游坝体采用强弱风化料填筑，下游坝脚处采用石料场剥离的全风化料填筑反压平台，增加坝脚压重，经计算分析，当平台填筑至高程 1707.00m，高度 27m、平台顶宽 46m 时，满足稳定要求和抗液化要求。

在稳定分析时，当试图对强弱风化料区进行全风化料替代时发现，整个强弱风化料区为滑弧压重区，替换容重轻于强弱风化料，需放缓边坡才能维持稳定，鉴于地形条件限制，下游平均边坡不应缓于 1：1.92。因此下游坝壳除反压平台外，不具备再分区的条件。

设计分区断面型式如图 18.2－1 所示，其稳定计算成果列于表 18.4－12。

表 18.4－12　　边坡稳定分析计算成果表

断面	运用情况		瑞典圆弧法			简化毕肖普法	
			上游坡	下游坡	安全系数	上游坡	安全系数
0+150	正常情况	正常蓄水位 1756.65m	1.611		1.25	1.829	1.31～1.38
		1/3 坝高附近水位 1726.00m	1.312		1.25	1.533	1.31～1.38
	非常情况	校核洪水位 1757.96m	1.621		1.15	1.848	1.21～1.26
		正常蓄水位＋地震	1.472		1.15	1.506	1.21～1.26
		1/3 坝高附近水位 1726m＋地震	1.156		1.15	1.463	1.21～1.26

续表

断面	运用情况		瑞典圆弧法			简化毕肖普法	
			上游坡	下游坡	安全系数	上游坡	安全系数
0+250	正常情况	正常蓄水位 1756.65m		1.413	1.25		1.31～1.38
		1/3 坝高附近水位 1712.00m		1.654	1.25		1.31～1.38
	非常情况	校核洪水位 1757.96m		1.404	1.15		1.21～1.26
		正常蓄水位＋地震		1.207	1.15		1.21～1.26
0+325	正常情况	正常蓄水位 1756.65m			1.25		1.31～1.38
		1/3 坝高附近水位 1729.00m	1.513		1.25		1.31～1.38
	非常情况	校核洪水位 1757.96m		1.373	1.15		
		正常蓄水位＋地震	1.172	1.201	1.15		1.21～1.26

（2）有限元动力分析。刘家箐水库大坝属高坝、场地地震烈度为Ⅷ度、坝基存在地震液化的可能，除采用拟静力法进行抗震稳定计算外，还应用有限元法对坝体和坝基进行动力分析，综合判断其抗震安全性，包括残坡积土、全风化花岗岩砂土的动力特性试验，在试验研究的基础上，运用有限元分析方法，进行大坝的静力应力应变分析、地震动力反应分析和抗震安全性评价。

1）坝料及坝基计算参数。坝料及坝基计算参数见表 18.4－13。

表 18.4－13　　Duncan $E-\mu$ 模型静力计算参数表

坝料及坝基	$\gamma_{干}$ /(g/cm³)	φ /(°)	c /kPa	R_f	K	n	D	G	F
全风化坝基原状样	1.42	27.77	7.7	0.728	114.6	0.515	0.042	0.282	0.215
残坡积砂质黏土	1.51	25.32	14.4	0.838	185.0	0.494	0.009	0.551	0.373
全风化砂土	1.58	25.32	6.2	0.780	178.5	0.482	0.033	0.319	0.100
料场剥离弃料	1.59	27.93	4.3	0.798	247.6	0.380	0.029	0.366	0.241
弱风化花岗岩	2.04	38.00	39.2	0.636	201.0	1.180	0.074	0.329	0.257
强弱风化混合	2.04	36.00	39.2	0.669	682.0	0.252	0.129	0.288	0.118
强风化花岗岩	2.04	34.00	39.2	0.659	203.3	1.045	0.070	0.359	0.276

2）地震波。分别采用武定地震和丽江地震实测地震波形。丽江波属冲击型波，武定波属振动型波。采用两种波型计算具有较好的代表性。从工程安全考虑，设计宜以丽江波计算成果为主采取工程措施，用武定波计算成果做对比分析。

3）动强度特性试验成果。填筑坝料及坝基土料的动剪强度比 $\Delta\tau/\sigma'_0$（$N_f=20$）见表 18.4－14，填筑坝料及坝基土料的地震总应力抗剪强度参数见表 18.4－15，填筑坝料动剪模量比和阻尼比与相对动剪应变关系曲线的数值化结果见表 18.4－16，填筑坝料和坝基土料动剪模量比和阻尼比与相对动剪应变关系曲线的数值化结果见表 18.4－17。

表 18.4-14 填筑坝料及坝基土料的动剪强度比表

σ' /kPa	K_c	动剪强度比 $\Delta\tau/\sigma_0'$			
		全风化花岗岩砂土	残坡积土	残坡积全风化混合料（1∶1）	坝基全风化花岗岩砂土
100	1.5	0.187	0.239	0.213	0.203
300	1.5	0.174	0.182	0.178	0.189
100	2.0	0.228	0.270	0.249	0.247
300	2.0	0.217	0.217	0.217	0.235

表 18.4-15 填筑坝料及坝基土料的地震总应力抗剪强度参数

土料名称		σ_0'/kPa	T_{fso}/kPa	$tg\varphi_{do}$	ζ	β
全风化花岗岩砂土		0～120	0	0.111	0	1.366
		120～380	2.1	0.090	0.22	1.378
残坡积土		0～386	8.2	0.089	7.28	1.319
残坡积全风化混合料（1∶1）		0～386	5.2	0.090	3.75	1.346
坝基全风化花岗岩砂土	5m以上	0～120	0	0.121	0	1.394
		120～380	2.2	0.099	0.43	1.405
	5m以下	0～118	0	0.117	0	1.401
		118～373	2.2	0.096	0.42	1.410

表 18.4-16 填筑坝料动剪模量比和阻尼比与相对动剪应变关系曲线的数值化结果

土料名称	全风化花岗岩砂土				残坡积土			
	$K_c=1.5$		$K_c=2.0$		$K_c=1.5$		$K_c=2.0$	
γ/γ_r	G/G_{max}	λ/%	G/G_{max}	λ/%	G/G_{max}	λ/%	G/G_{max}	λ/%
3×10^{-3}	0.998	1.5	0.995	1.6	0.995	1.8	0.998	1.6
6×10^{-3}	0.985	1.7	0.987	1.8	0.984	1.9	0.994	1.7
1×10^{-2}	0.959	2.0	0.970	1.9	0.972	1.9	0.990	1.7
2×10^{-2}	0.902	2.2	0.942	2.0	0.961	2.0	0.979	1.8
4×10^{-2}	0.830	2.7	0.875	2.2	0.928	2.1	0.962	1.9
7×10^{-2}	0.761	3.0	0.818	2.7	0.905	2.4	0.940	2.0
1×10^{-1}	0.705	3.5	0.755	3.0	0.863	2.5	0.920	2.1
2×10^{-1}	0.600	4.2	0.634	3.9	0.732	3.6	0.854	2.9
4×10^{-1}	0.488	5.1	0.522	4.8	0.545	6.5	0.677	4.5
7×10^{-1}	0.407	7.0	0.420	5.8	0.386	9.8	0.500	6.8
1	0.356	8.0	0.381	6.7	0.270	12.0	0.362	8.7
2	0.272	10.8	0.305	9.0	0.130	15.7	0.197	12.6
3	0.220	12.3	0.250	10.8	0.095	16.9	0.120	15.0

表 18.4-17　　填筑坝料和坝基土料动剪模量比和阻尼比与相对动剪应变关系曲线的数值化结果

土料名称	弱风化花岗岩堆石料		残坡积全风化混合料		坝基全风化花岗岩砂土	
γ/γ_r	G/G_{max}	λ/%	G/G_{max}	λ/%	G/G_{max}	λ/%
3×10^{-3}	1.000	0.1	0.997	1.6	0.997	1.6
6×10^{-3}	0.998	0.1	0.988	1.8	0.986	1.8
10^{-2}	0.997	0.2	0.973	1.9	0.965	2.0
2×10^{-2}	0.990	0.6	0.946	2.0	0.922	2.1
4×10^{-2}	0.938	1.1	0.899	2.2	0.853	2.5
7×10^{-2}	0.832	2.2	0.856	2.5	0.790	2.9
10^{-1}	0.730	3.0	0.811	2.8	0.730	3.3
2×10^{-1}	0.593	5.7	0.705	3.7	0.617	4.1
4×10^{-1}	0.480	7.3	0.558	5.2	0.505	5.0
7×10^{-1}	0.418	8.7	0.428	7.4	0.414	6.4
1	0.381	9.4	0.342	8.9	0.369	7.4
2	0.311	10.8	0.226	12.0	0.289	9.9
3	0.269	11.3	0.171	13.8	0.235	11.6

4）有限元分析成果及结论。

a. 计算成果。各计算工况下动力分析成果如图 18.4-1～图 18.4-18 所示。

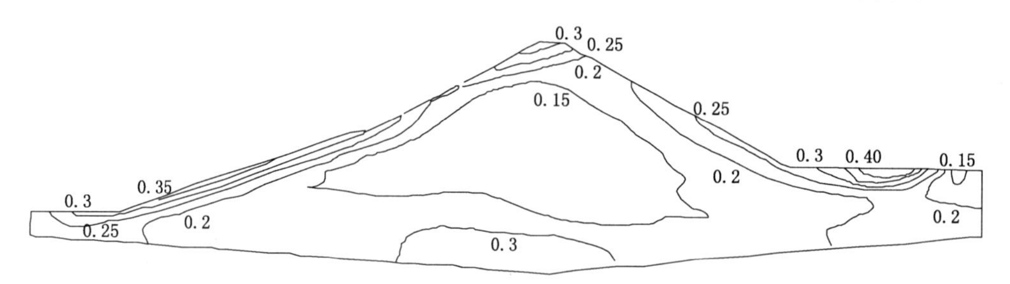

图 18.4-1　上游最大断面（武定地震波）正常水位时水平加速度（g）等值线图

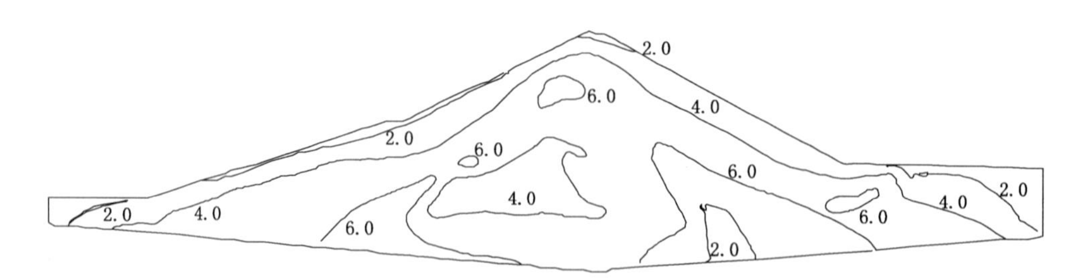

图 18.4-2　上游最大断面（武定地震波）正常水位时动剪应力等值线图（单位：t/m^2）

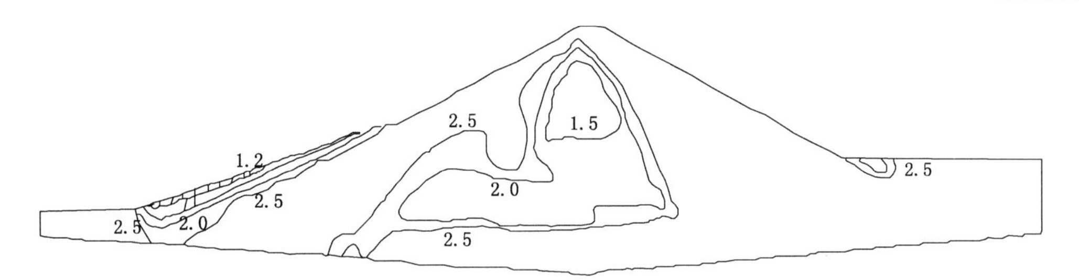

图 18.4-3 上游最大断面（武定地震波）正常水位时水平抗震安全系数（K）等值线图

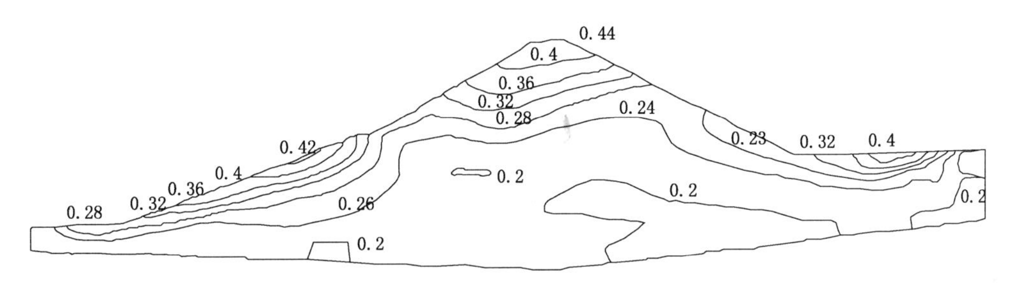

图 18.4-4 上游最大断面（丽江地震波）正常水位时水平加速度（g）等值线图

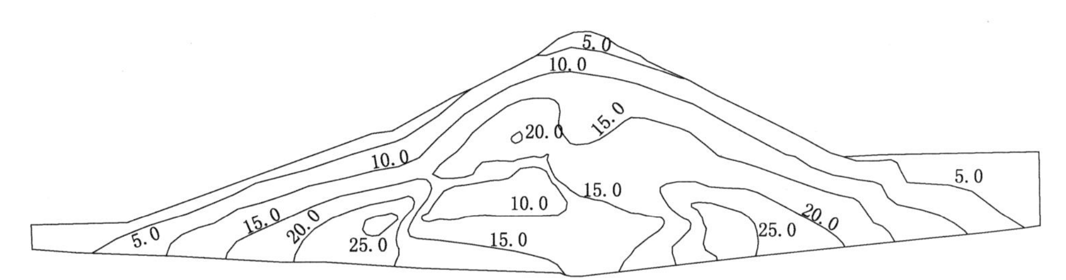

图 18.4-5 上游最大断面（丽江地震波）正常水位时动剪应力等值线图（单位：t/m^2）

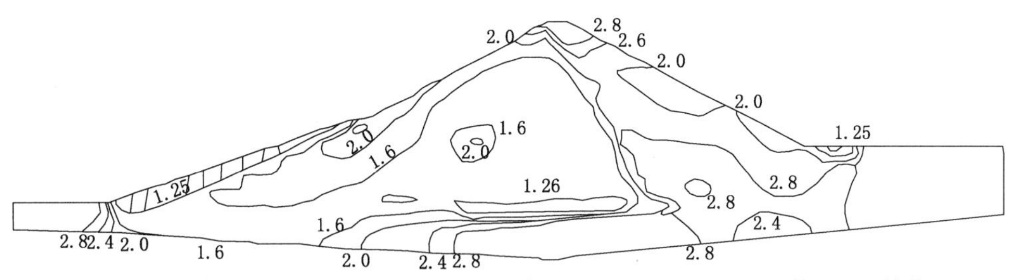

图 18.4-6 上游最大断面（丽江地震波）正常水位时水平抗震安全系数（K）等值线图

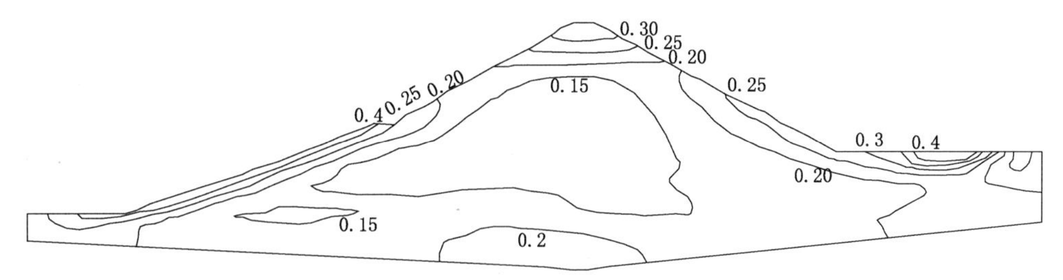

图 18.4-7 上游最大断面（武定地震波）1/3 坝高水位时最大反应水平加速度（g）等值线图

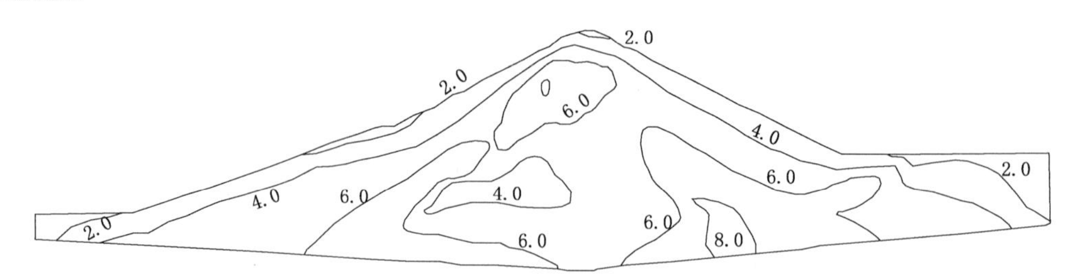

图 18.4-8 上游最大断面（武定地震波）1/3 坝高水位时最大反应动剪应力等值线图（单位：t/m²）

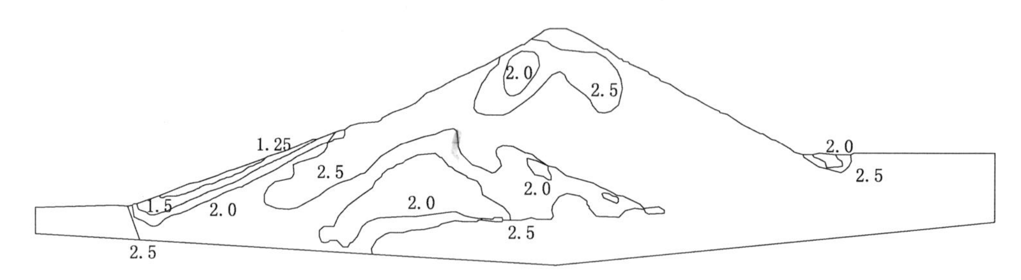

图 18.4-9 上游最大断面（武定地震波）1/3 坝高水位时最大反应水平抗震安全系数（K）等值线图

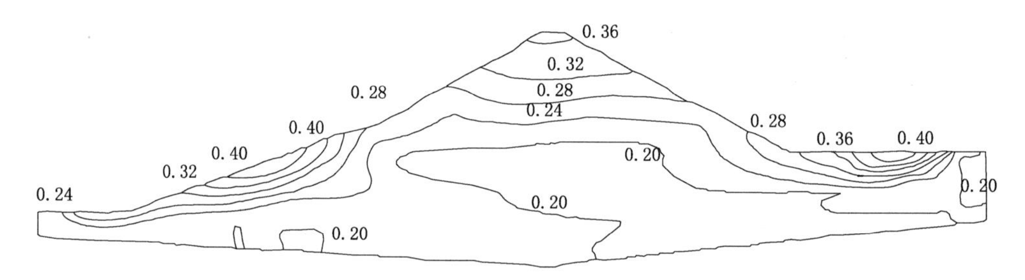

图 18.4-10 上游最大断面（丽江地震波）1/3 坝高水位时最大反应水平加速度（g）等值线图

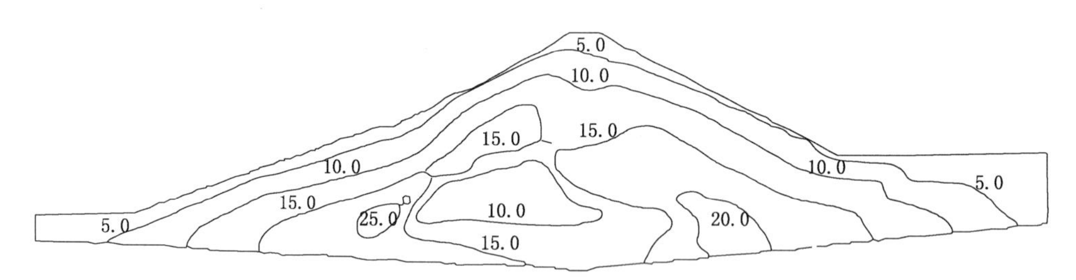

图 18.4-11 上游最大断面（丽江地震波）1/3 坝高水位时最大反应动剪应力等值线图（单位：t/m²）

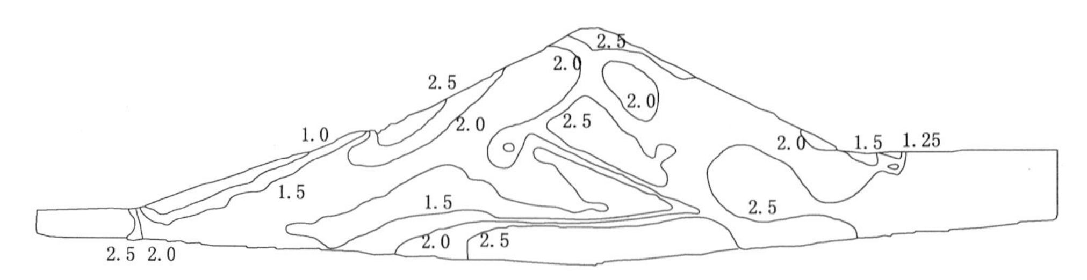

图 18.4-12 上游最大断面（丽江地震波）1/3 坝高水位时最大反应水平抗震安全系数（K）等值线图

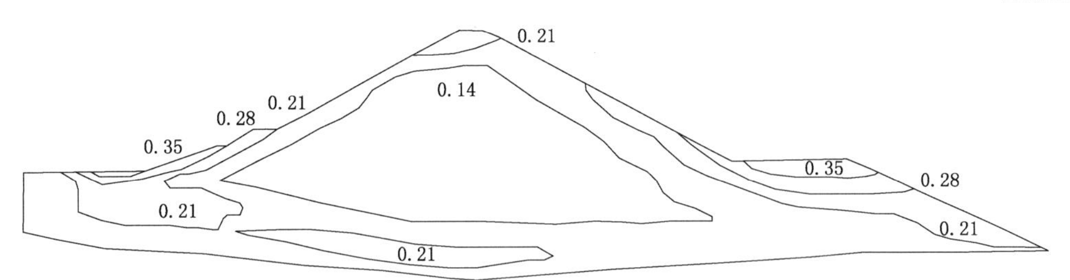

图 18.4-13 下游最大断面（武定地震波）正常水位时水平加速度（g）等值线图

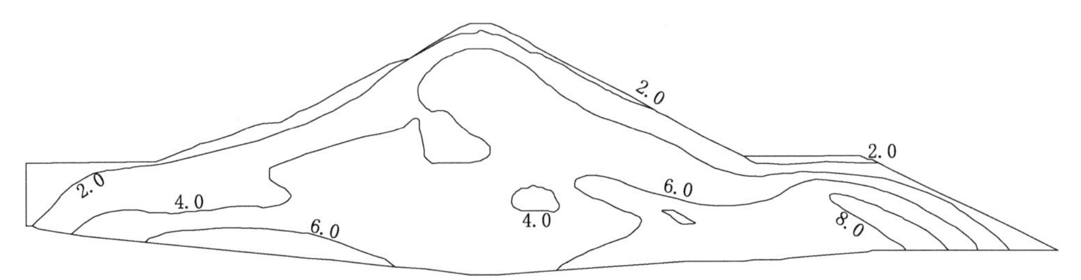

图 18.4-14 下游最大断面（武定地震波）正常水位时动剪应力等值线图（单位：t/m²）

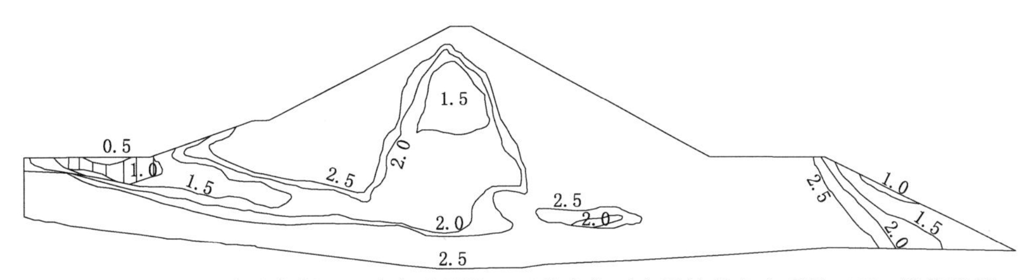

图 18.4-15 下游最大断面（武定地震波）正常水位时水平抗震安全系数（K）等值线图

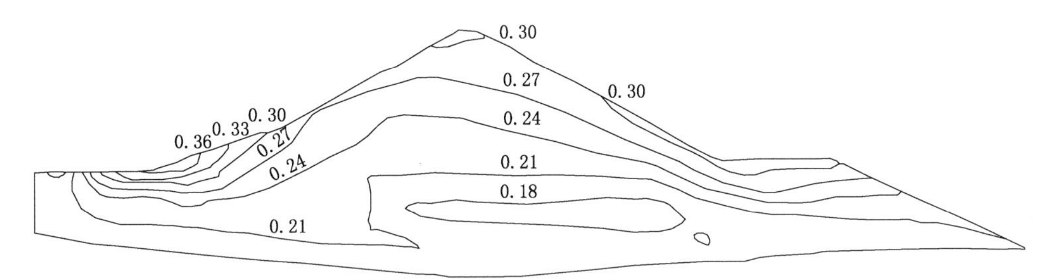

图 18.4-16 下游最大断面（丽江地震波）正常水位时水平加速度（g）等值线图

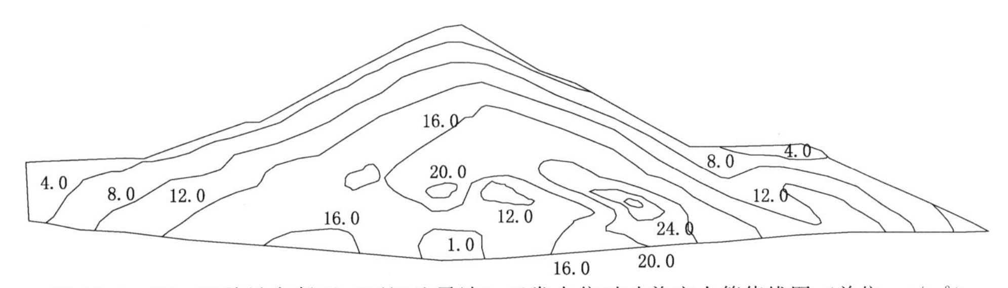

图 18.4-17 下游最大断面（丽江地震波）正常水位时动剪应力等值线图（单位：t/m²）

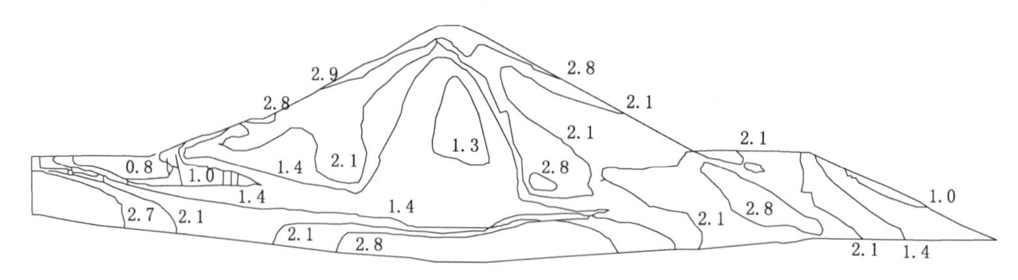

图 18.4－18　下游最大断面（丽江地震波）正常水位时水平抗震安全系数（K）等值线图

b. 结论。上游最大断面在两个地震波作用下，水库运行期正常水位 1756.65m 遇地震情况及 1/3 坝高附近水位遇地震情况，度汛坝体上游面残坡积土采用上游斜墙防渗时，均出现了水平抗震安全系数小于 1.25 的区域。在丽江波作用下，下游坝脚剥离弃料区出现了较小范围的水平抗震安全系数小于 1.25 的区域，这些区域在Ⅷ度地震作用下，可能发生动力剪切破坏。

下游最大断面在两个地震波作用下，水库运行期正常水位 1756.65m 遇地震情况及 1/3 坝高附近水位遇地震情况，在上游坝脚处的全风化砂层均出现抗震安全系数小于 1.0 的区域。在丽江波作用下，正常高水位情况下，心墙的部分区域水平抗震安全系数虽满足抗震要求，但富余不大，属于较薄弱区。在两个地震波作用下，正常高水位时，下游坝脚剥离弃料区填筑区出现了较小范围的动力剪切破坏区，水平抗震安全系数小于 1.25。

根据动力分析成果，度汛体上游面残坡积土改为弱风化堆石，采用心墙防渗；上游坝脚出现剪切破坏的区域，采用部分挖除并用石料回填。

18.4.8　选定大坝断面及填筑量

经过大坝稳定计算和有限元分析，最终选定的大坝断面如图 18.2－1 所示。各种填筑料勘察储量及设计使用情况统计见表 18.4－18。

表 18.4－18　　填筑料勘察储量及设计用量统计表

勘察储量/万 m^3			设计用量/万 m^3			勘察储量/设计用量		
强弱风化花岗岩	残坡积黏土	全风化砂土	强弱风化花岗岩	残坡积黏土	全风化砂土	强弱风化花岗岩	残坡积黏土	全风化砂土
282.7	80.3	158.4	170.1	43.2	33.6	1.66	1.86	4.69

18.5　设计要求及施工质量控制

18.5.1　设计要求

（1）坝基。将河床砂卵砾石及其上覆砂壤土层全部清除，全风化花岗岩建基面强度标准满足标准贯入击数不小于 9 击；上游坝脚采取周边围封和增加上覆非液化层盖重等处理措施，即在上游坝脚处开挖 5m 深、底宽 10m 齿槽带，回填堆石料，以满足地震条件下抗液化要求。

（2）防渗土料。度汛体心墙和大坝心墙顶部 10m 厚为残坡积黏土；大坝心墙底部 1.0m 厚采用黏粒含量较高（不小于 25%）、塑性指数大于 15 的残坡积黏土填筑，其余为残坡积土与全风化花岗岩砂土混合料，混合比例为 1∶1，严禁全风化花岗岩砂土料单独上坝，心墙料各项指标均应符合设计要求。

土料场混合料开采，因残坡积层厚薄不均，实际混合比例较难控制，因此，要求施工中根据残坡积层厚度变化及时调整开采深度。

（3）坝壳料。上游坝壳料为弱风化花岗岩堆石料，度汛坝体下游坡及坝体下游坡为强弱风化花岗岩混合石渣料，混合比例不限，物理力学指标采用强风化料指标，坝壳料各项指标均应符合设计要求。

（4）反滤料。反滤砂石料取自南桥河天然砂石料场，砂石料应进行筛分和淘洗，砂石料的质量应符合有关规定。反滤料采用相对密度指标控制，除按规定检查压实质量外，必须严格控制颗粒级配，不符合设计要求应进行返工。

各坝料填筑指标要求见表 18.5-1。

表 18.5-1　　大坝填筑料设计指标要求

指　　标	残坡积砂质黏土	残坡积全风化混合土料（1∶1）	剥离全风化砂土料	坝　壳　料		反滤料
				强弱风化混合（任意比例）	弱风化堆石	
设计干容重/(g/cm³)	1.51	1.58	1.59	2.04	2.04	
孔隙率/%				≤24	≤24	
含泥量/%						<3
渗透系数/(cm/s)	$\leqslant 1\times10^{-5}$	$\leqslant 1\times10^{-5}$		$\geqslant 1\times10^{-3}$	$\geqslant 1\times10^{-3}$	$>1\times10^{-3}$
相对密度 D_r			≥0.75			≥0.8
压实度	≥0.98	≥0.98	≥0.98			
碾压合格率/%	>90	>90	>90	>90	>90	>90
c/kPa	14.0	7.0	7.0	39.2	39.2	
φ/(°)	23.0	23.0	31	36	38	
最大粒径控制/mm				≤600 同时≤2/3 铺料厚	≤600 同时≤2/3 铺料厚	≤60

18.5.2　质量控制

（1）坝基开挖。按设计清基后，在里程 0+100.2～0+325.6 段坝基范围标贯击数仅为 6～7 击，不满足设计建基面强度要求，随之进行了二次清基。清基深度 1～4.8m，建基面高程 1680.20～1709.10m，从而引起开挖量及坝体各坝料回填量增加，增加的主要工程量为开挖量增加 171824m³，心墙土料增加 21116m³，坝壳料增加 166187m³。同时，最大坝高由 74.0m 增加至 78.8m。

（2）心墙填筑分层现象。在大坝心墙填筑施工中，高程 1707.40m 第 82 层在碾压层中呈现分层现象，但各项控制指标满足设计要求。施工方进行了不同施工参数的碾压试验，经对现场碾压试验资料进行分析，控制碾压含水率在允许范围内、在合适的施工参数下碾压，各控制标准，如压实度、现场及室内渗透系数等指标均能满足设计要求。观察现场试坑，局部存在水平分层现象，但其具有不连续、局部性的特点。现场渗透系数满足要求，同时，针对沿分层向取样进行室内渗透试验，其 $K=1.16\times10^{-6}$cm/s，也满足设计要求，说明局部分层面结合较好。坝体稳定受控于坝壳料，心墙防渗体在具备了设计要求的防渗性能和渗流稳定的条件下，即可以认为是安全可靠的。所以，压实层中局部的、非连续的分层现象在满足设计要求的控制标准条件下，并不会影响心墙的质量。

(3) 防渗土料压实度。大坝所需心墙防渗料取自 5 个不同的土料场，且除心墙顶部 10m 及底部 1.0m 为残坡积黏土料外，其余为残坡积与全风化花岗岩砂土混合料，取土时采用立面开采。尽管设计要求按土层厚度 1∶1 开采，但实际仍无法完全实现 1∶1 的混合。经室内试验及碾压试验成果证明，同一个料场的不同部位、不同深度的土料，其压实性能并不相同，反应在干密度指标上。若以同一个干容重指标控制，对于压实性能好的土料，干密度满足要求时，其压实度并不一定满足要求；对于压实度差的土料，干密度不满足要求，但其压实度已满足要求，无论如何补压，其干密度也满足不了要求。由此，设计上采用“控制压实度不小于 98%，浮动干容重”的控制标准，目的就是使得各种压实性能的土料达到同一标准的压实，以保证施工质量。

采用压实度控制时，必须已知该土的最大干容重，才能计算压实度，判断是否达到要求。但正规的击实试验要一两天后才能得到结果，显然无法满足施工要求，因此，必须采用快速法进行控制。心墙料填筑采用了西尔夫快速控制法，又称三点击实法，进行控制，即不需测定含水率，现场根据填土压实湿容重和三种含水率情况的击实试验测得的湿容重，就可以确定填土的压实度和最优含水率与填土压实度的差值。一次试验耗时不超过 30min，满足施工进度要求。

(4) 坝壳料、反滤料。弱风化、强弱风化坝壳料以及反滤料施工中未出现大的偏离或异常，填筑满足设计要求。

18.6 大坝运行情况

从 2006 年 4 月大坝封顶后坝体、坝基沉降量最大仅为 17cm，在设计范围内。坝基及两岸采用帷幕处理后，经分析计算，年渗漏量为 33.4 万 m^3，占水库库容的 2.7%，满足设计要求。

18.7 结语

根据刘家箐水库工程区花岗岩风化强烈、全风化层较厚、料场剥离量大的特点，展开了全风化花岗岩砂土作为防渗料的利用、坝壳料场剥离全风化花岗岩弃料的利用、全风化花岗岩坝基地震液化问题的试验研究和有限元模拟分析，并取得了较好的研究成果。

(1) 全风化花岗岩砂土黏粒含量、塑性指数较低，不宜单独作为防渗料使用，但其力学指标及抗渗指标较好，可与表层残坡积砂质黏土混合后使用，设计力学指标以较低的残坡积层控制；在满足压实度要求的前提下，同时保证一定的盖重，顶部10m高采用残坡积土填筑，解决了全风化花岗岩砂土料集中区可能出现的地震液化问题。

（2）石料场的全风化花岗岩剥离弃料，其抗地震液化能力不如全风化花岗岩砂土料，只能用于坝体下游干燥区填筑，因坝基也为全风化花岗岩，大坝稳定计算地震工况时，坝基力学指标衰减较大，最危险滑弧溢出点在下游坝脚，因此，利用全风化花岗岩剥离料填筑下游坝脚反压平台，减少弃料，提高坝体稳定性。

（3）全风化花岗岩坝基5m以上存在局部液化的问题，通过采取基础上部坝体填筑盖重，以及在上游坝脚开挖5m深、底宽10m齿槽，齿槽回填弱风化花岗岩坝壳料进行围封处理措施，满足地震条件下抗液化要求。

第19章 高地震烈度区沥青混凝土心墙坝坝料研究及抗震分析

19.1 概要

昆明市东川区轿子山水库大坝为沥青混凝土心墙风化料坝，最大坝高 99m，地震设计烈度为Ⅷ度，是目前云南省最高的沥青混凝土心墙坝。本工程结合石料场情况对沥青混凝土心墙风化料坝坝料进行研究，合理确定了坝体分区及过渡料选择，对沥青混凝土心墙所需沥青、骨料、填料进行分析研究，选择适合本工程的原材料，并对沥青混凝土配合比及沥青混凝土各项物理力学指标进行了大量的试验研究，提出了沥青混凝土配合比，并进行现场碾压试验确定了最终配合比及施工设备、施工工艺、施工控制参数。

19.2 工程概况

轿子山水库地处昆明市东川区红土地镇境内，位于金沙江流域小江左岸一级支流小清河中游，属金沙江水系二级支流。水库距东川区 76km，距昆明市 233km。水库是一座以供水为主要任务的综合利用中型水利工程，总库容为 2033 万 m^3，枢纽工程由大坝、溢洪道、导流泄洪隧洞、输水隧洞组成。

大坝为沥青混凝土心墙风化料坝，坝顶高程为 2204.00m，最大坝高 99.00m，坝顶宽 10m，坝顶长 320m。大坝坝壳料采用杨桥沟石料场的禄丰组弱风化长石石英砂岩及泥质粉砂岩，上游坝坡分三级，坡比从上至下为 1∶2.25、1∶2.25、1∶2.5，分别在 2179.00m、2153.50m 高程设置 3.0m 宽马道；下游坝坡分四级，坡比为 1∶2.1、1∶2.0、1∶2.0、1∶1.8，分别在 2179.00m、2154.00m、2129.00m 高程设置 3.0m 宽马道。鉴于泥质粉砂岩在碾压过程易破碎，浸水易软化崩解，因此坝壳料采用分区设计，对心墙下游浸润线以下及上游死水位以上水位变幅区坝壳料采用强度较高、排水性能较好的弱风化长石石英砂岩进行填筑，其余坝壳料采用长石石英砂岩与泥质粉砂岩的混合料填筑。

大坝防渗体采用沥青混凝土心墙，心墙轴线在坝轴线上游 2m 处，采用碾压式施工工艺。心墙顶高程为 2202.50m，顶宽 0.5m，分阶梯式变厚，高程 2202.50～2179.00m 段心墙厚度为 0.5m，高程 2179.00～2154.00m 段心墙厚度为 0.7m，高程 2154.00～

2129.00m 段心墙厚度为 0.9m，高程 2129.00m 以下心墙厚度为 1.1m。在心墙上下游各设置水平宽度 3m 的过渡层，以达到过渡、协调变形的目的。

大坝典型断面如图 19.2-1 所示。

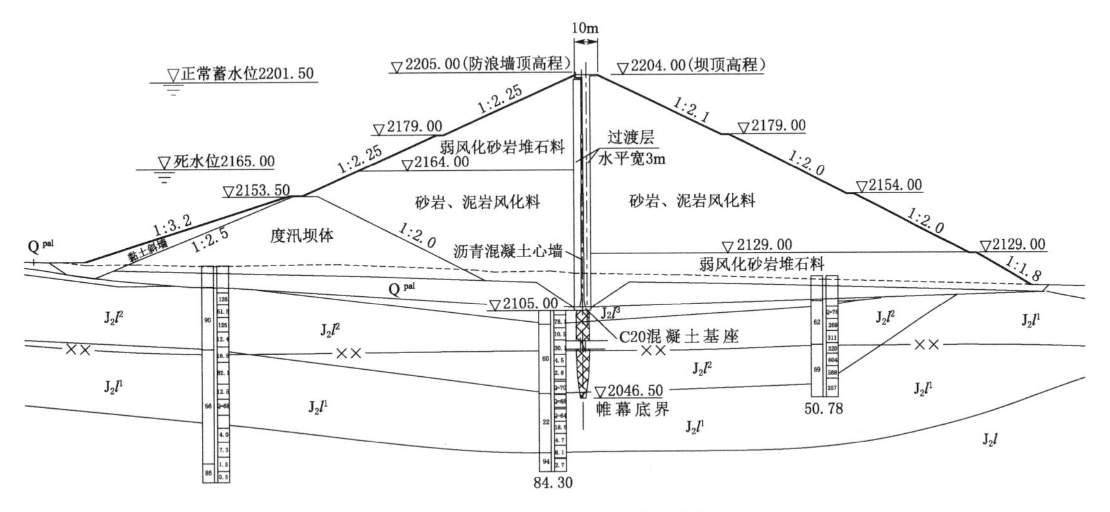

图 19.2-1 大坝典型断面图

19.3 基本地质条件

19.3.1 坝址区工程地质条件

轿子山水库坝址地处小清河大包脑村河段，为 V 形河谷，河床宽 23～45m，高程为 2128.00～2107.00m，纵比降约 23‰，河流总体呈弓形自西向东流，沿河堆积有数米至十几米不等的河床冲洪积物。河谷两岸地形不对称，左岸坡较为陡峻，高差 110～150m，地形坡度 35°～45°，局部陡崖坡度大于 70°；右岸坡稍缓，高差 109～139m，地形坡度 30°～40°，上缓下陡，局部有陡崖。两岸山顶均较为平缓，地形坡度 5°～20°。

坝址区内除第四系覆盖层外，出露中生界侏罗系中、下统禄丰组地层。

(1) 第四系成因类型有人工堆积（Q^{s}）、崩坡积（Q^{col+dl}）、冲洪积（Q^{pal}）、洪坡积（Q^{pl+dl}）、残坡积（Q^{edl}）等。

(2) 侏罗系中统禄丰组（J_2l）从上向下分为四层：①第四层（J_2l^4）：中—厚层状粉砂质泥岩，夹细粒长石石英砂岩、泥质砂岩，分布于坝址区两岸及山顶；②第三层（J_2l^3）：以厚层状细粒长石石英砂岩为主，局部夹薄层状粉砂质泥岩，分布于坝址区上游两岸坡脚段、河床及下游两岸坡；③第二层（J_2l^2）：中—厚层状粉砂质泥岩，局部夹粉细砂岩、长石石英砂岩，分布于蚂蟥箐沟口及下游两岸坡；④第一层（J_2l^1）：厚层状细粒长石石英砂岩，夹薄层状泥岩、粉砂质泥岩，分布于蚂蟥箐上游、坝址区下游河床及两岸坡。

(3) 侏罗系下统下禄丰组（J_1l）中—厚层状粉砂质泥岩，局部夹长石石英砂岩、炭质页岩，分布于坝址区下游河床及两岸。

坝址区处于晓光河-老公地复式向斜核部南段，发育次级褶皱马桑颗向斜及两条相对较大规模断层 F_4、F_5（均属Ⅱ级结构面），受晓光河-老公地复式向斜、马桑颗向斜等褶皱影响，坝址区岩层产状较凌乱。①马桑颗向斜，位于坝址中部，横穿小清河，整体轴向NNE向与坝轴线近于平行，核部地层为 J_2l^4，产状较舒缓（倾角小于10°）；两翼地层向外依次为 J_2l^3、J_2l^2、J_2l^1、J_1l，西翼地层产状N30°～35°W，NE∠21°～33°，东翼地层产状N40°～55°E，NW∠25°～34°。②F_4 断层位于坝址上游，横穿小清河河道，属张性正断层，断距约5～12m。断层面产状为：N40°～60°E，NW∠44°～78°，断层破碎带宽度1.0～1.5m，主要由构造岩、糜棱岩、碎裂岩等组成，延伸长度大约1.2km。F_5 断层发育于坝址下游，属压扭性逆断层，具阻水性质，断距约15～20m，产状N15°～40°E，NW∠40°～80°，断层带物质为构造岩、压碎岩等，断层带宽约1.5～2.0m，延伸长度约2km。

坝址区不良物理地质现象较发育，以滑坡、坍塌、崩塌、卸荷、风化为主。坝址左岸强卸荷带水平深度（基岩内）2～5m，右岸强卸荷带水平深度（基岩内）3～7m。坝址区山顶夷平面上风化作用较强，两岸陡坡段岩体风化作用稍弱；左岸全强风化带基岩厚度6.0～25.0m，右岸全强风化带基岩厚度7.0～26.0m；河床段因水流冲蚀作用，无全强风化基岩，砂、卵砾石层下出露弱风化岩体。

坝址区内砂岩、裂隙发育的粉砂质泥岩为含水（透）水层，较完整砂岩、粉砂质泥岩为相对隔水层，因陡倾角节理发育，岩体透水性差异变化较大。两岸地下水接受大气降水入渗补给，地下水主要沿基岩孔隙、裂隙向小清河径流排泄；坝址区左岸地下水补给河水，水力坡降15.9%；右岸存在一个地下水低槽区，从河边向南至 F_5 断层地段，最低水位约低于河床水位8m；F_5 断层以南，地下水力坡降13.75%。坝址区内岩体透水性差异变化较大，含水透水层多属中等透水性，局部卸荷密集带、陡倾节理裂隙发育带透水性强；左岸平均透水率（大值均值）$q=91$Lu，平均透水层厚度66.09m；河床平均透水率 $q=86$Lu，平均透水层厚度63.73m；右岸平均透水率 $q=100$Lu，平均透水层厚度76.79m。

19.3.2 筑坝材料

（1）杨桥沟石料场。杨桥沟石料场位于库区右岸杨树桥箐沟内，料场南北长约400m，东西宽约500m，分布高程2280.00～2350.00m，地形坡度30°～40°。料场距坝址区运距6.0km，场地内植被较为发育，以灌木为主，沿冲沟两侧出露基岩。地表覆盖层厚度小于5.0m，主要为残坡积碎石土。料场出露岩层为中厚层状长石石英砂岩夹薄层状泥质粉砂岩及粉砂质泥岩，长石石英砂岩与泥质粉砂岩、粉砂质泥岩所占比例约为3∶2。

弱风化长石石英砂岩饱和抗压强度 $R_b=60\sim70$MPa，为坚硬岩，满足《水利水电工程天然建筑材料勘察规程》（SL 251—2015）的堆石料原岩饱和抗压强度要求（$R_b>30$MPa），可用作堆石料及块石料。由于料场长石石英砂岩与泥质粉砂岩、泥岩呈互层状产出，难以分开开采，仅能用作风化料坝壳，难以作为堆石料使用。根据试验分析，杨桥沟石料场风化料建议参数见表 19.3-1。

表 19.3-1　　杨桥沟风化料建议参数

岩石名称	风化程度	干密度 /(g/cm³)	控制孔隙率 /%	内摩擦角 /(°)	黏聚力 /kPa	渗透系数 /(cm/s)
长石石英砂岩与泥质粉砂岩按 3∶2 掺配	强风化	2.00～2.05	23～25	28～30	15～20	5×10^{-3}
长石石英砂岩与泥质粉砂岩按 3∶2 掺配	弱风化	2.05～2.10	21～23	32～34	20～30	$2\times10^{-2}\sim5\times10^{-2}$
长石石英砂岩	强风化	2.02～2.05	23	33～35	25～30	$4\times10^{-2}\sim6\times10^{-2}$
	弱风化	2.10～2.15	21～23	39～41	35～40	$4\times10^{-2}\sim5\times10^{-2}$
泥质粉砂岩	强风化	1.90～2.00	24～25	26～28	10～15	$>10^{-3}$
	弱风化	2.00～2.05	23～25	28～30	15～20	5×10^{-3}

石料场有用层为强、弱风化长石石英砂岩、泥质粉砂岩，平均厚度 59.0m；无用层为地表覆盖层的残坡积碎石土、覆盖层下 0.5m 及裸露基岩下 1m，地表覆盖层厚度小于 5.0m。料场储量 978 万 m³，冲沟两侧出露基岩，具较好开采条件，适宜机械化规模开采，石料场运距约为 4.0km。

(2) 白泥井石料场。料场位于红土地镇—汤丹镇公路的小竹山—大竹山段公路旁，距枢纽区约 13.0km，地层岩性为二叠系栖霞组、茅口组灰岩。料场南北长约 450m，东西宽约 1000m，分布高程 2400.00～2700.00m，地形坡度 40°～60°。石料场有用层平均厚度 15m，储量 675 万 m³。

料场岩性为中厚层灰岩，呈弱风化状。可作为沥青混凝土心墙坝的粗细骨料、过渡料及填料使用。骨料母岩饱和抗压强度 R_b=65MPa，符合《水利水电工程天然建筑材料勘察规程》(SL 251—2015) 对骨料母岩在饱和状态下的抗压强度 R_b>40MPa 的要求。灰岩是良好的碱性岩石，满足沥青混凝土所需的粗、细骨料及填料的技术要求。

19.4 大坝设计

19.4.1 坝型选择

轿子山水库坝址区地层中以软岩（粉砂质泥岩）为主，饱水后抗压、抗剪强度均较低，岩层倾角缓，岩体全强风化带深（6～26m）。若做刚性坝，存在坝基深层抗滑稳定和坝基岩体不均匀沉陷变形等问题，且基础处理工程量较大；根据坝址地形、地质条件，结合当地天然建筑材料考虑，宜采用土石坝基本坝型。根据土石料勘察成果，进行了黏土心墙堆石坝、混凝土面板堆石坝及沥青混凝土心墙风化料坝三种坝型的比较，经比较，推荐沥青心墙风化料坝。

19.4.2　坝壳料设计

坝壳料选择在库区内的杨桥沟石料场开采，料场出露岩层为中厚层状长石石英砂岩夹薄层状泥质粉砂岩及粉砂质泥岩，砂岩和泥岩所占比例约为 3∶2。为了研究坝壳料的物理力学性能，根据石料场岩石分层情况，分别对强风化、弱风化料进行物理力学性能试验，根据试验结果，结合工程实际情况，风化坝壳料物理力学指标值见表 19.4－1。

表 19.4－1　　坝坡稳定计算坝壳料采用指标

部位	天然容重 /(kN/m^3)	饱和容重 /(kN/m^3)	内摩擦角 φ/(°)	黏聚力 c/kPa	渗透系数 /(cm/s)
坝壳料（强风化砂岩和泥岩按 3∶2 比例混合）	20.5	21.0	32	20	5×10^{-2}
弱风化砂岩堆石料	20.5	21.0	38	30	2.45×10^{-2}

杨桥沟石料场因强风化岩体较薄，坝壳料以弱风化岩体为主，坝壳料物理力学指标按弱风化料进行取值。鉴于泥质粉砂岩在碾压过程易破碎，浸水易软化崩解，因此，坝壳料采用分区设计，对大坝下游浸润线以下及上游死水以上水位变幅区坝壳料采用强度较高、排水性能较好的弱风化长石石英砂岩进行填筑，其余坝壳体采用长石石英砂岩与泥质粉砂岩的混合料填筑。坝体分区如图 19.2－1 所示。

坝壳砂岩、泥岩强弱风化料混合料填筑以孔隙率不大于 24%，填筑控制干密度不小于 2.05g/cm^3，渗透系数不小于 8×10^{-3}cm/s 进行控制。

坝壳弱风化砂岩料填筑孔隙率不大于 23%，填筑控制干密度不小于 2.08g/cm^3，渗透系数不小于 5×10^{-2}cm/s 进行控制。

19.4.3　过渡料设计

沥青混凝土心墙两侧需设置过渡层，其变形模量介于心墙与坝壳料之间，可协调心墙、过渡料、坝壳料之间变形，过渡料要求质密、坚硬、抗风化、耐侵蚀，具有良好的排水性和渗透稳定性，能满足施工要求的承载力。杨桥沟石料场开采的弱风化长石石英砂岩饱和抗压强度 R_b＝60～70MPa，为坚硬岩，抗风化能力强，可以作为过渡料的料源，且可结合坝壳料开采进行自行开采，开采成本及运输成本较低。综合分析，推荐采用杨桥沟石料场开采的弱风化长石石英砂岩加工过渡料。

过渡料最大粒径不超过 80mm，小于 5mm 粒径的含量宜为 25%～40%，小于 0.075mm 粒径的含量不宜大于 5%。轿子山水库大坝在沥青混凝土心墙上下游各设了一层 3.0m 厚的过渡料，采用杨桥沟石料场开采的弱风化长石石英砂岩通过破碎机进行加工。按规范要求，并通过现场试验，确定过渡料级配曲线如图 19.4－1 所示。过渡料填筑设计控制孔隙率小于 20%，填筑干密度不低于 2.0g/cm^3，渗透系数为 5×10^{-3}～10×10^{-3}cm/s。

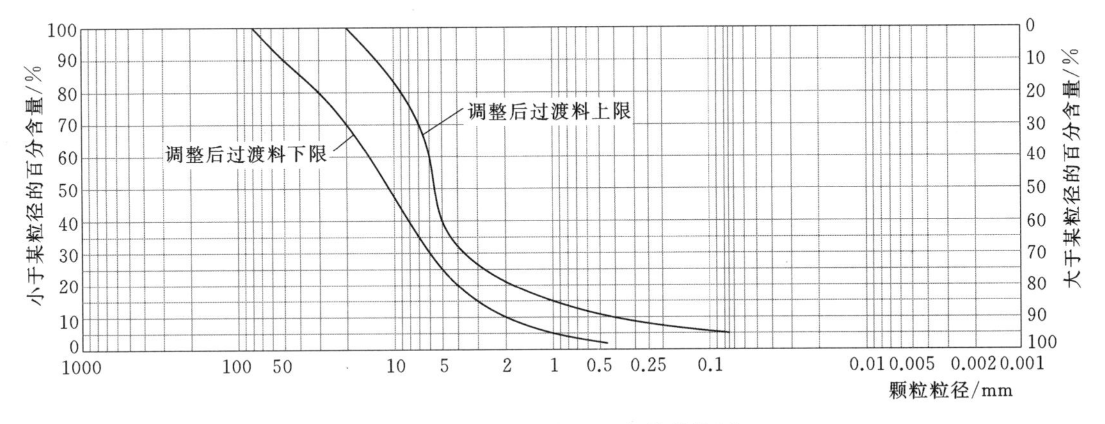

图 19.4-1 过渡料级配包络曲线图

19.5 沥青混凝土防渗心墙研究

19.5.1 沥青混凝土配合比试验

轿子山水库沥青混凝土心墙风化料坝是云南省目前在建的最高的一座沥青混凝土心墙坝，为确保沥青混凝土心墙的工程质量，对沥青混凝土配合比进行了试验研究。

19.5.1.1 原材料选择

（1）沥青。目前，国产优质沥青主要有新疆克拉玛依沥青、辽河油田的盘锦沥青、中国海洋石油的中绥沥青等，特别是克拉玛依沥青已被多项水利工程应用，这种沥青含蜡量低，在低温抗裂性能、抗老化性能、变形性能以及与骨料的黏结性能等均较优，质量稳定性也较好。综合考虑轿子山水库所在地的气候及高坝特点，参考国内外已建和在建工程的使用经验，采用新疆克拉玛依石化公司生产的 70 号水工沥青，用于轿子山水库沥青混凝土心墙的施工，其品质检验结果见表 19.5-1。

表 19.5-1　70 号沥青品质检测结果

试 验 项 目	检验结果	SL 501—2010 技术要求
针入度（25℃，100g，5s)/0.1mm	63	60～80
软化点（环球法)/℃	49.5	≥46
延度（15℃，5cm/min)/cm	>151	≥150
密度（25℃)/(g/cm^3)	1.04	—
溶解度/%	99.7	≥99.5

（2）填料。填料是指沥青混凝土中起填充作用的粒径小于 0.075mm 的矿质粉末，也称矿粉。填料与沥青在沥青混凝土中组成均匀的沥青胶结料，可以提高黏滞性，从而提高沥青混凝土的强度，同时根据胶浆理论，足够多的沥青胶结料可以很好地填充细骨料及粗

骨料之间的孔隙，从而提高沥青混凝土的抗渗透性能。

用作填料的矿粉种类很多，一般宜选择碱性材料加工磨制，如石灰岩粉、白云岩粉、大理石粉、水泥、粉煤灰、滑石粉等。根据对轿子山水库工程周边石料场、水泥厂生产情况的调查，工程区附近有石灰岩料场，但没有石粉加工厂，各水泥厂也不单独加工石粉出售。为此，工程采用灰岩自制石粉和外购水泥作为填料进行对比试验，通过试验选择沥青混凝土所需填料。

（3）骨料。沥青混凝土骨料分为碱性骨料和酸性骨料。碱性岩石如石灰岩、白云岩等粗骨料与沥青黏附性能好，抗水剥离能力强，因此沥青混凝土骨料多采用碱性骨料。对缺乏碱性骨料的地区，也可采用酸性骨料如砂砾石骨料。由于酸性骨料与沥青的黏附性能较差，酸性骨料拌制的沥青混凝土水稳定性差，通常采取掺加抗剥离剂来提高沥青混凝土的水稳定性。轿子山水库附近20km范围内有多家灰岩料场可供选择，经比选，选择下游左岸白泥井石料场外购灰岩碎石作为沥青混凝土粗骨料。

沥青混凝土细骨料目前主要采用人工砂和天然砂。人工砂洁净、有棱角，对沥青混凝土的强度和稳定性有利。天然砂一般级配良好，含酸性物质和泥质较多，一般不单独使用，天然砂常与人工砂掺配使用，用量一般不超过50%。轿子山水库附近无天然砂，需到东川大白河购买，其运距超过60km，运距太远，运输成本高。因此，选择白泥井石料场外购人工砂作为沥青混凝土细骨料。

19.5.1.2　配合比试验

在沥青混凝土配合比设计中，矿料级配指数、填料用量以及沥青含量是决定沥青混凝土性能的三个最主要参数。轿子山水库沥青混凝土配合比试验结合当地材料供应情况，选择灰岩碎石及人工砂作为粗细骨料，选择灰岩石粉和水泥作为填料进行配合比对比试验。

（1）矿料级配指数及填料用量。沥青混凝土矿料级配因沥青混凝土的功能不同可分为密级配、间断级配和开级配。碾压式心墙沥青混凝土其功能主要是适应坝体变形并保持较好的防渗性能，因而一般选择密级配。密级配拌制的沥青混凝土比较密实，孔隙率可以小于3%，防渗性能好，但粗骨料较少，粗骨料难以接触咬合，相对而言，不易形成骨架作用。因此，一旦配合比选择不好，就容易造成沥青混凝土稳定性变差，特别在高温下容易发生斜坡流淌。

填料用量是指沥青混凝土中填料质量与矿料质量包括粗骨料、细骨料和填料的比值，以百分数计。填料与沥青在沥青混凝土中组成均匀的沥青胶结料，可以提高黏滞性，从而提高沥青混凝土的强度，同时，根据胶浆理论，足够多的沥青胶结料可以很好地填充细骨料及粗骨料的孔隙，从而提高沥青混凝土的防渗性能。

根据《水工碾压式沥青混凝土施工规范》（SL 514—2013）、《土石坝沥青混凝土面板和心墙设计规范》（SL 501—2010）的相关规定，结合国内已建、在建工程的经验，轿子山水库沥青混凝土配合比试验骨料最大粒径选定为19mm，矿料级配指数 r 选取0.35、0.40，填料用量 F 选取11%、12%、13%。根据矿料级配公式，计算出不同级配指数（r=0.35、0.40）和填料用量（F=11%、12%、13%）条件下沥青混凝土各级矿料的质量百分比，见表19.5-2。

表 19.5-2　　不同级配指数和填料用量下沥青混凝土各级矿料的质量百分比

级配指数 r	各级矿料质量百分比/%					
	19～13.2 mm	13.2～9.5 mm	9.5～4.75 mm	4.75～2.36 mm	2.36～0.075 mm	<0.075 mm
0.35	12.4	10.0	17.6	13.9	35.1	11.0
0.35	12.3	9.8	17.4	13.7	34.7	12.0
0.35	12.2	9.7	17.2	13.6	34.3	13.0
0.40	13.5	10.6	18.3	14.0	32.4	11.0
0.40	13.4	10.5	18.1	13.9	32.1	12.0
0.40	13.2	10.4	17.9	13.7	31.7	13.0

根据骨料的筛分试验结果，分别计算出沥青混凝土室内试验的实际矿料级配，见表19.5-3。

表 19.5-3　　沥青混凝土室内试验实际矿料级配

骨料品种	级配指数 r	填料用量/%	各级矿料质量百分比/%					
			19～13.2 mm	13.2～9.5 mm	9.5～4.75 mm	4.75～2.36 mm	2.36～0.075 mm	<0.075 mm
灰岩	0.35	11	12.4	12.9	14.6	13.9	35.1	11.0
	0.35	12	12.3	12.8	14.4	13.7	34.7	12.0
	0.35	13	12.2	12.7	14.3	13.6	34.3	13.0
	0.40	11	13.5	13.8	15.1	14.0	32.4	11.0
	0.40	12	13.4	13.7	15.0	13.9	32.1	12.0
	0.40	13	13.2	13.5	14.8	13.7	31.7	13.0

（2）沥青含量。沥青含量是指沥青质量与沥青混合料总质量的比值，有时也可以用油石比表示，油石比是指沥青质量与矿料总质量的比值。沥青含量、矿料级配及填料用量，是配制沥青混凝土最重要的三个指标，其中沥青含量的选择尤为重要。

当沥青含量很少时，沥青不足以形成结构沥青的薄膜来黏结矿料颗粒。随着沥青含量的增加，结构沥青逐渐形成，沥青更为饱满地包裹在矿料表面，使沥青与矿料间的黏附力随着沥青含量的增加而增加。当沥青含量足以形成薄膜并充分黏附矿料颗粒表面时，沥青胶浆具有最优的黏聚力。随后，当沥青含量继续增加时，则会由于沥青过多，在颗粒间形成未与矿料黏结的自由沥青，则沥青胶浆的黏聚力随着自由沥青的增加而降低。

根据轿子山水库工程拟用原材料的特性，结合类似工程的成功经验，对于人工灰岩骨料配制的沥青混凝土，沥青含量 B 选取 6.0%、6.3%及 6.6%相应油石比为 6.4%、6.7%及 7.1%进行比选试验。

（3）沥青混凝土试验配合比及基本性能。沥青混凝土比选试验配合比及基本性能见表19.5-4～表19.5-6。

表 19.5-4　　沥青混凝土比选试验配合比

编号	填料品种	配合比主要参数			编号	填料品种	配合比主要参数		
		r	B/油石比 /%	F /%			r	B/油石比 /%	F /%
JZ-1	灰岩	0.35	6.0/6.4	11.0	JZ-19	水泥	0.35	6.0/6.4	11.0
JZ-2			6.3/6.7		JZ-20			6.3/6.7	
JZ-3			6.6/7.1		JZ-21			6.6/7.1	
JZ-4	灰岩	0.35	6.0/6.4	12.0	JZ-22	水泥	0.35	6.0/6.4	11.0
JZ-5			6.3/6.7		JZ-23			6.3/6.7	
JZ-6			6.6/7.1		JZ-24			6.6/7.1	
JZ-7	灰岩	0.35	6.0/6.4	13.0	JZ-25	水泥	0.35	6.0/6.4	12.0
JZ-8			6.3/6.7		JZ-26			6.3/6.7	
JZ-9			6.6/7.1		JZ-27			6.6/7.1	
JZ-10	灰岩	0.40	6.0/6.4	11.0	JZ-28	水泥	0.40	6.0/6.4	12.0
JZ-11			6.3/6.7		JZ-29			6.3/6.7	
JZ-12			6.6/7.1		JZ-30			6.6/7.1	
JZ-13	灰岩	0.40	6.0/6.4	12.0	JZ-31	水泥	0.40	6.0/6.4	13.0
JZ-14			6.3/6.7		JZ-32			6.3/6.7	
JZ-15			6.6/7.1		JZ-33			6.6/7.1	
JZ-16	灰岩	0.40	6.0/6.4	13.0	JZ-34	水泥	0.40	6.0/6.4	13.0
JZ-17			6.3/6.7		JZ-35			6.3/6.7	
JZ-18			6.6/7.1		JZ-36			6.6/7.1	

表 19.5-5　　沥青混凝土基本性能试验成果

编号	填料品种	配合比主要参数			沥青混凝土基本性能				
		r	B/油石比 /%	F /%	密度 /(g/cm³)	最大密度 /(g/cm³)	孔隙率 /%	马歇尔稳定度 /kN	流值 /0.1mm
JZ-1	灰岩	0.35	6.0/6.4	11.0	2.41	2.444	1.26	7.12	94.1
JZ-2			6.3/6.7		2.40	2.433	1.16	7.42	101.7
JZ-3			6.6/7.1		2.40	2.422	0.99	7.23	113.1
JZ-4	灰岩	0.35	6.0/6.4	12.0	2.41	2.445	1.14	6.48	97.0
JZ-5			6.3/6.7		2.41	2.433	0.99	6.72	103.5
JZ-6			6.6/7.1		2.40	2.422	0.95	6.44	124.4
JZ-7	灰岩	0.35	6.0/6.4	13.0	2.42	2.445	0.98	5.61	125.8
JZ-8			6.3/6.7		2.41	2.433	0.93	6.33	140.8
JZ-9			6.6/7.1		2.40	2.422	0.74	5.96	157.3
JZ-10	灰岩	0.40	6.0/6.4	11.0	2.41	2.447	1.69	5.82	54.6
JZ-11			6.3/6.7		2.40	2.435	1.17	7.31	90.1
JZ-12			6.6/7.1		2.39	2.424	1.06	5.79	111.1

续表

编号	填料品种	配合比主要参数			沥青混凝土基本性能				
		r	B/油石比 /%	F /%	密度 /(g/cm³)	最大密度 /(g/cm³)	孔隙率 /%	马歇尔稳定度 /kN	流值 /0.1mm
JZ-13	灰岩	0.40	6.0/6.4	12.0	2.42	2.447	1.16	7.11	99.2
JZ-14			6.3/6.7		2.40	2.435	1.04	7.25	103.7
JZ-15			6.6/7.1		2.40	2.424	1.01	6.72	117.1
JZ-16	灰岩	0.40	6.0/6.4	13.0	2.43	2.447	0.90	6.19	112.5
JZ-17			6.3/6.7		2.41	2.435	0.89	6.73	126.5
JZ-18			6.6/7.1		2.40	2.424	0.81	5.68	133.7

表 19.5-6　　沥青混凝土基本性能试验成果

编号	填料品种	配合比主要参数			沥青混凝土基本性能				
		r	B/油石比 /%	F /%	密度 /(g/cm³)	最大密度 /(g/cm³)	孔隙率 /%	马歇尔稳定度 /kN	流值 /0.1mm
JZ—19	水泥	0.35	6.0/6.4	11.0	2.43	2.470	1.46	7.26	59.9
JZ—20			6.3/6.7		2.43	2.458	1.37	7.42	71.2
JZ—21			6.6/7.1		2.42	2.447	1.10	7.37	86.7
JZ—22	水泥	0.35	6.0/6.4	12.0	2.44	2.472	1.34	7.38	63.6
JZ—23			6.3/6.7		2.43	2.460	1.04	7.69	80.4
JZ—24			6.6/7.1		2.43	2.449	1.02	7.14	90.0
JZ—25	水泥	0.35	6.0/6.4	13.0	2.44	2.474	1.06	7.21	67.8
JZ—26			6.3/6.7		2.43	2.463	1.04	7.33	87.0
JZ—27			6.6/7.1		2.43	2.451	0.98	6.71	105.7
JZ—28	水泥	0.40	6.0/6.4	11.0	2.44	2.472	1.35	7.19	58.0
JZ—29			6.3/6.7		2.43	2.460	1.13	7.63	73.8
JZ—30			6.6/7.1		2.42	2.448	1.08	6.98	78.8
JZ—31	水泥	0.40	6.0/6.4	12.0	2.44	2.474	1.32	7.17	63.7
JZ—32			6.3/6.7		2.43	2.462	1.10	7.40	80.5
JZ—33			6.6/7.1		2.42	2.450	1.04	7.12	86.0
JZ—34	水泥	0.40	6.0/6.4	13.0	2.45	2.476	1.28	6.92	64.7
JZ—35			6.3/6.7		2.43	2.464	1.07	7.02	85.4
JZ—36			6.6/7.1		2.43	2.453	1.00	6.53	93.6

（4）沥青含量对沥青混凝土性能影响。沥青含量的大小直接影响沥青混凝土的基本性能，如马歇尔稳定度、流值、孔隙率、密度。

1）沥青含量对沥青混凝土马歇尔稳定度、流值的影响。固定级配指数0.35和0.40，填料用量取11%、12%、13%，沥青含量在6.0%～6.6%之间变化时，沥青含量对沥青混凝土马歇尔稳定度及流值的影响试验结果见表19.5-5、表19.5-6，试验结果关系图如图 19.5-1～图 19.5-8 所示，试验结果表明：

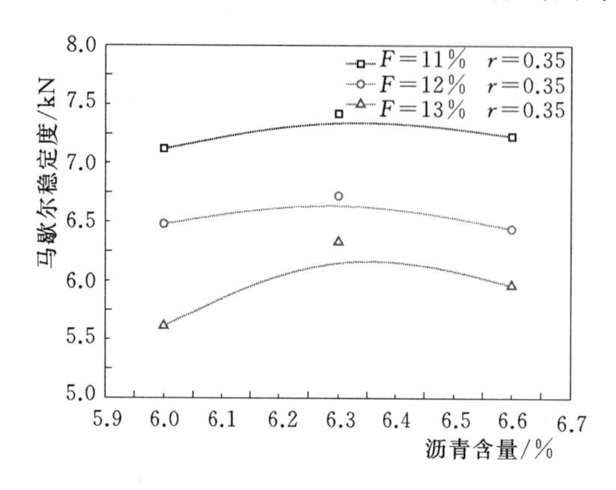

图 19.5-1　沥青含量与马歇尔稳定度关系（灰岩填料）

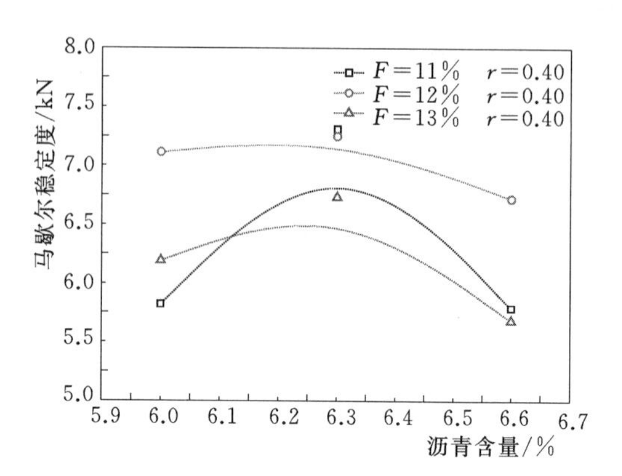

图 19.5-2　沥青含量与马歇尔稳定度关系（灰岩填料）

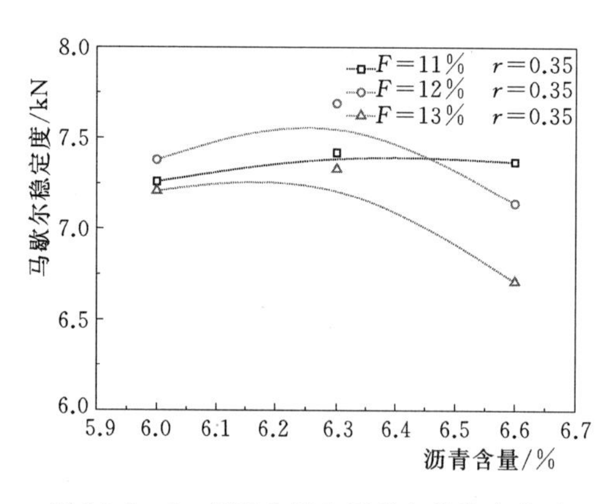

图 19.5-3　沥青含量与马歇尔稳定度关系（水泥填料）

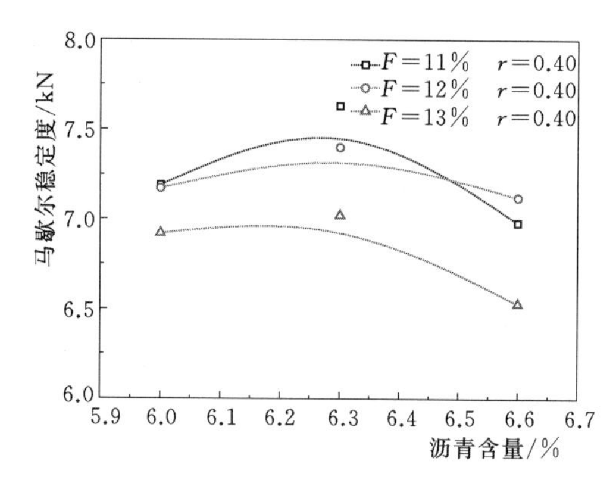

图 19.5-4　沥青含量与马歇尔稳定度关系（水泥填料）

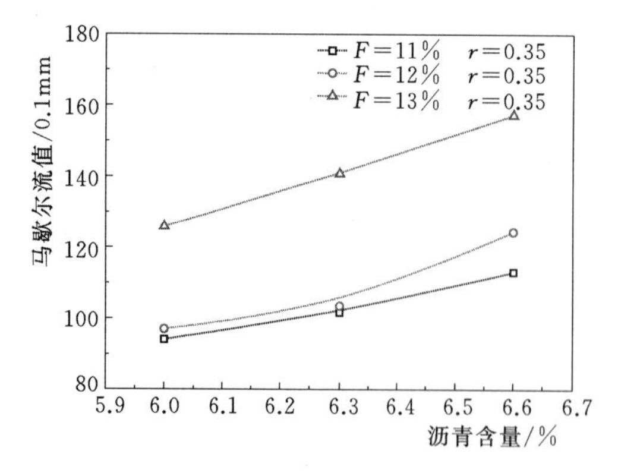

图 19.5-5　沥青含量与马歇尔流值关系（灰岩填料）

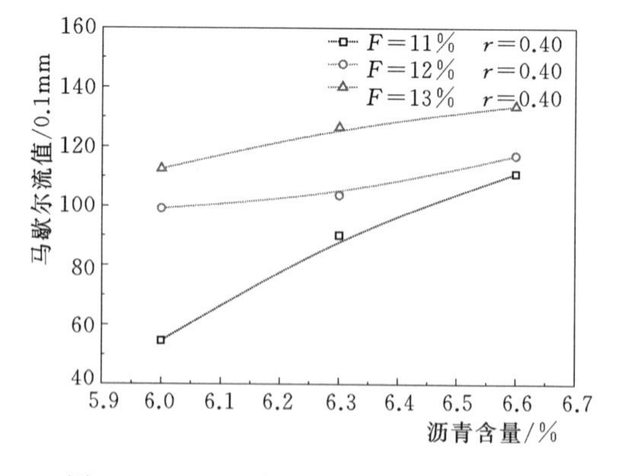

图 19.5-6　沥青含量与马歇尔流值关系（灰岩填料）

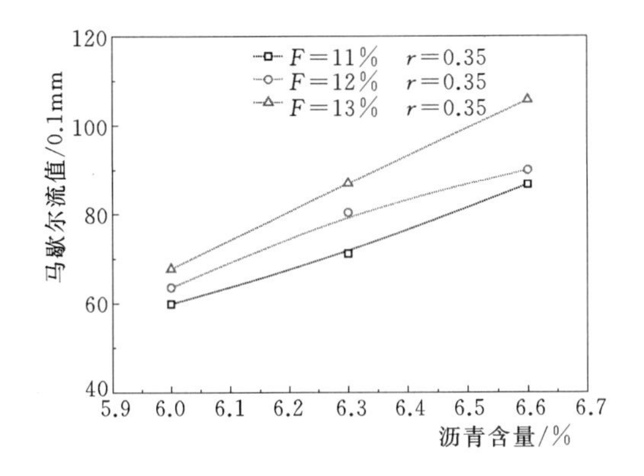

图 19.5-7 沥青含量与马歇尔流值关系（水泥填料）

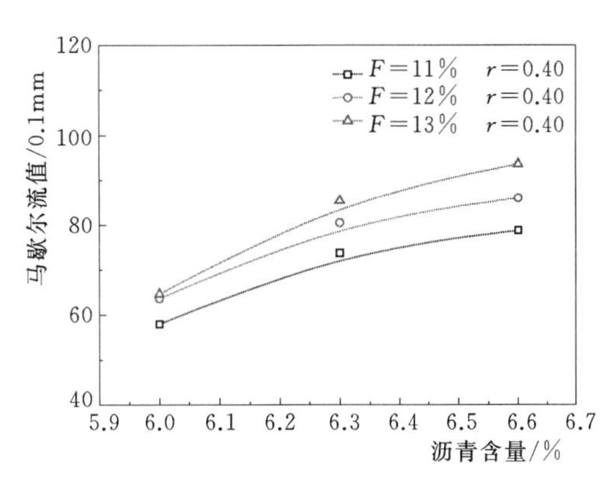

图 19.5-8 沥青含量与马歇尔流值关系（水泥填料）

a. 沥青混凝土马歇尔稳定度值随着沥青含量的增加呈先上升后下降的趋势，而流值随着沥青含量的增加而增大。

b. 灰岩填料沥青混凝土马歇尔稳定度值的变化范围在 5.61～7.42kN 之间；水泥填料沥青混凝土马歇尔稳定度值的变化范围在 6.53～7.69kN 之间。水泥填料沥青混凝土马歇尔稳定度值略高于灰岩填料沥青混凝土，其原因主要是填料品种不同。水泥填料呈碱性不仅能与呈弱酸性的沥青组成沥青胶浆很好地包裹骨料表面，使沥青胶浆具有最优的黏聚力，而且水泥也是一种活性材料，均匀地分散在沥青混凝土中，与沥青或矿料中存在的“微量水”发生水化后具有一定胶结作用。而灰岩填料呈碱性，但不具活性，因此，水泥填料沥青混凝土马歇尔稳定度值高于灰岩填料沥青混凝土。

c. 灰岩填料沥青混凝土流值的变化范围在 $54.6\times10^{-1}\sim157.3\times10^{-1}$mm 之间；水泥填料沥青混凝土马歇尔流值的变化范围在 $58.0\times10^{-1}\sim105.7\times10^{-1}$mm 之间；符合水工沥青混凝土的一般规律。

2）沥青含量对沥青混凝土孔隙率的影响。固定级配指数 0.35 和 0.40，填料用量取 11%、12%、13%，沥青含量在 6.0%～6.6%之间变化时，沥青含量对沥青混凝土孔隙率的影响试验结果见表 19.5-5 和表 19.5-6，试验结果关系如图 19.5-9～图 19.5-12 所示。试验结果表明：沥青混凝土孔隙率随着沥青含量增大而减小，符合沥青混凝土性能的一般规律。比选试验配合比配制的沥青混凝土的孔隙率均小于 2.0%，满足《土石坝沥青混凝土面板和心墙设计规范》（SL 501—2010）所规定的“室内成型试件孔隙率不大于 2%”的防渗要求。

（5）填料用量对沥青混凝土性能影响。

1）填料用量对沥青混凝土马歇尔稳定度、流值的影响。固定级配指数 0.35 和 0.40，沥青含量在 6.0%～6.6%之间，填料用量在 11%～13%之间变化时，填料用量对沥青混凝土马歇尔稳定度及流值的影响试验结果见表 19.5-5、表 19.5-6，试验结果关系图如图 19.5-13～图 19.5-20 所示。试验结果表明：填料用量在 11%～13%之间变化时，沥青混凝土马歇尔稳定度值随填料用量的增加呈下降趋势，如图 19.5-13～图 19.5-16 所示。而流值随填料用量的增加而增大，如图 19.5-17～图 19.5-20 所示。

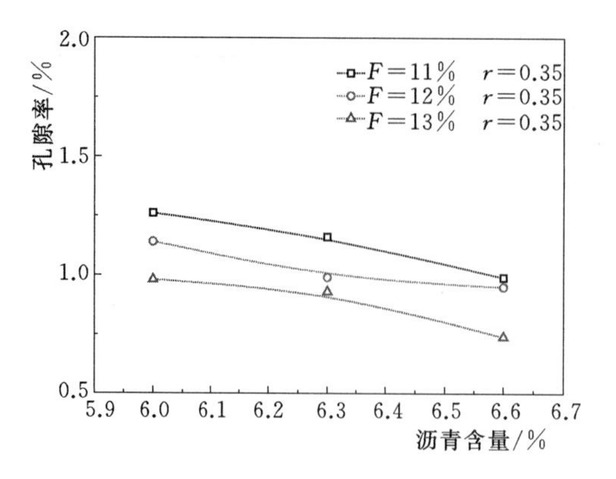

图 19.5-9　沥青含量与孔隙率关系
（灰岩填料）

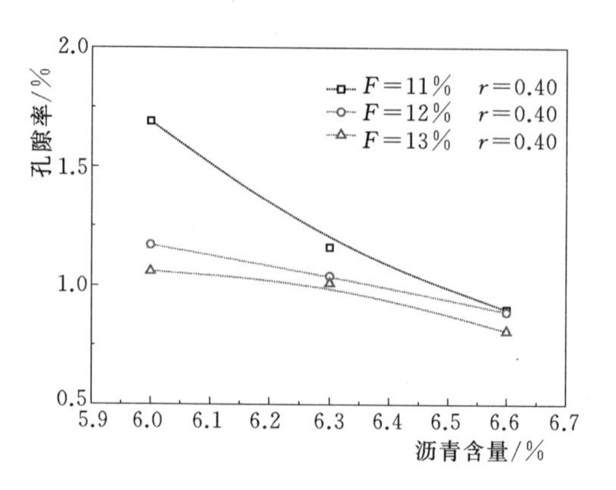

图 19.5-10　沥青含量与孔隙率关系
（灰岩填料）

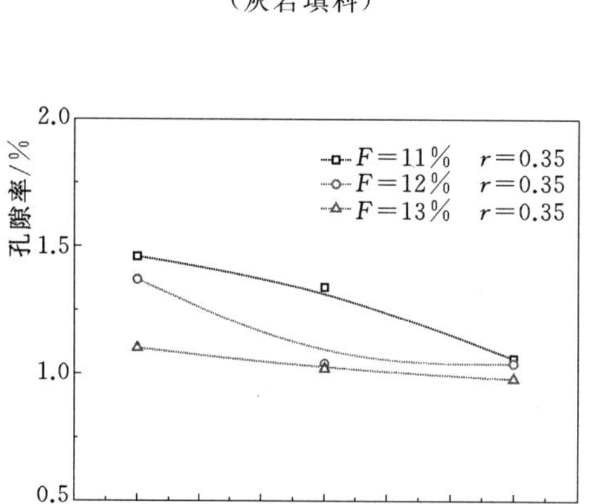

图 19.5-11　沥青含量与孔隙率关系
（水泥填料）

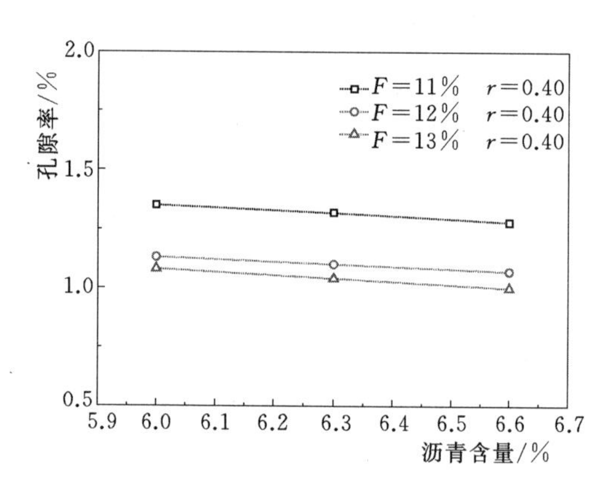

图 19.5-12　沥青含量与孔隙率关系
（水泥填料）

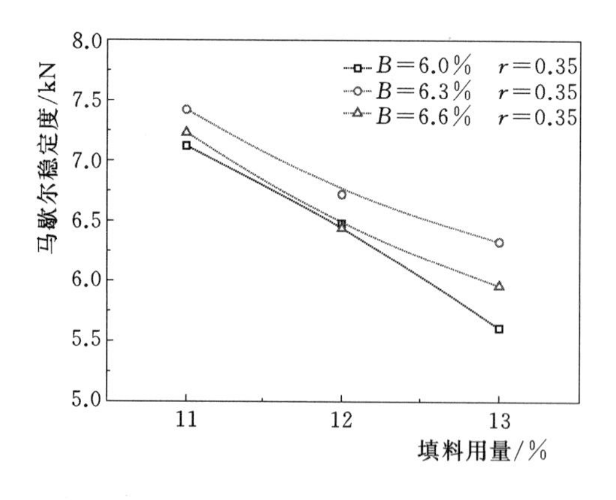

图 19.5-13　填料用量与马歇尔稳定度关系
（灰岩填料）

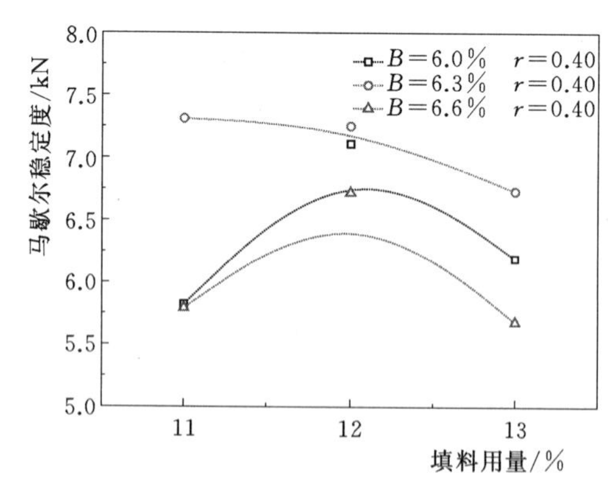

图 19.5-14　填料用量与马歇尔稳定度关系
（灰岩填料）

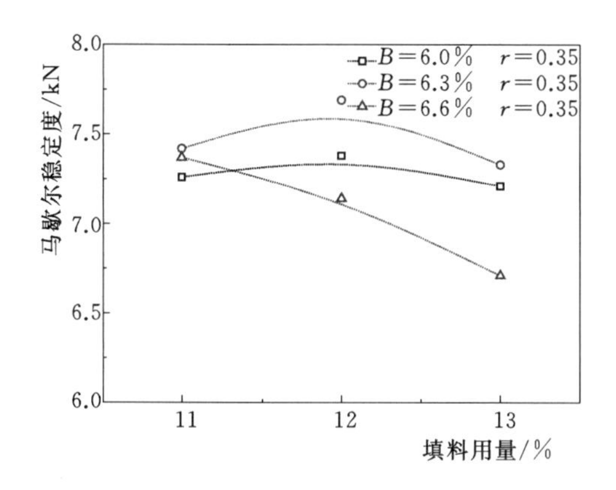

图 19.5-15 填料用量与马歇尔稳定度关系（水泥填料）

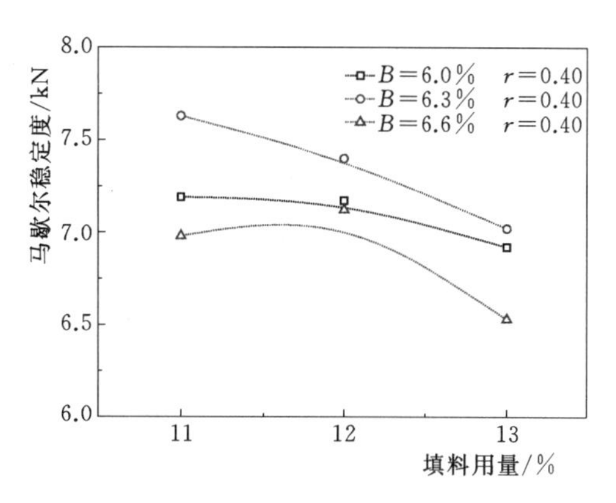

图 19.5-16 填料用量与马歇尔稳定度关系（水泥填料）

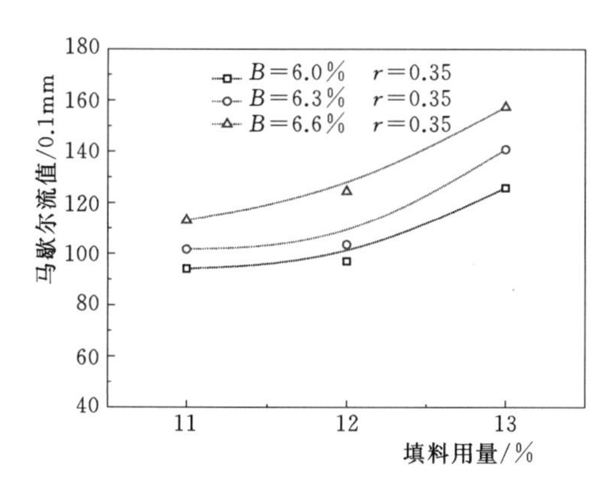

图 19.5-17 填料用量与马歇尔流值关系（灰岩填料）

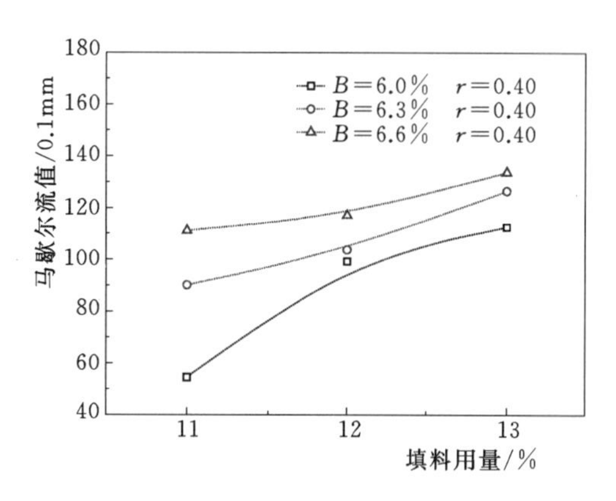

图 19.5-18 填料用量与马歇尔流值关系（灰岩填料）

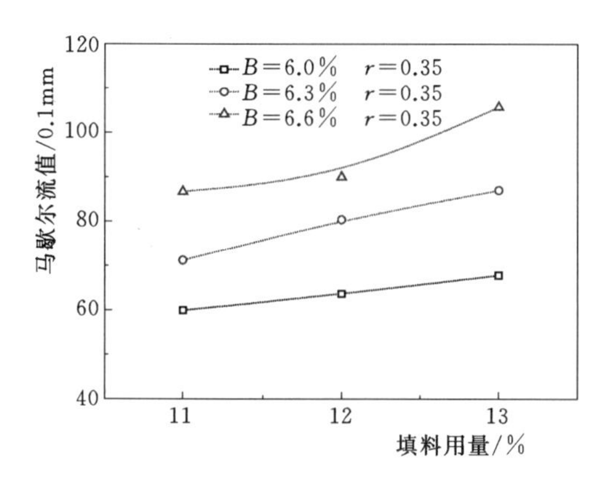

图 19.5-19 填料用量与马歇尔流值关系（水泥填料）

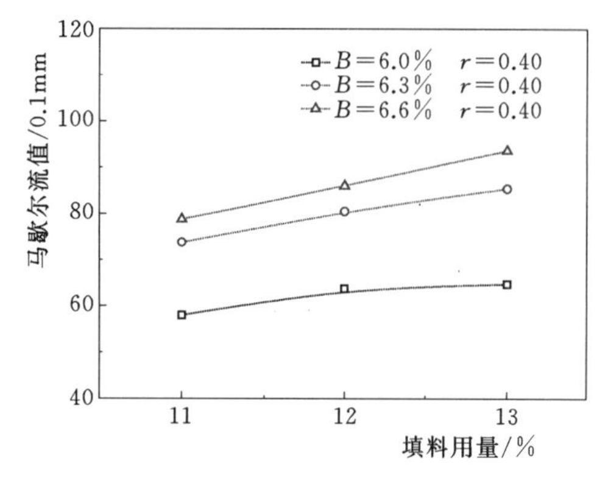

图 19.5-20 填料用量与马歇尔流值关系（水泥填料）

2）填料用量对沥青混凝土孔隙率的影响。固定级配指数 0.35 和 0.40，沥青含量在 6.0%～6.6%之间，填料用量在 11%～13%之间变化时，填料用量对沥青混凝土孔隙率的影响试验结果见表 19.5-5、表 19.5-6，试验结果关系图如图 19.5-21～图 19.5-24 所示。试验结果表明：填料用量在 11%～13%之间变化时，沥青混凝土孔隙率随着填料用量的增大，呈降低趋势，沥青含量越低，这种变化更为明显。

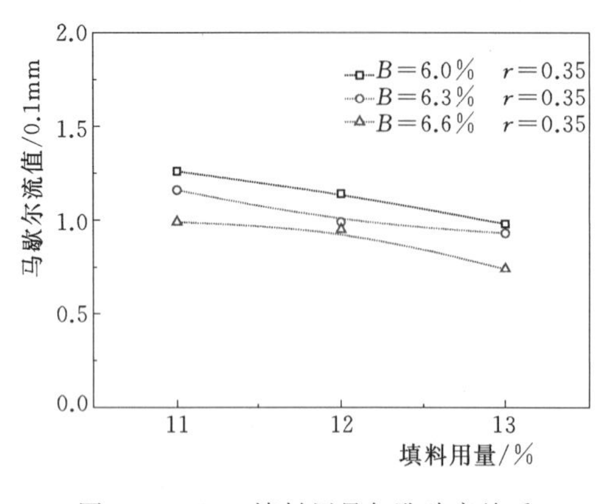

图 19.5-21　填料用量与孔隙率关系（灰岩填料）

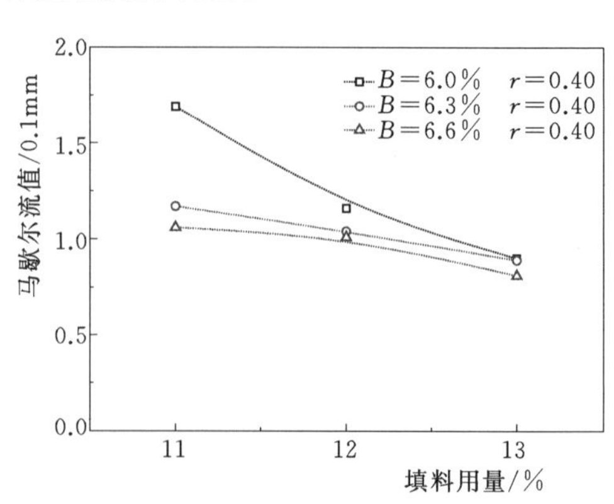

图 19.5-22　填料用量与孔隙率关系（灰岩填料）

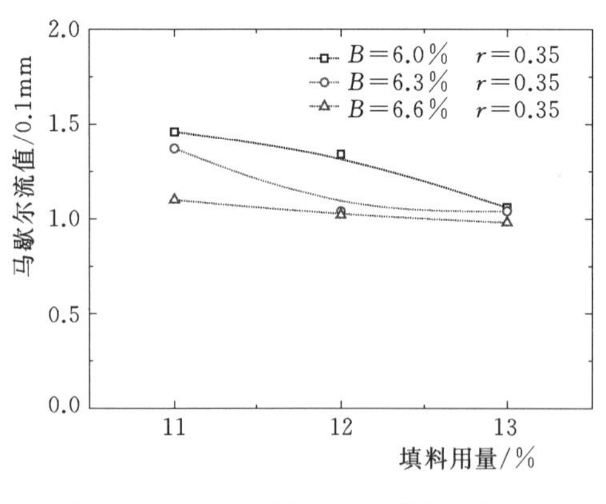

图 19.5-23　填料用量与孔隙率关系（水泥填料）

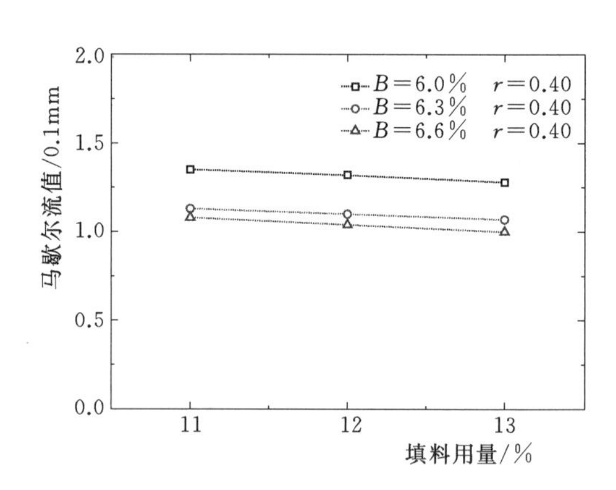

图 19.5-24　填料用量与孔隙率关系（水泥填料）

（6）级配指数对沥青混凝土性能影响。级配指数 r 实际上是表示骨料中粗细骨料比例的一个特征纲量，r 值越大，粗骨料所占比例越高。沥青混凝土配合比设计采用目前国内已建或在建沥青混凝土碾压式心墙大坝常用的 2 种级配指数 $r=0.35$ 或 $r=0.40$，通过对比 2 种级配指数对沥青混凝土基本性能的影响，优选出一种性能较优的级配指数，应用于本工程施工。

1）级配指数对沥青混凝土马歇尔稳定度、流值的影响。填料用量选取 11%、12%、13%；沥青含量在 6.0%～6.6%之间变化时，级配指数对沥青混凝土马歇尔稳定度及流值的影响试验结果见表 19.5-5、表 19.5-6，试验结果关系图如图 19.5-25～图 19.5-

36所示，试验结果表明：

a. 填料用量和沥青含量在一定范围内变化，级配指数选取0.35及0.40时，对沥青混凝土马歇尔稳定度值影响较小，而沥青含量的变化对沥青混凝土马歇尔稳定度值的影响较大，随着沥青含量的增加，沥青混凝土马歇尔稳定度值呈先上升后下降趋势，如图19.5-25～图19.5-30所示。

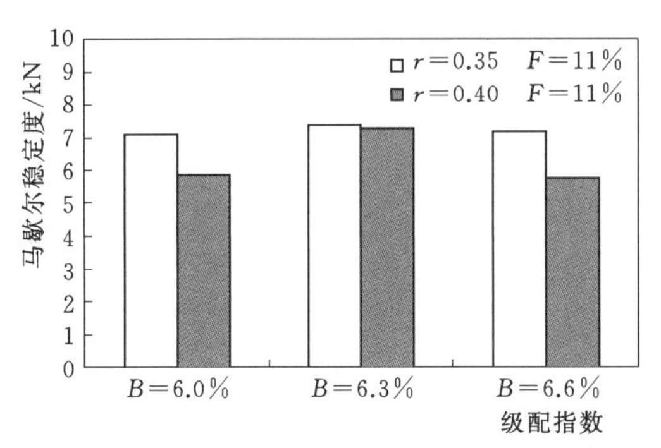

图19.5-25 级配指数与马歇尔稳定度的关系（灰岩填料）

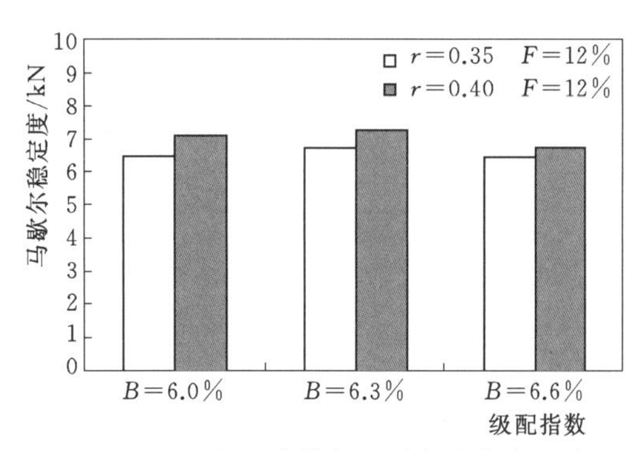

图19.5-26 级配指数与马歇尔稳定度的关系（灰岩填料）

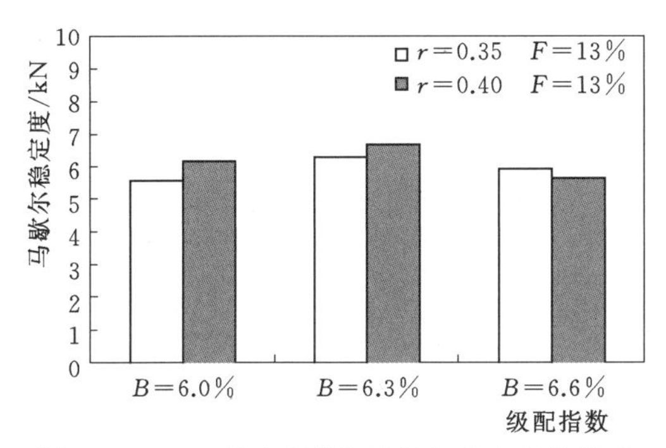

图19.5-27 级配指数与马歇尔稳定度的关系（灰岩填料）

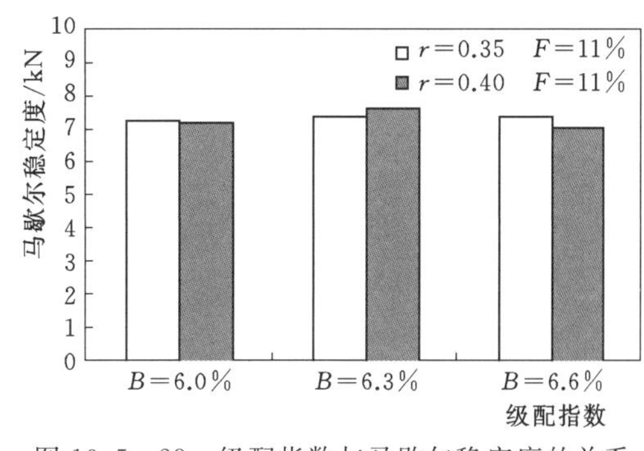

图19.5-28 级配指数与马歇尔稳定度的关系（水泥填料）

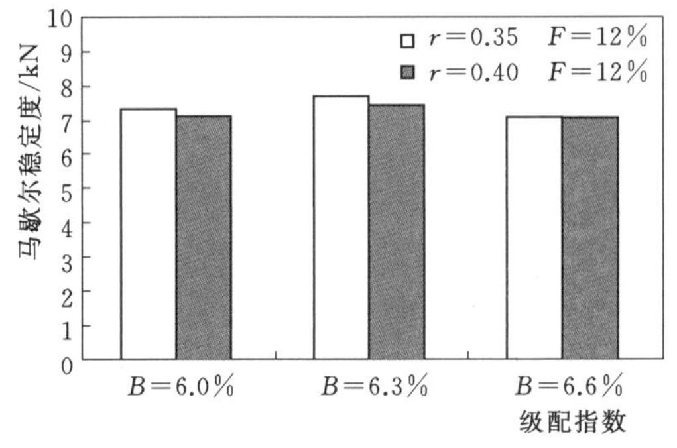

图19.5-29 级配指数与马歇尔稳定度的关系（水泥填料）

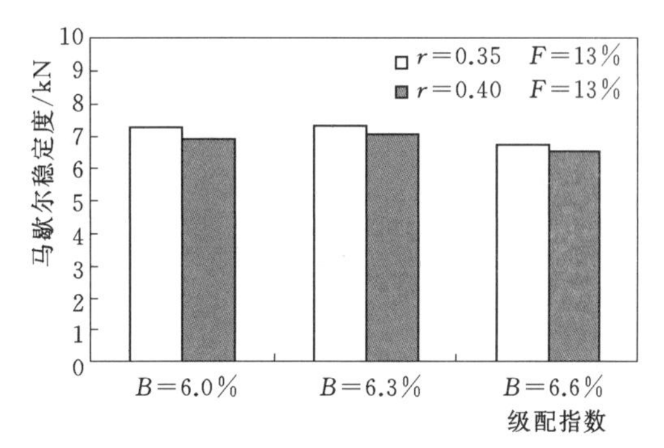

图19.5-30 级配指数与马歇尔稳定度的关系（水泥填料）

b. 沥青混凝土马歇尔流值随着级配指数的增加，流值呈降低趋势。灰岩填料沥青混凝土的这种特性表现得更为明显，如图 19.5-31～图 19.5-36 所示。

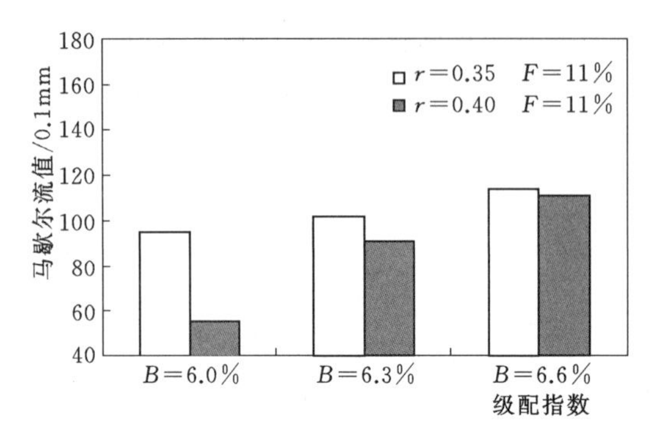

图 19.5-31　级配指数与马歇尔流值的关系（灰岩填料）

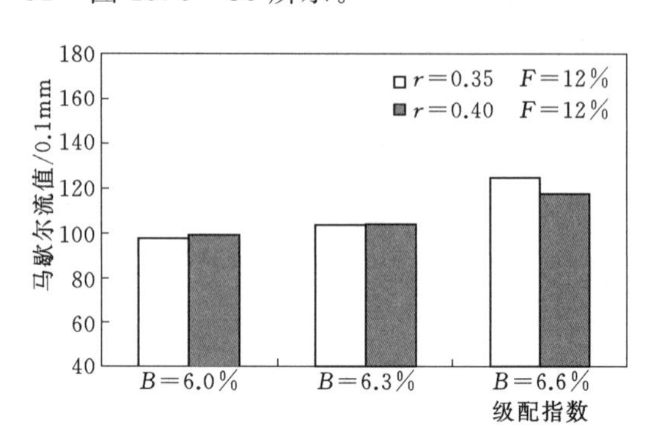

图 19.5-32　级配指数与马歇尔流值的关系（灰岩填料）

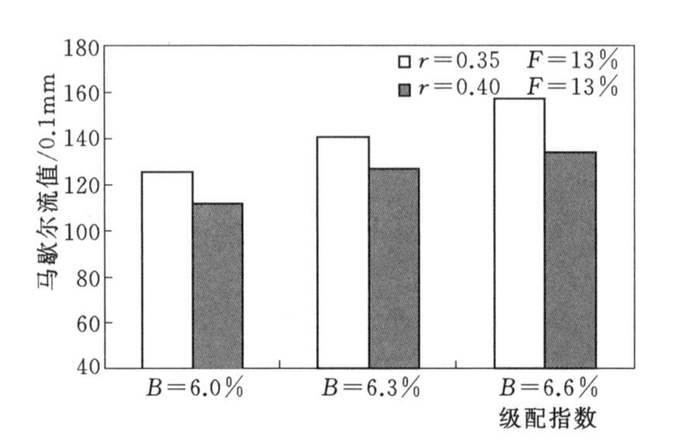

图 19.5-33　级配指数与马歇尔流值的关系（灰岩填料）

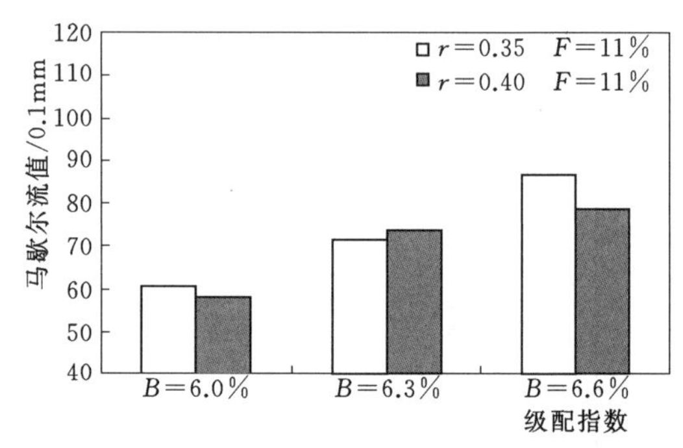

图 19.5-34　级配指数与马歇尔流值的关系（水泥填料）

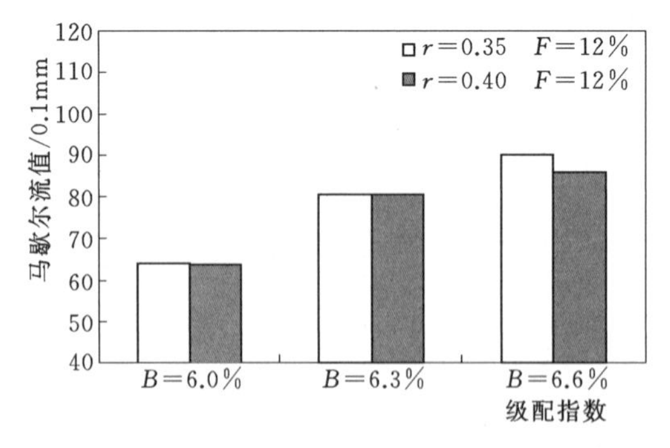

图 19.5-35　级配指数与马歇尔流值的关系（水泥填料）

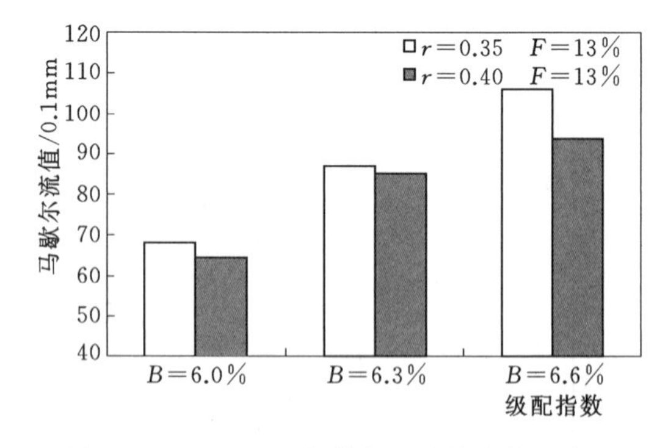

图 19.5-36　级配指数与马歇尔流值的关系（水泥填料）

2）级配指数对沥青混凝土孔隙率的影响。填料用量选取 11%、12%、13%，沥青含量在 6.0%～6.6%之间变化时，级配指数对沥青混凝土孔隙率的影响试验结果见表 19.5-5、

表 19.5-6，试验结果关系图如图 19.5-37～图 19.5-42 所示，试验结果表明：

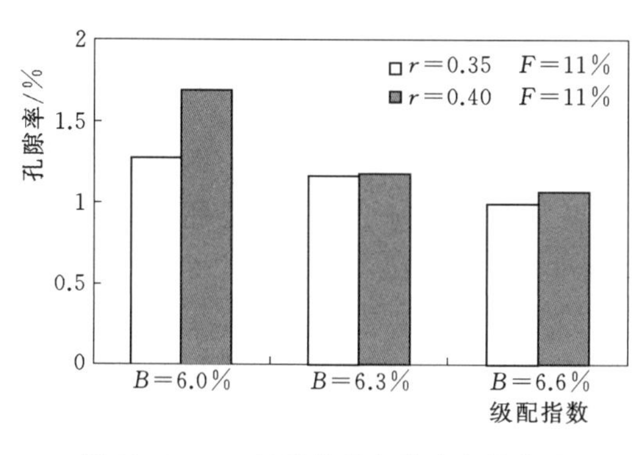

图 19.5-37 级配指数与孔隙率的关系（灰岩填料）

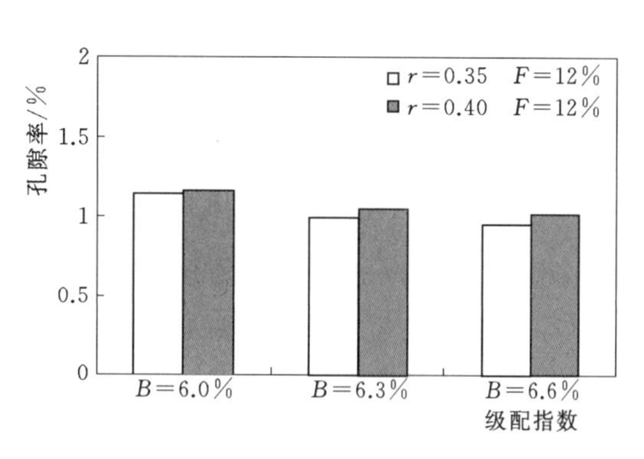

图 19.5-38 级配指数与孔隙率的关系（灰岩填料）

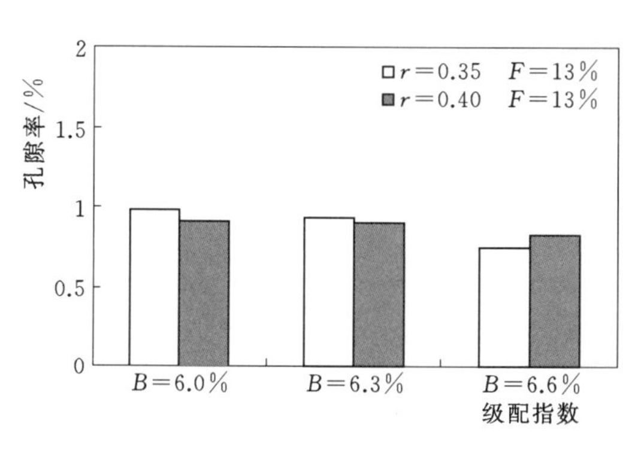

图 19.5-39 级配指数与孔隙率的关系（灰岩填料）

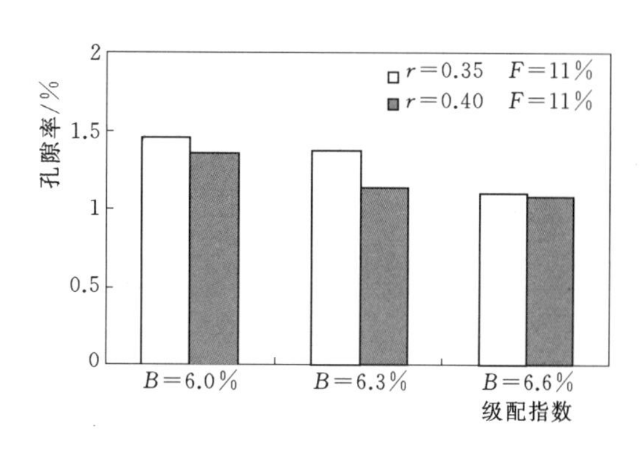

图 19.5-40 级配指数与孔隙率的关系（水泥填料）

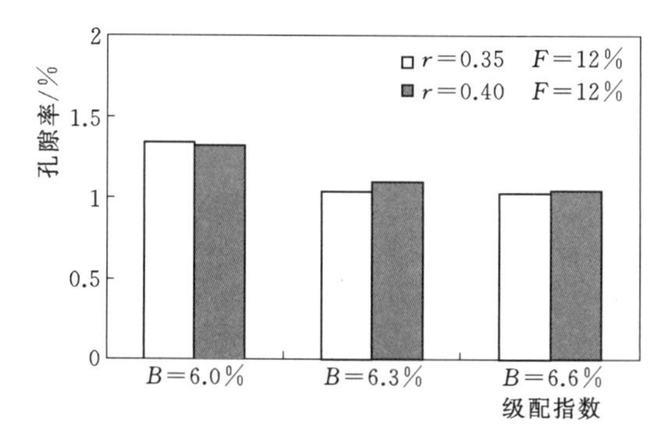

图 19.5-41 级配指数与孔隙率的关系（水泥填料）

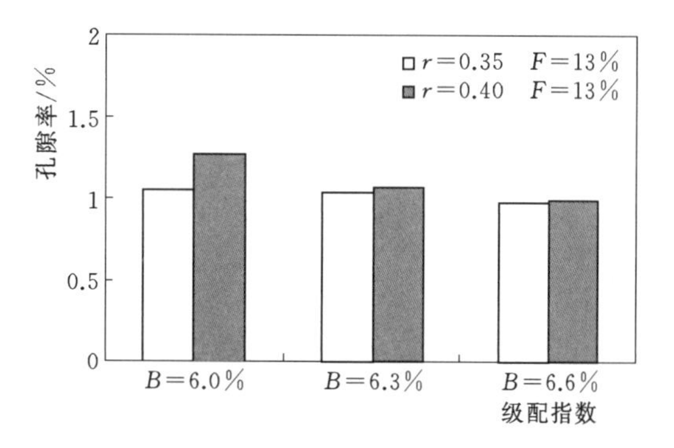

图 19.5-42 级配指数与孔隙率的关系（水泥填料）

a. 灰岩填料沥青混凝土，当填料用量 $F \geqslant 12\%$，沥青用量 $B \geqslant 6.3\%$，级配指数在 0.35～0.40 之间变化时，级配指数对沥青混凝土孔隙率的影响不明显，这与沥青胶结料的浓度有关。当胶结料浓度较高时，可以很好地填充细骨料及粗骨料的孔隙，弥补级配指数略微增大，粗骨料间孔隙增加的缺点。相反，当胶结料浓度较低时，随着级配指数的增大，胶结料不足以填充粗骨料间增加的孔隙，沥青混凝土的孔隙率也就相应增大，如图 19.5－37～图 19.5－39 所示。

b. 水泥填料沥青混凝土，填料用量和沥青含量在一定范围内变化，级配指数选取 0.35 及 0.40 时，对沥青混凝孔隙率影响较小，而沥青含量的变化对沥青混凝土孔隙率的影响较大，随着沥青含量的增加，沥青混凝土孔隙率呈下降趋势。

（7）初步推荐配合比。根据表 19.5－5 及表 19.5－6，心墙沥青混凝土基本性能试验比选结果，结合沥青混凝土的防渗、稳定性、和易性等性能，在满足设计或有关技术规范的前提下，从施工、安全及经济的角度综合考虑，优先推荐编号为 JZ－14（灰岩填料）及 JZ－32（水泥填料）的 2 个配合比作为轿子山水库工程心墙沥青混凝土的初步推荐配合比。初步推荐配合比主要参数见表 19.5－7。推荐配合比矿料级配分布图如图 19.5－43 所示（单对数横坐标）。

表 19.5－7　　沥青混凝土初步推荐配合比

编号	填料品种	配合比主要参数		
		级配指数 r	沥青含量 B/%	填料用量 F/%
JZ－14	灰岩	0.40	6.3	12.0
JZ－32	水泥	0.40	6.3	12.0

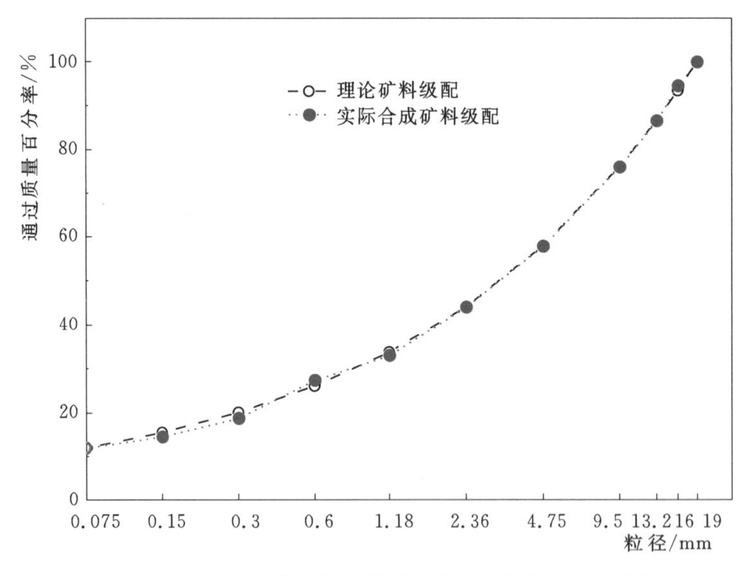

图 19.5－43　沥青混凝土推荐配合比矿料级配分布图

19.5.1.3　沥青混凝土力学及渗透性能试验

根据表 19.5－7 沥青混凝土初步推荐配合比，进行沥青混凝土力学及渗透性能试验，试验内容包括：水稳定性试验、直接拉伸试验、小梁弯曲试验、单轴压缩试验、渗透试验、静三轴试验、动三轴试验及三轴蠕变试验。

（1）水稳定性试验。水稳定性试验试件尺寸为直径 ϕ101.5mm，高度约 100mm。在沥青混凝土配合比相同的条件下，将试件分成 2 组，1 组在（20±1）℃的空气中养护不少于 48h，测定其抗压强度 R_1；另 1 组试件在（60±1）℃水中浸泡 48h 后，然后在设定温度的（20±1）℃水中恒温 2h，进行抗压试验，测定其抗压强度 R_2。前后 2 组抗压强度之比为水稳定系数 $K_w=R_2/R_1$。试验结果见表 19.5－8。

表 19.5－8　　沥青混凝土水稳定系数试验结果

<table>
<tr><th rowspan="2">编号</th><th colspan="3">配合比主要参数</th><th rowspan="2">填料品种</th><th rowspan="2">养护环境</th><th rowspan="2">试件直径/mm</th><th rowspan="2">极限荷载/kN</th><th rowspan="2">极限抗压强度/MPa</th><th rowspan="2">平均抗压强度/MPa</th><th rowspan="2">水稳定系数 K_w</th></tr>
<tr><th>r</th><th>B/%</th><th>F/%</th></tr>
<tr><td rowspan="6">JZ－14</td><td rowspan="6">0.40</td><td rowspan="6">6.3</td><td rowspan="6">12.0</td><td rowspan="6">灰岩</td><td rowspan="3">水中</td><td>101.9</td><td>7.49</td><td>0.92</td><td rowspan="3">0.93</td><td rowspan="6">0.93</td></tr>
<tr><td>102.0</td><td>7.52</td><td>0.92</td></tr>
<tr><td>102.0</td><td>7.68</td><td>0.94</td></tr>
<tr><td rowspan="3">空气</td><td>101.7</td><td>8.05</td><td>0.99</td><td rowspan="3">1.00</td></tr>
<tr><td>101.6</td><td>7.37</td><td>0.91</td></tr>
<tr><td>101.6</td><td>8.82</td><td>1.09</td></tr>
<tr><td rowspan="6">JZ－32</td><td rowspan="6">0.40</td><td rowspan="6">6.3</td><td rowspan="6">12.0</td><td rowspan="6">水泥</td><td rowspan="3">水中</td><td>101.8</td><td>10.23</td><td>1.26</td><td rowspan="3">1.29</td><td rowspan="6">0.96</td></tr>
<tr><td>101.7</td><td>11.03</td><td>1.36</td></tr>
<tr><td>101.6</td><td>10.17</td><td>1.25</td></tr>
<tr><td rowspan="3">空气</td><td>101.9</td><td>11.23</td><td>1.38</td><td rowspan="3">1.35</td></tr>
<tr><td>101.8</td><td>10.59</td><td>1.30</td></tr>
<tr><td>101.8</td><td>11.06</td><td>1.36</td></tr>
</table>

试验结果表明：编号 JZ－14 与 JZ－32 拌制的沥青混凝土，其水稳定系数分别为 0.93、0.96，均满足《土石坝沥青混凝土面板和心墙设计规范》（SL 501—2010）中沥青混凝土水稳定性不小于 0.9 的技术要求，符合灰岩碱性骨料与优质沥青黏附性较好的一般规律。

（2）直接拉伸试验。沥青混合料拌和后，按规定将沥青混凝土先制成板形试件，采用平板振捣器加压重块振捣成型，试件在常温下冷却 24h 后脱模，然后再切割成 220mm×40mm×40mm（长×高×宽）试件，在 13.1℃的恒温水槽中养护 24h，按 1.0%/min 应变速率进行直接拉伸试验。试验结果见表 19.5－9。

表 19.5－9　　沥青混凝土直接拉伸试验结果

<table>
<tr><th rowspan="2">编号</th><th rowspan="2">填料品种</th><th colspan="3">配合比主要参数</th><th rowspan="2">拉伸强度 R_t/MPa</th><th rowspan="2">拉伸应变 ε_t/%</th></tr>
<tr><th>级配指数 r</th><th>沥青含量 B/%</th><th>填料用量 F/%</th></tr>
<tr><td>JZ－14</td><td>灰岩</td><td>0.40</td><td>6.3</td><td>12.0</td><td>0.42</td><td>1.22</td></tr>
<tr><td>JZ－32</td><td>水泥</td><td>0.40</td><td>6.3</td><td>12.0</td><td>0.61</td><td>1.25</td></tr>
</table>

试验结果表明：水泥填料沥青混凝土，其直接拉伸强度值明显高于灰岩填料沥青混凝土，而拉伸应变值两者相差不大。水泥呈碱性不仅能与沥青（呈弱酸性）组成沥青胶浆很好地包裹骨料表面，使沥青胶浆具有最优的黏聚力，而且水泥也是一种活性材料，均匀地分散在沥青混凝土中，与沥青或矿料中存在的“微量水”发生水化后具有胶结作用；而灰

岩矿粉呈碱性，但不具活性，因此，灰岩为填料的沥青混凝土强度值低于水泥为填料的沥青混凝土。

（3）小梁弯曲试验。沥青混合料拌和后，按规定将沥青混凝土先制成板形试件，采用平板振捣器加压重块振捣成型，试件在常温下冷却24h后脱模，然后再切割成长×高×宽=250mm×40mm×35mm的试件，在4.7℃的恒温水槽中养护24h，按跨中变形速率1.67mm/min进行小梁弯曲试验。试验结果见表19.5-10。

表19.5-10　沥青混凝土小梁弯曲试验结果

编号	填料品种	配合比主要参数			抗弯强度 R_b /MPa	最大弯拉应变 ε_b/%	挠跨比 /%
		r	B/%	F/%			
JZ-14	灰岩	0.40	6.3	12.0	0.60	5.65	4.71
JZ-32	水泥	0.40	6.3	12.0	0.92	3.14	2.63

试验结果表明，水泥填料沥青混凝土，其抗弯强度值明显高于灰岩填料沥青混凝土，而最大弯拉应变及挠跨比均小于灰岩为填料的沥青混凝土。符合沥青混凝土抗弯强度越高，最大弯拉应变值及挠跨比越小的一般规律。

（4）单轴压缩试验。单轴压缩试验试件尺寸为直径ϕ101.5mm，高度约100mm。试验选择两个特征温度（13.1℃和20.0℃）进行对比试验。其中特征温度13.1℃为轿子山水库工程坝址所在地区多年平均气温。试验过程为：首先将试件分别置入13.1℃和20℃的恒温水槽中，恒温24h后进行加荷试验，加荷速率为1mm/min。试验结果见表19.5-11。

表19.5-11　沥青混凝土单轴压缩试验结果

编号	填料品种	配合比主要参数			抗压强度 R_b/MPa	
		r	B/%	F/%	13.1℃	20℃
JZ-14	灰岩	0.40	6.3	12.0	1.68	1.00
JZ-32	水泥	0.40	6.3	12.0	1.95	1.35

试验结果表明，①水泥填料沥青混凝土，其抗压强度值明显高于灰岩填料沥青混凝土，这与水泥发生水化后具有胶结作用有关；②温度对沥青混凝土抗压强度值影响较大，随着环境及内部温度的上升，沥青混凝土抗压强度值明显降低。

（5）渗透试验。心墙沥青混凝土的主要功能是坝体防渗。近年来随着施工工艺以及原材料品质的提高，对心墙沥青混凝土的防渗性能提出了更高的要求。《土石坝沥青混凝土面板和心墙设计规范》（SL 501—2010）中规定，碾压式心墙沥青混凝土的渗透系数$k<1\times10^{-8}$cm/s，也就是渗透系数要达到10^{-9}cm/s级。目前，国内现有的试验设备和试验方法无法准确地测出10^{-9}cm/s级渗透系数，因此，试验尝试进行抗渗性试验，即在一定水压力下，保持一段时间，试样不渗水，即判定合格。

抗渗试模采用圆台形试模，试模上口直径ϕ101.5mm，下口直径ϕ100.0mm，高度63.5mm，试件成型按照马歇尔标准击实法成型，试验温度13.1℃，试验加压设备为砂浆抗渗仪。在加压初始阶段，为防止沥青混凝土与试模接触面渗漏，采取三级加压法，第一次加压0.3MPa，恒压6h；第二次加压0.6MPa，恒压6h；第三次加压0.8MPa，恒压

18h，并测定沥青混凝土试件的渗水量。试验结果见表 19.5-12。

表 19.5-12 沥青混凝土渗透试验结果

编号	填料品种	配合比主要参数			时间/h	压力/MPa	渗水量/mL	渗透系数/(cm/s)
		r	B/%	F/%				
JZ-14	灰岩	0.40	6.3	12.0	18	0.8	0	$<1\times10^{-8}$
JZ-32	水泥	0.40	6.3	12.0	18	0.8	0	$<1\times10^{-8}$

试验结果表明：推荐配合比的沥青混凝土渗透系数均小于 1×10^{-8}cm/s，能够满足《土石坝沥青混凝土面板和心墙设计规范》(SL 501—2010) 中的相关规定。

(6) 静三轴试验。

1) 试验设备。试验在 SY100 型应变式三轴仪上进行，试样尺寸 ϕ101mm×200mm，轴向荷载为 0～300kN，周围压力为 0～1500kPa，体变量测量精度 0.01mL，温度控制精度试验温度±0.5℃。

2) 试验内容。针对编号 JZ-14 及 JZ-32 两个优选沥青混凝土配合比，按击实成型方法制备试件。试验温度采用工程所在地多年平均温度 13.1℃，进行围压 0.1MPa、0.4MPa、0.7MPa 和 1.0MPa，轴向变形速率 0.20mm/min 的静力三轴试验，测试沥青混凝土的抗剪强度和变形特性。

考虑到温度对沥青混凝土力学性能的影响，在试验前将试样放置恒温（温度控制值±0.5℃）水槽内 12h 确保整个试样的温度均匀。在整个试验过程中控制压力室水温为试验温度控制值±0.5℃。试验方案见表 19.5-13。

表 19.5-13 静三轴试验方案

配合比编号	温度控制值/℃	围压/MPa	轴向变形速率/(mm/min)
JZ-14	13.1	0.1、0.4、0.7、1.0	0.20
JZ-32	13.1	0.1、0.4、0.7、1.0	0.20

3) 试验成果。沥青混凝土的三轴试验成果如图 19.5-44～图 19.5-49 所示。

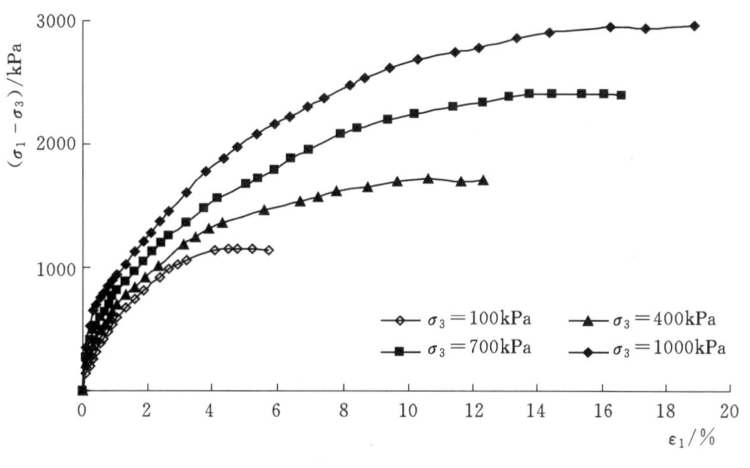

图 19.5-44 JZ-14 沥青混凝土三轴试验应力-轴向应变关系曲线

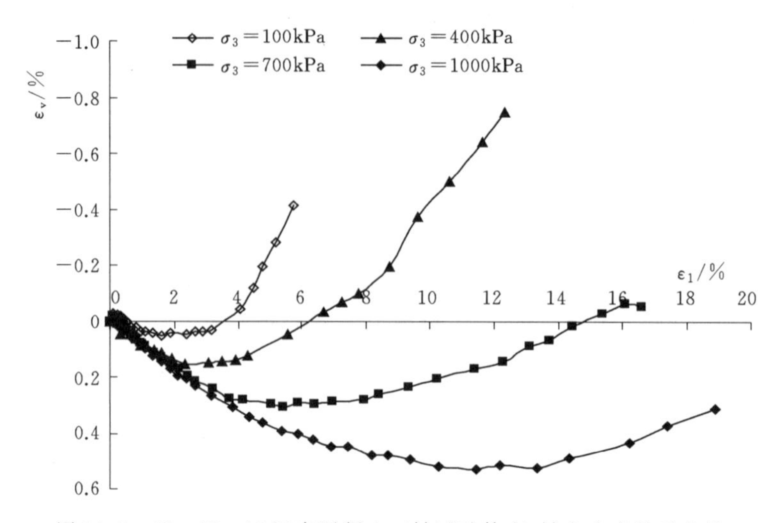

图 19.5-45 JZ-14 沥青混凝土三轴试验体变-轴向应变关系曲线

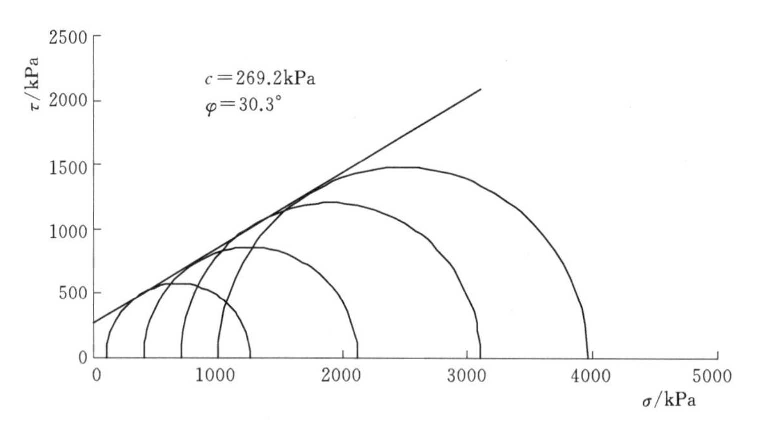

图 19.5-46 JZ-14 沥青混凝土三轴试验强度包线

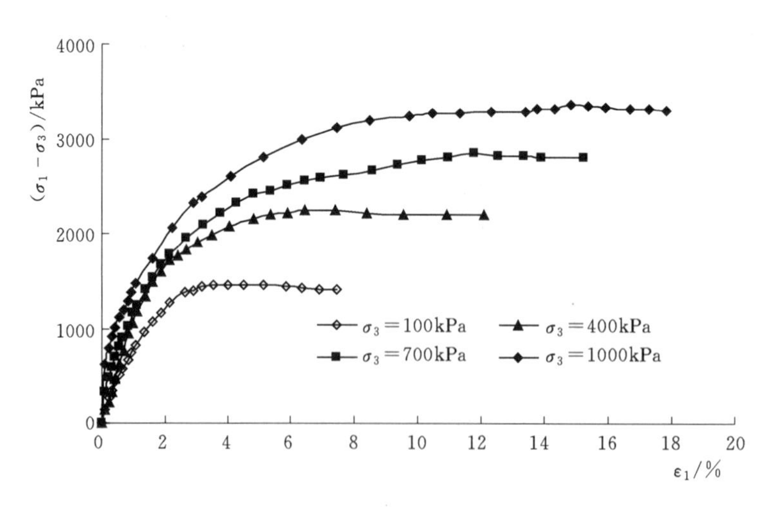

图 19.5-47 JZ-32 沥青混凝土三轴试验应力-轴向应变关系曲线

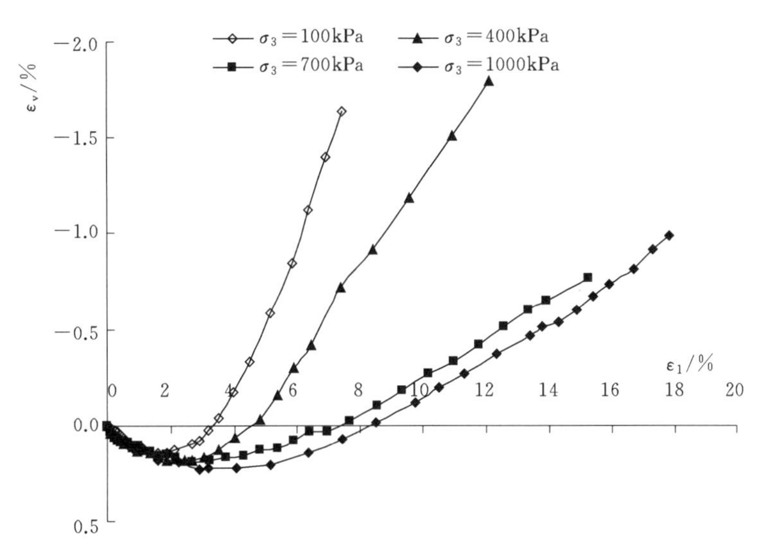

图 19.5-48　JZ-32 沥青混凝土三轴试验体变-轴向应变关系曲线

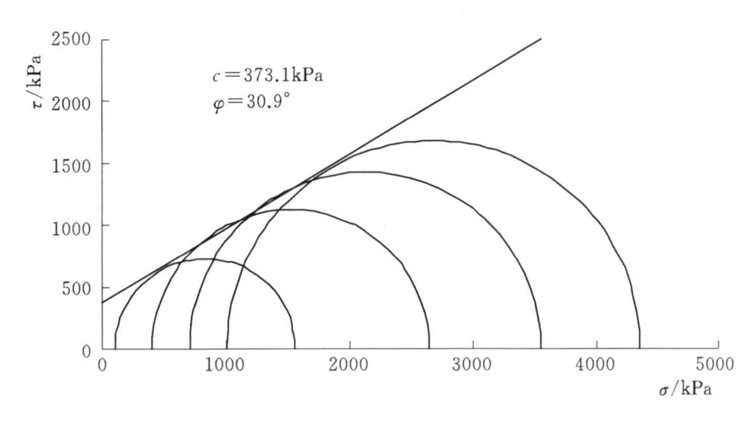

图 19.5-49　JZ-32 沥青混凝土三轴试验强度包线

4）试验参数。三轴试验 E-μ 模型参数见表 19.5-14。

表 19.5-14　沥青混凝土 Duncan-Chang 模型参数

配合比编号	温度 /℃	剪切速率 /(mm/min)	c /kPa	φ /(°)	K	n	F	G	R_f	D
JZ-32	13.1	0.20	373.1	30.9	753.0	0.453	0.01	0.48	0.906	0
JZ-14	13.1	0.20	269.2	30.3	506.0	0.358	0.03	0.49	0.896	0

（7）动三轴试验

1）试验设备。沥青混凝土动力三轴试验在动三轴上进行，试验机的主要技术指标如下：试样几何尺寸为 ϕ39.1mm×H80mm/ϕ61.8mm×H125mm/ϕ101mm×H200mm，竖向频率为 0.01～5Hz，轴向静/动荷载为 0～40kN，周围压力为 0～1700kPa，体变为最大体积变化 200mL，体变精度为 0.1%，分辨率为 0.04mL，垂直位移为测试范围±50mm，精度 0.07%，分辨率 0.208μm。

2）试验内容。针对编号 JZ－14 及 JZ－32 两个沥青混凝土优选配合比，按击实成型方法制备试件，击实次数以试件的密度达到马歇尔标准击实试件密度的±1%为准。试件尺寸为 ϕ101mm×H200mm，进行动弹模量与阻尼比试验，通过动三轴试验测定其动弹模量和阻尼比，并求取计算所用模型参数。试验方案见表 19.5－15。

表 19.5－15 动弹模量与阻尼比试验方案

配合比编号	温度/℃	K_c	σ_3/kPa
JZ－14	13.1	1.5	100、400、700、1000
JZ－32	13.1	1.5	100、400、700、1000

动弹模量与阻尼比试验按照《水工沥青混凝土试验规程》（DL/T 5362—2006）进行。考虑到温度对沥青混凝土动力特性的影响，在试验前将试样放置恒温（温度控制值±0.5℃）水槽内 12h 确保整个试样的温度均匀。在整个试验过程中控制压力室温为温度控制值±0.5℃，使整个试验过程中压力室内的水温变化不超过温度控制值的±0.5℃。

试样安装后，逐渐增加围压和轴向压力，至达到试验围压和要求的应力比，并保持此应力比 30min；然后在保持周围压力不变的情况下，由小到大逐级施加轴向正弦动荷载，每级振动 3 周，激振频率为 1.0Hz。

3）试验成果。沥青混凝土动模量阻尼比试验成果见表 19.5－16、表 19.5－17。

表 19.5－16 JZ－14 沥青混凝土动模量阻尼比试验成果

σ_3=100kPa			σ_3=400kPa			σ_3=700kPa			σ_3=1000kPa		
ε_d /10^{-4}	E_d /MPa	λ /%	ε_d /10^{-4}	E_d /MPa	λ /%	ε_d /10^{-4}	E_d /MPa	λ /%	ε_d /10^{-4}	E_d /MPa	λ /%
1.05	277	3.1	1.55	397	2.3	1.28	445	1.9	1.62	498.8	1.4
1.65	272	5.4	1.99	395	3.8	2.18	443	2.5	2.77	498.1	1.7
2.35	271	5.6	2.52	394	4.3	2.77	440	3.1	2.91	496.2	2.7
2.77	268	6.0	2.93	393	4.9	3.26	439	3.8	3.89	495.6	3.3
2.98	266	6.2	3.68	391	5.3	3.92	438	4.3	4.68	493.6	3.5
3.35	264	6.3	4.37	389	6.2	4.60	436	4.6	5.20	491.5	4.2
3.92	263	6.6	4.97	388	6.3	6.37	432	5.4	5.73	490.0	4.6
4.48	260	6.7	5.88	386	7.5	7.84	427	6.2	6.35	487.4	5.2
5.72	253	7.0	6.92	383	7.6	8.91	423	6.6	7.54	486.6	5.6
6.09	252	7.1	8.13	379	7.7	12.0	414	7.0	7.93	484.1	6.1
			9.96	377	8.0	14.2	409	7.3	9.34	482.9	6.3
			12.7	371	8.5	19.5	396	8.0	12.8	478.9	6.8
									13.8	475.7	7.2
									14.9	473.4	7.2
									16.7	470.8	7.4
									18.2	465.7	7.6

表 19.5-17　　JZ-32 沥青混凝土动模量阻尼比试验成果

σ_3=100kPa			σ_3=400kPa			σ_3=700kPa			σ_3=1000kPa		
ε_d /10^{-4}	E_d /MPa	λ /%	ε_d /10^{-4}	E_d /MPa	λ /%	ε_d /10^{-4}	E_d /MPa	λ /%	ε_d /10^{-4}	E_d /MPa	λ /%
1.17	342	2.3	1.40	474	2.3	1.79	523	2.2	1.69	557	1.3
1.87	339	2.8	1.89	472	2.8	2.18	521	2.5	2.76	556	2.2
2.40	333	3.0	2.42	472	3.3	2.69	517	2.8	2.95	554	2.3
2.85	331	3.4	2.83	472	3.9	3.40	514	3.3	3.88	553	2.9
3.38	324	3.9	3.38	470	4.7	3.71	511	3.6	4.68	549	3.2
3.75	320	4.3	4.07	467	4.9	4.58	505	3.8	4.98	549	3.6
4.32	319	4.8	4.97	466	5.3	5.84	496	4.3	5.73	547	4.3
4.55	315	5.1	5.67	465	5.6	7.33	496	4.8	6.98	544	4.7
4.99	311	5.5	6.53	463	6.2	8.29	492	5.0	7.53	543	4.8
5.29	307	6.0	7.63	462	6.5	9.18	486	5.4	7.95	540	5.1
			8.56	458	7.0	10.8	480	5.8	8.89	539	5.3
			9.75	454	7.5	16.9	469	6.5	14.3	530	5.6
									17.6	528	5.9
									19.9	520	6.3

推荐配合比的沥青混凝土动三轴试验表明：相同试验条件下沥青混凝土的动模量变化不超过 11%，阻尼比也较小（0.02～0.09），基本呈弹性变形阶段。

（8）三轴蠕变试验。三轴蠕变试验采用 YLSZ150-3 应力式三轴仪进行。蠕变试验中以轴向变形作为试验控制标准，蠕变试验中每级轴向荷载稳定时间 7～10d。根据静三轴试验成果，确定试样的强度指标，并按围压 0.1MPa、0.4MPa、0.7MPa 与 1.0MPa 计算各级应力水平 S=0.2、0.4、0.6、0.8 下的偏应力竖向荷载。在已知应力条件下，稳定应力状态若干时间，记录不同时刻试样变形，当变形趋于稳定后施加下一级荷载。试验内容见表 19.5-18。

表 19.5-18　　沥青混凝土心墙材料蠕变试验内容

编号	温度控制值/℃	围压/kPa	应力水平
JZ-14	13.1	100、400、700、1000	0.2、0.4、0.6、0.8
JZ-32	13.1	100、400、700、1000	0.2、0.4、0.6、0.8

按照上述试验条件进行三轴蠕变试验，得到的轴向应变、体积应变与时间的关系如图 19.5-50～图 19.5-53 所示。可见，相同条件下，轴向蠕变随时间呈较好的逐渐收敛的渐近线关系；体积蠕变非常小，每级应力水平下的体积蠕变不超过 0.5%，体积蠕变随时间的规律性关系较差。

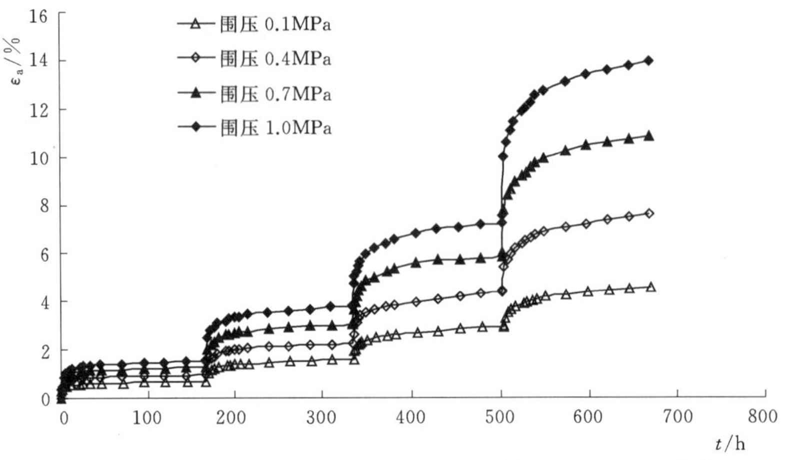

图 19.5-50 JZ-14 配合比沥青混凝土三轴蠕变试验 ε_a-t 曲线

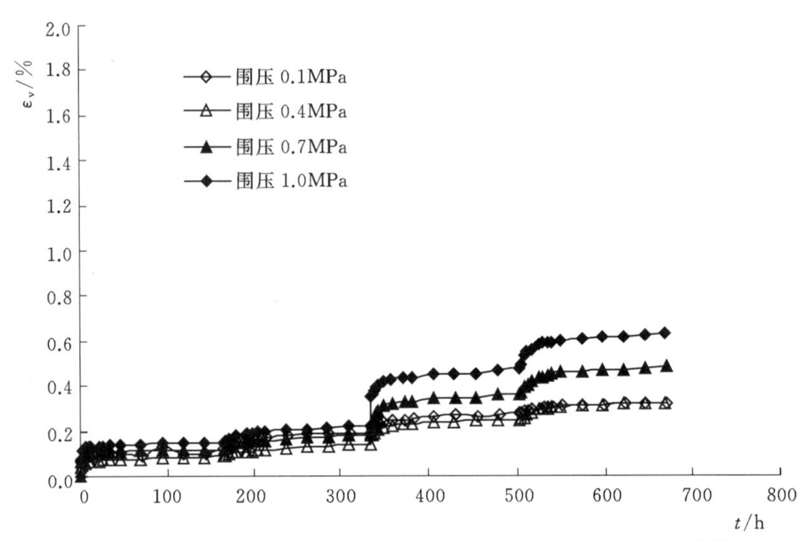

图 19.5-51 JZ-14 配合比沥青混凝土三轴蠕变试验 ε_v-t 曲线

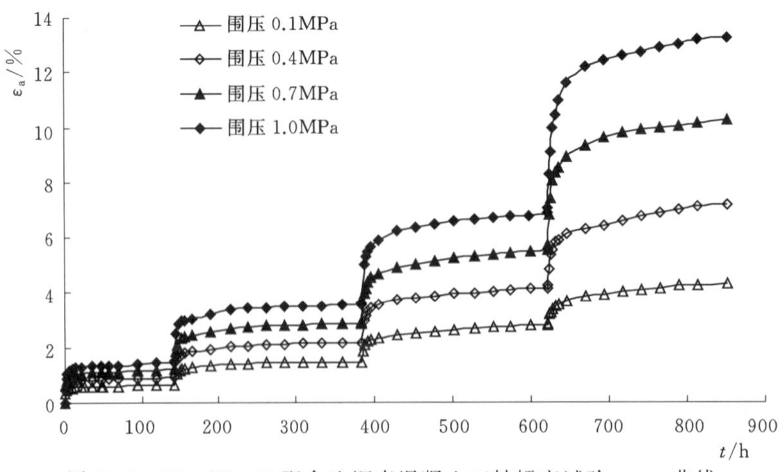

图 19.5-52 JZ-32 配合比沥青混凝土三轴蠕变试验 ε_a-t 曲线

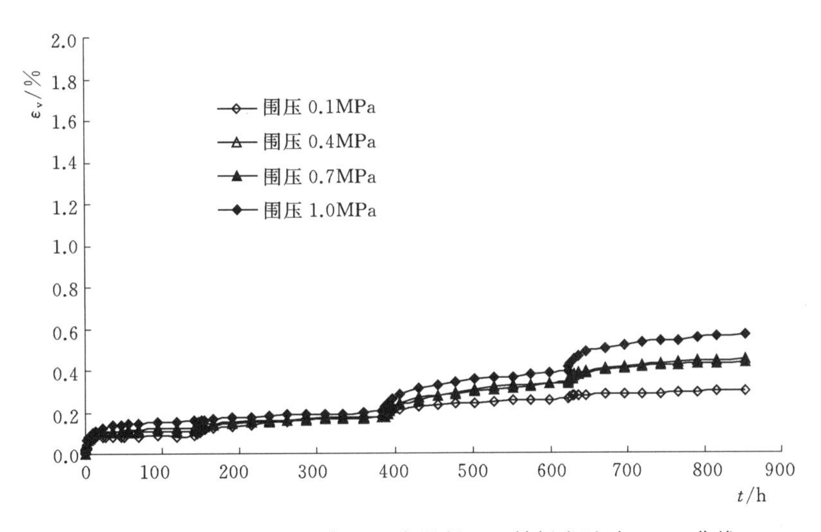

图 19.5-53 JZ-32 配合比沥青混凝土三轴蠕变试验 ε_v-t 曲线

19.5.1.4 沥青混凝土室内试验配合比选择

（1）沥青混凝土室内试验配合比确定。通过对不同的沥青含量、不同的级配指数、不同的填料（石粉、水泥）及不同的填料掺配量条件下沥青混凝土的基本性能对比试验，优选灰岩填料（JZ-14）和水泥填料（JZ-32）各一组作为推荐配合比，见表 19.5-19。按推荐配合比进行沥青混凝土的水稳定性试验、直接拉伸试验、小梁弯曲试验、单轴压缩试验、渗透试验、静三轴试验、动三轴试验及三轴蠕变试验。试验主要结论如下：

表 19.5-19 轿子山水库工程大坝心墙沥青混凝土试验推荐配合比

填料品种	级配指数 r	沥青含量 B（油石比）/%	填料用量 F/%	各级矿料质量百分比/%					
				19～13.2 mm	13.2～9.5 mm	9.5～4.75 mm	4.75～2.36 mm	2.36～0.075 mm	<0.075 mm
灰岩（JZ-14）	0.40	6.3（6.7）	12	13.4	13.7	15.0	13.9	32.1	12.0
水泥（JZ-32）	0.40	6.3（6.7）	12	13.4	13.7	15.0	13.9	32.1	12.0

注 1. 沥青含量是指沥青质量与沥青混合料总质量的比值；油石比是指沥青质量与矿料总质量的比值；沥青品种为新疆克拉玛依石化公司生产的 70 号水工沥青。
2. 填料品种分别为轿子山水库大坝心墙沥青混凝土拟用人工灰岩骨料加工的矿粉及昆明东川华新水泥有限公司生产的 42.5 普通硅酸盐水泥。
3. 初步推荐配合比参数是使用特定的原材料（骨料采用工程拟用人工骨料料场已破碎料在室内筛分而成）试验确定的，实际施工时应根据现场原材料的变化和现场施工试验，对配合比进行适当调整。

1）克拉玛依石化公司生产的 70 号水工沥青的主要受检指标可满足《土石坝沥青混凝土面板和心墙设计规范》（SL 501—2010）中水工 SG70 标号沥青的技术要求，可用于轿子山水库工程大坝心墙沥青混凝土工程。

2）轿子山水库大坝下游左岸红土地镇至汤丹公路边的白泥井石料场开采的灰岩骨料加工的矿粉填料以及昆明东川华新水泥有限公司生产的 42.5 普通硅酸盐水泥填料，质量满足《土石坝沥青混凝土面板和心墙设计规范》（SL 501—2010）中填料的质量要求，可以用作沥青混凝土心墙的填料。

3）轿子山水库大坝下游左岸红土地镇至汤丹公路边的灰岩料场开采的灰岩骨料加工的细骨料人工砂，坚固性较好，水稳定性等级达到10级，质量满足《土石坝沥青混凝土面板和心墙设计规范》（SL 501—2010）中细骨料的质量要求。

4）轿子山水库大坝下游左岸红土地镇至汤丹公路边的白泥井石料场开采的灰岩骨料加工的粗骨料，质地坚硬，坚固性较好，与沥青的黏附性达到5级，质量满足《土石坝沥青混凝土面板和心墙设计规范》（SL 501—2010）中粗骨料的质量要求。

5）固定填料用量与骨料级配指数不变的情况下，沥青混凝土的孔隙率随着沥青含量增大而减小，马歇尔稳定度随沥青含量的增大先增大后减小，马歇尔流值随沥青含量的增大而增大；固定沥青含量及填料用量，级配指数在0.35与0.40之间变化时，对沥青混凝马歇尔稳定度值影响较小，沥青混凝土马歇尔流值随着级配指数的增加呈降低趋势。灰岩填料沥青混凝土的这种特性表现得更为明显。

6）根据配合比设计比选阶段沥青混凝土孔隙率、密度、马歇尔稳定度及流值的试验结果，参考类似工程，从施工、安全及经济的角度综合考虑，初步推荐了采用灰岩填料方案、水泥填料方案的2个心墙沥青混凝土配合比。

7）推荐配合比的沥青混凝土性能试验表明，采用矿粉填料和采用水泥填料拌制的沥青混凝土，水稳定性、小梁弯曲性能、抗压强度、直接拉伸性能及抗渗性能可以满足沥青混凝土心墙的相关技术要求。采用灰岩填料比采用水泥填料拌制的沥青混凝土变形性能更优。

8）推荐配合比的沥青混凝土静三轴试验表明，沥青混凝土的强度随围压增大呈现良好的线性，设计计算时可采用线性强度模型参数 c、φ 值；由于水泥具有胶结作用，采用水泥填料拌制的沥青混凝土强度与模量基数均大于采用灰岩矿粉作为填料的沥青混凝土。

9）推荐配合比的沥青混凝土动三轴试验表明：相同试验条件下沥青混凝土的动模量变化不超过11%，阻尼比也较小，为0.02～0.09，基本呈弹性变形阶段。

10）推荐配合比的沥青混凝土三轴蠕变试验表明，轴向蠕变随时间呈非常好的逐渐收敛的渐近线关系；体积蠕变非常小，每级应力水平下的体积蠕变不超过0.2%，相对轴向蠕变而言非常小。

11）所推荐的沥青混凝土配合比各项性能指标能满足相应的设计要求，但推荐配合比是使用特定的原材料，通过室内试验确定的，实际施工时应根据工地现场原材料的变化和现场施工试验，对配合比进行适当调整。

（2）沥青混凝土室内试验配合比选择。通过配合比对比试验，采用灰岩填料和采用水泥填料拌制的沥青混凝土，水稳定性、小梁弯曲性能、抗压强度、直接拉伸性能及抗渗性能均可满足沥青混凝土心墙的相关技术要求。由于水泥呈碱性不仅能与沥青（呈弱酸性）组成沥青胶浆很好的包裹骨料表面，使沥青胶浆具有最优的黏聚力，而且水泥也是一种活性材料，均匀地分散在沥青混凝土中，与沥青或矿料中存在的“微量水”发生水化后具有胶结作用；而灰岩矿粉呈碱性，但不具活性，因此灰岩为填料的沥青混凝土水稳定性及强度值低于水泥为填料的沥青混凝土。根据小梁弯曲试验，采用灰岩石粉填料拌制的沥青混凝土最大弯拉应变及挠跨比均大于采用水泥填料拌制的沥青混凝土，灰岩石粉填料拌制的沥青混凝土适应变形的能力更强。

根据轿子山水库大坝三维有限元静力计算成果，校核洪水位工况下，心墙顺河向最大位移达 18.84cm，最大位置约发生在心墙总高度的 2/3 位置；竣工期心墙的沉降量达最大，最大沉降量为 43.17cm，占最大坝高的 0.44%。

鉴于轿子山水库沥青混凝土心墙变形较大，且工程区地震烈度为Ⅷ度，地震动峰值加速度为 0.3g，地震烈度较高，要求沥青混凝土心墙适应变形的能力更强。因此，轿子山水库大坝心墙沥青混凝土填料优先采用灰岩石粉。根据工程区附近石料场情况，拟由水库下游左岸距大坝 13km 处的白泥井石料场外购灰岩碎石，在沥青混凝土拌和站现场加工石粉作为沥青混凝土填料。通过对沥青混凝土拌和楼进行改进，在拌和楼增加一套加工石粉的球磨机，加工出的石粉直接通过管道输送到配料仓，既可减少石粉堆场，又可减少石粉运输、储存过程对周围环境的污染。

综合分析，最终选择灰岩填料（JZ－14）的沥青混凝土配合比作为轿子山水库大坝沥青混凝土心墙推荐配合比，详见表 19.5－19。

19.5.2 沥青混凝土现场碾压试验

大坝施工前现场沥青混凝土碾压试验采用施工现场加工的灰岩矿粉作为填料，参照室内试验确定的沥青混凝土配合比在施工现场进行碾压试验，以获取符合工程要求的施工配合比及合理的施工工艺、施工参数、质量检测方法，并在确定的心墙沥青混凝土施工配合比及碾压参数、施工工艺下同步进行过渡料铺筑试验，以确定过渡料铺层厚度、碾压遍数等施工参数。

19.5.2.1 施工设备

现场沥青混凝土碾压试验所用机械设备均为投入本工程所用设备，力求做到现场试验与施工实施设备一致，以指导大坝施工。由于大坝沥青混凝土心墙底部及两岸接合部存在放大断面问题，需进行人工摊铺，因此，现场碾压试验进行了人工摊铺和机械摊铺试验。本工程所用施工设备见表 19.5－20。

表 19.5－20　沥青混凝土心墙碾压试验设备配置表

序号	设备名称	型　号	单　位	数　量
1	专用摊铺机	定制	台	1
2	振动碾	YZC3，2.5t	台	2
3	振动碾	BW120AD－4	台	1
4	振动碾	JM803H，3t	台	2
5	装载机	LG855B 改装	台	1
6	沥青混凝土拌和系统	1500 型	座	1
7	自卸汽车	8t	台	1

19.5.2.2 试验场地

试验场地选在大坝施工修理厂附近，试验前对试验场地进行平整压实，采用 C20 混凝土浇筑长×宽×厚＝30m×1m×0.15m 基座。在基座混凝土强度达到设计要求后，清除表面浮浆、乳皮，干燥后喷涂稀释沥青，待汽油挥发后，再在稀释沥青上均匀摊铺一层2.0cm 厚沥青玛蹄脂。

19.5.2.3 摊铺碾压试验

（1）沥青混凝土拌和。先将沥青加热至 140～160℃，骨料加热至 170～190℃，矿粉不加热，按以下投料顺序投料拌和：粗骨料→细骨料→填料→沥青混合料，加沥青后拌和时间为 60s。

拌和后沥青混合料的出机口温度为 153.5～185.5℃，入仓温度为 154.7～183.5℃，出机口温度根据气温及运输过程的温度损失进行调整。

（2）沥青混凝土运输。本次试验由于试验场地距拌和楼较近，故采用装载机直接卸料在模板内，在整个运输及摊铺过程中经观察沥青混凝土无离析现象。

（3）沥青混凝土碾压试验。轿子山水库沥青混凝土碾压试验于 2017 年 4 月进行，试验场地平均气温为 23.5℃。根据工程经验，沥青混合料在 140～160℃，最低不低于130℃可碾压密实。结合本工程实际，沥青混合料出机口温度控制在 150～170℃，初碾温度控制在 135～155℃，最低不低于 130℃；连续铺筑时上层表面温度不宜高于 90℃，在已压实的心墙上继续铺筑时表层温度降至常温后，对表层沥青混凝土进行加热，控制接合面温度不低于 70℃。

现场碾压试验场次按照同一个配合比、不同的碾压遍数、铺料厚度及宽度等试验参数进行组合来验证各施工工艺下的沥青混凝土的性能。碾压试验参数组合见表 19.5－21。

表 19.5－21　　沥青混凝土心墙碾压试验参数组合表

摊铺形式	序号	试验参数				备注
		铺料厚度/cm	铺料宽度/cm	段落长/m	碾压遍数	
人工摊铺	1	30	110	10	静 2＋动 6＋静 2	检测沥青混凝土心墙与水泥混凝土基座以及冷底子油、沥青玛琋脂的结合情况，并找出最优施工参数
				10	静 2＋动 8＋静 2	
				10	静 2＋动 10＋静 2	
	2	28	110	10	静 2＋动 6＋静 2	不同厚度、不同碾压遍数对心墙质量的影响，并检测心墙与心墙之间的冷结合情况
				10	静 2＋动 8＋静 2	
				10	静 2＋动 10＋静 2	
	3	25	110	10	静 2＋动 6＋静 2	
				10	静 2＋动 8＋静 2	
				10	静 2＋动 10＋静 2	
	4	25	70	15	选取最佳碾压遍数	连续铺筑第 4 层、第 5 层（中间不间歇），检测心墙与心墙之间的热结合情况
机械摊铺	5	30	70	8	静 2＋动 6＋静 2	不同铺筑方式对心墙质量的影响
				8	静 2＋动 8＋静 2	
				8	静 2＋动 10＋静 2	

每一碾压层段沥青混合料摊铺后，分别在其上部取样，送至现场试验室，测试其马歇尔试件密度、孔隙率、沥青含量及矿料级配。每一层碾压完毕后，待沥青混凝土冷却后钻芯取样，测试芯样密度及孔隙率。

本次试验用一台BW120AD-4型振动碾碾压沥青混合料，两台振动碾碾压过渡料；碾压顺序为先静碾过渡料2遍→静压沥青混凝土料2遍→同时对沥青混合料和过渡料动碾6遍、8遍、10遍（动碾时三台振动碾呈“品”字形进行），最后用BW120AD-4型振动碾在沥青心墙上静碾2遍收光，过渡料用振动碾静碾1遍压平过渡料与心墙接触部位。

19.5.2.4 沥青混凝土试验段质量检测

（1）沥青混合料的检测。现场试验室对沥青混合料进行了马歇尔试件密度、孔隙率、油石比及矿料级配试验，其结果见表19.5-22和表19.5-23。

表19.5-22 沥青混合料密度、孔隙试验结果表

试件编号	项目		最大理论密度/(g/cm³)
	密度/(g/cm³)	孔隙率/%	
1-1	2.397	0.7	2.415
1-2	2.400	0.6	
1-3	2.395	0.8	
2-1	2.403	0.5	
2-2	2.401	0.6	
2-3	2.400	0.6	
平均值	2.399	0.6	

表19.5-23 抽提试验结检测果表

项目	理论油石比	实测油石比	矿料实际通过率/%										
筛孔尺寸/mm			19	16	13.2	9.5	4.75	2.36	1.18	0.6	0.3	0.15	0.075
H1-1	6.7	6.5	100	97.5	87.8	73.0	60.6	45.8	33.7	22.7	16.8	14.9	12.7
H2-1	6.7	6.6	100	98.9	86.5	74.7	60.0	42.7	31.5	22.2	17.8	16.1	13.9
设计值	6.8		100	93.3	86.4	75.7	57.4	43.6	33.3	25.7	19.8	15.3	12.0

从表19.5-22沥青混合料密度、孔隙率检测结果可见，室内成型马歇尔试件的孔隙率最大值0.8%，最小值0.5%，满足规范小于2%的要求。

从表19.5-23抽提试验可看出，两次试验油石比均在允许偏差范围内；两组矿料级配与设计值进行比较，实际级配和设计级配基本吻合，满足设计要求。

（2）碾压后沥青混凝土芯样检测。对于碾压后的沥青混凝土，采用钻芯取样对其进行检验，检验内容为：

1）检测沥青混凝土芯样的密度、孔隙率、渗透系数，检测情况见表19.5-24和表19.5-25。

表 19.5-24 沥青混凝土芯样密度、孔隙率检测结果表

桩号	试件编号	项目		最大理论密度 /(g/cm³)	铺料厚度 /cm	备注
		密度/(g/cm³)	孔隙率/%			
0+5	1-1-1	2.390	1.0	2.415	30	人工 6 遍
	1-1-2	2.392	1.0			
0+8	1-2-1	2.388	1.1			
	1-2-2	2.385	1.2			
0+14	1-3-1	2.395	0.8			人工 8 遍
	1-3-2	2.398	0.7			
0+17	1-4-1	2.397	0.7			
	1-4-2	2.401	0.6			
	1-4-3	2.398	0.7			
0+25	1-5-1	2.396	0.8			人工 10 遍
	1-5-2	2.400	0.6			
0+28	1-6-1	2.396	0.9			
0+4	2-1-1	2.391	1.1	2.415	28	人工 6 遍
0+9	2-2-1	2.388	1.1			
	2-2-2	2.383	1.3			
0+13	2-3-1	2.395	0.8			人工 8 遍
0+18	2-4-1	2.392	0.9			
	2-4-2	2.401	0.6			
0+23	2-5-1	2.393	0.9			人工 10 遍
	2-5-2	2.403	0.5			
	2-5-3	2.397	0.7			
0+3	3-1-1	2.382	1.4	2.415	25	人工 6 遍
0+8	3-2-1	2.379	1.5			
	3-2-2	2.385	1.2			
0+15	3-3-1	2.397	0.7			人工 8 遍
	3-3-2	2.400	0.6			
0+15	3-4-1	2.395	0.8			
	3-4-2	2.402	0.5			
0+25	3-5-1	2.398	0.7			人工 10 遍
	3-5-2	2.401	0.6			
	3-5-3	2.393	0.9			
0+11	4-1-1	2.389	1.1			热结合
	4-1-2	2.397	0.7			
	4-1-3	2.395	0.8			
0+16	4-2-1	2.401	0.6			
	4-2-2	2.399	0.7			
	4-2-3	2.394	0.9			

续表

桩号	试件编号	项目		最大理论密度/(g/cm³)	铺料厚度/cm	备注
		密度/(g/cm³)	孔隙率/%			
0+3	5-1-1	2.379	1.5	2.415	30	机械6遍
	5-1-2	2.383	1.3			
0+7	5-2-1	2.387	1.2			
	5-2-2	2.385	1.2			
0+13	5-3-1	2.389	1.1			机械8遍
	5-3-2	2.397	0.7			
	5-3-3	2.396	0.8			
0+18	5-4-1	2.401	0.6			
	5-4-2	2.392	1.0			
	5-4-3	2.394	0.9			
0+26	5-5-1	2.391	1.0			机械10遍
	5-5-2	2.397	0.7			

表 19.5-25　　沥青混凝土芯样渗透试验检测结果表

编号	密度/(g/cm³)	孔隙率/%	渗透	
			试件高度/mm	渗透系数/(cm/s)
1	2.398	0.7	60.5	无渗漏
2	2.392	0.9	61.2	无渗漏

2）观察沥青混凝土与水泥混凝土基座及沥青混凝土层间结合情况，经观察沥青混凝土与水泥混凝土基座之间结合良好，沥青混凝土连续铺筑两层之间的结合面肉眼无法辨认，说明结合良好。

3）检验过渡料与沥青混凝土间的结合情况，将心墙两侧的过渡料各挖开两处，经观察沥青混凝土与过渡料之间的结合良好。

从表中数据分析可见：①人工摊铺的动碾6遍、8遍、10遍均合格，动碾遍数越多，孔隙率呈下降趋势，动碾8遍和10遍孔隙率变化不大；②动碾遍数对三种铺料厚度基本没影响，动碾8遍和10遍，铺料厚度从25cm、28cm、30cm变化不大；③层与层之间冷、热结合很牢固，无法用肉眼分辨。

通过试验检测，油石比、密度、孔隙率及渗透系数均满足设计要求，建议沥青混凝土心墙铺料厚度30cm，碾压遍数采用动碾8遍。正式碾压时，通过生产性试验再次论证碾压遍数、铺料厚度对心墙质量的影响。

19.5.2.5 静三轴试验

对碾压试验成型的沥青混凝土钻孔取芯样进行三轴试验。在13.1℃条件下进行，根据坝高拟定试验的4个围压值分别为0.3MPa、0.6MPa、0.9MPa和1.2MPa，每种围压做3个试件的试验，共12个试件。沥青混凝土芯样静三轴试验结果见表19.5-26。

表 19.5-26　　沥青混凝土芯样静三轴试验成果

围压/MPa	试件编号	密度/(g/cm³)	孔隙率/%	最大偏应力/MPa	最大偏应力时的轴向应变/%	最大压缩体应变/%	最大压缩体应变时的偏应力/MPa
0.3	1-1	2.411	0.66	0.93	9.05	-0.16	0.52
	2-1	2.407	0.82	0.92	5.50	-0.15	0.74
	3-1	2.407	0.82	0.89	7.42	-0.16	0.63
	平均	2.408	0.77	0.91	7.32	-0.16	0.63
0.6	4-1	2.416	0.45	1.23	9.10	-0.15	0.88
	5-1	2.412	0.62	1.17	11.09	-0.16	0.79
	6-1	2.407	0.82	1.19	10.57	-0.15	0.75
	平均	2.412	0.63	1.19	10.25	-0.15	0.81
0.9	7-1	2.409	0.74	1.97	12.55	-0.15	1.34
	8-1	2.412	0.62	1.76	13.76	-0.16	1.08
	9-1	2.410	0.70	1.84	11.05	-0.15	1.25
	平均	2.410	0.69	1.86	12.46	-0.15	1.22
1.2	10-1	2.401	1.07	2.16	18.63	-0.15	0.96
	11-1	2.401	1.07	2.23	18.33	-0.15	1.44
	12-1	2.415	0.49	2.50	18.64	-0.16	1.36
	平均	2.406	0.88	2.30	18.49	-0.16	1.40

三轴试验的应力应变曲线按双曲线整理参数，按回归法求模型参数 K、n；按不同围压条件下的强度值绘制莫尔圆，求出剪切强度参数 c 和 ϕ；按邓肯-张模型求出静三轴非线性参数。沥青混凝土非线性 $E-\mu$ 模型参数见表 19.5-27。

表 19.5-27　　沥青混凝土非线性 $E-\mu$ 模型参数表

密度/(g/cm³)	孔隙率/%	凝聚力 c/kPa	内摩擦角 φ/(°)	模量数 K	模量指数 n	破坏比 R_f	G	F	D
2.409	0.74	150	26.1	250.7	0.18	0.64	0.49	0.00	0.00

对照室内试验分析，现场碾压试验芯样力学指标低于室内试验，其原因主要在于沥青混凝土试件成型上的差异。室内试验采用人工成型，用人工将拌和好的沥青混合料填入模具内分层击实形成试样，碾压试验是采用振动碾压成型，在碾压过程中，振动碾起到前后揉搓的作用。综合分析，沥青混凝土心墙的主要功能是防渗，心墙所占体积较小，其顶部厚度仅 0.5cm，底部厚度 1.1m，相对于庞大的坝体来讲，其强度对坝体的整体稳定基本没有影响。

19.5.2.6　碾压试验结论

通过现场碾压试验，得出以下结论：

(1) 原材料的各项指标满足规范要求。

(2) 通过现场沥青混合料抽提结果及沥青混凝土各项物理性试验表明，试验所推荐配合比适应性较强，推荐为施工配合比，见表 19.5-28 和表 19.5-29。

表 19.5-28　推荐沥青混凝土配合比的材料和级配参数

级配参数				材料			
矿料最大粒径/mm	级配指数	填料含量/%	油石比/%	粗骨料	细骨料	填料	沥青
19	0.41	12	6.7	石灰岩	人工砂	石灰岩矿粉	克拉玛依水工70号沥青

表 19.5-29　推荐配合比的矿料级配

筛孔尺寸/mm	粗骨料（19～2.36）						细骨料（2.36～0.075）			
	19	16	13.2	9.5	4.75	2.36	1.18	0.6	0.3	0.15
理论通过率/%	100.0	93.3	86.4	75.7	57.4	43.6	33.3	25.7	19.8	15.3

（3）沥青拌和楼的精度满足规范要求，拌和楼生产的沥青混合料质量满足施工要求。

（4）沥青混凝土与水泥混凝土基座之间、沥青混凝土上下层之间的结合情况良好；沥青混凝土心墙与过渡料之间的结合状况良好。

（5）场外试验冷底子油和沥青玛琋脂的配合比是合适的，在正式施工中，应保证冷底子油的喷涂厚度及其均匀性和覆盖完整性；严格控制沥青玛蹄脂的拌和工艺、原材料配比和摊铺厚度。

（6）试验所选参数下的沥青混凝土性能指标均可满足设计要求，推荐施工参数见表19.5-30。

表 19.5-30　沥青混凝土施工控制参数表

出机口温度/℃	初碾温度/℃	上层温度/℃	碾压遍数	铺料厚度/cm
160～180	135～155	大于70	静2+振8+静2	30

（7）骨料加热应均衡，温度应达到170～190℃，一般不宜大于200℃。

（8）沥青、粗细骨料、矿粉按照施工配料单投料称量，拌制沥青混合料时，应先投骨料与填料干拌15s，再喷洒沥青湿拌45～60s，混合料出机温度根据环境温度变化严加控制，一般在160～180℃，拌出的混合料应均匀，无花白料、冒黄烟，卸料时不产生离析。

（9）为便于混合料内部气泡排出，混合料在入仓后需静置约半小时，再进行碾压。控制入仓温度为150～155℃，初碾温度控制在135～155℃，最低不低于130℃，冬季施工取大值，夏季施工取小值。

（10）碾压机具应保持20～30m/min匀速行驶，行走过程中不得突然刹车或横跨心墙碾压。横向接缝处要重叠碾压30～50cm，碾不到的部位，用夯机或人工夯实。

19.6 有限元分析

19.6.1 分析程序及计算模型

为研究大坝应力、变形规律，验证大坝安全性，采用ABAQUS软件对大坝进行了三维有限元计算分析，计算中采用的三维有限元计算网格如图 19.6-1 所示。坝体和地基系统共有 63066 个节点，62234 个单元，其中坝体包括 14610 个节点和 13252 个单元。

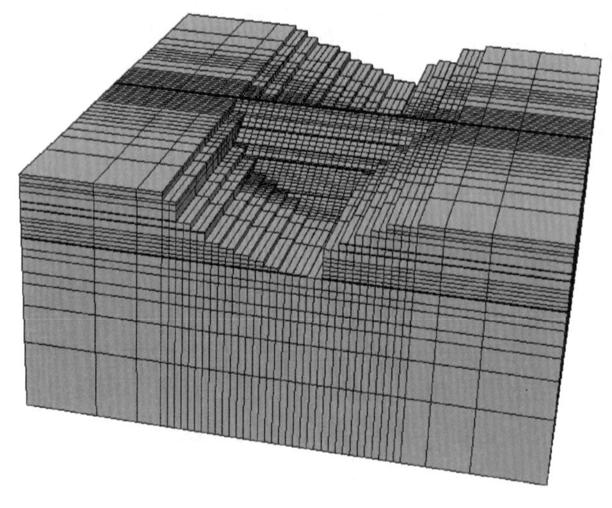

(a) 坝体-地基系统

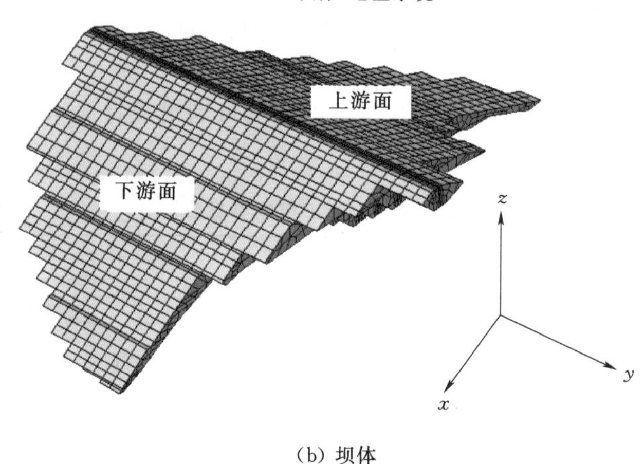

(b) 坝体

图 19.6-1 沥青心墙坝三维有限元计算网格

19.6.2 材料参数

针对不同的材料特性，计算过程中主要考虑了两种材料本构模型：基岩、帷幕采用线弹性本构模型；坝壳砂岩泥岩强弱风化料、弱风化砂岩堆石料、沥青混凝土以及过渡料静载时采用邓肯-张 $E-\nu$ 本构模型，动力分析时采用等效线型模型。材料参数见表 19.6-1 和表 19.6-2。

表 19.6-1 线弹性材料参数

材料	弹性模量 E/GPa	泊松比 ν	材料	弹性模量 E/GPa	泊松比 ν
基岩	20.0	0.2	帷幕	22.0	0.167

表 19.6-2 静力计算邓肯-张 $E-\nu$ 模型参数

材料		坝壳砂岩泥岩强弱风化料	弱风化砂岩堆石料	沥青混凝土	过渡料
密度	$\rho/(kg/m^3)$	2080	2080	2410	2100
弹性模量中的无因次系数	k	695.9	695.9	850	1200
	n	0.81	0.81	0.33	0.52
破坏比	R_f	0.88	0.88	0.76	0.68
有效应力强度	c/Pa	25000	27000	400000	0
	$\varphi/(°)$	31.0	32.5	27	36
	$\varphi_0/(°)$	40.2	42.8	0.0	5.0
	$\Delta\varphi/(°)$	10.6	11.2	0.0	5.0
侧向变形系数	G	0.38	0.38	0.38	0.34
	F	0.21	0.21	0.050	0.08
	D	7.95	7.95	15.0	6.0
卸荷模量	K_{ur}	2400	2400	1200	2400

19.6.3 静力分析

静力工况应力变形的代表性时刻为竣工期和满蓄期。计算成果中位移数值表示自坝体相应位置填筑后开始计，至特定时刻的累计变形量。计算中的应力以压应力为正，拉应力为负。

(1) 沥青混凝土心墙。根据计算结果，竣工期（坝体上作用有死水位）心墙顺河向最大位移约发生在心墙总高的 1/3 位置处，数值为 8.11cm，方向向下游。随着水位的上升，顺河向最大位移发生的位置上移，在校核洪水位工况下，最大位移约发生在心墙总高的 2/3 位置，位移最大值为 18.84cm。各工况下心墙最大沉降量约发生在心墙的中间位置处，竣工期心墙的沉降量达最大值，最大沉降量为 43.17cm，占最大坝高（99m）的 0.44%。心墙大主应力最大值约发生在心墙的底部附近，大主应力在竣工期达最大值，最大值为 1.44MPa。心墙小主应力最大值亦发生在心墙的底部附近，在满蓄期达最大值，最大值为 0.70MPa。心墙各高程处计算的垂直应力均大于该处的水压力强度，因此对防止产生水力劈裂是有保证的。静力计算得到的沥青混凝土心墙变形和应力极值见表 19.6-3，分布图如图 19.6-2～图 19.6-6 所示。

表 19.6-3 三维非线性有限元静力计算得到的沥青混凝土心墙变形和应力极值

名称			竣工期	满蓄期
心墙变形/cm	水平位移	向上游	1.79	1.54
		向下游	8.11	17.91
	竖向位移（沉降量）	竖直向下	43.17	41.01
心墙应力/MPa	大主应力		1.44	1.40
	小主应力		0.61	0.70

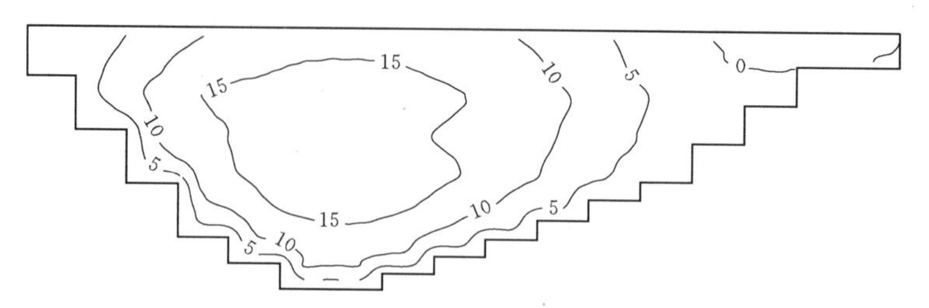

图 19.6-2　满蓄期沥青混凝土心墙顺河向位移分布（单位：cm）

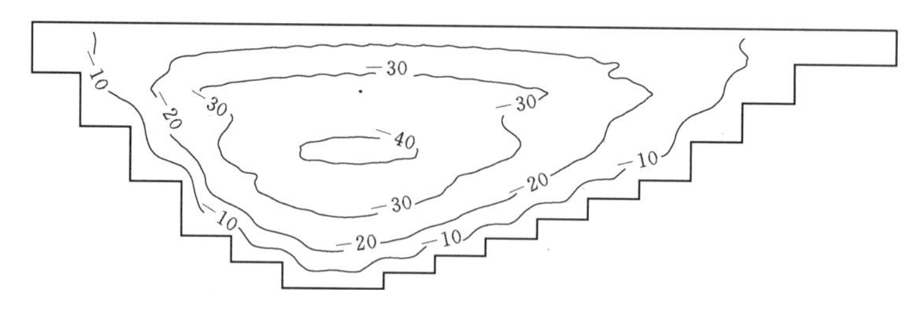

图 19.6-3　竣工期沥青混凝土心墙沉降分布（单位：cm）

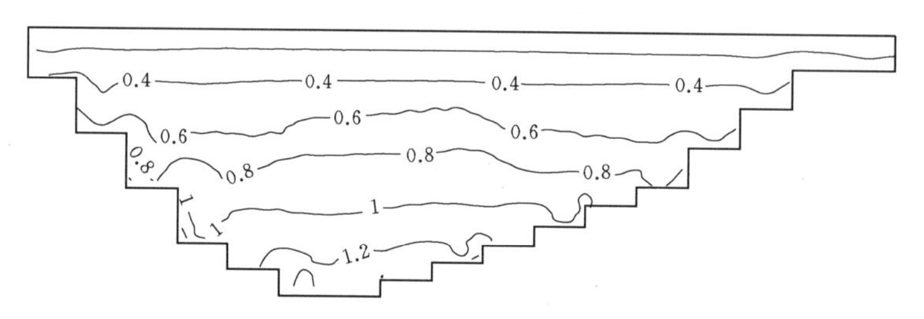

图 19.6-4　竣工期沥青混凝土心墙大主应力分布（单位：MPa）

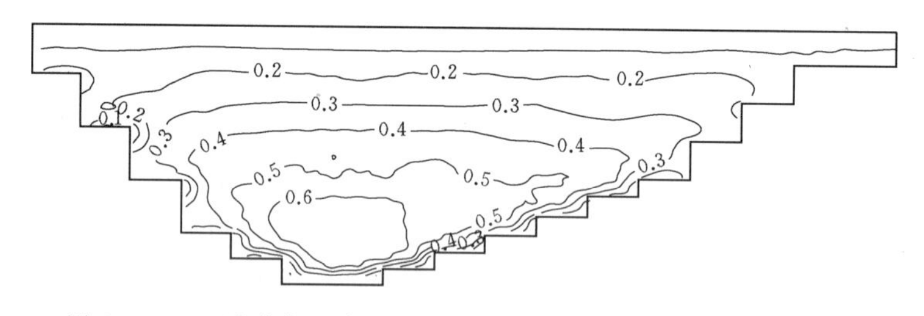

图 19.6-5　满蓄期沥青混凝土心墙小主应力分布（单位：MPa）

（2）坝体。坝体进行了坝横 0+120m、0+140m 及 0+180m 三个典型剖面的变形和应力分析。从三个典型剖面的顺河向位移分布看，大坝各工况下顺河向位移最大值约发生在坝高的 2/3 位置的下游坝坡处，竣工期顺河向位移最大值为 21.10cm，满蓄期顺河向位移最大值为 30.09cm，占最大坝高（99m）的 0.30%。坝体沉降量最大值约发生在坝高的 1/2～2/3 位置处，竣工期坝体沉降量达最大，最大值为 43.29cm，约占最大坝高（99m）的 0.44%。坝体大主应力最大值发生在坝体的建基面附近，坝体大主应力在竣工期达最大值，最大值为 2.15MPa。坝体小主应力最大值发生在坝体的建基面附近，满蓄期坝体

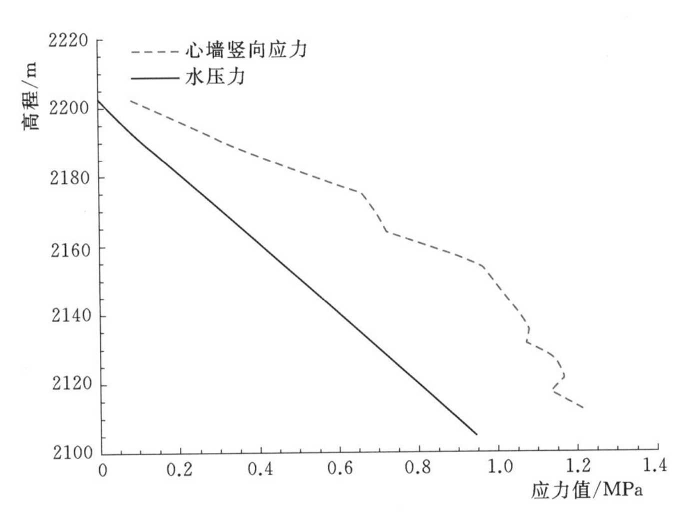

图 19.6-6 满蓄期心墙竖向应力与作用于心墙的水压力比较

小主应力最大值为1.09MPa。三维非线性有限元静力计算坝体变形和应力极值见表19.6-4，0+140剖面变形及应力分布图如图19.6-7～图19.6-10所示。

表 19.6-4 三维非线性有限元静力计算得到的坝体变形和应力极值

项目				竣工期	满蓄期
坝横 0+120	变形/cm	水平位移	向上游	10.21	8.19
			向下游	20.32	29.32
		竖向位移（沉降量）	竖直向下	43.29	41.17
	应力/MPa	大主应力		2.02	1.91
		小主应力		0.88	1.08
坝横 0+140	变形/cm	水平位移	向上游	11.80	9.23
			向下游	21.10	30.09
		竖向位移（沉降量）	竖直向下	43.06	40.94
	应力/MPa	大主应力		2.15	2.08
		小主应力		0.88	1.09
坝横 0+180	变形/cm	水平位移	向上游	18.20	18.13
			向下游	19.58	28.38
		竖向位移	竖直向下	36.50	34.81
	应力/MPa	大主应力		2.03	2.03
		小主应力		0.79	0.97

19.6.4 动力分析

对坝体在正常蓄水位高程2201.50m时遭遇地震工况作动力分析。计算采用的地震波由云南省地震工程研究院提供的50年超越概率10%的坝址区基岩地震加速度时程，加速

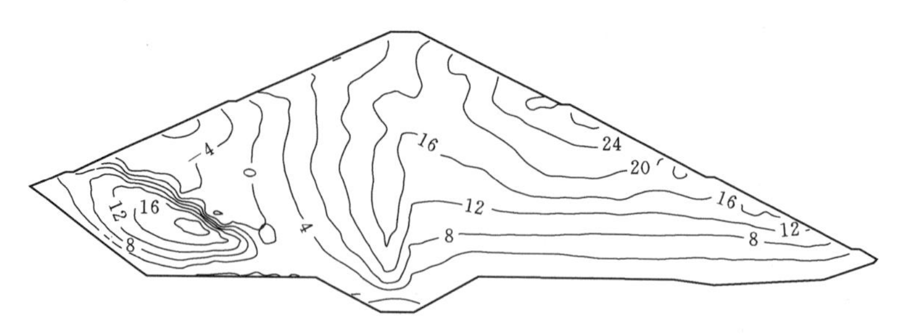

图 19.6-7 满蓄期 0+140 剖面顺河向位移分布（单位：cm）

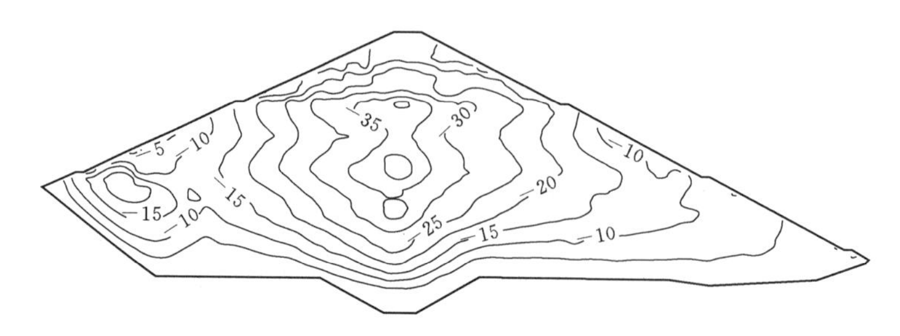

图 19.6-8 竣工期 0+140 剖面沉降分布（单位：cm）

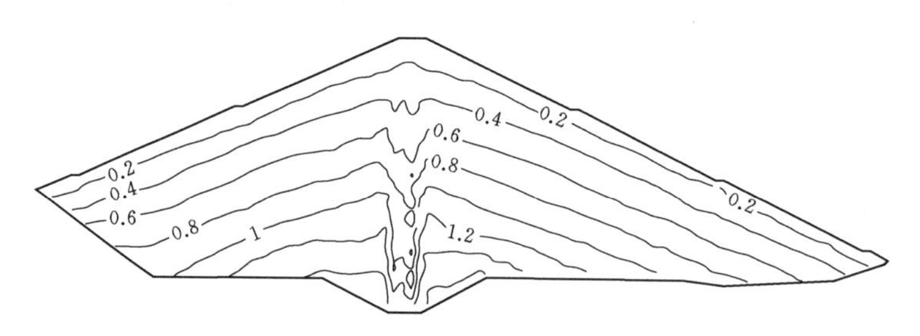

图 19.6-9 竣工期 0+140 剖面大主应力分布（单位：cm）

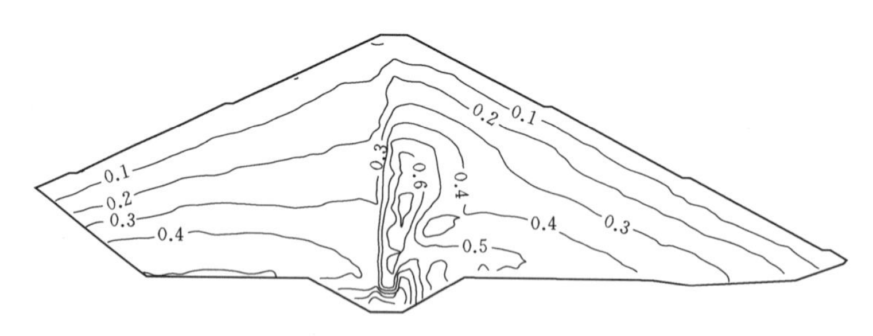

图 19.6-10 满蓄期 0+140 剖面小主应力分布（单位：cm）

度峰值为 0.3g。根据《水工建筑物抗震设计规范》（DL 5073—2000），同时计入顺河流方向的水平向与竖向地震作用，顺河向地震加速度峰值为 0.3g，竖向地震加速度峰值取为顺河向的 2/3 并按规范规定乘以 0.5 的耦合系数。

（1）自振特性。通过对坝体的自振特性分析，三维模型坝体的第一阶振型以顺河向为主，对应的坝体第 1 阶振型如图 19.6-11 所示。

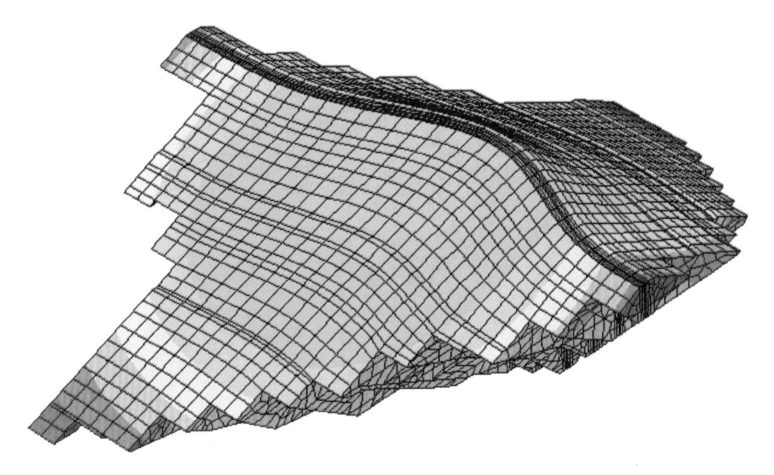

图 19.6-11　坝体的第一阶振型

（2）加速度相应。由计算结果可看出，顺河向加速度随高程增加而增大，加速度最大值发生在坝顶处。竖直向加速度不仅由坝基向坝顶逐渐增加，而且在同一高程处，大体表现出了由坝内向坝坡方向逐渐增大的趋势，竖直向加速度最大值约发生在上游坝坡近坝顶处。坝横 0+140 剖面顺河向加速度极值分布及竖向加速度极值分布如图 19.6-12 和图 19.6-13 所示。

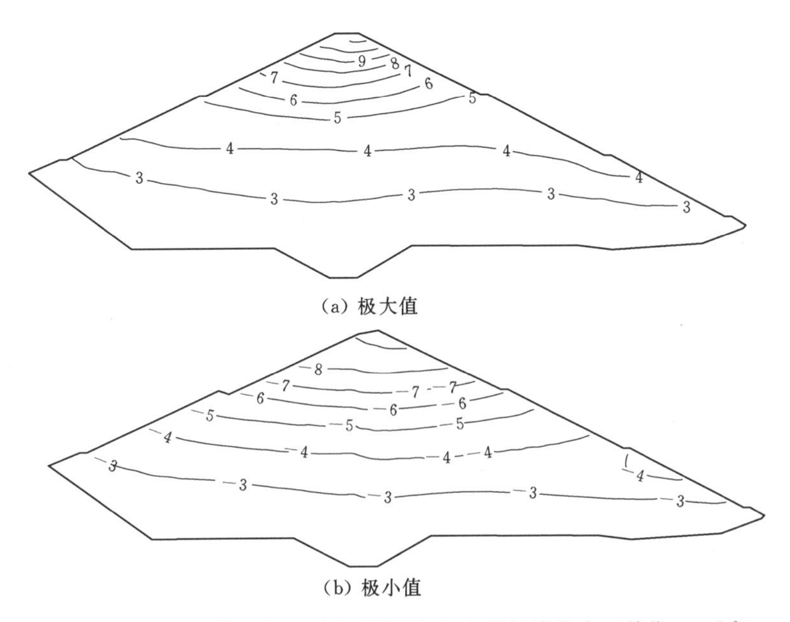

图 19.6-12　坝横 0+140 剖面顺河向加速度极值分布（单位：m/s^2）

（3）动剪应力响应。从计算结果看，心墙墙面动剪应力较小，相比之下主河床位置的动力响应相对强烈一些，三种地震波计算得到的最大值为 410.63kPa，最大值约发生在坝横 0+120 剖面～坝横 0+180 剖面的心墙部分且位于心墙总高的 1/2 位置处。心墙动剪应力分布如图 19.6-14 所示。从三个典型剖面动剪应力的计算结果看，各剖面动剪应力在

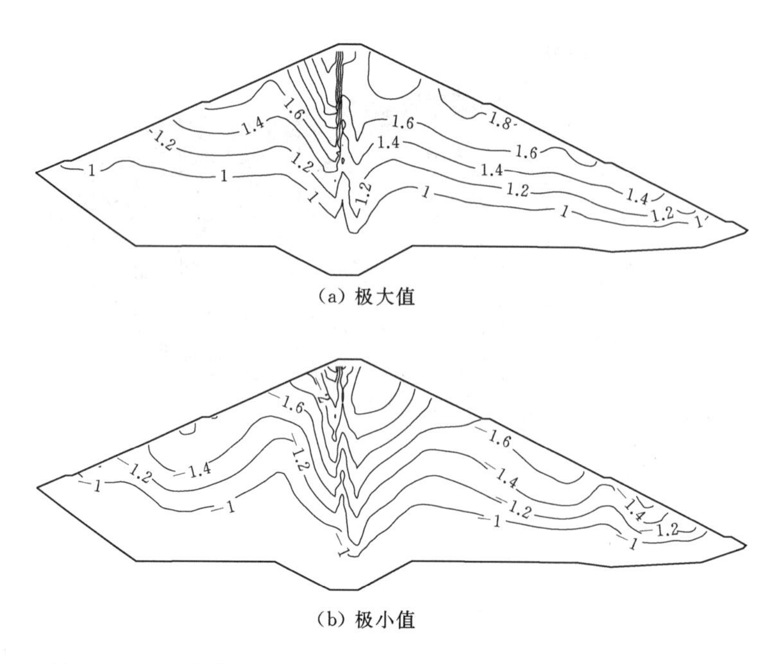

(a) 极大值

(b) 极小值

图 19.6-13　坝横 0+140 剖面竖向加速度极值分布（单位：m/s²）

靠近坝面处较小，坝面大部分区域的动剪应力约 200kPa，而距离坝面越远，动剪应力越大，在靠近坝基附近达到最大，原因是基岩刚度较大，约束了坝体的变形，使得动剪应力响应增大。坝横 0+140 剖面动剪应力分布如图 19.6-15 所示。总体来说，心墙及坝体的动剪应力不是很大，分布较均匀，不会出现剪切破坏。坝体动剪应力计算结果见表 19.6-5。

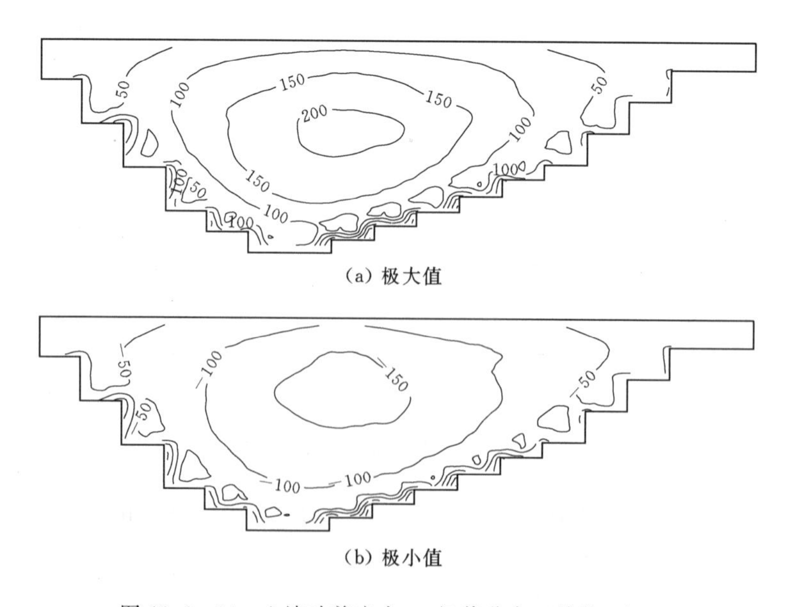

(a) 极大值

(b) 极小值

图 19.6-14　心墙动剪应力 τ_{zx} 极值分布（单位：kPa）

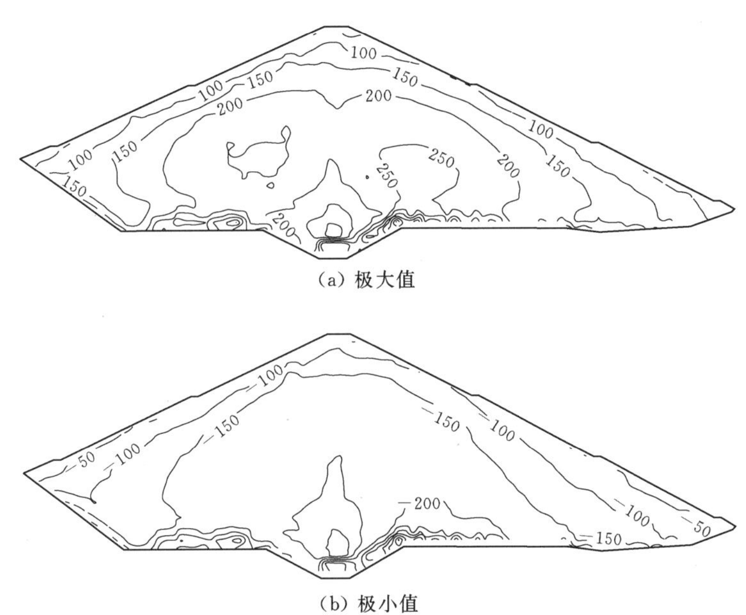

(a) 极大值

(b) 极小值

图 19.6-15 坝横 0+140m 剖面动剪应力 τ_{zx} 极值分布（单位：kPa）

表 19.6-5 **坝体动剪应力最值计算结果**

地震波		坝体动剪应力最值/kPa			
		心墙	坝横 0+120	坝横 0+140	坝横 0+180
No. 1	最大值	320.36	298.86	466.08	538.05
	最小值	−314.00	−285.08	−415.28	−513.43
No. 2	最大值	303.94	293.32	419.61	531.15
	最小值	−335.01	−313.44	−496.97	−579.23
No. 3	最大值	410.63	373.97	589.66	713.72
	最小值	−371.25	−337.59	−538.59	−659.69

（4）动位移响应。从动位移计算结果可看出，顺河向动位移最大值发生在坝顶处，竖直向动位移最大值发生在下游坝坡靠近坝顶处。各典型剖面中，以坝横 0+140 剖面的动位移响应最激烈，三种地震波计算得到的顺河向动位移最大值分别为 18.74cm（向上游）、14.22cm（向下游）、16.71cm（向下游），三种地震波下竖直向动位移最大值分别为 2.30cm（竖直向下）、2.19cm（竖直向下）、2.83cm（竖直向上）。典型剖面动位移极值计算结果表 19.6-6，坝横 0+140m 剖面顺河向动位移极值分布如图 19.6-16 所示。

表 19.6-6 **坝体典型剖面动位移极值计算结果**

地震波	动位移方向		动位移极值/cm		
			坝横 0+120	坝横 0+140	坝横 0+180
No. 1	顺河向	向上游	−16.94	−18.74	−16.19
		向下游	13.81	14.92	13.79
	竖直向	竖直向上	2.04	2.28	2.04
		竖直向下	−2.08	−2.30	−1.82

续表

地震波	动位移方向		动位移极值/cm		
			坝横 0+120	坝横 0+140	坝横 0+180
No. 2	顺河向	向上游	−13.06	−13.99	−12.99
		向下游	13.19	14.22	12.45
	竖直向	竖直向上	1.93	2.14	1.63
		竖直向下	−2.06	−2.19	−1.87
No. 3	顺河向	向上游	−13.93	−15.49	−13.39
		向下游	15.47	16.71	14.97
	竖直向	竖直向上	2.62	2.83	2.49
		竖直向下	−2.22	−2.44	−2.04

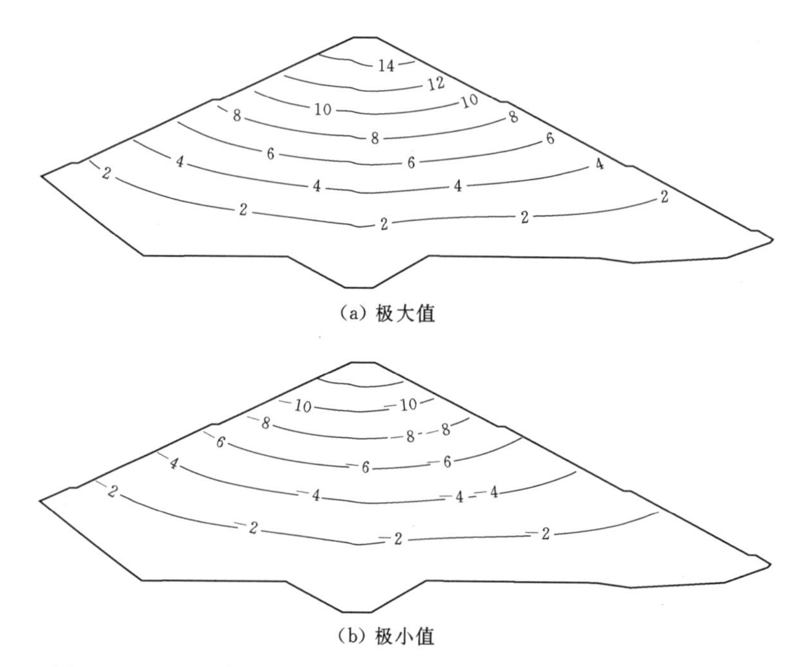

(a) 极大值

(b) 极小值

图 19.6－16　坝横 0＋140m 剖面顺河向动位移极值分布（单位：cm）

（5）地震永久变形。从地震永久变形计算结果可以看出，地震顺河向永久变形以向下游为主，各剖面顺河向永久变形最大值均发生在下游坝坡的中上部，以坝横 0＋140 剖面的响应最激烈，三种地震波下坝横 0＋140 剖面向下游的顺河向地震永久变形最大值分别为：16.19cm、18.98cm、23.06cm。竖直向地震永久变形以竖直向下为主，随着高程的增大，地震永久变形增大，各剖面竖直向地震永久变形最大值发生在坝顶靠近上游坝坡的一侧，以坝横 0＋180 剖面（见图 19.6－17）的响应最激烈，三种地震波下坝横 0＋180 剖面竖直向下地震永久变形最大值分别为：19.87cm、21.82cm、26.87cm，坝体地震沉陷量为最大坝高的 0.20%、0.22%、0.27%。典型剖面地震永久变形最值计算结果表 19.6－7。坝体在地震中的沉陷比水平位移大，体现了堆石体在高固结应力和循环荷载作用下的残余体积变形特性。

表 19.6-7　坝体典型剖面地震永久变形最值

地震波			地震永久变形/cm		
			坝横 0+120 剖面	坝横 0+140 剖面	坝横 0+180 剖面
No. 1	顺河向	向上游	−6.96	−7.84	−9.43
		向下游	14.74	16.19	15.80
	竖直向下		−16.59	−18.81	−19.87
No. 2	顺河向	向上游	−8.97	−9.32	−11.07
		向下游	16.77	18.98	18.50
	竖直向下		−19.18	−21.36	−21.82
No. 3	顺河向	向上游	−10.46	−11.24	−13.06
		向下游	20.42	23.06	21.96
	竖直向下		−23.37	−26.48	−26.87

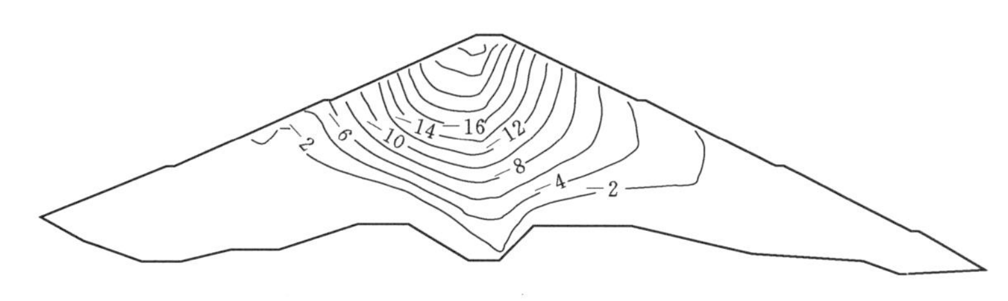

图 19.6-17　坝横 0+180 剖面竖向永久变形（单位：cm）

19.6.5　有限元分析结论

静载下竣工期心墙顺河向最大位移约发生在心墙总高的 1/3 位置处，随着水位的上升，顺河向最大位移发生的位置上移，在校核洪水位工况下，最大位移约发生在心墙总高的 2/3 位置，最大值为 18.84cm。各工况下心墙最大沉降量约发生在心墙的中间位置处，竣工期心墙的沉降量达最大，最大沉降量为 43.17cm，占最大坝高的 0.44%。心墙大主应力最大值约发生在心墙的底部附近，大主应力在竣工期达最大值，最大值为 1.44MPa；心墙小主应力最大值亦发生在心墙的底部附近，在满蓄期达最大值，最大值为 0.70MPa。心墙各高程处计算的垂直应力均大于该处的水压力强度，因此对防止产生水力劈裂是有保证的。

地震工况下顺河向加速度随高程增加而增大，加速度最大值发生在坝顶处。竖直向加速度不仅由坝基向坝顶逐渐增加，而且在同一高程处，大体表现出了由坝内向坝坡方向逐渐增大的趋势，竖直向加速度最大值约发生在上游坝坡近坝顶处。在地震作用下，坝顶、上游坝坡近坝顶等位置有可能会有坝料松动、滑落的可能性，需要在上述区域采取适当的抗震加固措施。心墙及坝体的动剪应力不大，分布较均匀，不会出现剪切破坏。大坝顺河向动位移最大值发生在坝顶处，竖直向动位移最大值发生在下游坝坡靠近坝顶处。地震顺河向永久变形以向下游为主，顺河向永久变形最大值发生在下游坝坡的中上部，最大值为

23.06cm；竖直向地震永久变形以竖直向下为主，随着高程的增大，地震永久变形增大，竖直向地震永久变形最大值发生在坝顶靠近上游坝坡的一侧，最大值为 26.87cm。坝体在地震中的沉陷比水平位移大，体现了堆石体在高固结应力和循环荷载作用下的残余体积变形特性。

19.7　抗震措施

为提高坝体抗震能力，根据大坝三维非线性动力反应分析，结合国内工程经验，主要采取了如下工程措施：

（1）坝顶高程计算中，地震工况下安全超高考虑了 1m 地震涌浪高度以及 0.9m（约 0.9%坝高）地震附加沉陷，保证在地震时库水不漫坝。

（2）采用柔性的沥青混凝土心墙作为大坝防渗体，并在心墙上下游分别设置水平宽度各 3m、级配连续的过渡料，加强心墙与坝壳料的协调变形。

（3）对上下游坝体进行分区，上游坝体在 2164.00m 高程以上及下游坝体 2129.00m 高程以下采用透水性好的弱风化砂岩填筑，保证任何情况下上下游坝体排水通畅。

（4）由于地震作用力影响在坝顶处最大，因此采用上部缓、下部陡的坝体断面，大坝下游坝坡自上而下采用 1∶2.1、1∶2.0、1∶2.0、1∶1.8 的坡比，同时下游坝坡在 2179.00m 马道以上采用 0.4m 厚 M7.5 浆砌石护坡，以抵抗地震情况下坝体外部动力响应大可能造成的坝面局部破坏。

（5）在 2179.00m 高程马道以上大坝填筑体靠近坝面 20m 范围内沿高程方向按间距 1.4m 设置加筋层，层面铺设加筋聚丙烯土工格栅，增加填筑体抗剪强度。

（6）坝体过渡料、坝壳料填筑按较小孔隙率控制，分别不大于 20%、23%，提高坝体填筑密实度。

（7）施工时在岸坡建基面附近 2～3m 范围内采用较细坝壳料填筑，使坝壳与基础结合更紧密；将超径坝壳料填筑在上下游坝坡面附近 2～3m 范围内，使其成为一相对的硬壳，保证地震情况下坝坡表面免受局部破坏。

采取上述大坝抗震措施后，结合国内类似工程在地震情况下的状态，在遭遇设计地震时，可较大程度降低发生严重破坏导致次生灾害的风险；在强震时允许有局部变形、滑坡等损坏，可修复使用。按照现有计算结果，采取上述抗震措施后，大坝是安全的。

19.8　现场施工质量控制

19.8.1　坝壳料施工质量控制

坝壳料填筑过程每填筑一层均挖坑取样检测填筑料的干密度、孔隙率，同时在不同高程分别对上下游砂岩、泥岩混合坝壳料或弱风化砂岩料取大样进行复核试验。现场取样检测结果显示坝壳砂岩、泥岩强弱风化混合料最大孔隙率均小于 24%，干密度大于 2.05g/cm^3，渗透系数大于 8×10^{-3}cm/s。坝壳弱风化砂岩料填筑最大孔隙率均小于 23%，填筑干密度大于2.08g/cm³，渗透系数大于5×10⁻²cm/s。部分坝壳料大样试验检测结果见表19.8-1。

表19.8-1 大坝部分坝壳料大样检测成果一览表

野外编号	取样日期	取样高程/m	干密度/(g/cm³)	孔隙率/%	内摩擦角/(°)	黏聚力/kPa	渗透系数/(cm/s)	压缩系数	
								$a_{0.1\sim0.2}$/MPa^{-1}	$a_{0.2\sim0.4}$/MPa^{-1}
JZS-SYBKL-1（下游砂岩料）	2017年12月7日	2122.37	2.20	20.3	36.0	64.8	2.66×10^{-2}	0.050	0.045
JZS-SYBKL-2（混合料）	2018年3月17日	2145.25	2.19	19.2	35.3	75.0	2.10×10^{-2}	0.020	0.030
JZS-SYBKL-3（混合料）	2018年3月17日	2142.64	2.16	21.2	35.2	74.5	3.10×10^{-2}	0.015	0.025
JZS-SYBKL-4（上游砂岩料）	2018年7月7日	2165.15	2.21	22.3	36.9	70.0	7.50×10^{-2}	0.050	0.045
JZS-SYBKL-5（下游混合料）	2018年7月7日	2166.14	2.17	21.9	30.9	70.3	4.6×10^{-2}	0.070	0.045

19.8.2 过渡料施工质量控制

过渡料填筑过程每填筑一层均挖坑取样检测填筑料的干密度、孔隙率，并取样进行颗分试验，检查过渡料的级配情况，同时在不同高程对过渡料取大样进行复核试验。现场取样检测结果显示过渡料的孔隙率均小于20%，干密度大于2.0g/cm³，渗透系数大于等于1×10^{-3}cm/s，颗分曲线基本在设计确定的包络线范围，各项指标满足设计要求。部分过渡料大样试验检测结果见表19.8-2，颗分曲线如图19.8-1所示。

表19.8-2 大坝部分过渡料大样检测成果一览表

野外编号	取样日期	取样高程/m	干密度/(g/cm³)	相对密度	孔隙率/%	内摩擦角/(°)	黏聚力/kPa	渗透系数/(cm/s)		压缩系数	
								室内	现场	$a_{0.1\sim0.2}$/MPa^{-1}	$a_{0.2\sim0.4}$/MPa^{-1}
JZS-SYGDL-1（上游过渡料）	2017年12月7日	2121.86	2.22	>1				1.90×10^{-2}	1.93×10^{-1}		
JZS-SYGDL-2（下游过渡料）	2017年12月7日	2121.86	2.22	>1				8.90×10^{-3}	2.23×10^{-1}		
JZS-SYGDL-3	2018年3月17日	2145.71	2.22		17.8	37.4	145.1	6.20×10^{-2}		0.010	0.010
JZS-SYGDL-4	2018年7月7日	2167.23	2.25		17.3			5.90×10^{-2}			

19.8.3 沥青混凝土施工质量控制

沥青混凝土心墙施工是一种热施工工艺，对沥青混凝土的配合比和温度控制等要求较高，施工过程中严格按照预先编制的施工作业指导书组织施工，结合沥青混凝土现场摊铺

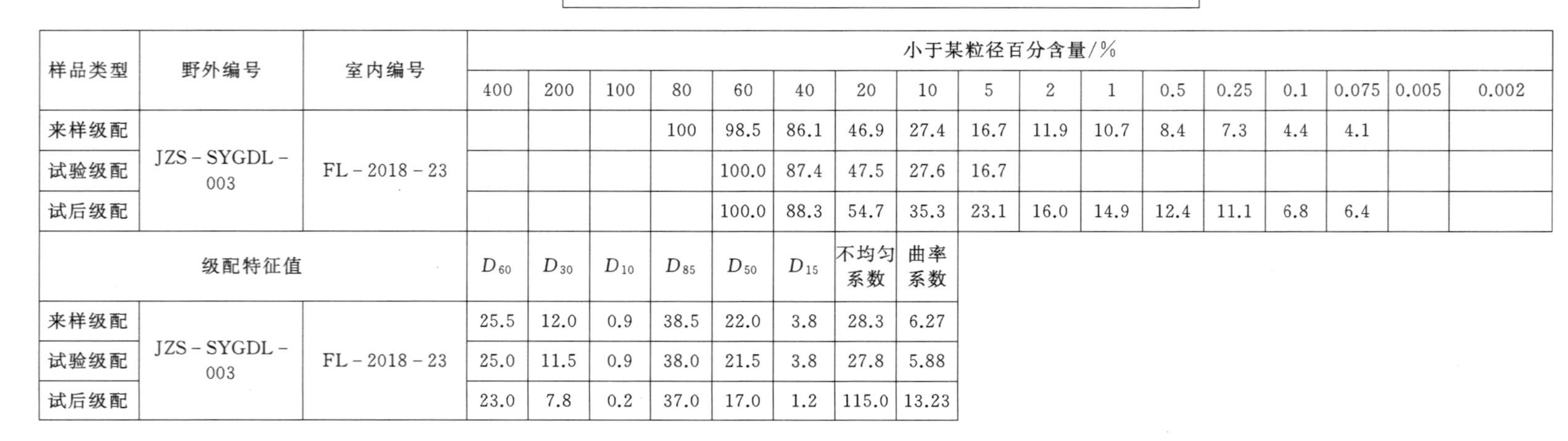

样品类型	野外编号	室内编号	小于某粒径百分含量/%																
			400	200	100	80	60	40	20	10	5	2	1	0.5	0.25	0.1	0.075	0.005	0.002
来样级配	JZS－SYGDL－003	FL－2018－23				100	98.5	86.1	46.9	27.4	16.7	11.9	10.7	8.4	7.3	4.4	4.1		
试验级配							100.0	87.4	47.5	27.6	16.7								
试后级配							100.0	88.3	54.7	35.3	23.1	16.0	14.9	12.4	11.1	6.8	6.4		

级配特征值			D_{60}	D_{30}	D_{10}	D_{85}	D_{50}	D_{15}	不均匀系数	曲率系数
来样级配	JZS－SYGDL－003	FL－2018－23	25.5	12.0	0.9	38.5	22.0	3.8	28.3	6.27
试验级配			25.0	11.5	0.9	38.0	21.5	3.8	27.8	5.88
试后级配			23.0	7.8	0.2	37.0	17.0	1.2	115.0	13.23

图 19.8－1　JZS－SYGDL－4 过渡料颗分曲线

技术指标对工序进行全过程质量控制。其中主要施工技术指标见表19.8-3。

表19.8-3 轿子山水库大坝心墙沥青混凝土现场摊铺及碾压施工技术指标

序号	检查项目	质量要求	备注
1	模板轴线偏差/mm	±5	人工摊铺
2	摊铺轴线偏差/mm	±5	机械摊铺
3	初碾温度/℃	135～155	每层随时检测
4	终碾温度/℃	>110	每层随时检测
5	摊铺厚度/cm	30±2	
6	碾压遍数/遍	静2+动8+静2	
7	外观	无裂纹、蜂窝、麻面、空洞及花白料	每层随时检测
8	渗透系数/(cm/s)	$<1\times10^{-8}$	每层渗气仪、无核密度仪无损检测；心墙每升高2～4m钻孔取芯样检测2组
9	密度/(g/cm³)	>2.4	
10	孔隙率/%	<3	
11	过渡料摊铺厚度/cm	30±2	
12	过渡料碾压遍数/遍	静2+动8+静2	

沥青混凝土心墙的质量控制是整个大坝施工质量控制的关键所在，因此，轿子山水库沥青混凝土施工提出了严格的控制措施。

(1) 拌和站沥青混凝土配合比控制。根据现场碾压试验确定的配合比严格进行配料，并对拌和料进行抽提试验检测成品料的实际配合比，配合比按表19.8-4执行，每吨沥青混凝土材料用量按表19.8-5执行。

表19.8-4 轿子山水库大坝心墙沥青混凝土施工配合比

填料品种	级配指数	油石比/%	填料含量/%	各级矿料质量百分比/%					
				19～13.2mm	13.2～9.5mm	9.5～4.75mm	4.75～2.36mm	2.36～0.075mm	<0.075mm
灰岩	0.40	6.7	12.0	13.6	10.7	18.3	13.8	31.6	12.0

表19.8-5 轿子山水库大坝心墙沥青混凝土施工配料单

项目	0～5mm	5～10mm	10～15mm	15～20mm	矿粉	沥青
质量/kg	470	150	170	120	90	67

在进行沥青混合料的拌和前，先按施工配料单对粗细骨料进行初配，并进入加热筒进行加热，再将加热过的骨料提升至拌和楼顶部的筛分系统进行二次筛分，并进行精确配料，多余骨料通过逸出口逸出。填料及沥青按比例直接加入拌和仓进行拌和。配料操作均通过中控室自动配料，避免人工配料产生大的误差。通过对沥青混合料的抽提试验，各种配比的料误差均在施工允许范围内。

(2) 温度控制。沥青混凝土对温度的敏感性较强，施工时必须对沥青混凝土的温度进行严格控制。首先控制好沥青混合料的出仓温度，一般控制在175℃左右，混合料出机温度根据环境温度变化进行调整，冬季出仓温度适当提高，夏季适当降低。第二，严格控制入仓温度，一般控制在150～155℃范围，低于150℃的混合料作为废料处理。第三，控制碾压温度，一般控制在135～155℃范围，最低不低于130℃；如温度过低，影响压实质量，因此，施工过程需随时检查沥青混合料的温度，及时进行碾压。

（3）入仓控制。入仓分为人工入仓和机械入仓。人工入仓需架设钢模板，架设时放好中心线，采用带刻槽的角钢固定以满足设计规定的结构尺寸，检查合格并清理结合面，并检查下层沥青混凝土的温度，如结合面沥青混凝土温度不能达到规范规定的70℃要求，需对下层沥青混凝土结合面进行加热处理。机械入仓时不需架设模板，但应放好中心线，使线条清晰可辨，确保摊铺机沿中心线正确行走，以保证心墙轴线准确，同时调整摊铺机挡板尺寸，严格按设计结构尺寸进行摊铺。

在心墙基座混凝土上铺筑第一层沥青混凝土前，应先凿毛并清洗干净，干燥处理后，喷冷底子油，让其挥发24h后，再铺2cm厚沥青玛𤧛脂，然后才能铺筑沥青混凝土（见图19.8-2～图19.8-4）。

图19.8-2 摊铺沥青玛𤧛脂

图19.8-3 沥青混凝土人工摊铺

（4）现场碾压（见图19.8-5）。沥青混合料入仓找平后，静置约0.5h，让混合料内部气泡排出，待温度降到135～155℃时进行碾压。碾压时严格按碾压试验确定的碾压遍数及顺序进行压实。由于受温度的控制，只能分段进行碾压，分段位置沥青混合料需连续铺筑。

（5）仓面保护（见图19.8-6）。为了确保仓面洁净，在摊铺机后面挂一条帆布盖在摊铺好的沥青混凝土面上，防止挖机填筑过渡料时将过渡料撒落在沥青混凝土面上。在碾压好的沥青混凝土面上，及时覆盖帆布进行仓面保护，防止尘土落到已碾压成型的沥青混凝土面上。冬季施工时，为确保层间接合面温度，采取在帆布表面覆盖棉被，起到了较好的保温效果。根据现场实测温度，前一天下午填筑的沥青混凝土，在采取棉被覆盖后，第二天填筑前结合面沥青混凝土仍可达到80℃以上的温度，不仅解决了接合面加热问题，而且保证了施工质量，提高了施工效率。

图 19.8-4 沥青混凝土心墙机械入仓摊铺

图 19.8-5 沥青混凝土心墙现场碾压

图 19.8-6 沥青混凝土心墙保护

（6）现场质量检测。现场检测主要是检测沥青混凝土出仓温度、入仓温度、铺料厚度，同时进行抽提试验检测沥青混凝土的沥青含量、矿料级配。每层沥青混凝土碾压成型后采用渗气仪现场检测沥青混凝土的渗透系数，采用无核密度仪检测密度。

另外，为了检查沥青混凝土的实体质量，沥青混凝土心墙每上升 2～4m 钻芯取样一组（3 个芯样）进行密度、孔隙率、沥青含量及矿料级配检测。沥青混凝土心墙每上升 12m 钻芯取样一组（15 个芯样）进行物理力学性能试验，包括马歇尔稳定度及流值、孔隙率、沥青含量、矿料级配和拉伸试验、水稳定试验、静三轴试验、小梁弯曲试验、渗透试验及单轴压缩试验。沥青混凝土心墙现场芯样如图 19.8-7 和图 19.8-8 所示。从芯样来看，沥青混凝土层间接合无明显分层，接合面良好，沥青混凝土与基座水泥混凝土的连接也较好。

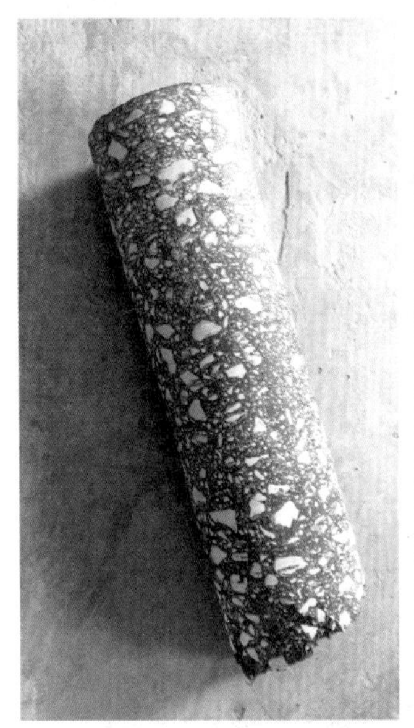

图 19.8-7　沥青混凝土芯样照片

图 19.8-8　沥青混凝土与水泥混凝土基座结合部芯样照片

通过现场质量检测，沥青混凝土所有指标均满足规范及设计要求，其孔隙率为0.8%～2.4%，均小于规范规定小于3.0%的要求。部分芯样检测结果见表19.8-6。

表19.8-6 轿子山水库沥青混凝土心墙部分钻孔取芯检测成果一览表

编号	检测日期	层数	高程/m	密度/(g/cm³)			平均密度/(g/cm³)	孔隙率/%	现场渗透系数/(cm/s)	沥青含量/%
18	2017年5月23日	第18层	2111.56	2.396	2.391	2.386	2.391	1.8	—	7.0
42	2017年11月4日	第42层	2118.43	2.399	2.403	2.399	2.400	1.8	8.828×10^{-9}	6.6
59	2017年11月20日	第59层	2123.33	2.406	2.401	2.388	2.398	1.8	—	6.1
66	2017年11月27日	第66层	2125.35	2.400	2.395	2.392	2.396	1.9	—	6.0
80	2017年12月06日	第80层	2129.374	2.393	2.397	2.403	2.398	1.8	—	6.3
93	2017年12月25日	第93层	2133.207	2.392	2.392	2.381	2.388	2.0	—	6.2
104	2018年1月04日	第104层	2136.259	2.401	2.397	2.395	2.398	1.6	—	6.3
111	2018年1月11日	第111层	2138.366	2.411	2.402	2.397	2.403	1.4	—	6.2
123	2018年1月23日	第123层	2141.700	2.403	2.399	2.404	2.402	1.3	9.69×10^{-9}	6.2
139	2018年3月14日	第139层	2146.284	2.394	2.395	2.400	2.396	1.6	—	6.3
148	2018年3月23日	第148层	2148.873	2.435	2.422	2.409	2.422	0.9	—	6.1
163	2018年4月6日	第163层	2153.181	2.428	2.422	2.405	2.418	1.4	8.257×10^{-9}	6.3
176	2018年4月16日	第176层	2156.919	2.394	2.393	2.394	2.394	2.4	9.017×10^{-9}	6.2
188	2018年4月28日	第188层	2160.358	2.404	2.400	2.405	2.403	2.2	—	6.3
199	2018年5月10日	第199层	2163.512	2.396	2.399	2.403	2.399	1.9	—	6.4
212	2018年5月28日	第212层	2167.226	2.428	2.386	2.431	2.415	0.8	1.543×10^{-9}	6.1

19.9 结语

轿子山水库大坝属高地震烈度区沥青混凝土心墙风化料坝，该工程是目前云南省最高的沥青混凝土心墙坝，大坝的建设对云南边疆地区沥青混凝土心墙坝的应用起到积极的推动作用。该工程对坝型选择及大坝筑坝材料的静动力特性、大坝分区、坝料选择、沥青混凝土配合比及其物理力学性能进行了详细研究。

（1）采用沥青混凝土心墙代替黏土心墙，不需要大面积开采土料，不需征占基本农田，不破坏当地生态环境，对保护生态起到了积极的作用。

（2）轿子山水库为高坝，且位于高地震烈度区，设计通过对沥青混凝土筑坝材料的试验研究，结合料场泥岩、砂岩分层的具体情况，对水库大坝进行了分区设计，将弱风化砂岩料填筑于心墙下游浸润线以下及上游水位变动区范围坝体，采用强风化砂岩、泥岩混合料填筑于干燥区，使石料场开采的坝料能充分利用，既保证了大坝安全，又控制了投资，且减少了弃料。

（3）过渡料利用石料场开采的弱风化砂岩加工，避免外购或新开料场，既减少了过渡料的成本，也避免了新开料场对生态的破坏，同时自行加工过渡料也有利于级配控制。

（4）在沥青混凝土配合比的选择上，通过对原材料的调查及配合比试验，选择新疆克拉玛依沥青；粗细骨料采用灰岩骨料，与沥青的黏结力较好，填料选择灰岩石粉填料，形成的沥青混凝土适应变形能力更强。通过对沥青混凝土拌和楼进行改进，直接在拌和楼增加一套加工石粉的球磨机，加工出的石粉直接通过管道输送到配料仓，减少了石粉运输、储存过程对周围环境的污染。

（5）大坝抗震设防烈度为Ⅷ度，地震动峰加速度达 0.3g，在大坝抗震设计中，除采用了较高的压实标准外，还采用了上缓下陡的坝体断面、坝顶以下 25m 范围内铺设土工格栅及近坝顶下游坝坡采用 M7.5 浆砌石护坡等抗震措施，提高了大坝在高地震烈度下的安全性。

轿子山水库对坝料进行了认真分析研究，坝料分区设计、沥青混凝土配合比设计及过渡料的选择符合工程实际，工程实施过程进展顺利。本书编撰时工程仍在施工，未经蓄水运行检验，书中提供的研究思路及研究数据供参考。

第20章 高地震烈度区混凝土面板堆石坝坝料及抗震措施研究

20.1 概要

云南省牛栏江-滇池补水工程德泽水库大坝为混凝土面板堆石坝，最大坝高 142.4m，大坝地震动峰加速度 0.417g，设计烈度为Ⅸ度。研究大坝各分区坝料参数，控制大坝坝体在运行期间及地震工况下的变形量，降低面板至趾板防渗线因坝体变形或在地震工况下的破坏风险是本工程重要的技术问题。设计中通过开展筑坝材料的渗透及反滤特性试验、三维静动力分析对德泽大坝坝料过渡关系及结构稳定进行了验证，确保了大坝安全；并通过采取提高坝料压实标准、加宽坝顶宽度、设置上缓下陡的下游坡及在靠近坝顶部位设置土工格栅等多个措施提高大坝抗震性能。

20.2 工程概况

云南省牛栏江-滇池补水工程是一项水资源综合利用工程，近期任务是向滇池补水，改善滇池水环境和水资源条件，配合滇池水污染防治的其他措施，达到规划水质目标，并具备向昆明市应急供水的能力；远期一部分是向曲靖市供水，另一部分是与滇中引水工程共同向滇池补水，同时作为昆明市的备用水源。

工程由德泽水库水源枢纽工程、干河提水泵站工程及干河提水泵站至昆明盘龙江的输水线路工程组成。德泽水库枢纽主要由混凝土面板堆石坝、左岸溢洪道、右岸泄洪隧洞、左岸发电放空隧洞及坝后电站等组成。水库总库容为 4.48 亿 m^3，正常蓄水位 1790.00m，相应库容为 4.16 亿 m^3；死水位 1752.00m，死库容为 1.89 亿 m^3；兴利库容为 2.12 亿 m^3，调洪库容为 3191 万 m^3。

德泽水库大坝为混凝土面板堆石坝，坝顶高程为 1796.30m，最大坝高 142.4m，坝顶长 386.90m，坝顶宽度为 12m。大坝上游坝坡坡比 1：1.4，下游坝坡在高程 1796.30～1766.30m 坝坡比为 1：1.6，在高程 1766.30～1713.30m 坝坡比为 1：1.5，1713.30m 高程以下坝坡比均为 1：1.45，并在 1766.30m、1713.30m 高程处分别设一条 3m 宽马道，下游坝坡平均坡比为 1：1.55。次堆石区顶部高程 1776.30m，宽 12.0m，次堆石区上游坡比为 1：0.5 倾向下游、下游坡比为 1：1.35，底面高程 1679.5m，其下为主堆石区。

趾板建在弱风化岩基上，全长 646.35m，高程 1654.30～1715.00m 段宽 10m、厚

0.8m，高程 1715.00m 以上段宽度 8m、厚 0.6m。趾板采用 C30W12F100 混凝土，纵横向均配置单层钢筋，并设置 5m 长的 $\phi28$ 锚筋与地基相连。

大坝面板总面积为 5.5 万 m^2，采用顶部向底部增厚的型式，顶部厚度为 0.3m，渐变至面板底部，底部最大厚度为 0.8m，强度等级采用 C30W12F100，单层双向配筋，表层设置表面温度钢筋。

大坝标准断面图如图 20.2－1 所示。

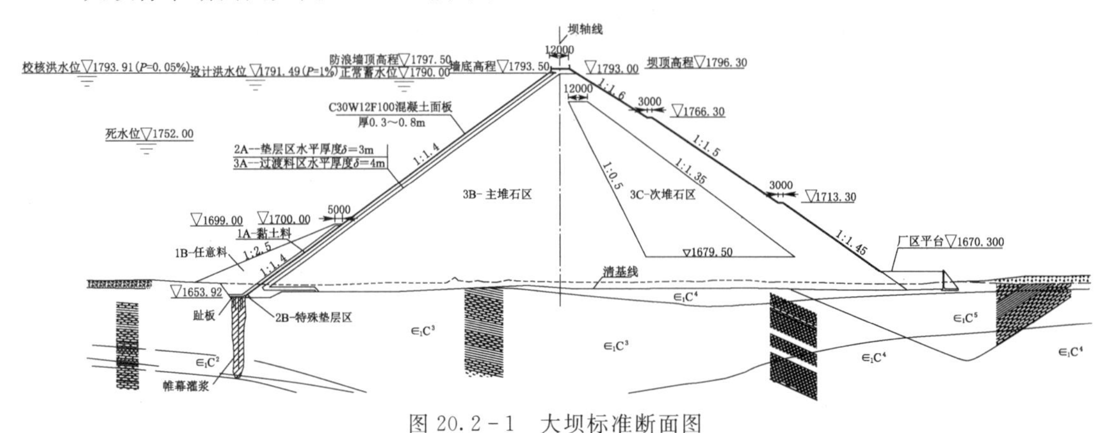

图 20.2－1　大坝标准断面图

20.3　地质条件

德泽水库坝基岩性主要为石英砂岩、长石石英杂砂岩夹灰黄色粉砂岩、紫红色泥岩，砂质、钙质泥岩与长石英砂岩互层、页岩夹粉砂岩、泥质粉砂岩及长石石英砂岩互层。

坝体基础及趾板基础岩体结构面较为发育，岩体呈层状裂隙-碎裂结构，其中软弱结构面的发育程度在两岸浅表层岩体中强烈。坝基及趾板基础岩体不会产生深层滑动问题，局部段浅层抗滑稳定性较差，坝址自然边坡及开挖边坡未见发育对边坡有决定影响的不利软弱结构面，总体稳定性较好。

工程区位于小江深大断裂发震构造带，区域构造稳定性差-较差，坝址区地震动峰值加速度为 0.2g，相应地震基本烈度为Ⅷ度；根据《牛栏江-滇池补水工程场地地震安全性评价报告》，德泽坝址 100 年超越概率 2%的地震动峰加速度 0.417g，坝址区各频率地震动参数见表 20.3－1。

表 20.3－1　　德泽坝址地表地震动参数表

建筑物名称	德　泽　坝　址		
设计地震动参数	50 年超越概率		100 年超越概率
	10%	5%	2%
$A_{max}/(10^{-2}m/s^2)$	215	265	410
β	2.25	2.25	2.0
T_g/s	0.40	0.40	0.50
a_h/g	0.219	0.267	0.417

德泽大坝为1级壅水建筑物，工程抗震设防类别为甲类，地震加速度代表值取基准期100年超越概率2%，因此大坝地表地震动峰值加速度为0.417g。

20.4 坝料研究

20.4.1 坝料选择

工程区内石料分布广泛，推荐的后山梁子石料场位于坝址下游左岸山梁，距坝址约9km，开采、运输条件较好。料场岩石为弱—微风化灰岩夹角砾状灰岩，湿抗压强度大于40MPa，有用层储量为1079.6万m^3，剥采比为0.12。后山梁子石料试验成果见表20.4-1。

表20.4-1　后山梁子石料场堆石料试验主要成果表

项目			白云岩	灰岩	备注
试验控制干密度/(g/cm^3)			2.19～2.20	2.03～2.20	
试验控制孔隙率/%			19.7～27.6	20～25.6	
相对密度			2.72～2.74	2.73～2.75	
相对密度试验	最大干密度/(g/cm^3)		2.19～2.20	2.03～2.20	
	最小干密度/(g/cm^3)		1.43～1.49	1.43～1.50	
三轴试验	线性	φ/(°)	37.6～38.8	36.8～40.2	饱和固结排水剪(CD)
		c/kPa	275.5～396.9	86.4～230.8	
	非线性	φ/(°)	55.3～58.6	49.6～53.8	
		$\Delta\varphi$/(°)	8.6～9.6	11.1～13.6	
饱和状态	压缩系数	$a_{0.1\sim0.2}$/MPa^{-1}	0.011～0.035	0.005～0.010	
		$a_{0.2\sim0.4}$/MPa^{-1}	0.008～0.020	0.005～0.010	
渗透系数K_{20}/(cm/s)			1.2×10^{-1}～2.6×10^{-1}	1.5×10^{-1}～4.9×10^{-1}	

根据试验成果分析，后山梁子石料场料源各项物理力学指标较好，其中溶隙、溶洞及泥岩、粉砂岩夹层含量约6%，对堆石料质量不起控制作用，后山梁子石料场料源可用于堆石坝填筑。根据相关工程经验及粗细骨料试验成果，料场内弱风化白云岩、灰岩均可作为过渡垫层料使用。

20.4.2 坝料分区设计

根据坝体各部分功能要求，大坝分区的原则是：对料场开挖料的特性认真研究，在保证工程安全、经济的前提下，充分利用溢洪道开挖的有用料；各区坝料从上游到下游满足水力过渡要求，相邻区下游坝料对其上游区坝料有反滤保护作用；蓄水后坝体变形尽可能小，从而减小面板和止水系统遭到破坏的可能性。根据料源及对坝料强度、渗透性、压缩性、施工方便和经济合理等要求，将大坝坝体从上游到下游分为垫层区、过渡区、主堆石区、下游次堆石区，并在面板上游设坝前覆盖区。在周边缝下游侧设置特殊垫层区。

（1）上游覆盖区，位于面板上游，主要为黏土和保护黏土稳定的渣料。1A 区为上游坝脚黏土铺盖区，1B 区为上游坝脚回填石渣盖重区，考虑稳定要求，坡比为 1：2.5。

（2）2A 垫层区，垫层料要求具有半透水性，低压缩性，高抗剪强度，铺料时不易分离，修整上游坡面容易。本工程缺乏天然砂砾料，故垫层料采用后山梁子石料场弱风化以下灰岩轧制而成，对垫层料有如下要求：应有较高的变形模量及抗剪强度，能维持自身的稳定，对面板起到良好的支撑作用；垫层料应具有半透水性，在面板及接缝开裂破坏时，可以起到限制坝体的渗漏量并保持自身抗渗稳定，对细粒料起到反滤作用，渗漏发生时通过细粒料堵塞渗流通道自愈，起到一定的挡水作用；施工中不易分离，便于平整坡面，使面板受力均匀。垫层料的级配初步确定为最大粒径 80mm，小于 5mm 粒径含量 30%～50%，小于 0.075mm 粒径含量不大于 8%，级配连续，压实后孔隙率不大于 18%，压实后设计干密度大于等于 $2.24g/cm^3$。

根据渗透及反滤特性试验，拟定的垫层料上包线、平均级配和下包线的渗透系数分别为 $8.92\times10^{-4}cm/s$、$9.66\times10^{-4}cm/s$、$4.93\times10^{-3}cm/s$。国内已建工程如三板溪（坝高 185.5m）垫层料渗透系数为 $1\times10^{-3}\sim9\times10^{-3}cm/s$、洪家渡（坝高 179.5m）垫层料渗透系数为 $1.5\times10^{-3}cm/s$、天生桥一级（坝高 178m）垫层料渗透系数为 $2\times10^{-3}\sim9\times10^{-3}cm/s$、紫坪铺（坝高 158m）垫层料渗透系数为 $2.5\times10^{-3}cm/s$。根据渗透试验成果及参考国内部分已建工程垫层料的渗透系数，拟定垫层料的渗透系数为 $9\times10^{-3}\sim1\times10^{-4}cm/s$。依据垫层料的功能、考虑抗震及机械化施工的要求，垫层宽度不宜太小，其水平宽度设为 3.0m。

（3）3A 过渡层，过渡料的作用是传递荷载，并对垫层料进行渗流保护，达到向主堆石料的过渡。过渡料料源为后山梁子石料场开挖的弱风化以下灰岩，其物理力学指标要求与垫层料相近，即具有低压缩性、高抗剪强度，对垫层料能起到反滤保护作用。根据垫层料的级配确定过渡料区的级配，最大粒径为 300mm，粒径小于 100mm 颗粒含量大于 15%，压实后孔隙率不大于 18%，压实后设计干密度大于等于 $2.24g/cm^3$，渗透系数大于 $1\times10^{-2}cm/s$。根据机械化施工的要求，其水平宽度设为 4.0m。2A 垫层区 $d_{85}=27\sim44.3mm$，$d_{15}=0.26\sim0.71mm$，3A 过渡层 $D_{15}=2.41\sim9.69mm$，$D_{15}/d_{85}=0.09\sim0.22<4$ 、$D_{15}/d_{15}=9.27\sim13.6>5$，满足水力过渡要求，3A 过渡层对上游 2A 垫层区坝料有反滤保护作用。

（4）3B 主堆石区，主堆石料是承受和传递水荷载的主要部分，其变形对面板安全有较大影响，故要求其有较低的压缩性和较高的抗剪强度。主堆石料选用级配良好的后山梁子石料场的弱—微风化灰岩料填筑。主堆石料最大粒径 800mm，粒径小于 5mm 的颗粒含量不超过 20%，粒径小于 0.075mm 的颗粒含量不超过 5%，压实后的孔隙率不大于 20%，相应的干密度大于等于 $2.18g/cm^3$。3A 过渡层 $d_{85}=140\sim200mm$，$d_{15}=4.6\sim15.7mm$，3B 主堆石区 $D_{15}=5.3\sim16.1mm$，级配曲线下部重叠，两者水力过渡可自然衔接。

（5）3C 次堆石区，次堆石料主要起维持坝体稳定的作用，其料源选用溢洪道弱风化以下砂岩开挖渣料及后山梁子石料场强风化下部以下灰岩料开挖料填筑。次堆石料最大粒径 800mm，粒径小于 5mm 的颗粒含量不超过 30%，粒径小于 0.075mm 的颗粒含量不超过8%，压实后的孔隙率不大于20%，相应的干密度不小于2.16g/cm³。

大坝填筑堆石料的指标见表20.4-2。

表20.4-2　　大坝建筑材料特性及设计参数值

母岩类别	2A	3A	3B	3C
	垫层料	过渡料	主堆石料	次堆石料
最大压实层厚/mm	400	400	800	800
最大粒径/mm	80	300	800	800
含泥量（<0.075mm)/%	<5	<3	<5	≤8
干密度/(g/cm³)	≥2.24	≥2.24	≥2.18	≥2.16
孔隙率/%	≤18	≤18	≤20	≤20

大坝填筑堆石料的颗粒级配曲线如图20.4-1所示。

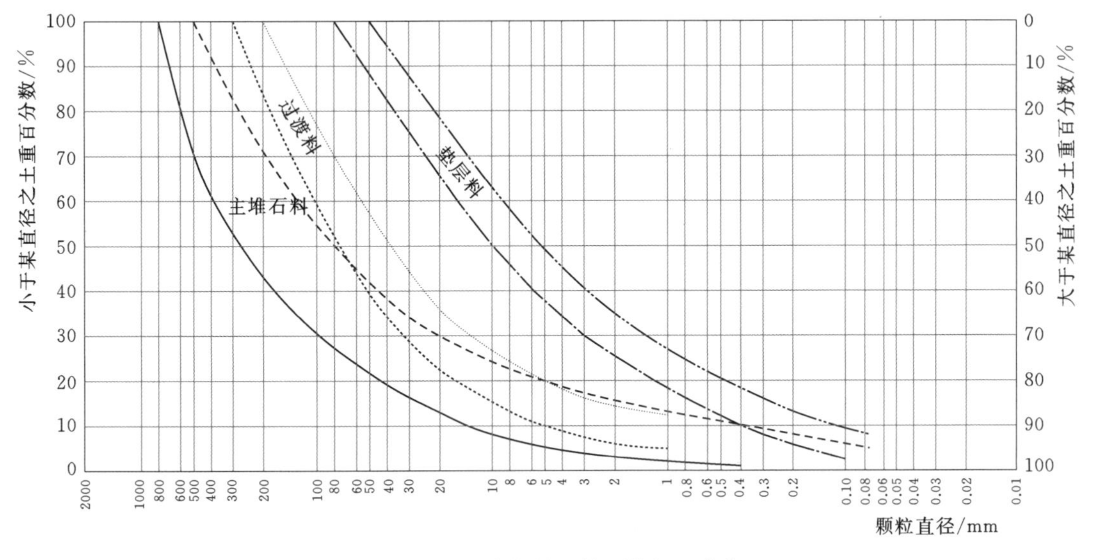

图20.4-1　大坝堆石料颗粒级配曲线

20.4.3 坝料试验

为了解德泽大坝主堆石料、次堆石料、垫层料及过渡料的渗透性、渗透稳定性及各坝料之间的反滤过渡关系，获得相应计算参数及指标，为坝体设计及分析计算工作提供依据，开展了德泽水库混凝土面板堆石坝筑坝材料的渗透及反滤试验研究工作。研究主要包括两个内容：一是坝料渗透及渗透稳定试验，二是垫层料的反滤试验。

20.4.3.1 坝料渗透及渗透稳定试验

采用大型垂直渗透仪，按控制干密度，分别对垫层料、过渡料、主堆石料和次堆石料的上包线、平均级配和下包线级配进行渗透及渗透稳定试验，测试渗透系数和渗透破坏比降。

渗流方向均为由上而下，分级施加水头，每级水头维持时间一般在30～60min。渗透及渗透变形试验的终止水力比降，主要按以下现象之一为标准：①渗流出口水色连续浑浊；②下游出口颗粒连续不断被带出，并呈束状流出；③沿仪器壁观察到细颗粒在大空隙中不断跳动并向下游移动；④$J-V$ 曲线斜率明显变平坦。

根据渗透试验结果，设计拟定的各大坝坝料上包线、平均级配和下包线的渗透系数见表20.4-3。

表20.4-3　大坝各坝料渗透试验结果表

坝料名称	级配曲线	渗透系数/(cm/s)
垫层料	上包线	8.92×10^{-4}
	平均级配	9.66×10^{-4}
	下包线	4.93×10^{-3}
过渡料	上包线	1.58
	平均级配	2.18
	下包线	6.23
主堆石料	上包线	1.66
	平均级配	2.52
	下包线	2.35
次堆石料	上包线	1.10
	平均级配	1.49
	下包线	2.35

根据渗透稳定试验结果，德泽大坝各坝料渗透稳定情况见表20.4-4。

表20.4-4　渗透稳定试验成果表

坝料名称	级配曲线	试样干密度/(g/cm³)	破坏型式	破坏水力比降			
				开始渗透变形 $J_{开始}$	破坏前一级 J	完全水力破坏 $J_{破坏}$	采用值 $(J+J_{破坏})/2$
垫层料	上包线	2.21	流土	1.62	1.62	2.22	1.92
	平均级配			1.53	1.53	2.05	1.79
	下包线			1.40	1.40	1.93	1.67
过渡料	上包线	2.14	管涌	0.13	0.18	0.18	0.18
	平均级配			0.11	0.11	0.11	0.11
	下包线			0.10	0.10	0.10	0.10
主堆石料	上包线	2.12	管涌	0.05	0.05	0.11	0.11
	平均级配			0.07	0.07	0.14	0.10
	下包线			0.04	0.08	0.08	0.08
次堆石料	上包线	2.05	管涌	0.10	0.13	0.16	0.15
	平均级配			0.09	0.10	0.11	0.10
	下包线			0.04	0.06	0.10	0.08

从表 20.4-4 可知，垫层料的破坏水力比降为 1.67～1.92，过渡料的破坏水力比降为 0.10～0.18，主堆石料的破坏水力比降为 0.08～0.11，次堆石料的破坏水力比降为 0.08～0.14。

垫层料渗透系数为 $8.92\times10^{-4}\sim4.93\times10^{-3}$cm/s，满足规范的要求，在混凝土面板出现渗漏的情况下，能够起到第二道防线的作用；过渡料、主堆石料和次堆石料的渗透系数均在 10^{0} 量级，透水性强。大坝筑坝材料从上游至下游分别为垫层料、过渡料、堆石料，各材料的渗透性逐渐增大，能满足排水要求。

20.4.3.2　反滤试验

德泽大坝为面板堆石坝，水流渗透方向为自上游至下游，即面板→垫层料→过渡料→堆石料，为确保垫层料不被水流带走使面板产生脱空进而出现开裂，各坝料之间需要满足反滤过渡关系。

反滤层的作用是滤土减压，防止土体渗透破坏，无论土的渗透破坏为何种形式，反滤层在保证渗透稳定方面都有显著的效果，无论何种类型的土，根据反滤设计的目的和相关试验成果，反滤层的层间过渡关系只要满足要求，被保护土的破坏水力比降均有明显提高。反滤层的减压作用，主要决定于反滤层与被保护土之间的渗透系数差值，二者差别越大，降压效果越明显。所以反滤试验主要用于验证大坝过渡料级配的合理性，是否满足反滤保护和排水要求。

试验是在直径为 300mm 大型垂直渗透变形仪上进行。试验水流方向由上而下，试样制好后进行滴水饱和。试验过程中，对试样进行分级施加水头，由小逐渐加大，施加水头后记录不同时间的渗流量以及出水是否浑浊等。反滤试验内容主要见表 20.4-5，反滤试验结果见表 20.4-6。

表 20.4-5　反滤试验内容一览表

试验编号	被保护土	保护土	水流方向
试验 1	垫层料上包线	过渡料上包线	由上而下
试验 2	垫层料下包线	过渡料下包线	
试验 3	垫层料平均级配	过渡料平均级配	
试验 4	垫层料上包线	过渡料下包线	
合计	4 组		

表 20.4-6　反滤试验成果表

试验编号	被保护土			保护土	
	坝料名称	承受的最大水力比降	破坏水力比降	坝料名称	承受的最大水力比降
试验 1	垫层料上包线	66.7	>66.7	过渡料上包线	0
试验 2	垫层料下包线	67.0	>67.0	过渡料下包线	0
试验 3	垫层料平均级配	70	>70	过渡料平均级配	0
试验 4	垫层料上包线	70	>70	过渡料下包线	0

根据以上试验结果可知，不同级配的垫层料在过渡料的保护下，垫层料承受的水力比降达66.7以上且未出现破坏，试验过程中施加的水头主要由垫层料承受，过渡料承受的水力比降较小，小于本身的允许水力比降，过渡料不会产生渗透破坏。过渡料对垫层料可以起到反滤保护作用，两者渗透系数之比大于100，表明过渡料有良好的排水性能，过渡料的级配比堆石料略细，两者之间的层间关系能够满足要求。

20.4.4 坝料复核试验

德泽大坝共取样21组坝料进行物理力学指标复核试验，其中垫层料5组，过渡料5组，主堆石料7组，次堆石料4组（见表20.4-7）。

表20.4-7 大坝填筑坝料复核试验取样一览表

项目		垫层料	过渡料	主堆石料	次堆料
序号	取样高程/m	试验组数			
1	1707.00	1	1	2	1
2	1727.00	1	1	2	1
3	1747.00	1	1	1	1
4	1767.00	1	1	1	1
5	1787.00	1	1	1	—
合计		5	5	7	4
总计		21			

20.4.4.1 坝料渗透及反滤试验成果

（1）渗透试验成果。大坝各填筑坝料的渗透试验采用ϕ300mm大型渗透仪进行，试验成果见表20.4-8。

表20.4-8 大坝填筑坝料渗透系数试验成果表

坝料	取样高程/m	渗透系数/(cm/s)		渗透系数设计指标
		范围值	平均值	
垫层料	1707.372	$9.39\times10^{-3}\sim7.53\times10^{-3}$	8.57×10^{-3}	$9\times10^{-3}\sim1\times10^{-4}$cm/s
	1727.154	$1.44\times10^{-3}\sim3.05\times10^{-3}$	2.09×10^{-3}	
	1747.022	$8.38\times10^{-2}\sim6.76\times10^{-2}$	7.42×10^{-2}	
	1767.013	$4.84\times10^{-3}\sim4.72\times10^{-3}$	4.78×10^{-3}	
	1787.107	$2.89\times10^{-3}\sim2.35\times10^{-3}$	2.66×10^{-3}	
过渡料	1707.352	$3.84\times10^{-2}\sim2.49\times10^{-2}$	3.21×10^{-2}	$>1\times10^{-2}$cm/s
	1727.188	$6.22\times10^{-2}\sim1.14\times10^{-1}$	8.10×10^{-2}	
	1747.064	$2.84\times10^{-2}\sim2.47\times10^{-2}$	2.69×10^{-2}	
	1767.046	$2.15\times10^{-2}\sim1.35\times10^{-2}$	1.70×10^{-2}	
	1787.092	$9.61\times10^{-2}\sim1.16\times10^{-2}$	1.02×10^{-2}	

续表

坝料	取样高程/m	渗透系数/(cm/s)		渗透系数设计指标
		范围值	平均值	
主堆石料	1707.072	$2.30\times10^{-1}\sim1.53\times10^{-1}$	1.80×10^{-1}	$>1\times10^{-2}$cm/s
	1707.002	$8.16\times10^{-1}\sim7.62\times10^{-1}$	7.88×10^{-1}	
	1727.526	$9.65\times10^{-2}\sim1.11\times10^{-1}$	1.03×10^{-1}	
	1727.526	$2.34\times10^{-1}\sim4.08\times10^{-1}$	3.23×10^{-1}	
	1747.526	$1.35\times10^{-1}\sim1.93\times10^{-1}$	1.52×10^{-1}	
	1767.352	$8.12\times10^{-1}\sim7.26\times10^{-1}$	7.80×10^{-1}	
	1787.324	$1.83\times10^{-1}\sim1.09\times10^{-1}$	1.42×10^{-1}	
次堆石料	1706.977	$7.95\times10^{-2}\sim6.38\times10^{-2}$	7.40×10^{-2}	$>1\times10^{-2}$cm/s
	1727.518	$4.30\times10^{-2}\sim6.49\times10^{-2}$	5.35×10^{-2}	
	1747.518	$6.60\times10^{-2}\sim7.86\times10^{-2}$	7.34×10^{-2}	
	1767.414	$4.69\times10^{-2}\sim4.31\times10^{-2}$	4.53×10^{-2}	

根据试验成果，各取样高程的垫层料渗透系数平均值为 $2.09\times10^{-3}\sim7.42\times10^{-2}$cm/s，符合设计要求；过渡料渗透系数平均值为 $1.02\times10^{-3}\sim8.10\times10^{-2}$cm/s，符合设计要求；主堆石料渗透系数平均值为 $1.03\times10^{-1}\sim7.88\times10^{-1}$cm/s，符合设计要求；次堆石料渗透系数平均值为 $4.53\times10^{-2}\sim7.40\times10^{-2}$cm/s，符合设计要求。各填筑坝料从上游→下游为垫层料、过渡料、堆石料的渗透性逐渐增大，能满足坝体排水要求。

（2）反滤试验成果。验证大坝过渡料对垫层料反滤保护作用的反滤试验采用 ϕ279mm 高 800mm 的大型高压渗变仪进行，在 1707.372m、1727.154m 取样高程各进行两组试验。经试验可知，各组层间关系 $D_{15}/d_{85}=0.15$、$0.19<4$、$D_{15}/d_{15}=9.4$、$10>5$，满足水力过渡要求，过渡层对上游垫层区坝料有反滤保护作用。

20.4.4.2　三轴应力应变试验成果

大坝填筑坝料进行了饱和固结排水剪（CD 剪）三轴试验。三轴仪器直径为 300mm，试样分七层装填，捣实至要求干密度。三轴固结试验围压 σ_3 为 100kPa、300kPa、500kPa、800kPa、1200kPa、1600kPa 共六级。采用上、下两面排水固结，至排水量满足稳定要求后，开始剪切，剪切速率为 1.0mm/min。成果以峰值强度作为破坏强度，当剪切轴向应变大于等于 15%无峰值强度时，取轴向应变 15%时强度作为破坏强度。绘制摩尔强度包线及应力-应变、体应变-轴向应变关系曲线，并按邓肯-张非线性弹性模量整理计算 E－B 模型参数。各坝料相关试验成果见表 20.4－9～表 20.4－13。

表 20.4－9　　大坝垫层料三轴试验成果表

取样高程/m	制样干密度/(g/cm³)	CD 剪					
		c_d/kPa	φ_d/(°)	K	n	K_b	m
1707.372	2.25	$\sigma_3=100\sim1600$kPa		1022	0.29	568	0.20
		100.0	40.2				

续表

取样高程/m	制样干密度/(g/cm³)	CD 剪					
		c_d/kPa	φ_d/(°)	K	n	K_b	m
1727.154	2.31	σ_3=100～1600kPa		1976	0.40	1597	0.24
		250.0	40.5				
1747.022	2.28	σ_3=100～1600kPa		1535	0.54	1170	0.26
		150.0	40.7				
1767.013	2.24	σ_3=100～1600kPa		944	0.34	618	0.11
		120.0	40.5				
1787.107	2.28	σ_3=100～1600kPa		1452	0.24	902	0.16

表 20.4-10　　大坝过渡料三轴试验成果表

取样高程/m	制样干密度/(g/cm³)	CD 剪					
		c_d/kPa	φ_d/(°)	K	n	K_b	m
1707.352	2.27	σ_3=100～1600kPa		1690	0.46	1340	0.30
		130.0	41.5				
1727.188	2.33	σ_3=100～1600kPa		2395	0.56	2169	0.21
		270.0	40.5				
1747.064	2.25	σ_3=100～1600kPa		2063	0.17	1010	0.17
		145.0	38.4				
1767.046	2.27	σ_3=100～1600kPa		2738	0.29	1291	0.15
		155.0	41.2				
1787.092	2.25	σ_3=100～1600kPa		1621	0.25	924	0.12

表 20.4-11　　大坝主堆石料三轴试验成果表

取样高程/m	制样干密度/(g/cm³)	CD 剪					
		c_d/kPa	φ_d/(°)	K	n	K_b	m
1707.072	2.27	σ_3=100～1600kPa		2266	0.27	1558	0.18
		130.0	40.0				
1707.002	2.25	σ_3=100～1600kPa		1788	0.16	1000	0.12
		140.0	39.0				
1727.526	2.26	σ_3=100～1600kPa		2104	0.23	1900	0.33
		130.0	41.0				
1727.526	2.28	σ_3=100～1600kPa		2157	0.40	1515	0.16
		210.0	39.5				
1747.526	2.26	σ_3=100～1600kPa		1557	0.40	1056	0.14
		100.0	44.2				

续表

取样高程/m	制样干密度/(g/cm³)	CD剪					
		c_d/kPa	φ_d/(°)	K	n	K_b	m
1767.352	2.24	σ_3=100～1600kPa		1893	0.20	1100	0.16
		180.0	40.0				
1787.324	2.27	σ_3=100～1600kPa		1733	0.21	1136	0.10
		140.0	40.0				

表 20.4-12　　大坝次堆石料三轴试验成果表

取样高程/m	制样干密度/(g/cm³)	CD剪					
		c_d/kPa	φ_d/(°)	K	n	K_b	m
1706.977	2.24	σ_3=100～1600kPa		1909	0.18	934	0.11
		95.0	39.5				
1727.518	2.24	σ_3=100～1600kPa		1976	0.19	952	0.10
		160.0	37.8				
1747.518	2.28	σ_3=100～1600kPa		2568	0.39	1142	0.35
		160.0	41.5				
1767.414	2.22	σ_3=100～1600kPa		1800	0.40	950	0.11
		160.0	39.6				

表 20.4-13　　大坝坝料三轴试验成果汇总表

坝料名称	制样干密度/(g/cm³)	CD剪	
		c_d/kPa	φ_d/(°)
垫层料	2.24～2.31	σ_3=100～1600kPa	
		100.0～250.0	40.2～41.0
过渡料	2.25～2.33	σ_3=100～1600kPa	
		130.0～270.0	38.4～41.5
主堆石料	2.24～2.28	σ_3=100～1600kPa	
		100.0～210.0	39.0～44.2
次堆石料	2.22～2.28	σ_3=100～1600kPa	
		120.0	40.5

根据表20.4-9～表20.4-13可知，各分区材料强度较高，且各层强度相差不大，坝料指标达到设计要求。

20.4.4.3　坝料现场复核试验成果

大坝各填筑坝料的现场复核试验在坝面指定的位置采用灌水法进行，含水率测定采用烘干法。试验成果见表20.4-14。

表 20.4-14 大坝填筑坝料复核试验现场试验成果表

坝料	渗透系数 /(cm/s)	现场含水率/%	现场干密度 /(g/cm³)	孔隙率 /%	设计指标	规范规定填筑标准
垫层料	2.09×10^{-3}～7.42×10^{-2}	1.7～5.3	2.24～2.31	15.1～18.2	干密度≥2.24g/cm³、孔隙率≤18%、渗透系数 9×10^{-3}～1×10^{-4}cm/s	孔隙率不高于 15%～20%、渗透系数 1×10^{-3}cm/s～1×10^{-4}cm/s
过渡料	1.02×10^{-3}～8.10×10^{-2}	1.5～5.4	2.25～2.33	14.3～17.6	干密度≥2.24g/cm³、孔隙率≤18%、渗透系数大于 1×10^{-2}cm/s	孔隙率不高于 18%～20%
主堆石料	1.03×10^{-1}～7.88×10^{-1}	2.2～5.9	2.24～2.28	16.2～18.2	干密度≥2.18g/cm³、孔隙率≤20%	孔隙率不高于 20%～25%
次堆石料	4.53×10^{-2}～7.40×10^{-2}	1.3～4.1	2.22～2.28	17.7～19.0	干密度≥2.16g/cm³、孔隙率≤20%	孔隙率不高于 21%～26%

从现场试验成果可知，通过不同高程的坝料复核试验，各填筑坝料的现场干密度均大于设计要求、相应的孔隙率几乎全部达到设计要求，同时，各坝料的孔隙率标准几乎均超过规范规定的小于 20%填筑最高标准，坝料填筑施工质量较好。

20.5 大坝三维有限元分析

为研究大坝应力、变形规律，验证大坝安全性，对大坝进行了三维有限元计算分析。计算模型网格剖分充分考虑了坝址地形条件和大坝材料分区，计算分析的网格剖分如图 20.5-1 所示，共包括 6236 个节点，5045 个六面体等参单元。

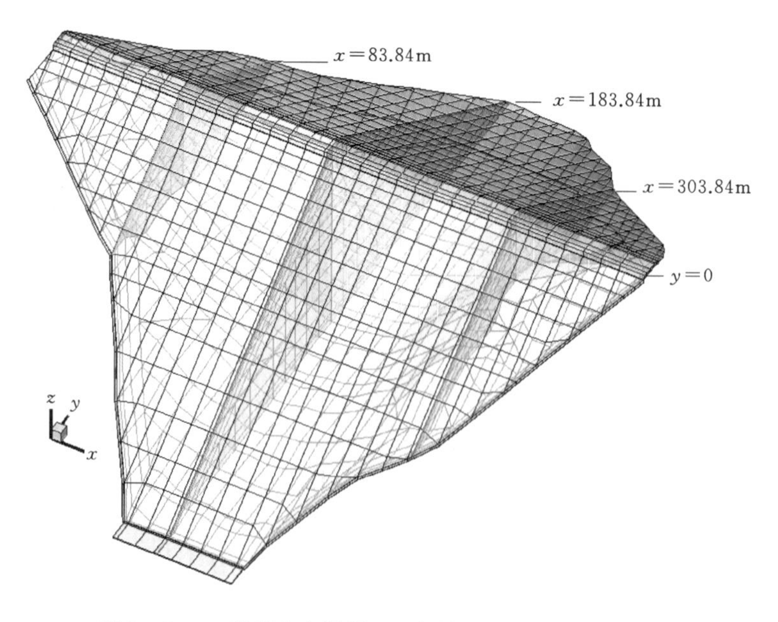

图 20.5-1 德泽水库混凝土面板堆石坝有限元网格剖分

为充分考虑筑坝材料应力变形中存在的压硬性、非线性等特性，较好地模拟应力应变关系，计算分析主要选用了邓肯-张 E-B模型，并采用增量迭代法进行计算（见表 20.5-1）。

表 20.5-1 大坝有限元计算参数表

材料	ρ /(kg/m³)	φ_0 /(°)	$\Delta\varphi$ /(°)	K	K_{ur}	n	R_f	K_b	m
薄层	1760	10	0.5	50	75	0.45	0.5	25	0.25
周边缝	1760	10	0.5	50	75	0.45	0.5	25	0.25
垫层料	2210	49.7	8	1170	2340	0.44	0.897	400	0.18
主堆石区	2120	49.7	7.4	800	1600	0.18	0.716	280	0.14
次堆石区	2050	46.2	7.8	660	1320	0.33	0.838	240	0.1
过渡料	2140	48.3	6.9	910	1820	0.31	0.826	310	0.11

20.5.1 静力分析

静力工况应力变形的代表性时刻为竣工期和满蓄期。计算成果中位移数值表示自坝体相应位置填筑后开始计，至特定时刻的累计变形量。位移正值表示变形指向相应坐标正向，负值反之。计算中的应力以压应力为正，拉应力为负。对于蓄满期的变形计算结果，整理了自竣工到满蓄时刻的增量变形。

根据计算结果，德泽水库混凝土面板堆石坝处于 V 形河谷内，两岸岸坡有一定突起，因此，大坝应力变形呈现一定三维效应。在纵断面上，河谷两侧坝体竣工期顺坝轴线方向水平位移均朝向河谷中央，并且左岸侧水平位移大于右岸侧。蓄水后，两岸坝段的水平位移有所增大，但趋势未发生明显变化。

竣工时刻，过坝轴线纵断面上的顺河向位移数值较小，在较低高程上，顺河向位移朝向上游，而较高高程上，位移则朝向下游侧。蓄水后，受库水推力作用，顺河向水平位移分布趋势较竣工期有较大变化，坝体水平位移增量全部朝向下游，除右岸侧很小范围外，水平位移总量均朝向下游侧。纵断面上最大水平位移位于坝体中上部，数值为 0.16m。

坝体沉降大值出现在过主河床的较大断面附近，最大值出现在 0+200.00 断面，竣工期沉降最大值为 0.84m，小于坝体高度的 1%，位于坝体中上部 1750.00m 高程附近；蓄水后，沉降增量最大值位于面板中部，最大值为 0.13m，但各断面内沉降总体分布规律较竣工期变化不大。蓄水后坝体沉降最大值增大至 0.87m，仍未超过坝高的 1%。

坝体大小主应力分布基本沿深度增加，由于河谷呈 V 形，两侧岸坡对坝体沉降具有一定阻碍，因此，大小主应力最大值并未出现在河谷主槽断面，而出现在两侧岸坡底部 0+158.00 断面附近，竣工期最大大小主应力数值分别为 2.28MPa、0.88MPa。蓄水后，各位置大小主应力均有所提高，但应力分布趋势未见明显变化，最大大小主应力数值分别为 2.36MPa、0.92MPa。

竣工期，在横断面上，坝体在竖向沉降的同时分别朝向上、下游侧发生水平变形，坝体上游侧变形朝向上游，而下游侧变形朝向下游，数值较为接近。蓄水后，坝体水平位移增量全部朝向下游侧，且水平位移增量最大值位于靠近面板中部紧贴面板处。下游侧水平位移分布受蓄水影响较小，而上游侧坝体朝向上游的水平位移有所减小。

坝体左岸侧、河床段、右岸侧各典型断面上的沉降最大值基本位于坝轴线附近，略偏向下游侧。而在高程上，最大沉降在各断面上均位于坝体中上部。蓄水后的沉降增量最大值也位于靠近面板中部紧贴面板处，增量主要集中在坝体上游侧，沉降增量对断面内沉降分布总体上影响不大。

各断面内应力分布基本沿距离坝面的深度增加而增加，应力数值在坝底靠近坝轴线附近达到最大值；蓄水后，断面内大小主应力数值均较竣工期有所提高，同时，最大值出现位置向上游侧略有移动。

坝体多数位置应力水平数值较低，竣工期仅上下游坝脚附近应力水平略高，但应力水平较高区域范围有限，且不形成贯通区，其余位置应力水平分布相对均匀。蓄水后，由于水平向应力增大幅度高于竖向应力，坝体内部由于侧向加荷而应力水平有所降低，特别是靠近面板的上游侧堆石体。

总体来说，根据计算结果分析，坝体变形分布均匀，幅值较小，沉降变形小于最大坝高的 1%。坝体内应力分布均匀，应力水平不高。面板在承受库水荷载后向下游挠曲，呈双向受压状态，顺坝轴线和顺坝坡方向最大应力均出现在面板中部。面板周边，特别是靠近两岸侧存在顺坝坡和顺轴线方向拉应力区，但拉应力数值不高。大坝应力变形分布符合土石坝应力变形一般规律。各项计算结果见表 20.5-2，竣工期及蓄满期竖向沉降分布、满蓄期面板挠度分布如图 20.5-2～图 20.5-4 所示。

表 20.5-2　　大坝坝体有限元静力计算成果表

计算工况			竣工期	满蓄期	满蓄期变形增量
坝体	最大垂直位移/m		0.84	0.87	0.13
	应变率/%		0.59	0.61	0.09
	最大水平位移/m	向上游	0.30	0.17	—
		向下游	0.35	0.40	0.18
	最大主应力/MPa	σ_1	2.28	2.36	—
		σ_3	0.88	0.92	—
面板	最大挠度/m		−0.07	0.21	0.22
	顺坝坡最大压应力/MPa		2.90	1.47	—
	顺坝坡最大拉应力/MPa		—	−1.55	—
	坝轴线最大压应力/MPa		0.37	1.27	—
	坝轴线最大拉应力/MPa		−0.16	−0.86	—
垂直缝	最大压紧/cm		—	—	
	最大张拉/cm			1.36	
	最大沉降/cm		—	—	
周边缝	最大张拉/cm		—	2.0	
	最大沉降/cm		—	4.5	
	最大剪切/cm		—	0.7	

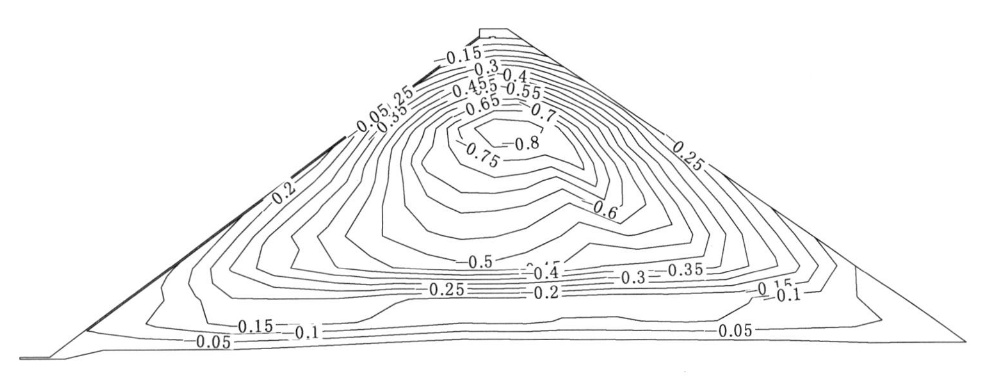

图 20.5-2 竣工期 0+183.84m 横剖面竖向沉降分布（单位：m）

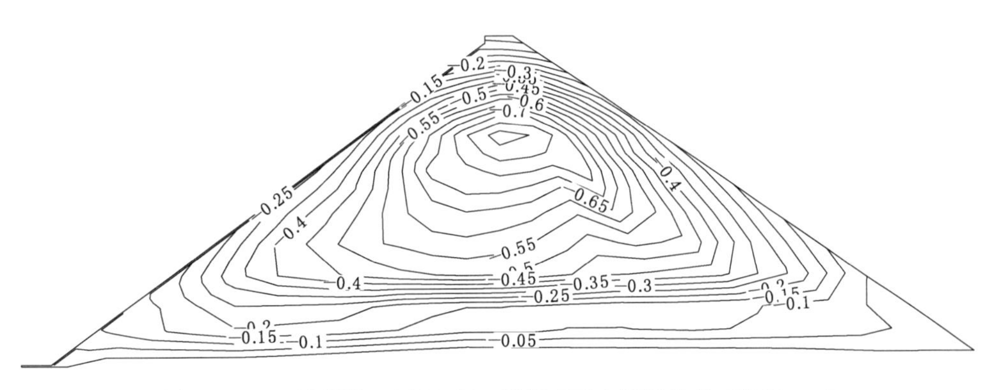

图 20.5-3 满蓄期 0+183.84m 横剖面竖向沉降分布（单位：m）

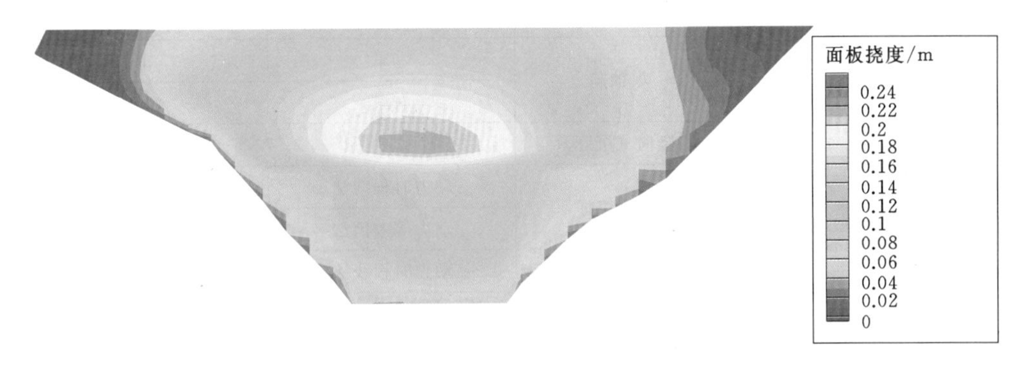

图 20.5-4 满蓄期面板挠度（单位：m）

20.5.2 动力分析

为研究大坝在地震工况下的坝体工作状态，验证大坝在地震工况下的稳定性，在坝料、静动力特性试验和三维静力分析的基础上，采用三维仿真非线性有效应力地震反应分析及安全评价方法，对大坝进行了给定地震作用下（100 年超越概率 2%的动参数）的地震反应计算分析，主要计算了大坝在正常蓄水位情况下遭受给定地震作用的动力反应情况，以及分析了空库时面板的抗震稳定性。

三维非线性动力反应分析网格剖分，与静力计算采用了相同的单元划分形式。主要计算了大坝在正常蓄水位情况下遭受给定地震作用的动力反应情况，以及分析了空库时面板的抗震稳定性。动力分析成果见表 20.5－3，相关应力分布如图 20.5－5、图 20.5－6 所示。

表 20.5－3　　大坝有限元动力分析成果表

项目			成果
最大加速度反应/(m/s^2)	顺河向		9.72（放大倍数 2.37）
	坝轴向		9.59（放大倍数 2.34）
	竖向		6.23（放大倍数 2.28）
堆石最大动剪应力/kPa			537.2
面板最大应力/MPa	坡向	压应力	12.18
		拉应力	2.36
	轴向	压应力	13.83
		拉应力	2.45
周边缝最大位移/mm	张开		21.1
	沉降		23.6
	剪切		19.3
垂直缝最大位移/mm	张开		12.7
	沉降		13.3
	剪切		12.1
最大地震残余变形/cm	顺河向	向下游	31.2
		向上游	13.7
	坝轴向	左岸	19.6
		右岸	22.5
	竖向（沉降）		73.5
抗震稳定最小安全系数	面板（空库）	动力时程线法	1.10
		动力等效值法	1.21
	下游坝坡	动力时程线法	1.04
		动力等效值法	1.13

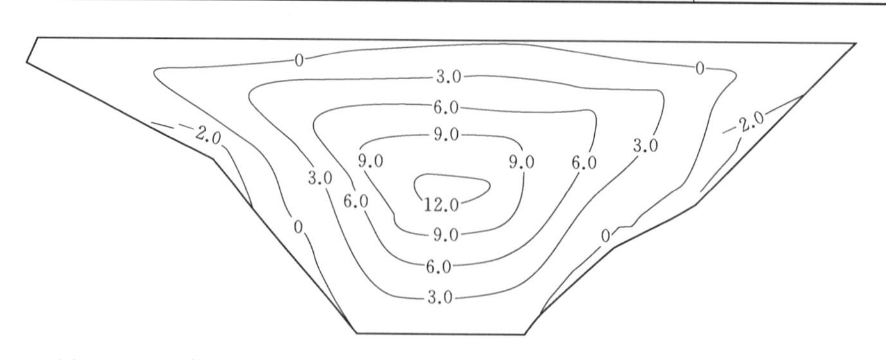

图 20.5－5　静动力叠加后面板顺坡向最大动拉应力等值线图（单位：MPa）

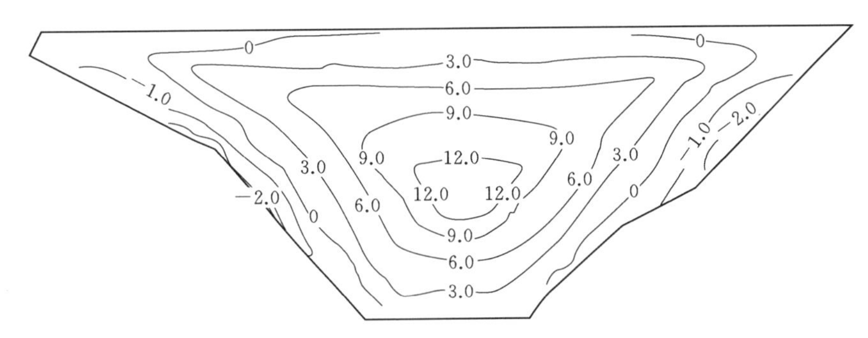

图 20.5-6 静动力叠加后面板坝轴向最大动拉应力等值线图（单位：MPa）

经分析计算得出以下成果：大坝典型横剖面中最大动剪应力为 537.2kPa，坝体中单元抗震安全系数大部分大于 1，但坝顶附近坡面出现单元抗震安全系数小于 1 的区域，有一定程度的表层动力剪切破坏，存在坝顶附近坡面局部动力剪切破坏和出现浅层局部瞬间滑移的可能性，但不会影响坝体的整体安全性。

在给定地震作用下，坝体最大顺河向残余位移中，向下游最大，为 31.2cm，向上游的最大水平残余位移 13.7cm；最大坝轴向残余位移中，左岸 19.6cm，右岸 22.5cm；最大竖向残余位移（沉降）为 73.5cm，发生在坝顶处。大坝最大震陷值约为最大坝高的 0.52%。为体现坝顶沿坝轴线震陷的不均匀性，初步用震陷倾度作为衡量指标。震陷倾度定义为坝顶最大震陷与最大震陷部位距岸坡距离的比值。根据计算结果，设计地震场地波作用下，震陷倾度为 0.38%。

上游水压力对面板的动力抗滑稳定性是有利的，所以正常蓄水位时并不是面板动力抗滑稳定的最不利工况。为此，计算了不考虑上游库水压力时面板的动力抗滑稳定性。按动力时程线法算得的空库时面板抗震稳定安全系数时程曲线的最小值为 1.10。按动力等效值法算得的最小安全系数为 1.21。可见，面板是满足抗震稳定性要求的。地震过程中按动力时程线法算得的下游坝坡抗震稳定安全系数时程曲线最小值为 1.04。按动力等效值法算得的最小安全系数为 1.13。在地震过程中下游坝坡是稳定的。

总体来说，大坝的表层放大效应较为明显，坝顶及坝顶附近坝坡区域的加速度反应是比较大的，按动力时程线法算得大坝上下游坝坡抗震稳定安全系数时程曲线最小值比较接近 1，而且坝顶附近坡面出现单元抗震安全系数小于 1 的区域，存在地震作用下坝顶附近坡面局部动力剪切破坏和出现浅层局部瞬间滑移的可能性，但不会影响整体稳定（见图 20.5-7）。

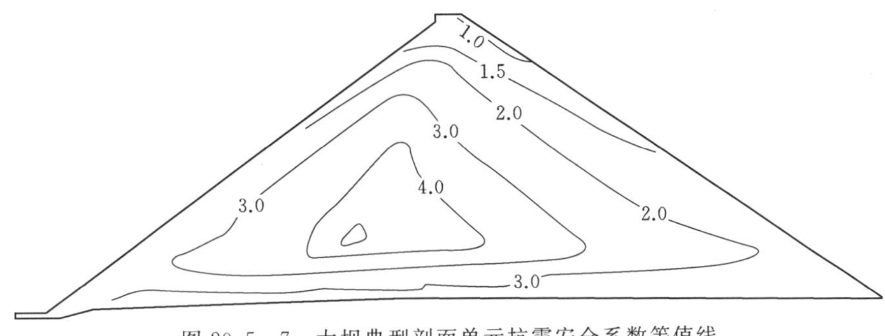

图 20.5-7 大坝典型剖面单元抗震安全系数等值线

20.6 抗震措施

为提高坝体抗震能力，根据大坝三维非线性动力反应分析成果，结合国内工程经验，主要采取了如下工程措施：

(1) 适当增加坝顶宽度，以提高大坝顶部抗震的能力。在国内已建工程中，大坝坝顶宽度一般为 5～8m，有抗震要求的高坝坝顶宽度一般在 10～12m 之间，过宽的坝顶将增加大坝坝体填筑，为此德泽水库混凝土面板堆石坝坝顶宽度按抗震需求，取为 12m。

(2) 由于地震作用力影响在坝顶处最大，因此采用上部缓、下部陡的坝体断面，使下游坝坡平均坡比为 1∶1.55，以提高顶部坝体的抗震能力。

(3) 采用较高的压实标准，特别是减小次堆石区的孔隙率，主堆石、次堆石孔隙率均按小于 20%控制，以提高堆石体密度。

(4) 垂直缝间设置复合橡胶板，以吸收地震力。在遭遇地震时，大坝面板沿垂直缝容易出现挤压破坏，除配置一定数量的挤压钢筋外，在垂直缝间设置一层复合橡胶板也可减轻大坝面板垂直缝挤压破坏。过厚的复合橡胶板将会对两岸张性垂直缝的开展宽度带来不利影响，一般宜以 12mm 为宜。

(5) 在离坝顶 30m 范围内的下游坝坡采用整体性较好的 M7.5 浆砌石护坡，增加地震时护坡对坝体的保护性能。护坡块石粒径主要以大块石为主，小块石充填，水泥砂浆饱满。

(6) 在离坝顶 28m 范围内的坝体中铺设土工格栅。在上述抗震计算中，大坝坝顶附近坡面坝顶以下 22m 范围、最大深度 3.2m 区域，按动力时程线法算得的下游坝坡抗震稳定安全系数时程曲线最小值为 1.04。为增强大坝坝顶抗震能力，在大坝 1768.30m 高程以上坝体内设置土工格栅，每隔 1.6m 设置一层土工格栅，即每填筑两层主堆石料铺设一层土工格栅。土工格栅上游铺设至坝轴线上游 5m 处，下游铺设至浆砌石护坡内边界线处，不进入浆砌石护坡。下游铺设至浆砌石护坡内边界后留出 5m 长度向上翻折，待下一层碾压时将此段土工格栅压入坝体内。土工格栅延伸性好、强度高，适应变形能力强，加筋后的坝体整体性增强，可提高坝体的抗震性能、增强大坝坝顶的抗震安全。

采取上述大坝抗震措施后，结合国内类似工程在地震情况下的状态，在遭遇设计地震时，可较大程度降低发生严重破坏导致次生灾害的风险；在强震时允许有局部变形、滑坡等损坏，可修复使用。按照现有计算结果，采取上述抗震措施后，大坝是安全的。

20.7 工程运行情况

2012 年 9 月 18 日德泽水库正式下闸蓄水，2013 年 12 月 28 日工程正式通水投入运行，2018 年 12 月 28 日通过竣工验收。根据工程初期运行的安全监测成果分析如下：

(1) 实测大坝最大沉降量为 108.1cm，沉降率为 0.76%，小于《碾压式土石坝设计规范》(SL 274—2001) 一般为坝高的 1%，沉降量与观测断面的坝体高度相关，符合坝体沉降一般规律。

（2）内部水平位移、表面位移、面板脱空等各项监测指标均在正常范围内：内部水平位移除最大断面处附近的 2 个测点最大位移分别为 65.3mm 和 49.8mm 外，其余测点的向下游位移均在 25mm 以内；表面位移监测点的最大沉降变形量为 147.9mm；面板脱空测点最大脱空量为 10.98mm，其余测点脱空量均在 10mm 以内；面板与垫层料之间无明显位移。

监测成果表明大坝处于安全运行状态。

20.8 结语

德泽水库大坝属于高地震烈度区高混凝土面板堆石坝，通过对大坝筑坝材料的静动力特性、大坝分区、坝料选择、填筑标准进行了详细研究，并对大坝进行了静动力分析。

（1）坝料设计参数过渡关系、排水性较好。根据反滤试验成果，不同级配的垫层料在过渡料的保护下，垫层料承受的水力比降达 66.7 以上且未出现破坏，两者渗透系数之比大于 100，表明过渡料有良好的排水性能，过渡料的级配比堆石料略细，两者之间的层间关系能够满足要求。

（2）大坝抗震设防烈度为Ⅸ度，地震动峰加速度达 0.417g，在大坝设计及施工控制过程中，提高坝料压实标准，根据坝料复核试验成果，主堆石料孔隙率在 16.2%～18.2%之间，次堆石料孔隙率在 17.7%～19.0%之间，均高于规范最高要求，使大坝在正常运行期及地震工况下减少变形量，降低面板因坝体变形产生裂缝或破坏的风险。

（3）在大坝设计中除采用了较高的压实标准外，还采用了较宽的坝顶宽度、上缓下陡的坝体断面、较高的压实标准、垂直缝间设置复合橡胶板、坝顶 30m 范围内的下游坝坡采用 M7.5 浆砌石护坡、坝顶 28m 范围内铺设土工格栅等 5 项抗震措施，提高了大坝在高地震烈度下的安全性。

（4）工程建成后，根据安全监测资料分析，大坝坝体沉降量、渗漏量等各项指标均处于正常范围，大坝运行情况良好，工程运行安全可靠。

参 考 文 献

[1] 陈德基，徐福兴，姚楚光，等. 中国水利百科全书·水利工程勘测分册［M]. 北京：中国水利水电出版社，2004.

[2] 高尧基，徐台赛，等. 水利水电工程地质手册［M]. 北京：水利电力出版社，1985.

[3] 常士骠，张苏民，项勃，等. 工程地质手册［M]. 4版. 北京：中国建筑工业出版社，2007.

[4] 沈春勇，余波，郭维祥，等. 水利水电工程岩溶勘察与处理［M]. 北京：中国水利水电出版社，2015.

[5] 邹成杰，张汝清，光耀华，等. 水利水电岩溶工程地质［M]. 北京：水利电力出版社，1994.

[6] 袁道先，曹建华. 岩溶动力学的理论与实践［M]. 北京：科学出版社，2008.

[7] 杨景春. 地貌学教程［M]. 北京：高等教育出版社，2001.

[8] 卢耀如. 中国岩溶——景观. 类型. 规律［M]. 北京：地质出版社，1986.

[9] 朱志澄. 构造地质学［M]. 武汉：中国地质大学出版社，1999.

[10] 邱家骧. 岩浆岩岩石学［M]. 北京：地质出版社，1985.

[11] 乐昌硕. 岩石学［M]. 北京：地质出版社，1984.

[12] 王仁民，等. 变质岩岩石学［M]. 北京：地质出版社，1989.

[13] 徐德英，等. 岩石力学［M]. 3版. 北京：水利电力出版社，1993.

[14] 曾宪强，丁陈奉，李洪，等. 工程物探手册［M]. 北京：中国水利水电出版社，2011.

[15] 林在贵，高大钊，顾宝和，等. 岩土工程手册［M]. 北京：中国建筑工业出版社，1994.

[16] 顾晓鲁，钱鸿缙，刘惠珊，等，地基与基础［M]. 北京：中国建筑工业出版社，1993.

[17] 南京水利科学研究院土工研究所. 土工试验技术手册［M]. 北京：人民交通出版社，2003.

[18] 杨荫华. 土石料压实和质量控制［M]. 北京：水利电力出版社，1992.

[19] 黄秉维，王成祖，陈尔寿，等. 中国大百科全书·中国地理［M]. 上海：中国大百科全书出版社，1993.

[20] 程裕琪，王鸿祯，马杏垣，等. 中国大百科全书·地质学［M]. 上海：中国大百科全书出版社，1993.

[21] 索丽生，刘宁，等. 水工设计手册：第6卷. 土石坝［M]. 2版. 北京：中国水利水电出版社，2014.

[22] 祁庆和. 水工建筑物［M]. 3版. 北京：中国水利水电出版社，1997.

[23] 刘杰. 土的渗透稳定与渗流控制［M]. 北京：中国水利水电出版社，1992.

[24] 刘杰. 土石坝渗流控制理论基础及工程经验教训［M]. 北京：中国水利水电出版社，2006.

[25] GB 50487—2008 水利水电工程地质勘察规范［S]. 北京：中国计划出版社，2009.

[26] GB 50021—2001（2009版）岩土工程勘察规范［S]. 北京：中国建筑工业出版社，2009.

[27] GB/T 50145—2007 土的工程分类标准［S]. 北京. 中国计划出版社，2008.

[28] GB 51247—2018 水工建筑物抗震设计规范［S]. 北京. 中国计划出版社，2018.

[29] SL 251—2015 水利水电工程天然建筑材料勘察规程［S]. 北京：中国水利水电出版社，2015.

[30] DL/T 5388—2007 水电水利工程天然建筑材料勘察规程［S]. 北京：中国电力出版社，2007.

[31] SL 274—2001 碾压式土石坝设计规范［S]. 北京：中国水利水电出版社，2002.

[32] SL 237—1999 土工试验规程［S]. 北京：中国水利水电出版社，2000.

[33] SL 228—2013 混凝土面板堆石坝设计规范［S]. 北京：中国水利水电出版社，2013.

[34] 李蜀. 云龙水库心墙堆石坝 [C]. 北京：中国水利水电出版社，2004：118-128.
[35] 李蜀. 云龙水库大坝防渗风化料设计与施工质量控制 [J]. 红水河，2005，24 (1)：23-25.
[36] 王静. 软岩砾石料填筑防渗心墙的工程应用研究 [J]. 人民长江，2011，42 (17)：66-68.
[37] 赵永川. 水利枢纽工程中红黏土特性研究 [J]. 资源环境与工程，2017，31 (4)：454-458.
[38] 梅伟，杨超林，费文平，等. 德泽面板堆石坝地震响应及抗震措施 [J]. 武汉大学学报（工学版），2012，45 (5)：551-558.
[39] 兰道银，黄斌，李红丽. 水布垭面板堆石坝坝料工程特性统计分析 [J]. 人民长江，2008，39 (6)：71-73.
[40] 谭罗荣，孔令伟. 某类红粘土的基本特性与微观结构模型 [J]. 岩土工程学报，2001，23 (4)：458-462.
[41] 保华富，金波，张春. 暮底河水库大坝心墙压实质量检测和成果分析 [J]. 云南水力发电，2004，20 (4)：72-77.
[42] 保华富，金波，张春. 暮底河水库大坝堆石料、反滤料填筑质量检测和成果分析 [J]. 云南水力发电，2004，20 (4)：78-81.
[43] 王国利. 云龙水库初蓄期大坝渗流观测资料分析 [J]. 水利水运工程学报，2009 (3)：93-98.
[44] 张启文. 砾质黏性土在大银甸水库大坝防渗心墙中的应用 [J]. 水利水电技术，1984 (3)：16-19.
[45] 牛书安. 水利水电工程土料质量评价指标的商榷 [J]. 资源环境与工程，2014，28 (4)：487-489.
[46] 云南云水工程技术检测有限公司. 曲靖市阿岗水库工程主坝黏土心墙料碾压试验报告 [R]. 曲靖：阿岗水库工程建设管理局，2018.
[47] 云南虹龙工程检测有限公司. 心墙、Ⅰ反、Ⅱ反及堆石整体渗透变形试验检测报告 [R]. 楚雄：楚雄州青山嘴水库工程建设管理局，2008.
[48] 云南鸿禹水利水电工程质量检测有限责任公司. 云南省楚雄州青山嘴水库质量检测报告 [R]. 楚雄：楚雄州青山嘴水库工程建设管理局，2009.
[49] 长江水利委员会长江科学院，等. 昆明市东川区轿子山水库工程大坝心墙沥青混凝土试验报告 [R]. 昆明：云南省水利水电勘测设计研究院，2014.
[50] 河海大学，等. 心墙沥青混凝土心墙风化料坝坝体材料动力特性试验及三维有限元静、动力计算研究总报告 [R]. 昆明：云南省水利水电勘测设计研究院，2016.
[51] 中国水利水电科学研究院，等. 牛栏江—滇池补水工程德泽水库枢纽混凝土面板堆石坝筑坝材料渗透及反滤试验研究报告 [R]. 昆明：云南省水利水电勘测设计研究院，2009.
[52] 中国水利水电科学研究院，等. 牛栏江—滇池补水工程德泽水库枢纽混凝土面板堆石坝三维应力变形计算分析研究报告 [R]. 昆明：云南省水利水电勘测设计研究院，2010.